崧燁文化

曹永忠、許智誠、蔡英德　著

ESP32物聯網基礎10門課

The Ten Basic Courses to IoT Programming Based on ESP32

自序

ESP 32 開發板系列的書是我出版至今十三年多，出書量也破一百六十多本大關，專為 ESP 32 開發板的第一本大學課程之教學書籍，當初出版電子書是希望能夠在教育界開一門 Maker 自造者相關的課程，沒想到一寫就已過十三年多，繁簡體加起來的出版數也已也破一百六十多本的量，這些書都是我學習當一個 Maker 累積下來的成果。

這本書可以說是我的另一個里程碑，之前都是以專案為主，將別人設計的產品進行逆向工程展開之後，將該產品重新實作，但是筆者發現，很多學子的程度對一個產品專案開發，仍是心有餘、力不足，所以筆者鑑於如此，回頭再寫基礎感測器系列與程式設計系列，希望透過這些基礎能力的書籍，來培養學子基礎程式開發的能力，等基礎扎穩之後，面對更難的產品開發或物聯網系統開發，有能游刃有餘。

目前許多學子在學習程式設計之時，恐怕最不能了解的問題是，我為何要寫九九乘法表、為何要寫遞迴程式，為何要寫成函式型式…等等疑問，只因為在學校的學子，學習程式是為了可以了解『撰寫程式』的邏輯，並訓練且建立如何運用程式邏輯的能力，解譯現實中面對的問題。然而現實中的問題往往太過於複雜，授課的老師無法有多餘的時間與資源去解釋現實中複雜問題，期望能將現實中複雜問題淬鍊成邏輯上的思路，加以訓練學生其解題思路，但是眾多學子宥於現實問題的困惑，無法單純用純粹的解題思路來進行學習與訓練，反而以現實中的複雜來反駁老師教學太過學理，沒有實務上的應用為由，拒絕深入學習，這樣的情形，反而自己造成了學習上的障礙。

本系列的書籍，針對目前學習上的盲點，希望讀者從感測器元件認識、、使用、應用到產品開發，一步一步漸進學習，並透過程式技巧的模仿學習，來降低系統龐大產生大量程式與複雜程式所需要了解的時間與成本，透過固定需求對應的程式攥寫技巧模仿學習，可以更快學習單晶片開發與 C 語言程式設計，進而有能力開發出原有產品，進而改進、加強、創新其原有產品固有思維與架構。如此一來，因為學子們進行『重新開發產品』過程之中，可以很有把握的了解自己正在進行什麼，對於學習過程之中，透過實務需求導引著開發過程，可以讓學子們讓實務產出與邏輯化思考產生關連，如此可以一掃過去陰霾，更踏實的進行學習。

這四年多以來的經驗分享，逐漸在這群學子身上看到發芽，開始成長，覺得 Maker 的教育方式，極有可能在未來成為教育的主流，相信我每日、每月、每年不斷的努力之下，未來 Maker 的教育、推廣、普及、成熟將指日可待。

最後，請大家可以加入 Maker 的 Open Knowledge 的行列。

曹永忠 於貓咪樂園

自序

隨著資通技術(ICT)的進步與普及，取得資料不僅方便快速，傳播資訊的管道也多樣化與便利。然而，在網路搜尋到的資料卻越來越巨量，如何將在眾多的資料之中篩選出正確的資訊，進而萃取出您要的知識？如何獲得同時具廣度與深度的知識？如何一次就獲得最正確的知識？相信這些都是大家共同思考的問題。

為了解決這些困惱大家的問題，永忠、智誠兄與敝人計畫製作一系列「Maker系列」書籍來傳遞兼具廣度與深度的軟體開發知識，希望讀者能利用這些書籍迅速掌握正確知識。首先規劃「以一個 Maker 的觀點，找尋所有可用資源並整合相關技術，透過創意與逆向工程的技法進行設計與開發」的系列書籍，運用現有的產品或零件，透過駭入產品的逆向工程的手法，拆解後並重製其控制核心，並使用 Arduino 相關技術進行產品設計與開發等過程，讓電子、機械、電機、控制、軟體、工程進行跨領域的整合。

近年來 Arduino 異軍突起，在許多大學，甚至高中職、國中，甚至許多出社會的工程達人，都以 Arduino 為單晶片控制裝置，整合許多感測器、馬達、動力機構、手機、平板...等，開發出許多具創意的互動產品與數位藝術。由於 Arduino 的簡單、易用、價格合理、資源眾多，許多大專院校及社團都推出相關課程與研習機會來學習與推廣。

以往介紹 ICT 技術的書籍大部份以理論開始、為了深化開發與專業技術，往往忘記這些產品產品開發背後所需要的背景、動機、需求、環境因素等，讓讀者在學習之間，不容易了解當初開發這些產品的原始創意與想法，基於這樣的原因，一般人學起來特別感到吃力與迷惘。

本書為了讀者能夠深入了解產品開發的背景，本系列整合 Maker 自造者的觀念與創意發想，深入產品技術核心，進而開發產品，只要讀者跟著本書一步一步研習與實作，在完成之際，回頭思考，就很容易了解開發產品的整體思維。透過這樣的思路，讀者就可以輕易地轉移學習經驗至其他相關的產品實作上。

所以本書是能夠自修的書，讀完後不僅能依據書本的實作說明準備材料來製作，盡情享受 DIY(Do It Yourself)的樂趣，還能了解其原理並推展至其他應用。有興趣的讀者可再利用書後的參考文獻繼續研讀相關資料。

本書的發行有新的創舉，就是以電子書型式發行輔以 POD 虛擬與實體同步發售，在國家圖書館(http://www.ncl.edu.tw/)、國立公共資訊圖書館 National Library of Public Information(http://www.nlpi.edu.tw/)、台灣雲端圖庫(http://www.ebookservice.tw/)等都可以免費借閱與閱讀，如要購買的讀者也可以到許多電子書網路商城、Google Books 與 Google Play 都可以購買之後下載與閱讀。希望讀者能珍惜機會閱讀及學習，繼續將知識與資訊傳播出去，讓有興趣的眾人都受益。希望這個拋磚引玉的舉動能讓更多人響應與跟進，一起共襄盛舉。

本書可能還有不盡完美之處，非常歡迎您的指教與建議。近期還將推出其他 Arduino 相關應用與實作的書籍，敬請期待。

最後，請您立刻行動翻書閱讀。

蔡英德 於台中沙鹿靜宜大學主顧樓

自序

記得自己在大學資訊工程系修習電子電路實驗的時候，自己對於設計與製作電路板是一點興趣也沒有，然後又沒有天分，所以那是苦不堪言的一堂課，還好當年有我同組的好同學，努力的照顧我，命令我做這做那，我不會的他就自己做，如此讓我解決了資訊工程學系課程中，我最不擅長的課。

當時資訊工程學系對於設計電子電路課程，大多數都是專攻軟體的學生去修習時，系上的用意應該是要大家軟硬兼修，尤其是在台灣這個大部分是硬體為主的產業環境，但是對於一個軟體設計，但是缺乏硬體專業訓練，或是對於眾多機械機構與機電整合原理不太有概念的人，在理解現代的許多機電整合設計時，學習上都會有很多的困擾與障礙，因為專精於軟體設計的人，不一定能很容易就懂機電控制設計與機電整合。懂得機電控制的人，也不一定知道軟體該如何運作，不同的機電控制或是軟體開發常常都會有不同的解決方法。

除非您很有各方面的天賦，或是在學校巧遇名師教導，否則通常不太容易能在機電控制與機電整合這方面自我學習，進而成為專業人員。

而自從有了 Arduino 這個平台後，上述的困擾就大部分迎刃而解了，因為 Arduino 這個平台讓你可以以不變應萬變，用一致性的平台，來做很多機電控制、機電整合學習，進而將軟體開發整合到機構設計之中，在這個機械、電子、電機、資訊、工程等整合領域，不失為一個很大的福音，尤其在創意掛帥的年代，能夠自己創新想法，從 Original Idea 到產品開發與整合能夠自己獨立完整設計出來，自己就能夠更容易完全了解與掌握核心技術與產業技術，整個開發過程必定可以提供思維上與實務上更多的收穫。

Arduino 平台引進台灣自今，雖然越來越多的書籍出版，但是從設計、開發、製作出一個完整產品並解析產品設計思維，這樣產品開發的書籍仍然鮮見，尤其是能夠從頭到尾，利用範例與理論解釋並重，完完整整的解說如何用 Arduino 設計出一個完整產品，介紹開發過程中，機電控制與軟體整合相關技術與範例，如此的書籍更是付之闕如。永忠、英德兄與敝人計畫撰寫 Maker 系列，就是基於這樣對市場需要的觀察，開發出這樣的書籍。

作者出版了許多的 Arduino 系列的書籍，深深覺的，基礎乃是最根本的實力，所以回到最基礎的地方，希望透過最基本的程式設計教學，來提供眾多的 Makers 在入門 Arduino 時，如何開始，如何攥寫自己的程式，進而介紹不同的週邊模組，主要的目的是希望學子可以學到如何使用這些週邊模組來設計程式，期望在未來產品開發時，可以更得心應手的使用這些週邊模組與感測器，更快將自己的想法實現，希望讀者可以了解與學習到作者寫書的初衷。

許智誠　於中壢雙連坡中央大學 管理學院

目 錄

物聯網系列

本書是『ESP 系列程式設計』使用 ESP 32 開發板，特別為大學課程之教學用書，主要教導新手與初階使用者之讀者熟悉使用 ESP32 開發板，進入物聯網網路的連接、應用，並連接感測元件，可以將資料上傳到雲端。

本書一個特點就是從最基本的GPIO使用到最後建立與設計整個雲端平台的架構與應用，全部含括在內。最先開始使用最基礎的溫溼度感測器，進而製作一個網際網路的物聯網的基礎應用，並應用 LINE 的工具，介紹訊息推播，可以即時告知使用者感測訊息，並且對於雲端平台的安裝、建置、設定、資料庫規劃、進而建立資料代理人(DB Agent)的機制，並且可以與 MQTT Broker 通訊與交換資料，並且可以透過異質語言，如 Python，建立資料介面代理人程式(Data Visualized Agent)機制，拓展的物聯網的強大外掛能力，進而可以進行大數據運算與資訊視覺化的強大應用…等等。

ESP 32 開發板最強大的不只是它的簡單易學的開發工具，最強大的是它網路功能與簡單易學的模組函式庫，幾乎 Maker 想到應用於物聯網開發的東西，只要透過眾多的周邊模組，都可以輕易的將想要完成的東西用堆積木的方式快速建立，而且 ESP 32 開發板市售價格比原廠 Arduino Yun 或 Arduino + Wifi Shield 更具優勢，讓 Maker 不需要具有深厚的電子、電機與電路能力，就可以輕易駕御這些模組。

筆者很早就開始使用 ESP 32 開發板，也算是先驅使用者，希望筆者可以推出更多的入門書籍給更多想要進入『ESP 32 開發板』、『物聯網』這個未來大趨勢，所有才有這個系列的產生。

CHAPTER

開發板介紹

ESP32 開發板是一系列低成本，低功耗的單晶片微控制器，相較上一代晶片 ESP8266，ESP32 開發板 有更多的記憶體空間供使用者使用，且有更多的 I/O 口可供開發，整合了 Wi-Fi 和雙模藍牙。 ESP32 系列採用 Tensilica Xtensa LX6 微處理器，包括雙核心和單核變體，內建天線開關，RF 變換器，功率放大器，低雜訊接收放大器，濾波器和電源管理模組。

樂鑫（Espressif）[1]於 2015 年 11 月宣佈 ESP32 系列物聯網晶片開始 Beta Test，預計 ESP32 晶片將在 2016 年實現量產。如下圖所示，ESP32 開發板整合了 801.11 b/g/n/i Wi-Fi 和低功耗藍牙 4.2（Buletooth / BLE 4.2），搭配雙核 32 位 Tensilica LX6 MCU，最高主頻可達 240MHz，計算能力高達 600DMIPS，可以直接傳送視頻資料，且具備低功耗等多種睡眠模式供不同的物聯網應用場景使用。

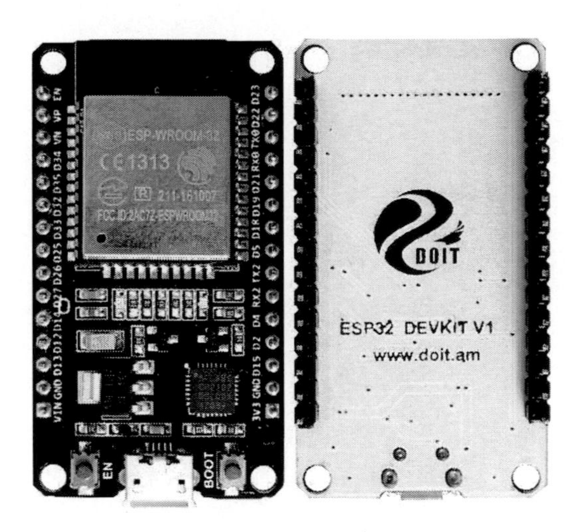

圖 1 ESP32 Devkit 開發板正反面一覽圖

ESP32 特色：

---

[1] https://www.espressif.com/zh-hans/products/hardware/esp-wroom-32/overview

- 雙核心 Tensilica 32 位元 LX6 微處理器
- 高達 240 MHz 時脈頻率
- 520 kB 內部 SRAM
- 28 個 GPIO
- 硬體加速加密（AES、SHA2、ECC、RSA-4096）
- 整合式 802.11 b/g/n Wi-Fi 收發器
- 整合式雙模藍牙（傳統和 BLE）
- 支援 10 個電極電容式觸控
- 4 MB 快閃記憶體

資料來源：https://www.botsheet.com/cht/shop/esp-wroom-32/

ESP32 規格：

- 尺寸：55*28*12mm(如下圖所示)
- 重量：9.6g
- 型號：ESP-WROOM-32
- 連接：Micro-USB
- 芯片：ESP-32
- 無線網絡：802.11 b/g/n/e/i
- 工作模式：支援 STA / AP / STA+AP
- 工作電壓：2.2 V 至 3.6 V
- 藍牙：藍牙 v4.2 BR/EDR 和低功耗藍牙（BLE、BT4.0、Bluetooth Smart）
- USB 芯片：CP2102
- GPIO：28 個
- 存儲容量：4Mbytes
- 記憶體：520kBytes

資料來源：https://www.botsheet.com/cht/shop/esp-wroom-32/

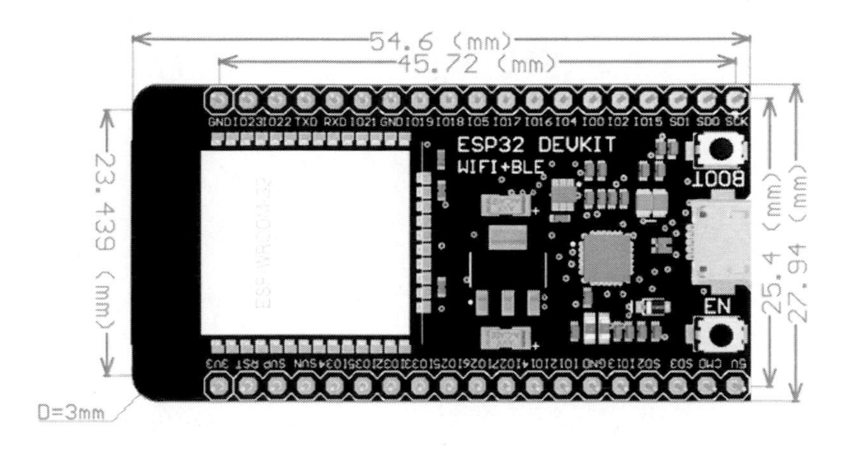

圖 2 ESP32 Devkit 開發板尺寸圖

ESP32 WROOM

ESP-WROOM-32 開發板具有 3.3V 穩壓器，可降低輸入電壓，為 ESP32 開發板供電。它還附帶一個 CP2102 晶片(如下圖所示)，允許 ESP32 開發板與電腦連接後，可以再程式編輯、編譯後，直接透過串列埠傳輸程式，進而燒錄到 ESP32 開發板，無須額外的下載器。

圖 3 ESP32 Devkit CP2102 Chip 圖

ESP32 的功能[2]包括以下內容：

- 處理器：
  - CPU: Xtensa 雙核心 (或者單核心) 32 位元 LX6 微處理器, 工作時脈 160/240 MHz, 運算能力高達 600 DMIPS
- 記憶體：
  - 448 KB ROM (64KB+384KB)
  - 520 KB SRAM
  - 16 KB RTC SRAM,SRAM 分為兩種
    - 第一部分 8 KB RTC SRAM 為慢速儲存器,可以在 Deep-sleep 模式下被次處理器存取
    - 第二部分 8 KB RTC SRAM 為快速儲存器,可以在 Deep-sleep 模式下 RTC 啓動時用於資料儲存以及 被主 CPU 存取。
  - 1 Kbit 的 eFuse，其中 256 bit 爲系統專用（MAC 位址和晶片設定）；其餘 768 bit 保留給用戶應用，這些 應用包括 Flash 加密和晶片 ID。
  - QSPI 支援多個快閃記憶體/SRAM
  - 可使用 SPI 儲存器 對映到外部記憶體空間，部分儲存器可做為外部儲存器的 Cache
    - 最大支援 16 MB 外部 SPI Flash
    - 最大支援 8 MB 外部 SPI SRAM
- 無線傳輸：
  - Wi-Fi: 802.11 b/g/n

---

[2] https://www.espressif.com/zh-hans/products/hardware/esp32-devkitc/overview

- 藍芽: v4.2 BR/EDR/BLE

■ 外部介面：

- 34 個 GPIO
- 12-bit SAR ADC ，多達 18 個通道
- 2 個 8 位元 D/A 轉換器
- 10 個觸控感應器
- 4 個 SPI
- 2 個 I2S
- 2 個 I2C
- 3 個 UART
- 1 個 Host SD/eMMC/SDIO
- 1 個 Slave SDIO/SPI
- 帶有專用 DMA 的乙太網路介面,支援 IEEE 1588
- CAN 2.0
- 紅外線傳輸
- 電機 PWM
- LED PWM, 多達 16 個通道
- 霍爾感應器

■ 定址空間

- 對稱定址對映
- 資料匯流排與指令匯流排分別可定址到 4GB(32bit)
- 1296 KB 晶片記憶體取定址
- 19704 KB 外部存取定址
- 512 KB 外部位址空間
- 部分儲存器可以被資料匯流排存取也可以被指令匯流排存取

■ 安全機制

- 安全啟動
- Flash ROM 加密
- 1024 bit OTP, 使用者可用高達 768 bit
- 硬體加密加速器
    - AES
    - Hash (SHA-2)
    - RSA
    - ECC
    - 亂數產生器 (RNG)

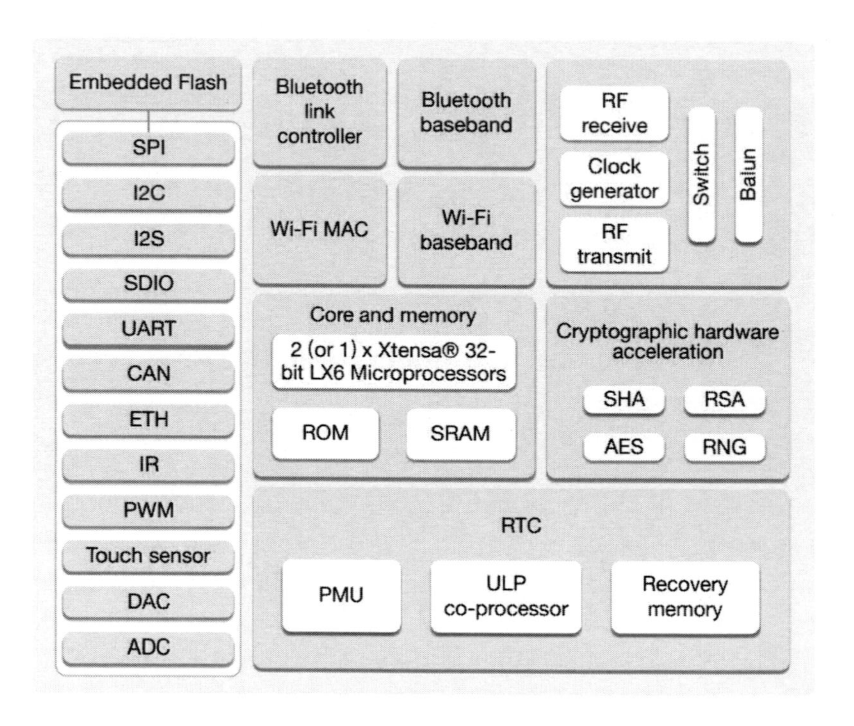

圖 4 ESP32 Function BlockDiagram

NodeMCU-32S Lua WiFi 物聯網開發板

NodeMCU-32S Lua WiFi 物聯網開發板是 WiFi+ 藍牙 4.2+ BLE /雙核 CPU 的開發板(如下圖所示)，低成本的 WiFi+藍牙模組是一個開放源始碼的物聯網平台。

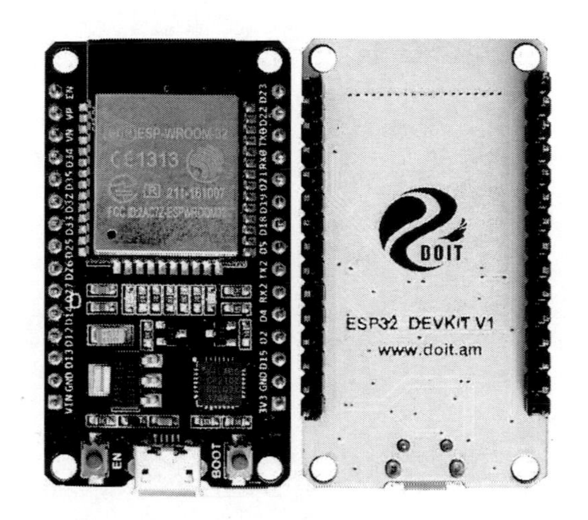

圖 5 NodeMCU-32S Lua WiFi 物聯網開發板

NodeMCU-32S Lua WiFi 物聯網開發板也支持使用 Lua 腳本語言編程，NodeMCU-32S Lua WiFi 物聯網開發板之開發平台基於 eLua 開源項目，例如 lua-cjson, spiffs.。NodeMCU-32S Lua WiFi 物聯網開發板是上海 Espressif 研發的 WiFi+藍牙芯片，旨在為嵌入式系統開發的產品提供網際網絡的功能。

NodeMCU-32S Lua WiFi 物聯網開發板模組核心處理器 ESP32 晶片提供了一套完整的 802.11 b/g/n/e/i 無線網路（WLAN）和藍牙 4.2 解決方案，具有最小物理尺寸。

NodeMCU-32S Lua WiFi 物聯網開發板專為低功耗和行動消費電子設備、可穿戴和物聯網設備而設計，NodeMCU-32S Lua WiFi 物聯網開發板整合了 WLAN 和藍牙的所有功能，NodeMCU-32S Lua WiFi 物聯網開發板同時提供了一個開放原始碼的平台，支持使用者自定義功能，用於不同的應用場景。

NodeMCU-32S Lua WiFi 物聯網開發板 完全符合 WiFi 802.11b/g/n/e/i 和藍牙 4.2 的標準，整合了 WiFi/藍牙/BLE 無線射頻和低功耗技術，並且支持開放性的 RealTime 作業系統 RTOS。

NodeMCU-32S Lua WiFi 物聯網開發板具有 3.3V 穩壓器，可降低輸入電壓，為 NodeMCU-32S Lua WiFi 物聯網開發板供電。它還附帶一個 CP2102 晶片(如下圖所示)，允許 ESP32 開發板與電腦連接後，可以再程式編輯、編譯後，直接透過串列埠傳輸程式，進而燒錄到 ESP32 開發板，無須額外的下載器。

圖 6 ESP32 Devkit CP2102 Chip 圖

NodeMCU-32S Lua WiFi 物聯網開發板的功能包括以下內容：

- 商品特色：
  - ◆ WiFi+藍牙 4.2+BLE
  - ◆ 雙核 CPU
  - ◆ 能夠像 Arduino 一樣操作硬件 IO
  - ◆ 用 Nodejs 類似語法寫網絡應用

- 商品規格：
  - ◆ 尺寸：49*25*14mm

- 重量：10g
- 品牌：Ai-Thinker
- 芯片 ：ESP-32
- Wifi：802.11 b/g/n/e/i
- Bluetooth：BR/EDR+BLE
- CPU：Xtensa 32-bit LX6 雙核芯
- RAM：520KBytes
- 電源輸入：2.3V~3.6V

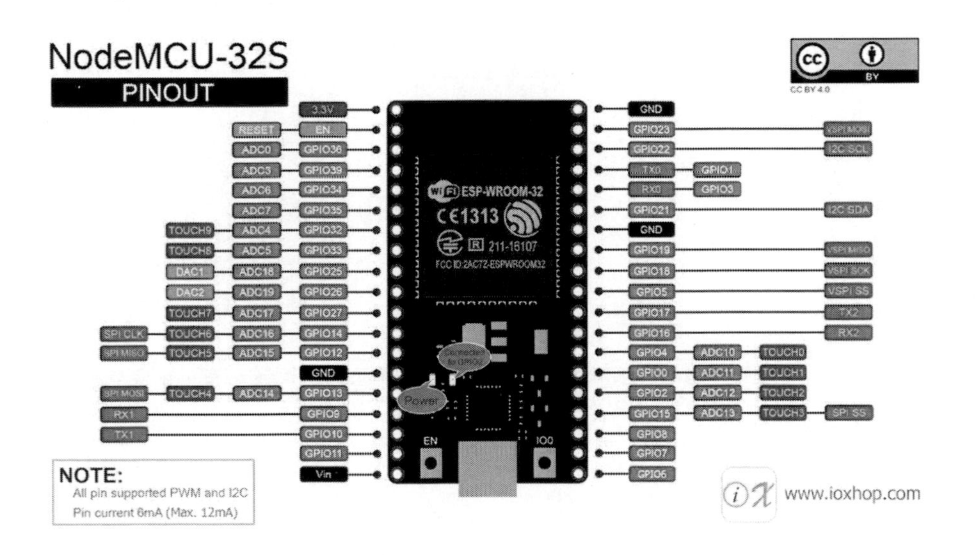

圖 7 ESP32S ESP32S 腳位圖

安裝 ESP 開發板的 CP210X 晶片 USB 驅動程式

如下圖所示，將 ESP32 開發板透過 USB 連接線接上電腦。

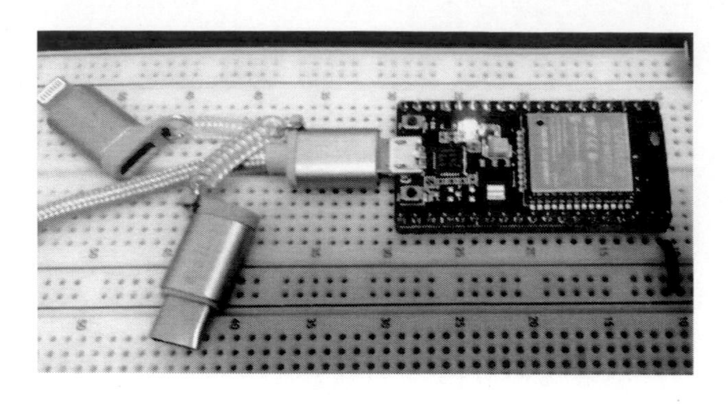

圖 8 USB 連接線連上開發板與電腦

如下圖所示，請到 SILICON LABS 的網頁，網址：https://www.silabs.com/products/development-tools/software/usb-to-uart-bridge-vcp-drivers，去下載 CP210X 的驅動程式，下載以後將其解壓縮並且安裝，因為開發板上連接 USB Port 還有 ESP32 模組全靠這顆晶片當作傳輸媒介。

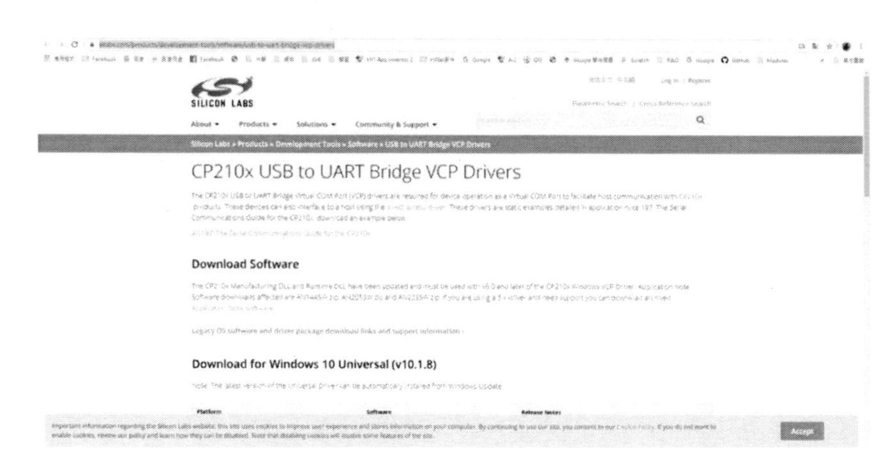

圖 9 SILICON LABS 的網頁

如下圖所示，讀者請依照您個人作業系統版本，下載對應 CP210X 的驅動程式，筆者是 Windows 10 64 位元作業系統，所以下載 Windows 10 的版本。

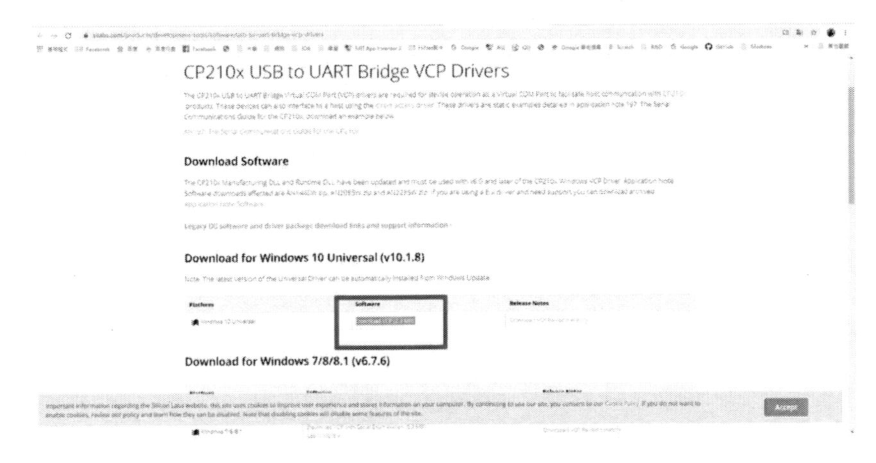

圖 10 下載合適驅動程式版本

如下圖所示，選擇下載檔案儲存目錄儲存下載對應 CP210X 的驅動程式。

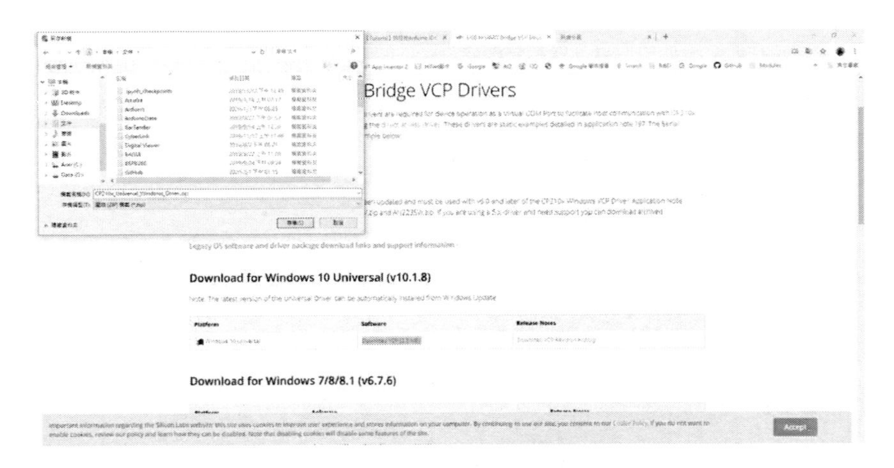

圖 11 選擇下載檔案儲存目錄

如下圖所示，先點選下圖左邊紅框之下載之 CP210X 的驅動程式，解開壓縮檔後，再點選下圖右邊紅框之『CP210xVCPInstaller_x64.exe』，進行安裝 CP2102 的驅動程式(尤濬哲, 2019)。

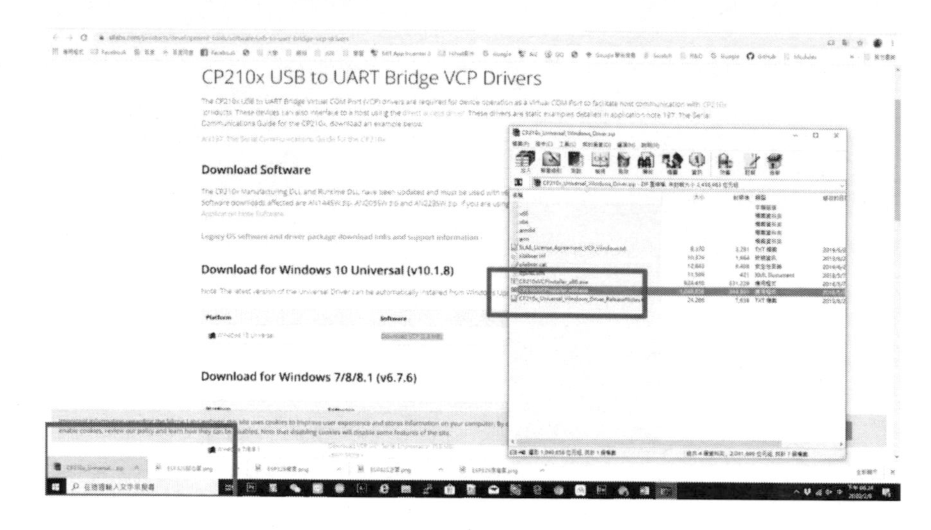

圖 12 安裝驅動程式

如下圖所示，開始安裝驅動程式。

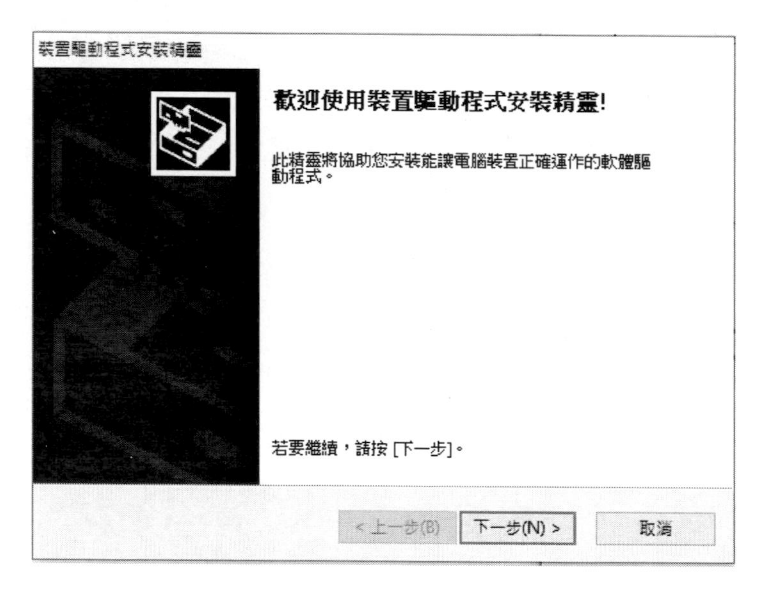

圖 13 開始安裝驅動程式

如下圖所示，完成安裝驅動程式。

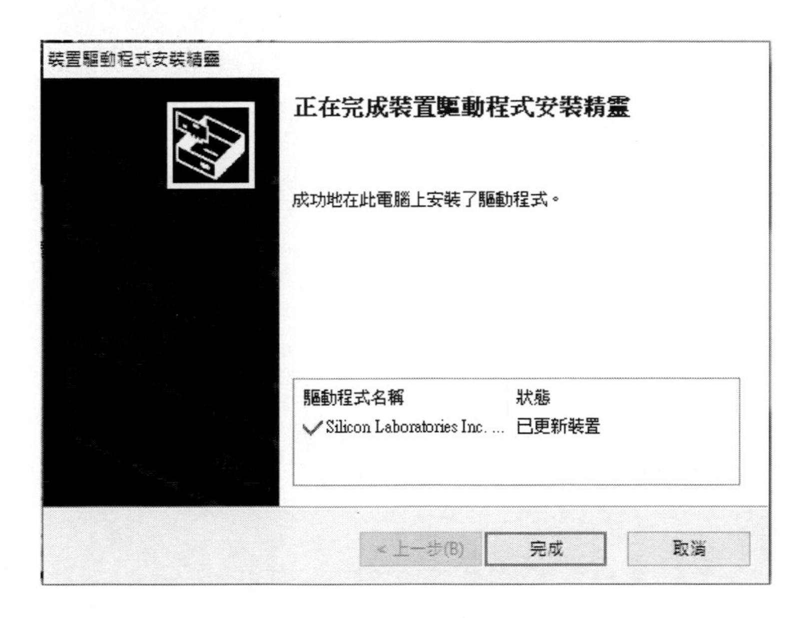

圖 14 完成安裝驅動程式

如下圖所示，請讀者打開控制台內的打開裝置管理員。

圖 15 打開裝置管理員

如下圖所示，打開連接埠選項。

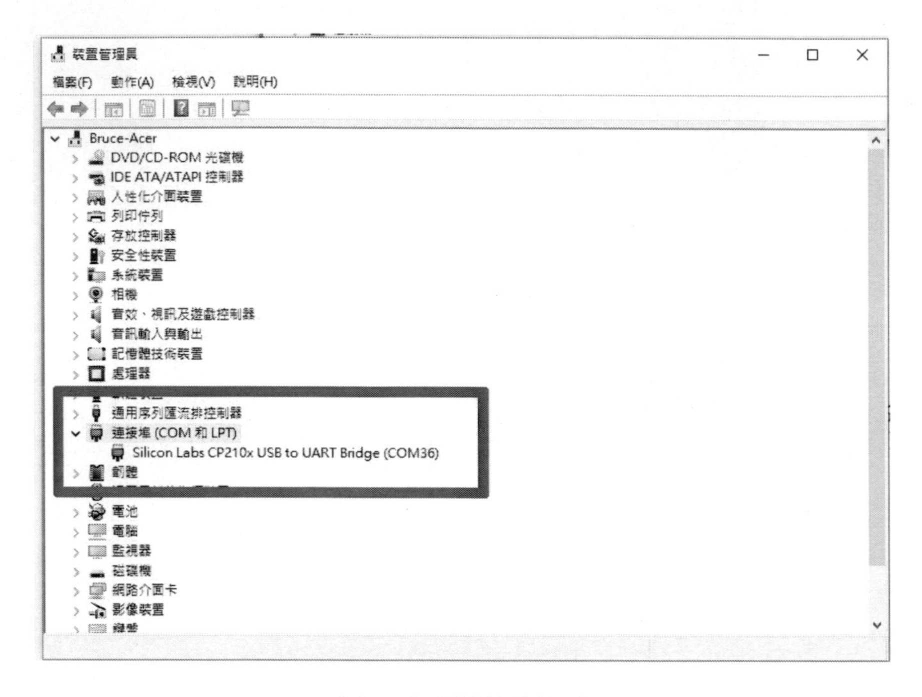

圖 16 打開連接埠選項

如下圖所示，我們可以看到已安裝驅動程式，筆者是 Silicon Labs CP210x USB to UART Bridge (Com36)，讀者請依照您個人裝置，其：Silicon Labs CP210x USB to UART Bridge (ComXX)，其 XX 會根據讀者個人裝置有所不同。

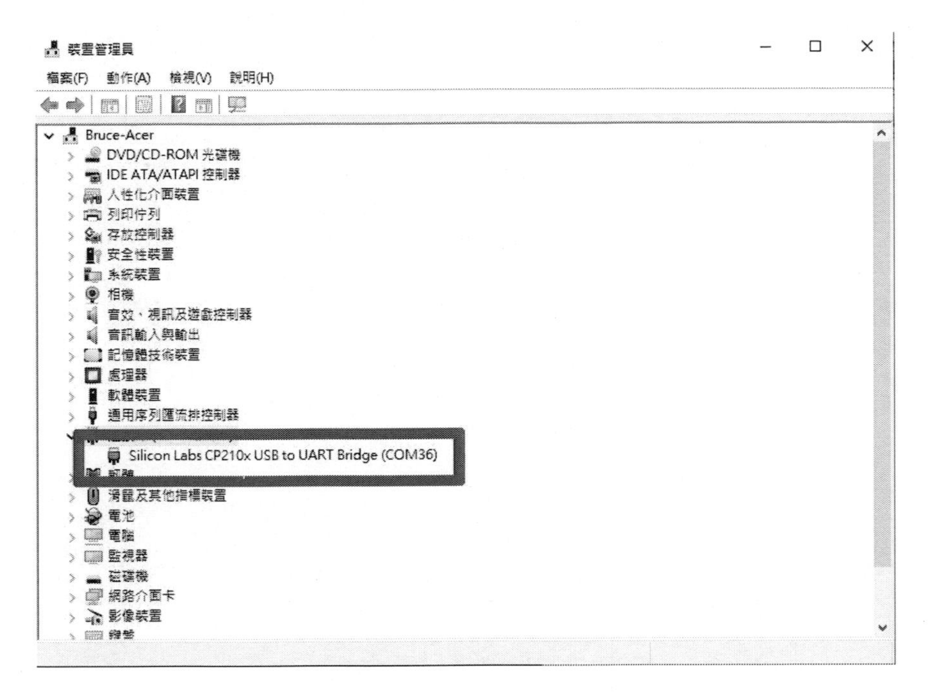

圖 17 已安裝驅動程式

如上圖所示，我們已完成安裝 ESP 開發板的 CP210X 晶片 USB 驅動程式。

章節小結

本章主要介紹之 ESP 32 開發板介紹，至於開發環境安裝與設定，請讀者參閱『ESP32 程式設計(基礎篇):ESP32 IOT Programming (Basic Concept & Tricks)』一書(曹永忠, 2020a, 2020d)，透過本章節的解說，相信讀者會對 ESP 32 開發板認識，有更深入的了解與體認。

CHAPTER

第一門課 如何上雲端

本門課主要介紹讀者如何使用 ESP 32 開發板使用網路基本資源，並瞭解如何使用 ESP 32 開發板連上網際網路，並取得網路基本資訊，希望透本門課程，讀者可以了解如何使用使用 ESP 32 開發板，透過熱點連上網際網路與取得網路資源，進而開發對應系統。

了解網路環境

在網路連接議題上，網路卡編號(MAC address)在資訊安全上，佔著很重要的關鍵因素，所以如何取得 ESP 32 開發板的網路卡編號(MAC address)，成為物聯網程式設計中非常重要的基礎元件，所以本節要介紹如何取得自身網路卡編號，透過攥寫程式來取得網路卡編號(MAC address)(曹永忠, 2016a, 2016d, 2016f, 2016k, 2020b, 2020d; 曹永忠 & 许智诚, 2014; 曹永忠, 吳佳駿, 許智誠, & 蔡英德, 2016c, 2016d, 2017a, 2017b, 2017c; 曹永忠, 张程, 郑昊缘, 杨柳姿, & 杨楠、, 2020; 曹永忠, 許智誠, & 蔡英德, 2015b, 2015e, 2015f, 2015g, 2015k, 2015m, 2016a, 2016c, 2020; 曹永忠, 郭晉魁, 吳佳駿, 許智誠, & 蔡英德, 2017; 曹永忠, 蔡英德, 許智誠, 鄭昊緣, & 張程, 2020a, 2020b)。

掃描網路環境熱點實驗材料

如下圖所示，這個實驗我們需要用到的實驗硬體有下圖.(a)的 ESP 32 開發板、下圖.(b) MicroUSB 下載線：

(a). NodeMCU 32S 開發板

(b). MicroUSB 下載線

圖 18 掃描網路環境熱點實驗材料表

讀者可以參考下圖所示之掃描網路環境熱點連接電路圖，進行電路組立。

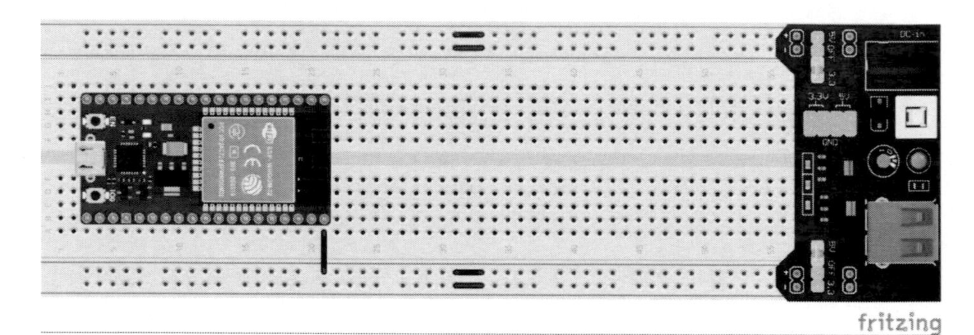

圖 19 掃描網路環境熱點實驗電路圖

讀者可以參考下圖所示之掃描網路環境熱點實驗實體圖，參考後進行電路組立。

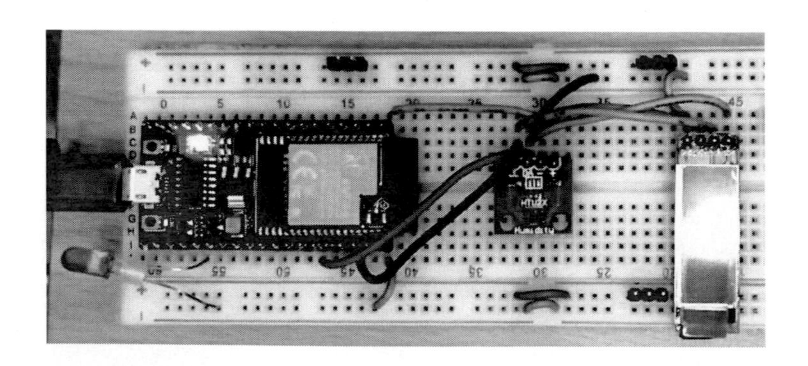

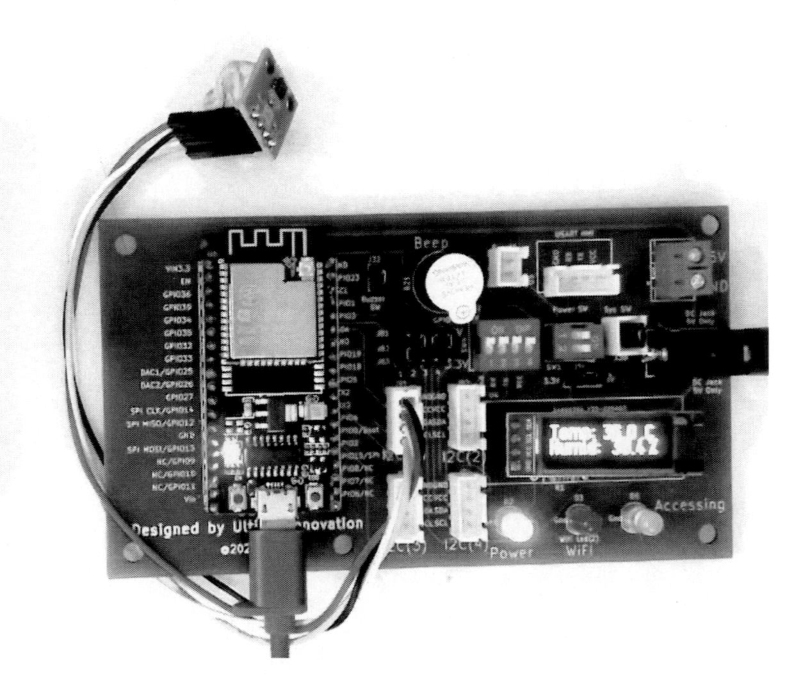

圖 20 掃描網路環境熱點實驗實體圖

我們遵照前幾章所述，將 ESP 32 開發板的驅動程式安裝好之後，我們打開 ESP 32 開發板的開發工具：Sketch IDE 整合開發軟體(安裝 Arduino 開發環境，請參考本文之『Arduino 開發 IDE 安裝』，安裝 ESP 32 開發板 SDK 請參考本文之『安裝 ESP32 Arduino 整合開發環境』(曹永忠, 2020a, 2020c, 2020d)，攥寫一段程式，如下表所示之掃描網路環境熱點程式(WiFiScan_ESP32)，取得取得自身網路卡編號。

表 1 掃描網路環境熱點程式

掃描網路環境熱點程式(WiFiScan_ESP32)

```
#include "WiFi.h"      //使用網路函式庫
void setup()
{
    initAll()   ;  //系統初始化
    initWiFi();   //網路初始化
    // Set WiFi to station mode and disconnect from an AP if it was previously connected
    delay(100); //等待   100ms
    Serial.println("Setup done"); //印出  "Setup done"
```

```
}
void loop()
{
    Serial.println("scan start");     //印出 "Setup done"

    // WiFi.scanNetworks will return the number of networks found
    int n = WiFi.scanNetworks();  //開始掃描網路    ，並把掃描完畢的熱點數，存
入 n
    Serial.println("scan done");  //印出 "scan done"
    if (n == 0)        //沒有熱點
    {
        Serial.println("no networks found");      //印出 "no networks found"
    }
    else
    {
        Serial.print(n);         //印出 n 變數
        Serial.println(" networks found");      //印出 "networks found"
        for (int i = 0; i < n; ++i)        //根據掃描到的熱點數，用迴圈進行處理
        {
            // Print SSID and RSSI for each network found
            Serial.print(i + 1);       //印出 i+1
            Serial.print(": ");     ////印出 ":"
            Serial.print(WiFi.SSID(i)); //用 i 做索引，印出掃描到熱點名稱，用
SSID(第 n 個)
            Serial.print(" (");
            Serial.print(WiFi.RSSI(i)); //用 i 做索引，印出掃描到熱點名稱的電波
強度，RSSI(第 n 個)
            Serial.print(")");
            Serial.println((WiFi.encryptionType(i) == WIFI_AUTH_OPEN)?" ":"*");
                //根據 encryptionType(第 n 個)熱點加密方式，印出"*"或沒有
            delay(10);      //等 10 ms
        }
    }
    Serial.println("");    //印出換行

    // Wait a bit before scanning again
    delay(5000);       //等 5000 ms==>5 秒鐘
}
void    initAll()      //系統初始化
```

```
{
        Serial.begin(9600) ;  //通訊控制埠 初始化，並設為 9600 bps
    Serial.println("System Start"); //印出 "System Start"
}
void initWiFi()     //網路初始化
{
        WiFi.mode(WIFI_STA);   //設定網路為獨立模式
        WiFi.disconnect();   //先行網路斷線
}
```

程式下載：https://github.com/brucetsao/ ESP10Course

如下圖所示，我們可以看到掃描網路環境熱點程式之編輯畫面。

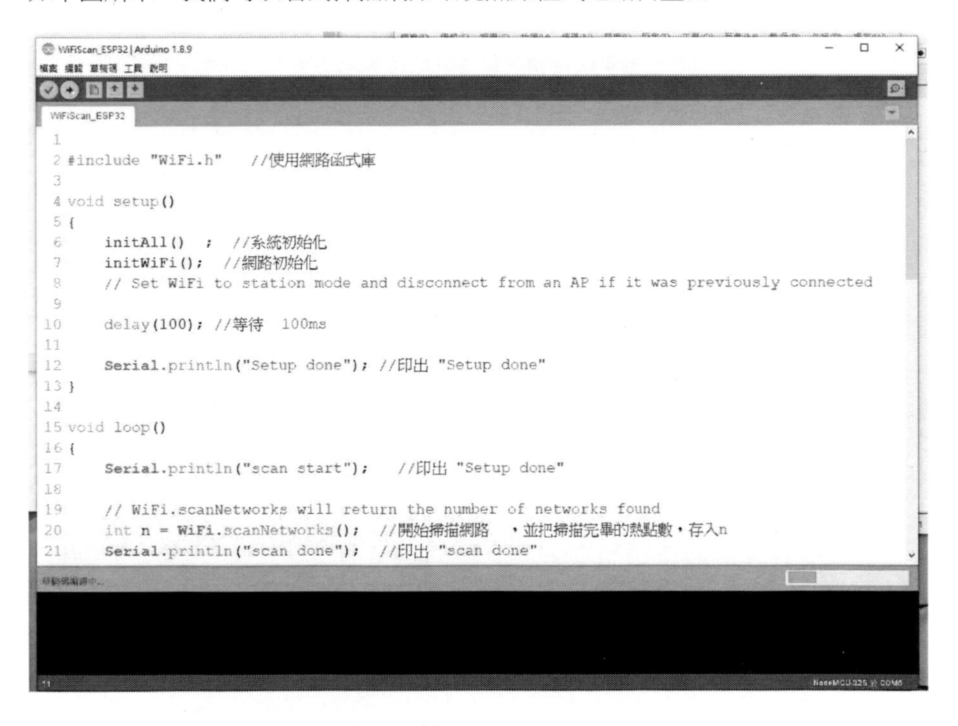

圖 21 掃描網路環境熱點程式之編輯畫面

如下圖所示，我們可以看到掃描網路環境熱點程式之結果畫面。

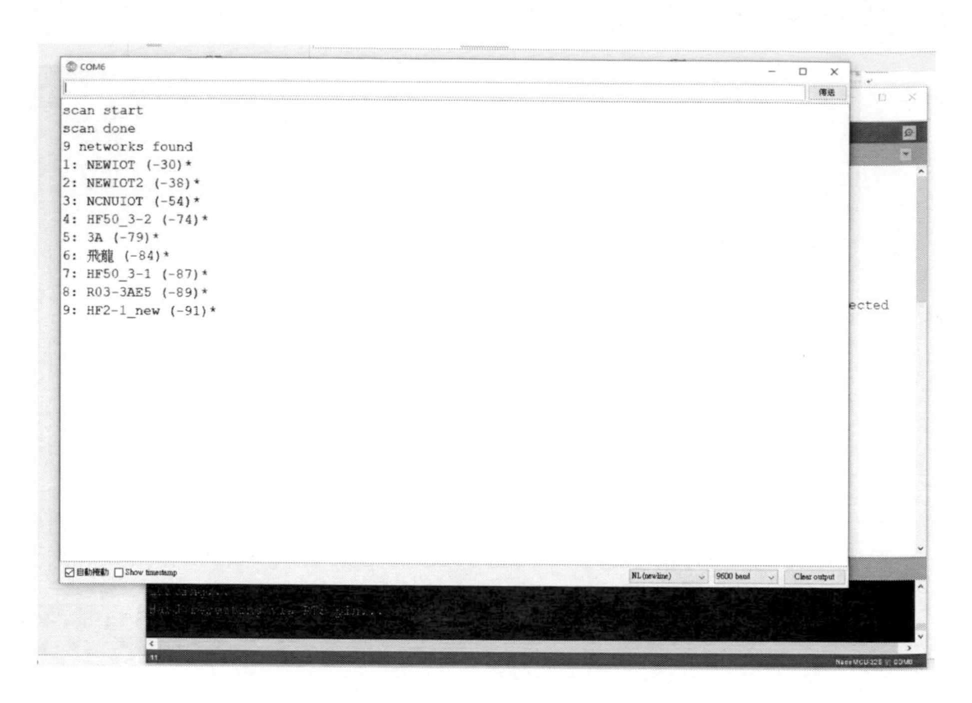

圖 22 掃描網路環境熱點程式之結果畫面

取得開發板晶片編號

ESP 32 開發板有一個特殊的晶片編號，可以用來辨識開發板唯一資訊，在網路連接議題上，這是除了網路卡編號(MAC address)之外，在資訊安全上，佔著很重要的關鍵因素，所以如何取得 ESP 32 開發板的晶片編號(Chip ID)，當然物聯網程式設計中非常重要的基礎元件，所以本節要介紹如何取得晶片編號(Chip ID)，透過攥寫程式來取得晶片編號(Chip ID)(曹永忠, 2016a, 2016d, 2016f, 2016k; 曹永忠, 吳佳駿, et al., 2016c, 2016d, 2017a, 2017b, 2017c; 曹永忠 et al., 2015b, 2015e, 2015f, 2015g, 2015k, 2015m; 曹永忠, 許智誠, et al., 2016a, 2016c; 曹永忠, 郭晉魁, et al., 2017)。

取得晶片編號實驗材料

如下圖所示，這個實驗我們需要用到的實驗硬體有下圖.(a)的 ESP 32 開發板、下圖.(b) MicroUSB 下載線：

(a). NodeMCU 32S開發板

(b). MicroUSB 下載線

圖 23 取得晶片編號材料表

讀者可以參考下圖所示之取得自身晶片編號連接電路圖，進行電路組立。

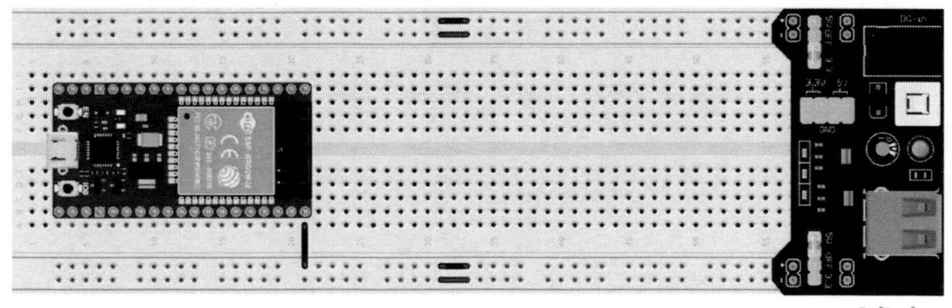

圖 24 取得自身晶片編號連接電路圖

讀者可以參考下圖所示之取得自身晶片編號連接電路實體圖，參考後進行電路組立。

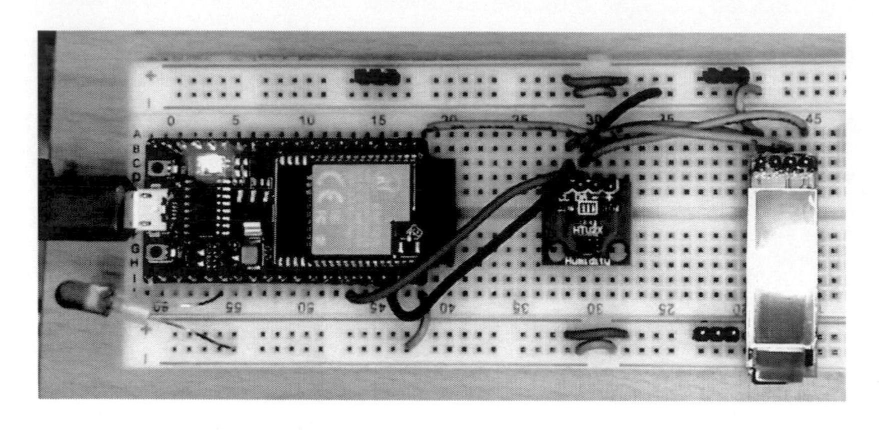

圖 25 取得自身晶片編號連接電路實體圖

我們遵照前幾章所述，將 ESP 32 開發板的驅動程式安裝好之後，我們打開 ESP 32 開發板的開發工具：Sketch IDE 整合開發軟體(安裝 Arduino 開發環境，請參考本文之『Arduino 開發 IDE 安裝』，安裝 ESP 32 開發板 SDK 請參考本文之『安裝 ESP32

Arduino 整合開發環境』(曹永忠, 2020a, 2020c, 2020d)，攥寫一段程式，如下表所示之取得晶片編號測試程式，取得取得自身晶片編號。

表 2 取得晶片編號測試程式

取得晶片編號測試程式(GetChipID_ESP32)

uint64_t chipid;
 	
void setup() {
    Serial.begin(9600);
}
void loop() {
    chipid=ESP.getEfuseMac();//The chip ID is essentially its MAC address(length: 6 bytes).
    Serial.printf("ESP32 Chip ID = %04X",(uint16_t)(chipid>>32));//print High 2 bytes
    Serial.printf("%08X\n",(uint32_t)chipid);//print Low 4bytes.
    delay(3000);
}

程式下載：https://github.com/brucetsao/ ESP10Course

如下圖所示，我們可以看到取得自身網路卡編號結果畫面。

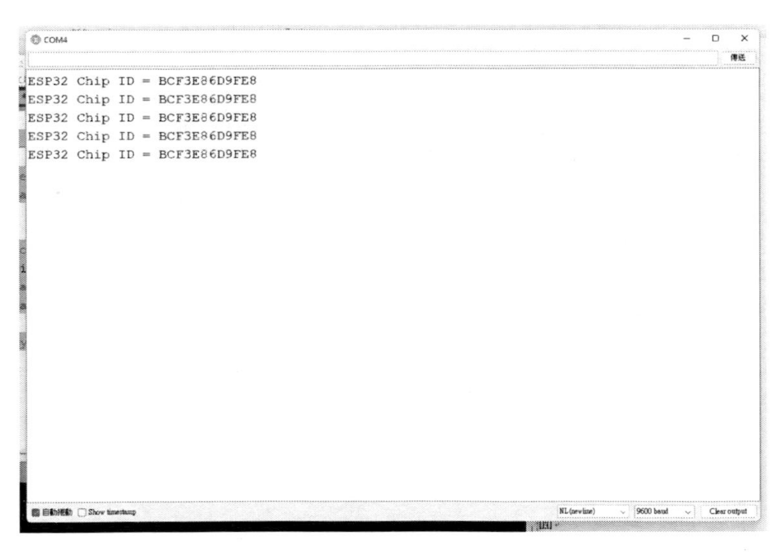

圖 26 取得晶片編號結果畫面

取得自身網路卡編號

在網路連接議題上，網路卡編號(MAC address)在資訊安全上，佔著很重要的關鍵因素，所以如何取得 ESP 32 開發板的網路卡編號(MAC address)，做為物聯網程式設計中非常重要的基礎概念與技術，所以本節要介紹如何取得 ESP 32 開發板自身網路卡編號，透過攥寫程式來取得網路卡編號(MAC address) (曹永忠, 2016a, 2016d, 2016f, 2016k, 2020b, 2020c; 曹永忠 & 许智诚, 2014; 曹永忠, 吳佳駿, 許智誠, & 蔡英德, 2016c, 2016d, 2017a, 2017b, 2017c; 曹永忠, 张程, 郑昊缘, 杨柳姿, & 杨楠、, 2020; 曹永忠, 許智誠, & 蔡英德, 2015b, 2015e, 2015f, 2015g, 2015k, 2015m, 2016c, 2016i, 2020; 曹永忠, 郭晉魁, 吳佳駿, 許智誠, & 蔡英德, 2017; 曹永忠, 蔡英德, 許智誠, 鄭昊緣, & 張程, 2020a, 2020b。

取得自身網路卡編號實驗材料

如下圖所示，這個實驗我們需要用到的實驗硬體有下圖.(a)的 ESP 32 開發板、下圖.(b) MicroUSB 下載線：

(a). NodeMCU 32S 開發板

(b). MicroUSB 下載線

圖 27 取得自身網路卡編號材料表

讀者可以參考下圖所示之取得自身網路卡編號連接電路圖，進行電路組立。

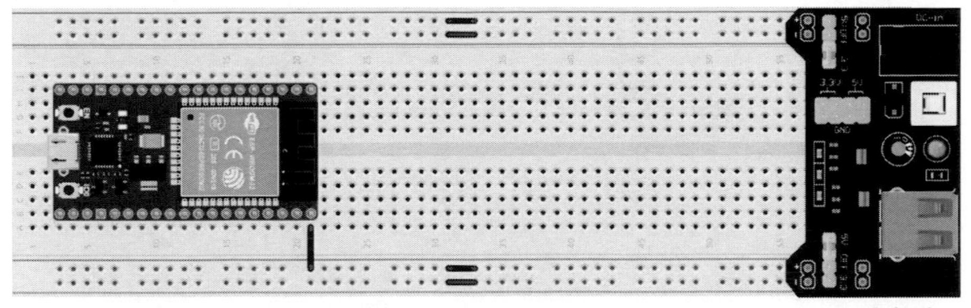

圖 28 取得自身網路卡編號連接電路圖

讀者可以參考下圖所示之取得自身網路卡編號連接電路實體圖，參考後進行電路組立。

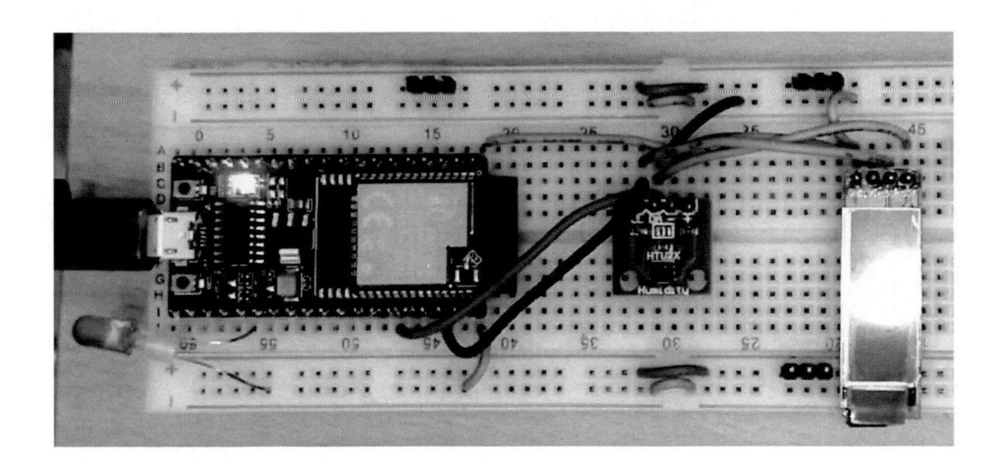

圖 29 取得自身網路卡編號連接電路實體圖

我們遵照前幾章所述，將 ESP 32 開發板的驅動程式安裝好之後，我們打開 ESP 32 開發板的開發工具：Sketch IDE 整合開發軟體(安裝 Arduino 開發環境，請參考本文之『Arduino 開發 IDE 安裝』，安裝 ESP 32 開發板 SDK 請參考本文之『安裝 ESP32 Arduino 整合開發環境』(曹永忠, 2020a, 2020c, 2020d)，攥寫一段程式，如下表所示之取得自身網路卡編號測試程式，取得 ESP 32 開發板自身網路卡編號。

表 3 取得自身網路卡編號測試程式

取得自身網路卡編號測試程式(GETMAC_ESP32)

```
#include "initPins.h" //自訂系統腳位函式庫
void setup()
{
  initAll() ;      //系統初始化
  ShowMAC() ; //於串列埠印出網路卡號
}

void loop()
```

```
{
}

void initAll()
{
  Serial.begin(9600); //通訊控制埠  初始化，並設為 9600 bps
  Serial.println();
  Serial.println("System Start"); //印出  "System Start"
  MacData = GetMacAddress() ;       //取得網路卡編號
}
```

程式下載：https://github.com/brucetsao/ ESP10Course

表 4 取得自身網路卡編號測試程式

取得自身網路卡編號測試程式(initPins.h")

```
//-----------include Wifi Lib here
#include <WiFi.h>     //使用網路函式庫
#include <WiFiMulti.h>      //多熱點網路函式庫
WiFiMulti wifiMulti;       //產生多熱點連線物件
//--------------------
#include <String.h>
  IPAddress ip ;       //網路卡取得 IP 位址之原始型態之儲存變數
  String IPdata ;     //網路卡取得 IP 位址之儲存變數
  String APname ;     //網路熱點之儲存變數
  String MacData ;     //網路卡取得網路卡編號之儲存變數
  long rssi ;     //網路連線之訊號強度'之儲存變數
  int status = WL_IDLE_STATUS;   //取得網路狀態之變數
//----------Common Lib
long POW(long num, int expo)
{
  long tmp =1 ;
  if (expo > 0)
  {
          for(int i = 0 ; i< expo ; i++)
            tmp = tmp * num ;
           return tmp ;
  }
  else
  {
   return tmp ;
```

```
    }
}
String SPACE(int sp)
{
        String tmp = "" ;
        for (int i = 0 ; i < sp; i++)
            {
                tmp.concat(' ')     ;
            }
        return tmp ;
}
String strzero(long num, int len, int base)
{
    String retstring = String("");
    int ln = 1 ;
        int i = 0 ;
        char tmp[10] ;
        long tmpnum = num ;
        int tmpchr = 0 ;
        char hexcode[]={'0','1','2','3','4','5','6','7','8','9','A','B','C','D','E','F'} ;
        while (ln <= len)
        {
            tmpchr = (int)(tmpnum % base) ;
            tmp[ln-1] = hexcode[tmpchr] ;
            ln++ ;
              tmpnum = (long)(tmpnum/base) ;
          }
        for (i = len-1; i >= 0 ; i --)
            {
                retstring.concat(tmp[i]);
            }

    return retstring;
}
unsigned long unstrzero(String hexstr, int base)
{
    String chkstring    ;
    int len = hexstr.length() ;
        unsigned int i = 0 ;
```

```
    unsigned int tmp = 0 ;
    unsigned int tmp1 = 0 ;
    unsigned long tmpnum = 0 ;
    String hexcode = String("0123456789ABCDEF") ;
    for (i = 0 ; i < (len ) ; i++)
    {
  //        chkstring= hexstr.substring(i,i) ;
       hexstr.toUpperCase() ;
              tmp = hexstr.charAt(i) ;     // give i th char and return this char
              tmp1 = hexcode.indexOf(tmp) ;
       tmpnum = tmpnum + tmp1* POW(base,(len -i -1) )    ;
    }
  return tmpnum;
}
String    print2HEX(int number) {
  String ttt ;
  if (number >= 0 && number < 16)
  {
    ttt = String("0") + String(number,HEX);
  }
  else
  {
       ttt = String(number,HEX);
  }
  return ttt ;
}
String GetMacAddress()      //取得網路卡編號
{
  // the MAC address of your WiFi shield
  String Tmp = "" ;
  byte mac[6];
    // print your MAC address:
  WiFi.macAddress(mac);
  for (int i=0; i<6; i++)
    {
          Tmp.concat(print2HEX(mac[i])) ;
    }
    Tmp.toUpperCase() ;
  return Tmp ;
```

```
}
void ShowMAC()    //於串列埠印出網路卡號碼
{
   Serial.print("MAC Address:(");   //印出 "MAC Address:("
   Serial.print(MacData) ;      //印出 MacData 變數內容
   Serial.print(")\n");       //印出 ")\n"
}
String IpAddress2String(const IPAddress& ipAddress)
{
   //回傳 ipAddress[0-3]的內容，以 16 進位回傳
   return String(ipAddress[0]) + String(".") +\
   String(ipAddress[1]) + String(".") +\
   String(ipAddress[2]) + String(".") +\
   String(ipAddress[3])    ;
}
String chrtoString(char *p)
{
      String tmp ;
      char c ;
      int count = 0 ;
      while (count <100)
      {
            c= *p ;
            if (c != 0x00)
              {
                  tmp.concat(String(c)) ;
              }
              else
              {
                      return tmp ;
              }
          count++ ;
          p++;

      }
}
void CopyString2Char(String ss, char *p)
{
            //    sprintf(p,"%s",ss) ;
```

```
   if (ss.length() <=0)
        {
                *p =   0x00 ;
              return ;
        }
     ss.toCharArray(p, ss.length()+1) ;
    // *(p+ss.length()+1) = 0x00 ;
}
boolean CharCompare(char *p, char *q)
   {
        boolean flag = false ;
        int count = 0 ;
        int nomatch = 0 ;
        while (flag <100)
        {
              if (*(p+count) == 0x00 or *(q+count) == 0x00)
                 break ;
              if (*(p+count) != *(q+count) )
                   {
                        nomatch ++ ;
                   }
                   count++ ;
        }
       if (nomatch >0)
        {
           return false ;
        }
        else
        {
           return true ;
        }
     }
String Double2Str(double dd,int decn)
{
     int a1 = (int)dd ;
     int a3 ;
     if (decn >0)
     {
          double a2 = dd - a1 ;
```

```
        a3 = (int)(a2 * (10^decn));
    }
    if (decn >0)
    {
        return String(a1)+"."+ String(a3) ;
    }
    else
    {
      return String(a1) ;
    }
}
```

程式下載：https://github.com/brucetsao/ ESP10Course

如下圖所示，我們可以看到取得自身網路卡編號結果畫面。

圖 30 取得自身網路卡編號結果畫面

取得環境可連接之無線基地台(AP)

在網路連接議題上，取得環境可連接之無線基地台是非常重要的一個關鍵點，如果知道可以上網的基地台，就直接連上就好，如果可以取得環境可連接之無線基地台的所有資訊，那將是一大助益，所以本文將會教讀者如何取得取得環境可連接之無線基地台，透過攥寫程式來取得環境可連接之無線基地台(Access Point) (曹永忠, 2016a, 2016d, 2016f, 2016k, 2020b, 2020c; 曹永忠 & 许智诚, 2014; 曹永忠, 吳佳駿, 許智誠, & 蔡英德, 2016c, 2016d, 2017a, 2017b, 2017c; 曹永忠, 张程, 郑昊缘, 杨柳姿, & 杨楠、, 2020; 曹永忠, 許智誠, & 蔡英德, 2015b, 2015e, 2015f, 2015g, 2015k, 2015m, 2016c, 2016i, 2020; 曹永忠, 郭晉魁, 吳佳駿, 許智誠, & 蔡英德, 2017; 曹永忠, 蔡英德, 許智誠, 鄭昊緣, & 張程, 2020a, 2020b。

取得環境可連接之無線基地台實驗材料

如下圖所示，這個實驗我們需要用到的實驗硬體有下圖.(a)的 ESP 32 開發板、下圖.(b) MicroUSB 下載線：

(a). NodeMCU 32S開發板

(b). MicroUSB 下載線

圖 31 取得環境可連接之無線基地台材料表

讀者可以參考下圖所示之取得環境可連接之無線基地台連接電路圖，進行電路組立。

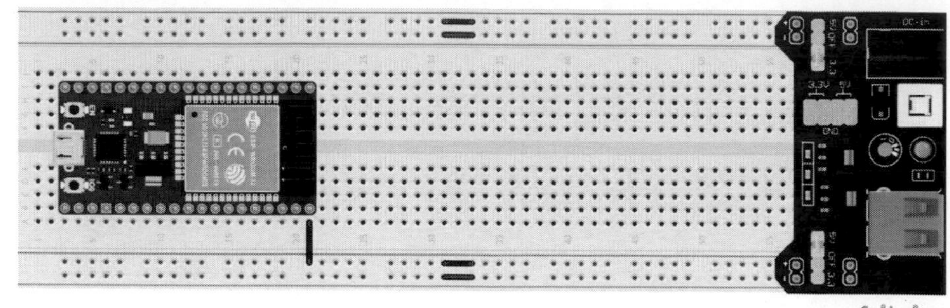

圖 32 取得環境可連接之無線基地台連接電路圖

我們遵照前幾章所述，將 ESP 32 開發板的驅動程式安裝好之後，我們打開 ESP 32 開發板的開發工具：Sketch IDE 整合開發軟體(安裝 Arduino 開發環境，請參考本文之『Arduino 開發 IDE 安裝』，安裝 ESP 32 開發板 SDK 請參考本文之『安裝 ESP32 Arduino 整合開發環境』(曹永忠, 2020a, 2020c, 2020d)，攥寫一段程式，如下表所示之取得環境可連接之無線基地台測試程式，取得可以掃瞄到的無線基地台(Access Points)。

表 5 取得環境可連接之無線基地台測試程式

取得環境可連接之無線基地台測試程式(Scannetworks_ESP32)

```
#include "initPins.h" //自訂系統腳位函式庫
void setup()
{
	initAll() ; //系統設定
	// Set WiFi to station mode and disconnect from an AP if it was previously connected
	WiFi.mode(WIFI_STA);	//啟動 wifi 標準模式
	WiFi.disconnect();  //wifi 斷線
	delay(100);	// 延遲 100 單位
	Serial.println("Setup done");
	//通訊埠印出 "Setup done"
}
void loop()
{
	Serial.println("scan start");
	//通訊埠印出 "scan start"
```

```
    // WiFi.scanNetworks will return the number of networks found
    int n = WiFi.scanNetworks();
    // Wifi.scanNetworks() 掃描 wifi 基地台
    Serial.println("scan done");
    //通訊埠印出 "scan done"
    if (n == 0)     //掃描到的熱點數目(n)
    {
        Serial.println("no networks found");   //通訊埠印出 "no networks found"
    }
    else
    {
        Serial.print(n);
        Serial.println(" networks found");      //通訊埠印出 " networks found"
        for (int i = 0; i < n; ++i)     //for 迴圈
        {
            // Print SSID and RSSI for each network found
            Serial.print(i + 1);
            Serial.print(": ");
            Serial.print(WiFi.SSID(i));    //通訊埠印出第 n 個基地台名稱
            Serial.print(" (");
            Serial.print(WiFi.RSSI(i));    //通訊埠印出第 n 個基地台強弱
            Serial.print(")");
            Serial.println((WiFi.encryptionType(i) == WIFI_AUTH_OPEN)?" ":"*");
            //通訊埠印出第 n 個基地台   WiFi.encryptionType(i) 加密型態
            // WIFI_AUTH_OPEN ==沒有密碼
            delay(10);  //  延遲 10 單位   0.01 sec
        }
    }
    Serial.println("");    //印出換行鍵

    // Wait a bit before scanning again
    delay(5000);      //  延遲 5000 單位   5 sec
}
void initAll()
{
   Serial.begin(9600); //通訊控制埠 初始化，並設為 9600 bps
   Serial.println();
   Serial.println("System Start"); //印出 "System Start"
    MacData = GetMacAddress() ;      //取得網路卡編號
```

```
}
```

程式下載：https://github.com/brucetsao/ ESP10Course

表 6 取得環境可連接之無線基地台測試程式

取得環境可連接之無線基地台測試程式(Scannetworks_ESP32)

```
#include <WiFi.h>      //使用網路函式庫
  IPAddress ip ;        //網路卡取得 IP 位址之原始型態之儲存變數
  String Ipdata ;     //網路卡取得 IP 位址之儲存變數
  String Apname ;      //網路熱點之儲存變數
  String MacData ;      //網路卡取得網路卡編號之儲存變數
  long rssi ;     //網路連線之訊號強度'之儲存變數
  int status = WL_IDLE_STATUS;    //取得網路狀態之變數
//----------Common Lib
long POW(long num, int expo)
{
  long tmp =1 ;
  if (expo > 0)
  {
        for(int i = 0 ; i< expo ; i++)
          tmp = tmp * num ;
         return tmp ;
  }
  else
  {
   return tmp ;
  }
}
String SPACE(int sp)
{
    String tmp = "" ;
    for (int i = 0 ; i < sp; i++)
      {
          tmp.concat(' ')   ;
      }
    return tmp ;
}
String strzero(long num, int len, int base)
{
  String retstring = String("");
```

```
    int ln = 1 ;
      int i = 0 ;
      char tmp[10] ;
      long tmpnum = num ;
      int tmpchr = 0 ;
      char hexcode[]={'0','1','2','3','4','5','6','7','8','9','A','B','C','D','E','F'} ;
      while (ln <= len)
      {
            tmpchr = (int)(tmpnum % base) ;
            tmp[ln-1] = hexcode[tmpchr] ;
            ln++ ;
             tmpnum = (long)(tmpnum/base) ;
      }
      for (i = len-1; i >= 0 ; i --)
        {
              retstring.concat(tmp[i]);
        }

    return retstring;
}
unsigned long unstrzero(String hexstr, int base)
{
    String chkstring    ;
    int len = hexstr.length() ;

      unsigned int i = 0 ;
      unsigned int tmp = 0 ;
      unsigned int tmp1 = 0 ;
      unsigned long tmpnum = 0 ;
      String hexcode = String("0123456789ABCDEF") ;
      for (i = 0 ; i < (len ) ; i++)
      {
    //      chkstring= hexstr.substring(i,i) ;
         hexstr.toUpperCase() ;
               tmp = hexstr.charAt(i) ;      // give i th char and return this char
               tmp1 = hexcode.indexOf(tmp) ;
         tmpnum = tmpnum + tmp1* POW(base,(len -i -1) )    ;
      }
    return tmpnum;
```

```
}

String   print2HEX(int number) {
  String ttt ;
  if (number >= 0 && number < 16)
  {
    ttt = String("0") + String(number,HEX);
  }
  else
  {
        ttt = String(number,HEX);
  }
  return ttt ;
}
String GetMacAddress()       //取得網路卡編號
{
  // the MAC address of your WiFi shield
  String Tmp = "" ;
  byte mac[6];

  // print your MAC address:
  WiFi.macAddress(mac);
  for (int i=0; i<6; i++)
    {
          Tmp.concat(print2HEX(mac[i])) ;
    }
    Tmp.toUpperCase() ;
  return Tmp ;
}

void ShowMAC()   //於串列埠印出網路卡號碼
{
  Serial.print("MAC Address:(");   //印出 "MAC Address:("
  Serial.print(MacData) ;     //印出 MacData 變數內容
  Serial.print(")\n");       //印出 ")\n"
}
String IpAddress2String(const IPAddress& ipAddress)
{
  //回傳 ipAddress[0-3]的內容，以 16 進位回傳
```

```
    return String(ipAddress[0]) + String(".") +\
    String(ipAddress[1]) + String(".") +\
    String(ipAddress[2]) + String(".") +\
    String(ipAddress[3])    ;
}
String chrtoString(char *p)
{
        String tmp ;
        char c ;
        int count = 0 ;
        while (count <100)
        {
                c= *p ;
                if (c != 0x00)
                    {
                        tmp.concat(String(c)) ;
                    }
                    else
                    {
                            return tmp ;
                    }
                count++ ;
                p++;
        }
}
void CopyString2Char(String ss, char *p)
{
                //    sprintf(p,"%s",ss) ;
    if (ss.length() <=0)
            {
                    *p =    0x00 ;
                    return ;
            }
        ss.toCharArray(p, ss.length()+1) ;
      // *(p+ss.length()+1) = 0x00 ;
}
boolean CharCompare(char *p, char *q)
    {
            boolean flag = false ;
```

```
        int count = 0 ;
        int nomatch = 0 ;
        while (flag <100)
        {
            if (*(p+count) == 0x00 or *(q+count) == 0x00)
              break ;
            if (*(p+count) != *(q+count) )
                {
                    nomatch ++ ;
                }
              count++ ;
        }
       if (nomatch >0)
        {
          return false ;
        }
        else
        {
          return true ;
        }
    }
String Double2Str(double dd,int decn)
{
     int a1 = (int)dd ;
     int a3 ;
     if (decn >0)
     {
         double a2 = dd - a1 ;
         a3 = (int)(a2 * (10^decn));
     }
     if (decn >0)
     {
         return String(a1)+"."+ String(a3) ;
     }
     else
     {
       return String(a1) ;
     }
}
```

如下圖所示，我們可以看到取得環境可連接之無線基地台。

圖 33 取得環境可連接之無線基地台結果畫面

連接無線基地台

本文要介紹讀者如何透過連接無線基地台來上網，並瞭解 ESP 32 開發板如何透過外加網路函數來連接無線基地台(曹永忠, 2016a, 2016d, 2016f, 2016k, 2020b, 2020c; 曹永忠 & 許智誠, 2014; 曹永忠, 吳佳駿, 許智誠, & 蔡英德, 2016c, 2016d, 2017a, 2017b, 2017c; 曹永忠, 張程, 鄭昊緣, 楊柳姿, & 楊楠、, 2020; 曹永忠, 許智誠, & 蔡英德, 2015b, 2015e, 2015f, 2015g, 2015k, 2015m, 2016c, 2016i, 2020; 曹永忠, 郭晉魁, 吳佳駿, 許智誠, & 蔡英德, 2017; 曹永忠, 蔡英德, 許智誠, 鄭昊緣, & 張程, 2020a, 2020b。

連接無線基地台實驗材料

如下圖所示，這個實驗我們需要用到的實驗硬體有下圖.(a)的 ESP 32 開發板、下圖.(b) MicroUSB 下載線：

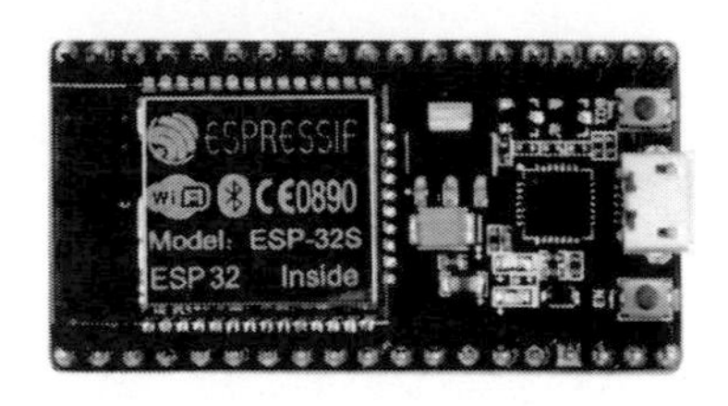

(a). NodeMCU 32S開發板　　(b). MicroUSB 下載線

圖 34 連接無線基地台材料表

讀者可以參考下圖所示之連接無線基地台連接電路圖，進行電路組立(曹永忠, 2016g)。

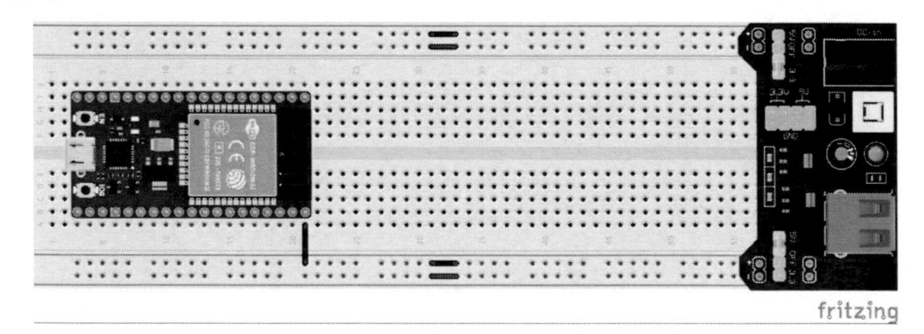

圖 35 連接無線基地台電路圖

讀者可以參考下圖所示之取得連接無線基地台電路實體圖，參考後進行電路組立。

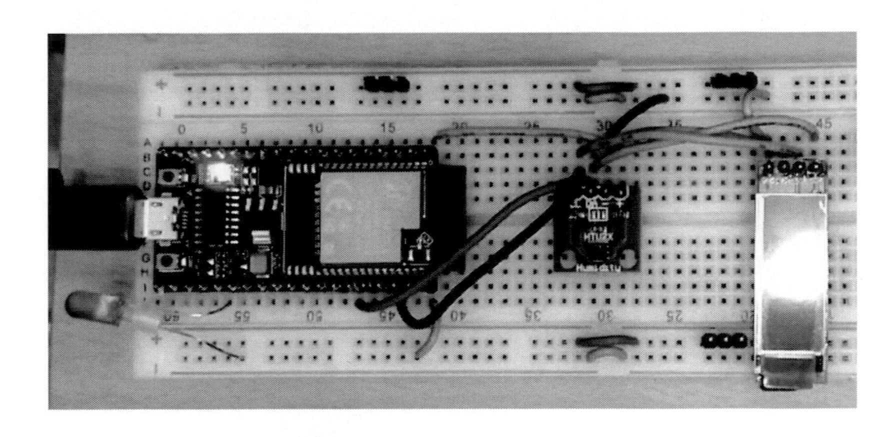

圖 36 連接無線基地台電路實體圖

我們遵照前幾章所述，將 ESP 32 開發板的驅動程式安裝好之後，我們打開 ESP 32 開發板的開發工具：Sketch IDE 整合開發軟體(安裝 Arduino 開發環境，請參考本文之『Arduino 開發 IDE 安裝』，安裝 ESP 32 開發板 SDK 請參考本文之『安裝 ESP32 Arduino 整合開發環境』(曹永忠, 2020a, 2020c, 2020d)，攥寫一段程式，如下表所示之連接無線基地台測試程式，透過無線基地台連上網際網路。

表 7 連接無線基地台測試程式

連接無線基地台測試程式(密碼模式) (WiFiAccessPoint_ESP32)

#include "initPins.h" //自訂系統腳位函式庫
void setup()
{
    initAll() ; //系統設定
    initWiFi()   ; //網路連線
}
void loop()
{
}
void initAll()
{
  Serial.begin(9600); //通訊控制埠 初始化，並設為 9600 bps
  Serial.println();
  Serial.println("System Start"); //印出 "System Start"
  MacData = GetMacAddress() ;   //取得網路卡編號
}

程式下載：https://github.com/brucetsao/ ESP10Course

表 8 連接無線基地台測試程式(initPins.h)

連接無線基地台測試程式(密碼模式) (WiFiAccessPoint_ESP32)

#include <WiFi.h>   //使用網路函式庫
#include <WiFiClient.h>   //使用網路用戶端函式庫
String IpAddress2String(const IPAddress& ipAddress) ;
  IPAddress ip ;   //網路卡取得 IP 位址之原始型態之儲存變數
  String IPData ;   //網路卡取得 IP 位址之儲存變數
  String APname ;   //網路熱點之儲存變數
  String MacData ;   //網路卡取得網路卡編號之儲存變數
  long rssi ;   //網路連線之訊號強度'之儲存變數
  int status = WL_IDLE_STATUS;   //取得網路狀態之變數
 const char *ssid = "NCNUIOT";   //自定 Access Point 名稱
const char *password = "12345678";   //自定 Access Point 密碼
void initWiFi()   //網路連線
{
    // We start by connecting to a WiFi network
    Serial.println();   //通訊埠印出 " "

```
    Serial.println();     //通訊埠印出 " "
    Serial.print("Connecting to ");     //通訊埠印出 "Connecting to "
    Serial.println(ssid);       //通訊埠印出 熱點名稱
    WiFi.begin(ssid, password);
    //開始針對熱點進行連線
  while (WiFi.status() != WL_CONNECTED)        //還沒連線成功
    {
      //WiFi.status()  連線狀態
      //已經連線
        delay(500);
        Serial.print(".");
    }
    ip = WiFi.localIP();
    Serial.print("AP Name: ");     //通訊埠印出 AP Name:
    APname = WiFi.SSID();
    Serial.println(APname);     //通訊埠印出 WiFi.SSID()==>從熱點名稱
    Serial.print("IP address: ");     //通訊埠印出 IP address:
    ip = WiFi.localIP();       //取得 IP 位址
    IPData = IpAddress2String(ip) ; //轉換 IP 變數為字串型態變數
    Serial.println(IPData);     //通訊埠印出 WiFi.localIP()==>從熱點取得 IP 位址
    //通訊埠印出連接熱點取得的 IP 位址
    Serial.println("");       //通訊埠印出 " "
    Serial.println("WiFi connected");       //通訊埠印出 " "
    Serial.println("IP address: ");       //通訊埠印出 "WiFi connected"
    Serial.println(WiFi.localIP());       //通訊埠印出 DHCP  取得 IP
}
//----------Common Lib
long POW(long num, int expo)
{
  long tmp =1 ;
  if (expo > 0)
  {
        for(int i = 0 ; i< expo ; i++)
          tmp = tmp * num ;
         return tmp ;
  }
  else
  {
   return tmp ;
```

```
    }
}
String SPACE(int sp)
{
        String tmp = "" ;
        for (int i = 0 ; i < sp; i++)
            {
                tmp.concat(' ')    ;
            }
        return tmp ;
}
String strzero(long num, int len, int base)
{
    String retstring = String("");
    int ln = 1 ;
        int i = 0 ;
        char tmp[10] ;
        long tmpnum = num ;
        int tmpchr = 0 ;
        char hexcode[]={'0','1','2','3','4','5','6','7','8','9','A','B','C','D','E','F'} ;
        while (ln <= len)
        {
                tmpchr = (int)(tmpnum % base) ;
                tmp[ln-1] = hexcode[tmpchr] ;
                ln++ ;
                 tmpnum = (long)(tmpnum/base) ;
        }
        for (i = len-1; i >= 0 ; i --)
            {
                retstring.concat(tmp[i]);
            }

    return retstring;
}
unsigned long unstrzero(String hexstr, int base)
{
    String chkstring    ;
    int len = hexstr.length() ;
```

```
    unsigned int i = 0 ;
    unsigned int tmp = 0 ;
    unsigned int tmp1 = 0 ;
    unsigned long tmpnum = 0 ;
    String hexcode = String("0123456789ABCDEF") ;
    for (i = 0 ; i < (len ) ; i++)
    {
  //        chkstring= hexstr.substring(i,i) ;
       hexstr.toUpperCase() ;
              tmp = hexstr.charAt(i) ;     // give i th char and return this char
              tmp1 = hexcode.indexOf(tmp) ;
       tmpnum = tmpnum + tmp1* POW(base,(len -i -1) )    ;
    }
  return tmpnum;
}
String    print2HEX(int number) {
  String ttt ;
  if (number >= 0 && number < 16)
  {
    ttt = String("0") + String(number,HEX);
  }
  else
  {
      ttt = String(number,HEX);
  }
  return ttt ;
}
String GetMacAddress()      //取得網路卡編號
{
  // the MAC address of your WiFi shield
  String Tmp = "" ;
  byte mac[6];

  // print your MAC address:
  WiFi.macAddress(mac);
  for (int i=0; i<6; i++)
    {
        Tmp.concat(print2HEX(mac[i])) ;
    }
```

```
        Tmp.toUpperCase() ;
    return Tmp ;
}
void ShowMAC()    //於串列埠印出網路卡號碼
{
    Serial.print("MAC Address:(");    //印出 "MAC Address:("
    Serial.print(MacData) ;       //印出 MacData 變數內容
    Serial.print(")\n");        //印出 ")\n"
}
String IpAddress2String(const IPAddress& ipAddress)
{
    //回傳 ipAddress[0-3]的內容，以 16 進位回傳
    return String(ipAddress[0]) + String(".") +\
    String(ipAddress[1]) + String(".") +\
    String(ipAddress[2]) + String(".") +\
    String(ipAddress[3])    ;
}
String chrtoString(char *p)
{
        String tmp ;
        char c ;
        int count = 0 ;
        while (count <100)
        {
            c= *p ;
            if (c != 0x00)
              {
                tmp.concat(String(c)) ;
              }
              else
              {
                  return tmp ;
              }
           count++ ;
           p++;

        }
}
void CopyString2Char(String ss, char *p)
```

```
{
            //    sprintf(p,"%s",ss) ;

  if (ss.length() <=0)
        {
              *p =    0x00 ;
            return ;
        }
     ss.toCharArray(p, ss.length()+1) ;
   // *(p+ss.length()+1) = 0x00 ;
}
boolean CharCompare(char *p, char *q)
  {
        boolean flag = false ;
        int count = 0 ;
        int nomatch = 0 ;
        while (flag <100)
        {
             if (*(p+count) == 0x00 or *(q+count) == 0x00)
                break ;
             if (*(p+count) != *(q+count) )
                  {
                      nomatch ++ ;
                  }
                count++ ;
        }
       if (nomatch >0)
        {
           return false ;
        }
        else
        {
           return true ;
        }
  }
String Double2Str(double dd,int decn)
{
     int a1 = (int)dd ;
     int a3 ;
```

```
    if (decn >0)
    {
        double a2 = dd - a1 ;
        a3 = (int)(a2 * (10^decn));
    }
    if (decn >0)
    {
        return String(a1)+"."+ String(a3) ;
    }
    else
    {
      return String(a1) ;
    }
}
```

程式下載：https://github.com/brucetsao/ ESP10Course

如下圖所示，我們可以看到連接無線基地台結果畫面。

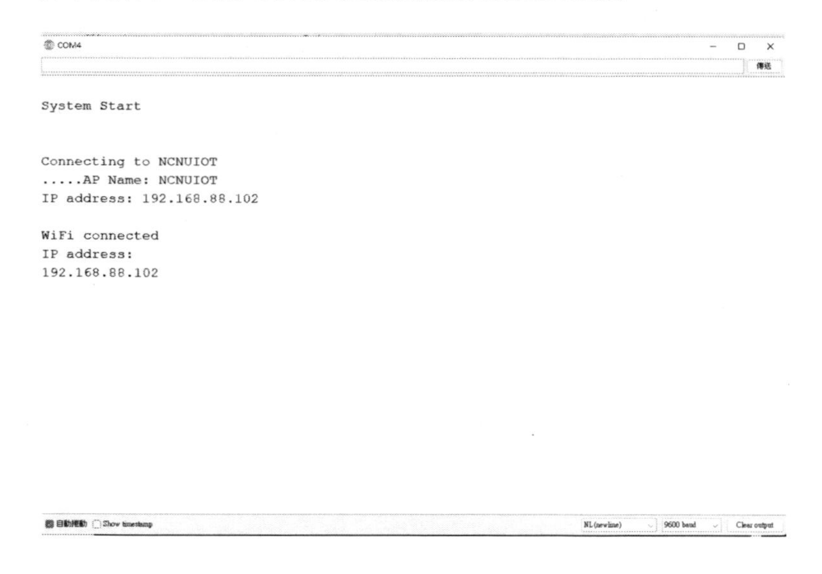

圖 37 連接無線基地台結果畫面

多部無線基地台自動連接

如果網路環境有許多無線基地台，但是不一定所有的無線基地台都開啟，如何在多部無線基地台中，自動找尋壹台可以上網地無線基地台，本文要介紹讀者如何在多部無線基地台中，自動找尋壹台可以上網地無線基地臺上網，並瞭解 ESP 32 開發板如何透過外加網路函數來連接無線基地台(曹永忠, 2016a, 2016d, 2016f, 2016k, 2020b, 2020c; 曹永忠 & 許智誠, 2014; 曹永忠, 吳佳駿, 許智誠, & 蔡英德, 2016c, 2016d, 2017a, 2017b, 2017c; 曹永忠, 張程, 鄭昊緣, 楊柳姿, & 楊楠、, 2020; 曹永忠, 許智誠, & 蔡英德, 2015b, 2015e, 2015f, 2015g, 2015k, 2015m, 2016c, 2016i, 2020; 曹永忠, 郭晉魁, 吳佳駿, 許智誠, & 蔡英德, 2017; 曹永忠, 蔡英德, 許智誠, 鄭昊緣, & 張程, 2020a, 2020b。

多部無線基地台自動連接實驗材料

如下圖所示，這個實驗我們需要用到的實驗硬體有下圖.(a)的 ESP 32 開發板、下圖.(b) MicroUSB 下載線：

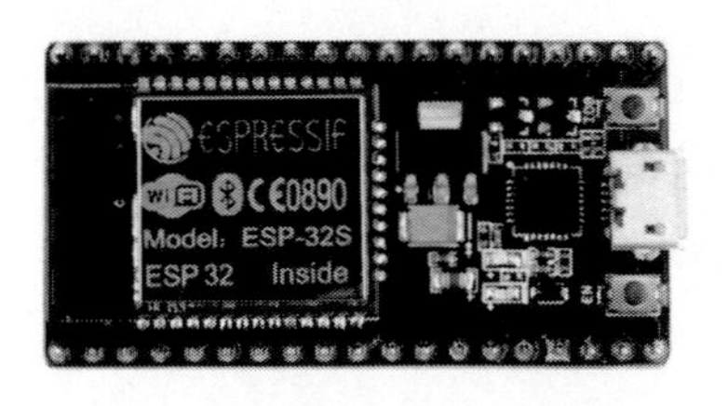

(a). NodeMCU 32S開發板

(b). MicroUSB 下載線

圖 38 連接無線基地台材料表

讀者可以參考下圖所示之多部無線基地台自動連接電路圖，進行電路組立(曹永忠, 2016g)。

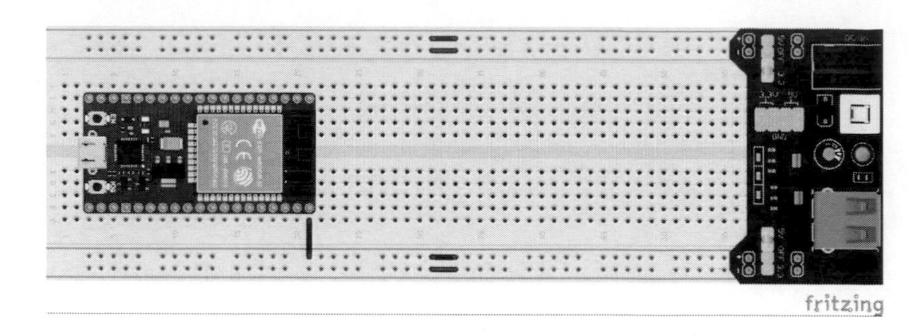

圖 39 多部無線基地台自動連接電路圖

讀者可以參考下圖所示之取得連接無線基地台電路實體圖，參考後進行電路組立。

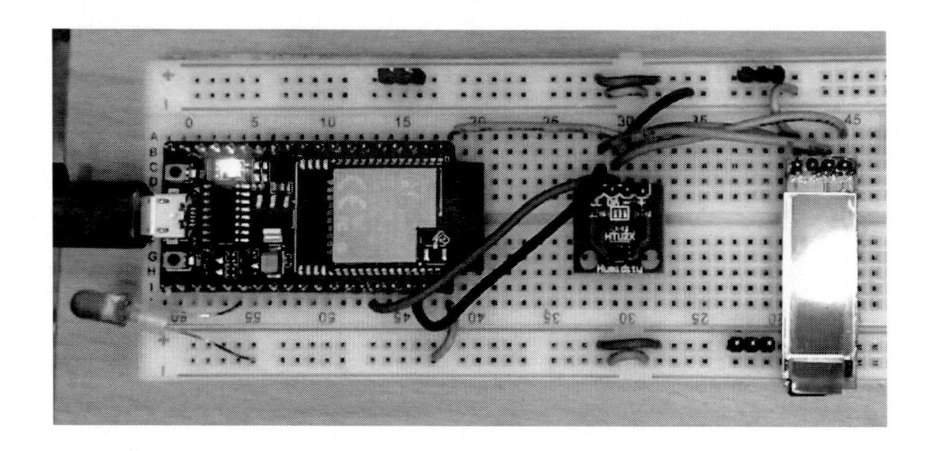

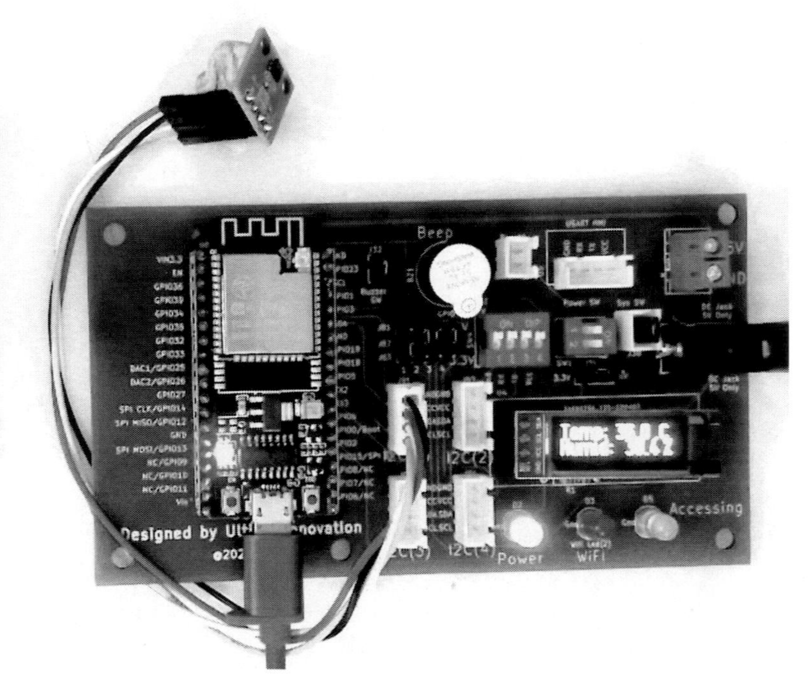

圖 40 多部無線基地台自動連接電路實體圖

我們遵照前幾章所述，將 ESP 32 開發板的驅動程式安裝好之後，我們打開 ESP 32 開發板的開發工具：Sketch IDE 整合開發軟體(安裝 Arduino 開發環境，請參考本文之『Arduino 開發 IDE 安裝』，安裝 ESP 32 開發板 SDK 請參考本文之『安裝 ESP32 Arduino 整合開發環境』(曹永忠, 2020a, 2020c, 2020d)，攥寫一段程式，如下表所示之多部無線基地台自動連接測試程式，在多部無線基地台中，自動找尋壹台可以上網地無線基地台連上網際網路。

表 9 多部無線基地台自動連接

多部無線基地台自動連接(WiFiMulti_ESP32)

#include "initPins.h" //自訂系統腳位函式庫
void setup()
{
    initAll() ; //系統設定
    initWiFi()   ;   //網路連線
    ShowInternet() ; //秀出網路連線資訊

```
}
void loop()
{
}
void initAll()
{
  Serial.begin(9600); //通訊控制埠 初始化，並設為 9600 bps
  Serial.println();
  Serial.println("System Start"); //印出 "System Start"
  MacData = GetMacAddress() ;      //取得網路卡編號
}
```

程式下載：https://github.com/brucetsao/ ESP10Course

表 10 多部無線基地台自動連接(initPins.h)

多部無線基地台自動連接(WiFiMulti_ESP32)

```
#include <WiFi.h>     //使用網路函式庫
#include <WiFiClient.h>     //使用網路用戶端函式庫
#include <WiFiMulti.h>      //多熱點網路函式庫
WiFiMulti wifiMulti;     //產生多熱點連線物件
String IpAddress2String(const IPAddress& ipAddress) ;
  IPAddress ip ;     //網路卡取得 IP 位址之原始型態之儲存變數
  String IPData ;    //網路卡取得 IP 位址之儲存變數
  String APname ;    //網路熱點之儲存變數
  String MacData ;    //網路卡取得網路卡編號之儲存變數
  long rssi ;    //網路連線之訊號強度'之儲存變數
  int status = WL_IDLE_STATUS;  //取得網路狀態之變數

const char *ssid = "NCNUIOT";          //自定 Access Point 名稱
const char *password = "12345678";      //自定 Access Point 密碼
void initWiFi()    //網路連線，連上熱點
{
  //加入連線熱點資料
  wifiMulti.addAP("NCNUIOT", "12345678");  //加入一組熱點
  wifiMulti.addAP("NCNUIOT2", "12345678");  //加入一組熱點
  wifiMulti.addAP("ABC", "12345678");  //加入一組熱點
  // We start by connecting to a WiFi network
  Serial.println();
  Serial.println();
```

```
  Serial.print("Connecting to ");
  //通訊埠印出 "Connecting to "
  wifiMulti.run();   //多網路熱點設定連線
 while (WiFi.status() != WL_CONNECTED)        //還沒連線成功
  {
    // wifiMulti.run() 啟動多熱點連線物件，進行已經紀錄的熱點進行連線，
    // 一個一個連線，連到成功為主，或者是全部連不上
    // WL_CONNECTED 連接熱點成功
    Serial.println(".");     //通訊埠印出
    delay(500) ;  //停 500 ms
     wifiMulti.run();    //多網路熱點設定連線
  }
    Serial.println("WiFi connected");     //通訊埠印出 WiFi connected
    Serial.print("AP Name: ");     //通訊埠印出 AP Name:
    APname = WiFi.SSID();
    Serial.println(APname);     //通訊埠印出 WiFi.SSID()==>從熱點名稱
    Serial.print("IP address: ");     //通訊埠印出 IP address:
    ip = WiFi.localIP();
    IPData = IpAddress2String(ip) ;
    Serial.println(IPData);     //通訊埠印出 WiFi.localIP()==>從熱點取得 IP 位址
    //通訊埠印出連接熱點取得的 IP 位址
 }
void ShowInternet()    //秀出網路連線資訊
{
  Serial.print("MAC:") ;
  Serial.print(MacData) ;
  Serial.print("\n") ;
  Serial.print("SSID:") ;
  Serial.print(APname) ;
  Serial.print("\n") ;
  Serial.print("IP:") ;
  Serial.print(IPData) ;
  Serial.print("\n") ;
  //OledLineText(1,"MAC:"+MacData) ;
  //OledLineText(2,"IP:"+IPData);
  //ShowMAC() ;
  //ShowIP()   ;
}
//--------------------
```

```
//----------Common Lib
long POW(long num, int expo)
{
   long tmp =1 ;
   if (expo > 0)
   {
           for(int i = 0 ; i< expo ; i++)
              tmp = tmp * num ;
            return tmp ;
   }
   else
   {
    return tmp ;
   }
}
String SPACE(int sp)
{
      String tmp = "" ;
      for (int i = 0 ; i < sp; i++)
         {
              tmp.concat(' ')    ;
         }
      return tmp ;
}
String strzero(long num, int len, int base)
{
   String retstring = String("");
   int ln = 1 ;
      int i = 0 ;
      char tmp[10] ;
      long tmpnum = num ;
      int tmpchr = 0 ;
      char hexcode[]={'0','1','2','3','4','5','6','7','8','9','A','B','C','D','E','F'} ;
      while (ln <= len)
      {
            tmpchr = (int)(tmpnum % base) ;
            tmp[ln-1] = hexcode[tmpchr] ;
            ln++ ;
             tmpnum = (long)(tmpnum/base) ;
```

```
    }
    for (i = len-1; i >= 0 ; i --)
      {
            retstring.concat(tmp[i]);
      }

  return retstring;
}
unsigned long unstrzero(String hexstr, int base)
{
  String chkstring    ;
  int len = hexstr.length() ;
    unsigned int i = 0 ;
    unsigned int tmp = 0 ;
    unsigned int tmp1 = 0 ;
    unsigned long tmpnum = 0 ;
    String hexcode = String("0123456789ABCDEF") ;
    for (i = 0 ; i < (len ) ; i++)
    {
  //        chkstring= hexstr.substring(i,i) ;
      hexstr.toUpperCase() ;
            tmp = hexstr.charAt(i) ;      // give i th char and return this char
            tmp1 = hexcode.indexOf(tmp) ;
      tmpnum = tmpnum + tmp1* POW(base,(len -i -1) )    ;



    }
  return tmpnum;
}
String   print2HEX(int number) {
  String ttt ;
  if (number >= 0 && number < 16)
  {
    ttt = String("0") + String(number,HEX);
  }
  else
  {
      ttt = String(number,HEX);
  }
```

```
  return ttt ;
}
String GetMacAddress()       //取得網路卡編號
{
  // the MAC address of your WiFi shield
  String Tmp = "" ;
  byte mac[6];
  // print your MAC address:
  WiFi.macAddress(mac);
  for (int i=0; i<6; i++)
    {
          Tmp.concat(print2HEX(mac[i])) ;
    }
    Tmp.toUpperCase() ;
  return Tmp ;
}
void ShowMAC()   //於串列埠印出網路卡號碼
{

  Serial.print("MAC Address:(");  //印出 "MAC Address:("
  Serial.print(MacData) ;      //印出 MacData 變數內容
  Serial.print(")\n");       //印出 ")\n"
}
String IpAddress2String(const IPAddress& ipAddress)
{
  //回傳 ipAddress[0-3]的內容，以 16 進位回傳
  return String(ipAddress[0]) + String(".") +\
  String(ipAddress[1]) + String(".") +\
  String(ipAddress[2]) + String(".") +\
  String(ipAddress[3])   ;
}
String chrtoString(char *p)
{
    String tmp ;
    char c ;
    int count = 0 ;
    while (count <100)
    {
        c= *p ;
```

```
            if (c != 0x00)
              {
                 tmp.concat(String(c)) ;
              }
              else
              {
                    return tmp ;
              }
          count++ ;
          p++;

    }
}
void CopyString2Char(String ss, char *p)
{
            //   sprintf(p,"%s",ss) ;
   if (ss.length() <=0)
        {
             *p =    0x00 ;
            return ;
        }
      ss.toCharArray(p, ss.length()+1) ;
    // *(p+ss.length()+1) = 0x00 ;
}
boolean CharCompare(char *p, char *q)
   {
        boolean flag = false ;
        int count = 0 ;
        int nomatch = 0 ;
        while (flag <100)
        {
              if (*(p+count) == 0x00 or *(q+count) == 0x00)
                 break ;
              if (*(p+count) != *(q+count) )
                  {
                       nomatch ++ ;
                  }
                 count++ ;
        }
```

```
        if (nomatch >0)
         {
            return false ;
         }
         else
         {
            return true ;
         }
   }
String Double2Str(double dd,int decn)
{
      int a1 = (int)dd ;
      int a3 ;
      if (decn >0)
      {
            double a2 = dd - a1 ;
            a3 = (int)(a2 * (10^decn));
      }
      if (decn >0)
      {
            return String(a1)+"."+ String(a3) ;
      }
      else
      {
         return String(a1) ;
      }
}
```

程式下載：https://github.com/brucetsao/ ESP10Course

如下圖所示，我們可以在多部無線基地台中，自動找尋一台可以上網的無線基地台連上網際網路之結果畫面。

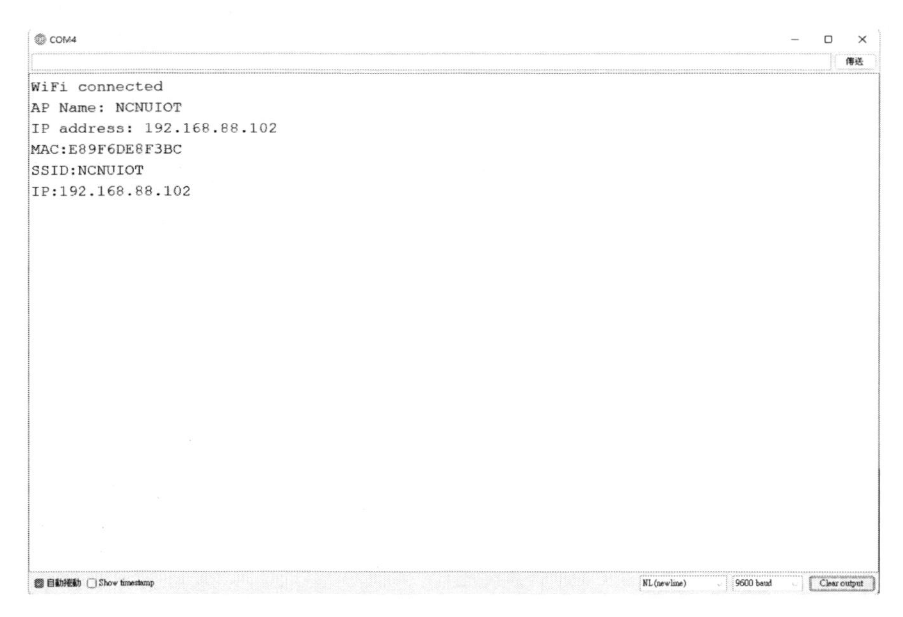

圖 41 多部無線基地台中自動連接無線基地台結果畫面

連接網際網路

本文要介紹讀者如何透過連接無線基地台來上網，並瞭解 ESP 32 開發板如何透過外加網路函數來連接無線基地台(曹永忠, 2016b, 2016c, 2016e, 2016g, 2016h, 2016j)，進而連上網際網路，並測試連上網站『www.google.com』，進行是否真的可以連上網際網路(曹永忠, 2016a, 2016d, 2016f, 2016k, 2020b, 2020c; 曹永忠 & 許智誠, 2014; 曹永忠, 吳佳駿, 許智誠, & 蔡英德, 2016c, 2016d, 2017a, 2017b, 2017c; 曹永忠, 張程, 鄭昊緣, 楊柳姿, & 楊楠、, 2020; 曹永忠, 許智誠, & 蔡英德, 2015b, 2015e, 2015f, 2015g, 2015k, 2015m, 2016c, 2016i, 2020; 曹永忠, 郭晉魁, 吳佳駿, 許智誠, & 蔡英德, 2017; 曹永忠, 蔡英德, 許智誠, 鄭昊緣, & 張程, 2020a, 2020b。

連接網際網路實驗材料

如下圖所示，這個實驗我們需要用到的實驗硬體有下圖.(a)的 ESP 32 開發板、下圖.(b) MicroUSB 下載線：

(a). NodeMCU 32S開發板

(b). MicroUSB 下載線

圖 42 連接網際網路材料表

讀者可以參考下圖所示之連接網際網路電路圖，進行電路組立(曹永忠, 2016g)。

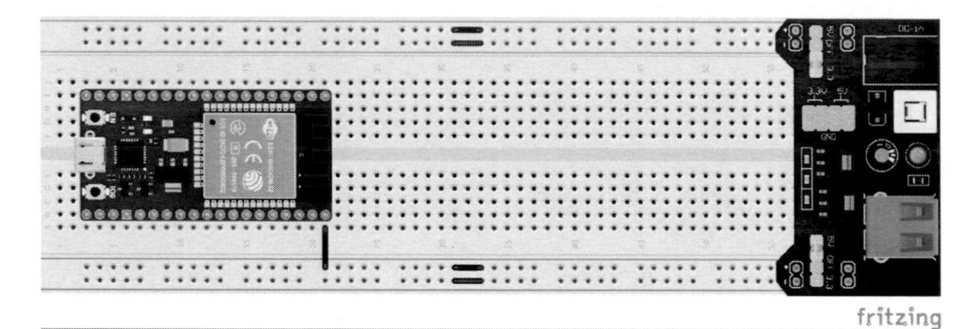

圖 43 連接網際網路電路圖

讀者可以參考下圖所示之取得連接無線基地台電路實體圖，參考後進行電路組立。

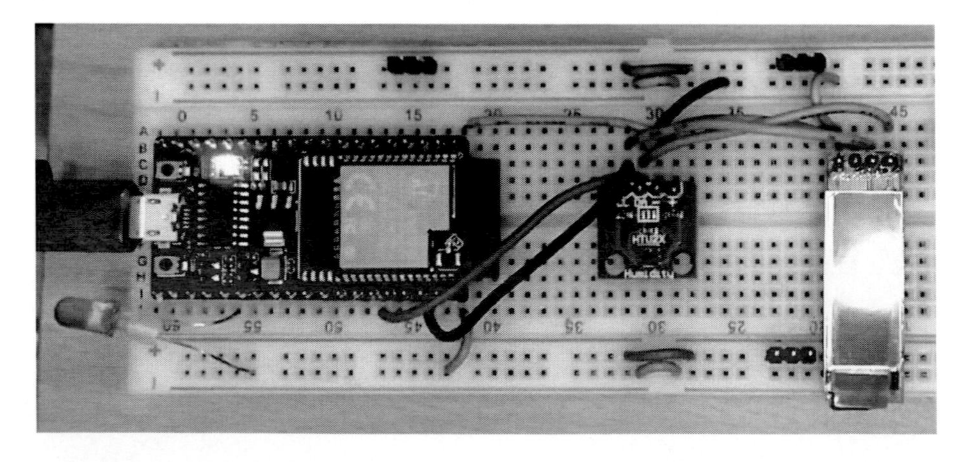

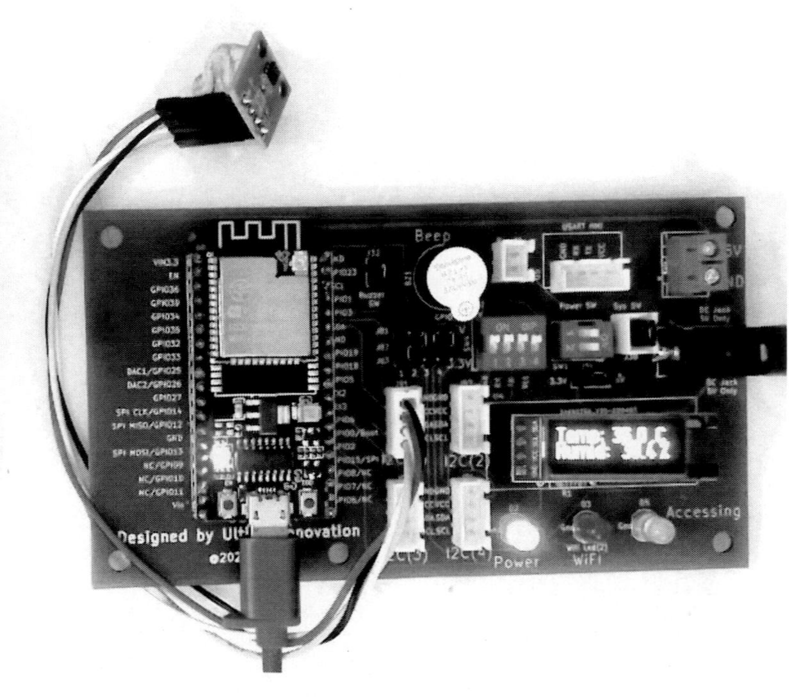

圖 44 連接網際網路電路實體圖

我們遵照前幾章所述，將 ESP 32 開發板的驅動程式安裝好之後，我們打開 ESP 32 開發板的開發工具：Sketch IDE 整合開發軟體(安裝 Arduino 開發環境，請參考本文之『Arduino 開發 IDE 安裝』，安裝 ESP 32 開發板 SDK 請參考本文之『安裝 ESP32 Arduino 整合開發環境』(曹永忠, 2020a, 2020c, 2020d)，攥寫一段程式，如下表所示之連接網際網路測試程式，透過無線基地台連上網際網路，並實際連到網站進行測試。

表 11 連接網際網路測試程式

連接網際網路測試程式(WiFiClient_ESP32S)

```
#include "initPins.h" //自訂系統腳位函式庫
void setup()
{
    initAll() ; //系統設定
    initWiFi()   ;   //網路連線
     ShowInternet() ; //秀出網路連線資訊
```

```
}
void loop()
{
	delay(50);
	Serial.print("connecting to ");   //通訊埠印出 "connecting to"
	Serial.println(host);       //通訊埠印出 "想要連線的主機：用 host 變數儲存 "

	// Use WiFiClient class to create TCP connections
	WiFiClient client;       //產生一個連線網站的 socket 物件，用 WiFiClient 宣告
產生
	const int httpPort = 80;
	if (!client.connect(host, httpPort)) //  連到測試網站，是否成功
	{
		//連線網站的 socket 物件.connect()連到某一個網站
		//物件.connect(連線網站的域名或 IP，連線網站的通訊埠)
		Serial.println("connection failed");
		return;
	}
	// We now create a URI for the request
	String url = "/input/";
	url += streamId;
	url += "?private_key=";
	url += privateKey;
	url += "&value=";
	url += value;
	Serial.print("Requesting URL: ");
	Serial.println(url);
	// This will send the request to the server
	client.print(String("GET ") + url + " HTTP/1.1\r\n" +
			"Host: " + host + "\r\n" +
			"Connection: close\r\n\r\n");
	unsigned long timeout = millis(); //  取得連線時間
	while (client.available() == 0)     //網路連線有回應內容
	{
		if (millis() - timeout > 5000) //  超過五秒鐘
		{
			Serial.println(">>> Client Timeout !");
			// TIME OUT，  好像斷線嘞
			client.stop();   //連線停止
```

```
                return;
            }
        }

        // Read all the lines of the reply from server and print them to Serial
        while(client.available())    //網站有回應
        {
            String line = client.readStringUntil('\r');
            Serial.print(line);
        }

        Serial.println();    //印出 換行鍵
        Serial.println("closing connection");    //印出 "closing connection"
        client.stop() ;    //連線關閉
}
void initAll()
{
  Serial.begin(9600); //通訊控制埠 初始化，並設為 9600 bps
  Serial.println();
  Serial.println("System Start"); //印出 "System Start"
  MacData = GetMacAddress() ;    //取得網路卡編號
}
```

程式下載：https://github.com/brucetsao/ ESP10Course

表 12 連接網際網路測試程式(initPins.h)

連接網際網路測試程式(WiFiClient_ESP32S)

```
#include <WiFi.h>    //使用網路函式庫
#include <WiFiClient.h>    //使用網路用戶端函式庫
#include <WiFiMulti.h>    //多熱點網路函式庫
WiFiMulti wifiMulti;    //產生多熱點連線物件
String IpAddress2String(const IPAddress& ipAddress) ;
//#define LedPin 2    // Set the GPIO pin where you connected your test LED or comment
this line out if your dev board has a built-in LED
        //設定燈號為 GPIO 2
// Set these to your desired credentials.
const char* host = "www.sparkfun.com";    //測試主機名稱
const char* streamId    = "....................";
```

```
const char* privateKey = "....................";
  IPAddress ip ;      //網路卡取得 IP 位址之原始型態之儲存變數
  String IPData ;    //網路卡取得 IP 位址之儲存變數
  String APname ;     //網路熱點之儲存變數
  String MacData ;    //網路卡取得網路卡編號之儲存變數
  long rssi ;   //網路連線之訊號強度'之儲存變數
  int status = WL_IDLE_STATUS;  //取得網路狀態之變數
  int value = 0;
void initWiFi()   //網路連線，連上熱點
{
  //加入連線熱點資料
  wifiMulti.addAP("NCNUIOT", "12345678");  //加入一組熱點
  wifiMulti.addAP("NCNUIOT2", "12345678");  //加入一組熱點
  wifiMulti.addAP("ABC", "12345678");  //加入一組熱點
  // We start by connecting to a WiFi network
  Serial.println();
  Serial.println();
  Serial.print("Connecting to ");
  //通訊埠印出  "Connecting to "
  wifiMulti.run();  //多網路熱點設定連線
 while (WiFi.status() != WL_CONNECTED)        //還沒連線成功
  {
    // wifiMulti.run() 啟動多熱點連線物件，進行已經紀錄的熱點進行連線，
    // 一個一個連線，連到成功為主，或者是全部連不上
    // WL_CONNECTED 連接熱點成功
    Serial.println(".");    //通訊埠印出
    delay(500) ;  //停 500 ms
     wifiMulti.run();    //多網路熱點設定連線
  }
    Serial.println("WiFi connected");     //通訊埠印出  WiFi connected
    Serial.print("AP Name: ");     //通訊埠印出  AP Name:
    APname = WiFi.SSID();
    Serial.println(APname);    //通訊埠印出  WiFi.SSID()==>從熱點名稱
    Serial.print("IP address: ");    //通訊埠印出  IP address:
    ip = WiFi.localIP();
    IPData = IpAddress2String(ip) ;
    Serial.println(IPData);    //通訊埠印出  WiFi.localIP()==>從熱點取得 IP 位址
    //通訊埠印出連接熱點取得的 IP 位址
  }
```

```
void ShowInternet()      //秀出網路連線資訊
{
  Serial.print("MAC:") ;
  Serial.print(MacData) ;
  Serial.print("\n") ;
  Serial.print("SSID:") ;
  Serial.print(APname) ;
  Serial.print("\n") ;
  Serial.print("IP:") ;
  Serial.print(IPData) ;
  Serial.print("\n") ;
  //OledLineText(1,"MAC:"+MacData) ;
  //OledLineText(2,"IP:"+IPData);
  //ShowMAC() ;
  //ShowIP()    ;
}
//--------------------
//----------Common Lib
long POW(long num, int expo)
{
  long tmp =1 ;
  if (expo > 0)
  {
        for(int i = 0 ; i< expo ; i++)
          tmp = tmp * num ;
         return tmp ;
  }
  else
  {
   return tmp ;
  }
}
String SPACE(int sp)
{
    String tmp = "" ;
    for (int i = 0 ; i < sp; i++)
      {
          tmp.concat(' ')    ;
      }
```

```
        return tmp ;
}
String strzero(long num, int len, int base)
{
    String retstring = String("");
    int ln = 1 ;
        int i = 0 ;
        char tmp[10] ;
        long tmpnum = num ;
        int tmpchr = 0 ;
        char hexcode[]={'0','1','2','3','4','5','6','7','8','9','A','B','C','D','E','F'} ;
        while (ln <= len)
        {
                tmpchr = (int)(tmpnum % base) ;
                tmp[ln-1] = hexcode[tmpchr] ;
                ln++ ;
                  tmpnum = (long)(tmpnum/base) ;
          }
        for (i = len-1; i >= 0 ; i --)
            {
                    retstring.concat(tmp[i]);
            }
      return retstring;
}
unsigned long unstrzero(String hexstr, int base)
{
    String chkstring    ;
    int len = hexstr.length() ;

        unsigned int i = 0 ;
        unsigned int tmp = 0 ;
        unsigned int tmp1 = 0 ;
        unsigned long tmpnum = 0 ;
        String hexcode = String("0123456789ABCDEF") ;
        for (i = 0 ; i < (len ) ; i++)
        {
    //          chkstring= hexstr.substring(i,i) ;
            hexstr.toUpperCase() ;
                  tmp = hexstr.charAt(i) ;      // give i th char and return this char
```

```
            tmp1 = hexcode.indexOf(tmp) ;
        tmpnum = tmpnum + tmp1* POW(base,(len -i -1) )    ;
      }
   return tmpnum;
}
String   print2HEX(int number) {
   String ttt ;
   if (number >= 0 && number < 16)
   {
     ttt = String("0") + String(number,HEX);
   }
   else
   {
        ttt = String(number,HEX);
   }
   return ttt ;
}
String GetMacAddress()        //取得網路卡編號
{
   // the MAC address of your WiFi shield
   String Tmp = "" ;
   byte mac[6];
   // print your MAC address:
   WiFi.macAddress(mac);
   for (int i=0; i<6; i++)
      {
            Tmp.concat(print2HEX(mac[i])) ;
      }
      Tmp.toUpperCase() ;
   return Tmp ;
}
void ShowMAC()   //於串列埠印出網路卡號碼
{
   Serial.print("MAC Address:(");   //印出 "MAC Address:("
   Serial.print(MacData) ;     //印出 MacData 變數內容
   Serial.print(")\n");       //印出 ")\n"


}
```

```
String IpAddress2String(const IPAddress& ipAddress)
{
  //回傳 ipAddress[0-3]的內容，以 16 進位回傳
  return String(ipAddress[0]) + String(".") +\
  String(ipAddress[1]) + String(".") +\
  String(ipAddress[2]) + String(".") +\
  String(ipAddress[3])   ;
}
String chrtoString(char *p)
{
     String tmp ;
     char c ;
     int count = 0 ;
     while (count <100)
     {
          c= *p ;
          if (c != 0x00)
            {
               tmp.concat(String(c)) ;
            }
            else
            {
                 return tmp ;
            }
        count++ ;
        p++;

     }
}
void CopyString2Char(String ss, char *p)
{
            //   sprintf(p,"%s",ss) ;
  if (ss.length() <=0)
        {
             *p =   0x00 ;
            return ;
        }
     ss.toCharArray(p, ss.length()+1) ;
   // *(p+ss.length()+1) = 0x00 ;
```

```
}
boolean CharCompare(char *p, char *q)
  {
        boolean flag = false ;
        int count = 0 ;
        int nomatch = 0 ;
        while (flag <100)
        {
              if (*(p+count) == 0x00 or *(q+count) == 0x00)
                 break ;
              if (*(p+count) != *(q+count) )
                    {
                          nomatch ++ ;
                    }
                   count++ ;
        }
       if (nomatch >0)
        {
           return false ;
        }
        else
        {
           return true ;
        }
  }
String Double2Str(double dd,int decn)
{
     int a1 = (int)dd ;
     int a3 ;
     if (decn >0)
     {
           double a2 = dd - a1 ;
           a3 = (int)(a2 * (10^decn));
     }
     if (decn >0)
     {
           return String(a1)+"."+ String(a3) ;
     }
     else
```

```
    {
        return String(a1) ;
    }
}
```

程式下載：https://github.com/brucetsao/ ESP10Course

如下圖所示，我們可以看到連接網際網路結果畫面。

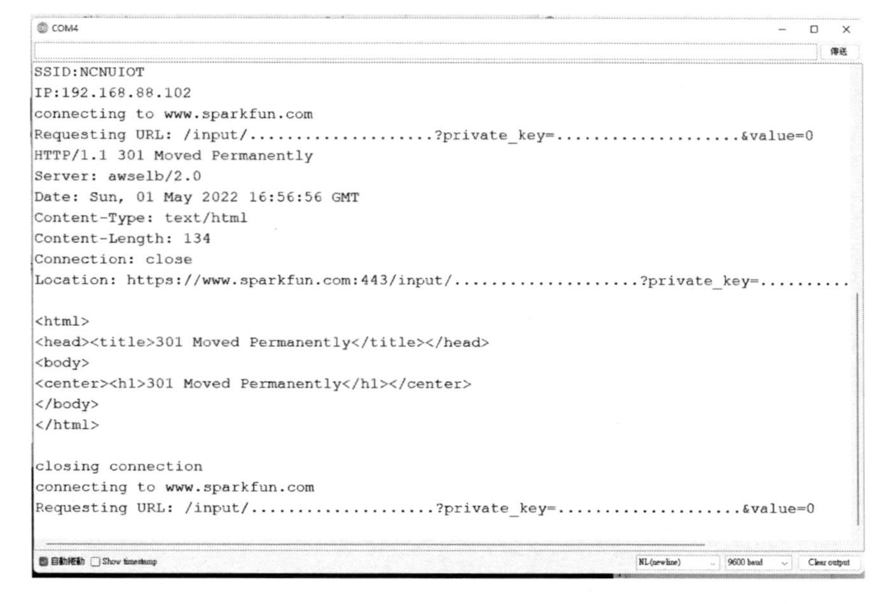

圖 45 連接網際網路結果畫面

習題

1. 請參考下圖，依本章攥寫程式方式，攥寫一隻使用靜態 IP 上網之程式。

圖 46 參考範例畫面

2. 請參考下圖，依本章攥寫程式方式，並到網路爬文，攥寫一隻使用 SmartConfig 上網之程式。

3.

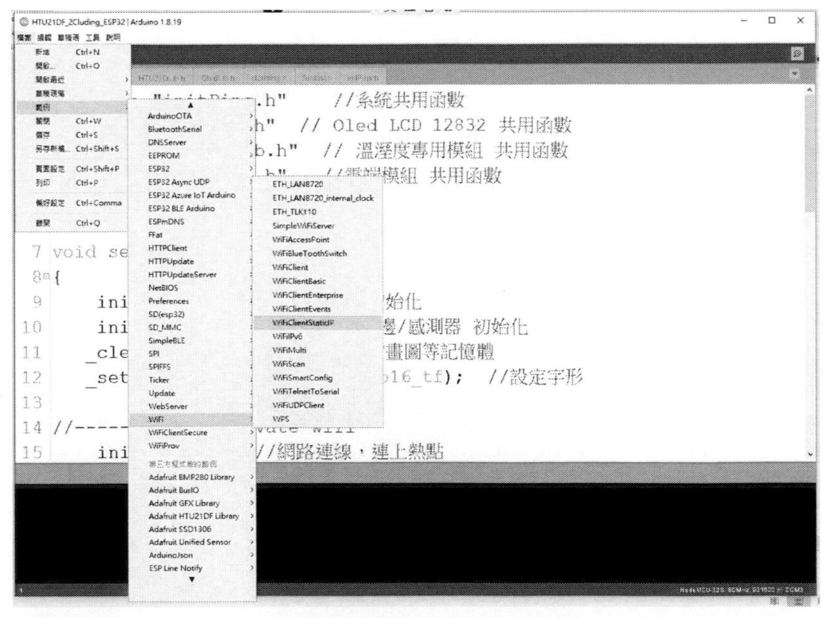

圖 47SmartConfig 參考範例畫面

章節小結

本章主要介紹之 ESP 32 開發板使用網路的基礎應用，相信讀者會對連接無線網路熱點，如何上網等網路基礎應用，透過這樣的講解，相信讀者也可以觸類旁通，設計其它網路的連接方式與網路應用，達到相同結果且有更深入的了解與體認。

CHAPTER

第二門課 GPIO 基本連接介紹

本章主要介紹讀者如何使用 ESP 32 開發板來控制基本的輸入/輸出(INPUT/OUTPUT:I/O)的用法與簡單程式範例，希望讀者可以了解如何使用最基礎的輸入、輸出(INPUT/OUTPUT:I/O)的用法。

控制 LED 發光二極體

本書主要是教導讀者可以如何使用發光二極體來發光，進而使用全彩的發光二極體來產生各類的顏色，由維基百科[3]中得知：發光二極體（英語：Light-emitting diode，縮寫：LED）是一種能發光的半導體電子元件，透過三價與五價元素所組成的複合光源。此種電子元件早在 1962 年出現，早期只能夠發出低光度的紅光，被惠普買下專利後當作指示燈利用。及後發展出其他單色光的版本，時至今日，能夠發出的光已經遍及可見光、紅外線及紫外線，光度亦提高到相當高的程度。用途由初時的指示燈及顯示板等；隨著白光發光二極體的出現，近年逐漸發展至被普遍用作照明用途(維基百科, 2016)。

發光二極體只能夠往一個方向導通（通電），叫作順向偏壓，當電流流過時，電子與電洞在其內重合而發出單色光，這叫電致發光效應，而光線的波長、顏色跟其所採用的半導體物料種類與故意摻入的元素雜質有關。具有效率高、壽命長、不易破損、反應速度快、可靠性高等傳統光源不及的優點。白光 LED 的發光效率近年有所進步；每千流明成本，也因為大量的資金投入使價格下降，但成本仍遠高於其他的傳統照明。雖然如此，近年仍然越來越多被用在照明用途上(維基百科, 2016)。

---

[3] 維基百科由非營利組織維基媒體基金會運作，維基媒體基金會是在美國佛羅里達州登記的 501(c)(3)免稅、非營利、慈善機構(https://zh.wikipedia.org/)

讀者可以在市面上，非常容易取得發光二極體，價格、顏色應有盡有，可於一般電子材料行、電器行或網際網路上的網路商城、雅虎拍賣(https://tw.bid.yahoo.com/)、露天拍賣(http://www.ruten.com.tw/)、PChome 線上購物(http://shopping.pchome.com.tw/)、PCHOME 商店街(http://www.pcstore.com.tw/)...等等，購買到發光二極體。

發光二極體

如下圖所示，我們可以購買您喜歡的發光二極體，來當作這次的實驗。

圖 48 發光二極體

如下圖所示，我們可以在維基百科中，找到發光二極體的組成元件圖(維基百科, 2016)。

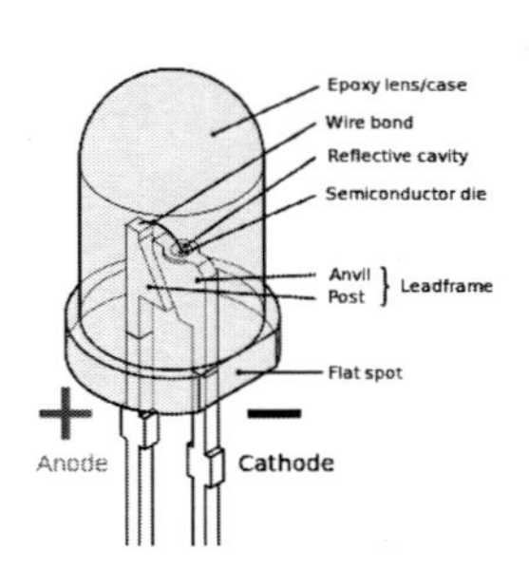

圖 49 發光二極體內部結構

資料來源:Wiki https://zh.wikipedia.org/wiki/%E7%99%BC%E5%85%89%E4%BA%8C%E6%A5%B5%E7%AE%A1(維基百科, 2016)

控制發光二極體發光

如下圖所示，這個實驗我們需要用到的實驗硬體有下圖.(a)的 ESP 32 開發板、下圖.(b) MicroUSB 下載線、下圖.(c)發光二極體、下圖.(d) 220 歐姆電阻：

(a). NodeMCU 32S開發板

(b). MicroUSB 下載線

(c). 發光二極體

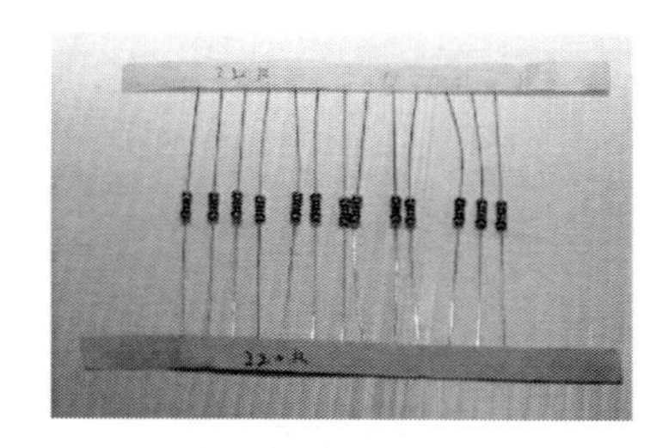

(d).220歐姆電阻

圖 50 控制發光二極體發光所需材料表

讀者可以參考下圖所示之控制發光二極體發光連接電路圖，進行電路組立。

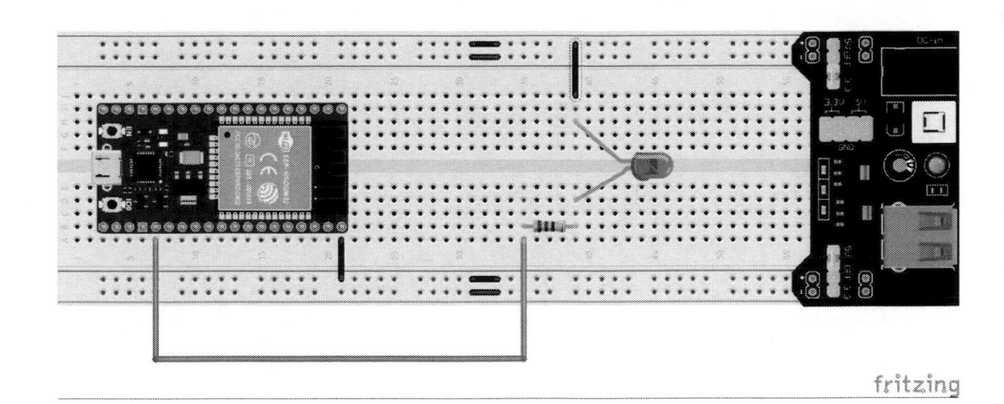

圖 51 控制發光二極體發光連接電路圖

讀者也可以參考下表所示之控制發光二極體發光接腳表，進行電路組立。

表 13 控制發光二極體發光接腳表

接腳	接腳說明	開發板接腳
1	麵包板 Vcc(紅線)	接電源正極(5V)
2	麵包板 GND(藍線)	接電源負極
3	220 歐姆電阻 A 端	開發板 GPIO2
4	220 歐姆電阻 B 端	LED 發光二極體(正極端)
5	LED 發光二極體(正極端)	220 歐姆電阻 B 端
6	LED 發光二極體(負極端)	麵包板 GND(藍線)

我們遵照前幾章所述，將 ESP 32 開發板的驅動程式安裝好之後，我們打開 ESP 32 開發板的開發工具：Sketch IDE 整合開發軟體(安裝 Arduino 開發環境，請參考本文之『Arduino 開發 IDE 安裝』，安裝 ESP 32 開發板 SDK 請參考本文之『安裝 ESP32 Arduino 整合開發環境』(曹永忠, 2020a, 2020c, 2020d)，攥寫一段程式，如下表所示之控制發光二極體測試程式，控制發光二極體明滅測試(曹永忠, 2016c; 曹永忠, 吳

佳駿, 許智誠, & 蔡英德, 2016a, 2016b; 曹永忠, 吳佳駿, et al., 2016c, 2016d, 2017a, 2017b, 2017c; 曹永忠 et al., 2015b, 2015e, 2015f, 2015g; 曹永忠, 許智誠, et al., 2016a, 2016c; 曹永忠, 郭晉魁, 吳佳駿, 許智誠, & 蔡英德, 2016; 曹永忠, 郭晉魁, et al., 2017)。

表 14 控制發光二極體測試程式

控制發光二極體測試程式(Blink_ESP32)

```
#define LedPin 2
//  define 宣告  LedPin  接為 2
// the setup function runs once when you press reset or power the board
void setup() //程式 起始區
{
  // initialize digital pin LED_BUILTIN as an output.
  pinMode(LedPin, OUTPUT);
  //宣告腳位模式：pinMode（腳位 ，模式）；
  // 設計腳位狀態，設定 LedPin(2)為輸出狀態(OUTPUT)
}

// the loop function runs over and over again forever
void loop()        //程式 重複區
{
  digitalWrite(LedPin, HIGH);    // turn the LED on (HIGH is the voltage level)
  //數位寫入：digitalWrite（腳位 ，電位）
  //設定 LedPin(2) 腳位狀態 為高電位==>電量燈泡
  delay(5000);                              // wait for a second
  //延遲 3000 單位==>1000 單位==1 秒鐘，所以延遲 3 秒鐘
  digitalWrite(LedPin, LOW);     // turn the LED off by making the voltage LOW
     //數位寫入：digitalWrite（腳位 ，電位）
   //設定 LedPin(2) 腳位狀態 為低電位==>關閉電量燈泡
  delay(5000);                              // wait for a second
   //延遲 3000 單位==>1000 單位==1 秒鐘，所以延遲 3 秒鐘
}
```

程式下載：https://github.com/brucetsao/ ESP10Course

如下圖所示，我們可以看到控制發光二極體測試程式結果畫面。

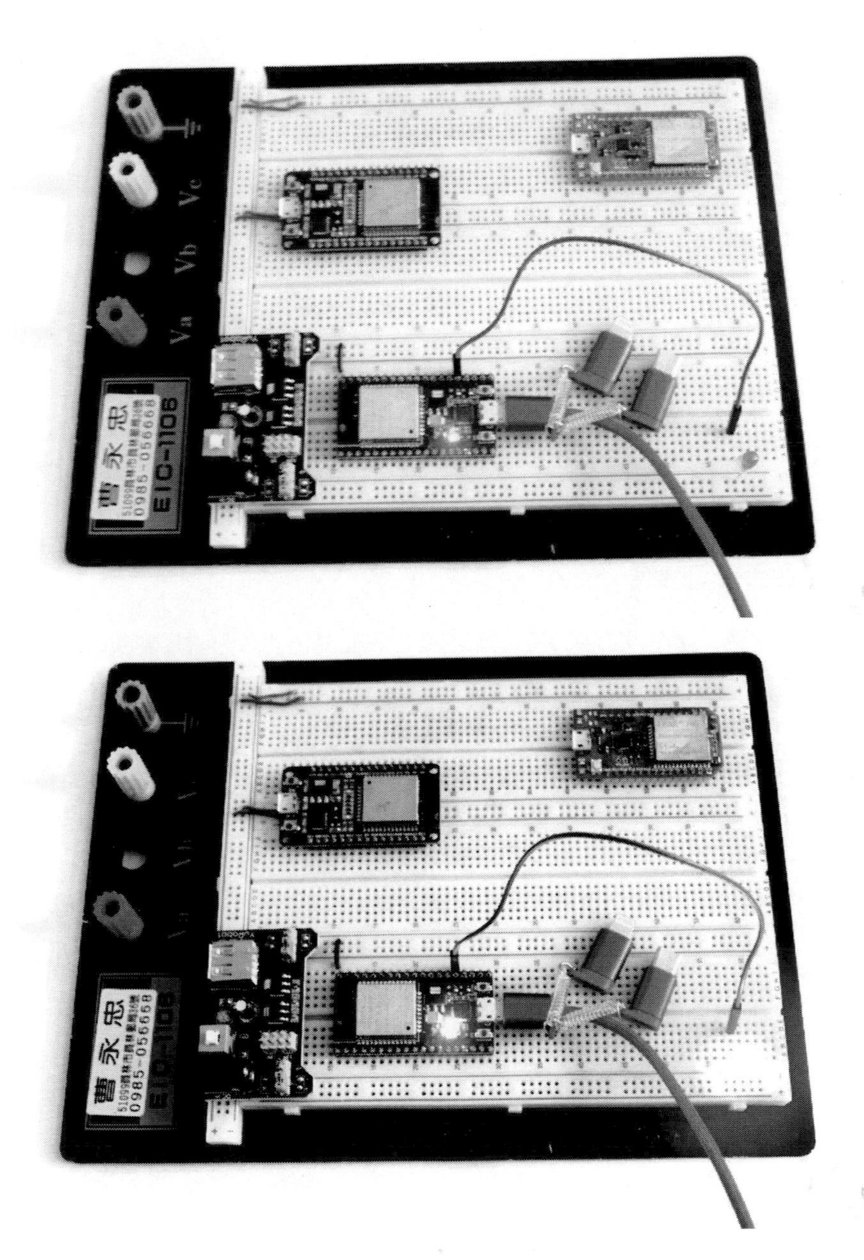

圖 52 控制發光二極體測試程式結果畫面

控制雙色 LED 發光二極體

上節介紹控制發光二極體明滅，相信讀者應該可以駕輕就熟，本章介紹雙色發光二極體，雙色發光二極體用於許多產品開發者於產品狀態指示使用(曹永忠, 許智誠, & 蔡英德, 2015c, 2015i; 曹永忠, 許智誠, et al., 2016a, 2016c)。

讀者可以在市面上，非常容易取得雙色發光二極體，價格、顏色應有盡有，可於一般電子材料行、電器行或網際網路上的網路商城、雅虎拍賣(https://tw.bid.yahoo.com/)、露天拍賣(http://www.ruten.com.tw/)、PChome 線上購物(http://shopping.pchome.com.tw/)、PCHOME 商店街(http://www.pcstore.com.tw/)...等等，購買到雙色發光二極體。

雙色發光二極體

如下圖所示，讀者可以購買您喜歡的雙色發光二極體，來當作本次的實驗。

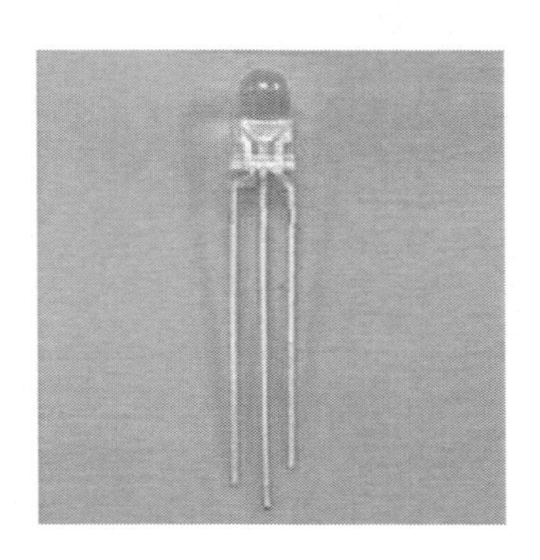

圖 53 雙色發光二極體

如上圖所示，接腳跟一般發光二極體的組成元件圖(維基百科, 2016)類似，只是在製作上把兩個發光二極體做在一起，把共地或共陽的腳位整合成一隻腳位。

控制雙色發光二極體發光

如下圖所示，這個實驗我們需要用到的實驗硬體有下圖.(a)的 ESP 32 開發板、下圖.(b) MicroUSB 下載線、下圖.(c)雙色發光二極體、下圖.(d) 220 歐姆電阻：

(a). NodeMCU 32S開發板

(b). MicroUSB 下載線

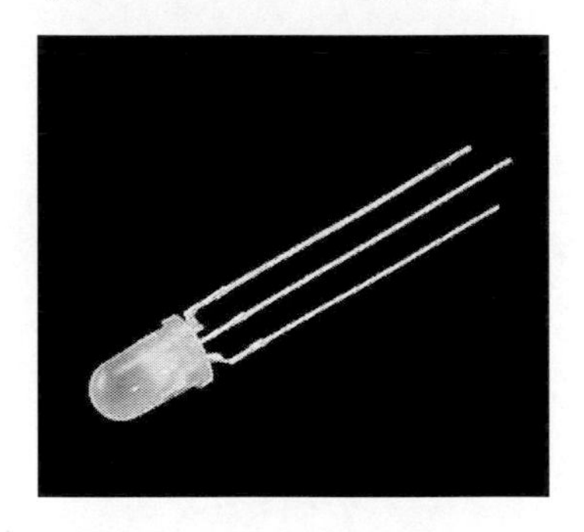

(c). 雙色發光二極體

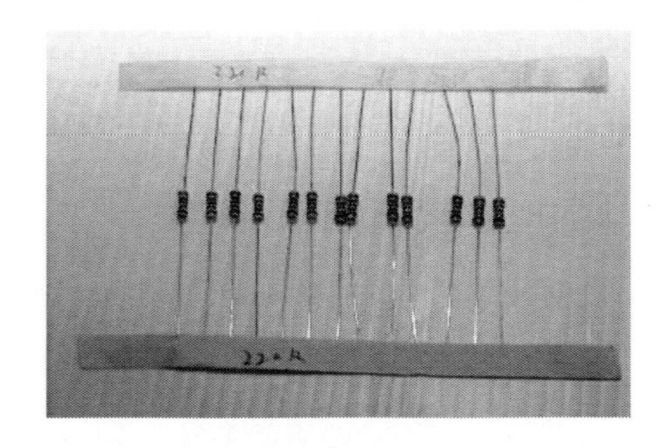

(d).220歐姆電阻

圖 54 控制雙色發光二極體需材料表

讀者可以參考下圖所示之控制雙色發光二極體連接電路圖，進行電路組立。

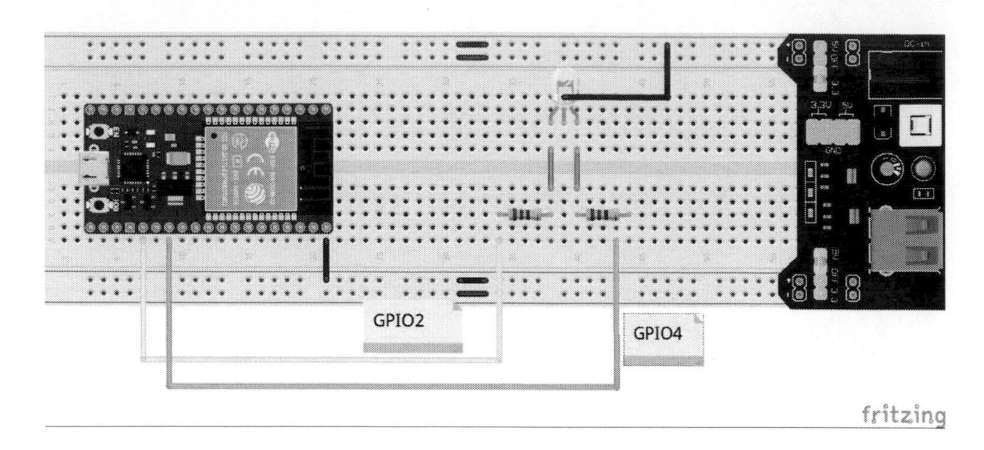

圖 55 控制雙色發光二極體發光連接電路圖

讀者也可以參考下表所示之控制雙色發光二極體接腳表，進行電路組立。

表 15 控制雙色發光二極體接腳表

接腳	接腳說明	開發板接腳
1	麵包板 Vcc(紅線)	接電源正極(5V)
2	麵包板 GND(藍線)	接電源負極
3	220 歐姆電阻 A 端(1 號)	開發板 GPIO2
3A	220 歐姆電阻 A 端(2 號)	開發板 GPIO4
4	220 歐姆電阻 B 端(1/2 號)	LED 發光二極體(正極端)
5	LED 發光二極體(G 端:綠色)	220 歐姆電阻 B 端(1 號)
5	LED 發光二極體(R 端:紅色)	220 歐姆電阻 B 端(2 號)
6	LED 發光二極體(負極端)	麵包板 GND(藍線)

我們遵照前幾章所述，將 ESP 32 開發板的驅動程式安裝好之後，我們打開 ESP 32 開發板的開發工具：Sketch IDE 整合開發軟體(安裝 Arduino 開發環境，請參考本文之『Arduino 開發 IDE 安裝』，安裝 ESP 32 開發板 SDK 請參考本文之『安裝 ESP32 Arduino 整合開發環境』(曹永忠, 2020a, 2020c, 2020d)，攥寫一段程式，如下表所示之控制雙色發光二極體測試程式，控制雙色發光二極體明滅測試(曹永忠, 2016c; 曹永忠, 吳佳駿, et al., 2016a, 2016b, 2017c; 曹永忠, 郭晉魁, et al., 2016, 2017)。

表 16 控制雙色發光二極體測試程式

控制雙色發光二極體測試程式(DualLed_Light_ESP32)

```
#define Led_Green_Pin 2      //設定雙色燈綠燈腳位
#define Led_Red_Pin 4        //設定雙色燈紅燈腳位
// the setup function runs once when you press reset or power the board
void setup() {
  // initialize digital pin Blink_Led_Pin as an output.
  pinMode(Led_Red_Pin, OUTPUT);       //定義 Led_Red_Pin 為輸出腳位
  pinMode(Led_Green_Pin, OUTPUT);       //定義 Led_Green_Pin 為輸出腳位
  digitalWrite(Led_Red_Pin,LOW) ;     //設定 Led_Red_Pin 為輸出低電位
  digitalWrite(Led_Green_Pin,LOW) ;     //設定 Led_Green_Pin 為輸出低電位
}
// the loop function runs over and over again forever
void loop() {
  digitalWrite(Led_Green_Pin, HIGH);       //設定 Led_Green_Pin 為輸出高低電位
  delay(3000);                    //休息 1 秒  wait for a second
  digitalWrite(Led_Green_Pin, LOW);     //設定 Led_Red_Pin 為輸出低電位
  delay(3000);                    // 休息 1 秒  wait for a second
  digitalWrite(Led_Red_Pin, HIGH);      //設定 Led_Red_Pin 為輸出高電位
  delay(3000);                    //休息 1 秒  wait for a second
  digitalWrite(Led_Red_Pin, LOW);   //設定 Led_Red_Pin 為輸出低電位
  delay(3000);                    // 休息 1 秒  wait for a second
  digitalWrite(Led_Green_Pin, HIGH);      //設定 Led_Green_Pin 為輸出低電位
  digitalWrite(Led_Red_Pin, HIGH);      //設定 Led_Red_Pin 為輸出高電位
  delay(3000);                    //休息 1 秒  wait for a second
  digitalWrite(Led_Green_Pin, LOW);     //設定 Led_Green_Pin 為輸出低電位
  digitalWrite(Led_Red_Pin, LOW);
  delay(3000);                    // 休息 3 秒  wait for a second
```

```
}
```

程式下載：https://github.com/brucetsao/ ESP10Course

讀者也可以在作者 YouTube 頻道(https://www.youtube.com/user/UltimaBruce)中，在網址 https://www.youtube.com/watch?v=R6Uehgn_tIE，看到本次實驗-控制雙色發光二極體測試程式結果畫面。

如下圖所示，我們可以看到控制雙色發光二極體測試程式結果畫面。

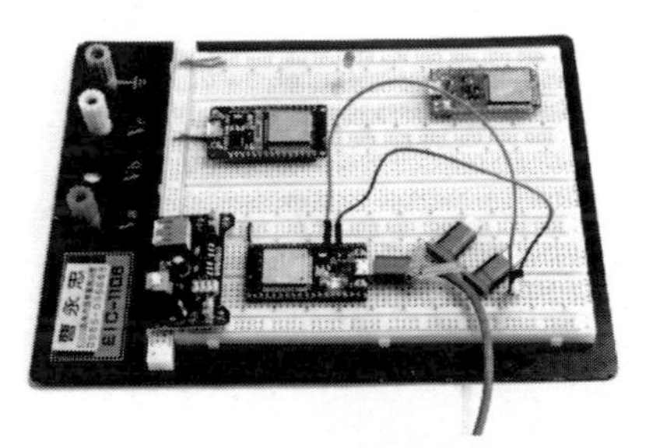

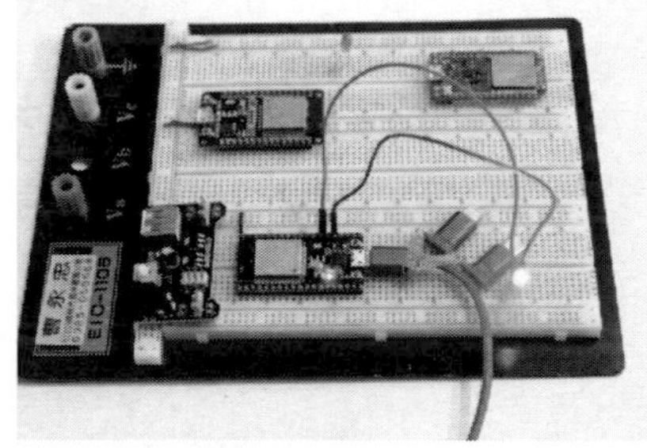

圖 56 控制雙色發光二極體測試程式結果畫面

習題

1. 請參考下圖，使用 Frizting 電路圖(下載網址：https://fritzing.org/download/)繪圖程式與附錄之 ESP 32 開發板的腳位圖，運用可以使用之 GPIO 腳位，完成 ESP 32 開發板的。

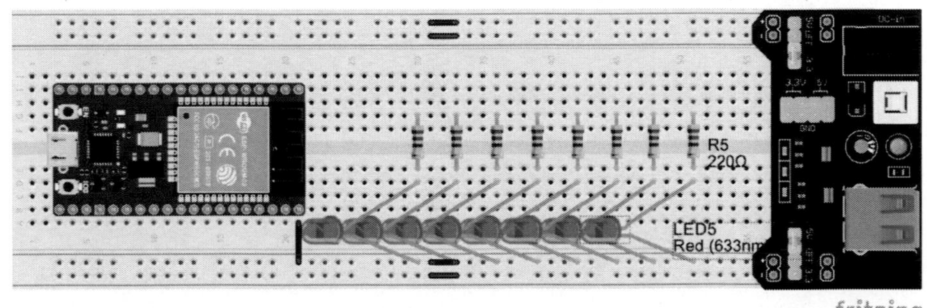

圖 57 八顆 LED 電路圖

2. 接下上題，參考已完成之八顆 LED 電路圖，攥寫一個城市，由左開始一顆一顆(累積點亮)到八顆 LED 全亮，在由全亮狀態，由左開始一顆一顆熄滅(累積熄滅)，點亮與熄滅間隔時間為 0.5~2 秒，可以自行設定。

章節小結

本章主要介紹之 ESP 32 開發板使用與連接發光二極體或與連接雙色發光二極體，透過本章節的解說，相信讀者會對連接、使用發光二極體與雙色發光二極體，並控制明滅，透過這樣的講解，相信讀者也可以觸類旁通，設計其它單元元件達到相同結果且有更深入的了解與體認。

CHAPTER

第三門課 連接感測模組與應用

本章主要介紹讀者如何使用 ESP 32 開發板來控制基本的模組，本章節會以溫溼度感測模組 HTU21D 為主要學習模組，本文會教導讀者學習該模組的基本用法與程式範例，希望讀者可以了解如何使用溫溼度感測模組 HTU21D 最基礎的用法。

安裝溫溼度感測器函數

為了完成基本讀取溫溼度感測器：HTU21D，我們必須要在 Arduino IDE 開發環境安裝使用程式，必須要安裝溫溼度感測器：Adafruit_HTU21DF 讀取函數：『Adafruit_HTU21DF』函數庫，所我我們打開線上函式庫安裝程式，如下圖上方紅框處所示，作者為：為『Adafruit Inc.』，搜尋到正確的『Adafruit_HTU21DF』函式庫後，請點選下方紅框處『選擇版本』後，系統會出現可以安裝的版本，一班說來，最上方或版本數字最大者，就是最新的版本，請讀者選最新的版本進行安裝。

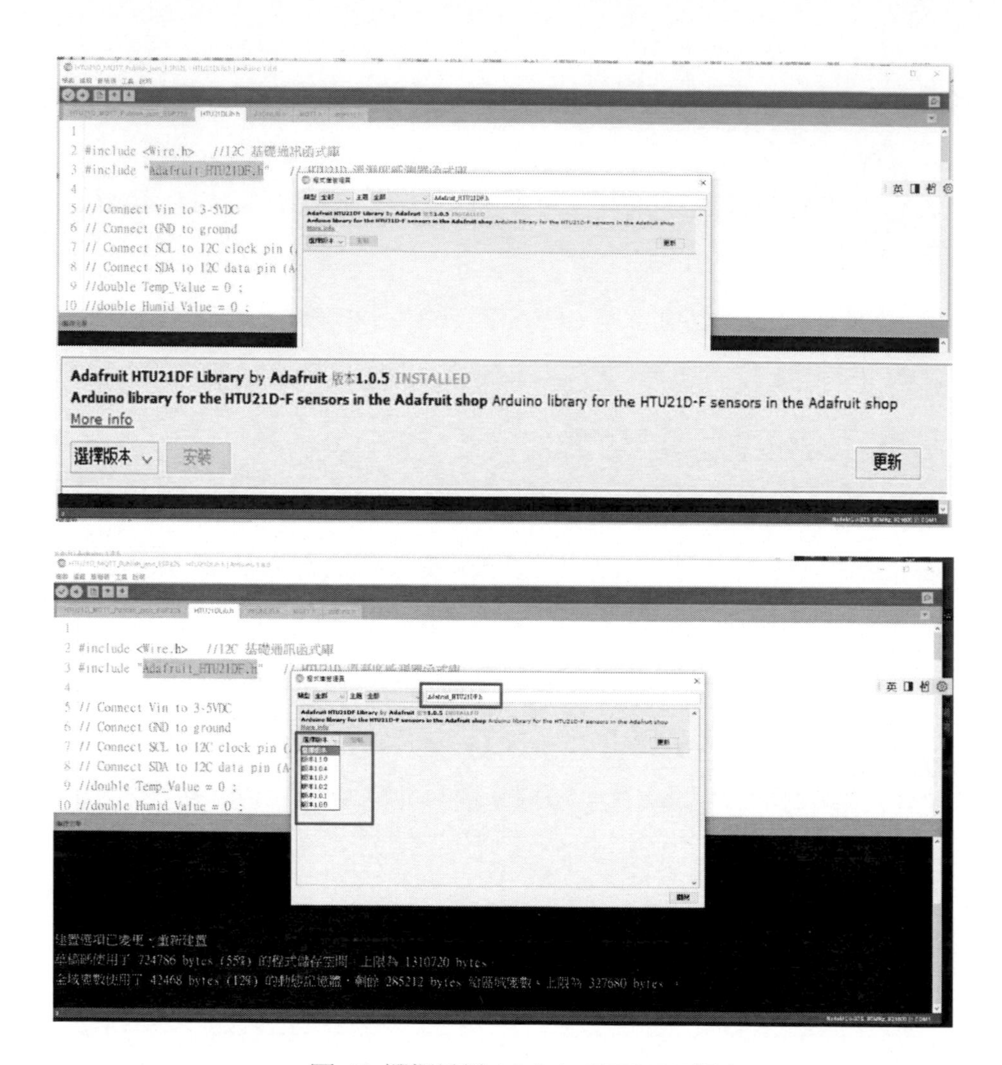

圖 58 選擇最新 Adafruit_HTU21DF 版本

讀取溫溼度感測模組

準備實驗材料

如下圖所示，這個實驗我們需要用到的實驗硬體有下圖.(a)的 ESP 32 開發板、下圖.(b) MicroUSB 下載線：

(a). NodeMCU 32S 開發板

(b). MicroUSB 下載線

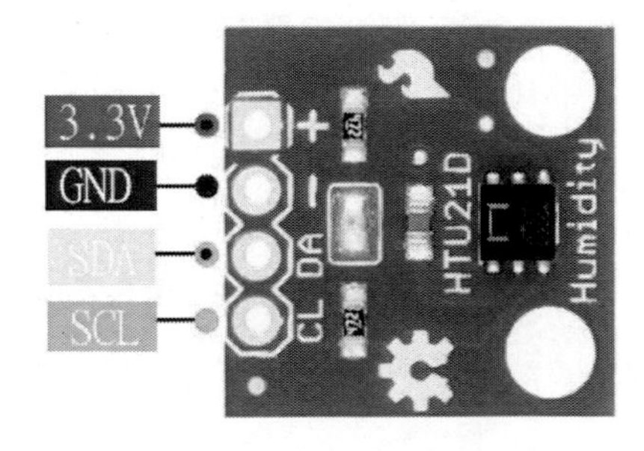

(c). HTU21D溫溼度感測模組

圖 59 溫溼度感測模組驗材料表

讀者也可以參考下表之溫溼度感測模組接腳表，進行電路組立。

表 17 溫溼度感測模組接腳表

接腳	接腳說明	開發板接腳
1	麵包板 Vcc(紅線)	接電源正極(5V)
2	麵包板 GND(藍線)	接電源負極
3	溫溼度感測模組(+/VCC)	接電源正極(3.3 V)
4	溫溼度感測模組(-/GND)	接電源負極
5	溫溼度感測模組(DA/SDA)	GPIO 21/SDA
6	溫溼度感測模組(CL/SCL)	GPIO 22/SCL

接腳	接腳說明	開發板接腳
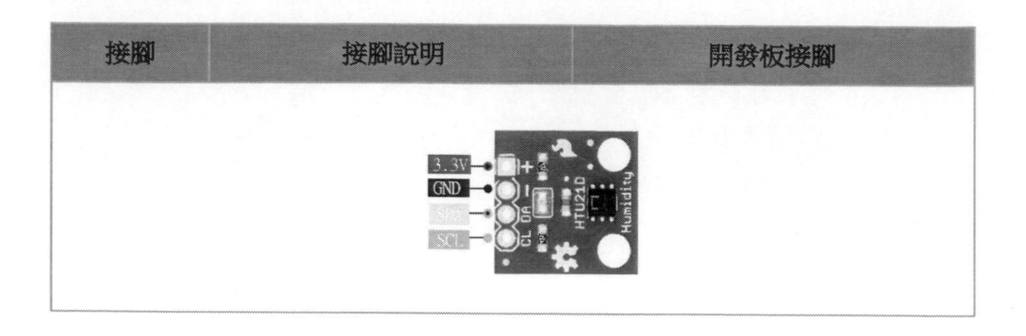		

讀者可以參考下圖所示之溫溼度感測模組實驗電路圖，進行電路組立。

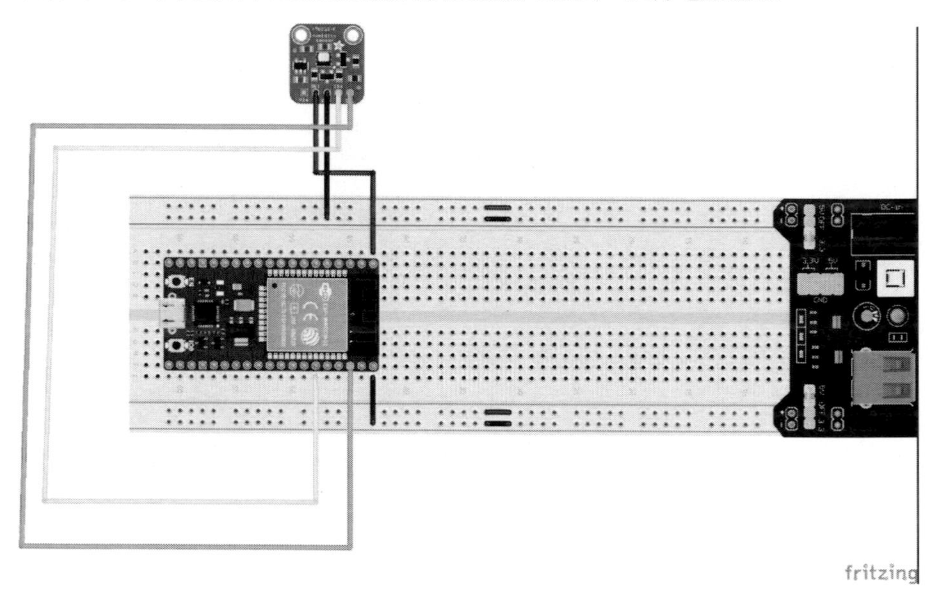

圖 60 溫溼度感測模組實驗電路圖

讀者可以參考下圖所示之溫溼度感測模組實驗實體圖，參考後進行電路組立。

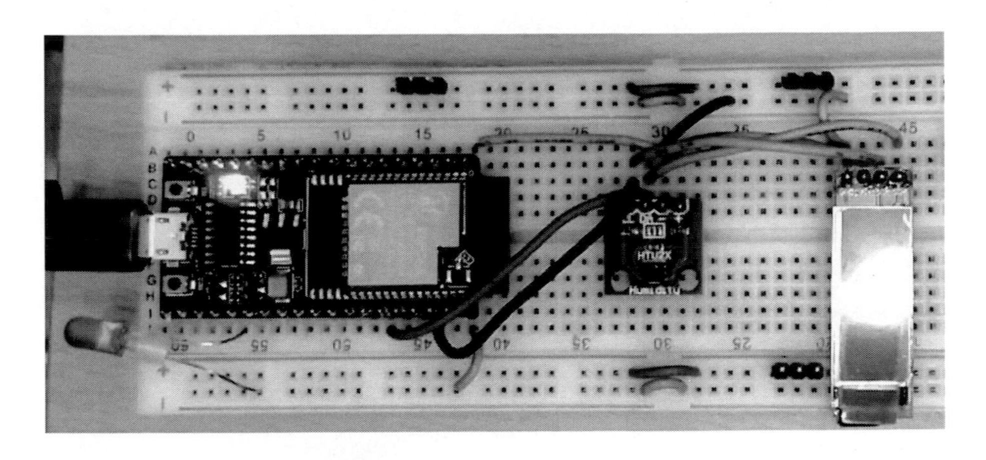

圖 61 溫溼度感測模組實驗實體圖

我們遵照前幾章所述，將 ESP 32 開發板的驅動程式安裝好之後，我們打開 ESP 32 開發板的開發工具：Sketch IDE 整合開發軟體(安裝 Arduino 開發環境，請參考本文之『Arduino 開發 IDE 安裝』，安裝 ESP 32 開發板 SDK 請參考本文之『安裝 ESP32 Arduino 整合開發環境』(曹永忠, 2020a, 2020c, 2020d)，攥寫一段程式，如下表所示之讀取溫溼度感測模組程式，取得取得溫溼度感測模組的溫度與濕度資料。

表 18 讀取溫溼度感測模組程式

```
讀取溫溼度感測模組程式(HTU21DF_ESP32)
#include <Wire.h> //I2C 基礎通訊函式庫
#include "Adafruit_HTU21DF.h" // HTU21D 溫溼度感測器函式庫
// Connect Vin to 3-5VDC
// Connect GND to ground
// Connect SCL to I2C clock pin GPIO 22
// Connect SDA to I2C data pin GPIO 21
Adafruit_HTU21DF htu = Adafruit_HTU21DF();     //產生 HTU21D 溫溼度感測器運
作物件
 //產生 HTU21D 溫溼度感測器運作物件
void setup()
{
  Serial.begin(9600);        //通訊控制埠 初始化，並設為 9600 bps
  Serial.println("HTU21D-F test");  //印出 "HTU21D-F test"
  if (!htu.begin())
  {
    Serial.println("Couldn't find sensor!");        //印出 "Couldn't find sensor!"
    while (1);
  }
}

void loop()
{
    float temp = htu.readTemperature();     //利用函式庫讀取感測模組之溫度
    float rel_hum = htu.readHumidity();     //利用函式庫讀取感測模組之濕度
    Serial.print("Temp: ");                  //印出 "Temp: "
    Serial.print(temp);                       //印出 temp 變數內容
    Serial.print(" C");                       //印出 " C"
    Serial.print("\t\t");                   //印出 "\t\t"
    Serial.print("Humidity: ");             //印出 "Humidity: "
    Serial.print(rel_hum);                    //印出 rel_hum 變數內容
    Serial.println(" \%");                  //印出 " \%"
    delay(2000);          //延遲 2 秒鐘
}
```

程式下載：https://github.com/brucetsao/ ESP10Course

如下圖所示，可以看到程式編輯畫面：

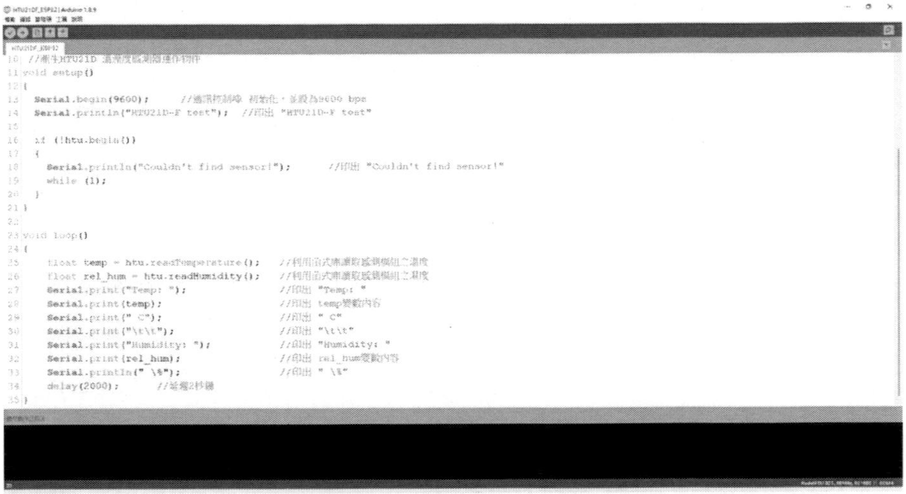

```
//產生HTU21D 溫溼度感測器運作物件
void setup()
{
  Serial.begin(9600);      //通訊埠初始化，並設為9600 bps
  Serial.println("HTU21D-F test");  //印出 "HTU21D-F test"

  if (!htu.begin())
  {
    Serial.println("Couldn't find sensor!");       //印出 "Couldn't find sensor!"
    while (1);
  }
}

void loop()
{
    float temp = htu.readTemperature();    //利用函式來讀取感測模組之溫度
    float rel_hum = htu.readHumidity();    //利用函式來讀取感測模組之濕度
    Serial.print("Temp: ");                //印出 "Temp: "
    Serial.print(temp);                    //印出 temp變數內容
    Serial.print(" C");                    //印出 " C"
    Serial.print("\t\t");                  //印出 "\t\t"
    Serial.print("Humidity: ");            //印出 "Humidity: "
    Serial.print(rel_hum);                 //印出 rel_hum變數內容
    Serial.println(" \%");                 //印出 " \%"
    delay(2000);       //延遲2秒鐘
}
```

圖 62 讀取溫溼度感測模組程式之編輯畫面

如下圖所示，我們可以看到讀取溫溼度感測模組程式之結果畫面。

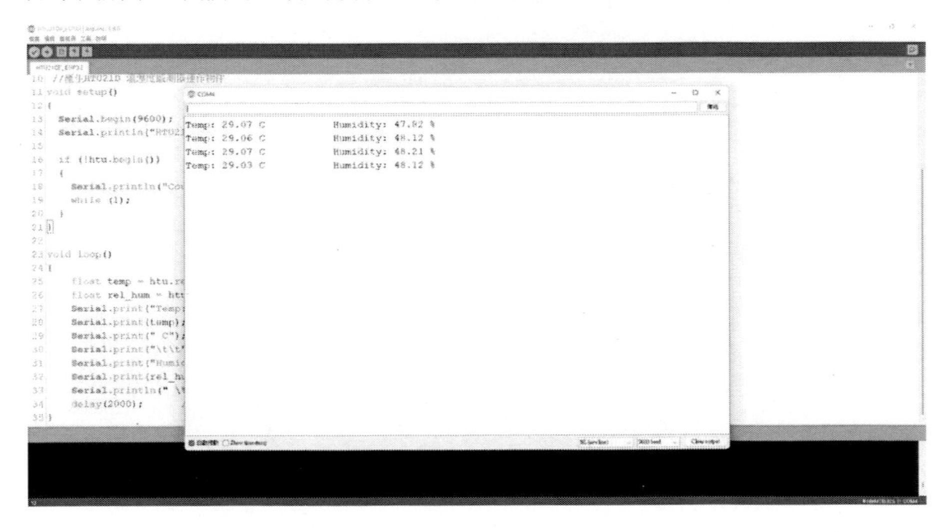

圖 63 讀取溫溼度感測模組程式之結果畫面

模組化溫溼度讀取

我們遵照前幾章所述，將 ESP 32 開發板的驅動程式安裝好之後，我們打開 ESP 32 開發板的開發工具：Sketch IDE 整合開發軟體(安裝 Arduino 開發環境，請參考本文之『Arduino 開發 IDE 安裝』，安裝 ESP 32 開發板 SDK 請參考本文之『安裝 ESP32 Arduino 整合開發環境』(曹永忠, 2020a, 2020c, 2020d)，攥寫一段程式，如下表所示之讀取溫溼度感測模組程式，取得取得溫溼度感測模組的溫度與濕度資料。

表 19 讀取溫溼度感測模組模組化程式

讀取溫溼度感測模組模組化程式(HTU21DF_ESP32_ADV)

```
#include "HTU21DLib.h"    // 溫溼度專用模組

void setup()
{
    initALL() ; //系統硬體/軟體初始化


}

void loop()
{

    float temp = ReadTemperature(); //讀取 HTU21D 溫溼度感測器之溫度
    float rel_hum = ReadHumidity(); //讀取 HTU21D 溫溼度感測器之溼度
    Serial.print("Temp: ");                //印出 "Temp: "
    Serial.print(temp);                    //印出 temp 變數內容
    Serial.print(" C");                    //印出 " C"
    Serial.print("\t\t");                  //印出 "\t\t"
    Serial.print("Humidity: ");            //印出 "Humidity: "
    Serial.print(rel_hum);                 //印出 rel_hum 變數內容
    Serial.println(" \%");                 //印出 " \%"
    delay(2000);          //延遲 2 秒鐘
}

void initALL()    //系統硬體/軟體初始化
```

```
{
    Serial.begin(9600);     //通訊控制埠 初始化，並設為 9600 bps
    Serial.println("System Start"); //印出 "System Start"
    initHTU21D();     //啟動 HTU21D 溫溼度感測器
}
```

程式下載：https://github.com/brucetsao/ ESP10Course

表 20 讀取溫溼度感測模組模組化程式(HTU21DLib.h)

讀取溫溼度感測模組模組化程式(HTU21DLib.h)

```
/***************************************************
  This is an example for the HTU21D-F Humidity & Temp Sensor

  Designed specifically to work with the HTU21D-F sensor from Adafruit
  ----> https://www.adafruit.com/products/1899

  These displays use I2C to communicate, 2 pins are required to
  interface
 ****************************************************/


#include <Wire.h>     //I2C 基礎通訊函式庫
#include "Adafruit_HTU21DF.h"     // HTU21D 溫溼度感測器函式庫

// Connect Vin to 3-5VDC
// Connect GND to ground
// Connect SCL to I2C clock pin (A5 on UNO)
// Connect SDA to I2C data pin (A4 on UNO)

Adafruit_HTU21DF htu = Adafruit_HTU21DF();  //產生 HTU21D 溫溼度感測器運作
物件
 //產生 HTU21D 溫溼度感測器運作物件
void initHTU21D()    //啟動 HTU21D 溫溼度感測器
{
    if (!htu.begin())    //如果 HTU21D 溫溼度感測器沒有啟動成功
    {
      Serial.println("Couldn't find sensor!");      //印出 "Couldn't find sensor!"
      //找不到 HTU21D 溫溼度感測器
```

```
        while (1);    //永遠死在這
    }
}

float ReadTemperature() //讀取 HTU21D  溫溼度感測器之溫度
{
    return htu.readTemperature();      //回傳溫溼度感測器之溫度
}
float ReadHumidity() //讀取 HTU21D  溫溼度感測器之溼度
{
    return htu.readHumidity();    //回傳溫溼度感測器之溼度
}
```

程式下載：https://github.com/brucetsao/ ESP10Course

如下圖所示，可以看到程式編輯畫面：

圖 64 讀取溫溼度感測模組模組化程式之編輯畫面

如下圖所示，我們可以看到讀取溫溼度感測模組程式之結果畫面。

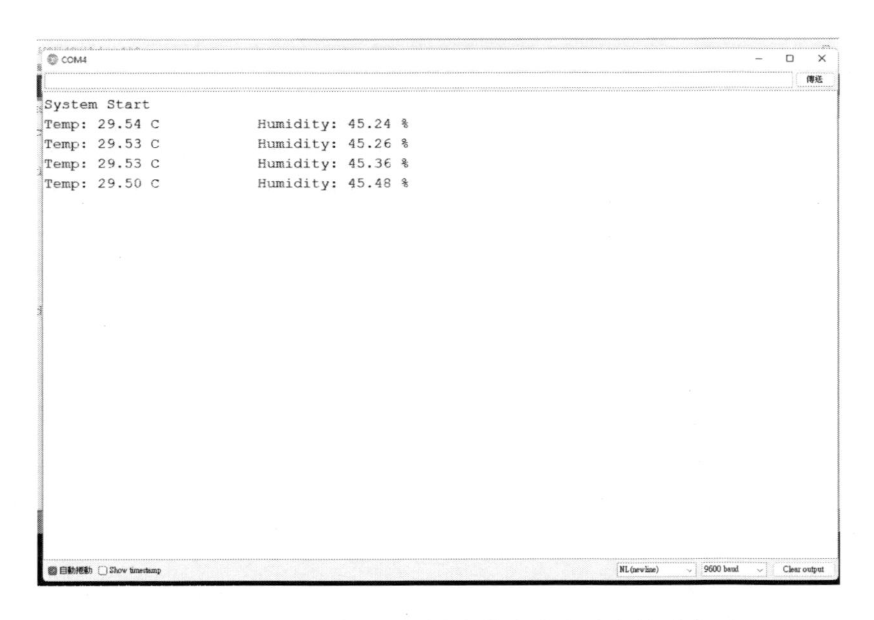

圖 65 讀取溫溼度感測模組模組化程式之結果畫面

家居溫溼度簡易系統

接下來，我們要設計一個透過瀏覽器，可以看到我們建立好的溫溼度感測站台，我們將使用 ESP 32 開發板，整合溫溼度感測模組，透過 ESP 32 開發板強大有簡易設計的功能，不需要透過其他機器，就自成一台網站伺服器，透過這樣強大的功能，快速建立一個可以播報溫溼度資訊的簡易雲端平台。

我們遵照前幾章所述，將 ESP 32 開發板的驅動程式安裝好之後，我們打開 ESP 32 開發板的開發工具：Sketch IDE 整合開發軟體(安裝 Arduino 開發環境，請參考本文之『Arduino 開發 IDE 安裝』，安裝 ESP 32 開發板 SDK 請參考本文之『安裝 ESP32 Arduino 整合開發環境』(曹永忠, 2020a, 2020c, 2020d)，攥寫一段程式，如下表所示之家居溫溼度簡易系統程式，透過簡易網頁伺服器方式，顯示溫溼度感測模組的溫度與濕度資料。

表 21 家居溫溼度簡易系統

家居溫溼度簡易系統(HTU21DF_Server_ESP32)

```
#include "initPins.h"        // 腳位與系統模組
#include "HTU21DLib.h"       // 溫溼度專用模組
void setup()
{
    initALL() ; //系統硬體/軟體初始化
    initWiFi() ;  //網路連線，連上熱點
    ShowInternet();  //秀出網路連線資訊
    server.begin(80); //啟動網頁伺服器
     delay(1000) ;     //停 1 秒
     Serial.println("Home System Start");
}
void loop()
{
 //--------------------
  WiFiClient client = server.available();    // 網頁伺服器 listen Port 有人來連線嘞，
for incoming clients
  //宣告一個網路連線 socket: client，來接受網頁伺服器 listen Port 來連線的人
  if (client)   //有一個人(>0)
  {
    // if you get a client,
    ReadSensor()   ;
    Serial.println("New Client.");                // 有人來嘞，print a message out the
serial port
    String currentLine = "";                     // make a String to hold incoming data
from the client
    while (client.connected())
    { // loop while the client's connected
      if (client.available())
      { // if there's bytes to read from the client,
        char c = client.read();                 // read a byte, then
        Serial.write(c);                          // print it out the serial monitor
        if (c == '\n')
        { // if the byte is a newline character


          // if the current line is blank, you got two newline characters in a row.
          // that's the end of the client HTTP request, so send a response:
          if (currentLine.length() == 0)
```

```
            {
              // HTTP headers always start with a response code (e.g. HTTP/1.1 200 OK)
              // and a content-type so the client knows what's coming, then a blank line:
              client.println("HTTP/1.1 200 OK");
              client.println("Content-type:text/html");
              client.println();

              // the content of the HTTP response follows the header:
              client.print("Temperature : ");
              client.print(String(Temp_Value));
              client.print("<br>");
              client.print("Humidity : ");
              client.print(String(Humid_Value));
              client.print("<br>");
              // The HTTP response ends with another blank line:
              client.println();
              // break out of the while loop:
              break;
            }     // end of if (currentLine.length() == 0)
            else
            { // if you got a newline, then clear currentLine:
              currentLine = "";
            }     // end of if (currentLine.length() == 0)
          } // end of if (c == '\n')
          else if (c != '\r')
          { // if you got anything else but a carriage return character,
            currentLine += c;           // add it to the end of the currentLine
          }     // end of else if (c != '\r')
          // Check to see if the client request was "GET /H" or "GET /L":
        } // end of    if (client.available())
      }     // end of while (client.connected())
      // close the connection:
      client.stop();
      Serial.println("Client Disconnected.");
    }     // end of    if (client)

    //-----------------
    delay(100) ;
}
```

```
void initALL()    //系統硬體/軟體初始化
{
      Serial.begin(9600);
      Serial.println("System Start");
      initHTU21D();      //啟動 HTU21D  溫溼度感測器
}
void ReadSensor()
{
        Temp_Value = ReadTemperature(); //讀取 HTU21D  溫溼度感測器之溫度
      Humid_Value= ReadHumidity(); //讀取 HTU21D  溫溼度感測器之溼度
      Serial.print("Temp: ");                          //印出  "Temp: "
      Serial.print(Temp_Value);                                  //印出  temp 變數內容
      Serial.print(" C");                              //印出  " C"
      Serial.print("\t\t");                          //印出  "\t\t"
      Serial.print("Humidity: ");                    //印出  "Humidity: "
      Serial.print(Humid_Value);                             //印出  rel_hum 變數內容
      Serial.println(" \%");                           //印出  " \%"
}
```

程式下載：https://github.com/brucetsao/ ESP10Course

表 22 家居溫溼度簡易系統(HTU21DLib.h)

家居溫溼度簡易系統(HTU21DLib.h)

```
/*****************************************************
   This is an example for the HTU21D-F Humidity & Temp Sensor

   Designed specifically to work with the HTU21D-F sensor from Adafruit
   ----> https://www.adafruit.com/products/1899

   These displays use I2C to communicate, 2 pins are required to
   interface
 *****************************************************/
#include <Wire.h>      //I2C  基礎通訊函式庫
#include "Adafruit_HTU21DF.h"      // HTU21D  溫溼度感測器函式庫

// Connect Vin to 3-5VDC
// Connect GND to ground
// Connect SCL to I2C clock pin (A5 on UNO)
// Connect SDA to I2C data pin (A4 on UNO)
double Temp_Value = 0 ;
```

```
double Humid_Value = 0 ;
Adafruit_HTU21DF htu = Adafruit_HTU21DF();   //產生 HTU21D 溫溼度感測器運作
物件
 //產生 HTU21D 溫溼度感測器運作物件
void initHTU21D()     //啟動 HTU21D 溫溼度感測器
{
    if (!htu.begin())     //如果 HTU21D 溫溼度感測器沒有啟動成功
    {
      Serial.println("Couldn't find sensor!");     //印出 "Couldn't find sensor!"
      //找不到 HTU21D 溫溼度感測器
      while (1);  //永遠死在這
    }
}
float ReadTemperature() //讀取 HTU21D 溫溼度感測器之溫度
{
    return htu.readTemperature();     //回傳溫溼度感測器之溫度
}
float ReadHumidity() //讀取 HTU21D 溫溼度感測器之溼度
{
    return htu.readHumidity();  //回傳溫溼度感測器之溼度
}
```

程式下載：https://github.com/brucetsao/ ESP10Course

表 23 家居溫溼度簡易系統(initPins.h)

家居溫溼度簡易系統(initPins.h)

```
#define _Debug 1       //輸出偵錯訊息
#define _debug 1       //輸出偵錯訊息
#define initDelay     6000      //初始化延遲時間
#define loopdelay 500      //loop 延遲時間
#include <WiFi.h>     //使用網路函式庫
#include <WiFiClient.h>     //使用網路用戶端函式庫
#include <WiFiMulti.h>       //多熱點網路函式庫

WiFiMulti wifiMulti;       //產生多熱點連線物件
String IpAddress2String(const IPAddress& ipAddress) ;
  IPAddress ip ;      //網路卡取得 IP 位址之原始型態之儲存變數
  String IPData ;    //網路卡取得 IP 位址之儲存變數
```

```
  String APname ;     //網路熱點之儲存變數
  String MacData ;     //網路卡取得網路卡編號之儲存變數
  long rssi ;    //網路連線之訊號強度'之儲存變數
  int status = WL_IDLE_STATUS;   //取得網路狀態之變數
 #define LEDPin 2
WiFiServer server(80);   //產生伺服器物件，並設定 listen port = 80(括號內數字)
void initWiFi()     //網路連線，連上熱點
{
  //加入連線熱點資料
  wifiMulti.addAP("NCNUIOT", "12345678");   //加入一組熱點
  wifiMulti.addAP("NCNUIOT2", "12345678");   //加入一組熱點
  wifiMulti.addAP("ABC", "12345678");   //加入一組熱點
  // We start by connecting to a WiFi network
  Serial.println();
  Serial.println();
  Serial.print("Connecting to ");
  //通訊埠印出  "Connecting to "
  wifiMulti.run();   //多網路熱點設定連線
 while (WiFi.status() != WL_CONNECTED)        //還沒連線成功
  {
    // wifiMulti.run() 啟動多熱點連線物件，進行已經紀錄的熱點進行連線，
    //  一個一個連線，連到成功為主，或者是全部連不上
    // WL_CONNECTED  連接熱點成功
    Serial.print(".");     //通訊埠印出
    delay(500) ;   //停 500 ms
      wifiMulti.run();     //多網路熱點設定連線
  }
    Serial.println("WiFi connected");     //通訊埠印出  WiFi connected
    Serial.print("AP Name: ");    //通訊埠印出  AP Name:
    APname = WiFi.SSID();
    Serial.println(APname);    //通訊埠印出  WiFi.SSID()==>從熱點名稱
    Serial.print("IP address: ");    //通訊埠印出  IP address:
    ip = WiFi.localIP();
    IPData = IpAddress2String(ip) ;
    Serial.println(IPData);    //通訊埠印出  WiFi.localIP()==>從熱點取得 IP 位址
    //通訊埠印出連接熱點取得的 IP 位址
 }
void ShowInternet()    //秀出網路連線資訊
{
```

```
    Serial.print("MAC:") ;
    Serial.print(MacData) ;
    Serial.print("\n") ;
    Serial.print("SSID:") ;
    Serial.print(APname) ;
    Serial.print("\n") ;
    Serial.print("IP:") ;
    Serial.print(IPData) ;
    Serial.print("\n") ;
    //OledLineText(1,"MAC:"+MacData) ;
    //OledLineText(2,"IP:"+IPData);
     //ShowMAC() ;
    //ShowIP()    ;
}
//--------------------
//----------Common Lib
long POW(long num, int expo)
{
    long tmp =1 ;
    if (expo > 0)
    {
            for(int i = 0 ; i< expo ; i++)
              tmp = tmp * num ;
             return tmp ;
    }
    else
    {
     return tmp ;
    }
}
String SPACE(int sp)
{
      String tmp = "" ;
      for (int i = 0 ; i < sp; i++)
          {
              tmp.concat(' ')    ;
          }
      return tmp ;
}
```

```
String strzero(long num, int len, int base)
{
   String retstring = String("");
   int ln = 1 ;
      int i = 0 ;
      char tmp[10] ;
      long tmpnum = num ;
      int tmpchr = 0 ;
      char hexcode[]={'0','1','2','3','4','5','6','7','8','9','A','B','C','D','E','F'} ;
      while (ln <= len)
      {
            tmpchr = (int)(tmpnum % base) ;
            tmp[ln-1] = hexcode[tmpchr] ;
            ln++ ;
             tmpnum = (long)(tmpnum/base) ;
     }
      for (i = len-1; i >= 0 ; i --)
         {
               retstring.concat(tmp[i]);
         }

   return retstring;
}
unsigned long unstrzero(String hexstr, int base)
{
   String chkstring    ;
   int len = hexstr.length() ;
      unsigned int i = 0 ;
      unsigned int tmp = 0 ;
      unsigned int tmp1 = 0 ;
      unsigned long tmpnum = 0 ;
      String hexcode = String("0123456789ABCDEF") ;
      for (i = 0 ; i < (len ) ; i++)
      {
   //        chkstring= hexstr.substring(i,i) ;
         hexstr.toUpperCase() ;
               tmp = hexstr.charAt(i) ;      // give i th char and return this char
               tmp1 = hexcode.indexOf(tmp) ;
         tmpnum = tmpnum + tmp1* POW(base,(len -i -1) )    ;
```

```
        }
    return tmpnum;
}
String    print2HEX(int number) {
    String ttt ;
    if (number >= 0 && number < 16)
    {
      ttt = String("0") + String(number,HEX);
    }
    else
    {
          ttt = String(number,HEX);
    }
    return ttt ;
}
String GetMacAddress()        //取得網路卡編號
{
    // the MAC address of your WiFi shield
    String Tmp = "" ;
    byte mac[6];

    // print your MAC address:
    WiFi.macAddress(mac);
    for (int i=0; i<6; i++)
      {
            Tmp.concat(print2HEX(mac[i])) ;
      }
      Tmp.toUpperCase() ;
    return Tmp ;
}

void ShowMAC()    //於串列埠印出網路卡號碼
{
    Serial.print("MAC Address:(");    //印出 "MAC Address:("
    Serial.print(MacData) ;      //印出 MacData 變數內容
    Serial.print(")\n");       //印出 ")\n"
}
String IpAddress2String(const IPAddress& ipAddress)
{
```

```
  //回傳 ipAddress[0-3]的內容，以 16 進位回傳
  return String(ipAddress[0]) + String(".") +\
  String(ipAddress[1]) + String(".") +\
  String(ipAddress[2]) + String(".") +\
  String(ipAddress[3])    ;
}
String chrtoString(char *p)
{
      String tmp ;
      char c ;
      int count = 0 ;
      while (count <100)
      {
            c= *p ;
            if (c != 0x00)
              {
                tmp.concat(String(c)) ;
              }
              else
              {
                    return tmp ;
              }
          count++ ;
          p++;

      }
}
void CopyString2Char(String ss, char *p)
{
              //    sprintf(p,"%s",ss) ;

  if (ss.length() <=0)
        {
              *p =    0x00 ;
            return ;
        }
      ss.toCharArray(p, ss.length()+1) ;
    // *(p+ss.length()+1) = 0x00 ;
}
```

```
boolean CharCompare(char *p, char *q)
  {
        boolean flag = false ;
        int count = 0 ;
        int nomatch = 0 ;
        while (flag <100)
        {
            if (*(p+count) == 0x00 or *(q+count) == 0x00)
              break ;
            if (*(p+count) != *(q+count) )
                {
                    nomatch ++ ;
                }
              count++ ;
        }
       if (nomatch >0)
        {
          return false ;
        }
        else
        {
          return true ;
        }
  }
String Double2Str(double dd,int decn)
{
      int a1 = (int)dd ;
      int a3 ;
      if (decn >0)
      {
          double a2 = dd - a1 ;
          a3 = (int)(a2 * (10^decn));
      }
      if (decn >0)
      {
          return String(a1)+"."+ String(a3) ;
      }
      else
      {
```

```
        return String(a1) ;
    }
}
```

程式下載：https://github.com/brucetsao/ ESP10Course

如下圖所示，可以看到程式編輯畫面：

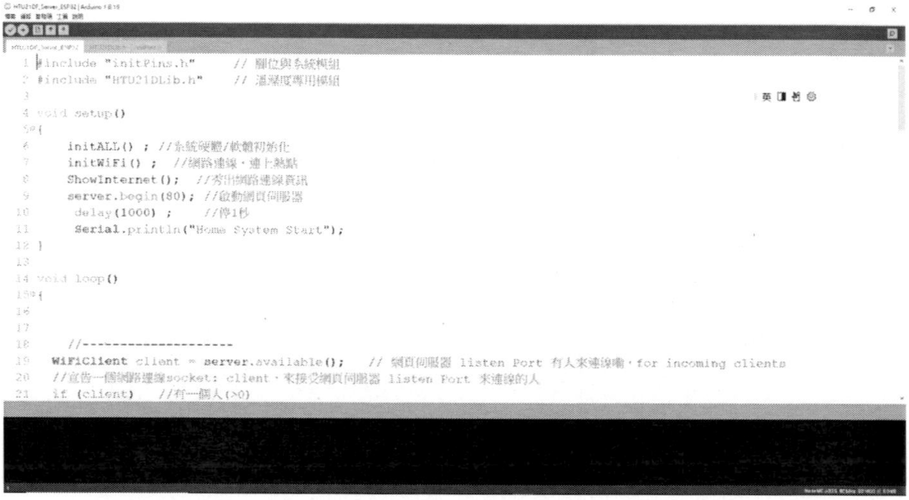

```
1 #include "initPins.h"      // 腳位與系統模組
2 #include "HTU21DLib.h"     // 溫濕度專用模組
3
4 void setup()
5 {
6     initALL() ; //系統硬體/軟體初始化
7     initWiFi() ;  //網路連線，連上熱點
8     ShowInternet();  //秀出網路連線資訊
9     server.begin(80); //啟動網頁伺服器
10     delay(1000) ;      //停1秒
11     Serial.println("Home System Start");
12 }
13
14 void loop()
15 {
16
17
18     //--------------------
19   WiFiClient client = server.available();   // 網頁伺服器 listen Port 有人來連線嗎，for incoming clients
20   //宣告一個網路連線socket: client，來接受網頁伺服器 listen Port 來連線的人
21   if (client)   //有一個人(>0)
```

圖 66 家居溫溼度簡易系統之編輯畫面

如下圖所示，我們可以看到讀取溫溼度感測模組程式之執行開始畫面。

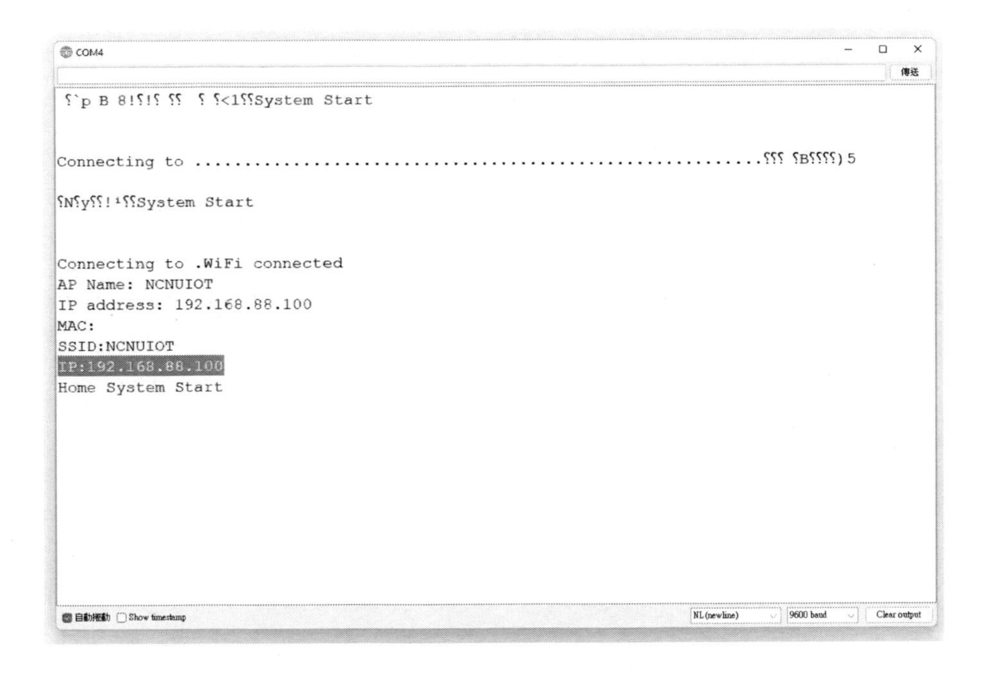

圖 67 讀取溫溼度感測模組程式之執行開始畫面

由於我們必須在同一網域，方能連接家居溫溼度簡易系統，如下圖所示，我們使用電腦，切換無線網路於同網域之上。

圖 68 選擇相同網域熱點

在連線端電腦已於家居溫溼度簡易系統於同一網域，如下圖所示，我們使用電腦，進入 Chrome 瀏覽器之後，在網址列中，輸入如上圖所示之網址：192,168.88.100，讀者要根據您的家居溫溼度簡易系統與無線熱點配發的網域與網址不同，自行修正網址。

圖 69 開啟 Chrome 瀏覽器

如下圖所示，我們開啟 Chrome 瀏覽器，輸入網址：192,168.88.100，按下『Enter』之後，可以看到家居溫溼度簡易系統已經成為一個運行的畫面。

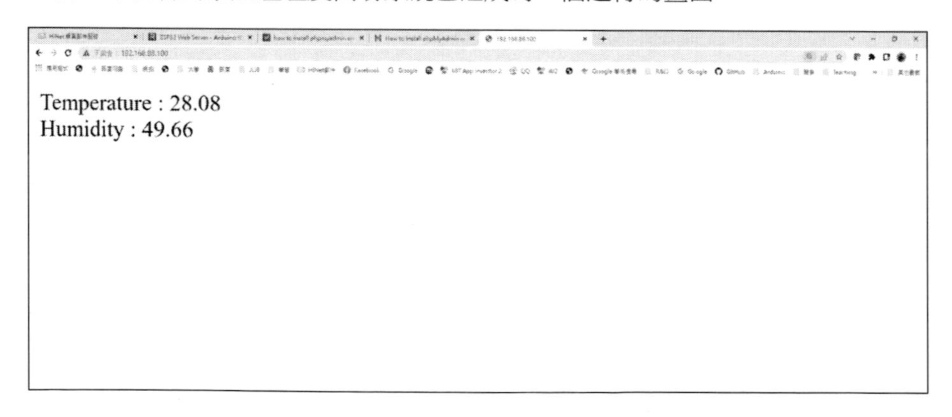

圖 70 家居溫溼度簡易系統運行的畫面

進階我們的家居溫溼度簡易系統

接下來，我們要設計一個透過瀏覽器，可以看到我們建立好的溫溼度感測站台，我們將使用 ESP 32 開發板，整合溫溼度感測模組，透過 ESP 32 開發板強大有簡易設計的功能，不需要透過其他機器，就自成一台網站伺服器，透過這樣強大的功能，快速建立一個可以透過圖形化文字顯示之播報溫溼度資訊的雲端平台。

網頁文字轉圖形文字原理介紹

由網站伺服器都是由 HTML 語法所驅動，如果我們可以把『Temperature』改成 ，把『Humidity』改成 ，所有數字『0123456789』改為：0 1 2 3 4 5 6 7 8 9，那將是更好的一個方式開發系統。

由於這些圖片檔案並不小，ESP32 開發版不易放下這些圖檔於記憶體之中，所以筆者使用超連結的方式，來開發系統，首先，筆者找到這些對應的圖檔，將它們至於筆者國立暨南大學電機工程學系的研究室內網頁伺服器之中，如下圖所示：

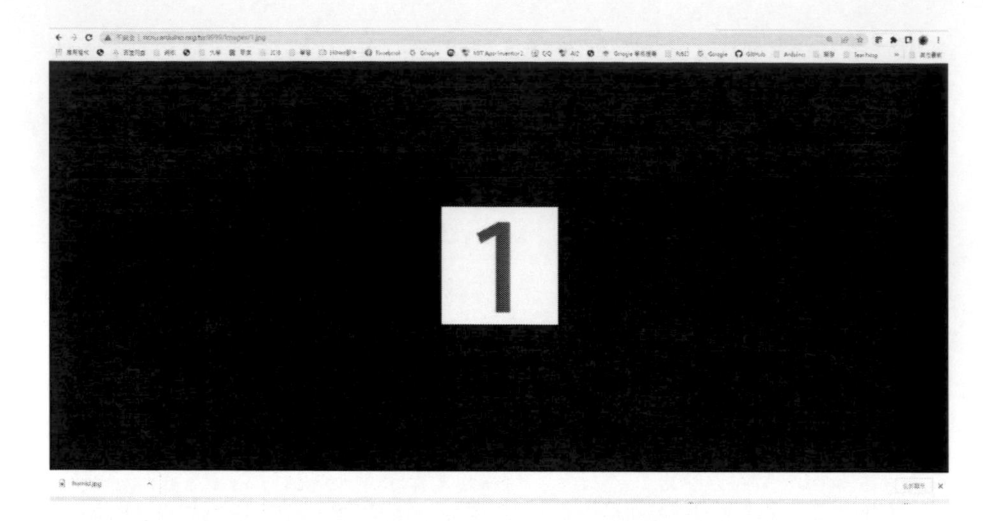

圖 71 位於網站上的 1 數字畫面

我們只要在瀏覽器輸入：http://ncnu.arduino.org.tw:9999/images/1.jpg，就可以看到這張圖片，所以如果我們使用 ESP32 開發版，在建立網站伺服器時，在通訊時將圖片用類似上圖所示方式顯示，我們使用下列 HTML 語法：

```
<im src='http://ncnu.arduino.org.tw:9999/images/1.jpg'>
```

如此一來，建立網頁伺服器，透過網頁語法，可以建立這樣方式，

如下圖所示，若要在網站上透過網頁顯示 1 數字圖形顯示。

圖 72 網頁顯示 1 數字圖形

如下圖所示，只要讓網站伺服器，送出圖形 1 數字的 HTML 內容在網站，使用這就可以透過瀏覽器觀示，在瀏覽器上顯示 1 數字圖形顯示。

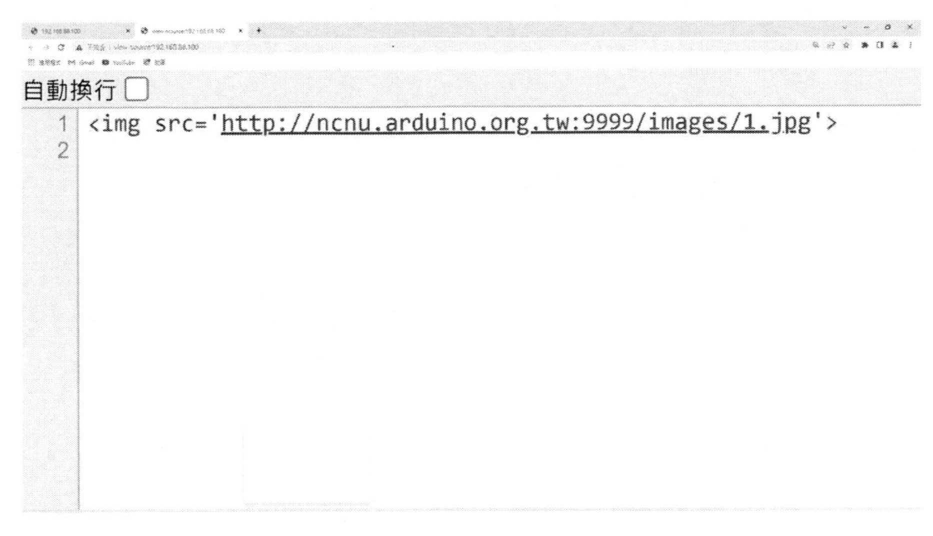

圖 73 伺服器送出圖形 1 數字的 HTML 內容

我們遵照前幾章所述，將 ESP 32 開發板的驅動程式安裝好之後，我們打開 ESP 32 開發板的開發工具：Sketch IDE 整合開發軟體(安裝 Arduino 開發環境，請參考本文之『Arduino 開發 IDE 安裝』，安裝 ESP 32 開發板 SDK 請參考本文之『安裝 ESP32 Arduino 整合開發環境』(曹永忠, 2020a, 2020c, 2020d)，攥寫一段程式，如下表所示之顯示圖形文字簡易程式，透過網頁伺服器方式，顯示圖形文字資料。

表 24 顯示圖形文字簡易程式

顯示圖形文字簡易程式(number2img_Server_ESP32)

```
#include "initPins.h"          // 腳位與系統模組
#include "HTMLimage.h"         // 溫溼度專用模組
void setup()
{
    initALL() ; //系統硬體/軟體初始化
    initWiFi() ;  //網路連線，連上熱點
    ShowInternet();  //秀出網路連線資訊
    server.begin(80); //啟動網頁伺服器
     delay(1000) ;       //停 1 秒
     Serial.println("Home System Start");
}
void loop()
{
  //--------------------
  WiFiClient client = server.available();     // 網頁伺服器 listen Port 有人來連線嘞，
for incoming clients
  //宣告一個網路連線 socket: client，來接受網頁伺服器 listen Port 來連線的人
  if (client)    //有一個人(>0)
  {
    // if you get a client,
       String aa = Number2Image("133.13") ;
    Serial.println("New Client.");                    // 有人來嘞，print a message out the
serial port
    String currentLine = "";                          // make a String to hold incoming data
from the client
    while (client.connected())
    { // loop while the client's connected
```

```
      if (client.available())
      { // if there's bytes to read from the client,
        char c = client.read();                    // read a byte, then
        Serial.write(c);                            // print it out the serial monitor
        if (c == '\n')
        { // if the byte is a newline character
          // if the current line is blank, you got two newline characters in a row.
          // that's the end of the client HTTP request, so send a response:
          if (currentLine.length() == 0)
          {
            // HTTP headers always start with a response code (e.g. HTTP/1.1 200 OK)
            // and a content-type so the client knows what's coming, then a blank line:
            client.println("HTTP/1.1 200 OK");
            client.println("Content-type:text/html");
            client.println();
            // the content of the HTTP response follows the header:
            client.print(aa);
            // The HTTP response ends with another blank line:
            client.println();
            // break out of the while loop:
            break;
          }    // end of if (currentLine.length() == 0)
          else
          { // if you got a newline, then clear currentLine:
            currentLine = "";
          }    // end of if (currentLine.length() == 0)
        } // end of if (c == '\n')
        else if (c != '\r')
        { // if you got anything else but a carriage return character,
          currentLine += c;          // add it to the end of the currentLine
        }    // end of else if (c != '\r')
        // Check to see if the client request was "GET /H" or "GET /L":
      } // end of    if (client.available())
    }    // end of while (client.connected())
    // close the connection:
    client.stop();
    Serial.println("Client Disconnected.");
  }    // end of    if (client)
```

```
    //------------------
    delay(100) ;
}
void initALL()   //系統硬體/軟體初始化
{
    Serial.begin(9600);
    Serial.println("System Start");
}
```

程式下載：https://github.com/brucetsao/ESP10Course

表 25 顯示圖形文字簡易程式(HTMLimage.h)

顯示圖形文字簡易程式(HTMLimage.h)

```
#include <String.h>
String imgURL ;
char URLbuffer[200] ;
String WebURL = "http://ncnu.arduino.org.tw:9999/images/" ;
String tempimg = "temp.jpg" ;
String tempunitimg = "degree.jpg" ;
String humidimg = "humid.jpg" ;
String humidunitimg = "humid.jpg" ;
const char* img = "<img src='%s%s'>" ;
String num[] =
{"0.jpg","1.jpg","2.jpg","3.jpg","4.jpg","5.jpg","6.jpg","7.jpg","8.jpg","9.jpg"}   ;
String point = "point.jpg" ;
String ImgURL(String cc)
{
        sprintf(URLbuffer,img,WebURL.c_str(),cc.c_str() );
        Serial.println(URLbuffer) ;
        return String(URLbuffer) ;
}
String Number2Image(String nn)
{
    String s1, tmp;
    int pos;
    tmp = "" ;
    int len = nn.length();
    Serial.print("Length:");
```

```
    Serial.print(len);
    Serial.print("\n");
    for (int i = 0 ; i < len; i++)
        {
            s1 = nn.substring(i,i+1) ;
            Serial.print("Char :");
            Serial.print(i);
            Serial.print("/");
            Serial.print(s1);
            Serial.print("\n");
            if (s1 != ".")
              {
                Serial.println("Is Number") ;
                pos = s1.toInt() ;
              Serial.print("POS :");
            Serial.print(pos);
            Serial.print("\n");
                tmp = tmp + ImgURL(num[s1.toInt()]) ;
              Serial.println(ImgURL(num[pos])) ;
              }
              else
              {
                Serial.println("Is DOT") ;
                  tmp = tmp +    ImgURL(point) ;
              }
        }
  return tmp ;
}
```

程式下載：https://github.com/brucetsao/ ESP10Course

表 26 顯示圖形文字簡易程式(initPins.h)

顯示圖形文字簡易程式(initPins.h)
#define _Debug 1   //輸出偵錯訊息 #define _debug 1   //輸出偵錯訊息 #define initDelay   6000   //初始化延遲時間 #define loopdelay 500   //loop 延遲時間 #include <WiFi.h>   //使用網路函式庫

```
#include <WiFiClient.h>    //使用網路用戶端函式庫
#include <WiFiMulti.h>     //多熱點網路函式庫
WiFiMulti wifiMulti;    //產生多熱點連線物件
String IpAddress2String(const IPAddress& ipAddress) ;
  IPAddress ip ;    //網路卡取得 IP 位址之原始型態之儲存變數
  String IPData ;   //網路卡取得 IP 位址之儲存變數
  String APname ;   //網路熱點之儲存變數
  String MacData ;   //網路卡取得網路卡編號之儲存變數
  long rssi ;   //網路連線之訊號強度'之儲存變數
  int status = WL_IDLE_STATUS;  //取得網路狀態之變數
 #define LEDPin 2
WiFiServer server(80);  //產生伺服器物件，並設定 listen port = 80(括號內數字)
void initWiFi()   //網路連線，連上熱點
{
  //加入連線熱點資料
  wifiMulti.addAP("NCNUIOT", "12345678");  //加入一組熱點
  wifiMulti.addAP("NCNUIOT2", "12345678");  //加入一組熱點
  wifiMulti.addAP("ABC", "12345678");  //加入一組熱點
  // We start by connecting to a WiFi network
  Serial.println();
  Serial.println();
  Serial.print("Connecting to ");
  //通訊埠印出 "Connecting to "
  wifiMulti.run();  //多網路熱點設定連線
 while (WiFi.status() != WL_CONNECTED)    //還沒連線成功
  {
    // wifiMulti.run() 啟動多熱點連線物件，進行已經紀錄的熱點進行連線，
    // 一個一個連線，連到成功為主，或者是全部連不上
    // WL_CONNECTED 連接熱點成功
    Serial.print(".");   //通訊埠印出
    delay(500) ;  //停 500 ms
     wifiMulti.run();   //多網路熱點設定連線
  }
    Serial.println("WiFi connected");   //通訊埠印出 WiFi connected
    Serial.print("AP Name: ");   //通訊埠印出 AP Name:
    APname = WiFi.SSID();
    Serial.println(APname);   //通訊埠印出 WiFi.SSID()==>從熱點名稱
    Serial.print("IP address: ");   //通訊埠印出 IP address:
    ip = WiFi.localIP();
```

```
        IPData = IpAddress2String(ip) ;
        Serial.println(IPData);     //通訊埠印出  WiFi.localIP()==>從熱點取得 IP 位址
        //通訊埠印出連接熱點取得的 IP 位址
  }
void ShowInternet()     //秀出網路連線資訊
{
   Serial.print("MAC:") ;
   Serial.print(MacData) ;
   Serial.print("\n") ;
   Serial.print("SSID:") ;
   Serial.print(APname) ;
   Serial.print("\n") ;
   Serial.print("IP:") ;
   Serial.print(IPData) ;
   Serial.print("\n") ;
   //OledLineText(1,"MAC:"+MacData) ;
   //OledLineText(2,"IP:"+IPData);
   //ShowMAC() ;
   //ShowIP()    ;
}
//--------------------
//----------Common Lib
long POW(long num, int expo)
{
   long tmp =1 ;
   if (expo > 0)
   {
            for(int i = 0 ; i< expo ; i++)
               tmp = tmp * num ;
              return tmp ;
   }
   else
   {
     return tmp ;
   }
}
String SPACE(int sp)
{
      String tmp = "" ;
```

```
        for (int i = 0 ; i < sp; i++)
          {
                tmp.concat(' ')    ;
          }
        return tmp ;
}
String strzero(long num, int len, int base)
{
    String retstring = String("");
    int ln = 1 ;
        int i = 0 ;
        char tmp[10] ;
        long tmpnum = num ;
        int tmpchr = 0 ;
        char hexcode[]={'0','1','2','3','4','5','6','7','8','9','A','B','C','D','E','F'} ;
        while (ln <= len)
        {
                tmpchr = (int)(tmpnum % base) ;
                tmp[ln-1] = hexcode[tmpchr] ;
                ln++ ;
                  tmpnum = (long)(tmpnum/base) ;
        }
        for (i = len-1; i >= 0 ; i --)
          {
                retstring.concat(tmp[i]);
          }
        return retstring;
}
unsigned long unstrzero(String hexstr, int base)
{
    String chkstring    ;
    int len = hexstr.length() ;
      unsigned int i = 0 ;
        unsigned int tmp = 0 ;
        unsigned int tmp1 = 0 ;
        unsigned long tmpnum = 0 ;
        String hexcode = String("0123456789ABCDEF") ;
        for (i = 0 ; i < (len ) ; i++)
        {
```

```
        hexstr.toUpperCase() ;
                tmp = hexstr.charAt(i) ;     // give i th char and return this char
                tmp1 = hexcode.indexOf(tmp) ;
        tmpnum = tmpnum + tmp1* POW(base,(len -i -1) )   ;
    }
  return tmpnum;
}
String   print2HEX(int number) {
  String ttt ;
  if (number >= 0 && number < 16)
  {
    ttt = String("0") + String(number,HEX);
  }
  else
  {
        ttt = String(number,HEX);
  }
  return ttt ;
}
String GetMacAddress()      //取得網路卡編號
{
  // the MAC address of your WiFi shield
  String Tmp = "" ;
  byte mac[6];

  // print your MAC address:
  WiFi.macAddress(mac);
  for (int i=0; i<6; i++)
    {
          Tmp.concat(print2HEX(mac[i])) ;
    }
    Tmp.toUpperCase() ;
  return Tmp ;
}
void ShowMAC()  //於串列埠印出網路卡號碼
{
  Serial.print("MAC Address:(");  //印出 "MAC Address:("
  Serial.print(MacData) ;    //印出 MacData 變數內容
  Serial.print(")\n");      //印出 ")\n"
```

```
}
String IpAddress2String(const IPAddress& ipAddress)
{
  //回傳 ipAddress[0-3]的內容，以 16 進位回傳
  return String(ipAddress[0]) + String(".") +\
  String(ipAddress[1]) + String(".") +\
  String(ipAddress[2]) + String(".") +\
  String(ipAddress[3])   ;
}
String chrtoString(char *p)
{
      String tmp ;
      char c ;
      int count = 0 ;
      while (count <100)
      {
            c= *p ;
            if (c != 0x00)
               {
                  tmp.concat(String(c)) ;
               }
               else
               {
                     return tmp ;
               }
           count++ ;
           p++;
      }
}
void CopyString2Char(String ss, char *p)
{
              //   sprintf(p,"%s",ss) ;
 if (ss.length() <=0)
         {
               *p =   0x00 ;
             return ;
         }
      ss.toCharArray(p, ss.length()+1) ;
    // *(p+ss.length()+1) = 0x00 ;
```

```
}
boolean CharCompare(char *p, char *q)
  {
        boolean flag = false ;
        int count = 0 ;
        int nomatch = 0 ;
        while (flag <100)
        {
            if (*(p+count) == 0x00 or *(q+count) == 0x00)
              break ;
            if (*(p+count) != *(q+count) )
                {
                    nomatch ++ ;
                }
               count++ ;
        }
       if (nomatch >0)
        {
          return false ;
        }
        else
        {
          return true ;
        }
  }
String Double2Str(double dd,int decn)
{
      int a1 = (int)dd ;
      int a3 ;
      if (decn >0)
      {
          double a2 = dd - a1 ;
          a3 = (int)(a2 * (10^decn));
      }
      if (decn >0)
      {
          return String(a1)+"."+ String(a3) ;
      }
      else
```

```
    {
      return String(a1) ;
    }
}
```

程式下載：https://github.com/brucetsao/ ESP10Course

如下圖所示，可以看到程式編輯畫面：

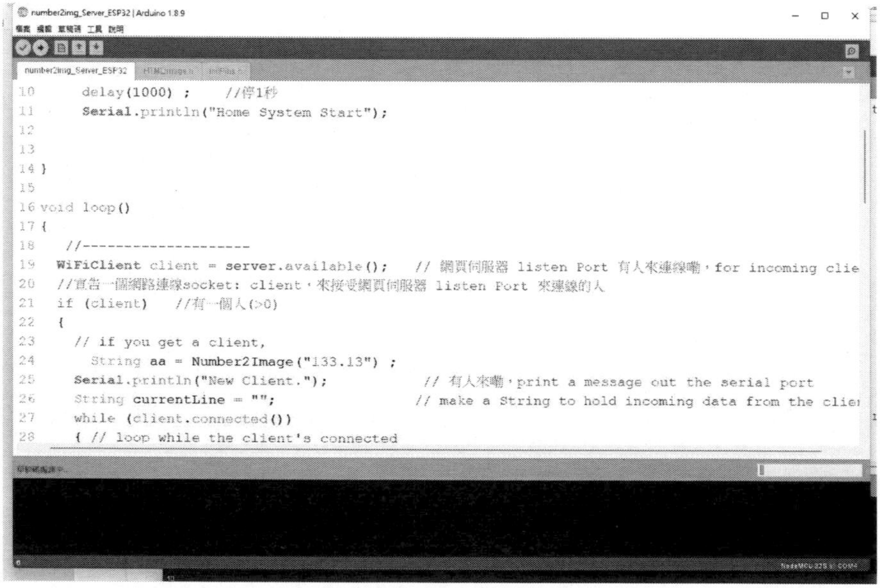

```
10      delay(1000) ;     //停1秒
11      Serial.println("Home System Start");
12
13
14 }
15
16 void loop()
17 {
18    //--------------------
19   WiFiClient client = server.available();    // 網頁伺服器 listen Port 有人來連線嘞，for incoming clie
20   //宣告一個網路連線socket: client，來接受網頁伺服器 listen Port 來連線的人
21   if (client)    //有一個人(>0)
22   {
23     // if you get a client,
24       String aa = Number2Image("133.13") ;
25     Serial.println("New Client.");            // 有人來嘞，print a message out the serial port
26     String currentLine = "";                  // make a String to hold incoming data from the clie
27     while (client.connected())
28     { // loop while the client's connected
```

圖 74 顯示圖形文字簡易程式之編輯畫面

如下圖所示，我們可以看到顯示圖形文字簡易程式之執行開始畫面。

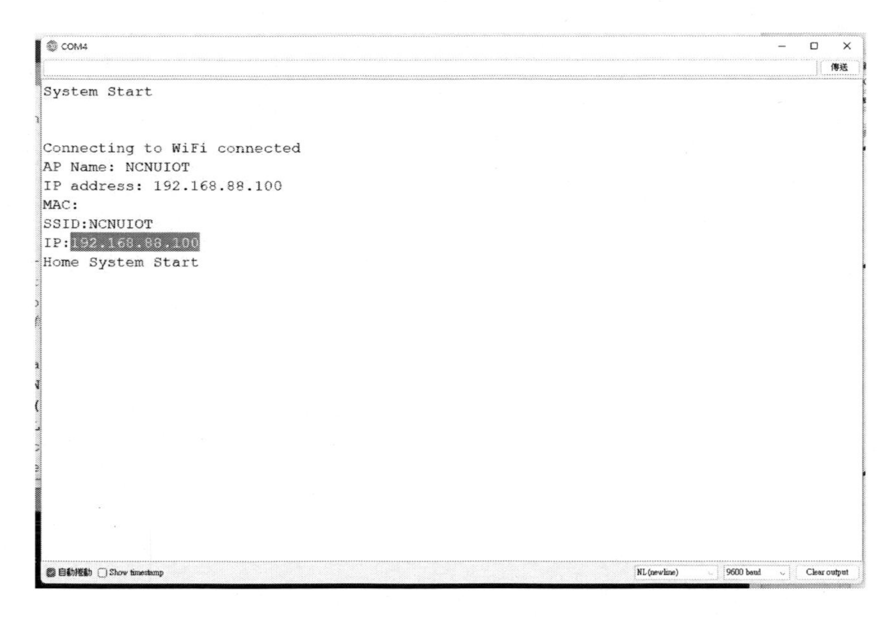

圖 75 顯示圖形文字簡易程式之執行開始畫面

由於我們必須在同一網域，方能連接顯示圖形文字簡易程式，如下圖所示，我們使用電腦，切換無線網路於同網域之上。

圖 76 選擇相同網域熱點

在連線端電腦已於顯示圖形文字簡易程式於同一網域，如下圖所示，我們使用電腦，進入 Chrome 瀏覽器之後，在網址列中，輸入如上圖所示之網址：192,168.88.100，讀者要根據您的顯示圖形文字簡易程式與無線熱點配發的網域與網址不同，自行修正網址。

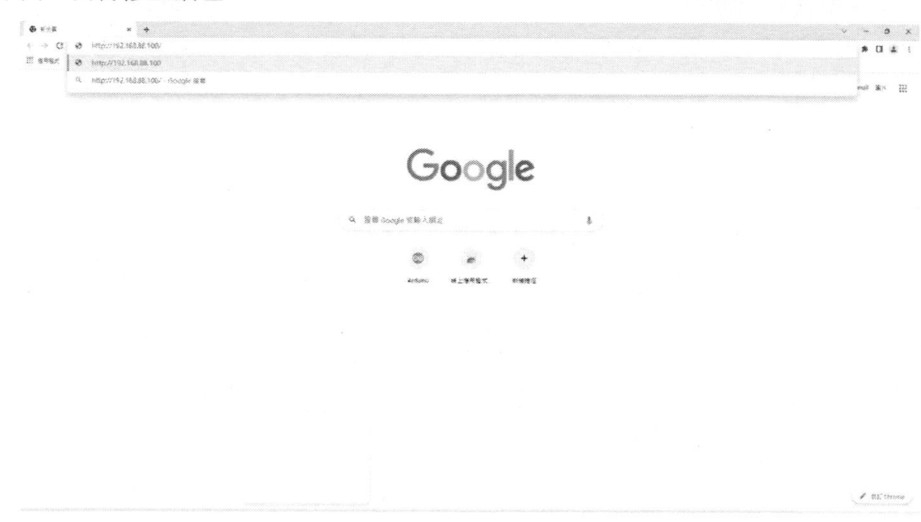

圖 77 開啟 Chrome 瀏覽器連覽數字圖形

如下圖所示，我們開啟 Chrome 瀏覽器，輸入網址：192,168.88.100，按下『Enter』之後，可以看到家居溫溼度簡易系統已經成為一個運行的畫面。

192.168.88.100

133.13

圖 78 顯示圖形文字簡易程式運行的畫面

整合網頁文字轉圖形於家居溫溼度簡易系統

接下來，我們要設計一個透過瀏覽器，可以看到我們建立好的溫溼度感測站台，我們將使用 ESP 32 開發板，整合溫溼度感測模組，透過 ESP 32 開發板強大有簡易設計的功能，不需要透過其他機器，就自成一台網站伺服器，透過這樣強大的功能，快速建立一個可以透過圖形來顯示之播報溫溼度資訊的雲端平台。

透過上節介紹，我們可以瞭解網頁文字轉圖形文字原理，只要把欲輸出的文字，透過網頁文字轉圖形文字原理的程式，轉成對應的 HTML 語法輸出，就可以在使用者的瀏覽器下顯示對應的圖形文字。

我們遵照前幾章所述，將 ESP 32 開發板的驅動程式安裝好之後，我們打開 ESP 32 開發板的開發工具：Sketch IDE 整合開發軟體(安裝 Arduino 開發環境，請參考本文之『Arduino 開發 IDE 安裝』，安裝 ESP 32 開發板 SDK 請參考本文之『安裝 ESP32 Arduino 整合開發環境』(曹永忠, 2020a, 2020c, 2020d)，攥寫一段程式，如下表所示之圖像化數字之家居溫溼度簡易系統，透過簡易網頁伺服器方式，以圖形化方式顯示溫溼度感測模組的溫度與濕度資料。

表 27 圖像化數字之家居溫溼度簡易系統

圖像化數字之家居溫溼度簡易系統(HTU21DF_graphy_Server_ESP32)

```
#include "initPins.h"         // 腳位與系統模組
#include "HTU21DLib.h"        // 溫溼度專用模組
#include "HTMLimage.h"        // 溫溼度專用模組
void setup()
{
      initALL() ; //系統硬體/軟體初始化
      initWiFi() ;  //網路連線，連上熱點
      ShowInternet();  //秀出網路連線資訊
      server.begin(80); //啟動網頁伺服器
       delay(1000) ;       //停 1 秒
       Serial.println("Home System Start");
}
void loop()
{
   //--------------------
   WiFiClient client = server.available();     // 網頁伺服器 listen Port 有人來連線嘞，
for incoming clients
   //宣告一個網路連線 socket: client，來接受網頁伺服器 listen Port 來連線的人
   if (client)    //有一個人(>0)
   {
      // if you get a client,
      ReadSensor()   ;
     Serial.println("New Client.");                    // 有人來嘞，print a message out the serial
port
      String currentLine = "";                          // make a String to hold incoming data
from the client
      while (client.connected())
      { // loop while the client's connected
         if (client.available())
         { // if there's bytes to read from the client,
            char c = client.read();                  // read a byte, then
            Serial.write(c);                            // print it out the serial monitor
```

```
if (c == '\n')
{ // if the byte is a newline character
 // if the current line is blank, you got two newline characters in a row.
  // that's the end of the client HTTP request, so send a response:
  if (currentLine.length() == 0)
  {
    // HTTP headers always start with a response code (e.g. HTTP/1.1 200 OK)
    // and a content-type so the client knows what's coming, then a blank line:
    client.println("HTTP/1.1 200 OK");
    client.println("Content-type:text/html");
    client.println();
    /*
    // the content of the HTTP response follows the header:
    client.print("Temperature : ");
    client.print(String(Temp_Value));
    client.print("<br>");
    client.print("Humidity : ");
    client.print(String(Humid_Value));
    client.print("<br>");
    */
    client.print(GetTempwithHTML()) ;
    client.print("<br>") ;
    client.print(GetHumidwithHTML()) ;
    Serial.println(GetTempwithHTML());
    Serial.println(GetHumidwithHTML());
   // The HTTP response ends with another blank line:
    client.println();
    // break out of the while loop:
    break;
  }    // end of if (currentLine.length() == 0)
  else
  { // if you got a newline, then clear currentLine:
    currentLine = "";
  }    // end of if (currentLine.length() == 0)
} // end of if (c == '\n')
else if (c != '\r')
{ // if you got anything else but a carriage return character,
  currentLine += c;          // add it to the end of the currentLine
}    // end of else if (c != '\r')
```

```
            // Check to see if the client request was "GET /H" or "GET /L":
          } // end of    if (client.available())
      }      // end of while (client.connected())
      // close the connection:
      client.stop();
      Serial.println("Client Disconnected.");
   }     // end of    if (client)
   //------------------
    delay(100) ;
}
void initALL()   //系統硬體/軟體初始化
{
      Serial.begin(9600);
      Serial.println("System Start");
      initHTU21D();      //啟動 HTU21D 溫溼度感測器
}

void ReadSensor()
{
         Temp_Value = ReadTemperature(); //讀取 HTU21D 溫溼度感測器之溫度
      Humid_Value= ReadHumidity(); //讀取 HTU21D 溫溼度感測器之溼度
      Serial.print("Temp: ");                          //印出 "Temp: "
      Serial.print(Temp_Value);                                  //印出 temp 變數內容
      Serial.print(" C");                              //印出 " C"
      Serial.print("\t\t");                          //印出 "\t\t"
      Serial.print("Humidity: ");                    //印出 "Humidity: "
      Serial.print(Humid_Value);                               //印出 rel_hum 變數內容
      Serial.println(" \%");                          //印出 " \%"
}
```

程式下載：https://github.com/brucetsao/ ESP10Course

表 28 圖像化數字之家居溫溼度簡易系統(HTMLimage.h)

圖像化數字之家居溫溼度簡易系統(HTMLimage.h)

```
#include <String.h>
String imgURL ;
char URLbuffer[200] ;
String WebURL = "http://ncnu.arduino.org.tw:9999/images/" ;
String tempimg = "temp.jpg" ;
String tempunitimg = "degree.jpg" ;
```

```
String humidimg = "humid.jpg" ;
String humidunitimg = "percent.jpg" ;
const char* img = "<img src='%s%s'>" ;
String num[] =
{"0.jpg","1.jpg","2.jpg","3.jpg","4.jpg","5.jpg","6.jpg","7.jpg","8.jpg","9.jpg"}    ;
String point = "point.jpg" ;
String ImgURL(String cc)
{
        sprintf(URLbuffer,img,WebURL.c_str(),cc.c_str() );
     //   Serial.println(URLbuffer) ;
        return String(URLbuffer) ;
}
String Number2Image(String nn)
{
      String s1, tmp;
      int pos;
      tmp = "" ;
      int len = nn.length();
     // Serial.print("Length:");
     // Serial.print(len);
   //   Serial.print("\n");
      for (int i = 0 ; i < len; i++)
          {
                s1 = nn.substring(i,i+1) ;
            if (s1 != ".")
                  {
                    pos = s1.toInt() ;
                      tmp = tmp + ImgURL(num[s1.toInt()]) ;
                  }
                  else
                  {
                    tmp = tmp +    ImgURL(point) ;
                  }
          }
   return tmp ;
}
String imagefile2HTML(String nn)
{
   String s1, tmp;
```

```
      tmp = "" ;
    tmp = ImgURL(nn) ;
  return tmp ;
}
String GetTempwithHTML()
{
  String t1,t2,t3 ;
  t1 = imagefile2HTML(tempimg) ;
  t2 = Number2Image(String(Temp_Value)) ;
  t3 = imagefile2HTML(tempunitimg) ;
  return t1+t2+t3 ;
}
String GetHumidwithHTML()
{
  String t1,t2,t3 ;
  t1 = imagefile2HTML(humidimg) ;
  t2 = Number2Image(String(Humid_Value)) ;
  t3 = imagefile2HTML(humidunitimg) ;
  return t1+t2+t3 ;
}
```

程式下載：https://github.com/brucetsao/ ESP10Course

表 29 圖像化數字之家居溫溼度簡易系統(HTU21DLib.h)

圖像化數字之家居溫溼度簡易系統(HTU21DLib.h)

```
#include <Wire.h>      //I2C 基礎通訊函式庫
#include "Adafruit_HTU21DF.h"      // HTU21D 溫溼度感測器函式庫
 // Connect Vin to 3-5VDC
// Connect GND to ground
// Connect SCL to I2C clock pin (A5 on UNO)
// Connect SDA to I2C data pin (A4 on UNO)
double Temp_Value = 0 ;
double Humid_Value = 0 ;
Adafruit_HTU21DF htu = Adafruit_HTU21DF();   //產生 HTU21D 溫溼度感測器運作
物件
 //產生 HTU21D 溫溼度感測器運作物件
void initHTU21D()     //啟動 HTU21D 溫溼度感測器
{
```

```
    if (!htu.begin())    //如果 HTU21D 溫溼度感測器沒有啟動成功
    {
      Serial.println("Couldn't find sensor!");      //印出 "Couldn't find sensor!"
      //找不到 HTU21D 溫溼度感測器
      while (1);  //永遠死在這
    }
}
float ReadTemperature() //讀取 HTU21D 溫溼度感測器之溫度
{
    return htu.readTemperature();    //回傳溫溼度感測器之溫度
}
float ReadHumidity() //讀取 HTU21D 溫溼度感測器之溼度
{
    return htu.readHumidity();  //回傳溫溼度感測器之溼度
}
```

程式下載：https://github.com/brucetsao/ ESP10Course

表 30 圖像化數字之家居溫溼度簡易系統(initPins.h)

圖像化數字之家居溫溼度簡易系統(initPins.h)

```
#define _Debug 1      //輸出偵錯訊息
#define _debug 1      //輸出偵錯訊息
#define initDelay     6000      //初始化延遲時間
#define loopdelay 500     //loop 延遲時間
#include <WiFi.h>    //使用網路函式庫
#include <WiFiClient.h>     //使用網路用戶端函式庫
#include <WiFiMulti.h>      //多熱點網路函式庫
WiFiMulti wifiMulti;      //產生多熱點連線物件
String IpAddress2String(const IPAddress& ipAddress) ;
  IPAddress ip ;      //網路卡取得 IP 位址之原始型態之儲存變數
  String IPData ;     //網路卡取得 IP 位址之儲存變數
  String APname ;     //網路熱點之儲存變數
  String MacData ;     //網路卡取得網路卡編號之儲存變數
  long rssi ;    //網路連線之訊號強度'之儲存變數
  int status = WL_IDLE_STATUS;  //取得網路狀態之變數
 #define LEDPin 2
WiFiServer server(80);  //產生伺服器物件，並設定 listen port = 80(括號內數字)
void initWiFi()    //網路連線，連上熱點
```

```
{
   //加入連線熱點資料
   wifiMulti.addAP("NCNUIOT", "12345678");   //加入一組熱點
   wifiMulti.addAP("NCNUIOT2", "12345678");   //加入一組熱點
   wifiMulti.addAP("ABC", "12345678");   //加入一組熱點
   // We start by connecting to a WiFi network
   Serial.println();
   Serial.println();
   Serial.print("Connecting to ");
   //通訊埠印出  "Connecting to "
   wifiMulti.run();   //多網路熱點設定連線
  while (WiFi.status() != WL_CONNECTED)         //還沒連線成功
   {
      // wifiMulti.run() 啟動多熱點連線物件，進行已經紀錄的熱點進行連線，
      //  一個一個連線，連到成功為主，或者是全部連不上
      // WL_CONNECTED  連接熱點成功
      Serial.print(".");      //通訊埠印出
      delay(500) ;   //停 500 ms
        wifiMulti.run();      //多網路熱點設定連線
   }
      Serial.println("WiFi connected");      //通訊埠印出  WiFi connected
      Serial.print("AP Name: ");      //通訊埠印出  AP Name:
      APname = WiFi.SSID();
      Serial.println(APname);      //通訊埠印出  WiFi.SSID()==>從熱點名稱
      Serial.print("IP address: ");      //通訊埠印出  IP address:
      ip = WiFi.localIP();
      IPData = IpAddress2String(ip) ;
      Serial.println(IPData);      //通訊埠印出  WiFi.localIP()==>從熱點取得 IP 位址
      //通訊埠印出連接熱點取得的 IP 位址
}
void ShowInternet()      //秀出網路連線資訊
{
   Serial.print("MAC:") ;
   Serial.print(MacData) ;
   Serial.print("\n") ;
   Serial.print("SSID:") ;
   Serial.print(APname) ;
   Serial.print("\n") ;
   Serial.print("IP:") ;
```

```
    Serial.print(IPData) ;
    Serial.print("\n") ;
}
//----------Common Lib
long POW(long num, int expo)
{
    long tmp =1 ;
    if (expo > 0)
    {
            for(int i = 0 ; i< expo ; i++)
              tmp = tmp * num ;
             return tmp ;
    }
    else
    {
      return tmp ;
    }
}
String SPACE(int sp)
{
      String tmp = "" ;
      for (int i = 0 ; i < sp; i++)
          {
              tmp.concat(' ')    ;
          }
      return tmp ;
}
String strzero(long num, int len, int base)
{
    String retstring = String("");
    int ln = 1 ;
      int i = 0 ;
      char tmp[10] ;
      long tmpnum = num ;
      int tmpchr = 0 ;
      char hexcode[]={'0','1','2','3','4','5','6','7','8','9','A','B','C','D','E','F'} ;
      while (ln <= len)
      {
            tmpchr = (int)(tmpnum % base) ;
```

```
            tmp[ln-1] = hexcode[tmpchr] ;
            ln++ ;
             tmpnum = (long)(tmpnum/base) ;
      }
      for (i = len-1; i >= 0 ; i --)
        {
              retstring.concat(tmp[i]);
        }
   return retstring;
}
unsigned long unstrzero(String hexstr, int base)
{
   String chkstring    ;
   int len = hexstr.length() ;

      unsigned int i = 0 ;
      unsigned int tmp = 0 ;
      unsigned int tmp1 = 0 ;
      unsigned long tmpnum = 0 ;
      String hexcode = String("0123456789ABCDEF") ;
      for (i = 0 ; i < (len ) ; i++)
      {
   //         chkstring= hexstr.substring(i,i) ;
         hexstr.toUpperCase() ;
                tmp = hexstr.charAt(i) ;     // give i th char and return this char
                tmp1 = hexcode.indexOf(tmp) ;
         tmpnum = tmpnum + tmp1* POW(base,(len -i -1) )    ;
      }
   return tmpnum;
}
String   print2HEX(int number) {
   String ttt ;
   if (number >= 0 && number < 16)
   {
      ttt = String("0") + String(number,HEX);
   }
   else
   {
         ttt = String(number,HEX);
```

```
    }
    return ttt ;
}
String GetMacAddress()       //取得網路卡編號
{
    // the MAC address of your WiFi shield
    String Tmp = "" ;
    byte mac[6];

    // print your MAC address:
    WiFi.macAddress(mac);
    for (int i=0; i<6; i++)
        {
                Tmp.concat(print2HEX(mac[i])) ;
        }
        Tmp.toUpperCase() ;
    return Tmp ;
}
void ShowMAC()   //於串列埠印出網路卡號碼
{
    Serial.print("MAC Address:(");   //印出 "MAC Address:("
    Serial.print(MacData) ;      //印出 MacData 變數內容
    Serial.print(")\n");        //印出 ")\n"
}
String IpAddress2String(const IPAddress& ipAddress)
{
    //回傳 ipAddress[0-3]的內容，以 16 進位回傳
    return String(ipAddress[0]) + String(".") +\
    String(ipAddress[1]) + String(".") +\
    String(ipAddress[2]) + String(".") +\
    String(ipAddress[3])    ;
}
String chrtoString(char *p)
{
        String tmp ;
        char c ;
        int count = 0 ;
        while (count <100)
        {
```

```
            c= *p ;
            if (c != 0x00)
               {
                  tmp.concat(String(c)) ;
               }
               else
               {
                     return tmp ;
               }
           count++ ;
           p++;
      }
}
void CopyString2Char(String ss, char *p)
{
             //    sprintf(p,"%s",ss) ;
   if (ss.length() <=0)
         {
               *p =    0x00 ;
             return ;
         }
       ss.toCharArray(p, ss.length()+1) ;
     // *(p+ss.length()+1) = 0x00 ;
}
boolean CharCompare(char *p, char *q)
   {
         boolean flag = false ;
         int count = 0 ;
         int nomatch = 0 ;
         while (flag <100)
         {
               if (*(p+count) == 0x00 or *(q+count) == 0x00)
                  break ;
               if (*(p+count) != *(q+count) )
                     {
                          nomatch ++ ;
                     }
                    count++ ;
         }
```

```
        if (nomatch >0)
          {
            return false ;
          }
          else
          {
            return true ;
          }
    }
String Double2Str(double dd,int decn)
{
      int a1 = (int)dd ;
      int a3 ;
      if (decn >0)
      {
            double a2 = dd - a1 ;
            a3 = (int)(a2 * (10^decn));
      }
      if (decn >0)
      {
            return String(a1)+"."+ String(a3) ;
      }
      else
      {
         return String(a1) ;
      }
}
```

程式下載：https://github.com/brucetsao/ ESP10Course

如下圖所示，可以看到程式編輯畫面：

圖 79 圖像化數字之家居溫溼度簡易系統之編輯畫面

如下圖所示，我們可以看到圖像化數字之家居溫溼度簡易系統之執行開始畫面。

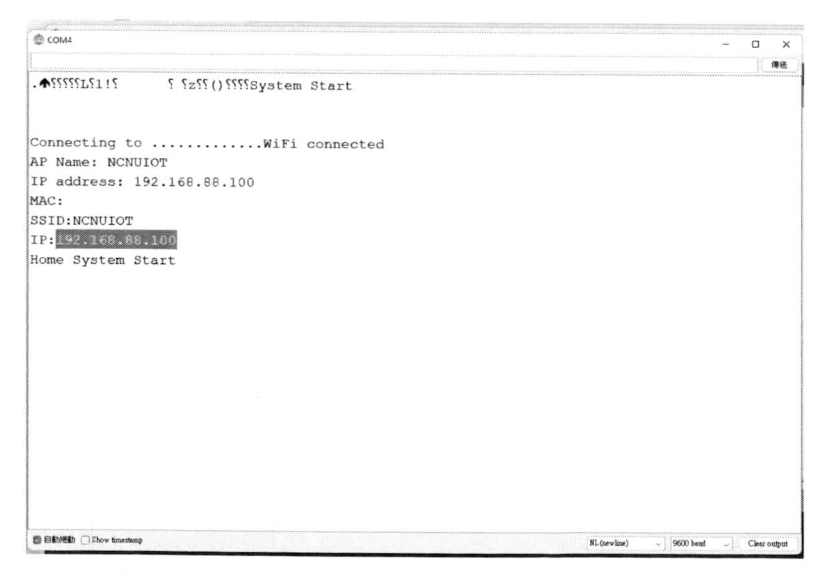

圖 80 圖像化數字之家居溫溼度簡易系統之執行開始畫面

由於我們必須在同一網域，方能連接圖像化數字之家居溫溼度簡易系統，如下圖所示，我們使用電腦，切換無線網路於同網域之上。

圖 81 選擇相同網域熱點

在連線端電腦已於圖像化數字之家居溫溼度簡易系統於同一網域，如下圖所示，我們使用電腦，進入 Chrome 瀏覽器之後，在網址列中，輸入如上圖所示之網址：192,168.88.100，讀者要根據您的圖像化數字之家居溫溼度簡易系統與無線熱點配發的網域與網址不同，自行修正網址。

圖 82 開啟 Chrome 瀏覽器

如下圖所示，我們開啟 Chrome 瀏覽器，輸入網址：192,168.88.100，按下『Enter』之後，可以看到圖像化數字之家居溫溼度簡易系統已經成為一個運行的畫面。

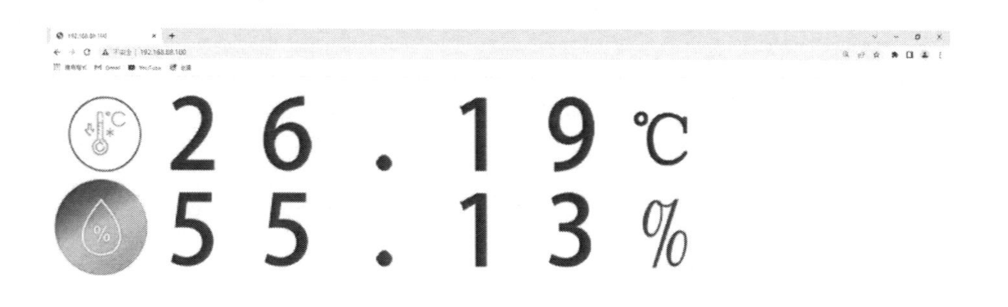

圖 83 圖像化數字之家居溫溼度簡易系統運行的畫面

重複運行之網站系統

上節之中，我們已經完成圖像化的溫溼度家居系統，但是我們發現由於溫溼度是一個隨時間變化的感測變亮，而瀏覽器是一個靜態的頁面顯示，除非使用者一直按下『重新整理』的按鈕或熱鍵，否則網頁示不會自動更新的。

網頁自動更新原理介紹

使用者透過瀏覽器連線到網站伺服器後，根據使用者要求的網站網址與其對應的網頁內容，網站伺服器解析期 HTML 語法後，將要求的網頁內容與對應圖片等所有網路資源，傳送到使用者的瀏覽器之後，網站伺服器便與使用者的瀏覽器就會中斷連線，使用者的瀏覽器會停留在傳送完畢後的網頁狀態上，其內容不會再有所變更，所以，使用者端得若沒有任何異動或點選網頁等所有動作，網站伺服器也救不會再傳送任何資料給使用者的瀏覽器。

如下表所示，我們攥寫一個簡單的靜態顯示日期時間之 php 程式

表 31 靜態顯示日期時間程式

靜態顯示日期時間程式(a1.php)

```
<html xmlns='http://www.w3.org/1999/xhtml'>
<head>
<meta http-equiv='Content-Type' content='text/html; charset=utf-8' />
<title>溫溼度家居系統</title>
</head>
<body>
<?php
    $dt = getdate() ;
    $yyyy =   str_pad($dt['year'],4,"0",STR_PAD_LEFT);
    $mm   =   str_pad($dt['mon'] ,2,"0",STR_PAD_LEFT);
    $dd   =   str_pad($dt['mday'] ,2,"0",STR_PAD_LEFT);
```

```
    $hh    =    str_pad($dt['hours'] ,2,"0",STR_PAD_LEFT);
    $min    =    str_pad($dt['minutes'] ,2,"0",STR_PAD_LEFT);
    $sec    =    str_pad($dt['seconds'] ,2,"0",STR_PAD_LEFT);
    echo $yyyy."/".$mm."/".$dd."      ".$hh.":".$min.":".$sec;

?>
</body>
</html>
```

程式下載：https://github.com/brucetsao/ ESP10Course/web/nuk/

透過 Apache 網站伺服器與 php 解譯模組，如下圖所示，可以看到程式讀取伺服器主機的日期與時間顯示於網站上，但是我們發現，除非使用者一直按下『重新整理』的按鈕或熱鍵，否則網頁是不會自動更新的：

2022/05/03 06:08:24

圖 84 靜態顯示日期時間程式畫面

所幸，網站語言設計者早就想到這些問題，只要在網站 HTML 標籤加入『<meta http-equiv="refresh" content="1" />』，由於網站語言設計者當初設計的要求，必須要將這個語法放在『<head>　　</head>』之間，方能作用。

並且該語法『content="1"』，在 content=?後面的數字，為幾秒自動更新的涵義，所以我們再修正程式，如下表所示，我們再攥寫一個簡單的動態顯示日期時間之 php 程式。

表 32 簡單的動態顯示日期時間程式

簡單的動態顯示日期時間程式(a2.php)

```
<html xmlns='http://www.w3.org/1999/xhtml'>
<head>
<meta http-equiv='Content-Type' content='text/html; charset=utf-8' />
<meta http-equiv="refresh" content="1" />
<title>溫溼度家居系統</title>
</head>
<body>
<?php
    $dt = getdate() ;
    $yyyy =   str_pad($dt['year'],4,"0",STR_PAD_LEFT);
    $mm   =   str_pad($dt['mon'] ,2,"0",STR_PAD_LEFT);
    $dd   =   str_pad($dt['mday'] ,2,"0",STR_PAD_LEFT);
    $hh   =   str_pad($dt['hours'] ,2,"0",STR_PAD_LEFT);
    $min  =   str_pad($dt['minutes'] ,2,"0",STR_PAD_LEFT);
    $sec  =   str_pad($dt['seconds'] ,2,"0",STR_PAD_LEFT);
    echo $yyyy."/".$mm."/".$dd."      ".$hh.":".$min.":".$sec;

?>
</body>
</html>
```

程式下載：https://github.com/brucetsao/ ESP10Course/web/nuk/

透過 Apache 網站伺服器與 php 解譯模組，如下圖所示，可以看到，網站程式會從讀取伺服器主機的日期與時間顯示於網站上，我們發現，目前使用者不需要一直按下『重新整理』的按鈕或熱鍵，網頁也會自動更新日期與時間的顯示：

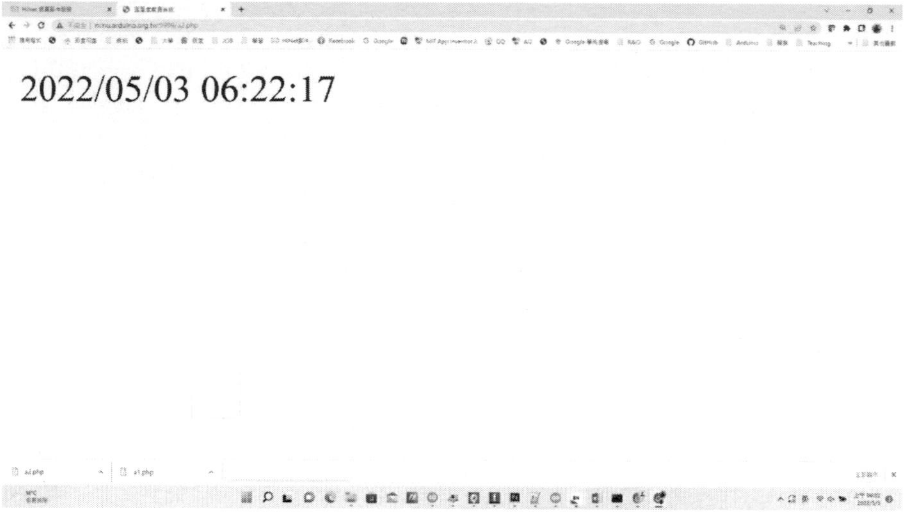

2022/05/03 06:22:17

圖 85 動態顯示日期時間程式畫面

網頁自動更新測試程式

接下來，我們要設計一個透過瀏覽器，可以看到我們建立好的溫溼度感測站台，我們將使用 ESP 32 開發板，整合溫溼度感測模組，透過 ESP 32 開發板強大有簡易設計的功能，不需要透過其他機器，就自成一台網站伺服器，透過這樣強大的功能，快速建立一個可以播報溫溼度資訊且自動更新的雲端平台。

我們遵照前幾章所述，將 ESP 32 開發板的驅動程式安裝好之後，我們打開 ESP 32 開發板的開發工具：Sketch IDE 整合開發軟體(安裝 Arduino 開發環境，請參考本文之『Arduino 開發 IDE 安裝』，安裝 ESP 32 開發板 SDK 請參考本文之『安裝 ESP32 Arduino 整合開發環境』(曹永忠, 2020a, 2020c, 2020d)，攥寫一段程式，如下表所示之自動更新網頁簡易程式，透過網頁伺服器方式，顯示自動更新內容資料。

表 33 自動更新網頁簡易程式

自動更新網頁簡易程式(autorefresh_Server_ESP32)
#include "initPins.h"　　　// 腳位與系統模組

```
#include "HTMLLib.h"        // 溫溼度專用模組
void setup()
{
    initALL() ; //系統硬體/軟體初始化
    initWiFi() ;   //網路連線，連上熱點
    ShowInternet();   //秀出網路連線資訊
    server.begin(80); //啟動網頁伺服器
     delay(1000) ;       //停 1 秒
     Serial.println("Home System Start");
}
void loop()
{
   //--------------------
  WiFiClient client = server.available();     // 網頁伺服器 listen Port 有人來連線嘞，
for incoming clients
  //宣告一個網路連線 socket: client，來接受網頁伺服器 listen Port 來連線的人
  if (client)     //有一個人(>0)
  {
    // if you get a client,
   Serial.println("New Client.");                    // 有人來嘞，print a message out the serial
port
    String currentLine = "";                         // make a String to hold incoming data
from the client
    while (client.connected())
    { // loop while the client's connected
      if (client.available())
      { // if there's bytes to read from the client,
        char c = client.read();                       // read a byte, then
        Serial.write(c);                                // print it out the serial monitor
        if (c == '\n')
        { // if the byte is a newline character

          // if the current line is blank, you got two newline characters in a row.
          // that's the end of the client HTTP request, so send a response:
          if (currentLine.length() == 0)
          {
            // HTTP headers always start with a response code (e.g. HTTP/1.1 200 OK)
            // and a content-type so the client knows what's coming, then a blank line:
            String tmp = TranHTML(PageTitle,String(millis()),3) ;
```

```
                client.print(tmp) ;
                Serial.println(tmp) ;
                // The HTTP response ends with another blank line:
                client.println();
                // break out of the while loop:
                break;
            }       // end of if (currentLine.length() == 0)
            else
            { // if you got a newline, then clear currentLine:
                currentLine = "";
            }       // end of if (currentLine.length() == 0)
        } // end of if (c == '\n')
        else if (c != '\r')
        { // if you got anything else but a carriage return character,
            currentLine += c;           // add it to the end of the currentLine
        }       // end of else if (c != '\r')
        // Check to see if the client request was "GET /H" or "GET /L":
      } // end of    if (client.available())
    }       // end of while (client.connected())
    // close the connection:
    client.stop();
    Serial.println("Client Disconnected.");
  }       // end of    if (client)
    //-----------------
   delay(100) ;
}
void initALL()   //系統硬體/軟體初始化
{
    Serial.begin(9600);
    Serial.println("System Start");

}
```

程式下載：https://github.com/brucetsao/ ESP10Course

表 34 顯示圖形文字簡易程式(HTMLLib.h)

顯示圖形文字簡易程式(HTMLLib.h)
#include <String.h>

```
String HTMLStr ;
char URLbuffer[1000] ;
const char* fullHTML = "<html xmlns='http://www.w3.org/1999/xhtml'><head><meta
http-equiv='Content-Type' content='text/html; charset=utf-8' /><meta http-equiv='refresh'
content='%d' /><title>%s</title></head><body>%s</body></html>" ;
String PageTitle = "溫溼度家居系統" ;
int refreshtime = 1 ;
String TranHTML(String titlestr, String bodystr, int t)
{
        sprintf(URLbuffer,fullHTML,t,titlestr.c_str(),bodystr.c_str() );
    //   Serial.println(URLbuffer) ;
        return String(URLbuffer) ;
}
```

程式下載：https://github.com/brucetsao/ ESP10Course

表 35 顯示圖形文字簡易程式(initPins.h)

顯示圖形文字簡易程式(initPins.h)

```
#define _Debug 1      //輸出偵錯訊息
#define _debug 1      //輸出偵錯訊息
#define initDelay    6000     //初始化延遲時間
#define loopdelay 500    //loop  延遲時間
#include <WiFi.h>    //使用網路函式庫
#include <WiFiClient.h>    //使用網路用戶端函式庫
#include <WiFiMulti.h>     //多熱點網路函式庫
WiFiMulti wifiMulti;     //產生多熱點連線物件
String IpAddress2String(const IPAddress& ipAddress) ;
  IPAddress ip ;     //網路卡取得 IP 位址之原始型態之儲存變數
  String IPData ;    //網路卡取得 IP 位址之儲存變數
  String APname ;    //網路熱點之儲存變數
  String MacData ;    //網路卡取得網路卡編號之儲存變數
  long rssi ;    //網路連線之訊號強度'之儲存變數
  int status = WL_IDLE_STATUS;   //取得網路狀態之變數
#define LEDPin 2
WiFiServer server(80);   //產生伺服器物件，並設定 listen port = 80(括號內數字)
void initWiFi()    //網路連線，連上熱點
{
  //加入連線熱點資料
```

```
  wifiMulti.addAP("NCNUIOT", "12345678");   //加入一組熱點
  wifiMulti.addAP("NCNUIOT2", "12345678");   //加入一組熱點
  wifiMulti.addAP("ABC", "12345678");   //加入一組熱點
  // We start by connecting to a WiFi network
  Serial.println();
  Serial.println();
  Serial.print("Connecting to ");
  //通訊埠印出 "Connecting to "
  wifiMulti.run();   //多網路熱點設定連線
 while (WiFi.status() != WL_CONNECTED)        //還沒連線成功
  {
    // wifiMulti.run() 啟動多熱點連線物件，進行已經紀錄的熱點進行連線，
    // 一個一個連線，連到成功為主，或者是全部連不上
    // WL_CONNECTED 連接熱點成功
    Serial.print(".");    //通訊埠印出
    delay(500) ;   //停 500 ms
     wifiMulti.run();    //多網路熱點設定連線
  }
    Serial.println("WiFi connected");    //通訊埠印出 WiFi connected
    Serial.print("AP Name: ");    //通訊埠印出 AP Name:
    APname = WiFi.SSID();
    Serial.println(APname);    //通訊埠印出 WiFi.SSID()==>從熱點名稱
    Serial.print("IP address: ");    //通訊埠印出 IP address:
    ip = WiFi.localIP();
    IPData = IpAddress2String(ip) ;
    Serial.println(IPData);    //通訊埠印出 WiFi.localIP()==>從熱點取得 IP 位址
    //通訊埠印出連接熱點取得的 IP 位址
 }
void ShowInternet()    //秀出網路連線資訊
{
  Serial.print("MAC:") ;
  Serial.print(MacData) ;
  Serial.print("\n") ;
  Serial.print("SSID:") ;
  Serial.print(APname) ;
  Serial.print("\n") ;
  Serial.print("IP:") ;
  Serial.print(IPData) ;
  Serial.print("\n") ;
```

```
  }
//----------Common Lib
long POW(long num, int expo)
{
   long tmp =1 ;
   if (expo > 0)
   {
            for(int i = 0 ; i< expo ; i++)
               tmp = tmp * num ;
             return tmp ;
   }
   else
   {
     return tmp ;
   }
}
String SPACE(int sp)
{
     String tmp = "" ;
     for (int i = 0 ; i < sp; i++)
        {
              tmp.concat(' ')    ;
        }
     return tmp ;
}
String strzero(long num, int len, int base)
{
   String retstring = String("");
   int ln = 1 ;
     int i = 0 ;
     char tmp[10] ;
     long tmpnum = num ;
     int tmpchr = 0 ;
     char hexcode[]={'0','1','2','3','4','5','6','7','8','9','A','B','C','D','E','F'} ;
     while (ln <= len)
     {
            tmpchr = (int)(tmpnum % base) ;
            tmp[ln-1] = hexcode[tmpchr] ;
            ln++ ;
```

```
            tmpnum = (long)(tmpnum/base) ;
        }
        for (i = len-1; i >= 0 ; i --)
            {
                retstring.concat(tmp[i]);
            }
    return retstring;
}

unsigned long unstrzero(String hexstr, int base)
{
    String chkstring    ;
    int len = hexstr.length() ;
        unsigned int i = 0 ;
        unsigned int tmp = 0 ;
        unsigned int tmp1 = 0 ;
        unsigned long tmpnum = 0 ;
        String hexcode = String("0123456789ABCDEF") ;
        for (i = 0 ; i < (len ) ; i++)
        {
            hexstr.toUpperCase() ;
                tmp = hexstr.charAt(i) ;     // give i th char and return this char
                tmp1 = hexcode.indexOf(tmp) ;
            tmpnum = tmpnum + tmp1* POW(base,(len -i -1) )    ;
        }
    return tmpnum;
}
String   print2HEX(int number) {
    String ttt ;
    if (number >= 0 && number < 16)
    {
        ttt = String("0") + String(number,HEX);
    }
    else
    {
            ttt = String(number,HEX);
    }
    return ttt ;
}
```

```
String GetMacAddress()        //取得網路卡編號
{
  // the MAC address of your WiFi shield
  String Tmp = "" ;
  byte mac[6];
  // print your MAC address:
  WiFi.macAddress(mac);
  for (int i=0; i<6; i++)
    {
          Tmp.concat(print2HEX(mac[i])) ;
    }
    Tmp.toUpperCase() ;
  return Tmp ;
}
void ShowMAC()    //於串列埠印出網路卡號碼
{
  Serial.print("MAC Address:(");    //印出 "MAC Address:("
  Serial.print(MacData) ;      //印出 MacData 變數內容
  Serial.print(")\n");        //印出 ")\n"
}
String IpAddress2String(const IPAddress& ipAddress)
{
  //回傳 ipAddress[0-3]的內容，以 16 進位回傳
  return String(ipAddress[0]) + String(".") +\
  String(ipAddress[1]) + String(".") +\
  String(ipAddress[2]) + String(".") +\
  String(ipAddress[3])    ;
}
String chrtoString(char *p)
{
    String tmp ;
    char c ;
    int count = 0 ;
    while (count <100)
    {
          c= *p ;
          if (c != 0x00)
            {
              tmp.concat(String(c)) ;
```

```
                }
                else
                {
                        return tmp ;
                }
            count++ ;
            p++;

      }
}
void CopyString2Char(String ss, char *p)
{
            //    sprintf(p,"%s",ss) ;
   if (ss.length() <=0)
        {
              *p =    0x00 ;
            return ;
        }
      ss.toCharArray(p, ss.length()+1) ;
     // *(p+ss.length()+1) = 0x00 ;
}
boolean CharCompare(char *p, char *q)
   {
         boolean flag = false ;
         int count = 0 ;
         int nomatch = 0 ;
         while (flag <100)
         {
               if (*(p+count) == 0x00 or *(q+count) == 0x00)
                  break ;
               if (*(p+count) != *(q+count) )
                     {
                          nomatch ++ ;
                     }
                  count++ ;
         }
       if (nomatch >0)
         {
            return false ;
```

```
        }
        else
        {
            return true ;
        }
    }
String Double2Str(double dd,int decn)
{
        int a1 = (int)dd ;
        int a3 ;
        if (decn >0)
        {
            double a2 = dd - a1 ;
            a3 = (int)(a2 * (10^decn));
        }
        if (decn >0)
        {
            return String(a1)+"."+ String(a3) ;
        }
        else
        {
          return String(a1) ;
        }
}
```

程式下載：https://github.com/brucetsao/ ESP10Course

如下圖所示，可以看到程式編輯畫面：

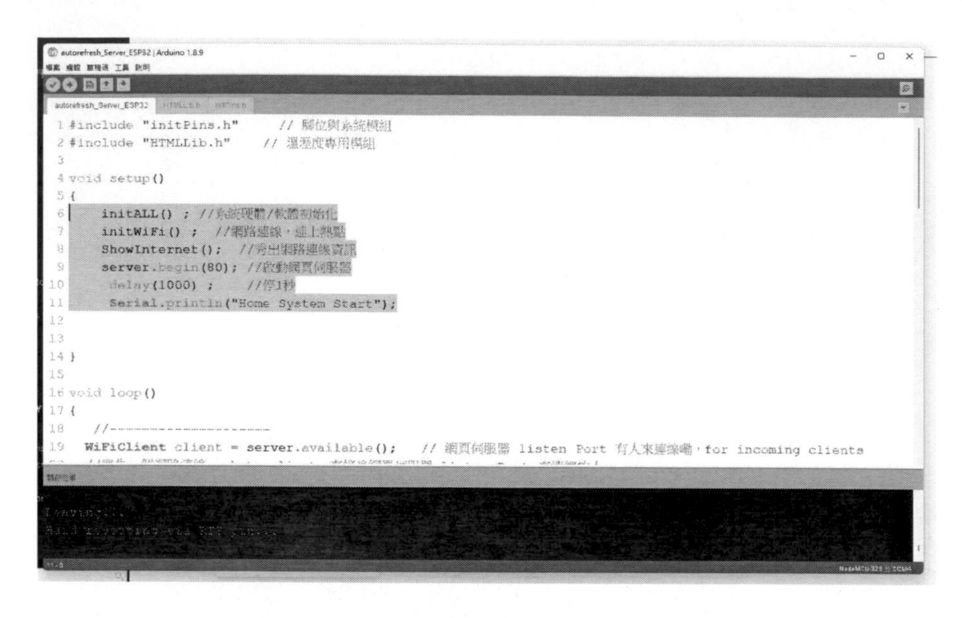

圖 86 自動更新網頁簡易程式之編輯畫面

如下圖所示，我們可以看到自動更新網頁簡易程式之執行開始畫面。

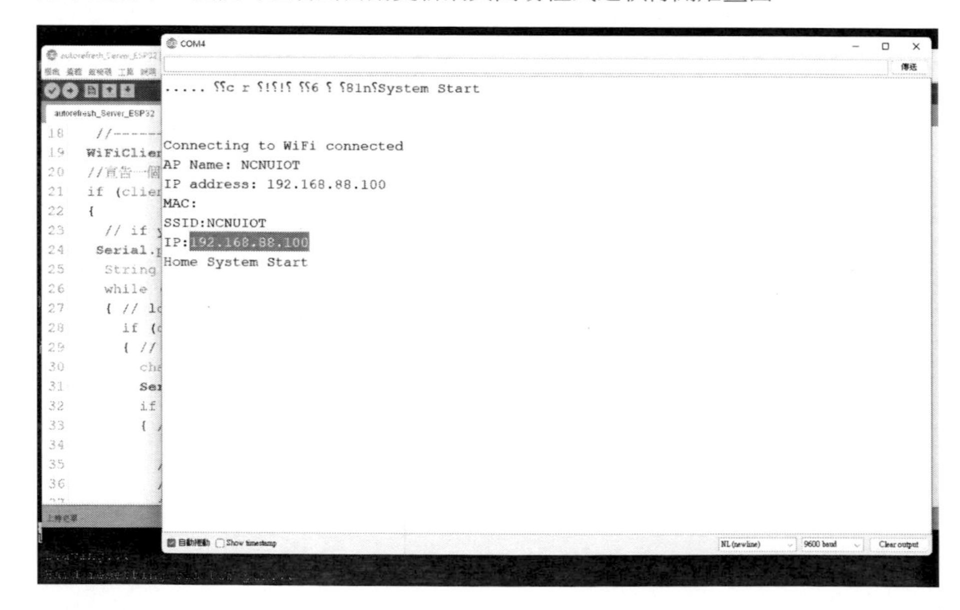

圖 87 自動更新網頁簡易程式執行開始畫面

由於我們必須在同一網域，方能連接自動更新網頁簡易程式，如下圖所示，我們使用電腦，切換無線網路於同網域之上。

圖 88 選擇相同網域熱點

在連線端電腦已於顯示自動更新網頁簡易程式於同一網域，如下圖所示，我們使用電腦，進入 Chrome 瀏覽器之後，在網址列中，輸入如上圖所示之網址：192,168.88.100，讀者要根據您的顯示自動更新網頁簡易程式與無線熱點配發的網域與網址不同，自行修正網址。

圖 89 開啟 Chrome 瀏覽器連覽數字圖形

如下圖所示，我們開啟 Chrome 瀏覽器，輸入網址：192,168.88.100，按下『Enter』之後，可以看到自動更新網頁簡易程式已經成為一個運行的畫面。

圖 90 自動更新網頁簡易程式運行的畫面

整合網頁文字轉圖形於家居溫溼度簡易系統

接下來，我們要設計一個透過瀏覽器，可以看到我們建立好的溫溼度感測站台，我們將使用 ESP 32 開發板，整合溫溼度感測模組，透過 ESP 32 開發板強大有簡易設計的功能，不需要透過其他機器，就自成一台網站伺服器，透過這樣強大的功能，快速建立一個可以網頁文字轉圖形機制之播報溫溼度資訊的雲端平台。

透過上節介紹，我們可以瞭解網頁文字轉圖形文字原理，並且瞭解自動化網頁更新的機制，接下來筆者介紹網頁文字轉圖形於家居溫溼度簡易系統，可以將讀取 HTU21D 溫溼度感測模組的系統，並且透過區域網路的網路連接，就可以建立一個具有網頁文字轉圖形機制之家居溫溼度簡易系統。

我們遵照前幾章所述，將 ESP 32 開發板的驅動程式安裝好之後，我們打開 ESP 32 開發板的開發工具：Sketch IDE 整合開發軟體(安裝 Arduino 開發環境，請參考本文之『Arduino 開發 IDE 安裝』，安裝 ESP 32 開發板 SDK 請參考本文之『安裝 ESP32 Arduino 整合開發環境』(曹永忠, 2020a, 2020c, 2020d)攥寫一段程式，如下表所示之網頁文字轉圖形機制之家居溫溼度簡易系統，透過簡易網頁伺服器方式，以圖形化方式顯示溫溼度感測模組的溫度與濕度資料。

表 36 網頁文字轉圖形機制之家居溫溼度簡易系統

網頁文字轉圖形機制之家居溫溼度簡易系統
(HTU21DF_Graphy_Server_autorefresh_ESP32)

```
#include "initPins.h"        // 腳位與系統模組
#include "HTU21DLib.h"       // 溫溼度專用模組
#include "HTMLimage.h"       // 溫溼度專用模組
#include "HTMLLib.h"      // 溫溼度專用模組
void setup()
{
    initALL() ; //系統硬體/軟體初始化
    initWiFi() ;  //網路連線，連上熱點
    ShowInternet();  //秀出網路連線資訊
```

```
    server.begin(80); //啟動網頁伺服器
     delay(1000) ;     //停 1 秒
     Serial.println("Home System Start");
}
void loop()
{
  //--------------------
 WiFiClient client = server.available();    // 網頁伺服器 listen Port 有人來連線嘞，
for incoming clients
 //宣告一個網路連線 socket: client，來接受網頁伺服器 listen Port 來連線的人
 if (client)    //有一個人(>0)
 {
    // if you get a client,
    Serial.println("New Client.");                    // 有人來嘞，print a message out the
serial port
    ReadSensor()   ;
    Serial.println("--------------------------") ;
    String currentLine = "";                          // make a String to hold incoming data
from the client
    while (client.connected())
    { // loop while the client's connected
      if (client.available())
      { // if there's bytes to read from the client,
        char c = client.read();                 // read a byte, then
        Serial.write(c);                          // print it out the serial monitor
        if (c == '\n')
        { // if the byte is a newline character
         // if the current line is blank, you got two newline characters in a row.
          // that's the end of the client HTTP request, so send a response:
          if (currentLine.length() == 0)
          {

            String a1 = GetTempwithHTML() ;
            String a2 = GetHumidwithHTML() ;
            String ttmp = TranHTML(PageTitle,a1+"<br>"+a2,30) ;
            client.print(ttmp) ;
            Serial.println(ttmp) ;
            // The HTTP response ends with another blank line:
            client.println();
```

```
                // break out of the while loop:
                break;
            }      // end of if (currentLine.length() == 0)
            else
            { // if you got a newline, then clear currentLine:
                currentLine = "";
            }      // end of if (currentLine.length() == 0)
          } // end of if (c == '\n')
          else if (c != '\r')
          { // if you got anything else but a carriage return character,
            currentLine += c;          // add it to the end of the currentLine
          }      // end of else if (c != '\r')
          // Check to see if the client request was "GET /H" or "GET /L":
        } // end of    if (client.available())
      }      // end of while (client.connected())
      // close the connection:
      client.stop();
      Serial.println("Client Disconnected.");
  }      // end of    if (client)
      //------------------
    delay(100) ;
}
void initALL()    //系統硬體/軟體初始化
{
      Serial.begin(9600);
      Serial.println("System Start");
      initHTU21D();      //啟動 HTU21D  溫溼度感測器
      MacData = GetMacAddress() ;      //取得網路卡編號
  }
void ReadSensor()
{
      Temp_Value = ReadTemperature(); //讀取 HTU21D  溫溼度感測器之溫度
      Humid_Value= ReadHumidity(); //讀取 HTU21D  溫溼度感測器之溼度
      Serial.print("Temp: ");                          //印出  "Temp: "
      Serial.print(Temp_Value);                              //印出  temp 變數內容
      Serial.print(" C");                              //印出  " C"
      Serial.print("\t\t");                          //印出  "\t\t"
      Serial.print("Humidity: ");                    //印出  "Humidity: "
      Serial.print(Humid_Value);                          //印出  rel_hum 變數內容
```

```
	Serial.println(" \%");				//印出 " \%"
}
```

程式下載：https://github.com/brucetsao/ESP10Course

表 37 網頁文字轉圖形機制之家居溫溼度簡易系統(HTMLLib.h)

網頁文字轉圖形機制之家居溫溼度簡易系統(HTMLLib.h)

```
#include <String.h>
String HTMLStr ;
char HTMLbuffer[2000] ;
const char* fullHTML = "<html xmlns='http://www.w3.org/1999/xhtml'><head><meta
http-equiv='Content-Type' content='text/html; charset=utf-8' /><meta http-equiv='refresh'
content='%d' /><title>%s</title></head><body>%s</body></html>" ;
String PageTitle = "溫溼度家居系統" ;
int refreshtime = 1 ;
String TranHTML(String titlestr, String bodystr, int t)
{
	sprintf(HTMLbuffer,fullHTML,t,titlestr.c_str(),bodystr.c_str() );
    //	Serial.println(URLbuffer) ;
	return String(HTMLbuffer) ;
}
```

程式下載：https://github.com/brucetsao/ESP10Course

表 38 網頁文字轉圖形機制之家居溫溼度簡易系統(HTMLimage.h)

網頁文字轉圖形機制之家居溫溼度簡易系統(HTMLimage.h)

```
#include <String.h>
String imgURL ;
char URLbuffer[200] ;

String WebURL = "http://ncnu.arduino.org.tw:9999/images/" ;
String tempimg = "temp.jpg" ;
String tempunitimg = "degree.jpg" ;
String humidimg = "humid.jpg" ;
String humidunitimg = "percent.jpg" ;
const char* img = "<img src='%s%s'>" ;
String num[] =
{"0.jpg","1.jpg","2.jpg","3.jpg","4.jpg","5.jpg","6.jpg","7.jpg","8.jpg","9.jpg"}	;
```

```
String point = "point.jpg" ;
String ImgURL(String cc)
{
        sprintf(URLbuffer,img,WebURL.c_str(),cc.c_str() );
    //  Serial.println(URLbuffer) ;
        return String(URLbuffer) ;
}
String Number2Image(String nn)
{
      String s1, tmp;
      int pos;
      tmp = "" ;
      int len = nn.length();
      for (int i = 0 ; i < len; i++)
          {
              s1 = nn.substring(i,i+1) ;
          //    Serial.print("Char :");
          //    Serial.print(i);
          //    Serial.print("/");
          //    Serial.print(s1);
         //     Serial.print("\n");
             if (s1 != ".")
                 {
          //         Serial.println("Is Number") ;
                   pos = s1.toInt() ;
         //        Serial.print("POS :");
         //     Serial.print(pos);
         //     Serial.print("\n");
                   tmp = tmp + ImgURL(num[s1.toInt()]) ;
                 }
                 else
                 {
                   tmp = tmp +    ImgURL(point) ;
                 }
          }
   return tmp ;
}
String imagefile2HTML(String nn)
{
```

```
   String s1, tmp;
      tmp = "" ;
     tmp = ImgURL(nn) ;
   return tmp ;
}
String GetTempwithHTML()
{
   String t1,t2,t3 ;
   t1 = imagefile2HTML(tempimg) ;
   t2 = Number2Image(String(Temp_Value)) ;
   t3 = imagefile2HTML(tempunitimg) ;
return t1+t2+t3 ;
}
String GetHumidwithHTML()
{
   String t1,t2,t3 ;
   t1 = imagefile2HTML(humidimg) ;
   t2 = Number2Image(String(Humid_Value)) ;
   t3 = imagefile2HTML(humidunitimg) ;
return t1+t2+t3 ;
}
```

程式下載：https://github.com/brucetsao/ ESP10Course

表 39 網頁文字轉圖形機制之家居溫溼度簡易系統(HTU21DLib.h)

網頁文字轉圖形機制之家居溫溼度簡易系統(HTU21DLib.h)

```
#include <Wire.h>     //I2C 基礎通訊函式庫
#include "Adafruit_HTU21DF.h"     // HTU21D 溫溼度感測器函式庫
   // Connect Vin to 3-5VDC
// Connect GND to ground
// Connect SCL to I2C clock pin (A5 on UNO)
// Connect SDA to I2C data pin (A4 on UNO)
double Temp_Value = 0 ;
double Humid_Value = 0 ;
Adafruit_HTU21DF htu = Adafruit_HTU21DF();   //產生 HTU21D 溫溼度感測器運作
物件
 //產生 HTU21D 溫溼度感測器運作物件
void initHTU21D()     //啟動 HTU21D 溫溼度感測器
```

```
{
    if (!htu.begin())     //如果 HTU21D 溫溼度感測器沒有啟動成功
    {
      Serial.println("Couldn't find sensor!");      //印出 "Couldn't find sensor!"
      //找不到 HTU21D 溫溼度感測器
      while (1);  //永遠死在這
    }
}
float ReadTemperature() //讀取 HTU21D 溫溼度感測器之溫度
{
    return htu.readTemperature();     //回傳溫溼度感測器之溫度
}
float ReadHumidity() //讀取 HTU21D 溫溼度感測器之溼度
{
    return htu.readHumidity();   //回傳溫溼度感測器之溼度
}
```

程式下載：https://github.com/brucetsao/ ESP10Course

表 40 網頁文字轉圖形機制之家居溫溼度簡易系統(initPins.h)

網頁文字轉圖形機制之家居溫溼度簡易系統(initPins.h)

```
#define _Debug 1      //輸出偵錯訊息
#define _debug 1      //輸出偵錯訊息
#define initDelay     6000      //初始化延遲時間
#define loopdelay 500     //loop 延遲時間
#include <WiFi.h>     //使用網路函式庫
#include <WiFiClient.h>     //使用網路用戶端函式庫
#include <WiFiMulti.h>      //多熱點網路函式庫
WiFiMulti wifiMulti;      //產生多熱點連線物件
String IpAddress2String(const IPAddress& ipAddress) ;
   IPAddress ip ;      //網路卡取得 IP 位址之原始型態之儲存變數
   String IPData ;    //網路卡取得 IP 位址之儲存變數
   String APname ;     //網路熱點之儲存變數
   String MacData ;     //網路卡取得網路卡編號之儲存變數
   long rssi ;    //網路連線之訊號強度'之儲存變數
   int status = WL_IDLE_STATUS;   //取得網路狀態之變數
 #define LEDPin 2
WiFiServer server(80);   //產生伺服器物件，並設定 listen port = 80(括號內數字)
```

```
void initWiFi()      //網路連線，連上熱點
{
  //加入連線熱點資料
  wifiMulti.addAP("NCNUIOT", "12345678");   //加入一組熱點
  wifiMulti.addAP("NCNUIOT2", "12345678");   //加入一組熱點
  wifiMulti.addAP("ABC", "12345678");   //加入一組熱點
  // We start by connecting to a WiFi network
  Serial.println();
  Serial.println();
  Serial.print("Connecting to ");
  //通訊埠印出 "Connecting to "
  wifiMulti.run();   //多網路熱點設定連線
 while (WiFi.status() != WL_CONNECTED)         //還沒連線成功
  {
    // wifiMulti.run() 啟動多熱點連線物件，進行已經紀錄的熱點進行連線，
    // 一個一個連線，連到成功為主，或者是全部連不上
    // WL_CONNECTED 連接熱點成功
    Serial.print(".");     //通訊埠印出
    delay(500) ;   //停 500 ms
     wifiMulti.run();     //多網路熱點設定連線
  }
    Serial.println("WiFi connected");     //通訊埠印出 WiFi connected
    Serial.print("AP Name: ");     //通訊埠印出 AP Name:
    APname = WiFi.SSID();
    Serial.println(APname);     //通訊埠印出 WiFi.SSID()==>從熱點名稱
    Serial.print("IP address: ");     //通訊埠印出 IP address:
    ip = WiFi.localIP();
    IPData = IpAddress2String(ip) ;
    Serial.println(IPData);     //通訊埠印出 WiFi.localIP()==>從熱點取得 IP 位址
    //通訊埠印出連接熱點取得的 IP 位址
}
void ShowInternet()     //秀出網路連線資訊
{
  Serial.print("MAC:") ;
  Serial.print(MacData) ;
  Serial.print("\n") ;
  Serial.print("SSID:") ;
  Serial.print(APname) ;
  Serial.print("\n") ;
```

```
    Serial.print("IP:") ;
    Serial.print(IPData) ;
    Serial.print("\n") ;
}
//----------Common Lib
long POW(long num, int expo)
{
    long tmp =1 ;
    if (expo > 0)
    {
            for(int i = 0 ; i< expo ; i++)
              tmp = tmp * num ;
             return tmp ;
    }
    else
    {
     return tmp ;
    }
}
String SPACE(int sp)
{
      String tmp = "" ;
      for (int i = 0 ; i < sp; i++)
        {
              tmp.concat(' ')    ;
        }
      return tmp ;
}
String strzero(long num, int len, int base)
{
    String retstring = String("");
    int ln = 1 ;
      int i = 0 ;
      char tmp[10] ;
      long tmpnum = num ;
      int tmpchr = 0 ;
      char hexcode[]={'0','1','2','3','4','5','6','7','8','9','A','B','C','D','E','F'} ;
      while (ln <= len)
      {
```

```
            tmpchr = (int)(tmpnum % base) ;
            tmp[ln-1] = hexcode[tmpchr] ;
            ln++ ;
             tmpnum = (long)(tmpnum/base) ;
        }
        for (i = len-1; i >= 0 ; i --)
            {
                retstring.concat(tmp[i]);
            }
    return retstring;
}
unsigned long unstrzero(String hexstr, int base)
{
    String chkstring    ;
    int len = hexstr.length() ;
        unsigned int i = 0 ;
        unsigned int tmp = 0 ;
        unsigned int tmp1 = 0 ;
        unsigned long tmpnum = 0 ;
        String hexcode = String("0123456789ABCDEF") ;
        for (i = 0 ; i < (len ) ; i++)
        {
    //          chkstring= hexstr.substring(i,i) ;
            hexstr.toUpperCase() ;
                  tmp = hexstr.charAt(i) ;      // give i th char and return this char
                  tmp1 = hexcode.indexOf(tmp) ;
            tmpnum = tmpnum + tmp1* POW(base,(len -i -1) )    ;
      }
    return tmpnum;
}
String    print2HEX(int number) {
    String ttt ;
    if (number >= 0 && number < 16)
    {
        ttt = String("0") + String(number,HEX);
    }
    else
    {
            ttt = String(number,HEX);
```

```
    }
    return ttt ;
}
String GetMacAddress()        //取得網路卡編號
{
    // the MAC address of your WiFi shield
    String Tmp = "" ;
    byte mac[6];

    // print your MAC address:
    WiFi.macAddress(mac);
    for (int i=0; i<6; i++)
        {
            Tmp.concat(print2HEX(mac[i])) ;
        }
        Tmp.toUpperCase() ;
    return Tmp ;
}
void ShowMAC()   //於串列埠印出網路卡號碼
{
    Serial.print("MAC Address:(");    //印出 "MAC Address:("
    Serial.print(MacData) ;       //印出 MacData 變數內容
    Serial.print(")\n");        //印出 ")\n"
}
String IpAddress2String(const IPAddress& ipAddress)
{
    //回傳 ipAddress[0-3]的內容，以 16 進位回傳
    return String(ipAddress[0]) + String(".") +\
    String(ipAddress[1]) + String(".") +\
    String(ipAddress[2]) + String(".") +\
    String(ipAddress[3])    ;
}
String chrtoString(char *p)
{
        String tmp ;
        char c ;
        int count = 0 ;
        while (count <100)
        {
```

```
            c= *p ;
            if (c != 0x00)
              {
                tmp.concat(String(c)) ;
              }
              else
              {
                    return tmp ;
              }
          count++ ;
          p++;

    }
}
void CopyString2Char(String ss, char *p)
{
            //    sprintf(p,"%s",ss) ;
  if (ss.length() <=0)
        {
           *p =    0x00 ;
          return ;
        }
      ss.toCharArray(p, ss.length()+1) ;
    // *(p+ss.length()+1) = 0x00 ;
}
boolean CharCompare(char *p, char *q)
  {
        boolean flag = false ;
        int count = 0 ;
        int nomatch = 0 ;
        while (flag <100)
        {
              if (*(p+count) == 0x00 or *(q+count) == 0x00)
                break ;
              if (*(p+count) != *(q+count) )
                  {
                      nomatch ++ ;
                  }
                count++ ;
```

```
        }
      if (nomatch >0)
        {
          return false ;
        }
        else
        {
          return true ;
        }
    }
String Double2Str(double dd,int decn)
{
      int a1 = (int)dd ;
      int a3 ;
      if (decn >0)
      {
            double a2 = dd - a1 ;
            a3 = (int)(a2 * (10^decn));
      }
      if (decn >0)
      {
            return String(a1)+"."+ String(a3) ;
      }
      else
      {
         return String(a1) ;
      }
}
```

程式下載：https://github.com/brucetsao/ ESP10Course

如下圖所示，可以看到程式編輯畫面：

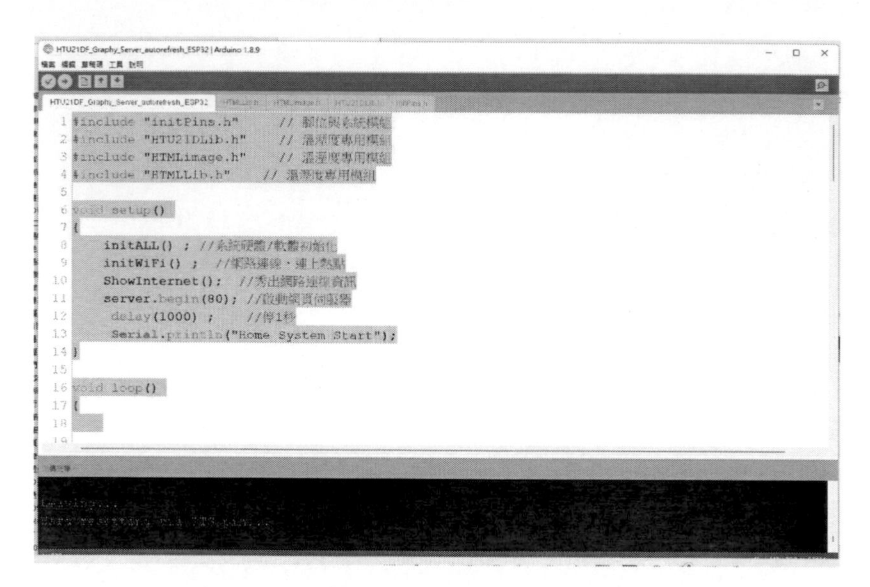

HTU21DF_Graphy_Server_autorefresh_ESP32 | Arduino 1.8.9
HTU21DF_Graphy_Server_autorefresh_ESP32
#include "initPins.h"
#include "HTU21DLib.h"
#include "HTMLimage.h"
#include "HTMLLib.h"
void setup()
{
initALL() ;
initWiFi() ;
ShowInternet();
server.begin(80);
delay(1000) ;
Serial.println("Home System Start");
}
void loop()
{

圖 91 網頁文字轉圖形機制之家居溫溼度簡易系統之編輯畫面

如下圖所示，我們可以看到網頁文字轉圖形機制之家居溫溼度簡易系統之執行開始畫面。

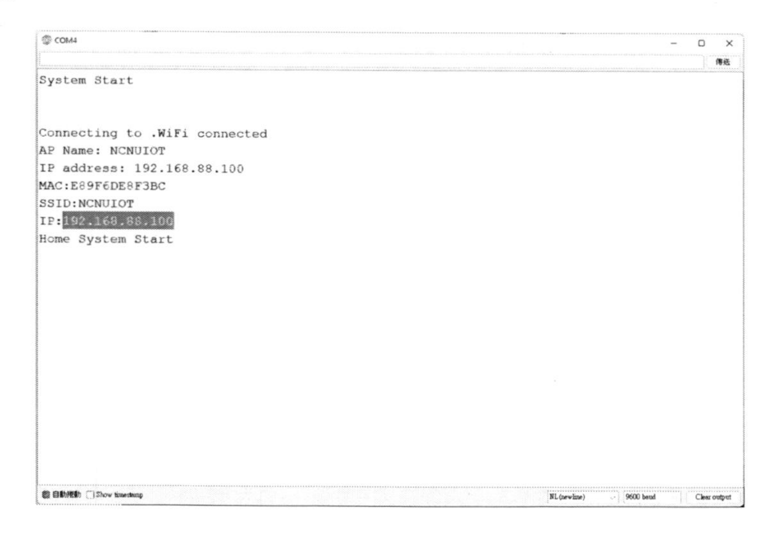

圖 92 網頁文字轉圖形機制之家居溫溼度簡易系統之執行開始畫面

由於我們必須在同一網域，方能連接網頁文字轉圖形機制之家居溫溼度簡易系統，如下圖所示，我們使用電腦，切換無線網路於同網域之上。

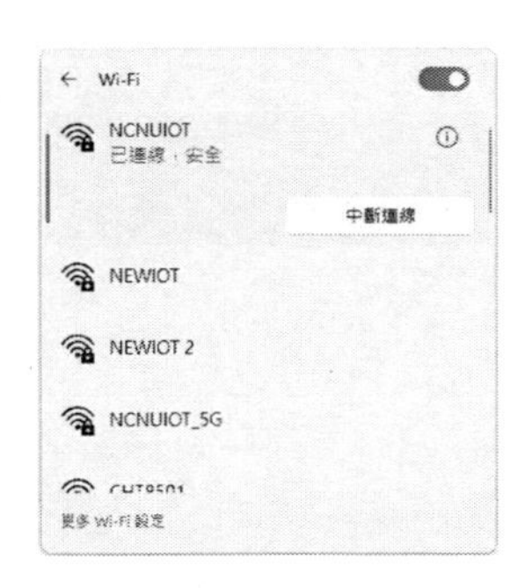

圖 93 選擇相同網域熱點

在連線端電腦已於網頁文字轉圖形機制之家居溫溼度簡易系統於同一網域，如下圖所示，我們使用電腦，進入 Chrome 瀏覽器之後，在網址列中，輸入如上圖所示之網址：192,168.88.100，讀者要根據您的網頁文字轉圖形機制之家居溫溼度簡易系統與無線熱點配發的網域與網址不同，自行修正網址。

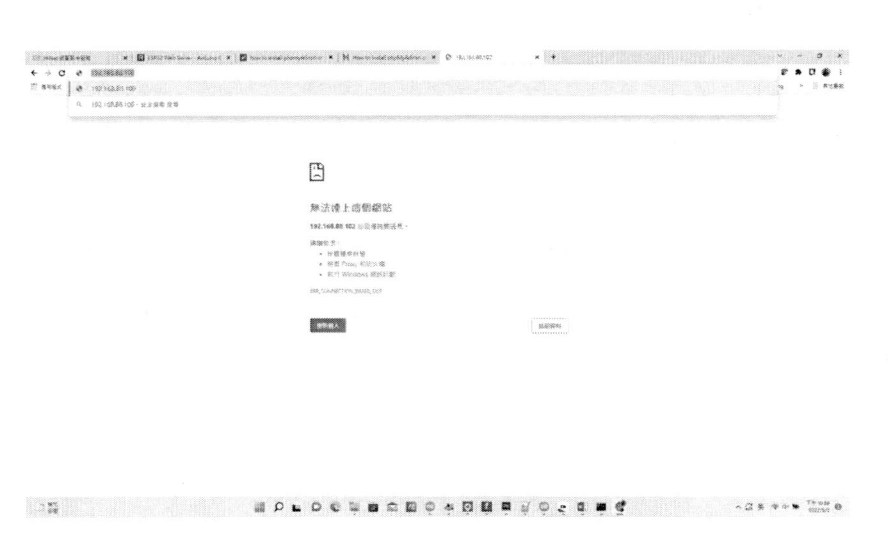

圖 94 開啟 Chrome 瀏覽器

如下圖所示，我們開啟 Chrome 瀏覽器，輸入網址：192,168.88.100，按下『Enter』之後，可以看到網頁文字轉圖形機制之家居溫溼度簡易系統已經成為一個運行的畫面。

圖 95 網頁文字轉圖形機制之家居溫溼度簡易系統運行的畫面

習題

1. 請參考下圖所示之電路圖，並在網路尋找 BMP280 大氣壓力感測器函式庫與相關資料，撰寫程式後，當電源接上後，點亮下圖紅燈(左起第一個 LED)，當成功連接上 BMP280 大氣壓力感測器，點亮下圖藍燈(左起第二個 LED)，並依 30 秒鐘間隔，讀取 BMP280 大氣壓力感測器之大氣壓力值，並在讀取大氣壓力感測器之大氣壓力值得期間，點亮下圖澄燈(左起第三個 LED)，反之熄滅。

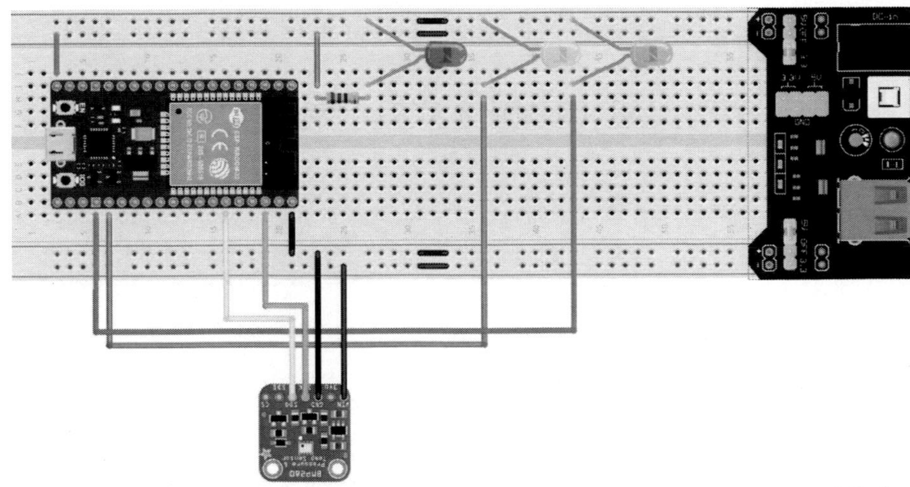

圖 96 BMP280 大氣壓力電路圖

2.請參考下圖所示之電路圖，並在網路尋找 BH1750 亮度照度感測器函式庫與相關資料，攥寫程式後，當電源接上後，點亮下圖紅燈(左起第一個 LED)，當成功連接上 BH1750 亮度照度，點亮下圖藍燈(左起第二個 LED)，並依 10 秒鐘間隔，讀取 BH1750 亮度照度 LUX 值，並在讀取 BH1750 亮度照度感測器之亮度照度 LUX 值，當亮度照度 LUX 值低於 400 值，點亮下圖澄燈(左起第三個 LED)，反之熄滅。

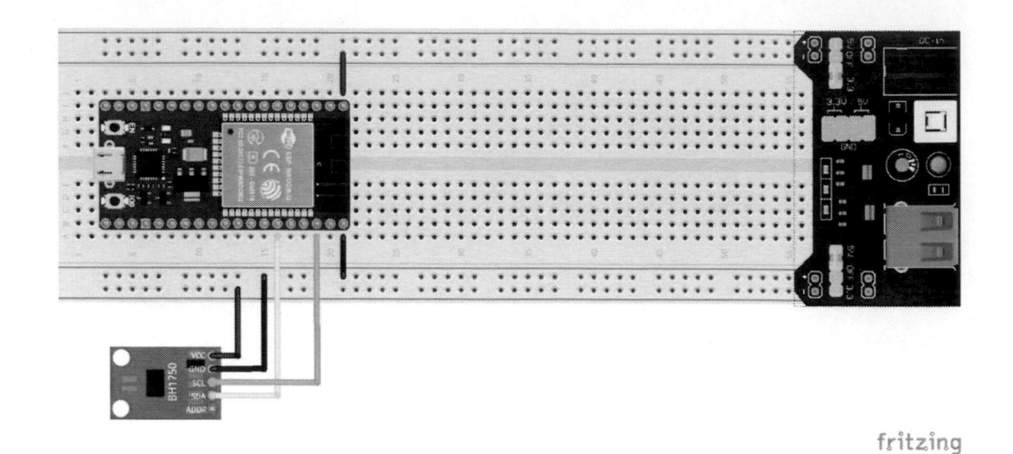

圖 97 BH1750 亮度照度電路圖

章節小結

本章主要介紹之 ESP 32 開發板如何一步一步使用 HTU21D 溫溼度感測模組，透過本章節的解說，相信讀者會對連接、使用溫溼度感測模組，透過這樣的講解，相信讀者也可以觸類旁通，設計其它感測器達到相同結果。

CHAPTER

第四門課　透過 Line 通知您訊息

本章主要介紹讀者如何使用 ESP 32 開發板來控制基本的模組，本章節會以溫溼度感測模組 HTU21D 為主要學習模組，本文會教導讀者學習該模組的基本用法與程式範例，希望讀者可以了解如何使用 Line 聊天軟體，來傳送溫溼度感測模組 HTU21D 即時傳送溫溼度資訊的用法。

申請 Line 金鑰

首先，我們需要先有一個 Line 的帳號，沒有 Line 帳號的讀者，可以參考：免手機號碼！也能夠輕鬆註冊申請多組 LINE 帳號一文(瘋先生, 2022)，先申請 Line 的帳號，由於這是基本知識，筆者就不再介紹申請 Line 帳號。

接下來我們要申請 Line 的金鑰，讀者可以參考網路作者：CEILING TSAI 的文章『Arduino 筆記(39)：ESP8266 發送 DHT-11 的溫濕度值到 Line 通知』(TSAI, 2022b)、『Arduino 筆記(38)：透過 IFTTT 發送 DHT-11 的溫濕度值到 Line 群組』(TSAI, 2022a)。

如下圖所示，我們先使用瀏覽器，進入網址：https://notify-bot.line.me/zh_TW/，可以進到這個網站：

圖 98Line Notifier 官網

如下圖紅框所示，我們點選登入，使用前面所述之 Line 的帳號：

圖 99 登入 Line 帳號

如下圖所示，讀者請使用使用 Line 帳號登入入網址：https://notify-bot.line.me/zh_TW/，進到這個網站：

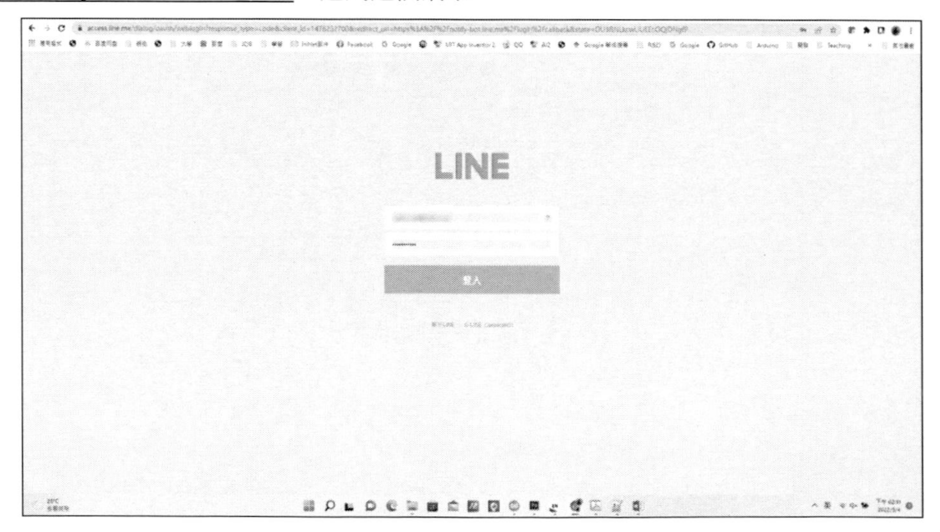

圖 100 使用 Line 帳號登入 Line 帳號

如下圖所示，我們完成登入到網址：https://notify-bot.line.me/zh_TW/，接下來就可以使用 Line 官方的許多資源：

圖 101 Line Notifier 官網(已登錄)

如下圖黃框所示，讀者先行點選右上角紅框處，個人登入帳號名字的區域：

圖 102 點選個人帳號

如下圖紅框所示，我們在點開帳號後，點選個人頁面選項，進入下一個頁面：

圖 103 點選個人頁面

如下圖所示，我們 Line_Notifer 帳號管理頁面後，如果讀者沒有先使用瀏覽器，下圖紅框處不會出現已資料。

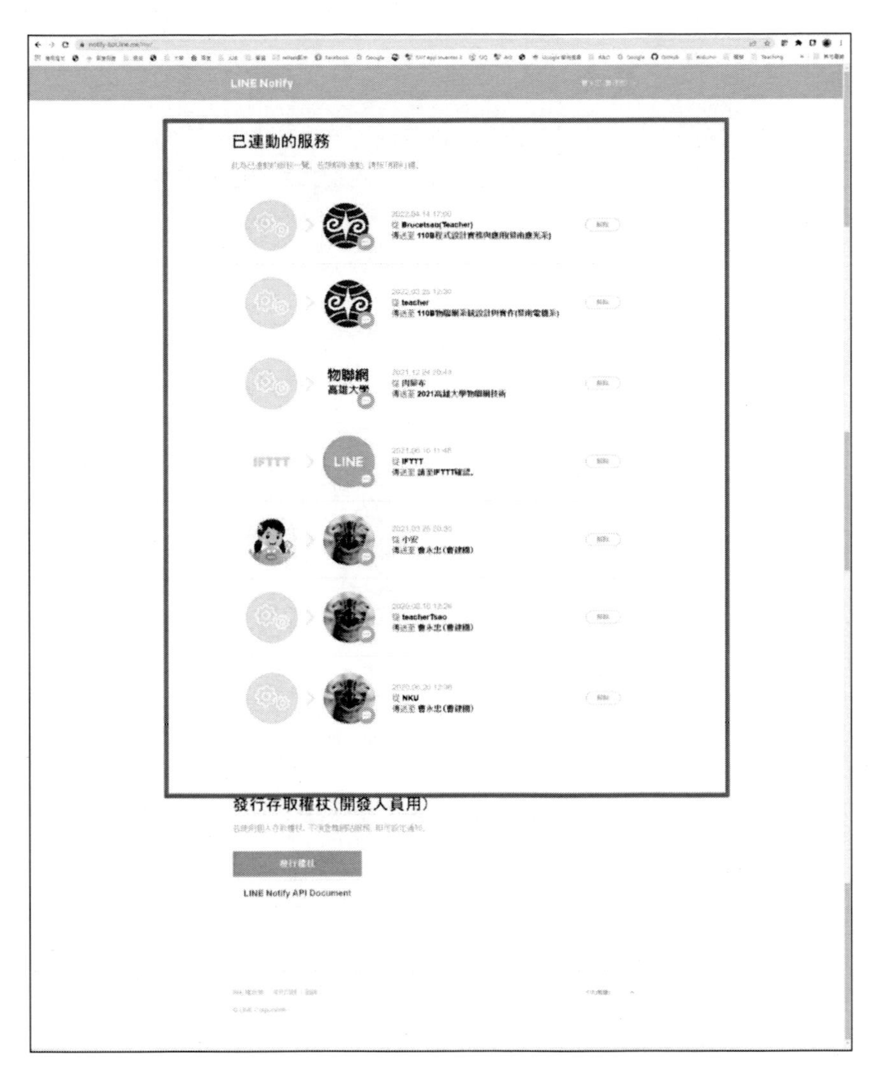

圖 104 Line_Notifer 帳號管理頁面(有申請服務過)

如下圖所示，我們先使用瀏覽器，進入網址：https://notify-bot.line.me/zh_TW/，可以進到這個網站：

圖 105 登入 Line Notifier 官網

如下圖所示，我們進入 Line_Notifer 帳號管理頁面(無申請過)，可以見到下面頁面。

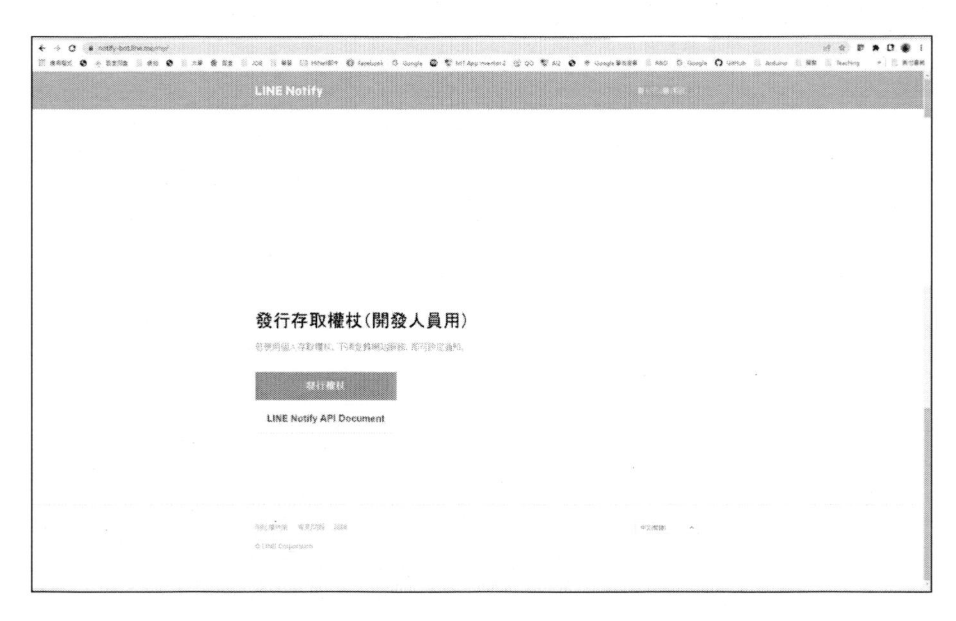

圖 106 Line_Notifer 帳號管理頁面(無申請過)

如下圖紅框所示，我們點選下圖紅框處，點選發行權杖：

圖 107 點選發行權杖

如下圖所示，我們進到發行權杖畫面：

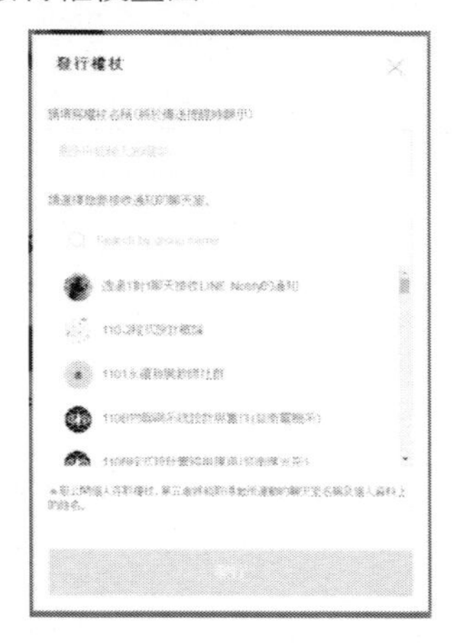

圖 108 發行權杖畫面

如下圖所示，請讀者輸入權杖名稱：

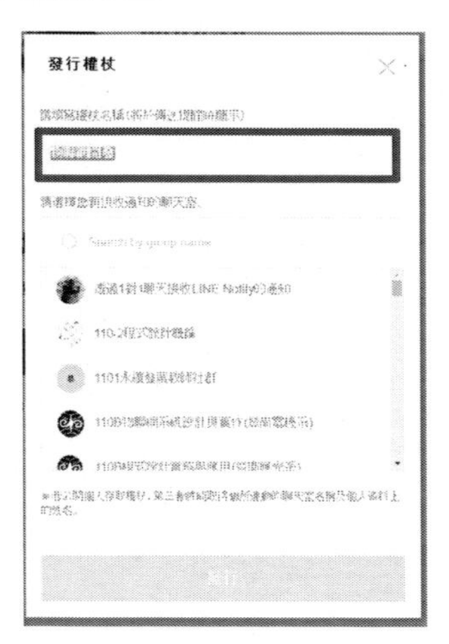

圖 109 輸入權杖名稱

如下圖所示，我們要在下方先選擇權杖服務對象：

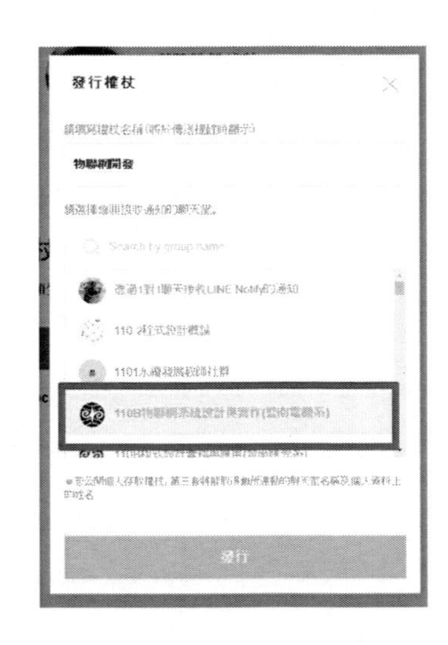

圖 110 選擇權杖服務對象

如下圖所示，完成上述動作後，我們點選下圖紅框處，點選發行：

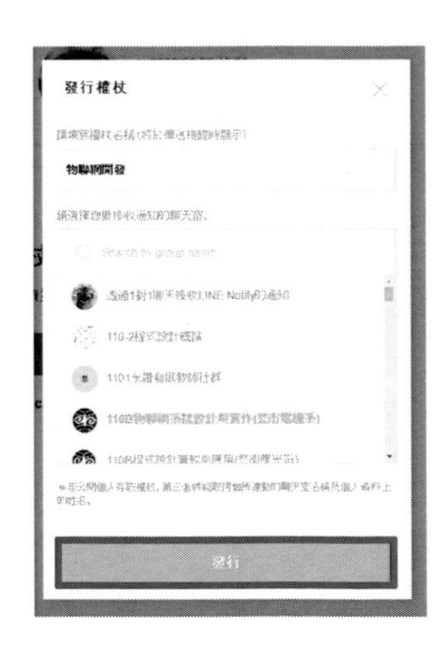

圖 111 請求發行權杖

如下圖所示，我們完成權杖發行，要將下圖紅框處的金鑰複製儲存：

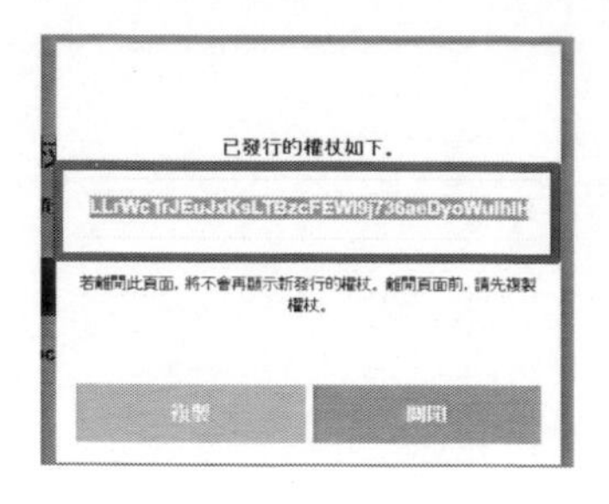

圖 112 完成權杖發行

如下圖所示，我們可以點選下圖紅框處，選擇複製：

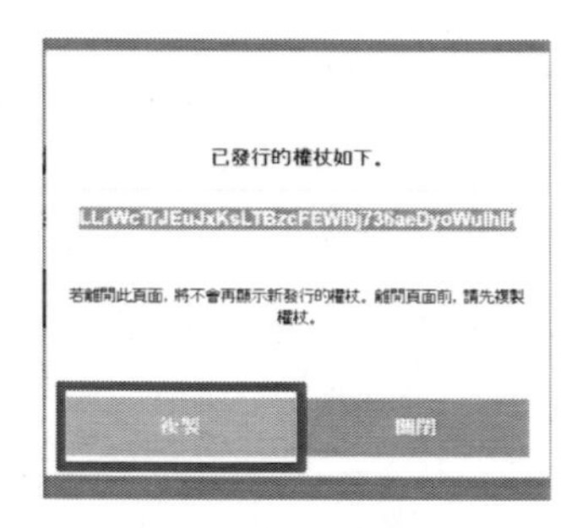

圖 113 複製權杖

如下圖所示，我們使用任文字編輯器，先將這串金鑰『LLrWcTrJEuJxKsLTBzcFEWI9j736aeDyoWulhIHinB4』，儲存到文字編輯器之中，並先將這個檔案，存入檔案之中：

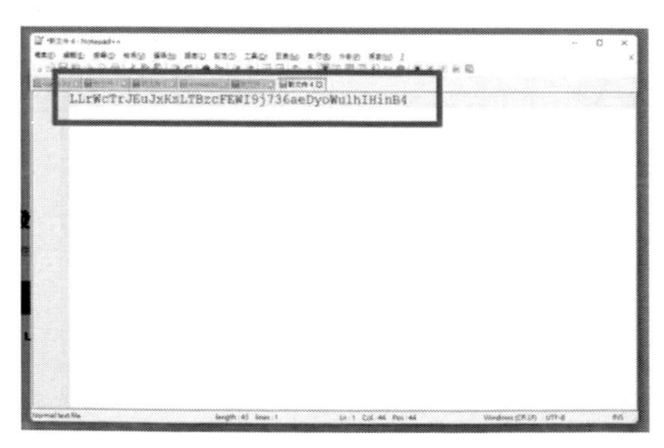

圖 114 將權杖複製到文字編輯器儲存

如下圖所示，我們將上圖所示之金鑰，透過文字編輯器，先行存檔：

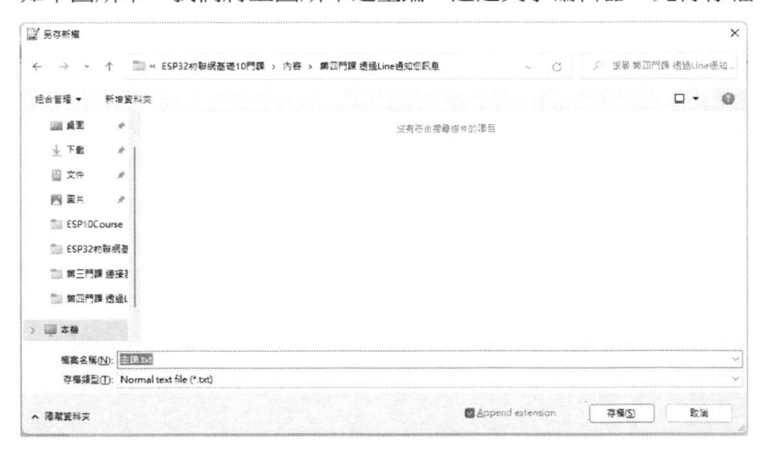

圖 115 將金鑰存入檔案

邀請 Line Notifier 進入 Line 群組服務

接下來，我們必須邀請 Line Notifier 進入 Line 群組服務，方能完成 Line Notifier 的服務作業流程。

如下圖所示，我們將 LineAPP 應用軟體打開：

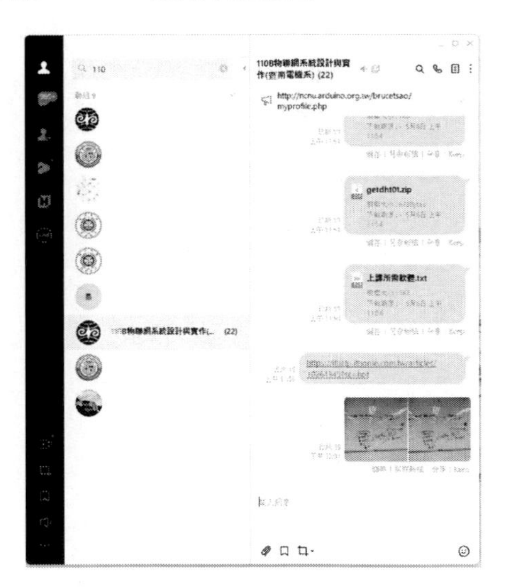

圖 116 打開 Line

如下圖所示，我們在 Line 聊天畫面中，選取 Line Notify 服務的群組：

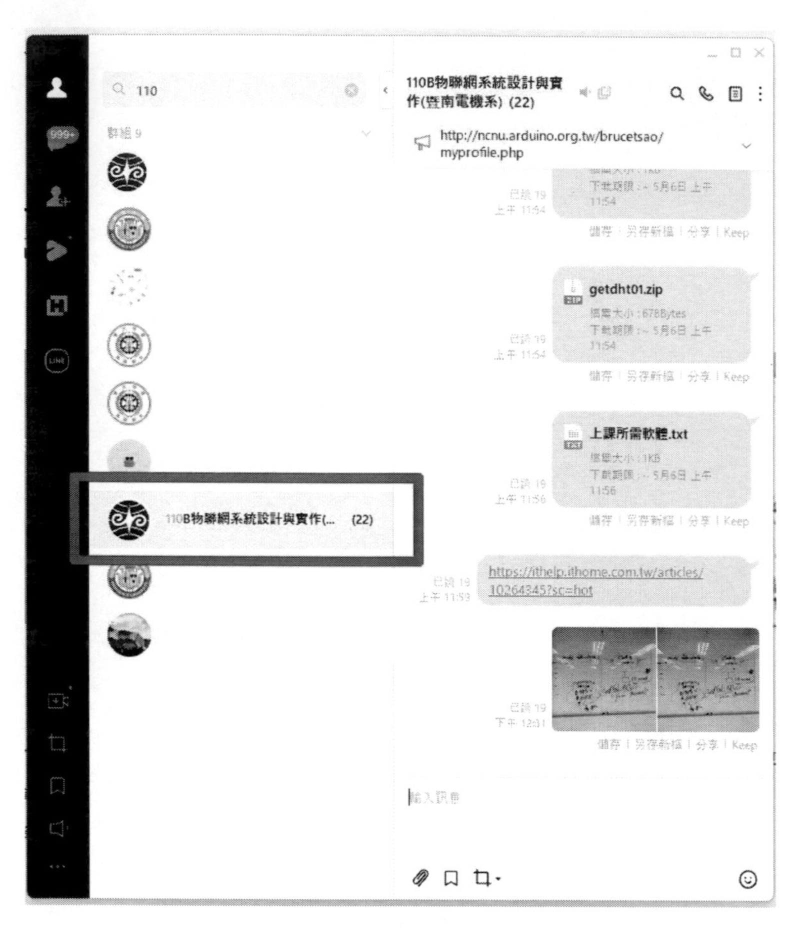

圖 117 選取 Line Notify 服務的群組

如下圖所示，我們進入 Line Notify 服務的群組，筆者選擇的群組是『110B 物聯網系統設計與實作(暨南電機系)』，讀者要自行修正為讀者設定的環境所對應的群組，不需要完全按照筆者所選的群組：

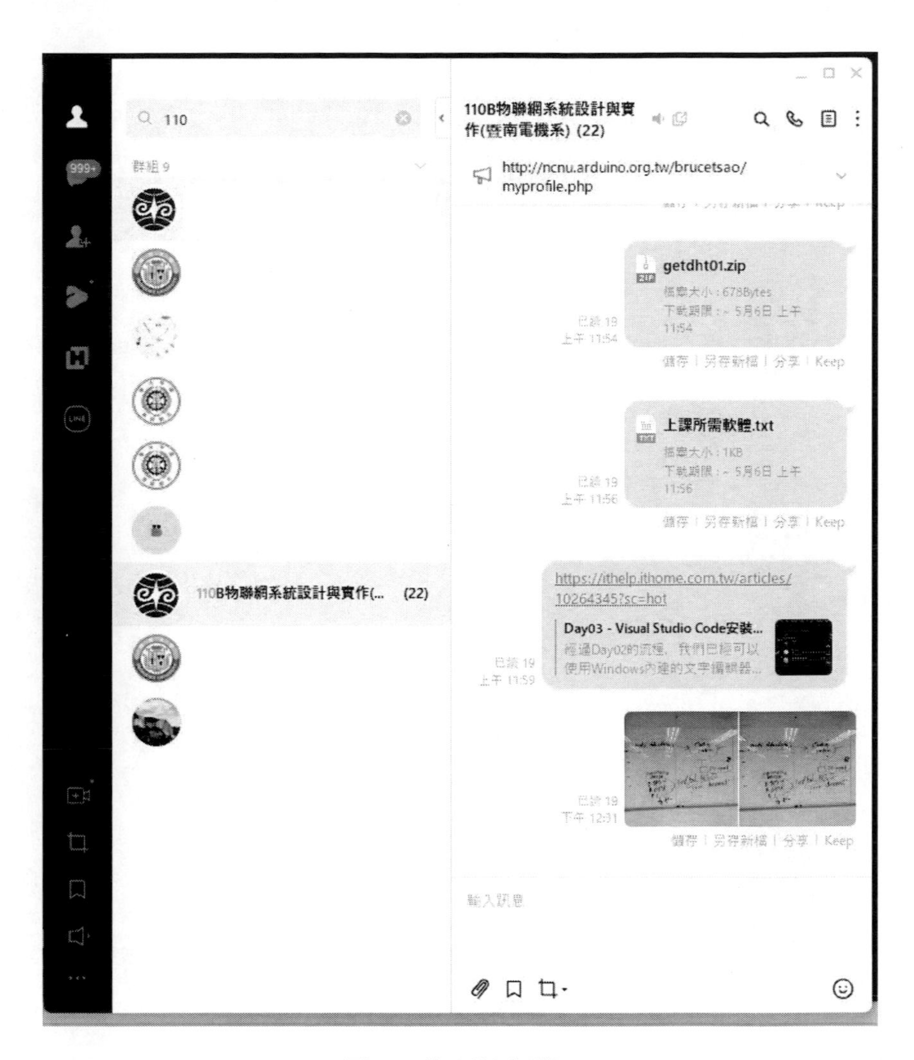

圖 118 進入服務群組

如下圖所示，我們必須邀請服務之 Line Notify 入您所設定的群組，方能開始運作：

圖 119 邀請服務之 Line Notify 入群組

如下圖所示，我們將上 Line Notify 的圖示選取：

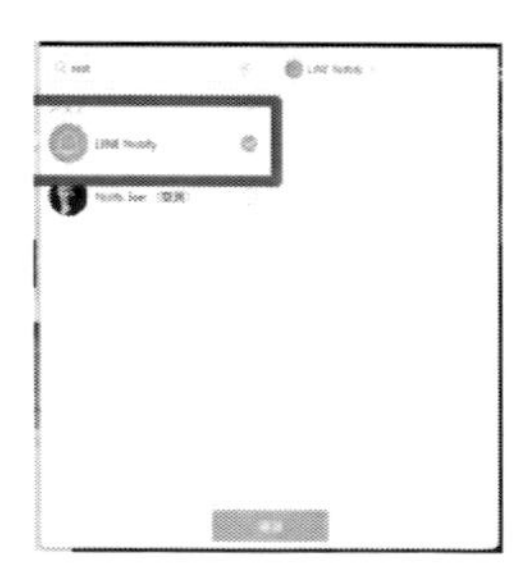

圖 120 邀請 Line Notifier 入群組

如下圖所示，我們下圖紅框處，點選『邀請』，邀請 Line Notifier 入群組：

圖 121 點選邀請

如下圖所示，我們將完成邀請 Line Notifier 入群組成功：

圖 122 邀請 Line Notifier 入群組成功

完成上面動作後，就可以完成 Line Notify 服務的作業，接下來我們可以透過網路服務，驅動 Line Notify 可以傳遞訊息到指定的群組了。

基本 Line Notify 服務程式

為了完成基本 Line Notify 服務功能，我們必須要使用程式，透過網路傳輸，使用 Line Notify 金鑰，透過網路通訊來驅動 Line Notify 服務，傳遞我們傳送的訊息。

準備實驗材料

如下圖所示，這個實驗我們需要用到的實驗硬體有下圖.(a)的 ESP 32 開發板、下圖.(b) MicroUSB 下載線：

(a). NodeMCU 32S 開發板

(b). MicroUSB 下載線

圖 123Line Notifier 材料表

讀者可以參考下圖所示之 Line 基本傳送電路圖，進行電路組立(曹永忠, 2016g)。

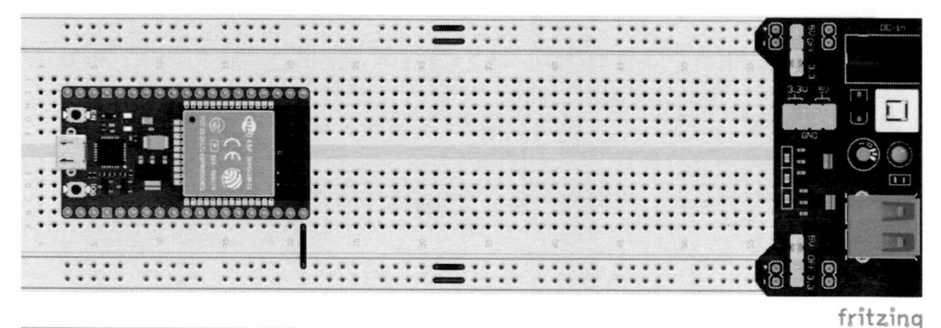

圖 124 Line 基本傳送電路圖

讀者可以參考下圖所示之取得 Line 基本傳送電路圖，參考後進行電路組立。

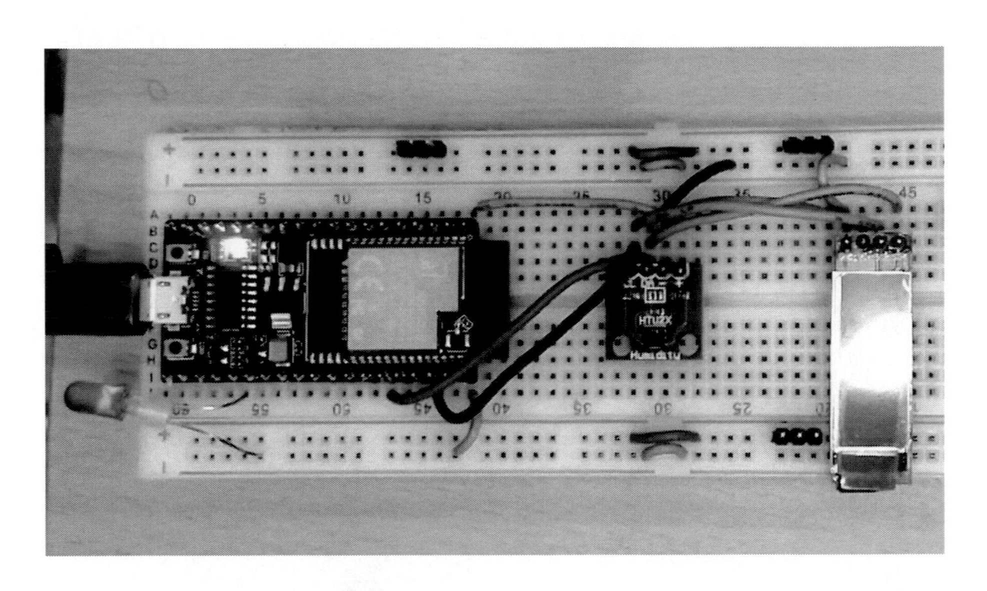

圖 125 Line 基本傳送電路實體圖

我們遵照前幾章所述，將 ESP 32 開發板的驅動程式安裝好之後，我們打開 ESP 32 開發板的開發工具：Sketch IDE 整合開發軟體(安裝 Arduino 開發環境，請參考本文之『Arduino 開發 IDE 安裝』，安裝 ESP 32 開發板 SDK 請參考本文之『安裝 ESP32

Arduino 整合開發環境』(曹永忠, 2020a, 2020c, 2020d)，攥寫一段程式，如下表所示之 Line Notifier 基本程式，取得執行基本 Line Notify 服務功能。

表 41 Line Notifier 基本程式(Line_Notify_Basic_ESP32)

Notifier 基本程式(Line_Notify_Basic_ESP32)

```
#include "initPins.h"        // 腳位與系統模組
#include "LineLib.h"         // Line Notify 自訂模組
void setup()
{
    initALL() ; //系統硬體/軟體初始化
    initWiFi() ;   //網路連線，連上熱點
    ShowInternet();   //秀出網路連線資訊
    initLine() ;      //起始 Line Notifier 連線
    delay(1000) ;
}
void loop()
{
    double Temp_Value = 28.34;
    double Humid_Value= 76 ;
    String msg ="目前溫度:"+String(Temp_Value)+"°C, 目前濕度：
"+String(Humid_Value);
    Serial.print("Temp: "); Serial.print(Temp_Value); Serial.print(" C");
    Serial.print("\t\t");
    Serial.print("Humidity: "); Serial.print(Humid_Value); Serial.println(" \%");
    SendMsgtoLine( msg) ;   //傳送資訊到 Line Notifier
    delay(20000) ;
}
/* Function to print the sending result via Serial */
void initALL()   //系統硬體/軟體初始化
{
    Serial.begin(9600);
    Serial.println("System Start");
   MacData = GetMacAddress() ;    //取得網路卡編號
}
```

程式下載：https://github.com/brucetsao/ ESP10Course

表 42Line Notifier 基本程式(LineLib.h)

Notifier 基本程式(LineLib.h)

```
#define LINE_TOKEN "LLrWcTrJEuJxKsLTBzcFEWI9j736aeDyoWulhIHinB4"
#include <TridentTD_LineNotify.h>
char linemsg[250] ;
/* Define the LineNotifyClient object */
void initLine()        //起始 Line Notifier 連線
{
        //------------line work
      LINE.setToken(LINE_TOKEN);
    //    client.token = LINE_TOKEN ;
        // 設定 Line 啟動，並給她我的 Line 金鑰
}
void SendMsgtoLine(String msgtxt)    //傳送資訊到 Line Notifier
{
  // 請 Line 版本 傳送資訊
  LINE.notify(msgtxt) ;
}
void SendURLtoLine(String msgtxt)    //傳送資訊到 Line Notifier
{
  // 請 Line 版本 傳送資訊
  LINE.notifyPicture(msgtxt) ;
}
void SendStickertoLine(String msgtxt,int PackageID, int StickerID )    //傳送資訊到 Line
Notifier
{
  //PackageID 3 , StickerID 240
  // 請 Line 版本 傳送資訊
  LINE.notifySticker(msgtxt,PackageID,StickerID) ;
}
```

程式下載：https://github.com/brucetsao/ ESP10Course

表 43Line Notifier 基本程式(initPins.h)

Notifier 基本程式(initPins.h)

```
#define _Debug 1       //輸出偵錯訊息
#define _debug 1       //輸出偵錯訊息
#define initDelay     6000      //初始化延遲時間
```

```
#define loopdelay 500     //loop 延遲時間
#include <WiFi.h>     //使用網路函式庫
#include <WiFiClient.h>     //使用網路用戶端函式庫
#include <WiFiMulti.h>      //多熱點網路函式庫
WiFiMulti wifiMulti;      //產生多熱點連線物件
String IpAddress2String(const IPAddress& ipAddress) ;
  IPAddress ip ;       //網路卡取得 IP 位址之原始型態之儲存變數
  String IPData ;     //網路卡取得 IP 位址之儲存變數
  String APname ;     //網路熱點之儲存變數
  String MacData ;     //網路卡取得網路卡編號之儲存變數
  long rssi ;    //網路連線之訊號強度'之儲存變數
  int status = WL_IDLE_STATUS;   //取得網路狀態之變數
  void initWiFi()    //網路連線，連上熱點
{
  //加入連線熱點資料
  wifiMulti.addAP("NCNUIOT", "12345678");   //加入一組熱點
  wifiMulti.addAP("NCNUIOT2", "12345678");   //加入一組熱點
  wifiMulti.addAP("ABC", "12345678");   //加入一組熱點
  // We start by connecting to a WiFi network
  Serial.println();
  Serial.println();
  Serial.print("Connecting to ");
  //通訊埠印出 "Connecting to "
  wifiMulti.run();   //多網路熱點設定連線
 while (WiFi.status() != WL_CONNECTED)        //還沒連線成功
  {
    // wifiMulti.run() 啟動多熱點連線物件，進行已經紀錄的熱點進行連線，
    // 一個一個連線，連到成功為主，或者是全部連不上
    // WL_CONNECTED 連接熱點成功
    Serial.print(".");    //通訊埠印出
    delay(500) ;   //停 500 ms
     wifiMulti.run();    //多網路熱點設定連線
  }
    Serial.println("WiFi connected");     //通訊埠印出 WiFi connected
    Serial.print("AP Name: ");    //通訊埠印出 AP Name:
    APname = WiFi.SSID();
    Serial.println(APname);    //通訊埠印出 WiFi.SSID()==>從熱點名稱
    Serial.print("IP address: ");    //通訊埠印出 IP address:
    ip = WiFi.localIP();
```

```
    IPData = IpAddress2String(ip) ;
    Serial.println(IPData);     //通訊埠印出  WiFi.localIP()==>從熱點取得 IP 位址
    //通訊埠印出連接熱點取得的 IP 位址
}
void ShowInternet()     //秀出網路連線資訊
{
   Serial.print("MAC:") ;
   Serial.print(MacData) ;
   Serial.print("\n") ;
   Serial.print("SSID:") ;
   Serial.print(APname) ;
   Serial.print("\n") ;
   Serial.print("IP:") ;
   Serial.print(IPData) ;
   Serial.print("\n") ;
}
//----------Common Lib
long POW(long num, int expo)
{
   long tmp =1 ;
   if (expo > 0)
   {
            for(int i = 0 ; i< expo ; i++)
               tmp = tmp * num ;
             return tmp ;
   }
   else
   {
    return tmp ;
   }
}
String SPACE(int sp)
{
      String tmp = "" ;
      for (int i = 0 ; i < sp; i++)
         {
               tmp.concat(' ')   ;
         }
      return tmp ;
```

```
}
String strzero(long num, int len, int base)
{
   String retstring = String("");
   int ln = 1 ;
      int i = 0 ;
      char tmp[10] ;
      long tmpnum = num ;
      int tmpchr = 0 ;
      char hexcode[]={'0','1','2','3','4','5','6','7','8','9','A','B','C','D','E','F'} ;
      while (ln <= len)
      {
            tmpchr = (int)(tmpnum % base) ;
            tmp[ln-1] = hexcode[tmpchr] ;
            ln++ ;
             tmpnum = (long)(tmpnum/base) ;
      }
      for (i = len-1; i >= 0 ; i --)
         {
               retstring.concat(tmp[i]);
         }
   return retstring;
}
unsigned long unstrzero(String hexstr, int base)
{
   String chkstring    ;
   int len = hexstr.length() ;
     unsigned int i = 0 ;
      unsigned int tmp = 0 ;
      unsigned int tmp1 = 0 ;
      unsigned long tmpnum = 0 ;
      String hexcode = String("0123456789ABCDEF") ;
      for (i = 0 ; i < (len ) ; i++)
      {
  //          chkstring= hexstr.substring(i,i) ;
         hexstr.toUpperCase() ;
               tmp = hexstr.charAt(i) ;      // give i th char and return this char
               tmp1 = hexcode.indexOf(tmp) ;
         tmpnum = tmpnum + tmp1* POW(base,(len -i -1) )    ;
```

```
        }
    return tmpnum;
}
String    print2HEX(int number) {
    String ttt ;
    if (number >= 0 && number < 16)
    {
        ttt = String("0") + String(number,HEX);
    }
    else
    {
            ttt = String(number,HEX);
    }
    return ttt ;
}
String GetMacAddress()        //取得網路卡編號
{
    // the MAC address of your WiFi shield
    String Tmp = "" ;
    byte mac[6];
    // print your MAC address:
    WiFi.macAddress(mac);
    for (int i=0; i<6; i++)
        {
                Tmp.concat(print2HEX(mac[i])) ;
        }
        Tmp.toUpperCase() ;
    return Tmp ;
}
void ShowMAC()    //於串列埠印出網路卡號碼
{
    Serial.print("MAC Address:(");    //印出 "MAC Address:("
    Serial.print(MacData) ;     //印出 MacData 變數內容
    Serial.print(")\n");        //印出 ")\n"
}
String IpAddress2String(const IPAddress& ipAddress)
{
    //回傳 ipAddress[0-3]的內容，以 16 進位回傳
    return String(ipAddress[0]) + String(".") +\
```

```
    String(ipAddress[1]) + String(".") +\
    String(ipAddress[2]) + String(".") +\
    String(ipAddress[3])    ;
}
String chrtoString(char *p)
{
        String tmp ;
        char c ;
        int count = 0 ;
        while (count <100)
        {
                c= *p ;
                if (c != 0x00)
                    {
                        tmp.concat(String(c)) ;
                    }
                    else
                    {
                            return tmp ;
                    }
              count++ ;
              p++;

        }
}
void CopyString2Char(String ss, char *p)
{
                //    sprintf(p,"%s",ss) ;
    if (ss.length() <=0)
            {
                    *p =    0x00 ;
                    return ;
            }
        ss.toCharArray(p, ss.length()+1) ;
      // *(p+ss.length()+1) = 0x00 ;
}
boolean CharCompare(char *p, char *q)
    {
          boolean flag = false ;
```

```
        int count = 0 ;
        int nomatch = 0 ;
        while (flag <100)
        {
                if (*(p+count) == 0x00 or *(q+count) == 0x00)
                    break ;
                if (*(p+count) != *(q+count) )
                    {
                        nomatch ++ ;
                    }
                  count++ ;
        }
      if (nomatch >0)
        {
           return false ;
        }
        else
        {
           return true ;
        }
    }
String Double2Str(double dd,int decn)
{
      int a1 = (int)dd ;
      int a3 ;
      if (decn >0)
      {
           double a2 = dd - a1 ;
           a3 = (int)(a2 * (10^decn));
      }
      if (decn >0)
      {
           return String(a1)+"."+ String(a3) ;
      }
      else
      {
         return String(a1) ;
      }
  }
```

如下圖所示，可以看到程式編輯畫面：

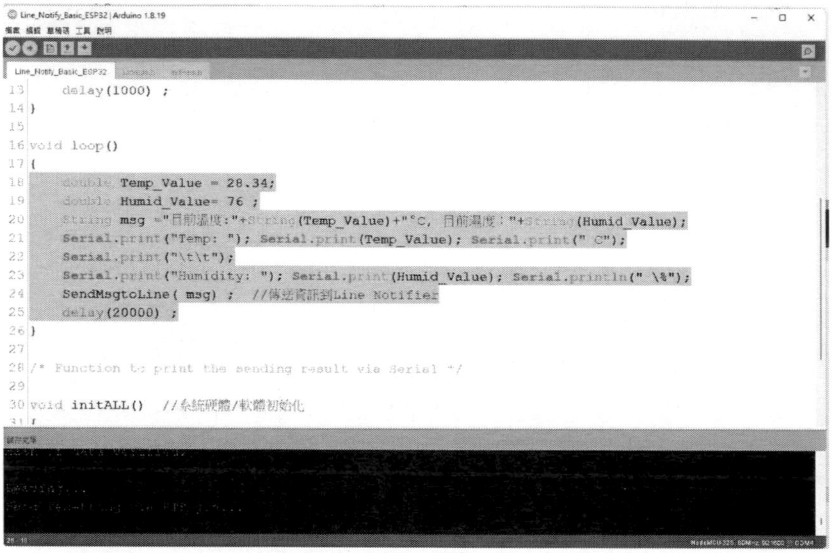

```
13     delay(1000) ;
14 }
15
16 void loop()
17 {
18     double Temp_Value = 28.34;
19     double Humid_Value= 76 ;
20     String msg ="目前溫度:"+String(Temp_Value)+"°C, 目前濕度："+String(Humid_Value);
21     Serial.print("Temp: "); Serial.print(Temp_Value); Serial.print(" C");
22     Serial.print("\t\t");
23     Serial.print("Humidity: "); Serial.print(Humid_Value); Serial.println(" \%");
24     SendMsgtoLine( msg) ;  //傳送資訊到Line Notifier
25     delay(20000) ;
26 }
27
28 /* Function to print the sending result via Serial */
29
30 void initALL()  //系統硬體/軟體初始化
```

圖 126 Line Notifier 基本程式之編輯畫面

如下圖所示，我們可以看到 Line Notifier 基本程式之結果畫面。

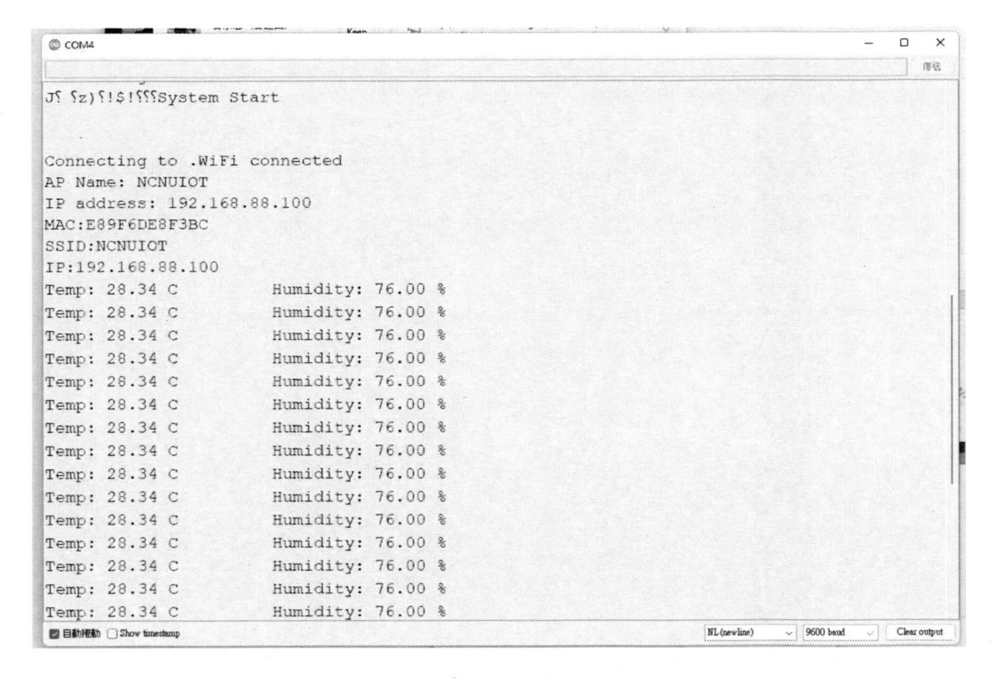

圖 127 Line Notifier 基本程式之結果畫面

如下圖所示，我們使用 Line APP 應用程式，也可以看到 Line Notifier 基本程式傳送資訊到 Line APP 應用程式之群組畫面(本文群組為：110B 物聯網系統設計與實作)。

圖 128 Line Notifier 基本程式之 Line APP 應用程式之群組畫面

溫溼度 Line 自動機器人

接下來我們就要使用 Line Notify 的機制，整合溫溼度模組，創造出溫溼度 Line 自動機器人的效果。

準備實驗材料

如下圖所示，這個實驗我們需要用到的實驗硬體有下圖.(a)的 ESP 32 開發板、下圖.(b) MicroUSB 下載線：

(a). NodeMCU 32S 開發板

(b). MicroUSB 下載線

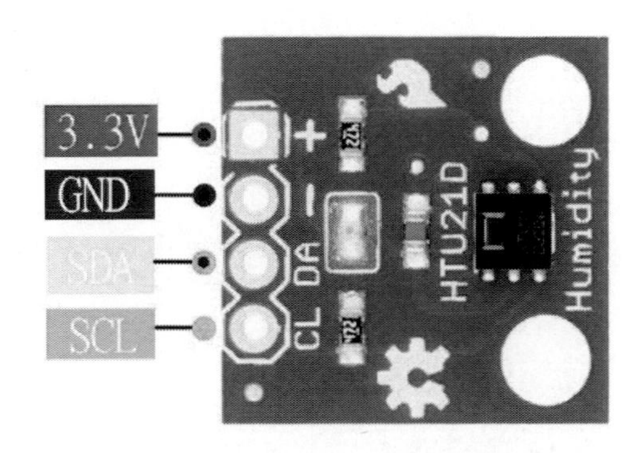

(c). HTU21D溫溼度感測模組

圖 129 溫溼度感測模組驗材料表

讀者也可以參考下表之溫溼度感測模組接腳表，進行電路組立。

表 44 溫溼度感測模組接腳表

接腳	接腳說明	開發板接腳
1	麵包板 Vcc(紅線)	接電源正極(5V)
2	麵包板 GND(藍線)	接電源負極
3	溫溼度感測模組(+/VCC)	接電源正極(3.3 V)
4	溫溼度感測模組(-/GND)	接電源負極
5	溫溼度感測模組(DA/SDA)	GPIO 21/SDA
6	溫溼度感測模組(CL/SCL)	GPIO 22/SCL

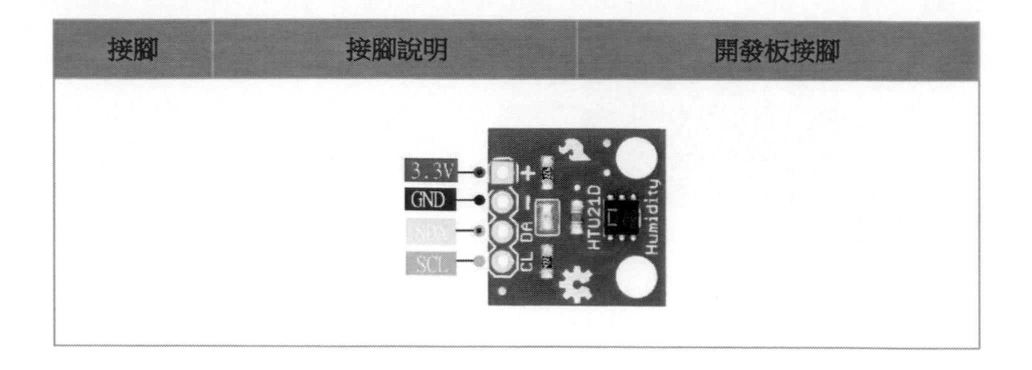

接腳	接腳說明	開發板接腳

讀者可以參考下圖所示之溫溼度感測模組連接電路圖，進行電路組立。

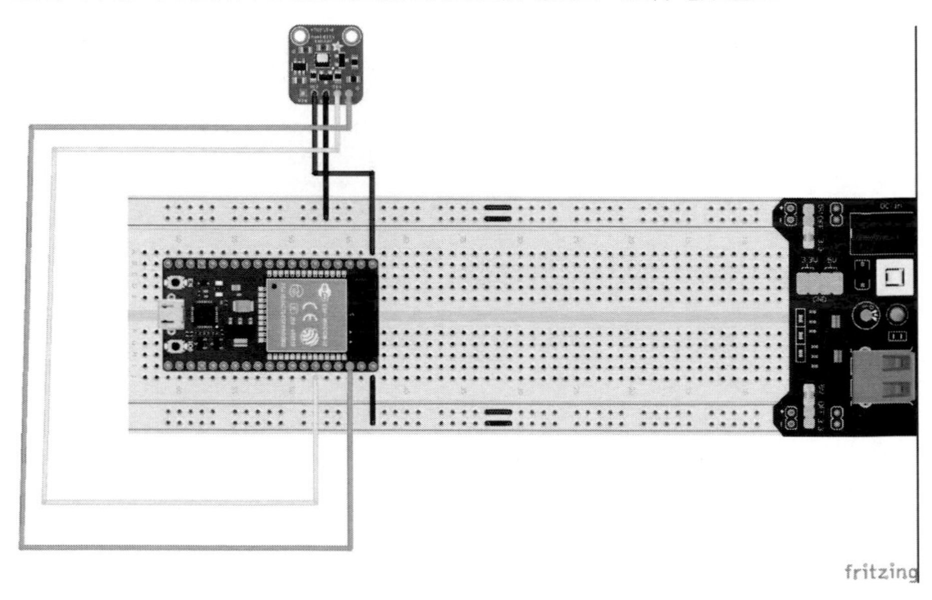

圖 130 溫溼度感測模組實驗電路圖

讀者可以參考下圖所示之溫溼度感測模組實驗實體圖，參考後進行電路組立。

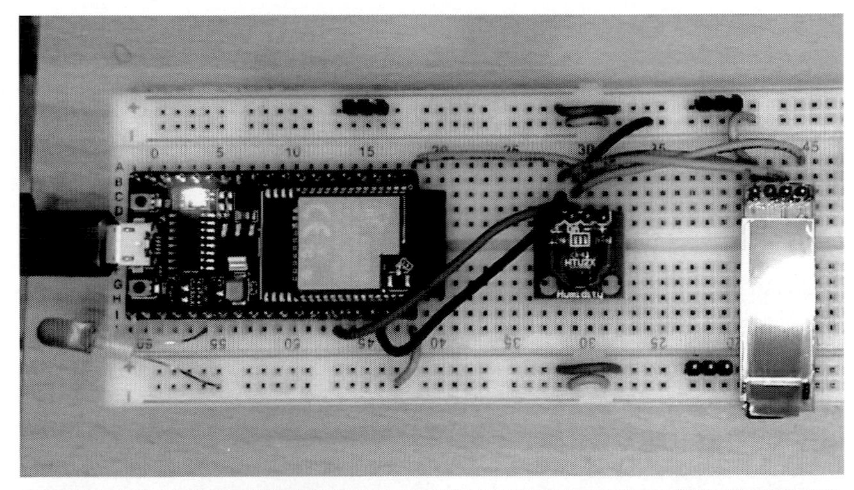

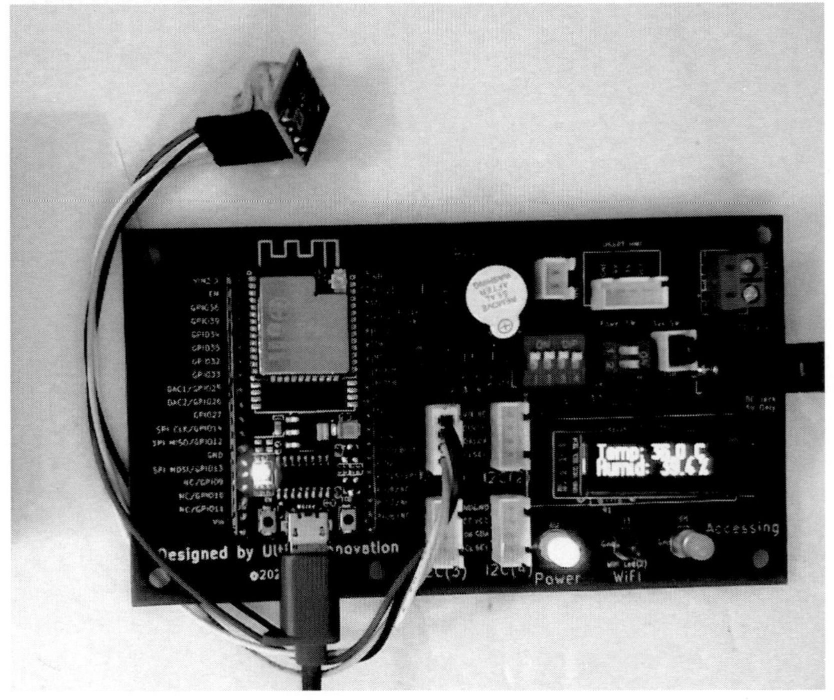

圖 131 溫溼度感測模組實驗實體圖

我們遵照前幾章所述，將 ESP 32 開發板的驅動程式安裝好之後，我們打開 ESP 32 開發板的開發工具：Sketch IDE 整合開發軟體(安裝 Arduino 開發環境，請參考本文之『Arduino 開發 IDE 安裝』，安裝 ESP 32 開發板 SDK 請參考本文之『安裝 ESP32

Arduino 整合開發環境』(曹永忠, 2020a, 2020c, 2020d)，攥寫一段程式，如下表所示之溫溼度 Line 自動機器人程式，取得取得溫溼度感測模組的溫度與濕度資料後，透過 Line Notify 機器人傳送溫溼度資訊到指定的 Line 群組。

表 45 溫溼度 Line 自動機器人程式(HTU21DF_LineNotify_ESP32)

溫溼度 Line 自動機器人程式(HTU21DF_LineNotify_ESP32)

```
#include "initPins.h"       // 腳位與系統模組
#include "HTU21DLib.h"      // 溫溼度專用模組
#include "LineLib.h"        // 溫溼度專用模組
void setup()
{
    initALL() ; //系統硬體/軟體初始化
    initWiFi() ;  //網路連線，連上熱點
    ShowInternet();  //秀出網路連線資訊
    initLine() ;     //起始 Line Notifier 連線
    delay(1000) ;
     Serial.println("Home System Start");
}
void loop()
{
   ReadSensor()   ;
    String msg ="目前溫度:"+String(Temp_Value)+"°C, 目前濕度：
"+String(Humid_Value);
    Serial.print("Temp: "); Serial.print(Temp_Value); Serial.print(" C");
    Serial.print("\t\t");
    Serial.print("Humidity: "); Serial.print(Humid_Value); Serial.println(" \%");
    SendMsgtoLine( msg) ;  //傳送資訊到 Line Notifier
    delay(30000) ;
}
void initALL()  //系統硬體/軟體初始化
{
    Serial.begin(9600);
    Serial.println("System Start");
    initHTU21D();   //啟動 HTU21D 溫溼度感測器
    MacData = GetMacAddress() ;    //取得網路卡編號
}
```

```
void ReadSensor()
{
        Temp_Value = ReadTemperature(); //讀取 HTU21D 溫溼度感測器之溫度
     Humid_Value= ReadHumidity(); //讀取 HTU21D 溫溼度感測器之溼度
     Serial.print("Temp: ");                    //印出 "Temp: "
     Serial.print(Temp_Value);                       //印出 temp 變數內容
     Serial.print(" C");                        //印出 " C"
     Serial.print("\t\t");                      //印出 "\t\t"
     Serial.print("Humidity: ");                //印出 "Humidity: "
     Serial.print(Humid_Value);                      //印出 rel_hum 變數內容
     Serial.println(" \%");                     //印出 " \%"
}
```

程式下載：https://github.com/brucetsao/ESP10Course

表 46 溫溼度 Line 自動機器人程式(LineLib.h)

溫溼度 Line 自動機器人程式(LineLib.h)

```
#define LINE_TOKEN "LLrWcTrJEuJxKsLTBzcFEWI9j736aeDyoWulhIHinB4"
#include <TridentTD_LineNotify.h>
char linemsg[250] ;
/* Define the LineNotifyClient object */
void initLine()       //起始 Line Notifier 連線
{
        //------------line work
     LINE.setToken(LINE_TOKEN);
    //   client.token = LINE_TOKEN ;
        // 設定 Line 啟動，並給她我的 Line 金鑰
}
void SendMsgtoLine(String msgtxt)   //傳送資訊到 Line Notifier
{
   // 請 Line 版本 傳送資訊
   LINE.notify(msgtxt) ;
}
void SendURLtoLine(String msgtxt)   //傳送資訊到 Line Notifier
{
   // 請 Line 版本 傳送資訊
   LINE.notifyPicture(msgtxt) ;
}
```

```
void SendStickertoLine(String msgtxt,int PackageID, int StickerID )    //傳送資訊到 Line
Notifier
{
  //PackageID 3 , StickerID 240
  // 請 Line 版本 傳送資訊
  LINE.notifySticker(msgtxt,PackageID,StickerID) ;
}
```

程式下載：https://github.com/brucetsao/ESP10Course

表 47 溫溼度 Line 自動機器人程式(HTU21DLib.h)

溫溼度 Line 自動機器人程式(HTU21DLib.h)

```
#include <Wire.h>     //I2C 基礎通訊函式庫
#include "Adafruit_HTU21DF.h"     // HTU21D 溫溼度感測器函式庫
// Connect Vin to 3-5VDC
// Connect GND to ground
// Connect SCL to I2C clock pin (A5 on UNO)
// Connect SDA to I2C data pin (A4 on UNO)
double Temp_Value = 0 ;
double Humid_Value = 0 ;
Adafruit_HTU21DF htu = Adafruit_HTU21DF();   //產生 HTU21D 溫溼度感測器運作
物件
 //產生 HTU21D 溫溼度感測器運作物件
void initHTU21D()     //啟動 HTU21D 溫溼度感測器
{
    if (!htu.begin())     //如果 HTU21D 溫溼度感測器沒有啟動成功
    {
      Serial.println("Couldn't find sensor!");       //印出 "Couldn't find sensor!"
      //找不到 HTU21D 溫溼度感測器
      while (1);  //永遠死在這
    }
}
float ReadTemperature() //讀取 HTU21D 溫溼度感測器之溫度
{
    return htu.readTemperature();     //回傳溫溼度感測器之溫度
}
float ReadHumidity() //讀取 HTU21D 溫溼度感測器之溼度
{
```

```
    return htu.readHumidity();   //回傳溫溼度感測器之溼度
}
```

程式下載：https://github.com/brucetsao/ESP10Course

表 48 溫溼度 Line 自動機器人程式(initPins.h)

溫溼度 Line 自動機器人程式(initPins.h)

```
#define _Debug 1      //輸出偵錯訊息
#define _debug 1      //輸出偵錯訊息
#define initDelay    6000     //初始化延遲時間
#define loopdelay 500    //loop 延遲時間
#include <WiFi.h>    //使用網路函式庫
#include <WiFiClient.h>    //使用網路用戶端函式庫
#include <WiFiMulti.h>     //多熱點網路函式庫

WiFiMulti wifiMulti;     //產生多熱點連線物件
String IpAddress2String(const IPAddress& ipAddress) ;
  IPAddress ip ;     //網路卡取得 IP 位址之原始型態之儲存變數
  String IPData ;    //網路卡取得 IP 位址之儲存變數
  String APname ;    //網路熱點之儲存變數
  String MacData ;    //網路卡取得網路卡編號之儲存變數
  long rssi ;    //網路連線之訊號強度'之儲存變數
  int status = WL_IDLE_STATUS;   //取得網路狀態之變數
void initWiFi()    //網路連線，連上熱點
{
  //加入連線熱點資料
  wifiMulti.addAP("NCNUIOT", "12345678");   //加入一組熱點
  wifiMulti.addAP("NCNUIOT2", "12345678");   //加入一組熱點
  wifiMulti.addAP("ABC", "12345678");   //加入一組熱點
  // We start by connecting to a WiFi network
  Serial.println();
  Serial.println();
  Serial.print("Connecting to ");
  //通訊埠印出 "Connecting to "
  wifiMulti.run();   //多網路熱點設定連線
 while (WiFi.status() != WL_CONNECTED)      //還沒連線成功
  {
    // wifiMulti.run() 啟動多熱點連線物件，進行已經紀錄的熱點進行連線，
```

```
    // 一個一個連線，連到成功為主，或者是全部連不上
    // WL_CONNECTED  連接熱點成功
    Serial.print(".");    //通訊埠印出
    delay(500) ;   //停 500 ms
     wifiMulti.run();    //多網路熱點設定連線
  }
    Serial.println("WiFi connected");    //通訊埠印出  WiFi connected
    Serial.print("AP Name: ");    //通訊埠印出  AP Name:
    APname = WiFi.SSID();
    Serial.println(APname);    //通訊埠印出  WiFi.SSID()==>從熱點名稱
    Serial.print("IP address: ");    //通訊埠印出  IP address:
    ip = WiFi.localIP();
    IPData = IpAddress2String(ip) ;
    Serial.println(IPData);    //通訊埠印出  WiFi.localIP()==>從熱點取得 IP 位址
    //通訊埠印出連接熱點取得的 IP 位址
 }
void ShowInternet()    //秀出網路連線資訊
{
  Serial.print("MAC:") ;
  Serial.print(MacData) ;
  Serial.print("\n") ;
  Serial.print("SSID:") ;
  Serial.print(APname) ;
  Serial.print("\n") ;
  Serial.print("IP:") ;
  Serial.print(IPData) ;
  Serial.print("\n") ;
}
//----------Common Lib
long POW(long num, int expo)
{
  long tmp =1 ;
  if (expo > 0)
  {
        for(int i = 0 ; i< expo ; i++)
          tmp = tmp * num ;
         return tmp ;
  }
  else
```

```
    {
     return tmp ;
    }
}
String SPACE(int sp)
{
      String tmp = "" ;
      for (int i = 0 ; i < sp; i++)
         {
               tmp.concat(' ')    ;
         }
      return tmp ;
}
String strzero(long num, int len, int base)
{
   String retstring = String("");
   int ln = 1 ;
      int i = 0 ;
      char tmp[10] ;
      long tmpnum = num ;
      int tmpchr = 0 ;
      char hexcode[]={'0','1','2','3','4','5','6','7','8','9','A','B','C','D','E','F'} ;
      while (ln <= len)
      {
            tmpchr = (int)(tmpnum % base) ;
            tmp[ln-1] = hexcode[tmpchr] ;
            ln++ ;
             tmpnum = (long)(tmpnum/base) ;
      }
      for (i = len-1; i >= 0 ; i --)
         {
               retstring.concat(tmp[i]);
         }
   return retstring;
}
unsigned long unstrzero(String hexstr, int base)
{
   String chkstring    ;
   int len = hexstr.length() ;
```

```
    unsigned int i = 0 ;
    unsigned int tmp = 0 ;
    unsigned int tmp1 = 0 ;
    unsigned long tmpnum = 0 ;
    String hexcode = String("0123456789ABCDEF") ;
    for (i = 0 ; i < (len ) ; i++)
    {
  //       chkstring= hexstr.substring(i,i) ;
      hexstr.toUpperCase() ;
            tmp = hexstr.charAt(i) ;    // give i th char and return this char
            tmp1 = hexcode.indexOf(tmp) ;
      tmpnum = tmpnum + tmp1* POW(base,(len -i -1) )   ;



    }
  return tmpnum;
}
String   print2HEX(int number) {
  String ttt ;
  if (number >= 0 && number < 16)
  {
    ttt = String("0") + String(number,HEX);
  }
  else
  {
      ttt = String(number,HEX);
  }
  return ttt ;
}
String GetMacAddress()     //取得網路卡編號
{
  // the MAC address of your WiFi shield
  String Tmp = "" ;
  byte mac[6];

  // print your MAC address:
  WiFi.macAddress(mac);
  for (int i=0; i<6; i++)
    {
```

```
        Tmp.concat(print2HEX(mac[i])) ;
      }
      Tmp.toUpperCase() ;
   return Tmp ;
}
void ShowMAC()   //於串列埠印出網路卡號碼
{

   Serial.print("MAC Address:(");   //印出 "MAC Address:("
   Serial.print(MacData) ;     //印出 MacData 變數內容
   Serial.print(")\n");       //印出 ")\n"
}
String IpAddress2String(const IPAddress& ipAddress)
{
   //回傳 ipAddress[0-3]的內容，以 16 進位回傳
   return String(ipAddress[0]) + String(".") +\
   String(ipAddress[1]) + String(".") +\
   String(ipAddress[2]) + String(".") +\
   String(ipAddress[3])   ;
}
String chrtoString(char *p)
{
      String tmp ;
      char c ;
      int count = 0 ;
      while (count <100)
      {
          c= *p ;
          if (c != 0x00)
            {
              tmp.concat(String(c)) ;
            }
            else
            {
                return tmp ;
            }
         count++ ;
         p++;
```

```
        }
}
void CopyString2Char(String ss, char *p)
{
                //    sprintf(p,"%s",ss) ;
   if (ss.length() <=0)
          {
                  *p =    0x00 ;
                return ;
          }
       ss.toCharArray(p, ss.length()+1) ;
     // *(p+ss.length()+1) = 0x00 ;
}
boolean CharCompare(char *p, char *q)
   {
          boolean flag = false ;
          int count = 0 ;
          int nomatch = 0 ;
          while (flag <100)
          {
                if (*(p+count) == 0x00 or *(q+count) == 0x00)
                   break ;
                if (*(p+count) != *(q+count) )
                     {
                         nomatch ++ ;
                     }
                   count++ ;
          }
        if (nomatch >0)
          {
            return false ;
          }
          else
          {
            return true ;
          }
   }
String Double2Str(double dd,int decn)
{
```

```
    int a1 = (int)dd ;
    int a3 ;
    if (decn >0)
    {
        double a2 = dd - a1 ;
        a3 = (int)(a2 * (10^decn));
    }
    if (decn >0)
    {
        return String(a1)+"."+ String(a3) ;
    }
    else
    {
      return String(a1) ;
    }
}
```

程式下載：https://github.com/brucetsao/ESP10Course

如下圖所示，可以看到程式編輯畫面：

圖 132 溫溼度 Line 自動機器人程式之編輯畫面

如下圖所示，我們可以看到溫溼度 Line 自動機器人程式之結果畫面。

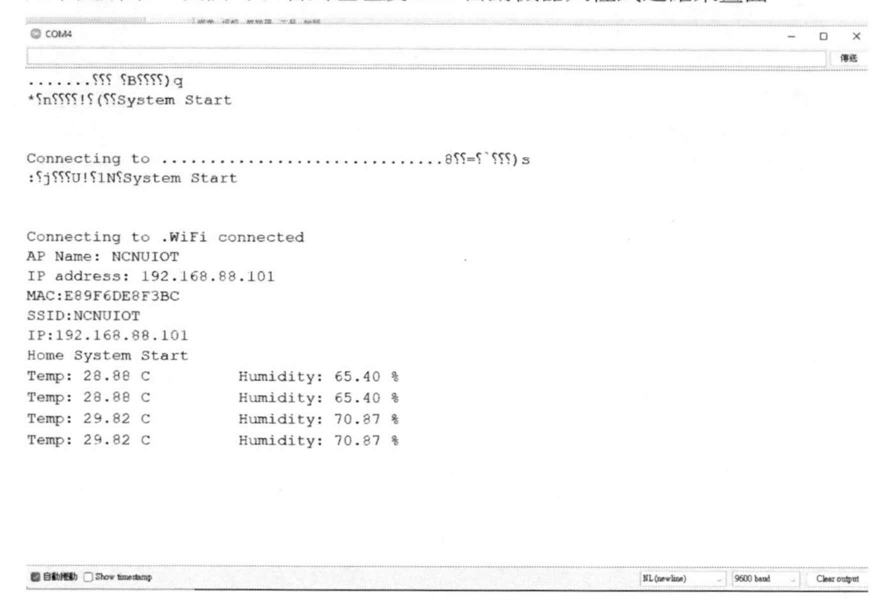

圖 133 溫溼度 Line 自動機器人程式之結果畫面

如下圖所示，我們使用 Line APP 應用程式，也可以看到溫溼度 Line 自動機器人程式傳送資訊到 Line APP 應用程式之群組畫面(本文群組為：110B 物聯網系統設計與實作)。

圖 134 溫溼度 Line 自動機器人程式之 Line APP 應用程式之群組畫面

習題

1. 請參考下圖所示之電路圖，並在網路尋找 BMP280 大氣壓力感測器函式庫與相關資源，當電源接上後，點亮下圖紅燈(左起第一個 LED)，當成功連接上 BMP280 大氣壓力感測器，點亮下圖藍燈(左起第二個 LED)，並依 30 秒鐘間隔，讀取 BMP280 大氣壓力感測器之大氣壓力值，並且依本章內容，將 BMP280 大氣壓力感測器之大氣壓力值傳入 Line Notifier 之中。

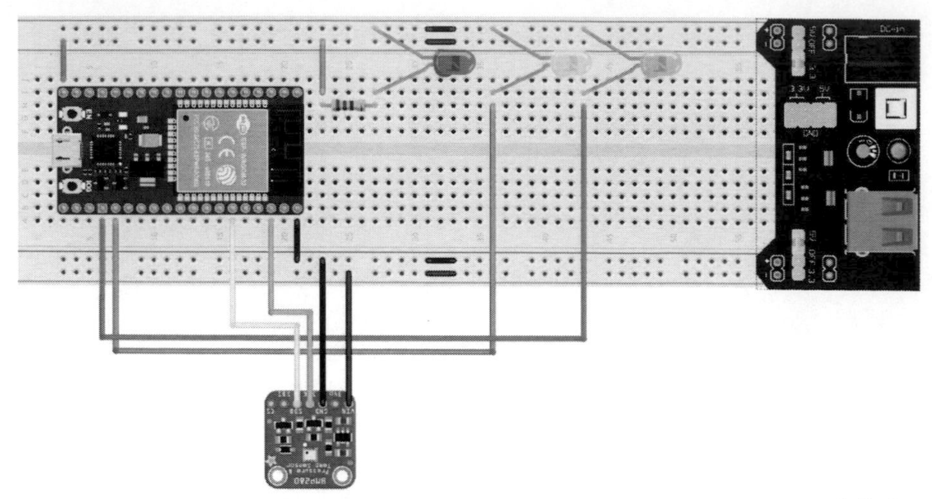

圖 135 BMP280 大氣壓力電路圖

2. 請參考下圖所示之電路圖，並在網路尋找 BH1750 亮度照度感測器函式庫與相關資源，電源接上後，點亮下圖紅燈(左起第一個 LED)，當成功連接上 BH1750 亮度照度，點亮下圖藍燈(左起第二個 LED)，並依 10 秒鐘間隔，讀取 BH1750 亮度照度 LUX 值，並且依本章內容，將 BH1750 亮度照度感測器之亮度照度 LUX 值傳入 Line Notifier 之中。

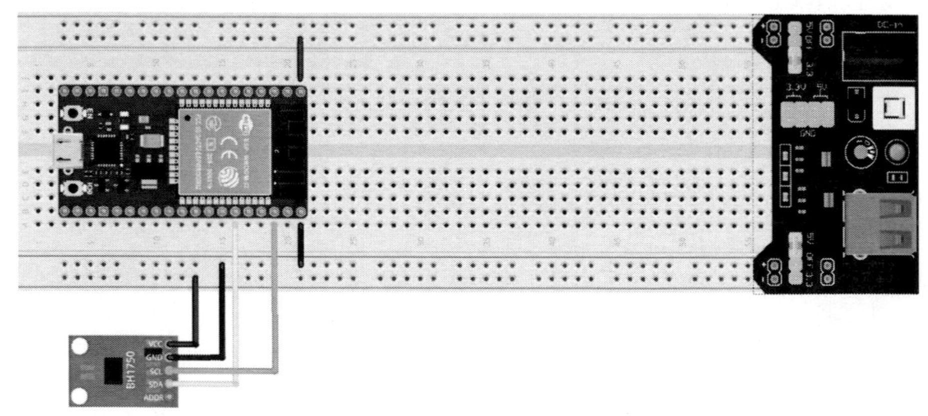

圖 136 BH1750 亮度照度電路圖

章節小結

本章主要介紹之 ESP 32 開發板運用網路的應用，可以透過 Line Notifier，輕易在 LINE 的工具上，建立溫溼度推播機制，相信讀者會對透過這樣的講解，相信讀者也可以觸類旁通，設計其它感測器達到相同結果，並有更深入的了解與體認。

CHAPTER

第五門課 MQTT Broker 介紹

本章主要介紹讀者甚麼是 MQTT，並且以溫濕度的例子，將讀取溫溼度的內容，透過 MQTT Broker 發佈，建立一個 Data Hub 的概念，之後再建立一個資料索取者，只要透過 MQTT Broker，訂閱發佈溫溼度的內容之 TOPIC，則可以輕易取得資料，來介紹 MQTT Broker 伺服器，與發佈、訂閱的機制來說明整個應用。

什麼是 MQTT 協議

MQTT 協定的全稱是 Message Queuing Telemetry Transport，中文翻譯為訊息佇列遙測傳輸技術，最早 IBM 公司的安迪·斯坦福-克拉克及 Arcom 公司的阿蘭·尼普於 1999 年撰寫了該 MQTT 協定的第一個版本，之後 IBM 公司在 2013 年就向結構化資訊標準促進組織提交了 MQTT 3.1 版規範，並附有相關章程，以確保大家可以遵守規範，並減少大幅度地變更。

MQTT 協定定義了兩種網路實體：訊息代理（Message Broker）與客戶端（Client）。對於訊息代理（Message Broker）主要用於於接收來自客戶端指定的 Topic，所傳送的訊息並轉發至目標客戶端，而目標客戶端指任何客戶端（Client）獲得的訊息代理（Message Broker）登錄且訂閱該 Topic(Subscribe Topic)的內容。

MQTT 遵循 ISO 標準（ISO/IEC PRF 20922），基於 TCP/IP 網路協定上建立的低功耗之通訊協定(La Marra, Martinelli, Mori, Rizos, & Saracino, 2017; Mohanty & Sagar Sharma, 2016; Standard, 2014)，主要目的是專為那些硬體效能低下的遠端裝置以及網路頻寬非常不足的情況下而設計的通訊方法，主要運作採用發布/訂閱型訊息協定的方法，透過運用發布 (Publish)/訂閱 (Subscribe)範式的訊息協定，所以，它需要一個訊息中介軟體，一般稱為 MQTT Broker，主要目的是改善網路裝置硬體的效能和網路的效能來設計的：MQTT 一般多用於物聯網上，廣泛應用於工業級別的應用場景：比如汽車、製造、石油、天然氣、電力、水利…等。

免費 MQTT Broker 介紹

本章節主要是教導讀者，可以使用網路上一些免費的 MQTT Broker 伺服器，本節介紹：

- 網址：broker.emqx.io
- 使用者名稱：無(不需輸入)
- 使用者密碼：無(不需輸入)
- 通訊協定：TCP
- 通訊埠：預設埠為 1883，加密的埠為 8883

安裝 MQTT 發佈/訂閱函數

為了完成基本 MQTT Broker 發佈服務功能，我們必須要在 Arduino IDE 開發環境安裝使用程式，必須要安裝 MQTT Broker 發佈函數：『PubSubClient』函數庫，所我我們打開線上函式庫安裝程式，如下圖上方紅框處所示，作者為：為『Nick O' Leary』，搜尋到正確的『PubSubClient』函式庫後，請點選下方紅框處『選擇版本』後，系統會出現可以安裝的版本，一班說來，最上方或版本數字最大者，就是最新的版本，請讀者選最新的版本進行安裝。

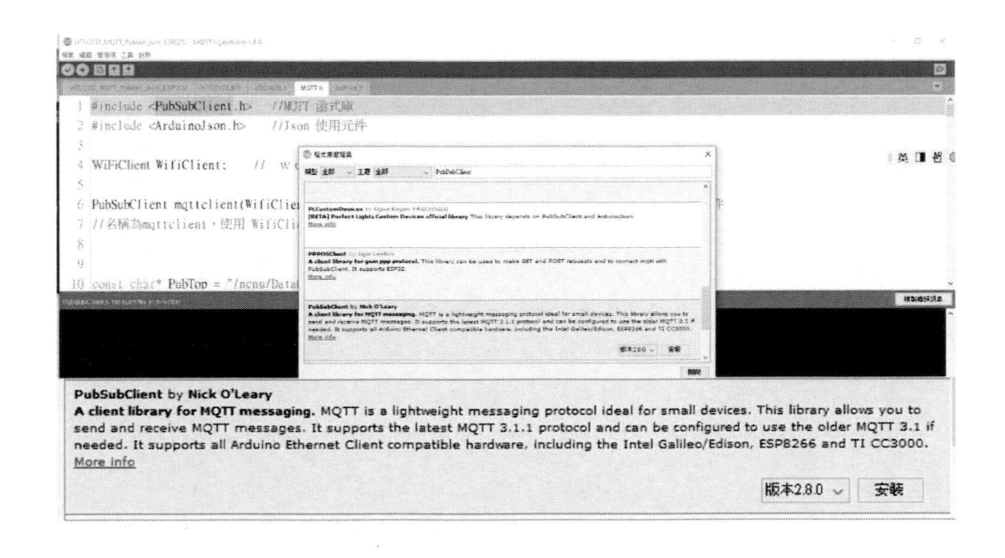

圖 137 選擇最新 PubSubClient 版本

修正 MQTT 發佈/訂閱函數容量限制

接上續，我們安裝 MQTT Broker 發佈函數：『PubSubClient』函數庫之後，基本上沒有問題，但是由於當初為了相容於 Arduino UNO 等小容量的開發版，所以作者：『Nick O’Leary』在其函式庫加上封包數的大小限制，所以我們先打開預設的『PubSubClient』函數庫的安裝路徑，基本上為安裝電腦的『文件』資料夾下，有一個『arduino』資料夾，進入該資料夾後，可以看到『libraries』資料夾，再進入該資料夾後，可以看到『PubSubClient』資料夾，再進入進入該資料夾後，可以看到『src』資料夾，進入該資料夾後，可以看到下面的畫面：

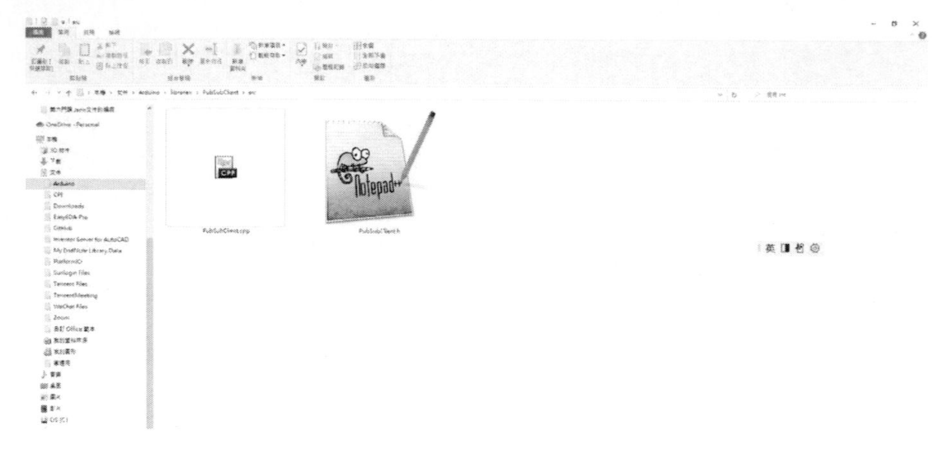

圖 138 PubSubClient 資料夾

進入該資料夾後，筆者的資料夾為『C:\Users\prgbr\Documents\Arduino\libraries\PubSubClient\src』資料夾，由於不同人的電腦，其名稱等屬性不一樣，基本上為『**<u>個人使用者文件</u>**\Arduino\libraries\PubSubClient\src』資料夾，下面應該有『PubSubClient.cpp』、『PubSubClient.h』兩個檔案，請用文字編輯軟體，點選『PubSubClient.h』該檔案，筆者用的是『Notepad++』文字編輯軟體，請點選『PubSubClient.h』該檔案後，按下滑鼠右鍵，可以看到下圖所示的畫面。

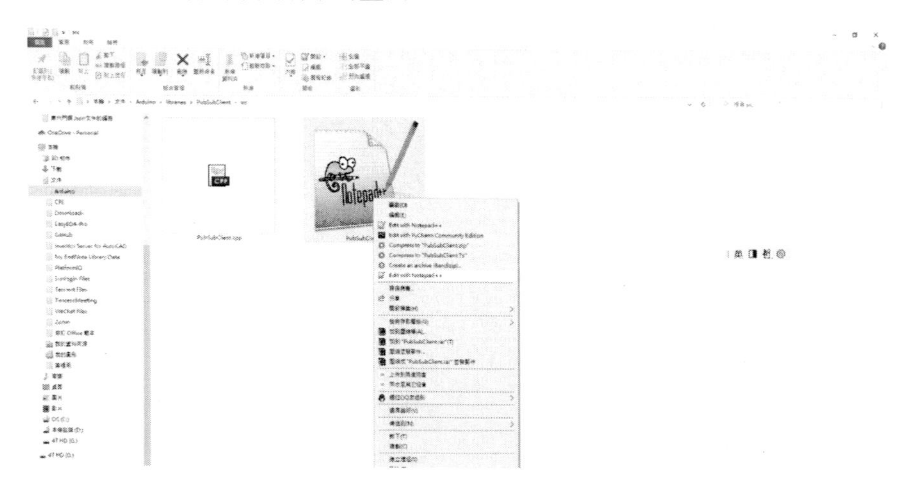

圖 139 用文字編輯器編輯 PubSubClient.h

筆者用『Notepad++』文字編輯軟體，編輯『PubSubClient.h』該檔案後，可以見到下圖所示之畫面，請將列數移到 26 行(以後版本或其他版本可能不一定式這個列數)，可以看到按下滑鼠右鍵，可以看到內容為為『# define MQTT_MAX_PACKET_SIZE 256』的內容，*有可能未來版本或其他版本的『# define MQTT_MAX_PACKET_SIZE』後方的數字不一定是『256』*，請讀者注意。

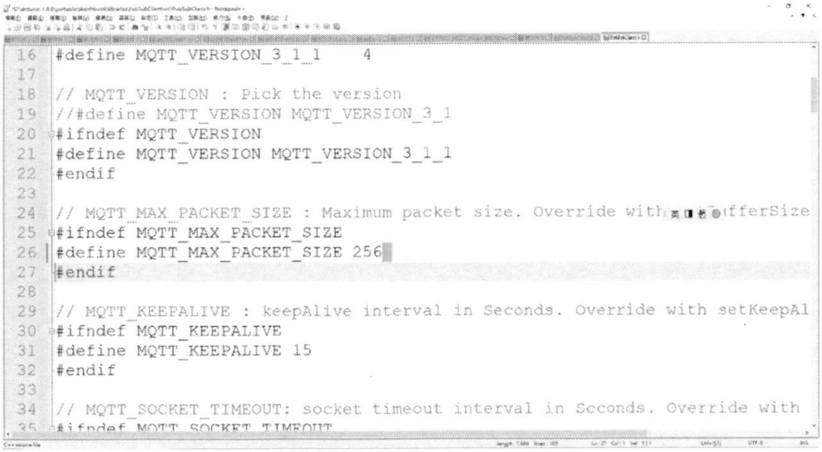

```
16  #define MQTT_VERSION_3_1_1    4
17
18  // MQTT_VERSION : Pick the version
19  //#define MQTT_VERSION MQTT_VERSION_3_1
20  #ifndef MQTT_VERSION
21  #define MQTT_VERSION MQTT_VERSION_3_1_1
22  #endif
23
24  // MQTT_MAX_PACKET_SIZE : Maximum packet size. Override with ...fferSize
25  #ifndef MQTT_MAX_PACKET_SIZE
26  #define MQTT_MAX_PACKET_SIZE 256
27  #endif
28
29  // MQTT_KEEPALIVE : keepAlive interval in Seconds. Override with setKeepAl
30  #ifndef MQTT_KEEPALIVE
31  #define MQTT_KEEPALIVE 15
32  #endif
33
34  // MQTT_SOCKET_TIMEOUT: socket timeout interval in Seconds. Override with
35  #ifndef MQTT_SOCKET_TIMEOUT
```

圖 140 編輯 PubSubClient.h 之傳輸限制

再看到內容為為『#　define MQTT_MAX_PACKET_SIZE 256』的內容，*有可能未來版本或其他版本的『#　define MQTT_MAX_PACKET_SIZE』後方的數字不一定是『256』*，請讀者把*『256』*的內容，加大其數字，筆者因為會傳輸大量資料，所以把*『256』資料改為『8192』*，讀者依自需求，自行修改，修改後，請存檔。

```
16  #define MQTT_VERSION_3_1_1     4
17
18  // MQTT_VERSION : Pick the version
19  //#define MQTT_VERSION MQTT_VERSION_3_1
20  #ifndef MQTT_VERSION
21  #define MQTT_VERSION MQTT_VERSION_3_1_1
22  #endif
23
24  // MQTT_MAX_PACKET_SIZE : Maximum packet size. Override with setBufferSize
25  #ifndef MQTT_MAX_PACKET_SIZE
26  #define MQTT_MAX_PACKET_SIZE 8192
27  #endif
28
29  // MQTT_KEEPALIVE : keepAlive interval in Seconds. Override with setKeepAl
30  #ifndef MQTT_KEEPALIVE
31  #define MQTT_KEEPALIVE 15
32  #endif
```

圖 141 修改傳輸限制

MQTT 發佈/訂閱基本程式

為了完成基本 MQTT Broker 發佈服務功能，我們必須要使用程式，透過網路傳輸，使用免費 MQTT Broker ：broker.emqx.io ，發佈的基本功能，透過網路通訊來驅動 MQTT Broker 發佈服務功能，傳遞我們傳送的訊息。

準備實驗材料

如下圖所示，這個實驗我們需要用到的實驗硬體有下圖.(a)的 ESP 32 開發板、下圖.(b) MicroUSB 下載線：

(a). NodeMCU 32S 開發板

(b). MicroUSB 下載線

圖 142 MQTT Broker 發佈服務材料表

讀者可以參考下圖所示之 MQTT Broker 發佈服務電路圖，進行電路組立。

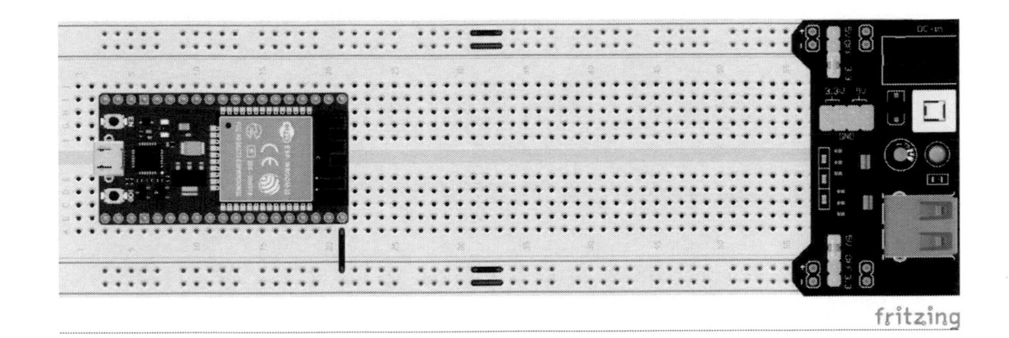

圖 143 MQTT Broker 發佈服務電路圖

讀者可以參考下圖所示之取得 MQTT Broker 發佈服務電路圖，參考後進行電路組立。

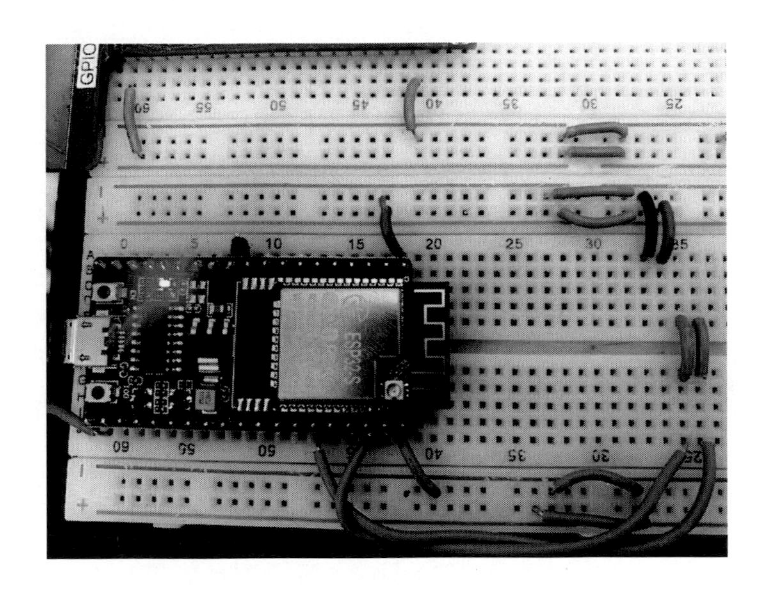

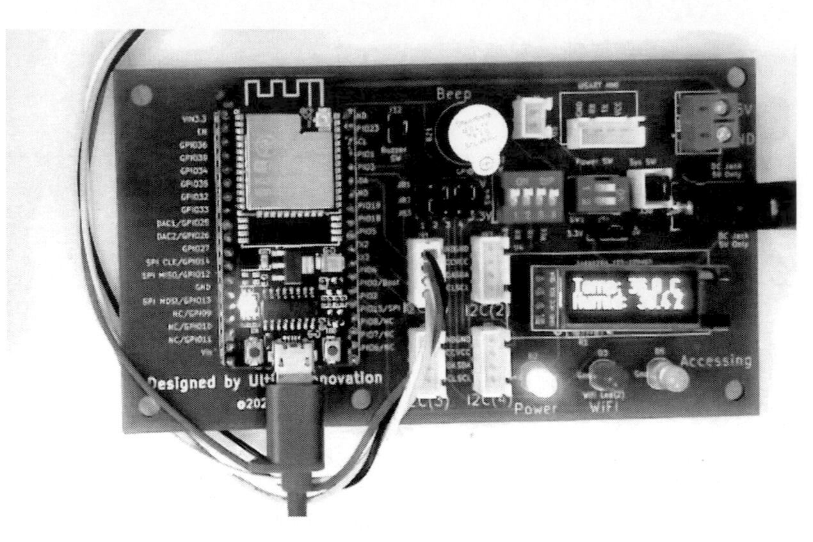

圖 144 MQTT Broker 發佈服務電路圖

我們遵照前幾章所述，將 ESP 32 開發板的驅動程式安裝好之後，我們打開 ESP 32 開發板的開發工具：Sketch IDE 整合開發軟體(安裝 Arduino 開發環境，請參考本文之『Arduino 開發 IDE 安裝』，安裝 ESP 32 開發板 SDK 請參考本文之『安裝 ESP32 Arduino 整合開發環境』(曹永忠, 2020a, 2020c, 2020d)，攥寫一段程式，如下表所示之 MQTT Broker 發佈基本程式，取得執行 MQTT Broker 服務功能。

表 49 MQTT Broker 發佈基本程式 MQTT_Basic_ESP32)

MQTT Broker 發佈基本程式(MQTT_Basic_ESP32)

```
void callback(char* topic, byte* payload, unsigned int length)    ;
#include "initPins.h"          //  腳位與系統模組
#include "MQTTLIB.h"        // MQTT Broker 自訂模組
void setup()
{
    initALL() ; //系統硬體/軟體初始化
    initWiFi() ;   //網路連線，連上熱點
    ShowInternet();   //秀出網路連線資訊
    initMQTT() ;        //起始 MQTT Broker 連線
    connectMQTT();        //連到 MQTT Server
    delay(1000) ;
```

```
}
void loop()
{
 if (!mqttclient.connected())
   {
       connectMQTT();
   }
     double Temp_Value = 25+(double)(random(-300, 300)/50);
     double Humid_Value= 70 +(double)(random(-300, 300)/10);
     String msg ="目前溫度:"+String(Temp_Value)+"℃, 目前濕度：
"+String(Humid_Value);
     Serial.print("Temp: "); Serial.print(Temp_Value); Serial.print(" C");
     Serial.print("\t\t");
     Serial.print("Humidity: "); Serial.print(Humid_Value); Serial.println(" \%");
     StatusPublish(MacData, Temp_Value,Humid_Value) ;
     // CheckWifiLed() ;
    mqttclient.loop();
         delay(loopdelay) ;
}
/* Function to print the sending result via Serial */
void initALL()   //系統硬體/軟體初始化
{
     Serial.begin(9600);
     Serial.println("System Start");
     MacData = GetMacAddress() ;     //取得網路卡編號
     fillCID(MacData) ;
     fillTopic(MacData) ;
}
 void connectMQTT()
 {

   Serial.print("MQTT ClientID is :(") ;
   Serial.print(clintid) ;
   Serial.print(")\n") ;
   //印出 MQTT Client 基本訊息
   while (!mqttclient.connect(clintid, MQTTUser, MQTTPassword))
   {
//   while (!mqttclient.connect(clintid)) {
     Serial.print("-");
```

```
        delay(1000);
    }
        Serial.print("\n");
    mqttclient.subscribe(SubTopicbuffer); //訂閱我們的主旨
    Serial.println("Connect MQTT Server is OK") ;
}
void callback(char* topic, byte* payload, unsigned int length)
{
      Serial.print("Message arrived [");
    Serial.print(topic);
    Serial.print("] \n");
    deserializeJson(doc, payload, length);
    JsonObject documentRoot = doc.as<JsonObject>();
  // Serial.print("Device:") ;
    const char* a1 = documentRoot.getMember("Device") ;
  // Serial.println(a1);
    double a2 = documentRoot.getMember("Temperature") ;
    //Serial.println(a2);
    double a3 = documentRoot.getMember("Humidity") ;
  // Serial.println(a3);
  Serial.print("Received from MAC:");
  Serial.println(a1) ;
  Serial.print("Received Temperature:");
  Serial.println(a2) ;
  Serial.print("Received Humidity:");
  Serial.println(a3) ;
}
```

程式下載：https://github.com/brucetsao/ESP10Course

表 50 MQTT Broker 發佈基本程式(MQTTLIB.h)

MQTT Broker 發佈基本程式(MQTTLIB.h)

```
#include <ArduinoJson.h>
#include <PubSubClient.h>
#define MQTTServer "broker.emqx.io"
#define MQTTPort 1883
char* MQTTUser = "";    // 不須帳密
char* MQTTPassword = "";        // 不須帳密
```

```
WiFiClient mqclient ;   //   web socket 元件
PubSubClient mqttclient(mqclient)   ;   //   MQTT Broker   元件 ，用 PubSubClient
類別產生一個 MQTT 物件
StaticJsonDocument<512> doc;
char JSONmessageBuffer[300];
String payloadStr ;
#include <ArduinoJson.h>   //Json  使用元件
//MQTT Server Use
const char* PubTop = "/ncnu/DataCollector/%s" ;
const char* SubTop = "/ncnu/DataCollector/#" ;
String TopicT;
char SubTopicbuffer[200];
char PubTopicbuffer[200];

//Publish & Subscribe use
const char* PrePayload = "{\"Device\":\"%s\",\"Temperature\":%f,\"Humidity\":%f}" ;
String PayloadT;
char Payloadbuffer[250];
char clintid[20];
#define MQTT_RECONNECT_INTERVAL 100                    // millisecond
#define MQTT_LOOP_INTERVAL         50                  // millisecond
void fillCID(String mm)
{
    // generate a random clientid based MAC
  //compose clientid with "tw"+MAC
  clintid[0]= 't' ;
  clintid[1]= 'w' ;
        mm.toCharArray(&clintid[2],mm.length()+1) ;
    clintid[2+mm.length()+1] = '\n' ;
    Serial.print("Client ID:(") ;
    Serial.print(clintid) ;
    Serial.print(") \n") ;
}
void fillTopic(String mm)
{
  sprintf(PubTopicbuffer,PubTop,mm.c_str()) ;
        Serial.print("Publish Topic Name:(") ;
    Serial.print(PubTopicbuffer) ;
    Serial.print(") \n") ;
```

```
  sprintf(SubTopicbuffer,SubTop,mm.c_str()) ;
        Serial.print("Subscribe Topic Name:(") ;
     Serial.print(SubTopicbuffer) ;
     Serial.print(") \n")    ;
}
void fillPayload(String dev, double d1, double d2)
{
  sprintf(Payloadbuffer,PrePayload,dev.c_str(),d1,d2) ; ;
        Serial.print("Payload Content:(") ;
     Serial.print(Payloadbuffer) ;
     Serial.print(") \n") ;
}
void initMQTT()
{
     mqttclient.setServer(MQTTServer, MQTTPort);
     Serial.println("Now Set MQTT Server") ;
  //連接 MQTT Server  ，  Servar name :MQTTServer，  Server Port :MQTTPort
  //mq.tongxinmao.com:18832
  mqttclient.setCallback(callback);
  // 設定 MQTT Server  ，  有 subscribed 的 topic 有訊息時，通知的函數
//--------------------------
}
//-------------
void StatusPublish(String mm,double d1, double d2)      //Publish System
{
        fillPayload(mm, d1,d2) ;
        mqttclient.publish(PubTopicbuffer,Payloadbuffer);
}
```

程式下載：https://github.com/brucetsao/ESP10Course

表 51 MQTT Broker 發佈基本程式(initPins.h)

```
MQTT Broker 發佈基本程式(initPins.h)
#define _Debug 1       //輸出偵錯訊息
#define _debug 1       //輸出偵錯訊息
#define initDelay     6000       //初始化延遲時間
#define loopdelay 60000      //loop  延遲時間
 #include <WiFi.h>     //使用網路函式庫
```

```
#include <WiFiClient.h>     //使用網路用戶端函式庫
#include <WiFiMulti.h>      //多熱點網路函式庫
WiFiMulti wifiMulti;     //產生多熱點連線物件
String IpAddress2String(const IPAddress& ipAddress) ;
  IPAddress ip ;     //網路卡取得 IP 位址之原始型態之儲存變數
  String IPData ;   //網路卡取得 IP 位址之儲存變數
  String APname ;    //網路熱點之儲存變數
  String MacData ;    //網路卡取得網路卡編號之儲存變數
  long rssi ;    //網路連線之訊號強度'之儲存變數
  int status = WL_IDLE_STATUS;  //取得網路狀態之變數
// randomSeed((unsigned long)millis());
void initWiFi()    //網路連線，連上熱點
{
  //加入連線熱點資料
  wifiMulti.addAP("NCNUIOT", "12345678");  //加入一組熱點
  wifiMulti.addAP("NCNUIOT2", "12345678");  //加入一組熱點
  wifiMulti.addAP("ABC", "12345678");  //加入一組熱點
  // We start by connecting to a WiFi network
  Serial.println();
  Serial.println();
  Serial.print("Connecting to ");
  //通訊埠印出 "Connecting to "
  wifiMulti.run();  //多網路熱點設定連線
 while (WiFi.status() != WL_CONNECTED)      //還沒連線成功
  {
    // wifiMulti.run() 啟動多熱點連線物件，進行已經紀錄的熱點進行連線，
    // 一個一個連線，連到成功為主，或者是全部連不上
    // WL_CONNECTED 連接熱點成功
    Serial.print(".");   //通訊埠印出
    delay(500) ;  //停 500 ms
     wifiMulti.run();    //多網路熱點設定連線
  }
    Serial.println("WiFi connected");     //通訊埠印出 WiFi connected
    Serial.print("AP Name: ");    //通訊埠印出 AP Name:
    APname = WiFi.SSID();
    Serial.println(APname);    //通訊埠印出 WiFi.SSID()==>從熱點名稱
    Serial.print("IP address: ");    //通訊埠印出 IP address:
    ip = WiFi.localIP();
    IPData = IpAddress2String(ip) ;
```

```
        Serial.println(IPData);      //通訊埠印出 WiFi.localIP()==>從熱點取得 IP 位址
        //通訊埠印出連接熱點取得的 IP 位址
   }
   void ShowInternet()     //秀出網路連線資訊
   {
     Serial.print("MAC:") ;
     Serial.print(MacData) ;
     Serial.print("\n") ;
     Serial.print("SSID:") ;
     Serial.print(APname) ;
     Serial.print("\n") ;
     Serial.print("IP:") ;
     Serial.print(IPData) ;
     Serial.print("\n") ;
     //OledLineText(1,"MAC:"+MacData) ;
     //OledLineText(2,"IP:"+IPData);
     //ShowMAC() ;
     //ShowIP()    ;
   }
   //--------------------
//----------Common Lib
long POW(long num, int expo)
{
   long tmp =1 ;
   if (expo > 0)
   {
            for(int i = 0 ; i< expo ; i++)
               tmp = tmp * num ;
             return tmp ;
   }
   else
   {
     return tmp ;
   }
}
String SPACE(int sp)
{
     String tmp = "" ;
     for (int i = 0 ; i < sp; i++)
```

```
        {
            tmp.concat(' ')    ;
        }
      return tmp ;
}
String strzero(long num, int len, int base)
{
   String retstring = String("");
   int ln = 1 ;
      int i = 0 ;
      char tmp[10] ;
      long tmpnum = num ;
      int tmpchr = 0 ;
      char hexcode[]={'0','1','2','3','4','5','6','7','8','9','A','B','C','D','E','F'} ;
      while (ln <= len)
      {
            tmpchr = (int)(tmpnum % base) ;
            tmp[ln-1] = hexcode[tmpchr] ;
            ln++ ;
             tmpnum = (long)(tmpnum/base) ;
      }
      for (i = len-1; i >= 0 ; i --)
         {
            retstring.concat(tmp[i]);
         }
   return retstring;
}
unsigned long unstrzero(String hexstr, int base)
{
   String chkstring    ;
   int len = hexstr.length() ;
      unsigned int i = 0 ;
      unsigned int tmp = 0 ;
      unsigned int tmp1 = 0 ;
      unsigned long tmpnum = 0 ;
      String hexcode = String("0123456789ABCDEF") ;
      for (i = 0 ; i < (len ) ; i++)
      {
   //         chkstring= hexstr.substring(i,i) ;
```

```
        hexstr.toUpperCase() ;
                tmp = hexstr.charAt(i) ;      // give i th char and return this char
                tmp1 = hexcode.indexOf(tmp) ;
        tmpnum = tmpnum + tmp1* POW(base,(len -i -1) )    ;
    }
  return tmpnum;
}
String    print2HEX(int number) {
  String ttt ;
  if (number >= 0 && number < 16)
  {
    ttt = String("0") + String(number,HEX);
  }
  else
  {
        ttt = String(number,HEX);
  }
  return ttt ;
}
String GetMacAddress()        //取得網路卡編號
{
  // the MAC address of your WiFi shield
  String Tmp = "" ;
  byte mac[6];

  // print your MAC address:
  WiFi.macAddress(mac);
  for (int i=0; i<6; i++)
    {
          Tmp.concat(print2HEX(mac[i])) ;
    }
    Tmp.toUpperCase() ;
  return Tmp ;
}
void ShowMAC()   //於串列埠印出網路卡號碼
{

  Serial.print("MAC Address:(");   //印出 "MAC Address:("
  Serial.print(MacData) ;     //印出 MacData 變數內容
```

```
  Serial.print(")\n");       //印出 ")\n"
}
String IpAddress2String(const IPAddress& ipAddress)
{
  //回傳 ipAddress[0-3]的內容，以 16 進位回傳
  return String(ipAddress[0]) + String(".") +\
  String(ipAddress[1]) + String(".") +\
  String(ipAddress[2]) + String(".") +\
  String(ipAddress[3])   ;
}
String chrtoString(char *p)
{
    String tmp ;
    char c ;
    int count = 0 ;
    while (count <100)
    {
        c= *p ;
        if (c != 0x00)
          {
            tmp.concat(String(c)) ;
          }
          else
          {
              return tmp ;
          }
       count++ ;
       p++;

    }
}
void CopyString2Char(String ss, char *p)
{
          //   sprintf(p,"%s",ss) ;
 if (ss.length() <=0)
      {
           *p =   0x00 ;
          return ;
      }
```

```
        ss.toCharArray(p, ss.length()+1) ;
      // *(p+ss.length()+1) = 0x00 ;
}
boolean CharCompare(char *p, char *q)
   {
         boolean flag = false ;
         int count = 0 ;
         int nomatch = 0 ;
         while (flag <100)
         {
               if (*(p+count) == 0x00 or *(q+count) == 0x00)
                  break ;
               if (*(p+count) != *(q+count) )
                   {
                        nomatch ++ ;
                   }
                  count++ ;
         }
        if (nomatch >0)
         {
            return false ;
         }
         else
         {
            return true ;
         }
   }
String Double2Str(double dd,int decn)
{
      int a1 = (int)dd ;
      int a3 ;
      if (decn >0)
      {
            double a2 = dd - a1 ;
            a3 = (int)(a2 * (10^decn));
      }
      if (decn >0)
      {
            return String(a1)+"."+ String(a3) ;
```

```
  }
  else
  {
    return String(a1) ;
  }
}
```

程式下載：https://github.com/brucetsao/ESP10Course

如下圖所示，可以看到程式編輯畫面：

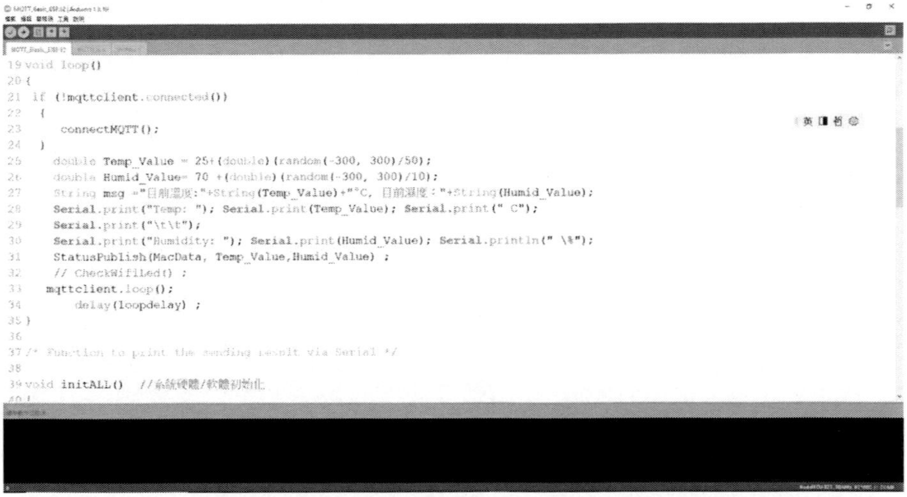

```
19 void loop()
20 {
21  if (!mqttclient.connected())
22   {
23      connectMQTT();
24   }
25     double Temp_Value = 25+(double)(random(-300, 300)/50);
26     double Humid_Value= 70 +(double)(random(-300, 300)/10);
27     String msg ="目前溫度:"+String(Temp_Value)+"°C, 目前濕度："+String(Humid_Value);
28     Serial.print("Temp: "); Serial.print(Temp_Value); Serial.print(" C");
29     Serial.print("\t\t");
30     Serial.print("Humidity: "); Serial.print(Humid_Value); Serial.println(" \%");
31     StatusPublish(MacData, Temp_Value,Humid_Value) ;
32     // CheckWifiLed() ;
33    mqttclient.loop();
34        delay(loopdelay) ;
35 }
36
37 /* Function to print the sending result via Serial */
38
39 void initALL()   //系統硬體/軟體初始化
```

圖 145 MQTT Broker 基本程式之編輯畫面

本程式將亂數產生的溫度(Temperature)與濕度(Humidity)，轉成如下圖所示之json 格式，再透過程式傳送到 Topic: /ncnu/DataCollector/網路卡編號，的主題內，以下表為格式之動態產生之溫度(Temperature)與濕度(Humidity)之 json 內容。

表 52 欲傳送溫溼度資料之 json 資料

```
{
"Device": "E89F6DE8F3BC",
"Temperature": 24,
"Humidity": 77
}
```

如下圖所示，我們可以看到 MQTT Broker 基本程式之結果畫面。

圖 146 MQTT Broker 基本程式之結果畫面

如下圖所示，我們使用 MQTT BOX 應用程式，也可以看到 MQTT Broker 基本程式傳送資訊到 MQTT Broker，其 TOPIC: /ncnu/DataCollector/網路卡編號，本文為：/ncnu/DataCollector/E89F6DE8F3BC 之內容。

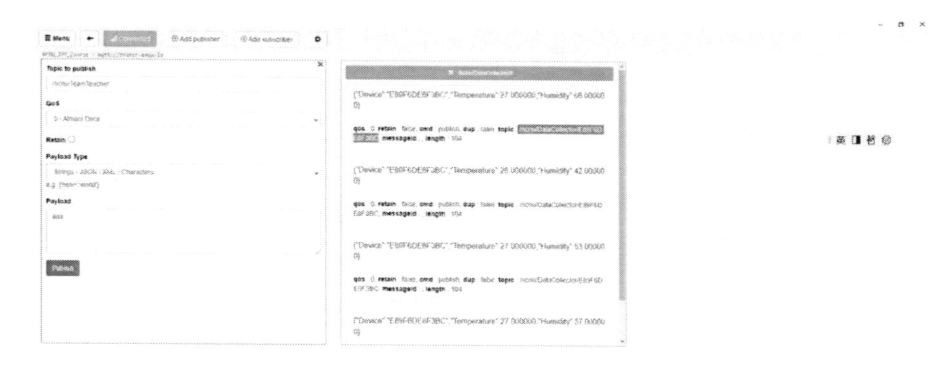

圖 147 MQTT Broker 基本程式結果之 MQTT BOX 應用程式之畫面

習題

1. 請參考下圖所示之電路圖，並在網路尋找 BMP280 大氣壓力感測器，電源接上後，點亮下圖紅燈(左起第一個 LED)，當成功連接上 BMP280 大氣壓力感測器，點亮下圖藍燈(左起第二個 LED)，並依 30 秒鐘間隔，讀取 BMP280 大氣壓力感測器之大氣壓力值，並且依本章內容使用 MQTT Broker，將 BMP280 大氣壓力感測器之大氣壓力值，發布 Publish 傳到 MQTT Broker，另外建立另一個訂閱 Subscribe 接收其大氣壓力感測器之大氣壓力值，並透過 IDE 的串列埠列印出來。

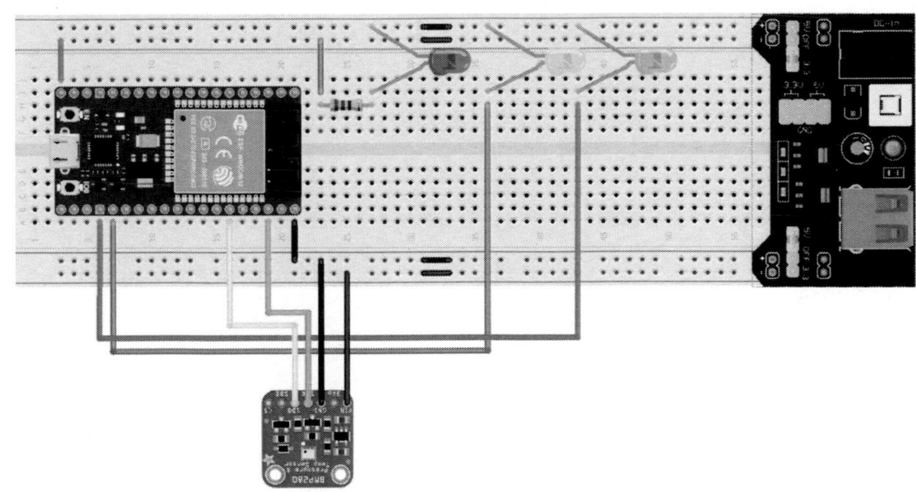

圖 148 BMP280 大氣壓力電路圖

1. 2.請參考下圖所示之電路圖，並在網路尋找 BH1750 亮度照度感測器，電源接上後，點亮下圖紅燈(左起第一個 LED)，當成功連接上 BH1750 亮度照度，點亮下圖藍燈(左起第二個 LED)，並依 10 秒鐘間隔，讀取 BH1750 亮度照度 LUX 值，並且依本章內容使用 MQTT Broker，將 BH1750 亮度照度感測器之亮度照度 LUX 值，發布 Publish 傳到 MQTT Broker，另外建立另一個訂閱 Subscribe 接收其 BH1750 亮度照度感測器之亮度照度 LUX 值，並透過 IDE 的串列埠列印出來。

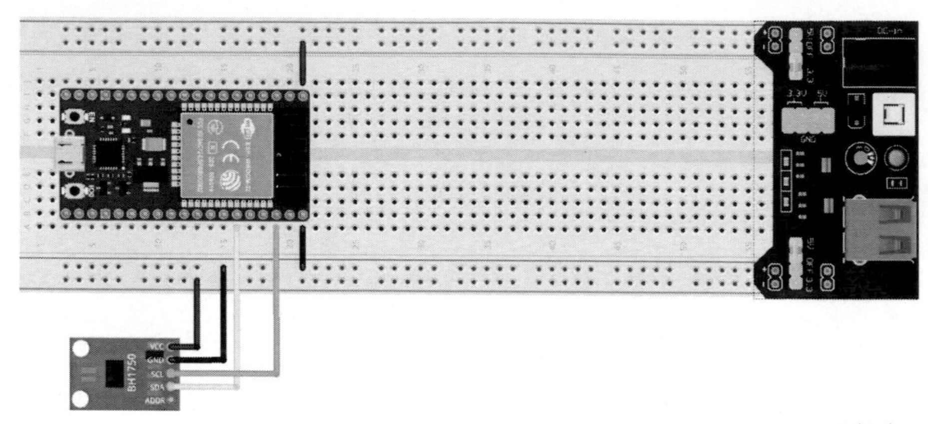

圖 149 BH1750 亮度照度電路圖

章節小結

本章主要介紹之 ESP 32 如何將資訊，透過 MQTT Broker，透過發佈(Publish)將資料傳送到特定 TOPIC，另一端透過 ESP 32，透過訂閱(Subscribe)MQTT Broker 之特定 TOPIC，在 MQTT Broker 收到特定 TOPIC 的資料後，傳送相同資料到該特定 TOPIC 訂閱之 clients 端，再將資訊顯示出來，透過本章節的解說，相信讀者會對連接、使用 MQTT Broker，並進行發佈(Publish)資訊與訂閱(Subscribe)，取得資訊，有更深入的了解與體認，透過這樣的講解，相信讀者也可以觸類旁通，設計其它感測器達到相同結果。

CHAPTER

第六門課 Json 文件的編寫

本章主要介紹讀者如何使用 ESP 32 開發板，針對資料進行 json 文件的編寫，傳送與接收到 json 文件後進行解譯，介紹其用法與程式範例，希望讀者可以了解如何使用 json 文件最基礎的轉換、輸出、傳輸等用法。

甚麼是 JSON

JSON（JavaScript Object Notation）是由道格拉斯·克羅克福特(Douglas Crockford)[4] 構想和設計的一種輕量級資料交換格式(Elliott, 2014; Saternos, 2014; Souders, 2009)。其內容由屬性和值所組成，因此也有易於閱讀和處理的優勢。JSON 是獨立於程式語言的資料格式，其不僅是 JavaScript 的子集，也採用了 C 語言家族的習慣用法，目前也有許多程式語言都能夠將其解析和字串化，其廣泛使用的程度也使其成為通用的資料格式。

安裝 JSON 函式庫

我們遵照前幾章所述，將 ESP 32 開發板的驅動程式安裝好之後，我們打開 ESP 32 開發板的開發工具：Sketch IDE 整合開發軟體(安裝 Arduino 開發環境，如下圖所示，開啟最上方紅框處之『草稿碼』後，點取下面紅框處之『匯入程式庫』後，出現右方的選項選單，再點選右方紅框處之『管理程式庫』後，開始使用線上函式庫安裝服務。

---

[4] Douglas Crockford 是 JSON、JSLint、JSMin 和 ADSafe 的創造者，也是名著《JavaScript: The Good Parts》(中文版《JavaScript 語言精粹》)的作者。撰寫了許多廣為流傳、影響深遠的技術文章，包括"JavaScript:世界上最被誤解的語言" https://en.wikipedia.org/wiki/Douglas_Crockford

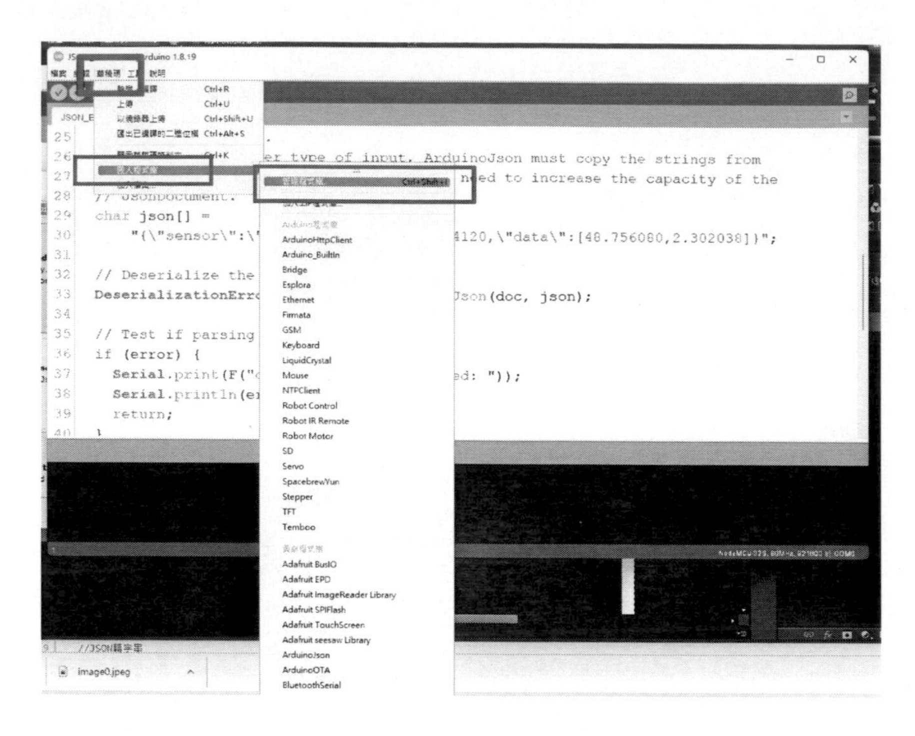

圖 150 打開線上函式庫安裝服務畫面

如下圖所示，進入線上函式庫安裝服務畫面。

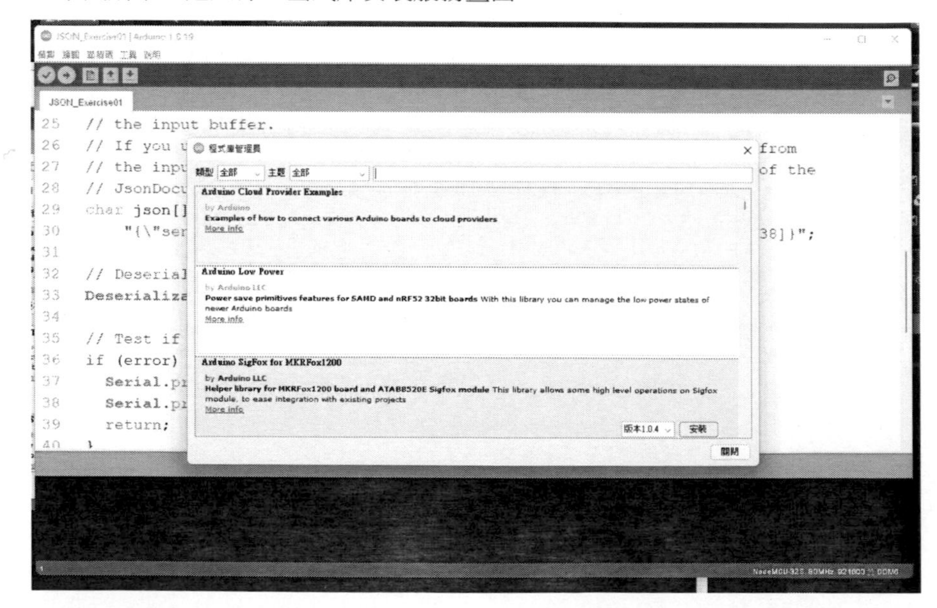

圖 151 線上函式庫安裝服務畫面

如下圖所示，可以再下圖紅框處輸入想要安裝函式庫的名稱。

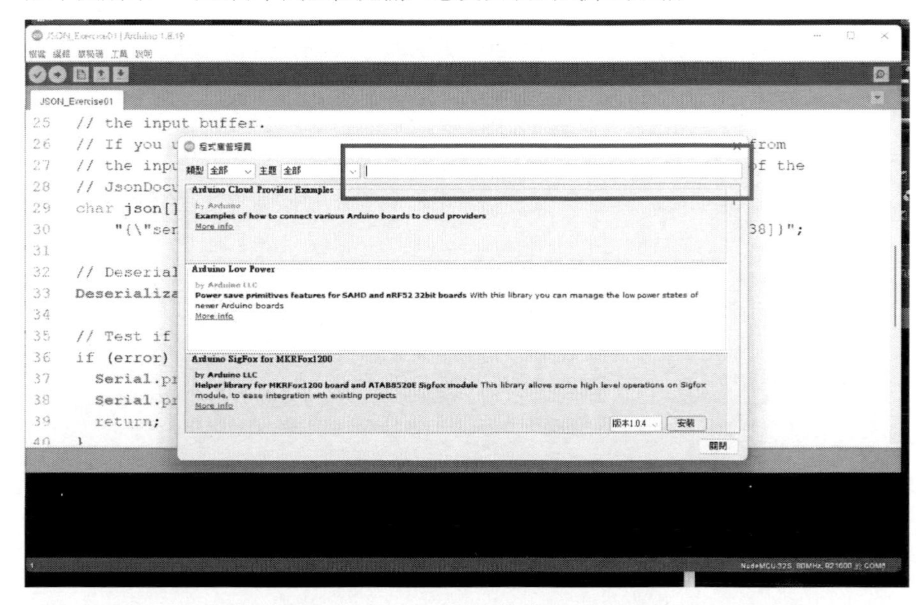

圖 152 使用函式庫安裝功能

如下圖所示，請再下圖紅框處輸入『arduinojson』函數名稱後，進行搜尋。

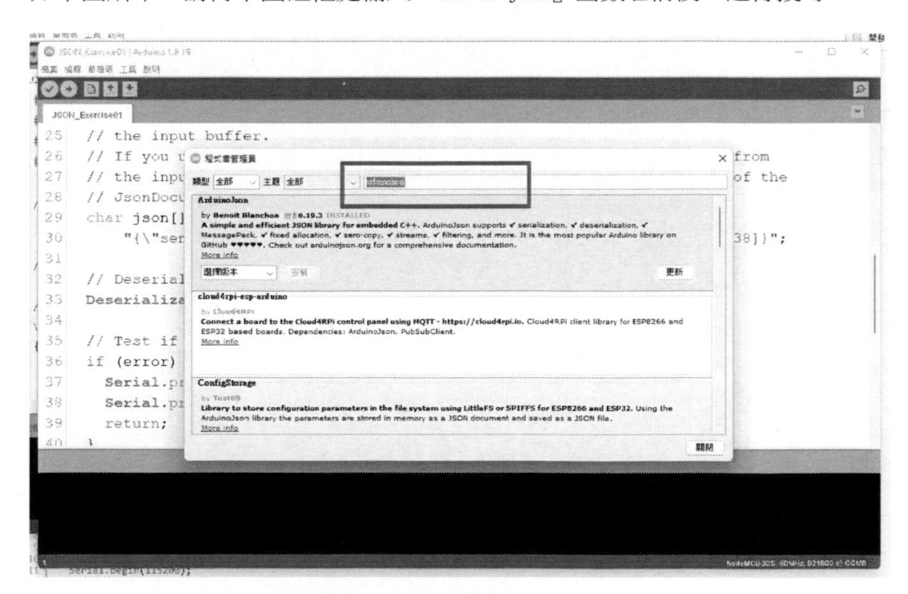

圖 153 輸入要搜尋函式庫名稱

如下圖上方紅框處所示，作者為：為『Benoit Blanchon』，搜尋到正確的『ArduinoJson』函式庫後，請點選下方紅框處『選擇版本』後，系統會出現可以安裝的版本，一班說來，最上方或版本數字最大者，就是最新的版本，請讀者選最新的版本進行安裝。

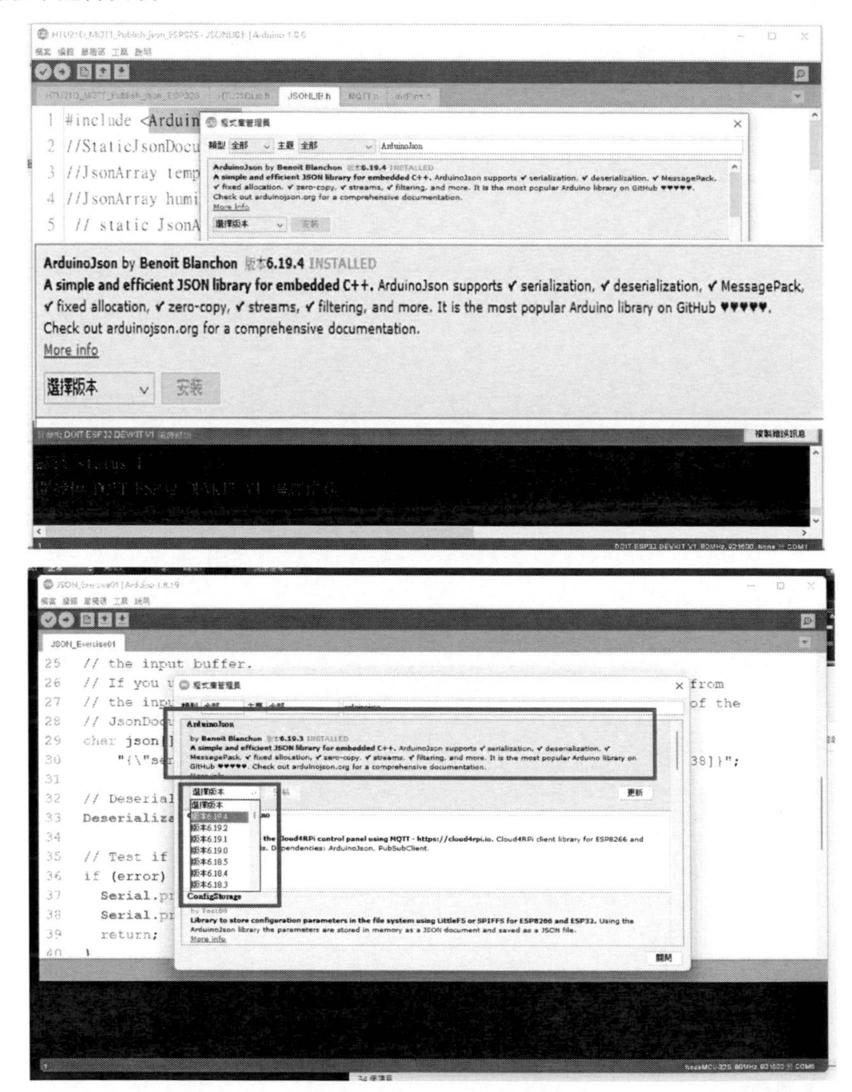

圖 154 選擇最新版本

如下圖所示，選擇到要安裝的函式庫後，再選擇最新版本後，請點選下圖紅框處，點選安裝。

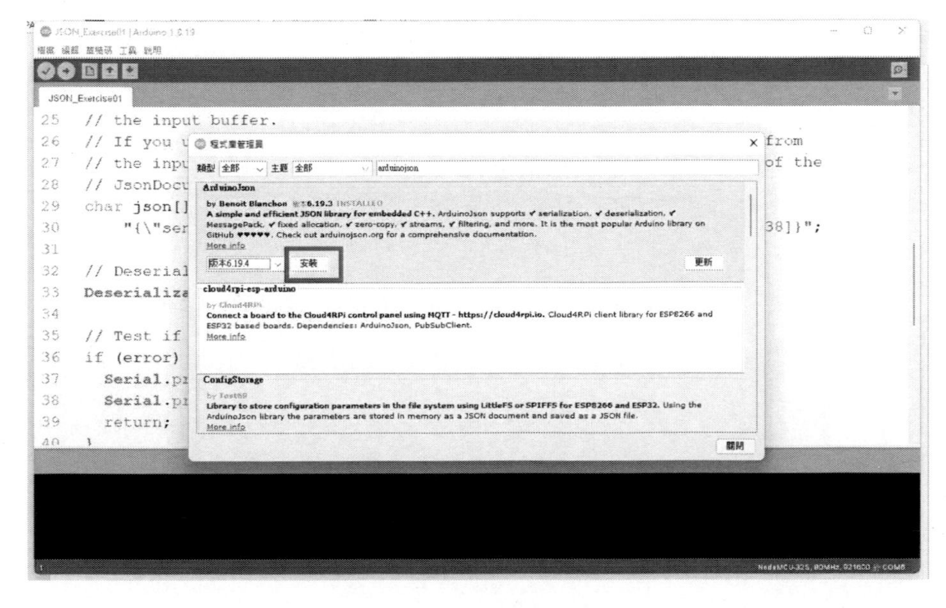

圖 155 進行安裝

如下圖大紅框處所示，可以看到『ArduinoJson』函式庫已經安裝完成，在大紅框內小紅框處，可以看到是安裝哪種函式庫與其版本號碼與名稱，讀者要了解，同一種函式庫只能安裝一種版本，並且也只能安裝一種版本，前後版本各自獨立，當然，後面的版本大部分會相容於之前或舊的版本，不過筆者只能說，同一種函式庫其前後版本各自獨立。

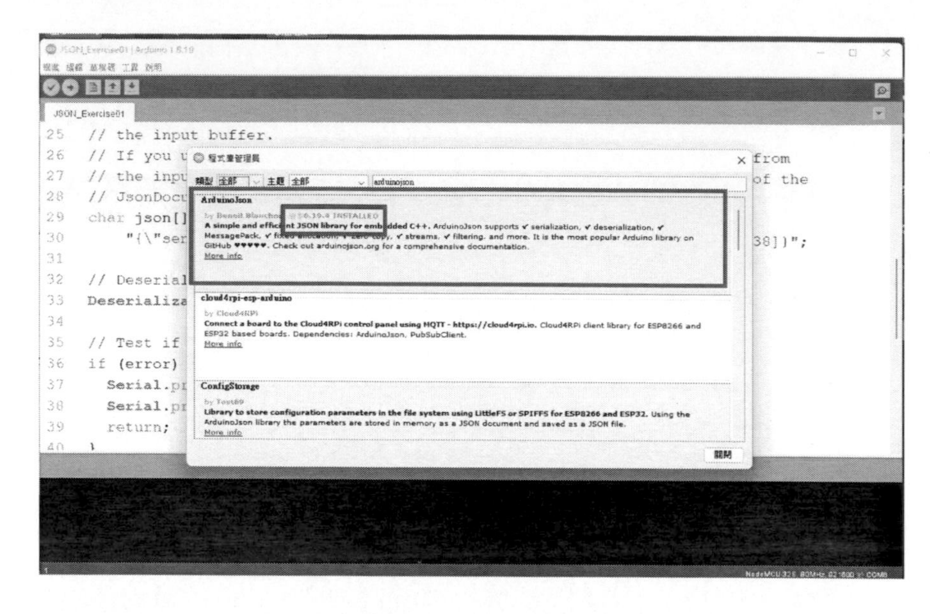

圖 156 函式庫安裝完成

ArduinoJSON 官方教學工具

ArduinoJson 函式庫之作者『Benoit Blanchon』，有建立 Arduinojson 官方網站，網址：https://arduinojson.org/，讀者可以進該官網閱讀與參考，作者『Benoit Blanchon』還有建立一個網路助手功能，名稱叫做『ArduinoJson Assistant』，網址：https://arduinojson.org/v6/assistant/#/step1，網頁主頁如下圖所示。

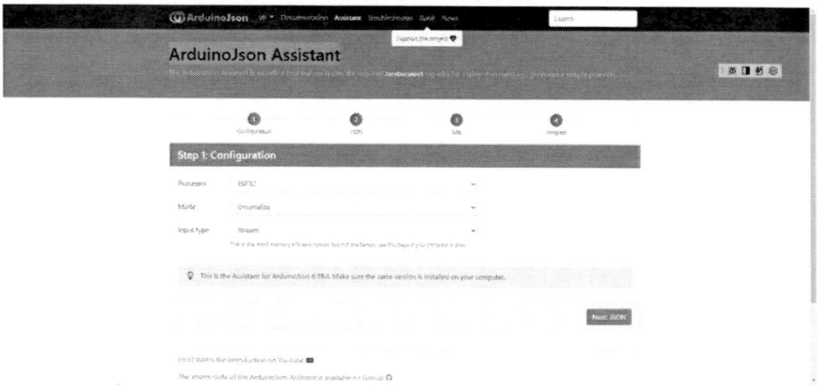

圖 157 ArduinoJson Assistant 主頁

如下表所示，本文想要產生下表所示之 json。

表 53 使用 json 產生工具之 json 文件

```
{
  "uid": "1",
  "userid": "brucetsao",
  "username": "曹永忠",
  "roomid": "1",
  "roomname": "夢夢的房間",
  "switchid": "1",
  "switchname": "夢夢房間",
  "address": "臺北市羅斯福路四段一號",
  "longitude ": "121.539749",
  "latitude ": "25.017771"
}
```

接下來進入網址：https://arduinojson.org/v6/assistant/#/step1，可以看到下列頁面：

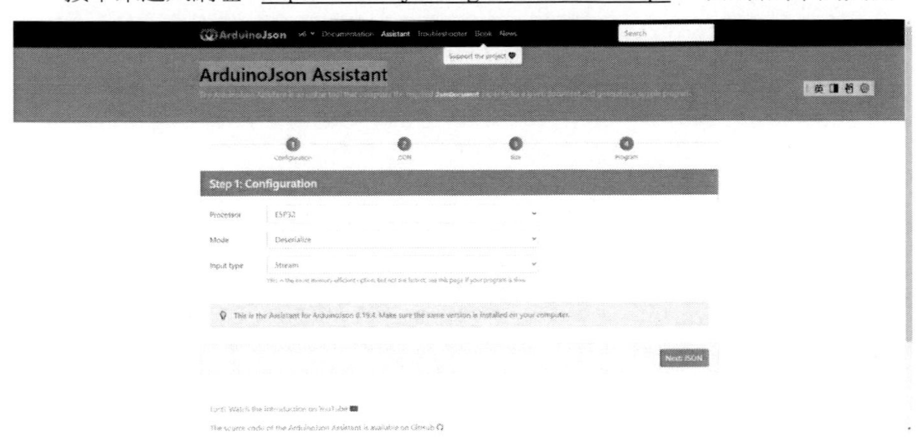

圖 158 ArduinoJson Assistant 第一步驟

如下圖所示，選擇 CPU，本文選擇 ESP32 開發板。

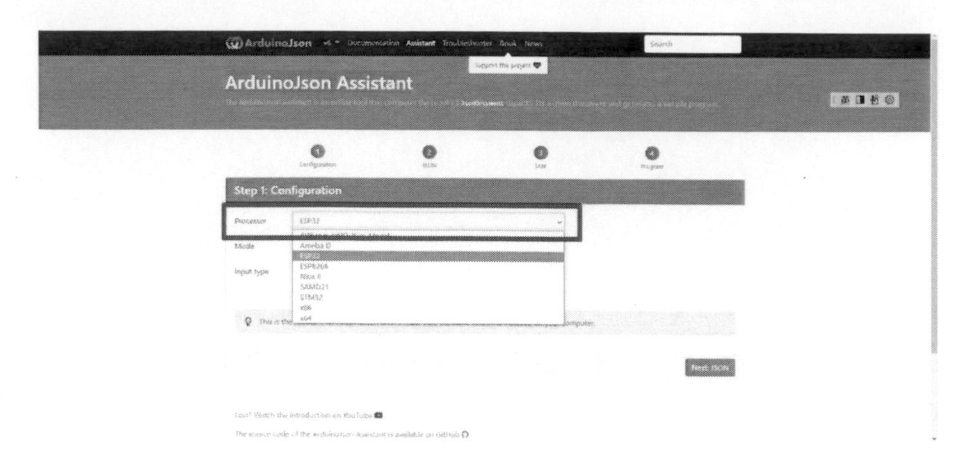

圖 159 選擇 CPU

如下圖所示，選擇模式，本文選擇 Serialize(編碼)。

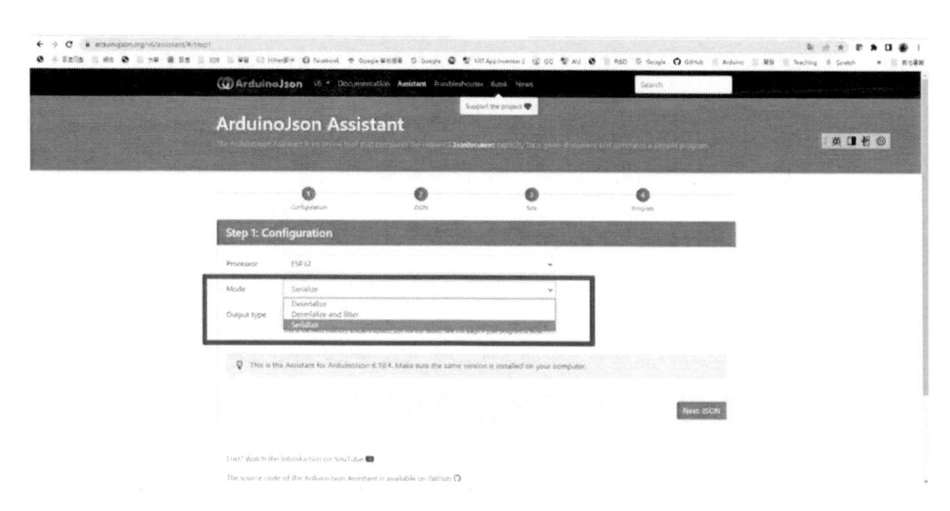

圖 160 選擇模式

如下圖所示，選擇輸出型態，本文選擇 char[N]。

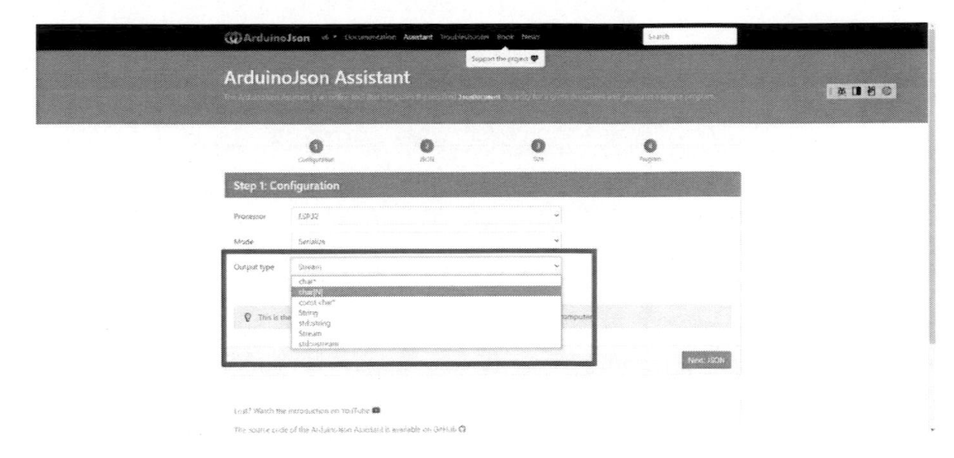

圖 161 選擇輸出型態

如下圖紅框處所示，選擇『Next Json』。

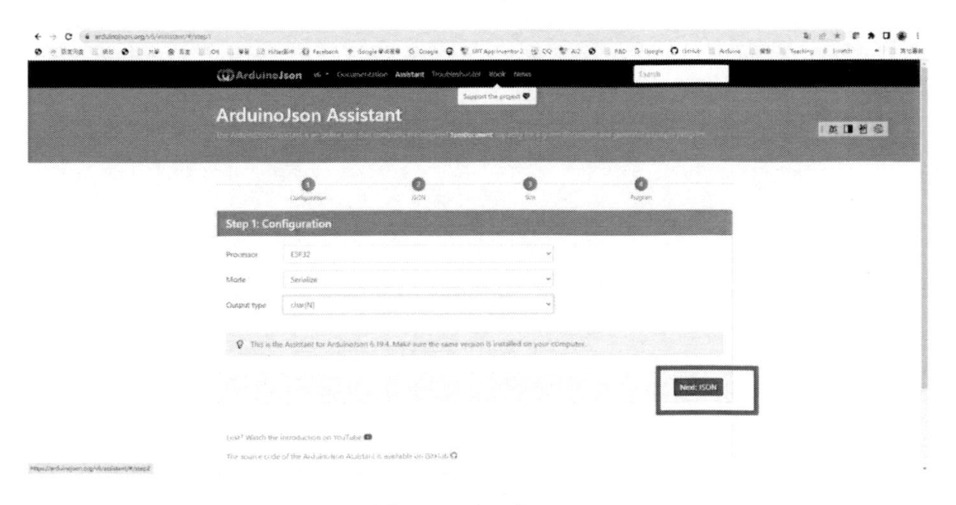

圖 162 下一步

如下圖所示，設定 json 文件內容。

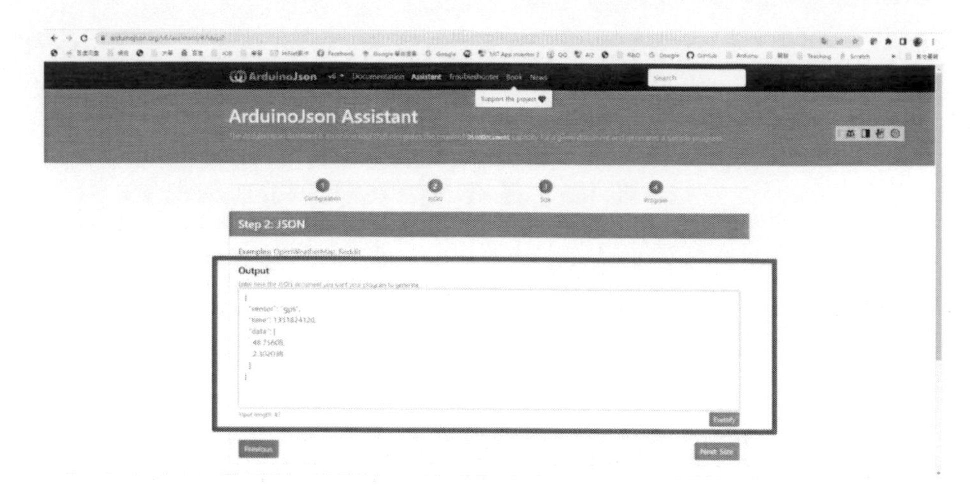

圖 163 設定 json 文件內容

如表 53 所示，將該表的內容，複製與貼上到如上圖所示的紅框內如下圖所示，設定完成要產生的 json 內容。

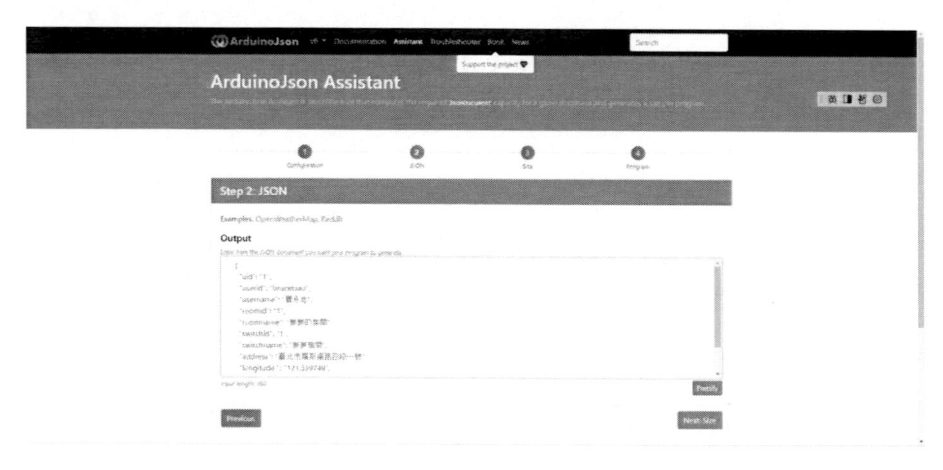

圖 164 設定完成要產生的 json 內容

如下圖紅框所示，選擇『Next Size』，設定 json 變數大小。

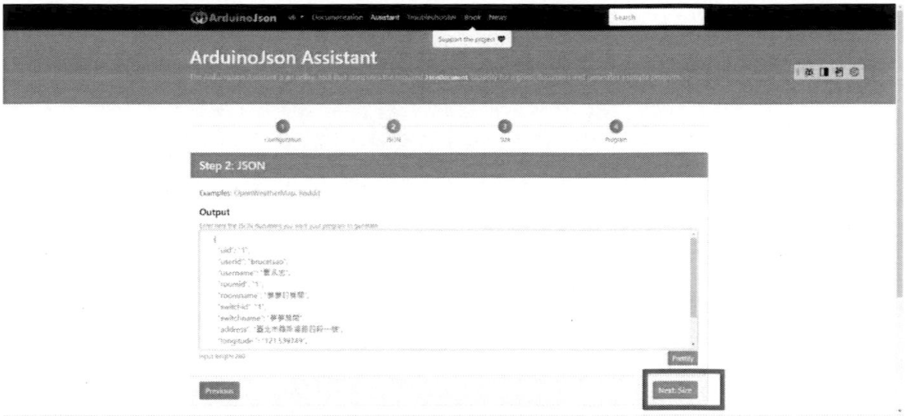

ArduinoJson v6 Documentation Assistant Troubleshooter Book News Search

Support the project

ArduinoJson Assistant

1 Configuration 2 JSON 3 Size 4 Program

Step 2: JSON

Examples: OpenWeatherMap, Reddit

Output

```
{
  "uid": "1",
  "userid": "brucetsao",
  "username": "曹永忠",
  "roomid": "1",
  "roomname": "夢夢的臥室",
  "switchid": "1",
  "switchname": "夢夢燈開",
  "address": "臺北市...",
  "longitude": "121.539249",
```

Input length: 260

Prettify

Previous Next: Size

圖 165 設定 json 變數大小

如下圖所示，完成設定 json 內容 size。

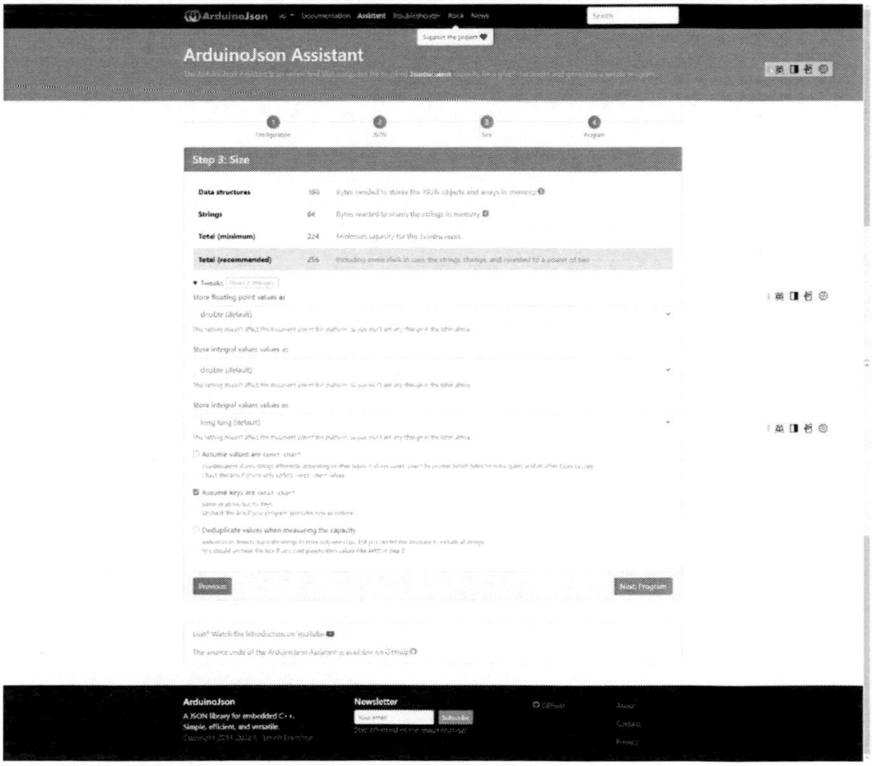

ArduinoJson v6 Documentation Assistant Troubleshooter Book News Search

Support the project

ArduinoJson Assistant

1 Configuration 2 JSON 3 Size 4 Program

Step 3: Size

Data structures	160	Bytes needed to stores the JSON objects and arrays in memory
Strings	64	Bytes needed to stores the strings in memory
Total (minimum)	224	Minimum capacity for the JsonDocument.
Total (recommended)	256	Including some slack in case the strings change, and rounded to a power of two

▼ Tweaks

Store floating point values as

double (default)

Store integral values values as

double (default)

Store integral values values as

long long (default)

Assume values are const char*

Assume keys are const char*

Deduplicate values when measuring the capacity

Previous Next: Program

Lost? Watch the introduction on YouTube

The source code of the ArduinoJson Assistant is available on GitHub

ArduinoJson

A JSON library for embedded C++.

Simple, efficient, and versatile.

Newsletter

Your email Subscribe

GitHub About Contact Privacy

圖 166 完成設定 json 內容 size

如下圖紅框所示，選下一步產生程式。

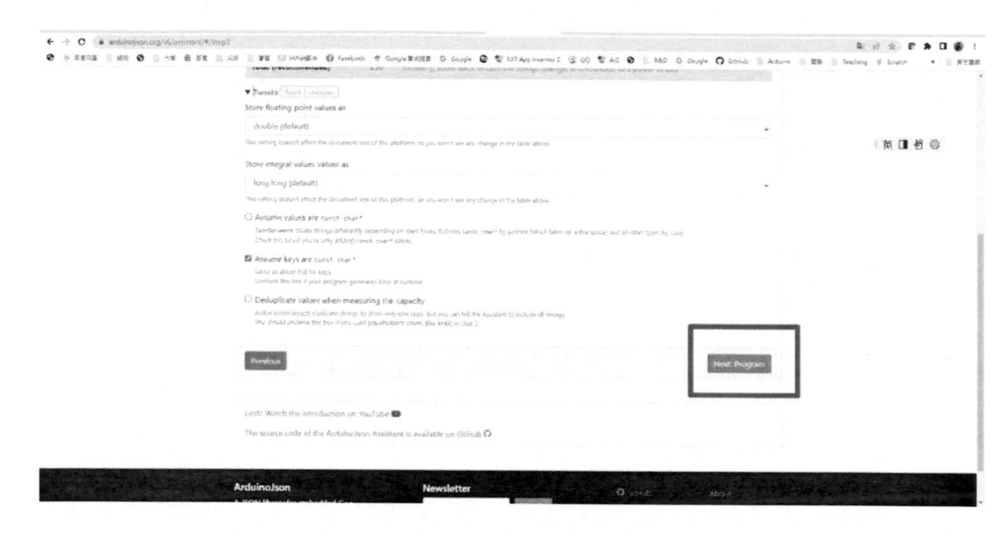

圖 167 選下一步產生程式

如下圖所示，完成產生程式碼。

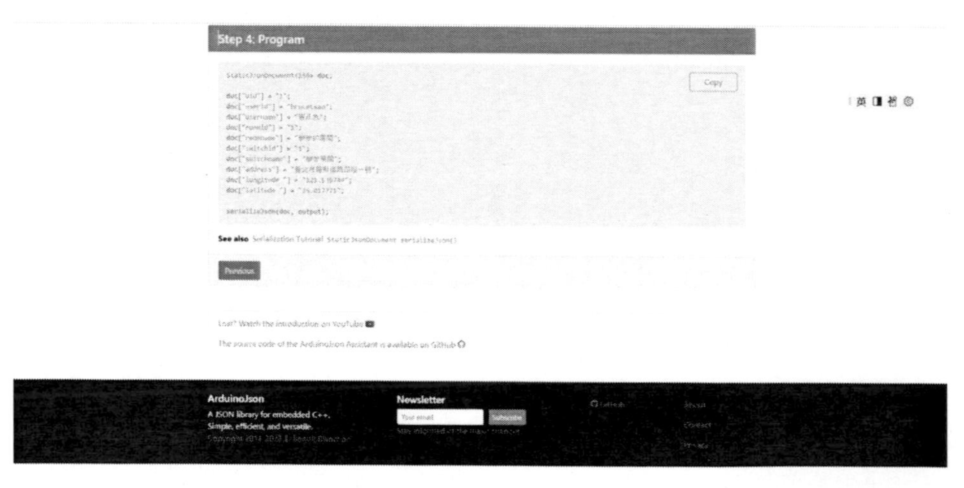

圖 168 完成產生程式碼

如下圖紅框所示，進行複製完成之程式碼。

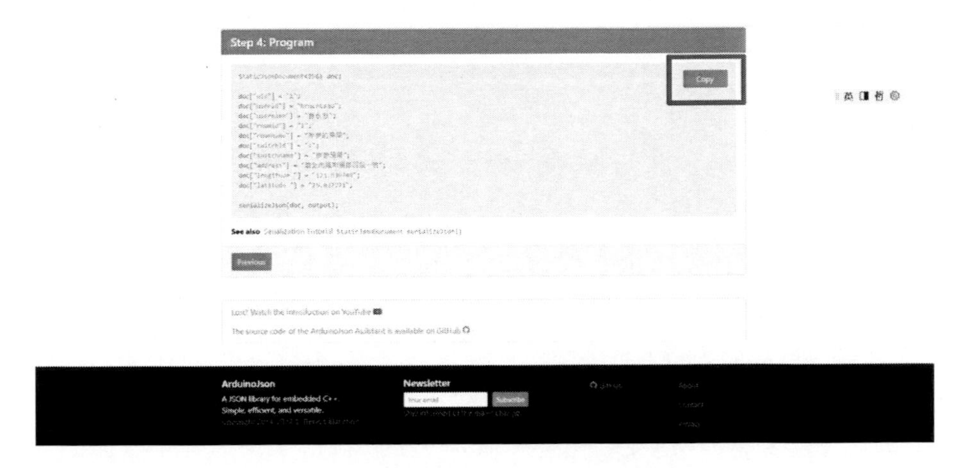

圖 169 進行複製完成之程式碼

如下表所示，系統會自動根據設定需求後，產生 json 格式之 json 文件之對應設定 CPU 等上述設定之需求下，產生對應產生 json 格式內容之 C 語言程式碼，讀者就可以自行取到您開發之系統之中。

表 54 自動根據設定需求後產生 json 之 json 文件

```
StaticJsonDocument<256> doc;
doc["uid"] = "1";
doc["userid"] = "brucetsao";
doc["username"] = "曹永忠";
doc["roomid"] = "1";
doc["roomname"] = "夢夢的房間";
doc["switchid"] = "1";
doc["switchname"] = "夢夢房間";
doc["address"] = "臺北市羅斯福路四段一號";
doc["longitude "] = "121.539749";
doc["latitude "] = "25.017771";

serializeJson(doc, output);
```

JSON 文件基本介紹

JSON 它儲存的資料可以是字串、數字、布林[true、false]、陣列[array]、物件{object}等資料格式。它的資料格式最外層是用一個{ }（簡稱物件）包起來，如下表為 JSON 資料格式。

表 55 簡單 json 文件

```
{
    "uid": "1",
    "userid": "brucetsao",
    "username": "曹永忠",
    "roomid": "1",
    "roomname": "夢夢的房間",
    "switchid": "1",
    "switchname": "夢夢房間",
    "address": "臺北市羅斯福路四段一號",
    "longitude ": "121.539749",
    "latitude ": "25.017771"
}
```

可以看到{ }裡面有 10 個變數：uid、userid、username、roomid、roomname、switchid、switchname、address、longitude、latitude，這些變數都有雙引號『" 』包括在變數兩旁，而這些變數後面，有一個『：』，後面同樣有十個內容："1"、"brucetsao"、"曹永忠"、"1"、"夢夢的房間"、"1"、"夢夢房間"、"臺北市羅斯福路四段一號"、"121.539749"、"25.017771"，則為每一個變數的內容。

Json 字元陣列轉換 json 物件

我們遵照前幾章所述，將 ESP 32 開發板的驅動程式安裝好之後，我們打開 ESP 32 開發板的開發工具：Sketch IDE 整合開發軟體(安裝 Arduino 開發環境，請參考本文之『Arduino 開發 IDE 安裝』，安裝 ESP 32 開發板 SDK 請參考本文之『安裝 ESP32 Arduino 整合開發環境』(曹永忠, 2020a, 2020c, 2020d)，攥寫一段程式，如下表所示之 Json 字元陣列轉換 json 物件程式一，介紹簡單的 JSON 內容，在程式內的表達與儲存方法，並介紹讀者，如何轉換這些 JSON 內容變數為 JSON 物件，及轉換後如何讀取這些 JSON 物件內的變數內容。

表 56 Json 字元陣列轉換 json 物件程式一(JSON_Exercise01_ESP32)

Json 字元陣列轉換 json 物件程式一(JSON_Exercise01_ESP32)

```
#include <ArduinoJson.h>   //Json 使用元件
void setup()
{
  // Initialize serial port
  Serial.begin(9600);     //監控視窗通訊速度為 9600 bps
  while (!Serial) continue; //沒有開啟監控視窗，就停在這
  // Allocate the JSON document
  //
  // Inside the brackets, 200 is the capacity of the memory pool in bytes.
  // Don't forget to change this value to match your JSON document.
  // Use arduinojson.org/v6/assistant to compute the capacity.
  StaticJsonDocument<200> doc;
  // StaticJsonDocument<N> allocates memory on the stack, it can be
  // replaced by DynamicJsonDocument which allocates in the heap.
  //
  // DynamicJsonDocument doc(200);
  // JSON input string.
  //
  // Using a char[], as shown here, enables the "zero-copy" mode. This mode uses
  // the minimal amount of memory because the JsonDocument stores pointers to
  // the input buffer.
  // If you use another type of input, ArduinoJson must copy the strings from
  // the input to the JsonDocument, so you need to increase the capacity of the
  // JsonDocument.
  char json[] =
        "{\"sensor\":\"gps\",\"time\":1351824120,\"data\":[48.756080,2.302038]}";
  //Json 字元陣列

  // Deserialize the JSON document
  DeserializationError error = deserializeJson(doc, json);
  //使用 deserializeJson 方法，將字元陣列 json[]的內容讀入，轉到 doc json 物件內，
是否成功，回傳成功與否
```

```
  // Test if parsing succeeds.
  if (error)   //是否轉換成功之回傳變數
  {
    Serial.print(F("deserializeJson() failed: "));   //印出轉換失敗
    Serial.println(error.f_str());       //印出失敗原因碼
    return;
  }
  // Fetch values.
  //
  // Most of the time, you can rely on the implicit casts.
  // In other case, you can do doc["time"].as<long>();
  const char* sensor = doc["sensor"];
  //宣告讀取 json 物件之文字變數：sensor
  //json 物件之文字變數：sensor 讀取 doc 之 json 物件之 sensor 變數
  long time = doc["time"];
  //宣告讀取 json 物件之數字變數：time
  //json 物件之數字變數：time 讀取 doc 之 json 物件之 time 變數
  double latitude = doc["data"][0];
    //宣告讀取 json 物件之陣列變數：data
  //json 物件之陣列變數：data 之第一個元素讀取 doc 之 json 物件之 data 變數陣
列第一個元素
  //將第一個元素存到 浮點變數 latitude 內
  double longitude = doc["data"][1];
    //宣告讀取 json 物件之陣列變數：data
  //json 物件之陣列變數：data 之第二個元素讀取 doc 之 json 物件之 data 變數陣
列第二個元素
  //將第二個元素存到 浮點變數 longitude 內
  // Print values.
  Serial.println(sensor); //印出 sensor 變數內容
  Serial.println(time); //印出 time 變數內容
  Serial.println(latitude, 6);   //印出 latitude 變數內容
  Serial.println(longitude, 6); //印出 longitude 變數內容
}
void loop() {
  // not used in this example
}
```

程式下載：https://github.com/brucetsao/ESP10Course

如下表所示，我們將簡單 Json 字元陣列的內容，用

char json[] = "{\"sensor\":\"gps\",\"time\":1351824120,\"data\":[48.756080,2.302038]}";

的指令與方法，儲存在 json 的字元陣列之中。

表 57 簡單 Json 字元陣列

```
{
"sensor":"gps",
"time":1351824120,
"data":[48.756080,2.302038]
}
```

由於 json 的字元陣列只是 C 語言中字元陣列變數的表示方法，我們需要再用 DeserializationError error = deserializeJson(doc, json);的指令，運用 deserializeJson 方法，將字元陣列 json[]的內容讀入，轉到 doc json 物件內，並且轉換是否成功，將轉換成功與否回傳到上層變數。

接下來，參考下表所示，運用不同指令方式，把文字內容的變數，數字內容、陣列內容。

表 58 讀取 Json 物件內的變數

```
  const char* sensor = doc["sensor"];
  //宣告讀取 json 物件之文字變數：sensor
  //json 物件之文字變數：sensor 讀取 doc 之 json 物件之 sensor 變數
  long time = doc["time"];
  //宣告讀取 json 物件之數字變數：time
  //json 物件之數字變數：time 讀取 doc 之 json 物件之 time 變數
  double latitude = doc["data"][0];
    //宣告讀取 json 物件之陣列變數：data
  //json 物件之陣列變數：data 之第一個元素讀取 doc 之 json 物件之 data 變數陣
列第一個元素
  //將第一個元素存到 浮點變數 latitude 內
  double longitude = doc["data"][1];
    //宣告讀取 json 物件之陣列變數：data
  //json 物件之陣列變數：data 之第二個元素讀取 doc 之 json 物件之 data 變數陣
```

```
列第二個元素
  //將第二個元素存到 浮點變數 longitude 內
  // Print values.
```

如下圖所示，我們可以 Json 字元陣列轉換 json 物件程式一之結果畫面。

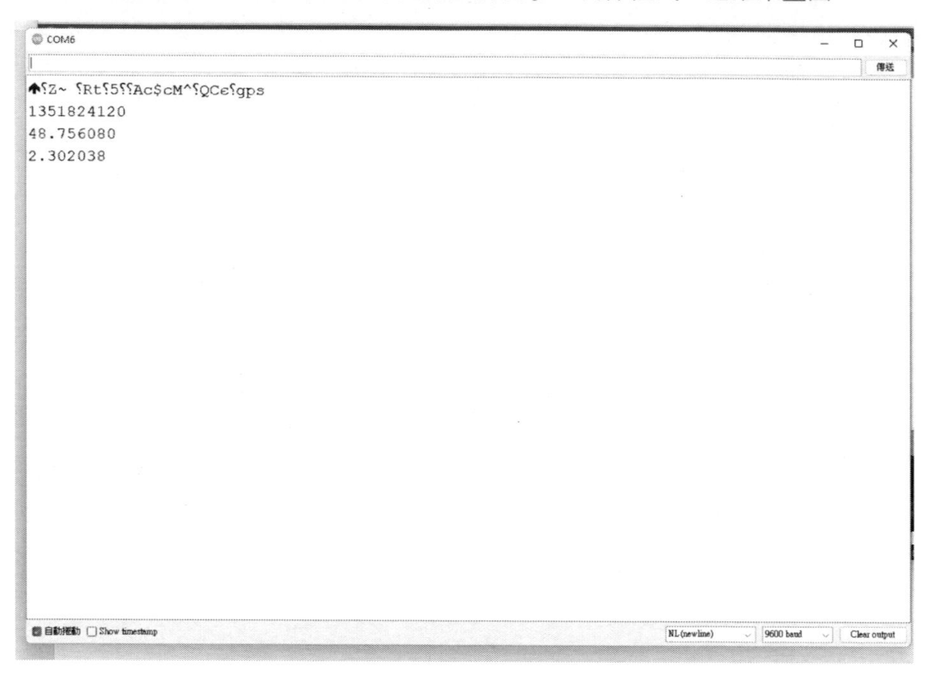

圖 170 Json 字元陣列轉換 json 物件程式一之結果畫面

資料轉換 json 物件

接下來我們要透過 json 物件，填入對應的 json 元素資料，透過 json 物件與字元陣列轉換，產生資料可以運行的 json 字串。

我們遵照前幾章所述，將 ESP 32 開發板的驅動程式安裝好之後，我們打開 ESP 32 開發板的開發工具：Sketch IDE 整合開發軟體(安裝 Arduino 開發環境，請參考本文之『Arduino 開發 IDE 安裝』，安裝 ESP 32 開發板 SDK 請參考本文之『安裝 ESP32 Arduino 整合開發環境』(曹永忠, 2020a, 2020c, 2020d)，攥寫一段程式，如下表所示之 Json 字元陣列轉換 json 物件程式二，過 json 物件，填入對應的 json 元素資料，透過 json 物件與字元陣列轉換，並介紹讀者，如何將產生資料進行轉換，產生可以運行的 json 字串。

表 59 Json 字元陣列轉換 json 物件程式二(JSON_Exercise02_ESP32)

Json 字元陣列轉換 json 物件程式二(JSON_Exercise02_ESP32)

```
#include "initPins.h"        // 腳位與系統模組
#include "JSONLIB.h"      // MQTT Broker 自訂模組
void setup()
{
    initALL() ; //系統硬體/軟體初始化
}
void loop()
{
    double Temp_Value = 25+(double)(random(-300, 300)/50);
    double Humid_Value= 70 +(double)(random(-300, 300)/10);
    String msg ="目前溫度:"+String(Temp_Value)+"℃, 目前濕度：
"+String(Humid_Value);
    Serial.print("Temp: "); Serial.print(Temp_Value); Serial.print(" C");
    Serial.print("\t\t");
    Serial.print("Humidity: "); Serial.print(Humid_Value); Serial.println(" \%");
    setjsondate(MacData,Temp_Value,Humid_Value) ;
    Serial.println(json_data) ;
            delay(loopdelay) ;
}
void initALL()   //系統硬體/軟體初始化
{
    Serial.begin(9600);
    Serial.println("System Start");
    MacData = GetMacAddress() ;    //取得網路卡編號
    initWiFi() ;  //網路連線，連上熱點
    ShowInternet();  //秀出網路連線資訊
}
```

程式下載：https://github.com/brucetsao/ESP10Course

表 60 Json 字元陣列轉換 json 物件程式二(JSONLIB.h)

Json 字元陣列轉換 json 物件程式二(JSONLIB.h)

```
#include <ArduinoJson.h>   //Json 使用元件
```

```
StaticJsonDocument<500> json_doc;
char json_data[1000];
DeserializationError json_error;
/*
{
   "Device": "E89F6DE8F3BC",
   "Temperature": 24,
   "Humidity": 77
}
*/
void initjson()
{
}
void setjsondate(String mm, double d1, double d2)
{
   json_doc["Device"] = mm;
   json_doc["Temperature"] =    d1;
   json_doc["Humidity"] = d2;
   serializeJson(json_doc, json_data);
}
```

程式下載：https://github.com/brucetsao/ESP10Course

表 61 Json 字元陣列轉換 json 物件程式二(initPins.h)

Json 字元陣列轉換 json 物件程式二(initPins.h)

```
#define _Debug 1      //輸出偵錯訊息
#define _debug 1      //輸出偵錯訊息
#define initDelay    6000     //初始化延遲時間
#define loopdelay 5000     //loop  延遲時間
   #include <WiFi.h>     //使用網路函式庫
   #include <WiFiClient.h>     //使用網路用戶端函式庫
   #include <WiFiMulti.h>      //多熱點網路函式庫
    WiFiMulti wifiMulti;      //產生多熱點連線物件
   String IpAddress2String(const IPAddress& ipAddress) ;
      IPAddress ip ;      //網路卡取得 IP 位址之原始型態之儲存變數
      String IPData ;     //網路卡取得 IP 位址之儲存變數
      String APname ;     //網路熱點之儲存變數
      String MacData ;     //網路卡取得網路卡編號之儲存變數
```

```
  long rssi ;     //網路連線之訊號強度'之儲存變數
  int status = WL_IDLE_STATUS;   //取得網路狀態之變數
// randomSeed((unsigned long)millis());
void initWiFi()     //網路連線，連上熱點
{
  //加入連線熱點資料
  wifiMulti.addAP("NCNUIOT", "12345678");   //加入一組熱點
  wifiMulti.addAP("NCNUIOT2", "12345678");   //加入一組熱點
  wifiMulti.addAP("ABC", "12345678");   //加入一組熱點
// We start by connecting to a WiFi network
 Serial.println();
  Serial.println();
  Serial.print("Connecting to ");
  //通訊埠印出 "Connecting to "
  wifiMulti.run();   //多網路熱點設定連線
 while (WiFi.status() != WL_CONNECTED)        //還沒連線成功
  {
    // wifiMulti.run() 啟動多熱點連線物件，進行已經紀錄的熱點進行連線，
    // 一個一個連線，連到成功為主，或者是全部連不上
    // WL_CONNECTED 連接熱點成功
    Serial.print(".");    //通訊埠印出
    delay(500) ;   //停 500 ms
     wifiMulti.run();    //多網路熱點設定連線
  }
    Serial.println("WiFi connected");     //通訊埠印出 WiFi connected
    Serial.print("AP Name: ");     //通訊埠印出 AP Name:
    APname = WiFi.SSID();
    Serial.println(APname);     //通訊埠印出 WiFi.SSID()==>從熱點名稱
    Serial.print("IP address: ");     //通訊埠印出 IP address:
    ip = WiFi.localIP();
    IPData = IpAddress2String(ip) ;
    Serial.println(IPData);     //通訊埠印出 WiFi.localIP()==>從熱點取得 IP 位址
    //通訊埠印出連接熱點取得的 IP 位址
 }
void ShowInternet()     //秀出網路連線資訊
{
  Serial.print("MAC:") ;
  Serial.print(MacData) ;
  Serial.print("\n") ;
```

```
        Serial.print("SSID:") ;
        Serial.print(APname) ;
        Serial.print("\n") ;
        Serial.print("IP:") ;
        Serial.print(IPData) ;
        Serial.print("\n") ;
    }
//----------Common Lib
long POW(long num, int expo)
{
    long tmp =1 ;
    if (expo > 0)
    {
            for(int i = 0 ; i< expo ; i++)
                tmp = tmp * num ;
              return tmp ;
    }
    else
    {
      return tmp ;
    }
}
String SPACE(int sp)
{
        String tmp = "" ;
        for (int i = 0 ; i < sp; i++)
            {
                tmp.concat(' ')    ;
            }
        return tmp ;
}
String strzero(long num, int len, int base)
{
    String retstring = String("");
    int ln = 1 ;
        int i = 0 ;
        char tmp[10] ;
        long tmpnum = num ;
        int tmpchr = 0 ;
```

```
    char hexcode[]={'0','1','2','3','4','5','6','7','8','9','A','B','C','D','E','F'} ;
    while (ln <= len)
    {
        tmpchr = (int)(tmpnum % base) ;
        tmp[ln-1] = hexcode[tmpchr] ;
        ln++ ;
         tmpnum = (long)(tmpnum/base) ;
    }
    for (i = len-1; i >= 0 ; i --)
      {
          retstring.concat(tmp[i]);
      }
  return retstring;
}
unsigned long unstrzero(String hexstr, int base)
{
  String chkstring    ;
  int len = hexstr.length() ;
    unsigned int i = 0 ;
    unsigned int tmp = 0 ;
    unsigned int tmp1 = 0 ;
    unsigned long tmpnum = 0 ;
    String hexcode = String("0123456789ABCDEF") ;
    for (i = 0 ; i < (len ) ; i++)
    {
  //        chkstring= hexstr.substring(i,i) ;
      hexstr.toUpperCase() ;
           tmp = hexstr.charAt(i) ;      // give i th char and return this char
           tmp1 = hexcode.indexOf(tmp) ;
      tmpnum = tmpnum + tmp1* POW(base,(len -i -1) )    ;
    }
  return tmpnum;
}
String    print2HEX(int number) {
  String ttt ;
  if (number >= 0 && number < 16)
  {
    ttt = String("0") + String(number,HEX);
  }
```

```
  else
  {
        ttt = String(number,HEX);
  }
  return ttt ;
}
String GetMacAddress()      //取得網路卡編號
{
  // the MAC address of your WiFi shield
  String Tmp = "" ;
  byte mac[6];
  // print your MAC address:
  WiFi.macAddress(mac);
  for (int i=0; i<6; i++)
    {
        Tmp.concat(print2HEX(mac[i])) ;
    }
    Tmp.toUpperCase() ;
  return Tmp ;
}
void ShowMAC()   //於串列埠印出網路卡號碼
{
  Serial.print("MAC Address:(");   //印出 "MAC Address:("
  Serial.print(MacData) ;     //印出 MacData 變數內容
  Serial.print(")\n");      //印出 ")\n"
}
String IpAddress2String(const IPAddress& ipAddress)
{
  //回傳 ipAddress[0-3]的內容，以 16 進位回傳
  return String(ipAddress[0]) + String(".") +\
  String(ipAddress[1]) + String(".") +\
  String(ipAddress[2]) + String(".") +\
  String(ipAddress[3])   ;
}
String chrtoString(char *p)
{
    String tmp ;
    char c ;
    int count = 0 ;
```

```
    while (count <100)
    {
        c= *p ;
        if (c != 0x00)
            {
                tmp.concat(String(c)) ;
            }
            else
            {
                    return tmp ;
            }
        count++ ;
        p++;

    }
}
void CopyString2Char(String ss, char *p)
{
            //   sprintf(p,"%s",ss) ;
  if (ss.length() <=0)
        {
            *p =   0x00 ;
            return ;
        }
    ss.toCharArray(p, ss.length()+1) ;
   // *(p+ss.length()+1) = 0x00 ;
}
boolean CharCompare(char *p, char *q)
  {
        boolean flag = false ;
        int count = 0 ;
        int nomatch = 0 ;
        while (flag <100)
        {
            if (*(p+count) == 0x00 or *(q+count) == 0x00)
                break ;
            if (*(p+count) != *(q+count) )
                {
                    nomatch ++ ;
```

```
                }
                count++ ;
        }
        if (nomatch >0)
        {
            return false ;
        }
        else
        {
            return true ;
        }
    }
String Double2Str(double dd,int decn)
{
    int a1 = (int)dd ;
    int a3 ;
    if (decn >0)
    {
        double a2 = dd - a1 ;
        a3 = (int)(a2 * (10^decn));
    }
    if (decn >0)
    {
        return String(a1)+"."+ String(a3) ;
    }
    else
    {
      return String(a1) ;
    }
}
```

程式下載：https://github.com/brucetsao/ESP10Course

如下表所示，我們將簡單 Json 字元陣列的內容，用 json 物件方式，將其元素內容，透過程式中 json 元素給值方式，產生 json 物件內容。

表 62 資料收集器之溫溼度 json 格式

```
json_doc["Device"] = 網卡編號;
json_doc["Temperature"] =  溫度;
json_doc["Humidity"] =濕度;
```

透過上述程式，arduino 編譯器會將內容填入，透過：serializeJson(json_doc, json_data);的程式，把上表中的 json_doc 之 json 物件內容，完全轉譯到 json_data 的字元陣列內容之中，再經 Serial.println(json_data) ;，將 json 文件內容回應到如下表所示之監控視窗內。

表 63 資料收集器之溫溼度 Json 文件


```
{
    "Device":"E89F6DE8F3BC",
      "Temperature":25,
        "Humidity":85
}
```


如下圖所示，可以看到程式編輯畫面：

```
1 #include "initPins.h"      // 腳位與系統模組
2 #include "JSONLIB.h"   // MQTT Broker自訂模組
3
4
5 void setup()
6 {
7
8     initALL() ; //系統硬體/軟體初始化
9
10
11
12 }
13
14 void loop()
15 {
16     double Temp_Value = 25+(double)(random(-300, 300)/50);
17     double Humid_Value= 70 +(double)(random(-300, 300)/10);
18     String msg ="目前溫度:"+String(Temp_Value)+"°C, 目前濕度："+String(Humid_Value);
19     Serial.print("Temp: "); Serial.print(Temp_Value); Serial.print(" C");
20     Serial.print("\t\t");
21     Serial.print("Humidity: "); Serial.print(Humid_Value); Serial.println(" \%");
```

圖 171 Json 字元陣列轉換 json 物件程式二之編輯畫面

本程式將亂數產生的溫度(Temperature)與濕度(Humidity)，轉成如下圖所示之 json 格式，可參考以下表為格式之動態產生之溫度(Temperature)與濕度(Humidity)之 json 內容。

表 64 Json 字元陣列轉換 json 物件程式二之溫溼度資料之 json 資料

```
{
    "Device":"E89F6DE8F3BC",
        "Temperature":25,
         "Humidity":85
}
```

如下圖所示，我們可以看到 Json 字元陣列轉換 json 物件程式二之結果畫面。

```
{"Device":"E89F6DE8F3BC","Temperature":22,"Humidity":43}
Temp: 29.00 C          Humidity: 98.00 %
{"Device":"E89F6DE8F3BC","Temperature":29,"Humidity":98}
Temp: 22.00 C          Humidity: 69.00 %
{"Device":"E89F6DE8F3BC","Temperature":22,"Humidity":69}
Temp: 30.00 C          Humidity: 67.00 %
{"Device":"E89F6DE8F3BC","Temperature":30,"Humidity":67}
Temp: 29.00 C          Humidity: 71.00 %
{"Device":"E89F6DE8F3BC","Temperature":29,"Humidity":71}
Temp: 29.00 C          Humidity: 87.00 %
{"Device":"E89F6DE8F3BC","Temperature":29,"Humidity":87}
Temp: 23.00 C          Humidity: 49.00 %
{"Device":"E89F6DE8F3BC","Temperature":23,"Humidity":49}
Temp: 29.00 C          Humidity: 44.00 %
{"Device":"E89F6DE8F3BC","Temperature":29,"Humidity":44}
Temp: 28.00 C          Humidity: 92.00 %
{"Device":"E89F6DE8F3BC","Temperature":28,"Humidity":92}
Temp: 23.00 C          Humidity: 77.00 %
{"Device":"E89F6DE8F3BC","Temperature":23,"Humidity":77}
Temp: 25.00 C          Humidity: 91.00 %
{"Device":"E89F6DE8F3BC","Temperature":25,"Humidity":91}
Temp: 24.00 C          Humidity: 75.00 %
{"Device":"E89F6DE8F3BC","Temperature":24,"Humidity":75}
Temp: 23.00 C          Humidity: 90.00 %
{"Device":"E89F6DE8F3BC","Temperature":23,"Humidity":90}
Temp: 27.00 C          Humidity: 97.00 %
{"Device":"E89F6DE8F3BC","Temperature":27,"Humidity":97}
```

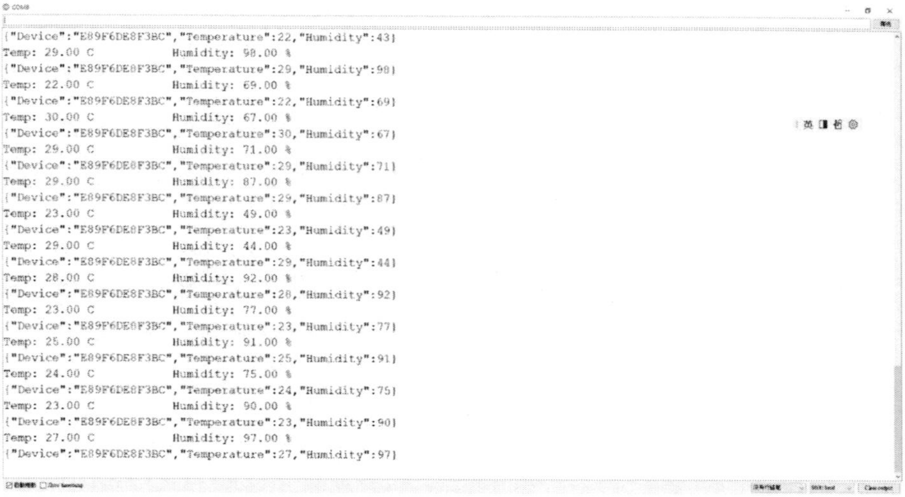

圖 172 Json 字元陣列轉換 json 物件程式二之結果畫面

產生有資料陣列之 JSON

接下來我們希望對於多筆資料產生對應的 json 物件，而不是一筆資料就一個 json 文件，本節主要講述 透過 json 物件與字元陣列轉換，產生資料可以運行的 json 字串。

表 65 Json 字元陣列轉換 json 物件程式三之溫溼度資料之 json 資料

```
{
    "Device":"E89F6DE8F3BC",
    Data:[
        {
```

```
        "Temperature":25,
        "Humidity":85
        },
      {
        "Temperature":25,
        "Humidity":85
        }

        •

        •

        •

        ]
}
```

我們遵照前幾章所述，將 ESP 32 開發板的驅動程式安裝好之後，我們打開 ESP 32 開發板的開發工具：Sketch IDE 整合開發軟體(安裝 Arduino 開發環境，請參考本文之『Arduino 開發 IDE 安裝』，安裝 ESP 32 開發板 SDK 請參考本文之『安裝 ESP32 Arduino 整合開發環境』(曹永忠, 2020a, 2020c, 2020d)，攥寫一段程式，如下表所示之 Json 字元陣列轉換 json 物件程式三，程式每一個 loop()迴圈，將溫溼度資料產生到 json_rowdata，再填入陣列變數: json_row 之對應的 json 元素陣中，當資料筆數到達十筆資料後，再把陣列變數: json_row 交到主要的變數:json_doc 之內容:透過 Data 元素，將陣列變數: json_row 整合於內，再針對與字元陣列轉換，並介紹讀者，如何將產生資料進行轉換，產生可以運行的 json 字串。

表 66 Json 字元陣列轉換 json 物件程式三(JSON_Exercise03_ESP32)

Json 字元陣列轉換 json 物件程式三(JSON_Exercise03_ESP32)
#include "initPins.h"   // 腳位與系統模組 #include "JSONLIB.h"   // MQTT Broker 自訂模組

```
void setup()
{
      initALL() ; //系統硬體/軟體初始化
      arraycount = 0;
}
void loop()
{
         if (arraycount >= arrayamount)
         {
            setjsondata(MacData) ;
            serializeJson(json_row,Serial) ;
            Serial.println("") ;
            Serial.println(json_data) ;
            arraycount=0;
            json_row.clear();
         }
      double Temp_Value = 25+(double)(random(-300, 300)/50);
      double Humid_Value= 70 +(double)(random(-300, 300)/10);
      String msg ="目前溫度:"+String(Temp_Value)+"°C, 目前濕度：
"+String(Humid_Value);
      Serial.print("Temp: "); Serial.print(Temp_Value); Serial.print(" C");
      Serial.print("\t\t");
      Serial.print("Humidity: "); Serial.print(Humid_Value); Serial.println(" \%");

      if (arraycount <arrayamount)
         {
            appendjsondata(Temp_Value,Humid_Value) ;
         }
            arraycount++ ;
           delay(loopdelay) ;
}
void initALL()    //系統硬體/軟體初始化
{
      Serial.begin(9600);
      Serial.println("System Start");

      MacData = GetMacAddress() ;      //取得網路卡編號
      initWiFi() ;   //網路連線，連上熱點
      ShowInternet();   //秀出網路連線資訊
```

```
}
```

程式下載：https://github.com/brucetsao/ESP10Course

表 67 Json 字元陣列轉換 json 物件程式三(JSONLIB.h)

Json 字元陣列轉換 json 物件程式三(JSONLIB.h)

```
#include <ArduinoJson.h>    //Json 使用元件
StaticJsonDocument<3000> json_doc;
StaticJsonDocument<100> json_rowdata;
const int capacity = JSON_ARRAY_SIZE(10) + 10*JSON_OBJECT_SIZE(2);
StaticJsonDocument<capacity> json_row;
int arraycount = 0 ;
#define    arrayamount 10
char json_data[5000];
DeserializationError json_error;
/*
{
   "Device": "E89F6DE8F3BC",
   "Temperature": 24,
   "Humidity": 77
}
 */

void initjson()
{
 }
void setjsondata(String mm)
{
   json_doc["Device"] = mm;
   json_doc["Data"] =    json_row;
    serializeJson(json_doc, json_data);
}
void appendjsondata( double d1, double d2)
{
   json_rowdata["Temperature"] = d1;
   json_rowdata["Humidity"] = d2;
   json_row.add(json_rowdata) ;
}
```

表 68 Json 字元陣列轉換 json 物件程式三(initPins.h)

Json 字元陣列轉換 json 物件程式三(initPins.h)

```
#define _Debug 1      //輸出偵錯訊息
#define _debug 1      //輸出偵錯訊息
#define initDelay    6000     //初始化延遲時間
#define loopdelay 5000    //loop  延遲時間
  #include <WiFi.h>     //使用網路函式庫
  #include <WiFiClient.h>     //使用網路用戶端函式庫
  #include <WiFiMulti.h>      //多熱點網路函式庫

  WiFiMulti wifiMulti;      //產生多熱點連線物件


    String IpAddress2String(const IPAddress& ipAddress) ;
    IPAddress ip ;      //網路卡取得 IP 位址之原始型態之儲存變數
    String IPData ;     //網路卡取得 IP 位址之儲存變數
    String APname ;     //網路熱點之儲存變數
    String MacData ;    //網路卡取得網路卡編號之儲存變數
    long rssi ;    //網路連線之訊號強度'之儲存變數
    int status = WL_IDLE_STATUS;  //取得網路狀態之變數
  // randomSeed((unsigned long)millis());
  void initWiFi()    //網路連線，連上熱點
  {
    //加入連線熱點資料
    wifiMulti.addAP("NCNUIOT", "12345678");  //加入一組熱點
    wifiMulti.addAP("NCNUIOT2", "12345678");  //加入一組熱點
    wifiMulti.addAP("ABC", "12345678");  //加入一組熱點
    // We start by connecting to a WiFi network
    Serial.println();
    Serial.println();
    Serial.print("Connecting to ");
    //通訊埠印出 "Connecting to "
    wifiMulti.run();  //多網路熱點設定連線
   while (WiFi.status() != WL_CONNECTED)       //還沒連線成功
    {
      // wifiMulti.run() 啟動多熱點連線物件，進行已經紀錄的熱點進行連線，
```

```
        // 一個一個連線，連到成功為主，或者是全部連不上
        // WL_CONNECTED 連接熱點成功
        Serial.print(".");     //通訊埠印出
        delay(500) ;  //停 500 ms
         wifiMulti.run();    //多網路熱點設定連線
      }
        Serial.println("WiFi connected");     //通訊埠印出 WiFi connected
        Serial.print("AP Name: ");     //通訊埠印出 AP Name:
        APname = WiFi.SSID();
        Serial.println(APname);     //通訊埠印出 WiFi.SSID()==>從熱點名稱
        Serial.print("IP address: ");     //通訊埠印出 IP address:
        ip = WiFi.localIP();
        IPData = IpAddress2String(ip) ;
        Serial.println(IPData);     //通訊埠印出 WiFi.localIP()==>從熱點取得 IP 位址
        //通訊埠印出連接熱點取得的 IP 位址
    }
    void ShowInternet()    //秀出網路連線資訊
    {
      Serial.print("MAC:") ;
      Serial.print(MacData) ;
      Serial.print("\n") ;
      Serial.print("SSID:") ;
      Serial.print(APname) ;
      Serial.print("\n") ;
      Serial.print("IP:") ;
      Serial.print(IPData) ;
      Serial.print("\n") ;
    }
//----------Common Lib
long POW(long num, int expo)
{
    long tmp =1 ;
    if (expo > 0)
    {
            for(int i = 0 ; i< expo ; i++)
              tmp = tmp * num ;
             return tmp ;
    }
    else
```

```
    {
      return tmp ;
    }
}
String SPACE(int sp)
{
        String tmp = "" ;
        for (int i = 0 ; i < sp; i++)
            {
                    tmp.concat(' ')    ;
            }
        return tmp ;
}
String strzero(long num, int len, int base)
{
    String retstring = String("");
    int ln = 1 ;
        int i = 0 ;
        char tmp[10] ;
        long tmpnum = num ;
        int tmpchr = 0 ;
        char hexcode[]={'0','1','2','3','4','5','6','7','8','9','A','B','C','D','E','F'} ;
        while (ln <= len)
        {
                tmpchr = (int)(tmpnum % base) ;
                tmp[ln-1] = hexcode[tmpchr] ;
                ln++ ;
                 tmpnum = (long)(tmpnum/base) ;
        }
        for (i = len-1; i >= 0 ; i --)
            {
                    retstring.concat(tmp[i]);
            }

    return retstring;
}
unsigned long unstrzero(String hexstr, int base)
{
    String chkstring    ;
```

```
  int len = hexstr.length() ;
     unsigned int i = 0 ;
     unsigned int tmp = 0 ;
     unsigned int tmp1 = 0 ;
     unsigned long tmpnum = 0 ;
     String hexcode = String("0123456789ABCDEF") ;
     for (i = 0 ; i < (len ) ; i++)
     {
  //        chkstring= hexstr.substring(i,i) ;
        hexstr.toUpperCase() ;
               tmp = hexstr.charAt(i) ;     // give i th char and return this char
               tmp1 = hexcode.indexOf(tmp) ;
        tmpnum = tmpnum + tmp1* POW(base,(len -i -1) )     ;
     }
  return tmpnum;
}
String   print2HEX(int number) {
  String ttt ;
  if (number >= 0 && number < 16)
  {
     ttt = String("0") + String(number,HEX);
  }
  else
  {
        ttt = String(number,HEX);
  }
  return ttt ;
}
String GetMacAddress()      //取得網路卡編號
{
  // the MAC address of your WiFi shield
  String Tmp = "" ;
  byte mac[6];

  // print your MAC address:
  WiFi.macAddress(mac);
  for (int i=0; i<6; i++)
     {
          Tmp.concat(print2HEX(mac[i])) ;
```

```
        }
        Tmp.toUpperCase() ;
    return Tmp ;
}
void ShowMAC()    //於串列埠印出網路卡號碼
{
    Serial.print("MAC Address:(");   //印出 "MAC Address:("
    Serial.print(MacData) ;      //印出 MacData 變數內容
    Serial.print(")\n");         //印出 ")\n"
}
String IpAddress2String(const IPAddress& ipAddress)
{
    //回傳 ipAddress[0-3]的內容，以 16 進位回傳
    return String(ipAddress[0]) + String(".") +\
    String(ipAddress[1]) + String(".") +\
    String(ipAddress[2]) + String(".") +\
    String(ipAddress[3])    ;
}
String chrtoString(char *p)
{
        String tmp ;
        char c ;
        int count = 0 ;
        while (count <100)
        {
                c= *p ;
                if (c != 0x00)
                    {
                        tmp.concat(String(c)) ;
                    }
                    else
                    {
                            return tmp ;
                    }
              count++ ;
              p++;
        }
}
void CopyString2Char(String ss, char *p)
```

```
{
            //   sprintf(p,"%s",ss) ;
  if (ss.length() <=0)
        {
            *p =   0x00 ;
            return ;
        }
     ss.toCharArray(p, ss.length()+1) ;
   // *(p+ss.length()+1) = 0x00 ;
}
boolean CharCompare(char *p, char *q)
  {
        boolean flag = false ;
        int count = 0 ;
        int nomatch = 0 ;
        while (flag <100)
        {
              if (*(p+count) == 0x00 or *(q+count) == 0x00)
                 break ;
              if (*(p+count) != *(q+count) )
                    {
                        nomatch ++ ;
                    }
                 count++ ;
        }
      if (nomatch >0)
        {
           return false ;
        }
        else
        {
           return true ;
        }
  }
String Double2Str(double dd,int decn)
{
     int a1 = (int)dd ;
     int a3 ;
     if (decn >0)
```

```
    {
        double a2 = dd - a1 ;
        a3 = (int)(a2 * (10^decn));
    }
    if (decn >0)
    {
        return String(a1)+"."+ String(a3) ;
    }
    else
    {
      return String(a1) ;
    }
}
```

程式下載：https://github.com/brucetsao/ESP10Course

如下表所示，我們建立主要 Json 主文件的內容，第一個["Device"]用來存放網卡編號，第二個["Data"] 是一個陣列物件，這要存放下下表 json 所產生出來的物件方式

表 69 資料收集器之溫溼度 json 格式

```
json_doc["Device"] = 網卡編號;
json_doc["Data"] =  [溫溼度 json 物件 1, 溫溼度 json 物件 2, 溫溼度 json 物件 3, 溫溼度 json 物件 4,……溫溼度 json 物件 n]
```

如下表所示，主要是單筆溫溼度 json 文件，會在 loop()每一個迴圈中，產生一筆溫度、濕度的資料，並將這個溫溼度轉換成標準的 json 格式之 json_rowdata 變數，依次加入 json_row 之陣列變數之中。

表 70 單筆溫溼度 json 文件

```
{
  "Temperature": 溫度,
  "Humidity": 濕度
}
```

透過上述程式，arduino 編譯器會將內容填入，透過：serializeJson(json_doc, json_data);的程式，把上述表中的 json_doc 之 json 物件內容，完全轉譯到 json_data 的字元陣列內容之中，再經 Serial.println(json_data) ;，將 json 文件內容回應到如下表所示之監控視窗內。

表 71 資料收集器之多筆溫溼度 Json 文件


```
{
  "Device": "E89F6DE8F3BC",
  "Data": [
    {
      "Temperature": 22,
      "Humidity": 61
    },
    {
      "Temperature": 25,
      "Humidity": 86
    },
    {
      "Temperature": 28,
      "Humidity": 97
    },
    {
      "Temperature": 23,
      "Humidity": 43
    },
    {
      "Temperature": 26,
      "Humidity": 53
    },
    {
      "Temperature": 20,
      "Humidity": 67
    },
    {
      "Temperature": 27,
      "Humidity": 48
    },
```

```
    {
      "Temperature": 25,
      "Humidity": 62
    },
    {
      "Temperature": 24,
      "Humidity": 76
    },
    {
      "Temperature": 27,
      "Humidity": 67
    }
  ]
}
```

如下圖所示，可以看到程式編輯畫面：

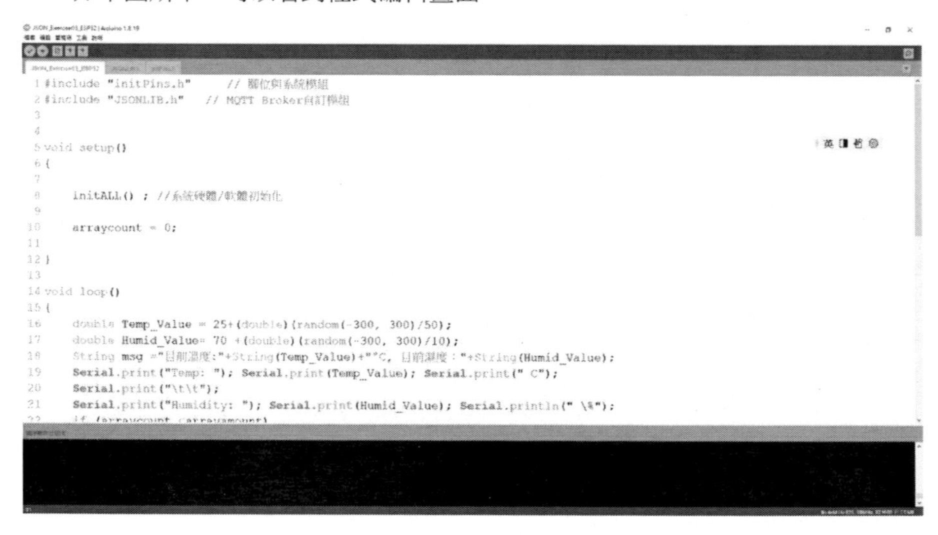

圖 173 Json 字元陣列轉換 json 物件程式三之編輯畫面

本程式將亂數產生的溫度(Temperature)與濕度(Humidity)之時筆資料，轉成如下圖所示之 json 格式，可參考以下表為格式之動態產生之溫度(Temperature)與濕度(Humidity)之 json 內容。

表 72Json 字元陣列轉換 json 物件程式三之溫溼度資料之 json 資料


```
{
  "Device": "E89F6DE8F3BC",
  "Data": [
    {
      "Temperature": 29,
      "Humidity": 84
    },
    {
      "Temperature": 20,
      "Humidity": 41
    },
    {
      "Temperature": 20,
      "Humidity": 52
    },
    {
      "Temperature": 28,
      "Humidity": 83
    },
    {
      "Temperature": 27,
      "Humidity": 94
    },
    {
      "Temperature": 25,
      "Humidity": 59
    },
    {
      "Temperature": 22,
      "Humidity": 72
    },
    {
      "Temperature": 26,
      "Humidity": 91
    },
    {
      "Temperature": 20,
      "Humidity": 44
```

```
    },
    {
      "Temperature": 28,
      "Humidity": 99
    }
  ]
}
```

如下圖所示，我們可以看到 Json 字元陣列轉換 json 物件程式三之結果畫面。

```
Connecting to WiFi connected
AP Name: NCNUIOT
IP address: 192.168.88.105
MAC:E89F6DE8F3BC
SSID:NCNUIOT
IP:192.168.88.105
Temp: 29.00 C		Humidity: 84.00 %
Temp: 20.00 C		Humidity: 41.00 %
Temp: 20.00 C		Humidity: 52.00 %
Temp: 28.00 C		Humidity: 83.00 %
Temp: 27.00 C		Humidity: 94.00 %
Temp: 25.00 C		Humidity: 59.00 %
Temp: 22.00 C		Humidity: 72.00 %
Temp: 26.00 C		Humidity: 91.00 %
Temp: 20.00 C		Humidity: 44.00 %
Temp: 28.00 C		Humidity: 99.00 %
[{"Temperature":29,"Humidity":84},{"Temperature":20,"Humidity":41},{"Temperature":20,"Humidity":52},{"Temperature":28,"Humidity
{"Device":"E89F6DE8F3BC","Data":[{"Temperature":29,"Humidity":84},{"Temperature":20,"Humidity":41},{"Temperature":20,"Humidity"
Temp: 29.00 C		Humidity: 76.00 %
Temp: 23.00 C		Humidity: 55.00 %
Temp: 29.00 C		Humidity: 94.00 %
Temp: 29.00 C		Humidity: 69.00 %
Temp: 29.00 C		Humidity: 92.00 %
Temp: 30.00 C		Humidity: 67.00 %
Temp: 25.00 C		Humidity: 68.00 %
Temp: 22.00 C		Humidity: 63.00 %
```

圖 174 Json 字元陣列轉換 json 物件程式三之結果畫面

產生多筆資料陣列之 JSON

有許多地方的需求，可能一個單晶片連接許多不同的溫溼度感測器，或者是每一筆資料的網路卡編號可能不同，如下表所示，所以接下來我們希望產生包含網路卡編號的多筆資料產生對應的 json 物件，本節主要講述多筆資料的陣列合體，如下表所示， 透過 json 物件與字元陣列轉換，產生資料可以運行的 json 字串。

表 73 Json 字元陣列轉換 json 物件程式四之溫溼度資料之 json 資料

```
[
  {
```

```
    "Device":"E89F6DE8F3BC",
    "Temperature":25,
    "Humidity":85
    },
  {
    "Device":"E89F6DE8F3BC",
    "Temperature":25,
    "Humidity":85
    }
    .
    .
    .
]
```

我們遵照前幾章所述，將 ESP 32 開發板的驅動程式安裝好之後，我們打開 ESP 32 開發板的開發工具：Sketch IDE 整合開發軟體(安裝 Arduino 開發環境，請參考本文之『Arduino 開發 IDE 安裝』，安裝 ESP 32 開發板 SDK 請參考本文之『安裝 ESP32 Arduino 整合開發環境』(曹永忠, 2020a, 2020c, 2020d)，攥寫一段程式，如下表所示之 Json 字元陣列轉換 json 物件程式四，程式每一個 loop()迴圈，將溫溼度資料產生到 json_rowdata，再填入陣列變數: json_row 之對應的 json 元素陣中，當資料筆數到達十筆資料後，再把陣列變數: json_row 使用字元陣列轉換，並介紹讀者，如何將產生資料進行轉換，產生可以運行的 json 字串。

表 74 Json 字元陣列轉換 json 物件程式四(JSON_Exercise03_ESP32)

Json 字元陣列轉換 json 物件程式四(JSON_Exercise04_ESP32)

```
#include "initPins.h"        // 腳位與系統模組
#include "JSONLIB.h"      // json 自訂模組
void setup()
{
    initALL() ; //系統硬體/軟體初始化
    arraycount = 0;

}
```

```
void loop()
{
        if (arraycount >= arrayamount)
        {
          setjsondata() ;
          serializeJson(json_row,Serial) ;
          Serial.println("") ;
          Serial.println(json_data) ;
          arraycount=0;
          json_row.clear();
        }
    double Temp_Value = 25+(double)(random(-300, 300)/50);
    double Humid_Value= 70 +(double)(random(-300, 300)/10);
    String msg ="目前溫度:"+String(Temp_Value)+"°C, 目前濕度：
"+String(Humid_Value);
    Serial.print("Temp: "); Serial.print(Temp_Value); Serial.print(" C");
    Serial.print("\t\t");
    Serial.print("Humidity: "); Serial.print(Humid_Value); Serial.println(" \%");
    if (arraycount <arrayamount)
        {
          appendjsondata(MacData,Temp_Value,Humid_Value) ;
        }
        arraycount++ ;
        delay(loopdelay) ;
}
void initALL()   //系統硬體/軟體初始化
{
    Serial.begin(9600);
    Serial.println("System Start");
    MacData = GetMacAddress() ;     //取得網路卡編號
    initWiFi() ;  //網路連線，連上熱點
    ShowInternet();   //秀出網路連線資訊
}
```

程式下載：https://github.com/brucetsao/ESP10Course

表 75 Json 字元陣列轉換 json 物件程式四(JSONLIB.h)

Json 字元陣列轉換 json 物件程式四(JSONLIB.h)

```
#include <ArduinoJson.h>   //Json 使用元件
StaticJsonDocument<3000> json_doc;
StaticJsonDocument<100> json_rowdata;
const int capacity = JSON_ARRAY_SIZE(10) + 10*JSON_OBJECT_SIZE(2);
StaticJsonDocument<capacity> json_row;
int arraycount = 0 ;
#define   arrayamount 10
char json_data[5000];
DeserializationError json_error;
/*
{
  "Device": "E89F6DE8F3BC",
  "Temperature": 24,
  "Humidity": 77
}
 */
void initjson()
{
}
void setjsondata()
{
    serializeJson(json_row, json_data);
}
void appendjsondata(String mm,double d1, double d2)
{
  json_rowdata["Device"] = mm;
  json_rowdata["Temperature"] = d1;
  json_rowdata["Humidity"] = d2;
  json_row.add(json_rowdata) ;
}
```

程式下載：https://github.com/brucetsao/ESP10Course

表 76 Json 字元陣列轉換 json 物件程式四(initPins.h)

Json 字元陣列轉換 json 物件程式四(initPins.h)

```
#define _Debug 1      //輸出偵錯訊息
#define _debug 1      //輸出偵錯訊息
#define initDelay    6000     //初始化延遲時間
```

```
#define loopdelay 5000      //loop 延遲時間
  #include <WiFi.h>     //使用網路函式庫
  #include <WiFiClient.h>     //使用網路用戶端函式庫
  #include <WiFiMulti.h>      //多熱點網路函式庫
  WiFiMulti wifiMulti;      //產生多熱點連線物件
  String IpAddress2String(const IPAddress& ipAddress) ;
    IPAddress ip ;      //網路卡取得 IP 位址之原始型態之儲存變數
    String IPData ;     //網路卡取得 IP 位址之儲存變數
    String APname ;     //網路熱點之儲存變數
    String MacData ;     //網路卡取得網路卡編號之儲存變數
    long rssi ;    //網路連線之訊號強度'之儲存變數
    int status = WL_IDLE_STATUS;   //取得網路狀態之變數
  // randomSeed((unsigned long)millis());
  void initWiFi()    //網路連線，連上熱點
  {
    //加入連線熱點資料
    wifiMulti.addAP("NCNUIOT", "12345678");   //加入一組熱點
    wifiMulti.addAP("NCNUIOT2", "12345678");   //加入一組熱點
    wifiMulti.addAP("ABC", "12345678");   //加入一組熱點
    // We start by connecting to a WiFi network
    Serial.println();
    Serial.println();
    Serial.print("Connecting to ");
    //通訊埠印出 "Connecting to "
    wifiMulti.run();   //多網路熱點設定連線
   while (WiFi.status() != WL_CONNECTED)        //還沒連線成功
    {
      // wifiMulti.run() 啟動多熱點連線物件，進行已經紀錄的熱點進行連線，
      // 一個一個連線，連到成功為主，或者是全部連不上
      // WL_CONNECTED 連接熱點成功
      Serial.print(".");   //通訊埠印出
      delay(500) ;  //停 500 ms
       wifiMulti.run();    //多網路熱點設定連線
    }
      Serial.println("WiFi connected");     //通訊埠印出 WiFi connected
      Serial.print("AP Name: ");     //通訊埠印出 AP Name:
      APname = WiFi.SSID();
      Serial.println(APname);    //通訊埠印出 WiFi.SSID()==>從熱點名稱
      Serial.print("IP address: ");    //通訊埠印出 IP address:
```

```
        ip = WiFi.localIP();
        IPData = IpAddress2String(ip) ;
        Serial.println(IPData);     //通訊埠印出 WiFi.localIP()==>從熱點取得 IP 位址
        //通訊埠印出連接熱點取得的 IP 位址
  }
  void ShowInternet()     //秀出網路連線資訊
  {
    Serial.print("MAC:") ;
    Serial.print(MacData) ;
    Serial.print("\n") ;
    Serial.print("SSID:") ;
    Serial.print(APname) ;
    Serial.print("\n") ;
    Serial.print("IP:") ;
    Serial.print(IPData) ;
    Serial.print("\n") ;
    //OledLineText(1,"MAC:"+MacData) ;
    //OledLineText(2,"IP:"+IPData);
    //ShowMAC() ;
    //ShowIP()    ;
  }
  //--------------------
//----------Common Lib
long POW(long num, int expo)
{
  long tmp =1 ;
  if (expo > 0)
  {
            for(int i = 0 ; i< expo ; i++)
              tmp = tmp * num ;
             return tmp ;
  }
  else
  {
   return tmp ;
  }
}
String SPACE(int sp)
{
```

```
        String tmp = "" ;
        for (int i = 0 ; i < sp; i++)
            {
                tmp.concat(' ')    ;
            }
        return tmp ;
}
String strzero(long num, int len, int base)
{
    String retstring = String("");
    int ln = 1 ;
        int i = 0 ;
        char tmp[10] ;
        long tmpnum = num ;
        int tmpchr = 0 ;
        char hexcode[]={'0','1','2','3','4','5','6','7','8','9','A','B','C','D','E','F'} ;
        while (ln <= len)
        {
                tmpchr = (int)(tmpnum % base) ;
                tmp[ln-1] = hexcode[tmpchr] ;
                ln++ ;
                 tmpnum = (long)(tmpnum/base) ;
        }
        for (i = len-1; i >= 0 ; i --)
            {
                retstring.concat(tmp[i]);
            }
    return retstring;
}
unsigned long unstrzero(String hexstr, int base)
{
    String chkstring    ;
    int len = hexstr.length() ;
        unsigned int i = 0 ;
        unsigned int tmp = 0 ;
        unsigned int tmp1 = 0 ;
        unsigned long tmpnum = 0 ;
        String hexcode = String("0123456789ABCDEF") ;
        for (i = 0 ; i < (len ) ; i++)
```

```
    {
//        chkstring= hexstr.substring(i,i) ;
      hexstr.toUpperCase() ;
            tmp = hexstr.charAt(i) ;    // give i th char and return this char
            tmp1 = hexcode.indexOf(tmp) ;
      tmpnum = tmpnum + tmp1* POW(base,(len -i -1) )   ;
    }
  return tmpnum;
}
String   print2HEX(int number) {
  String ttt ;
  if (number >= 0 && number < 16)
  {
    ttt = String("0") + String(number,HEX);
  }
  else
  {
      ttt = String(number,HEX);
  }
  return ttt ;
}
String GetMacAddress()      //取得網路卡編號
{
  // the MAC address of your WiFi shield
  String Tmp = "" ;
  byte mac[6];
  // print your MAC address:
  WiFi.macAddress(mac);
  for (int i=0; i<6; i++)
    {
        Tmp.concat(print2HEX(mac[i])) ;
    }
    Tmp.toUpperCase() ;
  return Tmp ;
}
void ShowMAC()  //於串列埠印出網路卡號碼
{

  Serial.print("MAC Address:(");   //印出 "MAC Address:("
```

```
  Serial.print(MacData) ;     //印出 MacData 變數內容
  Serial.print(")\n");        //印出 ")\n"
}
String IpAddress2String(const IPAddress& ipAddress)
{
  //回傳 ipAddress[0-3]的內容，以 16 進位回傳
  return String(ipAddress[0]) + String(".") +\
  String(ipAddress[1]) + String(".") +\
  String(ipAddress[2]) + String(".") +\
  String(ipAddress[3])   ;
}
String chrtoString(char *p)
{
    String tmp ;
    char c ;
    int count = 0 ;
    while (count <100)
    {
        c= *p ;
        if (c != 0x00)
          {
            tmp.concat(String(c)) ;
          }
          else
          {
              return tmp ;
          }
       count++ ;
       p++;

    }
}
void CopyString2Char(String ss, char *p)
{
         //   sprintf(p,"%s",ss) ;
  if (ss.length() <=0)
       {
           *p =   0x00 ;
          return ;
```

```
        }
      ss.toCharArray(p, ss.length()+1) ;
    // *(p+ss.length()+1) = 0x00 ;
}
boolean CharCompare(char *p, char *q)
  {
        boolean flag = false ;
        int count = 0 ;
        int nomatch = 0 ;
        while (flag <100)
        {
              if (*(p+count) == 0x00 or *(q+count) == 0x00)
                 break ;
              if (*(p+count) != *(q+count) )
                    {
                          nomatch ++ ;
                    }
                  count++ ;
        }
      if (nomatch >0)
        {
           return false ;
        }
        else
        {
           return true ;
        }
  }
String Double2Str(double dd,int decn)
{
      int a1 = (int)dd ;
      int a3 ;
      if (decn >0)
      {
           double a2 = dd - a1 ;
           a3 = (int)(a2 * (10^decn));
      }
      if (decn >0)
      {
```

```
        return String(a1)+"."+ String(a3) ;
    }
    else
    {
      return String(a1) ;
    }

}
```

程式下載：https://github.com/brucetsao/ESP10Course

如下表所示，主要是單筆溫溼度 json 文件，會在 loop()每一個迴圈中，產生一筆網路卡編號、溫度、濕度的資料，並將這個溫溼度轉換成標準的 json 格式之 json_rowdata 變數。

```
json_rowdata["Device"] = mm;
json_rowdata["Temperature"] = d1;
json_rowdata["Humidity"] = d2;
json_row.add(json_rowdata) ;
```

依次加入 json_row 之陣列變數之中。

表 77 單筆溫溼度 json 文件

```
{
"Device":網路卡編號,
"Temperature":溫度,
"Humidity":溫度,
}
```

透過上述程式，arduino 編譯器會將內容填入，透過：serializeJson(json_row, json_data);的程式，把上述表中的 json_row 之 json 物件內容，完全轉譯到 json_data 的字元陣列內容之中，再經 Serial.println(json_data) ;，將 json 文件內容回應到如下表所示之監控視窗內。

表 78 資料收集器之多筆溫溼度 Json 文件

```
  {
    "Device": "E89F6DE8F3BC",
```

```
    "Temperature": 24,
    "Humidity": 84
  }
```

如下圖所示，可以看到程式編輯畫面：

```
#include "initPins.h"      // 腳位與系統模組
#include "JSONLIB.h"    // MQTT Broker自訂模組
void setup()
{

    initALL() ; //系統硬體/軟體初始化

    arraycount = 0;

}

void loop()
{
       if (arraycount >= arrayamount)
      {
        setjsondata() ;
        serializeJson(json_row,Serial) ;
        Serial.println("") ;
        Serial.println(json_data) ;
        arraycount=0;
        json_row.clear();
```

圖 175 Json 字元陣列轉換 json 物件程式四之編輯畫面

本程式將亂數產生的溫度(Temperature)與濕度(Humidity)之時筆資料，轉成如下圖所示之 json 格式，可參考以下表為格式之動態產生之溫度(Temperature)與濕度(Humidity)之 json 內容。

表 79 Json 字元陣列轉換 json 物件程式四之溫溼度資料之 json 資料

```
[
  {
    "Device": "E89F6DE8F3BC",
    "Temperature": 24,
    "Humidity": 84
  },
  {
    "Device": "E89F6DE8F3BC",
    "Temperature": 24,
    "Humidity": 68
  },
```

```
  {
    "Device": "E89F6DE8F3BC",
    "Temperature": 24,
    "Humidity": 75
  },
  {
    "Device": "E89F6DE8F3BC",
    "Temperature": 30,
    "Humidity": 68
  },
  {
    "Device": "E89F6DE8F3BC",
    "Temperature": 23,
    "Humidity": 93
  },
  {
    "Device": "E89F6DE8F3BC",
    "Temperature": 21,
    "Humidity": 68
  },
  {
    "Device": "E89F6DE8F3BC",
    "Temperature": 21,
    "Humidity": 96
  },
  {}
]
```

如下圖所示，我們可以看到 Json 字元陣列轉換 json 物件程式四之結果畫面。

```
WiFi connected
AP Name: NCNUIOT
IP address: 192.168.88.105
MAC:E89F6DE8F3BC
SSID:NCNUIOT
IP:192.168.88.105
Temp: 24.00 C           Humidity: 84.00 %
Temp: 24.00 C           Humidity: 68.00 %
Temp: 24.00 C           Humidity: 75.00 %
Temp: 30.00 C           Humidity: 68.00 %
Temp: 23.00 C           Humidity: 93.00 %
Temp: 21.00 C           Humidity: 68.00 %
Temp: 21.00 C           Humidity: 96.00 %
Temp: 28.00 C           Humidity: 76.00 %
Temp: 20.00 C           Humidity: 54.00 %
Temp: 23.00 C           Humidity: 50.00 %
[{"Device":"E89F6DE8F3BC","Temperature":24,"Humidity":84},{"Device":"E89F6DE8F3BC","Temperature":24,"Humidity":68},{"Device":"E
[{"Device":"E89F6DE8F3BC","Temperature":24,"Humidity":84},{"Device":"E89F6DE8F3BC","Temperature":24,"Humidity":68},{"Device":"E
Temp: 24.00 C           Humidity: 89.00 %
Temp: 21.00 C           Humidity: 72.00 %
Temp: 21.00 C           Humidity: 44.00 %
Temp: 23.00 C           Humidity: 95.00 %
Temp: 22.00 C           Humidity: 83.00 %
Temp: 21.00 C           Humidity: 94.00 %
Temp: 25.00 C           Humidity: 72.00 %
Temp: 25.00 C           Humidity: 77.00 %
Temp: 23.00 C           Humidity: 96.00 %
```

圖 176 Json 字元陣列轉換 json 物件程式四之結果畫面

習題

1. 請參考下圖所示之電路圖，並在網路尋找 BMP280 大氣壓力感測器，電源接上後，點亮下圖紅燈(左起第一個 LED)，當成功連接上 BMP280 大氣壓力感測器，點亮下圖藍燈(左起第二個 LED)，並依 30 秒鐘間隔，讀取 BMP280 大氣壓力感測器之大氣壓力值，並且依本章內容使用 MQTT Broker，將 BMP280 大氣壓力感測器之大氣壓力值，建立 json 文件，並透過 IDE 的串列埠列印 json 文件出來。

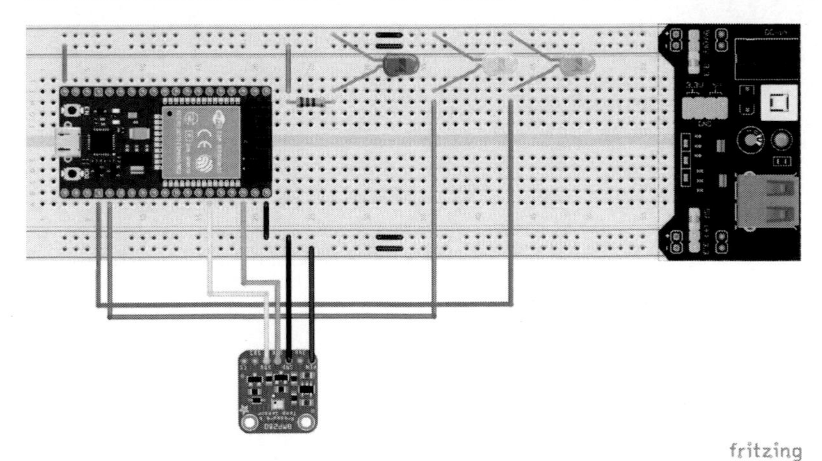

圖 177 BMP280 大氣壓力電路圖

2. 請參考下圖所示之電路圖，並在網路尋找 BH1750 亮度照度感測器，電源接上後，點亮下圖紅燈(左起第一個 LED)，當成功連接上 BH1750 亮度照度，點亮下圖藍燈(左起第二個 LED)，並依 10 秒鐘間隔，讀取 BH1750 亮度照度 LUX 值，並且依本章內容使用 MQTT Broker，將 BH1750 亮度照度感測器之亮度照度 LUX 值，建立 json 文件，並透過 IDE 的串列埠列印 json 文件出來。

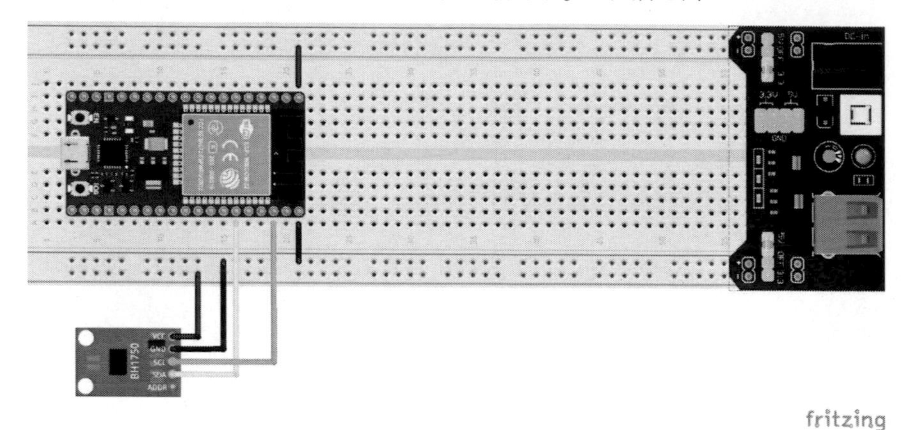

圖 178 亮度照度感測器資料表欄位一覽圖(lux)

章節小結

本章主要介紹如何使用 ESP 32 開發板，針對資料進行 json 文件的編寫，傳送與接收到 json 文件後進行解譯，介紹其用法與程式範例，希望讀者可以了解如何使用 json 文件最完整資料產生、單筆與多筆產生方式、資料格式轉換、輸出等用法，透過這樣的講解，相信讀者也可以觸類旁通，設計其它感測器達到相同結果。

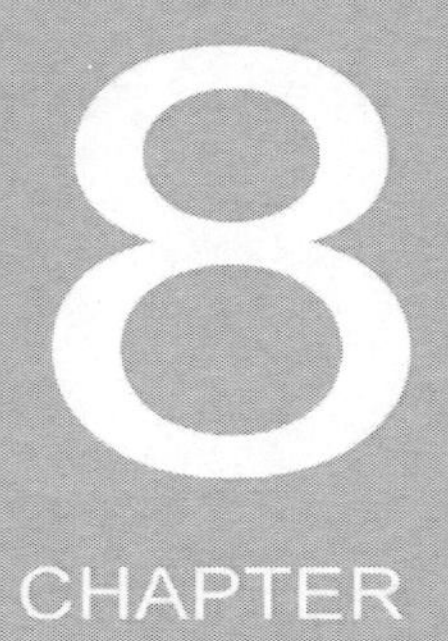

CHAPTER

第七門課 整合感測模組透過 MQTT 傳輸資訊

接下來我們就要使用 MQTT Publish/Subscribe 的機制，一個讀取溫溼度模組讀取溫濕度，讀溫溼度之後，將資料透過 MQTT Broker，指定特定的 Topic，將溫溼度的資訊，轉化成 Payload，使用 MQTT 通訊協定傳送到 MQTT Broker。

另外設計一個接收端，透過 MQTT 通訊協定，訂閱指定特定的 Topic，當 MQTT Broker 傳送該特定的 Topic 內容，訂閱此特定的 Topic，當收到 MQTT Broker 的傳送訂閱資料時，將訂閱資料顯示出來。

溫溼度發佈功能開發

發送端實驗材料

如下圖所示，這個實驗我們需要用到的實驗硬體有下圖.(a)的 ESP 32 開發板、下圖.(b) MicroUSB 下載線：

(a). NodeMCU 32S 開發板

(b). MicroUSB 下載線

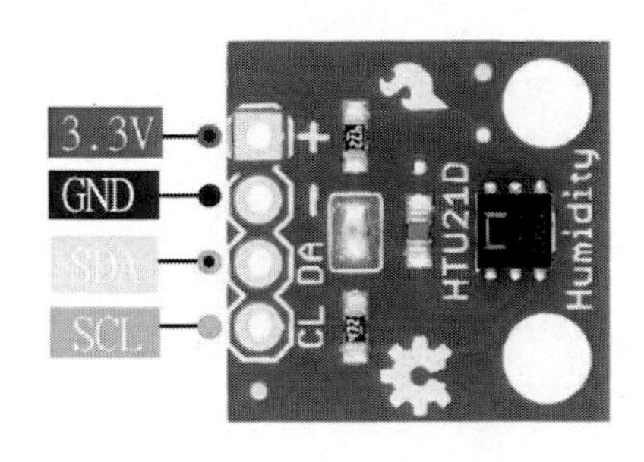

(c). HTU21D溫溼度感測模組

圖 179 發送端實驗材料表

讀者也可以參考下表之發送端實驗材料表，進行電路組立。

表 80 發送端實驗材料接腳表

接腳	接腳說明	開發板接腳
1	麵包板 Vcc(紅線)	接電源正極(5V)
2	麵包板 GND(藍線)	接電源負極
3	溫溼度感測模組(+/VCC)	接電源正極(3.3 V)
4	溫溼度感測模組(-/GND)	接電源負極
5	溫溼度感測模組(DA/SDA)	GPIO 21/SDA
6	溫溼度感測模組(CL/SCL)	GPIO 22/SCL
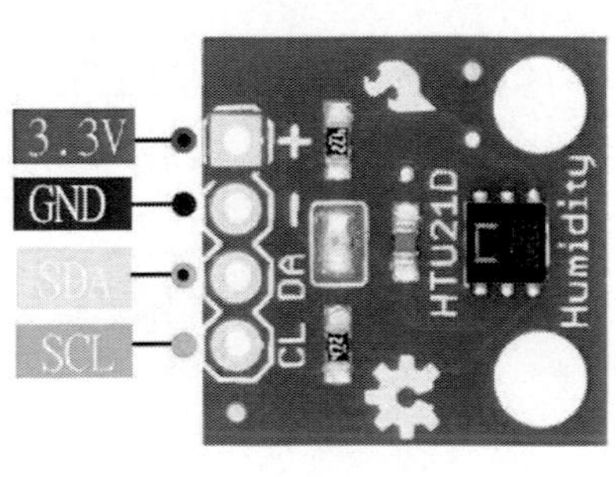		

讀者可以參考下圖所示之發送端實驗材料連接電路圖，進行電路組立。

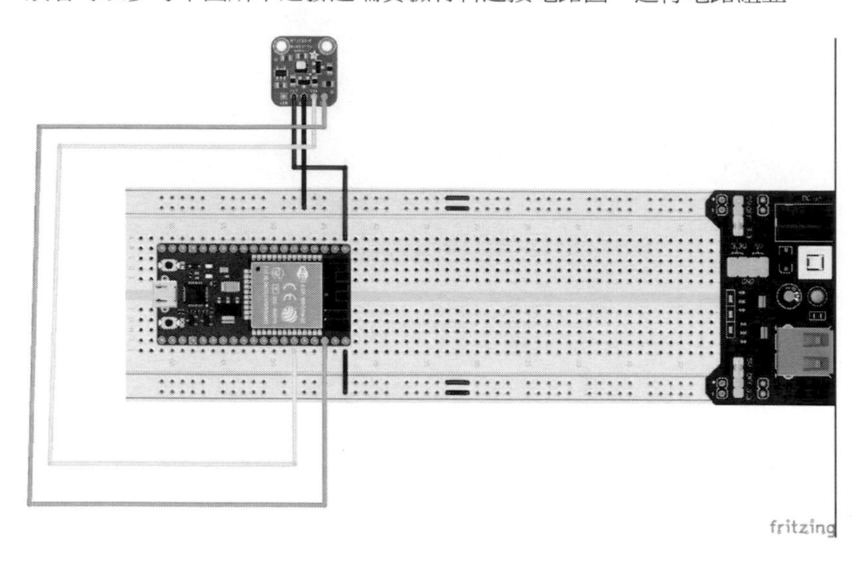

圖 180 發送端實驗材料實驗電路圖

讀者可以參考下圖所示之發送端實驗材料實驗電路圖，參考後進行電路組立。

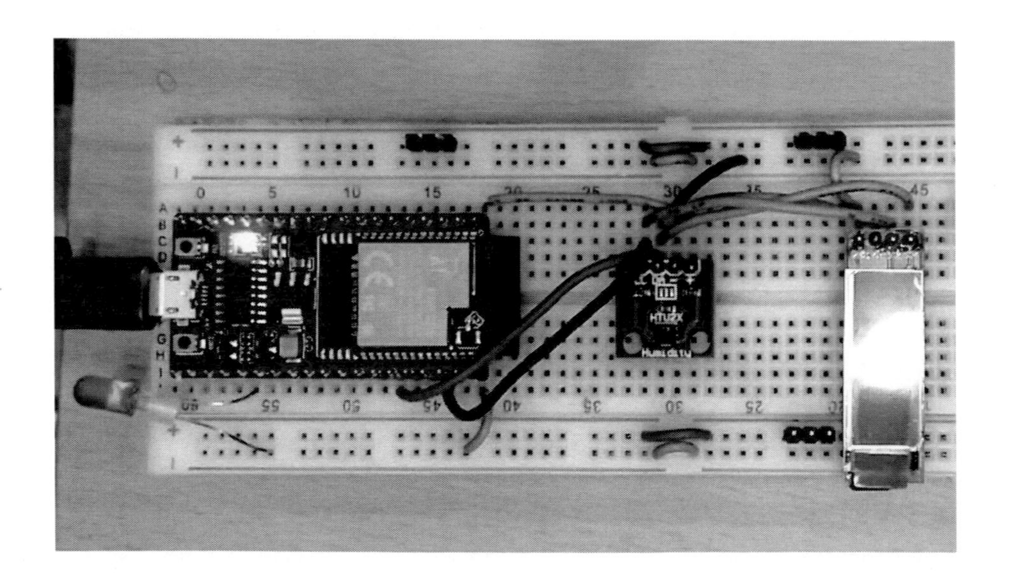

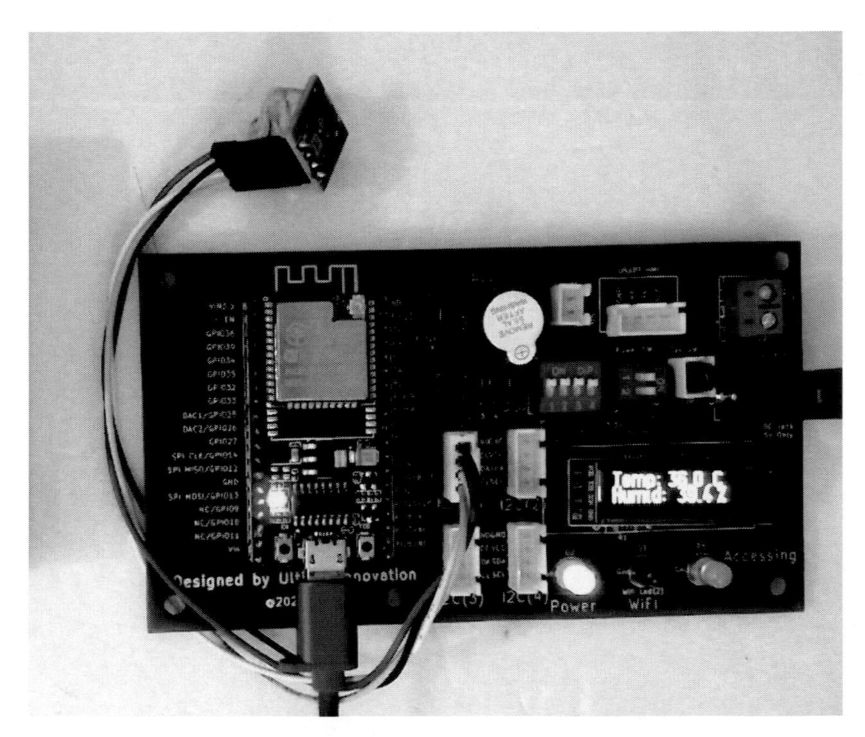

圖 181 發送端實驗材料實驗電路實體圖

我們遵照前幾章所述，將 ESP 32 開發板的驅動程式安裝好之後，我們打開 ESP 32 開發板的開發工具：Sketch IDE 整合開發軟體(安裝 Arduino 開發環境，請參考本文之『Arduino 開發 IDE 安裝』，安裝 ESP 32 開發板 SDK 請參考本文之『安裝 ESP32 Arduino 整合開發環境』(曹永忠, 2020a, 2020c, 2020d)，攥寫一段程式，如下表所示之溫溼度感測模組發送端發佈程式，取得取得溫溼度感測模組的溫度與濕度資料後，透過 MQTT Broker 傳送溫溼度資訊到指定的 Topic。

表 81 溫溼度感測模組發送端發佈程式(HTU21D_MQTT_Publish_ESP32S)

溫溼度感測模組發送端發佈程式(HTU21D_MQTT_Publish_ESP32S)

```
#include <String.h>      //String 使用必備函示庫
#include "initPins.h"
#include "HTU21DLib.h"
#include "MQTT.h"
void connectMQTT() ;
```

```
 void mycallback(char* topic, byte* payload, unsigned int length)   ;
// the setup function runs once when you press reset or power the board
void setup()
{
  // initialize digital pin LED_BUILTIN as an output.
     initAll() ;    //系統初始化
     initWiFi() ;  //網路連線，連上熱點
    ShowInternet() ;      //秀出網路卡編號
     initMQTT()   ;//MQTT Broker  初始化連線
  Serial.println("System    Ready");
}
// the loop function runs over and over again forever
void loop()
{
        ReadSensor()   ; //讀取溫溼度
        Genjsondata("A123456789","BruceTsao",ReadTemperature(),ReadHumidity()) ;
        //產生  溫溼度資料，並轉到 buffer 變數
        Serial.println(buffer) ;      //印出 buffer 變數
        mqttclient.publish(mytopic, buffer);      //傳送 buffer 變數到 MQTT Broker，指
定 mytopic 傳送
    if (!mqttclient.connected())     //如果 MQTT  斷線(沒有連線)
   {

       Serial.println("connectMQTT    again");  //印出  "connectMQTT    again"
       connectMQTT();    //重新與 MQTT Server 連線
   }
    mqttclient.loop();      //處理 MQTT  通訊處理程序
  //給作業系統處理多工程序的機會
  delay(30000) ;
}
void initAll()      //系統初始化
{
      Serial.begin(9600) ;
      Serial.println("System Start");
    MacData = GetMacAddress() ; //取得網路卡編號
  initHTU21D();    //啟動 HTU21D  溫溼度感測器

}
//--------------------
```

表 82 溫溼度感測模組發送端發佈程式(MQTT.h)

溫溼度感測模組發送端發佈程式(MQTT.h)

```
#include <PubSubClient.h>      //MQTT 函式庫
#include <ArduinoJson.h>       //Json 使用元件
WiFiClient WifiClient;       //   web socket 元件
PubSubClient mqttclient(WifiClient) ;     //   MQTT Broker   元件  ，用 PubSubClient 類別產生一個 MQTT 物件
//名稱為 mqttclient，使用 WifiClient 的網路連線端
#define mytopic "/ncnu/TeamTeacher"        //這是老師用的，同學請要改
#define mytopicA "/ncnu/TeamA"       //這是老師用的，同學請要改
#define mytopicB "/ncnu/TeamB"       //這是老師用的，同學請要改
#define mytopicC "/ncnu/TeamC"       //這是老師用的，同學請要改
#define MQTTServer "broker.emqx.io"
#define MQTTPort 1883
char* MQTTUser = "";  // 不須帳密
char* MQTTPassword = "";      // 不須帳密
char buffer[400];
String SubTopic =String("/ncnu/ncnu310/") ;
String FullTopic ;
char fullTopic[35] ;
char clintid[20];
void mycallback(char* topic, byte* payload, unsigned int length)   ;
 void connectMQTT() ;

void fillCID(String mm)
{
      // generate a random clientid based MAC
   //compose clientid with "tw"+MAC
   clintid[0]= 't' ;
   clintid[1]= 'w' ;
         mm.toCharArray(&clintid[2],mm.length()+1) ;
      clintid[2+mm.length()+1] = '\n' ;
}
void fillTopic(String mm)
{
```

```
        mm.toCharArray(&fullTopic[0],mm.length()+1) ;
      fullTopic[mm.length()+1] = '\n' ;
}
void Genjsondata(String myid,String myname, float temp, float humid )
{


      StaticJsonDocument<400> doc;       //產生一個 json 物件，取名 doc，有 400 字元
大小
   // 動態產生一個 400 長度的 json 物件，DynamicJsonDocument doc(400);
   // JSON input string.
   // Add values in the document
   //  下列格式化 json
   doc["id"] = myid;
   doc["name"] = myname ;
  doc["temperature"] = String(temp) ;
  doc["humidity"] = String(humid);
serializeJson(doc, buffer);
}
void initMQTT()      //MQTT Broker  初始化連線
{
  mqttclient.setServer(MQTTServer, MQTTPort);
   //連接 MQTT Server  ， Servar name :MQTTServer，  Server Port :MQTTPort
   //mq.tongxinmao.com:18832
   mqttclient.setCallback(mycallback);
   //  設定 MQTT Server  ，  有 subscribed 的 topic 有訊息時，通知的函數
         fillCID(MacData); // generate a random clientid based MAC
   Serial.print("MQTT ClientID is :(") ;
   Serial.print(clintid) ;
   Serial.print(")\n") ;
       mqttclient.setServer(MQTTServer, MQTTPort);      //  設定 MQTT Server   URL and
Port
    mqttclient.setCallback(mycallback); //設定 MQTT  回叫系統使用的函式:mycallback
    connectMQTT();       //連到 MQTT Server
  }
  void connectMQTT()
  {
    Serial.print("MQTT ClientID is :(") ;
    Serial.print(clintid) ;
    Serial.print(")\n") ;
```

```
  //印出 MQTT Client 基本訊息
  while (!mqttclient.connect(clintid, MQTTUser, MQTTPassword))   //沒有連線
  {
       Serial.print("-");      //印出"-"
       delay(1000);
    }
    Serial.print("\n");
  //FullTopic = SubTopic+MacData ;
  Serial.print("String Topic:[") ;
  Serial.print(mytopic) ;
  Serial.print("]\n") ;
  // fillTopic(FullTopic) ;
  Serial.print("char Topic:[") ;
  Serial.print(fullTopic) ;
  Serial.print("]\n") ;
  mqttclient.subscribe(mytopic); //訂閱我們的主旨
  Serial.println("\n MQTT connected!");
  // client.unsubscribe("/hello");
}
void mycallback(char* topic, byte* payload, unsigned int length)
{
  //mycallback(char* topic, byte* payload, unsigned int length)   參數格式固定，勿更改
    String payloadString;   // 將接收的 payload 轉成字串
    // 顯示訂閱內容
    Serial.print("Incoming:(") ;
    for (int i = 0; i < length; i++)
    {
       payloadString = payloadString + (char)payload[i];
       //buffer[i]= (char)payload[i] ;
       Serial.print(payload[i],HEX) ;
    }
    Serial.print(")\n") ;
  payloadString = payloadString + '\0';
  Serial.print("Message arrived [");
  Serial.print(topic);
  Serial.print("] \n");
  Serial.print("Content [");
  Serial.print(payloadString);
  Serial.print("] \n");
```

```
}
```

程式下載：https://github.com/brucetsao/ESP10Course

表 83 溫溼度感測模組發送端發佈程式(HTU21DLib.h)

溫溼度感測模組發送端發佈程式(HTU21DLib.h)

```
#include <Wire.h>     //I2C 基礎通訊函式庫
#include "Adafruit_HTU21DF.h"     // HTU21D 溫溼度感測器函式庫
// Connect Vin to 3-5VDC
// Connect GND to ground
// Connect SCL to I2C clock pin (A5 on UNO)
// Connect SDA to I2C data pin (A4 on UNO)
double Temp_Value = 0 ;
double Humid_Value = 0 ;
Adafruit_HTU21DF htu = Adafruit_HTU21DF();   //產生 HTU21D 溫溼度感測器運作
物件
 //產生 HTU21D 溫溼度感測器運作物件
void initHTU21D()     //啟動 HTU21D 溫溼度感測器
{
    if (!htu.begin())     //如果 HTU21D 溫溼度感測器沒有啟動成功
    {
        Serial.println("Couldn't find sensor!");
        //找不到 HTU21D 溫溼度感測器
        while (1);   //永遠死在這
    }
}
float ReadTemperature() //讀取 HTU21D 溫溼度感測器之溫度
{
    return htu.readTemperature();
}
float ReadHumidity() //讀取 HTU21D 溫溼度感測器之溼度
{
    return htu.readHumidity();
}
void ReadSensor()     //讀取溫溼度
{
        Temp_Value = ReadTemperature(); //讀取 HTU21D 溫溼度感測器之溫度
    Humid_Value= ReadHumidity(); //讀取 HTU21D 溫溼度感測器之溼度
```

```
    Serial.print("Temp: ");                       //印出 "Temp: "
    Serial.print(Temp_Value);                            //印出 temp 變數內容
    Serial.print(" C");                          //印出 " C"
    Serial.print("\t\t");                       //印出 "\t\t"
    Serial.print("Humidity: ");                 //印出 "Humidity: "
    Serial.print(Humid_Value);                          //印出 rel_hum 變數內容
    Serial.println(" \%");                       //印出 " \%"
}
```

程式下載：https://github.com/brucetsao/ESP10Course

表 84 溫溼度感測模組發送端發佈程式(initPins.h)

溫溼度感測模組發送端發佈程式(initPins.h)

```
#define RelayPin 4
#define terminator '\n'
int ccmd = -1 ;
String cmdstr ;
#include <WiFi.h>      //使用網路函式庫
#include <WiFiClient.h>     //使用網路用戶端函式庫
#include <WiFiMulti.h>      //多熱點網路函式庫
WiFiMulti wifiMulti;      //產生多熱點連線物件
String IpAddress2String(const IPAddress& ipAddress) ;
  IPAddress ip ;      //網路卡取得 IP 位址之原始型態之儲存變數
  String IPData ;     //網路卡取得 IP 位址之儲存變數
  String APname ;     //網路熱點之儲存變數
  String MacData ;     //網路卡取得網路卡編號之儲存變數
  long rssi ;    //網路連線之訊號強度'之儲存變數
  int status = WL_IDLE_STATUS;  //取得網路狀態之變數

void initWiFi()     //網路連線，連上熱點
{
  //加入連線熱點資料
  wifiMulti.addAP("NCNUIOT", "12345678");  //加入一組熱點
  wifiMulti.addAP("NCNUIOT2", "12345678");  //加入一組熱點
  wifiMulti.addAP("ABC", "12345678");  //加入一組熱點
  // We start by connecting to a WiFi network
  Serial.println();
  Serial.println();
```

```
  Serial.print("Connecting to ");
  //通訊埠印出 "Connecting to "
  wifiMulti.run();   //多網路熱點設定連線
 while (WiFi.status() != WL_CONNECTED)       //還沒連線成功
  {
    // wifiMulti.run() 啟動多熱點連線物件，進行已經紀錄的熱點進行連線，
    // 一個一個連線，連到成功為主，或者是全部連不上
    // WL_CONNECTED 連接熱點成功
    Serial.print(".");    //通訊埠印出
    delay(500) ;   //停 500 ms
     wifiMulti.run();    //多網路熱點設定連線
  }
    Serial.println("WiFi connected");    //通訊埠印出 WiFi connected
    Serial.print("AP Name: ");     //通訊埠印出 AP Name:
    APname = WiFi.SSID();
    Serial.println(APname);    //通訊埠印出 WiFi.SSID()==>從熱點名稱
    Serial.print("IP address: ");     //通訊埠印出 IP address:
    ip = WiFi.localIP();
    IPData = IpAddress2String(ip) ;
    Serial.println(IPData);    //通訊埠印出 WiFi.localIP()==>從熱點取得 IP 位址
    //通訊埠印出連接熱點取得的 IP 位址
}
void ShowInternet()    //秀出網路連線資訊
{
  Serial.print("MAC:") ;
  Serial.print(MacData) ;
  Serial.print("\n") ;
  Serial.print("SSID:") ;
  Serial.print(APname) ;
  Serial.print("\n") ;
  Serial.print("IP:") ;
  Serial.print(IPData) ;
  Serial.print("\n") ;
  //OledLineText(1,"MAC:"+MacData) ;
  //OledLineText(2,"IP:"+IPData);

  //ShowMAC() ;
  //ShowIP()   ;
}
```

```
long POW(long num, int expo)
{
   long tmp =1 ;
   if (expo > 0)
   {
            for(int i = 0 ; i< expo ; i++)
               tmp = tmp * num ;
              return tmp ;
   }
   else
   {
     return tmp ;
   }
}
String SPACE(int sp)
{
      String tmp = "" ;
      for (int i = 0 ; i < sp; i++)
         {
               tmp.concat(' ')    ;
         }
      return tmp ;
}
String strzero(long num, int len, int base)
{
   String retstring = String("");
   int ln = 1 ;
      int i = 0 ;
      char tmp[10] ;
      long tmpnum = num ;
      int tmpchr = 0 ;
      char hexcode[]={'0','1','2','3','4','5','6','7','8','9','A','B','C','D','E','F'} ;
      while (ln <= len)
      {
            tmpchr = (int)(tmpnum % base) ;
            tmp[ln-1] = hexcode[tmpchr] ;
            ln++ ;
              tmpnum = (long)(tmpnum/base) ;
      }
```

```
    for (i = len-1; i >= 0 ; i --)
      {
            retstring.concat(tmp[i]);
      }
  return retstring;
}
unsigned long unstrzero(String hexstr, int base)
{
  String chkstring    ;
  int len = hexstr.length() ;
    unsigned int i = 0 ;
    unsigned int tmp = 0 ;
    unsigned int tmp1 = 0 ;
    unsigned long tmpnum = 0 ;
    String hexcode = String("0123456789ABCDEF") ;
    for (i = 0 ; i < (len ) ; i++)
    {
  //        chkstring= hexstr.substring(i,i) ;
      hexstr.toUpperCase() ;
            tmp = hexstr.charAt(i) ;     // give i th char and return this char
            tmp1 = hexcode.indexOf(tmp) ;
      tmpnum = tmpnum + tmp1* POW(base,(len -i -1) )    ;
    }
  return tmpnum;
}
String    print2HEX(int number) {
  String ttt ;
  if (number >= 0 && number < 16)
  {
    ttt = String("0") + String(number,HEX);
  }
  else
  {
      ttt = String(number,HEX);
  }
  return ttt ;
}
String GetMacAddress()      //取得網路卡編號
{
```

```
  // the MAC address of your WiFi shield
  String Tmp = "" ;
  byte mac[6];
  // print your MAC address:
  WiFi.macAddress(mac);
  for (int i=0; i<6; i++)
     {
           Tmp.concat(print2HEX(mac[i])) ;
     }
     Tmp.toUpperCase() ;
  return Tmp ;
}
void ShowMAC()   //於串列埠印出網路卡號碼
{

  Serial.print("MAC Address:(");   //印出 "MAC Address:("
  Serial.print(MacData) ;     //印出 MacData 變數內容
  Serial.print(")\n");       //印出 ")\n"
}
String IpAddress2String(const IPAddress& ipAddress)
{
  //回傳 ipAddress[0-3]的內容，以 16 進位回傳
  return String(ipAddress[0]) + String(".") +\
  String(ipAddress[1]) + String(".") +\
  String(ipAddress[2]) + String(".") +\
  String(ipAddress[3])   ;
}
String chrtoString(char *p)
{
     String tmp ;
     char c ;
     int count = 0 ;
     while (count <100)
     {
           c= *p ;
           if (c != 0x00)
             {
               tmp.concat(String(c)) ;
             }
```

```
                else
                {
                        return tmp ;
                }
            count++ ;
            p++;

        }
}
void CopyString2Char(String ss, char *p)
{
                //    sprintf(p,"%s",ss) ;
    if (ss.length() <=0)
            {
                    *p =    0x00 ;
                return ;
            }
        ss.toCharArray(p, ss.length()+1) ;
      // *(p+ss.length()+1) = 0x00 ;
}
boolean CharCompare(char *p, char *q)
    {
            boolean flag = false ;
            int count = 0 ;
            int nomatch = 0 ;
            while (flag <100)
            {
                if (*(p+count) == 0x00 or *(q+count) == 0x00)
                    break ;
                if (*(p+count) != *(q+count) )
                        {
                            nomatch ++ ;
                        }
                    count++ ;
            }
        if (nomatch >0)
            {
              return false ;
            }
```

```
        else
        {
            return true ;
        }
    }
String Double2Str(double dd,int decn)
{
        int a1 = (int)dd ;
        int a3 ;
        if (decn >0)
        {
            double a2 = dd - a1 ;
            a3 = (int)(a2 * (10^decn));
        }
        if (decn >0)
        {
            return String(a1)+"."+ String(a3) ;
        }
        else
        {
          return String(a1) ;
        }
    }
```

程式下載：https://github.com/brucetsao/ESP10Course

如下圖所示，可以看到程式編輯畫面：

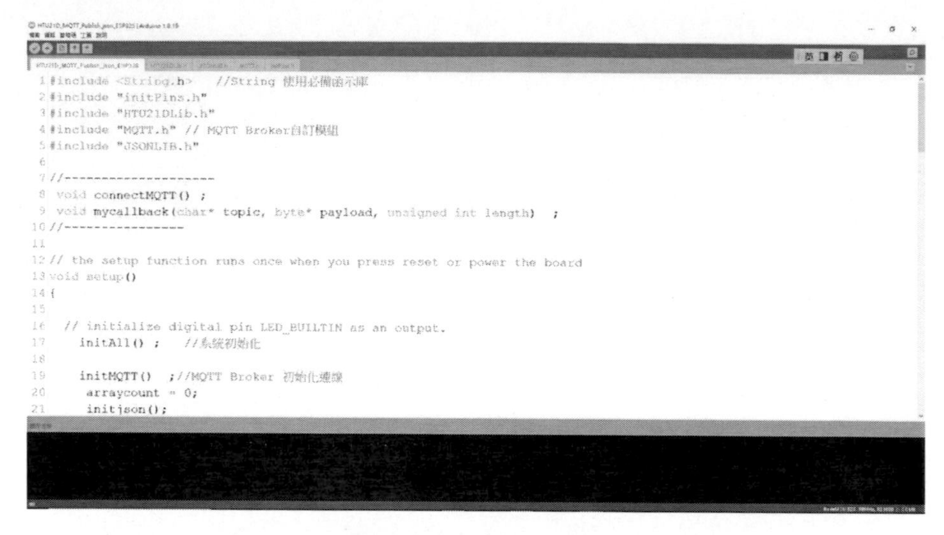

圖 182 溫溼度感測模組發送端發佈程式之編輯畫面

如下圖所示，我們可以看到溫溼度感測模組發送端發佈程式之結果畫面。

```
Dn(10)
Temp: 29.50 C     Humidity: 52.30 %
Dn(11)
Temp: 29.50 C     Humidity: 52.30 %
Dn(12)
Temp: 29.50 C     Humidity: 52.30 %
Dn(13)
Temp: 29.50 C     Humidity: 52.30 %
Dn(14)
Temp: 29.50 C     Humidity: 52.50 %
Dn(15)
Temp: 29.50 C     Humidity: 52.50 %
Dn(16)
Temp: 29.50 C     Humidity: 52.50 %
Dn(17)
Temp: 29.50 C     Humidity: 52.50 %
Dn(18)
Temp: 29.50 C     Humidity: 52.40 %
Dn(19)
Temp: 29.50 C     Humidity: 52.30 %
Now Json Data:{"Device":"E89F6DE8F3BC","Temperature":[29.5,29.5,29.5,29.5,29.5,29.5,29.5,29.5,29.5,29.5,29.5,29.5,29.5,
Topic:/ncnu/DataCollector/E89F6DE8F3BC:Payload({"Device":"E89F6DE8F3BC","Temperature":[29.5,29.5,29.5,29.5,29.5,29.5,29
Dn(0)
Temp: 29.50 C     Humidity: 52.30 %
Incoming:(7B22446576696365223A22453839463644453846334243222C2254656D706572617475726522 3A5B32392E352C32392E352C32392E352
Message arrived [/ncnu/DataCollector/E89F6DE8F3BC]
Content [{"Device":"E89F6DE8F3BC","Temperature":[29.5,29.5,29.5,29.5,29.5,29.5,29.5,29.5,29.5,29.5,29.5,29.5,29.5,29.5,
Dn(1)
```

圖 183 溫溼度感測模組發送端發佈程式之結果畫面

如下圖所示，上面程式會將 20 筆溫濕度下表所示之 json 文件中，並會傳送到『/ncnu/DataCollector/E89F6DE8F3BC』主題，供訂閱者使用溫溼度資料。

表 85 溫溼度感測模組發送端發佈程式之溫溼度 Json 文件檔

```
{
```

```
  "Device": "E89F6DE8F3BC",
  "Temperature": [
    29.5,
    29.5,
    29.5,
    29.5,
    29.5
  ],
  "Humidity": [
    52.5,
    52.4,
    52.3,
    52.3,
    52.3
  ]
}
```


如下圖所示，為了進行測試，本文使用 MQTT BOX 應用程式，訂閱『/ncnu/DataCollector/#』主題後，MQTT Broker 回傳訊息的畫面。

圖 184 溫溼度感測模組發送端發佈程式之 MQTT BOX 畫面

如此本文已完成溫溼度感測模組發送端發佈程式之溫溼度資料之 json 文件產生與發送。

溫溼度訂閱顯示功能開發

接下來我們就要使用 MQTT Publish/Subscribe 的機制，當另一端讀取溫溼度模組讀取溫濕度後，將資料透過 MQTT Broker，指定特定的 Topic，本節設計之接收端系統，透過 MQTT 通訊協定，訂閱發送端之 Topic，當 MQTT Broker 傳送該特定的 Topic 內容，本節設計之接收端系統也會收到 MQTT Broker 的傳送訂閱資料，這時候接收端系統就會將訂閱資料顯示出來。

我們遵照前幾章所述，將 ESP 32 開發板的驅動程式安裝好之後，我們打開 ESP 32 開發板的開發工具：Sketch IDE 整合開發軟體(安裝 Arduino 開發環境，請參考本文之『Arduino 開發 IDE 安裝』，安裝 ESP 32 開發板 SDK 請參考本文之『安裝 ESP32 Arduino 整合開發環境』(曹永忠, 2020a, 2020c, 2020d)，攥寫一段程式，如下表所示之溫溼度感測模組接收端訂閱程式，當收到 MQTT Broker 傳送訂閱之 TOPIC 之料時，透過 MQTT Broker Call Back 方式，取得 Topi 內容的 Payload 內容。

表 86 溫溼度感測模組接收端訂閱程式(HTU21D_MQTT_Subscribe_ESP32S)

溫溼度感測模組接收端訂閱程式(HTU21D_MQTT_Subscribe_ESP32S)

```
#include <String.h>     //String 使用必備函示庫
#include "initPins.h"
#include "MQTT.h"
//--------------------
 void connectMQTT() ;
 void mycallback(char* topic, byte* payload, unsigned int length)   ;
// the setup function runs once when you press reset or power the board
void setup()
{

  // initialize digital pin LED_BUILTIN as an output.
     initAll() ;    //系統初始化
     initWiFi() ;  //網路連線，連上熱點
   ShowInternet() ;      //秀出網路卡編號
     initMQTT()   ;//MQTT Broker 初始化連線
```

```
  Serial.println("System    Ready");
 //----------------
}
// the loop function runs over and over again forever
void loop()
{
    if (!mqttclient.connected())     //如果 MQTT  斷線(沒有連線)
   {
        Serial.println("connectMQTT    again");  //印出 "connectMQTT    again"
      connectMQTT();      //重新與 MQTT Server 連線
   }
  mqttclient.loop();       //處理 MQTT  通訊處理程序
  //給作業系統處理多工程序的機會
  delay(300) ;
}
void initAll()         //系統初始化
{
      Serial.begin(9600) ;
      Serial.println("System Start");
    MacData = GetMacAddress() ; //取得網路卡編號

}
```

表 87 溫溼度感測模組接收端訂閱程式(MQTT.h)

溫溼度感測模組接收端訂閱程式(MQTT.h)

```
#include <PubSubClient.h>     //MQTT  函式庫
#include <ArduinoJson.h>       //Json  使用元件
WiFiClient WifiClient;       //    web socket 元件
PubSubClient mqttclient(WifiClient) ;     //    MQTT Broker    元件    ，用 PubSubClient
類別產生一個  MQTT 物件
//名稱為 mqttclient，使用  WifiClient  的網路連線端
#define mytopic "/ncnu/TeamTeacher"       //這是老師用的，同學請要改
#define mytopicA "/ncnu/TeamA"      //這是老師用的，同學請要改
#define mytopicB "/ncnu/TeamB"      //這是老師用的，同學請要改
#define mytopicC "/ncnu/TeamC"      //這是老師用的，同學請要改
#define MQTTServer "broker.emqx.io"
#define MQTTPort 1883
char* MQTTUser = "";   //  不須帳密
```

```
char* MQTTPassword = "";        // 不須帳密
char buffer[400];
String SubTopic =String("/ncnu/ncnu310/") ;
String FullTopic ;
char fullTopic[35] ;
char clintid[20];
void mycallback(char* topic, byte* payload, unsigned int length)    ;
 void connectMQTT() ;

void fillCID(String mm)
{
      // generate a random clientid based MAC
   //compose clientid with "tw"+MAC
   clintid[0]= 't' ;
   clintid[1]= 'w' ;
         mm.toCharArray(&clintid[2],mm.length()+1) ;
      clintid[2+mm.length()+1] = '\n' ;
}
void fillTopic(String mm)
{
       mm.toCharArray(&fullTopic[0],mm.length()+1) ;
      fullTopic[mm.length()+1] = '\n' ;


}
void Genjsondata(String myid,String myname, float temp, float humid )
{
 StaticJsonDocument<400> doc;      //產生一個 json 物件，取名 doc，有 400 字元大
小

   // 動態產生一個 400 長度的 json 物件，DynamicJsonDocument doc(400);
   // JSON input string.
   // Add values in the document
   // 下列格式化 json
   doc["id"] = myid;
   doc["name"] = myname ;
  doc["temperature"] = String(temp) ;
  doc["humidity"] = String(humid);
 serializeJson(doc, buffer);
 }
```

```
void initMQTT()     //MQTT Broker 初始化連線
{
 mqttclient.setServer(MQTTServer, MQTTPort);
  //連接 MQTT Server  ，  Servar name :MQTTServer，  Server Port :MQTTPort
  //mq.tongxinmao.com:18832
  mqttclient.setCallback(mycallback);
  // 設定 MQTT Server  ，  有 subscribed 的 topic 有訊息時，通知的函數
//--------------------------
      fillCID(MacData); // generate a random clientid based MAC
  Serial.print("MQTT ClientID is :(") ;
  Serial.print(clintid) ;
  Serial.print(")\n") ;
  mqttclient.setServer(MQTTServer, MQTTPort);    // 設定 MQTT Server   URL and
Port
  mqttclient.setCallback(mycallback); //設定 MQTT  回叫系統使用的函式:mycallback
  connectMQTT();      //連到 MQTT Server
}
 void connectMQTT()
 {
  Serial.print("MQTT ClientID is :(") ;
  Serial.print(clintid) ;
  Serial.print(")\n") ;
  //印出 MQTT Client 基本訊息
  while (!mqttclient.connect(clintid, MQTTUser, MQTTPassword))   //沒有連線
  {
      Serial.print("-");     //印出"-"
      delay(1000);
    }
    Serial.print("\n");
  //FullTopic = SubTopic+MacData ;
  Serial.print("String Topic:[") ;
  Serial.print(mytopic) ;
  Serial.print("]\n") ;
  // fillTopic(FullTopic) ;
  Serial.print("char Topic:[") ;
  Serial.print(fullTopic) ;
  Serial.print("]\n") ;
  mqttclient.subscribe(mytopic); //訂閱我們的主旨
  Serial.println("\n MQTT connected!");
```

```
  // client.unsubscribe("/hello");
}
void mycallback(char* topic, byte* payload, unsigned int length)
{
  //mycallback(char* topic, byte* payload, unsigned int length)   參數格式固定，勿更改

      String payloadString;   // 將接收的 payload 轉成字串
      // 顯示訂閱內容
      Serial.print("Incoming:(") ;
      for (int i = 0; i < length; i++)
      {
        payloadString = payloadString + (char)payload[i];
        //buffer[i]= (char)payload[i] ;
        Serial.print(payload[i],HEX) ;
      }
      Serial.print(")\n") ;
  payloadString = payloadString + '\0';
  Serial.print("Message arrived [");
  Serial.print(topic);
  Serial.print("] \n");
  //--------------------
  Serial.print("Content [");
  Serial.print(payloadString);
  Serial.print("] \n");
}
```

表 88 溫溼度感測模組接收端訂閱程式(initPins.h)

溫溼度感測模組接收端訂閱程式(initPins.h)

```
#define RelayPin 4
#define terminator '\n'
int ccmd = -1 ;
String cmdstr ;
#include <WiFi.h>       //使用網路函式庫
#include <WiFiClient.h>      //使用網路用戶端函式庫
#include <WiFiMulti.h>       //多熱點網路函式庫
WiFiMulti wifiMulti;       //產生多熱點連線物件
String IpAddress2String(const IPAddress& ipAddress) ;
  IPAddress ip ;      //網路卡取得 IP 位址之原始型態之儲存變數
```

```
   String IPData ;      //網路卡取得 IP 位址之儲存變數
   String APname ;      //網路熱點之儲存變數
   String MacData ;      //網路卡取得網路卡編號之儲存變數
   long rssi ;     //網路連線之訊號強度'之儲存變數
   int status = WL_IDLE_STATUS;   //取得網路狀態之變數

void initWiFi()     //網路連線，連上熱點
{
   //加入連線熱點資料
   wifiMulti.addAP("NCNUIOT", "12345678");  //加入一組熱點
   wifiMulti.addAP("NCNUIOT2", "12345678");  //加入一組熱點
   wifiMulti.addAP("ABC", "12345678");  //加入一組熱點
   // We start by connecting to a WiFi network
   Serial.println();
   Serial.println();
   Serial.print("Connecting to ");
   //通訊埠印出 "Connecting to "
   wifiMulti.run();  //多網路熱點設定連線
  while (WiFi.status() != WL_CONNECTED)       //還沒連線成功
   {
      // wifiMulti.run() 啟動多熱點連線物件，進行已經紀錄的熱點進行連線，
      // 一個一個連線，連到成功為主，或者是全部連不上
      // WL_CONNECTED 連接熱點成功
      Serial.print(".");    //通訊埠印出
      delay(500) ;  //停 500 ms
        wifiMulti.run();     //多網路熱點設定連線
   }
      Serial.println("WiFi connected");      //通訊埠印出 WiFi connected
      Serial.print("AP Name: ");      //通訊埠印出 AP Name:
      APname = WiFi.SSID();
      Serial.println(APname);      //通訊埠印出 WiFi.SSID()==>從熱點名稱
      Serial.print("IP address: ");      //通訊埠印出 IP address:
      ip = WiFi.localIP();
      IPData = IpAddress2String(ip) ;
      Serial.println(IPData);     //通訊埠印出 WiFi.localIP()==>從熱點取得 IP 位址
      //通訊埠印出連接熱點取得的 IP 位址
}
void ShowInternet()     //秀出網路連線資訊
{
```

```
  Serial.print("MAC:") ;
  Serial.print(MacData) ;
  Serial.print("\n") ;
  Serial.print("SSID:") ;
  Serial.print(APname) ;
  Serial.print("\n") ;
  Serial.print("IP:") ;
  Serial.print(IPData) ;
  Serial.print("\n") ;
  //OledLineText(1,"MAC:"+MacData) ;
  //OledLineText(2,"IP:"+IPData);
  //ShowMAC() ;
  //ShowIP()   ;
}
long POW(long num, int expo)
{
  long tmp =1 ;
  if (expo > 0)
  {
        for(int i = 0 ; i< expo ; i++)
          tmp = tmp * num ;
         return tmp ;
  }
  else
  {
   return tmp ;
  }
}
String SPACE(int sp)
{
    String tmp = "" ;
    for (int i = 0 ; i < sp; i++)
      {
          tmp.concat(' ')   ;
      }
    return tmp ;
}
String strzero(long num, int len, int base)
{
```

```
    String retstring = String("");
    int ln = 1 ;
        int i = 0 ;
        char tmp[10] ;
        long tmpnum = num ;
        int tmpchr = 0 ;
        char hexcode[]={'0','1','2','3','4','5','6','7','8','9','A','B','C','D','E','F'} ;
        while (ln <= len)
        {
                tmpchr = (int)(tmpnum % base) ;
                tmp[ln-1] = hexcode[tmpchr] ;
                ln++ ;
                 tmpnum = (long)(tmpnum/base) ;
      }
        for (i = len-1; i >= 0 ; i --)
            {
                    retstring.concat(tmp[i]);
            }

    return retstring;
}
unsigned long unstrzero(String hexstr, int base)
{
    String chkstring    ;
    int len = hexstr.length() ;

        unsigned int i = 0 ;
        unsigned int tmp = 0 ;
        unsigned int tmp1 = 0 ;
        unsigned long tmpnum = 0 ;
        String hexcode = String("0123456789ABCDEF") ;
        for (i = 0 ; i < (len ) ; i++)
        {
    //          chkstring= hexstr.substring(i,i) ;
            hexstr.toUpperCase() ;
                    tmp = hexstr.charAt(i) ;     // give i th char and return this char
                    tmp1 = hexcode.indexOf(tmp) ;
            tmpnum = tmpnum + tmp1* POW(base,(len -i -1) )    ;
      }
```

```
   return tmpnum;
}
String   print2HEX(int number) {
   String ttt ;
   if (number >= 0 && number < 16)
   {
     ttt = String("0") + String(number,HEX);
   }
   else
   {
        ttt = String(number,HEX);
   }
   return ttt ;
}
String GetMacAddress()      //取得網路卡編號
{
   // the MAC address of your WiFi shield
   String Tmp = "" ;
   byte mac[6];
   // print your MAC address:
   WiFi.macAddress(mac);
   for (int i=0; i<6; i++)
     {
          Tmp.concat(print2HEX(mac[i])) ;
     }
     Tmp.toUpperCase() ;
   return Tmp ;
}
void ShowMAC()   //於串列埠印出網路卡號碼
{

   Serial.print("MAC Address:(");   //印出 "MAC Address:("
   Serial.print(MacData) ;     //印出 MacData 變數內容
   Serial.print(")\n");      //印出 ")\n"
}
String IpAddress2String(const IPAddress& ipAddress)
{
   //回傳 ipAddress[0-3]的內容，以 16 進位回傳
   return String(ipAddress[0]) + String(".") +\
```

```
    String(ipAddress[1]) + String(".") +\
    String(ipAddress[2]) + String(".") +\
    String(ipAddress[3])    ;
}
String chrtoString(char *p)
{
        String tmp ;
        char c ;
        int count = 0 ;
        while (count <100)
        {
                c= *p ;
                if (c != 0x00)
                    {
                        tmp.concat(String(c)) ;
                    }
                    else
                    {
                            return tmp ;
                    }
              count++ ;
              p++;

        }
}
void CopyString2Char(String ss, char *p)
{
                //    sprintf(p,"%s",ss) ;

    if (ss.length() <=0)
          {
                    *p =    0x00 ;
                  return ;
          }
        ss.toCharArray(p, ss.length()+1) ;
      // *(p+ss.length()+1) = 0x00 ;
}
boolean CharCompare(char *p, char *q)
    {
```

```
        boolean flag = false ;
        int count = 0 ;
        int nomatch = 0 ;
        while (flag <100)
        {
            if (*(p+count) == 0x00 or *(q+count) == 0x00)
              break ;
            if (*(p+count) != *(q+count) )
                {
                    nomatch ++ ;
                }
              count++ ;
        }
       if (nomatch >0)
        {
          return false ;
        }
        else
        {
          return true ;
        }
   }
String Double2Str(double dd,int decn)
{
      int a1 = (int)dd ;
      int a3 ;
      if (decn >0)
      {
          double a2 = dd - a1 ;
          a3 = (int)(a2 * (10^decn));
      }
      if (decn >0)
      {
          return String(a1)+"."+ String(a3) ;
      }
      else
      {
        return String(a1) ;
      }
```

```
}
```

如下圖所示，可以看到程式編輯畫面：

```
HTU21D_MQTT_Subscribe_ESP32S | Arduino 1.8.19
25
26 // the loop function runs over and over again forever
27 void loop()
28 {
29
30   if (!mqttclient.connected())    //如果MQTT 斷線(沒有連線)
31   {
32
33     Serial.println("connectMQTT  again");  //印出 "connectMQTT  again"
34
35     connectMQTT();    //重新與MQTT Server連線
36
37
38   }
39
40   mqttclient.loop();     //處理MQTT 通訊處理程序
```

圖 185 溫溼度感測模組接收端訂閱程式之編輯畫面

如下圖所示，我們可以看到溫溼度感測模組接收端訂閱程式之結果畫面。

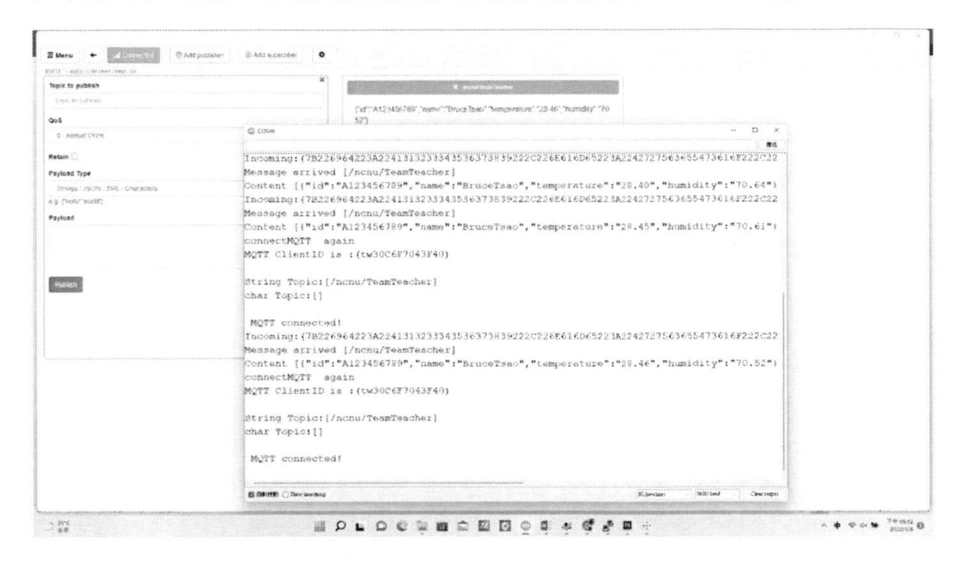

圖 186 溫溼度感測模組接收端訂閱程式之結果畫面

如下圖所示，本文使用 MQTT BOX 應用程式，訂閱『/ncnu/TeamTeacher』主題後，MQTT Broker 回傳訊息的畫面。

圖 187 溫溼度感測模組接收端訂閱程式之 MQTT BOX 畫面

溫溼度發佈/訂閱顯示功能開發

接下來我們就要使用 MQTT Publish/Subscribe 的機制，一個讀取溫溼度模組讀取溫濕度，讀溫溼度之後，將資料透過 MQTT Broker，指定特定的 Topic，將溫溼度的資訊，轉化成 Payload，使用 MQTT 通訊協定傳送到 MQTT Broker。

另外設計一個接收端，透過 MQTT 通訊協定，訂閱指定特定的 Topic，當 MQTT Broker 傳送該特定的 Topic 內容，訂閱此特定的 Topic，當收到 MQTT Broker 的傳送訂閱資料時，將訂閱資料顯示出來。

溫溼度發佈功能開發

發送端實驗材料

如下圖所示，這個實驗我們需要用到的實驗硬體有下圖.(a)的 ESP 32 開發板、下圖.(b) MicroUSB 下載線：

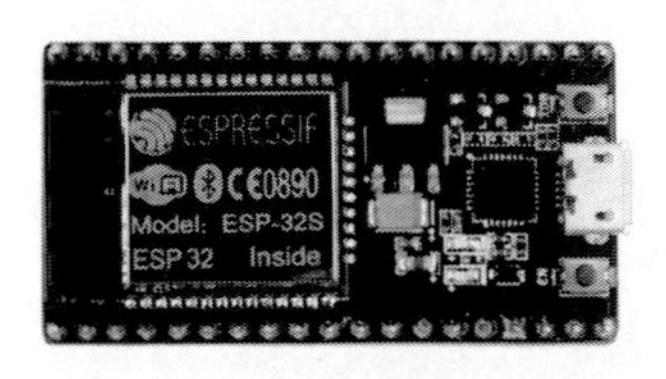

(a). NodeMCU 32S 開發板

(b). MicroUSB 下載線

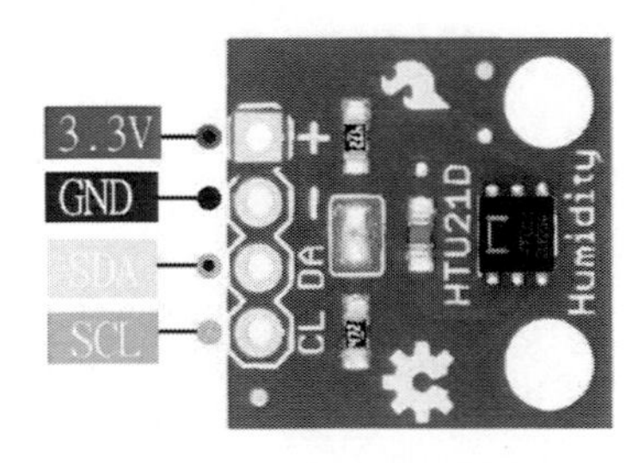

(c). HTU21D溫溼度感測模組

圖 188 發送端實驗材料表

讀者也可以參考下表之發送端實驗材料表，進行電路組立。

表 89 發送端實驗材料接腳表

接腳	接腳說明	開發板接腳
1	麵包板 Vcc(紅線)	接電源正極(5V)
2	麵包板 GND(藍線)	接電源負極
3	溫溼度感測模組(+/VCC)	接電源正極(3.3 V)
4	溫溼度感測模組(-/GND)	接電源負極
5	溫溼度感測模組(DA/SDA)	GPIO 21/SDA
6	溫溼度感測模組(CL/SCL)	GPIO 22/SCL

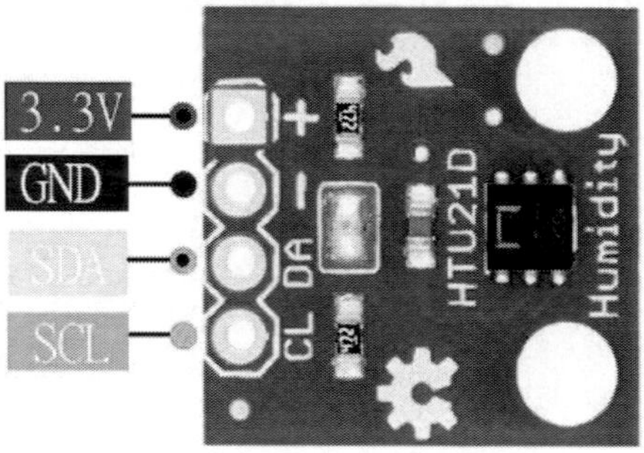

讀者可以參考下圖所示之發送端實驗材料連接電路圖，進行電路組立。

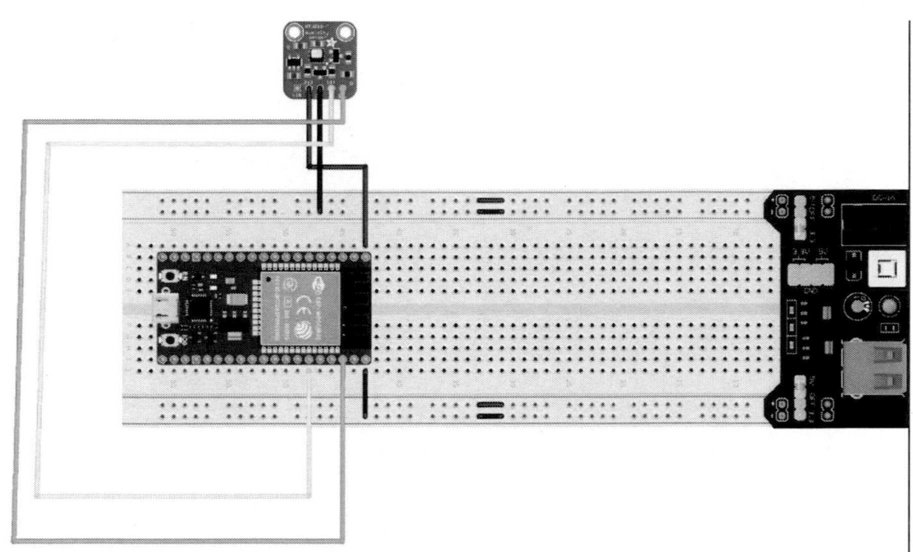

圖 189 發送端實驗材料實驗電路圖

讀者可以參考下圖所示之發送端實驗材料實驗電路圖，參考後進行電路組立。

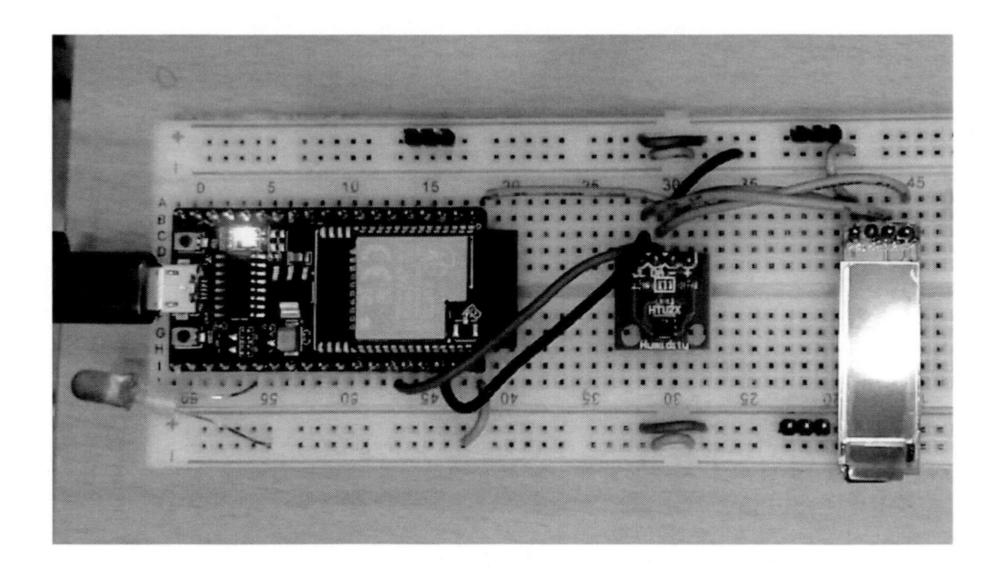

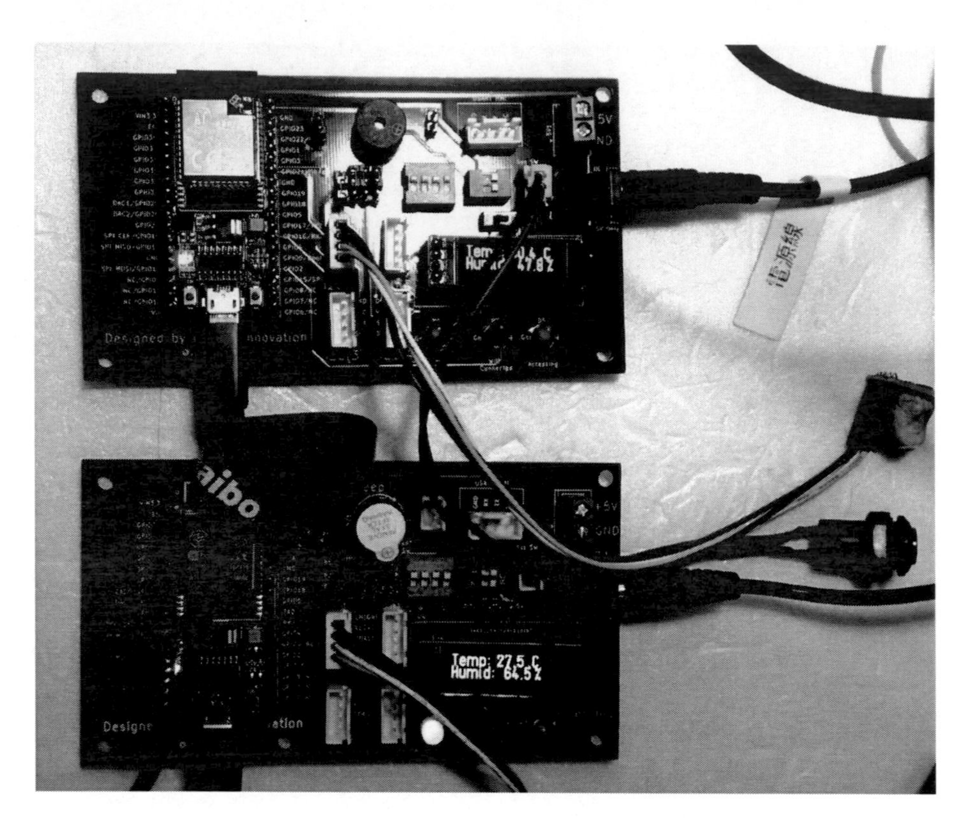

圖 190 發送端實驗材料實驗電路實體圖

我們遵照前幾章所述，將 ESP 32 開發板的驅動程式安裝好之後，我們打開 ESP 32 開發板的開發工具：Sketch IDE 整合開發軟體(安裝 Arduino 開發環境，請參考本文之『Arduino 開發 IDE 安裝』，安裝 ESP 32 開發板 SDK 請參考本文之『安裝 ESP32 Arduino 整合開發環境』(曹永忠, 2020a, 2020c, 2020d)，攥寫一段程式，如下表所示之溫溼度感測模組發送端發佈程式，取得取得溫溼度感測模組的溫度與濕度資料後，透過 MQTT Broker 傳送溫溼度資訊到指定的 Topic。

表 90 溫溼度感測模組發送端發佈程式(HTU21D_MQTT_Publish_ESP32S)

溫溼度感測模組發送端發佈程式(HTU21D_MQTT_Publish_ESP32S)
#include <String.h>　　//String 使用必備函示庫 #include "initPins.h" #include "HTU21DLib.h" #include "MQTT.h"

```
//--------------------
  void connectMQTT() ;
  void mycallback(char* topic, byte* payload, unsigned int length)    ;
// the setup function runs once when you press reset or power the board
void setup()
{

   // initialize digital pin LED_BUILTIN as an output.
      initAll() ;     //系統初始化
      initWiFi() ;   //網路連線，連上熱點
    ShowInternet() ;       //秀出網路卡編號
      initMQTT()   ;//MQTT Broker  初始化連線
   Serial.println("System    Ready");
  //-----------------
}
// the loop function runs over and over again forever
void loop()
{
         ReadSensor()   ; //讀取溫溼度
         Genjsondata("A123456789","BruceTsao",ReadTemperature(),ReadHumidity()) ;
         //產生  溫溼度資料，並轉到 buffer 變數
         Serial.println(buffer) ;       //印出 buffer 變數
         mqttclient.publish(mytopic, buffer);       //傳送 buffer 變數到 MQTT Broker，指
定 mytopic 傳送
   if (!mqttclient.connected())     //如果 MQTT  斷線(沒有連線)
   {
       Serial.println("connectMQTT    again");  //印出  "connectMQTT    again"
       connectMQTT();     //重新與 MQTT Server 連線
   }
   mqttclient.loop();       //處理 MQTT  通訊處理程序
   //給作業系統處理多工程序的機會
   delay(30000) ;
}
void initAll()        //系統初始化
{
      Serial.begin(9600) ;
      Serial.println("System Start");
    MacData = GetMacAddress() ; //取得網路卡編號
   initHTU21D();     //啟動 HTU21D  溫溼度感測器
```

```
}
```

程式下載：https://github.com/brucetsao/ESP10Course

表 91 溫溼度感測模組發送端發佈程式(MQTT.h)

溫溼度感測模組發送端發佈程式(MQTT.h)

```
#include <PubSubClient.h>     //MQTT 函式庫
#include <ArduinoJson.h>      //Json 使用元件
WiFiClient WifiClient;      //   web socket 元件
PubSubClient mqttclient(WifiClient) ;    //   MQTT Broker   元件  ，用 PubSubClient 類別產生一個 MQTT 物件
//名稱為 mqttclient，使用 WifiClient 的網路連線端
#define mytopic "/ncnu/TeamTeacher"      //這是老師用的，同學請要改
#define mytopicA "/ncnu/TeamA"      //這是老師用的，同學請要改
#define mytopicB "/ncnu/TeamB"      //這是老師用的，同學請要改
#define mytopicC "/ncnu/TeamC"      //這是老師用的，同學請要改
#define MQTTServer "broker.emqx.io"
#define MQTTPort 1883
char* MQTTUser = "";  // 不須帳密
char* MQTTPassword = "";     // 不須帳密
char buffer[400];
String SubTopic =String("/ncnu/ncnu310/") ;
String FullTopic ;
char fullTopic[35] ;
char clintid[20];
void mycallback(char* topic, byte* payload, unsigned int length)   ;
  void connectMQTT() ;
  void fillCID(String mm)
{
      // generate a random clientid based MAC
    //compose clientid with "tw"+MAC
    clintid[0]= 't' ;
    clintid[1]= 'w' ;
          mm.toCharArray(&clintid[2],mm.length()+1) ;
       clintid[2+mm.length()+1] = '\n' ;
}
void fillTopic(String mm)
{
```

```
        mm.toCharArray(&fullTopic[0],mm.length()+1) ;
        fullTopic[mm.length()+1] = '\n' ;
}

void Genjsondata(String myid,String myname, float temp, float humid )
{
   StaticJsonDocument<400> doc;        //產生一個 json 物件，取名 doc，有 400 字元大
小
   // 動態產生一個 400 長度的 json 物件，DynamicJsonDocument doc(400);
   // JSON input string.
   // Add values in the document
   // 下列格式化 json
   doc["id"] = myid;
   doc["name"] = myname ;
  doc["temperature"] = String(temp) ;
  doc["humidity"] = String(humid);
serializeJson(doc, buffer);
}
void initMQTT()      //MQTT Broker 初始化連線
{
  mqttclient.setServer(MQTTServer, MQTTPort);
   //連接 MQTT Server  ，  Servar name :MQTTServer，  Server Port :MQTTPort
   //mq.tongxinmao.com:18832
   mqttclient.setCallback(mycallback);
   // 設定 MQTT Server  ，  有 subscribed 的 topic 有訊息時，通知的函數
   fillCID(MacData); // generate a random clientid based MAC
   Serial.print("MQTT ClientID is :(") ;
   Serial.print(clintid) ;
   Serial.print(")\n") ;
   mqttclient.setServer(MQTTServer, MQTTPort);      // 設定 MQTT Server   URL and
Port
   mqttclient.setCallback(mycallback); //設定 MQTT  回叫系統使用的函式:mycallback
   connectMQTT();       //連到 MQTT Server
}
 void connectMQTT()
 {
   Serial.print("MQTT ClientID is :(") ;
   Serial.print(clintid) ;
   Serial.print(")\n") ;
```

```
  //印出 MQTT Client 基本訊息
  while (!mqttclient.connect(clintid, MQTTUser, MQTTPassword))   //沒有連線
  {
        Serial.print("-");        //印出"-"
        delay(1000);
      }
      Serial.print("\n");
  //FullTopic = SubTopic+MacData ;
  Serial.print("String Topic:[") ;
  Serial.print(mytopic) ;
  Serial.print("]\n") ;
  // fillTopic(FullTopic) ;
  Serial.print("char Topic:[") ;
  Serial.print(fullTopic) ;
  Serial.print("]\n") ;
  mqttclient.subscribe(mytopic); //訂閱我們的主旨
  Serial.println("\n MQTT connected!");
  // client.unsubscribe("/hello");
}
void mycallback(char* topic, byte* payload, unsigned int length)
{
  //mycallback(char* topic, byte* payload, unsigned int length)   參數格式固定，勿更改
      String payloadString;   // 將接收的 payload 轉成字串
      // 顯示訂閱內容
      Serial.print("Incoming:(") ;
      for (int i = 0; i < length; i++)
      {
        payloadString = payloadString + (char)payload[i];
        //buffer[i]= (char)payload[i] ;
        Serial.print(payload[i],HEX) ;
      }
      Serial.print(")\n") ;
  payloadString = payloadString + '\0';
  Serial.print("Message arrived [");
  Serial.print(topic);
  Serial.print("] \n");
  //--------------------
  Serial.print("Content [");
  Serial.print(payloadString);
```

```
    Serial.print("] \n");
}
```

程式下載：https://github.com/brucetsao/ESP10Course

表 92 溫溼度感測模組發送端發佈程式(HTU21DLib.h)

溫溼度感測模組發送端發佈程式(HTU21DLib.h)

```
#include <Wire.h>      //I2C 基礎通訊函式庫
#include "Adafruit_HTU21DF.h"      // HTU21D 溫溼度感測器函式庫
// Connect Vin to 3-5VDC
// Connect GND to ground
// Connect SCL to I2C clock pin (A5 on UNO)
// Connect SDA to I2C data pin (A4 on UNO)
double Temp_Value = 0 ;
double Humid_Value = 0 ;
Adafruit_HTU21DF htu = Adafruit_HTU21DF();    //產生 HTU21D 溫溼度感測器運作物件
 //產生 HTU21D 溫溼度感測器運作物件
void initHTU21D()      //啟動 HTU21D 溫溼度感測器
{
      if (!htu.begin())      //如果 HTU21D 溫溼度感測器沒有啟動成功
      {
         Serial.println("Couldn't find sensor!");
         //找不到 HTU21D 溫溼度感測器
         while (1);    //永遠死在這
      }
}
float ReadTemperature() //讀取 HTU21D 溫溼度感測器之溫度
{
      return htu.readTemperature();
}
float ReadHumidity() //讀取 HTU21D 溫溼度感測器之溼度
{
      return htu.readHumidity();
}
void ReadSensor()      //讀取溫溼度
{
         Temp_Value = ReadTemperature(); //讀取 HTU21D 溫溼度感測器之溫度
```

```
    Humid_Value= ReadHumidity(); //讀取 HTU21D 溫溼度感測器之溼度
    Serial.print("Temp: ");                    //印出 "Temp: "
    Serial.print(Temp_Value);                  //印出 temp 變數內容
    Serial.print(" C");                        //印出 " C"
    Serial.print("\t\t");                      //印出 "\t\t"
    Serial.print("Humidity: ");                //印出 "Humidity: "
    Serial.print(Humid_Value);                 //印出 rel_hum 變數內容
    Serial.println(" \%");                     //印出 " \%"
}
```

程式下載：https://github.com/brucetsao/ESP10Course

表 93 溫溼度感測模組發送端發佈程式(initPins.h)

溫溼度感測模組發送端發佈程式(initPins.h)

```
#define RelayPin 4
#define terminator '\n'
int ccmd = -1 ;
String cmdstr ;
#include <WiFi.h>    //使用網路函式庫
#include <WiFiClient.h>    //使用網路用戶端函式庫
#include <WiFiMulti.h>    //多熱點網路函式庫
WiFiMulti wifiMulti;    //產生多熱點連線物件
String IpAddress2String(const IPAddress& ipAddress) ;
  IPAddress ip ;    //網路卡取得 IP 位址之原始型態之儲存變數
  String IPData ;    //網路卡取得 IP 位址之儲存變數
  String APname ;    //網路熱點之儲存變數
  String MacData ;    //網路卡取得網路卡編號之儲存變數
  long rssi ;    //網路連線之訊號強度'之儲存變數
  int status = WL_IDLE_STATUS;  //取得網路狀態之變數
  void initWiFi()    //網路連線，連上熱點
{
  //加入連線熱點資料
  wifiMulti.addAP("NCNUIOT", "12345678");  //加入一組熱點
  wifiMulti.addAP("NCNUIOT2", "12345678");  //加入一組熱點
  wifiMulti.addAP("ABC", "12345678");  //加入一組熱點
  // We start by connecting to a WiFi network
  Serial.println();
  Serial.println();
```

```
  Serial.print("Connecting to ");
  //通訊埠印出 "Connecting to "
  wifiMulti.run();  //多網路熱點設定連線
 while (WiFi.status() != WL_CONNECTED)       //還沒連線成功
  {
    // wifiMulti.run() 啟動多熱點連線物件，進行已經紀錄的熱點進行連線，
    // 一個一個連線，連到成功為主，或者是全部連不上
    // WL_CONNECTED 連接熱點成功
    Serial.print(".");    //通訊埠印出
    delay(500) ;  //停 500 ms
     wifiMulti.run();    //多網路熱點設定連線
  }
    Serial.println("WiFi connected");    //通訊埠印出 WiFi connected
    Serial.print("AP Name: ");    //通訊埠印出 AP Name:
    APname = WiFi.SSID();
    Serial.println(APname);    //通訊埠印出 WiFi.SSID()==>從熱點名稱
    Serial.print("IP address: ");    //通訊埠印出 IP address:
    ip = WiFi.localIP();
    IPData = IpAddress2String(ip) ;
    Serial.println(IPData);    //通訊埠印出 WiFi.localIP()==>從熱點取得 IP 位址
    //通訊埠印出連接熱點取得的 IP 位址
}
void ShowInternet()    //秀出網路連線資訊
{
  Serial.print("MAC:") ;
  Serial.print(MacData) ;
  Serial.print("\n") ;
  Serial.print("SSID:") ;
  Serial.print(APname) ;
  Serial.print("\n") ;
  Serial.print("IP:") ;
  Serial.print(IPData) ;
  Serial.print("\n") ;
}
long POW(long num, int expo)
{
  long tmp =1 ;
  if (expo > 0)
  {
```

```
            for(int i = 0 ; i< expo ; i++)
                tmp = tmp * num ;
              return tmp ;
    }
    else
    {
     return tmp ;
    }
}
String SPACE(int sp)
{
        String tmp = "" ;
        for (int i = 0 ; i < sp; i++)
           {
                tmp.concat(' ')    ;
           }
        return tmp ;
}
String strzero(long num, int len, int base)
{
    String retstring = String("");
    int ln = 1 ;
        int i = 0 ;
        char tmp[10] ;
        long tmpnum = num ;
        int tmpchr = 0 ;
        char hexcode[]={'0','1','2','3','4','5','6','7','8','9','A','B','C','D','E','F'} ;
        while (ln <= len)
        {
              tmpchr = (int)(tmpnum % base) ;
              tmp[ln-1] = hexcode[tmpchr] ;
              ln++ ;
                tmpnum = (long)(tmpnum/base) ;
        }
        for (i = len-1; i >= 0 ; i --)
           {
                retstring.concat(tmp[i]);
           }
```

```
  return retstring;
}
unsigned long unstrzero(String hexstr, int base)
{
  String chkstring   ;
  int len = hexstr.length() ;

    unsigned int i = 0 ;
    unsigned int tmp = 0 ;
    unsigned int tmp1 = 0 ;
    unsigned long tmpnum = 0 ;
    String hexcode = String("0123456789ABCDEF") ;
    for (i = 0 ; i < (len ) ; i++)
    {
  //       chkstring= hexstr.substring(i,i) ;
      hexstr.toUpperCase() ;
            tmp = hexstr.charAt(i) ;    // give i th char and return this char
            tmp1 = hexcode.indexOf(tmp) ;
      tmpnum = tmpnum + tmp1* POW(base,(len -i -1) )    ;
    }
  return tmpnum;
}
String   print2HEX(int number) {
  String ttt ;
  if (number >= 0 && number < 16)
  {
    ttt = String("0") + String(number,HEX);
  }
  else
  {
      ttt = String(number,HEX);
  }
  return ttt ;
}
String GetMacAddress()      //取得網路卡編號
{
  // the MAC address of your WiFi shield
  String Tmp = "" ;
  byte mac[6];
```

```
  // print your MAC address:
  WiFi.macAddress(mac);
  for (int i=0; i<6; i++)
     {
           Tmp.concat(print2HEX(mac[i])) ;
     }
     Tmp.toUpperCase() ;
  return Tmp ;
}
void ShowMAC()   //於串列埠印出網路卡號碼
{
  Serial.print("MAC Address:(");   //印出 "MAC Address:("
  Serial.print(MacData) ;     //印出 MacData 變數內容
  Serial.print(")\n");       //印出 ")\n"
}
String IpAddress2String(const IPAddress& ipAddress)
{
  //回傳 ipAddress[0-3]的內容，以 16 進位回傳
  return String(ipAddress[0]) + String(".") +\
  String(ipAddress[1]) + String(".") +\
  String(ipAddress[2]) + String(".") +\
  String(ipAddress[3])   ;
}
String chrtoString(char *p)
{
     String tmp ;
     char c ;
     int count = 0 ;
     while (count <100)
     {
           c= *p ;
           if (c != 0x00)
              {
                tmp.concat(String(c)) ;
              }
              else
              {
                    return tmp ;
              }
```

```
            count++ ;
            p++;
        }
}
void CopyString2Char(String ss, char *p)
{
                //    sprintf(p,"%s",ss) ;

    if (ss.length() <=0)
          {
                  *p =    0x00 ;
                return ;
          }
        ss.toCharArray(p, ss.length()+1) ;
      // *(p+ss.length()+1) = 0x00 ;
}
boolean CharCompare(char *p, char *q)
    {
          boolean flag = false ;
          int count = 0 ;
          int nomatch = 0 ;
          while (flag <100)
          {
                if (*(p+count) == 0x00 or *(q+count) == 0x00)
                    break ;
                if (*(p+count) != *(q+count) )
                        {
                            nomatch ++ ;
                        }
                      count++ ;
          }
        if (nomatch >0)
          {
              return false ;
          }
          else
          {
              return true ;
          }
```

```
    }
String Double2Str(double dd,int decn)
{
        int a1 = (int)dd ;
        int a3 ;
        if (decn >0)
        {
                double a2 = dd - a1 ;
                a3 = (int)(a2 * (10^decn));
        }
        if (decn >0)
        {
                return String(a1)+"."+ String(a3) ;
        }
        else
        {
            return String(a1) ;
        }
}
```

程式下載：https://github.com/brucetsao/ESP10Course

如下圖所示，可以看到程式編輯畫面：

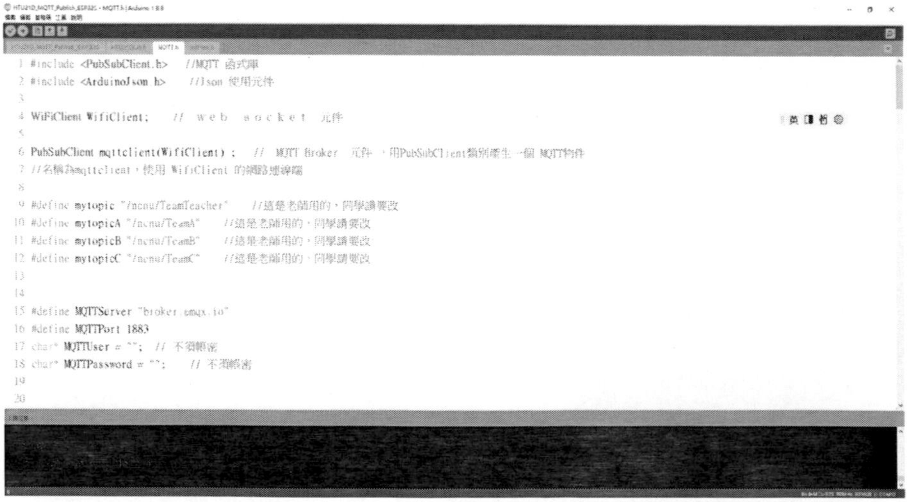

圖 191 溫溼度感測模組發送端發佈程式之編輯畫面

如下圖所示，我們可以看到溫溼度感測模組發送端發佈程式之結果畫面。

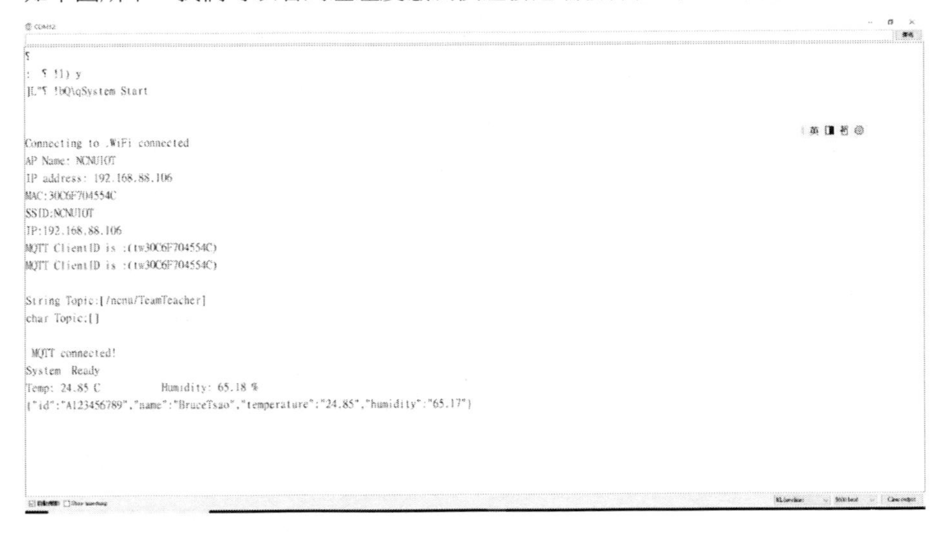

圖 192 溫溼度感測模組發送端發佈程式之結果畫面

如下圖所示，，本文使用 MQTT BOX 應用程式，訂閱『/ncnu/TeamTeacher』主題後，MQTT Broker 回傳訊息的畫面。

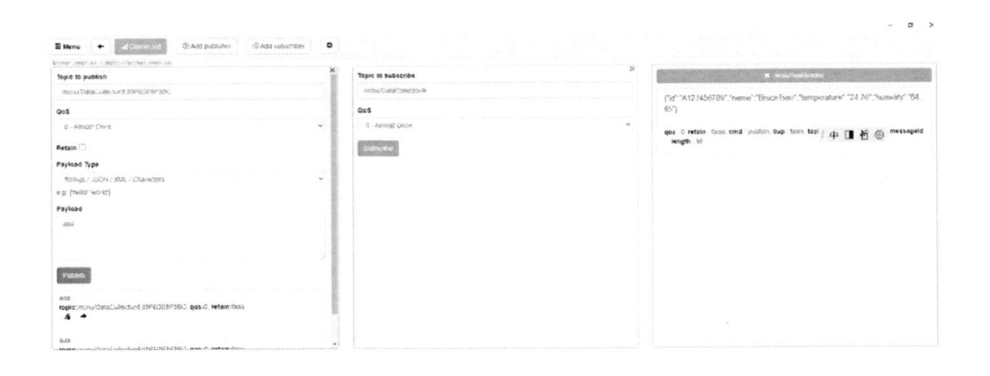

圖 193 溫溼度感測模組發送端發佈程式之 MQTT BOX 畫面

溫溼度訂閱顯示功能開發

接下來我們就要使用 MQTT Publish/Subscribe 的機制，當另一端讀取溫溼度模組讀取溫濕度後，將資料透過 MQTT Broker，指定特定的 Topic，本節設計之接收端系統，透過 MQTT 通訊協定，訂閱發送端之 Topic，當 MQTT Broker 傳送該特定的 Topic 內容，本節設計之接收端系統也會收到 MQTT Broker 的傳送訂閱資料，這時候接收端系統就會將訂閱資料顯示出來。

訂閱端實驗材料

如下圖所示，這個實驗我們需要用到的實驗硬體有下圖.(a)的 ESP 32 開發板、下圖.(b) MicroUSB 下載線：

(a). NodeMCU 32S 開發板

(b). MicroUSB 下載線

圖 194 訂閱端實驗材料表

讀者可以參考下圖所示之訂閱端實驗材料電路圖，進行電路組立。

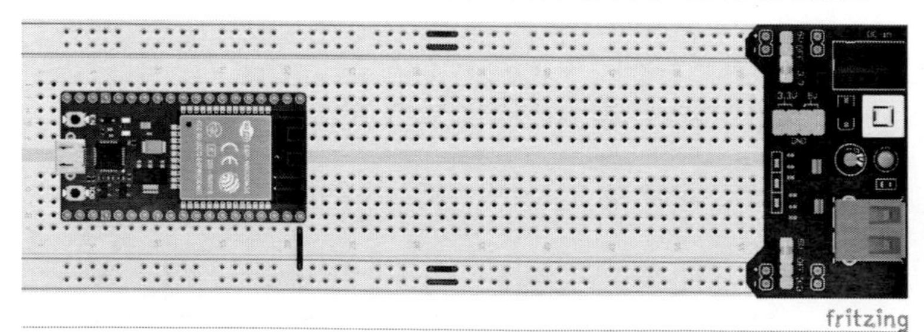

圖 195 訂閱端實驗材料實驗電路圖

讀者可以參考下圖所示之訂閱端實驗材料實驗電路圖，參考後進行電路組立。

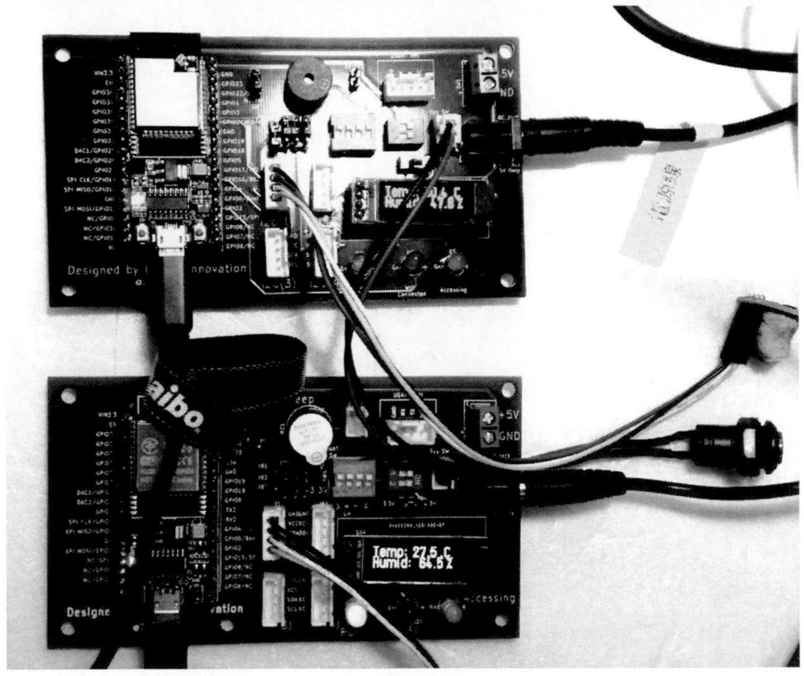

圖 196 訂閱端實驗材料實驗電路實體圖

我們遵照前幾章所述，將 ESP 32 開發板的驅動程式安裝好之後，我們打開 ESP 32 開發板的開發工具：Sketch IDE 整合開發軟體(安裝 Arduino 開發環境，請參考本文之『Arduino 開發 IDE 安裝』，安裝 ESP 32 開發板 SDK 請參考本文之『安裝 ESP32 Arduino 整合開發環境』(曹永忠, 2020a, 2020c, 2020d)，攥寫一段程式，如下表所示之溫溼度感測模組接收端訂閱程式，當收到 MQTT Broker 傳送訂閱之 TOPIC 之料時，透過 MQTT Broker Call Back 方式，取得 Topic 內容的 Payload 內容。

表 94 溫溼度感測模組接收端訂閱程式(HTU21D_MQTT_Subscribe_ESP32S)

溫溼度感測模組接收端訂閱程式(HTU21D_MQTT_Subscribe_ESP32S)

```
#include <String.h>     //String 使用必備函示庫
#include "initPins.h"
#include "MQTT.h"
void connectMQTT() ;
 void mycallback(char* topic, byte* payload, unsigned int length)   ;
// the setup function runs once when you press reset or power the board
void setup()
{
  // initialize digital pin LED_BUILTIN as an output.
      initAll() ;    //系統初始化
      initWiFi() ;  //網路連線，連上熱點
    ShowInternet() ;      //秀出網路卡編號
      initMQTT()   ;//MQTT Broker 初始化連線
  Serial.println("System   Ready");
}
// the loop function runs over and over again forever
void loop()
{
  if (!mqttclient.connected())     //如果 MQTT 斷線(沒有連線)
  {
       Serial.println("connectMQTT   again"); //印出 "connectMQTT   again"
       connectMQTT();    //重新與 MQTT Server 連線
  }
  mqttclient.loop();      //處理 MQTT 通訊處理程序
  //給作業系統處理多工程序的機會
  delay(300) ;
```

```
}
void initAll()        //系統初始化
{
      Serial.begin(9600) ;
      Serial.println("System Start");
    MacData = GetMacAddress() ; //取得網路卡編號

}
```

程式下載：https://github.com/brucetsao/ESP10Course

表 95 溫溼度感測模組接收端訂閱程式(MQTT.h)

溫溼度感測模組接收端訂閱程式(MQTT.h)

```
#include <PubSubClient.h>     //MQTT 函式庫
#include <ArduinoJson.h>      //Json 使用元件
WiFiClient WifiClient;      //   web socket 元件
PubSubClient mqttclient(WifiClient) ;     //   MQTT Broker   元件   ，用 PubSubClient
類別產生一個 MQTT 物件
//名稱為 mqttclient，使用 WifiClient 的網路連線端
#define mytopic "/ncnu/TeamTeacher"       //這是老師用的，同學請要改
#define mytopicA "/ncnu/TeamA"       //這是老師用的，同學請要改
#define mytopicB "/ncnu/TeamB"       //這是老師用的，同學請要改
#define mytopicC "/ncnu/TeamC"       //這是老師用的，同學請要改
#define MQTTServer "broker.emqx.io"
#define MQTTPort 1883
char* MQTTUser = "";   // 不須帳密
char* MQTTPassword = "";      // 不須帳密
char buffer[400];
String SubTopic =String("/ncnu/ncnu310/") ;
String FullTopic ;
char fullTopic[35] ;
char clintid[20];
void mycallback(char* topic, byte* payload, unsigned int length)   ;
 void connectMQTT() ;

void fillCID(String mm)
{
      // generate a random clientid based MAC
```

```
  //compose clientid with "tw"+MAC
  clintid[0]= 't' ;
  clintid[1]= 'w' ;
        mm.toCharArray(&clintid[2],mm.length()+1) ;
     clintid[2+mm.length()+1] = '\n' ;
}
void fillTopic(String mm)
{
        mm.toCharArray(&fullTopic[0],mm.length()+1) ;
     fullTopic[mm.length()+1] = '\n' ;
}
void Genjsondata(String myid,String myname, float temp, float humid )
{
  StaticJsonDocument<400> doc;     //產生一個 json 物件，取名 doc，有 400 字元大
小
 // 動態產生一個 400 長度的 json 物件，DynamicJsonDocument doc(400);
 // JSON input string.
 // Add values in the document
  // 下列格式化 json
  doc["id"] = myid;
  doc["name"] = myname ;
 doc["temperature"] = String(temp) ;
 doc["humidity"] = String(humid);
serializeJson(doc, buffer);
}
void initMQTT()    //MQTT Broker 初始化連線
{
 mqttclient.setServer(MQTTServer, MQTTPort);
  //連接 MQTT Server ， Servar name :MQTTServer， Server Port :MQTTPort
  //mq.tongxinmao.com:18832
  mqttclient.setCallback(mycallback);
  // 設定 MQTT Server ， 有 subscribed 的 topic 有訊息時，通知的函數
  fillCID(MacData); // generate a random clientid based MAC
  Serial.print("MQTT ClientID is :(") ;
  Serial.print(clintid) ;
  Serial.print(")\n") ;
  mqttclient.setServer(MQTTServer, MQTTPort);   // 設定 MQTT Server  URL and
Port
  mqttclient.setCallback(mycallback); //設定 MQTT 回叫系統使用的函式:mycallback
```

```
  connectMQTT();      //連到 MQTT Server
}
 void connectMQTT()
 {
  Serial.print("MQTT ClientID is :(") ;
  Serial.print(clintid) ;
  Serial.print(")\n") ;
  //印出 MQTT Client 基本訊息
  while (!mqttclient.connect(clintid, MQTTUser, MQTTPassword))   //沒有連線
  {
       Serial.print("-");      //印出"-"
       delay(1000);
     }
     Serial.print("\n");
  //FullTopic = SubTopic+MacData ;
  Serial.print("String Topic:[") ;
  Serial.print(mytopic) ;
  Serial.print("]\n") ;
  // fillTopic(FullTopic) ;
  Serial.print("char Topic:[") ;
  Serial.print(fullTopic) ;
  Serial.print("]\n") ;
  mqttclient.subscribe(mytopic); //訂閱我們的主旨
  Serial.println("\n MQTT connected!");
  // client.unsubscribe("/hello");
}
void mycallback(char* topic, byte* payload, unsigned int length)
{
  //mycallback(char* topic, byte* payload, unsigned int length)  參數格式固定，勿更改
   String payloadString;  // 將接收的 payload 轉成字串
    // 顯示訂閱內容
    Serial.print("Incoming:(") ;
    for (int i = 0; i < length; i++)
    {
      payloadString = payloadString + (char)payload[i];
      //buffer[i]= (char)payload[i] ;
      Serial.print(payload[i],HEX) ;
    }
    Serial.print(")\n") ;
```

```
  payloadString = payloadString + '\0';
  Serial.print("Message arrived [");
  Serial.print(topic);
  Serial.print("] \n");
  Serial.print("Content [");
  Serial.print(payloadString);
  Serial.print("] \n");
}
```

程式下載：https://github.com/brucetsao/ESP10Course

表 96 溫溼度感測模組接收端訂閱程式(initPins.h)

溫溼度感測模組接收端訂閱程式(initPins.h)

```
#define RelayPin 4
#define terminator '\n'
int ccmd = -1 ;
String cmdstr ;
#include <WiFi.h>     //使用網路函式庫
#include <WiFiClient.h>     //使用網路用戶端函式庫
#include <WiFiMulti.h>      //多熱點網路函式庫
WiFiMulti wifiMulti;      //產生多熱點連線物件
String IpAddress2String(const IPAddress& ipAddress) ;
  IPAddress ip ;       //網路卡取得 IP 位址之原始型態之儲存變數
  String IPData ;     //網路卡取得 IP 位址之儲存變數
  String APname ;     //網路熱點之儲存變數
  String MacData ;     //網路卡取得網路卡編號之儲存變數
  long rssi ;     //網路連線之訊號強度'之儲存變數
  int status = WL_IDLE_STATUS;  //取得網路狀態之變數
void initWiFi()    //網路連線，連上熱點
{
  //加入連線熱點資料
  wifiMulti.addAP("NCNUIOT", "12345678");  //加入一組熱點
  wifiMulti.addAP("NCNUIOT2", "12345678");  //加入一組熱點
  wifiMulti.addAP("ABC", "12345678");  //加入一組熱點
  // We start by connecting to a WiFi network
  Serial.println();
  Serial.println();
  Serial.print("Connecting to ");
```

```
  //通訊埠印出 "Connecting to "
  wifiMulti.run();  //多網路熱點設定連線
 while (WiFi.status() != WL_CONNECTED)        //還沒連線成功
  {
    // wifiMulti.run() 啟動多熱點連線物件，進行已經紀錄的熱點進行連線，
    // 一個一個連線，連到成功為主，或者是全部連不上
    // WL_CONNECTED 連接熱點成功
    Serial.print(".");     //通訊埠印出
    delay(500) ;   //停 500 ms
     wifiMulti.run();    //多網路熱點設定連線
  }
    Serial.println("WiFi connected");     //通訊埠印出 WiFi connected
    Serial.print("AP Name: ");     //通訊埠印出 AP Name:
    APname = WiFi.SSID();
    Serial.println(APname);     //通訊埠印出 WiFi.SSID()==>從熱點名稱
    Serial.print("IP address: ");     //通訊埠印出 IP address:
    ip = WiFi.localIP();
    IPData = IpAddress2String(ip) ;
    Serial.println(IPData);     //通訊埠印出 WiFi.localIP()==>從熱點取得 IP 位址
    //通訊埠印出連接熱點取得的 IP 位址
}
void ShowInternet()    //秀出網路連線資訊
{
  Serial.print("MAC:") ;
  Serial.print(MacData) ;
  Serial.print("\n") ;
  Serial.print("SSID:") ;
  Serial.print(APname) ;
  Serial.print("\n") ;
  Serial.print("IP:") ;
  Serial.print(IPData) ;
  Serial.print("\n") ;
}
long POW(long num, int expo)
{
  long tmp =1 ;
  if (expo > 0)
  {
        for(int i = 0 ; i< expo ; i++)
```

```
            tmp = tmp * num ;
          return tmp ;
  }
  else
  {
    return tmp ;
  }
}
String SPACE(int sp)
{
      String tmp = "" ;
      for (int i = 0 ; i < sp; i++)
         {
            tmp.concat(' ')    ;
         }
      return tmp ;
}
String strzero(long num, int len, int base)
{
   String retstring = String("");
   int ln = 1 ;
      int i = 0 ;
      char tmp[10] ;
      long tmpnum = num ;
      int tmpchr = 0 ;
      char hexcode[]={'0','1','2','3','4','5','6','7','8','9','A','B','C','D','E','F'} ;
      while (ln <= len)
      {
            tmpchr = (int)(tmpnum % base) ;
            tmp[ln-1] = hexcode[tmpchr] ;
            ln++ ;
             tmpnum = (long)(tmpnum/base) ;
      }
      for (i = len-1; i >= 0 ; i --)
         {
             retstring.concat(tmp[i]);
         }
   return retstring;
}
```

```
unsigned long unstrzero(String hexstr, int base)
{
  String chkstring    ;
  int len = hexstr.length() ;

    unsigned int i = 0 ;
    unsigned int tmp = 0 ;
    unsigned int tmp1 = 0 ;
    unsigned long tmpnum = 0 ;
    String hexcode = String("0123456789ABCDEF") ;
    for (i = 0 ; i < (len ) ; i++)
    {
  //        chkstring= hexstr.substring(i,i) ;
      hexstr.toUpperCase() ;
            tmp = hexstr.charAt(i) ;    // give i th char and return this char
            tmp1 = hexcode.indexOf(tmp) ;
      tmpnum = tmpnum + tmp1* POW(base,(len -i -1) )    ;
    }
  return tmpnum;
}
String    print2HEX(int number) {
  String ttt ;
  if (number >= 0 && number < 16)
  {
    ttt = String("0") + String(number,HEX);
  }
  else
  {
      ttt = String(number,HEX);
  }
  return ttt ;
}
String GetMacAddress()      //取得網路卡編號
{
  // the MAC address of your WiFi shield
  String Tmp = "" ;
  byte mac[6];
  // print your MAC address:
  WiFi.macAddress(mac);
```

```
    for (int i=0; i<6; i++)
        {
            Tmp.concat(print2HEX(mac[i])) ;
        }
        Tmp.toUpperCase() ;
    return Tmp ;
}
void ShowMAC()   //於串列埠印出網路卡號碼
{
    Serial.print("MAC Address:(");   //印出 "MAC Address:("
    Serial.print(MacData) ;     //印出 MacData 變數內容
    Serial.print(")\n");        //印出 ")\n"
}
String IpAddress2String(const IPAddress& ipAddress)
{
    //回傳 ipAddress[0-3]的內容，以 16 進位回傳
    return String(ipAddress[0]) + String(".") +\
    String(ipAddress[1]) + String(".") +\
    String(ipAddress[2]) + String(".") +\
    String(ipAddress[3])   ;
}
String chrtoString(char *p)
{
        String tmp ;
        char c ;
        int count = 0 ;
        while (count <100)
        {
            c= *p ;
            if (c != 0x00)
              {
                tmp.concat(String(c)) ;
              }
              else
              {
                  return tmp ;
              }
            count++ ;
            p++;
```

```
    }
}
void CopyString2Char(String ss, char *p)
{
            //   sprintf(p,"%s",ss) ;
  if (ss.length() <=0)
        {
              *p =   0x00 ;
            return ;
        }
      ss.toCharArray(p, ss.length()+1) ;
    // *(p+ss.length()+1) = 0x00 ;
}
boolean CharCompare(char *p, char *q)
  {
        boolean flag = false ;
        int count = 0 ;
        int nomatch = 0 ;
        while (flag <100)
        {
              if (*(p+count) == 0x00 or *(q+count) == 0x00)
                 break ;
              if (*(p+count) != *(q+count) )
                    {
                        nomatch ++ ;
                    }
                   count++ ;
        }
      if (nomatch >0)
        {
           return false ;
        }
        else
        {
           return true ;
        }
  }
String Double2Str(double dd,int decn)
```

```
{
    int a1 = (int)dd ;
    int a3 ;
    if (decn >0)
    {
        double a2 = dd - a1 ;
        a3 = (int)(a2 * (10^decn));
    }
    if (decn >0)
    {
        return String(a1)+"."+ String(a3) ;
    }
    else
    {
      return String(a1) ;
    }
  }
```

程式下載：https://github.com/brucetsao/ESP10Course

如下圖所示，可以看到程式編輯畫面：

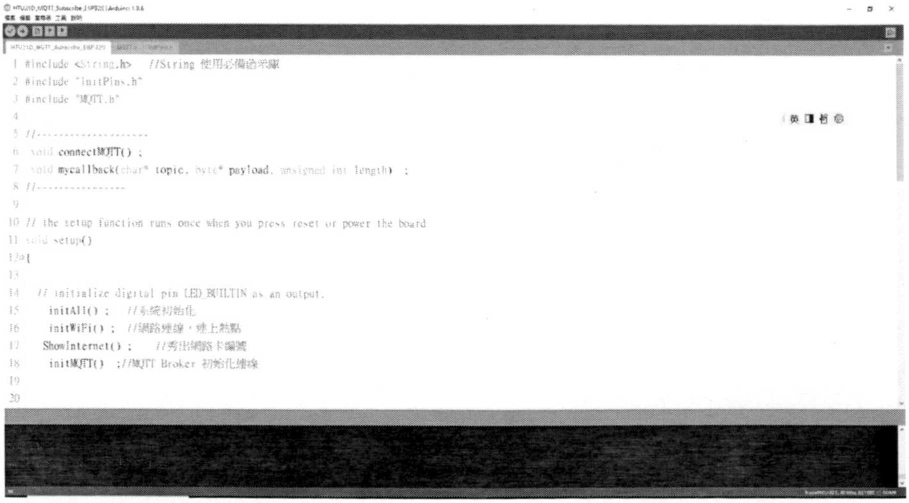

圖 197 溫溼度感測模組接收端訂閱程式之編輯畫面

如下圖所示，我們可以看到溫溼度感測模組接收端訂閱程式之結果畫面。

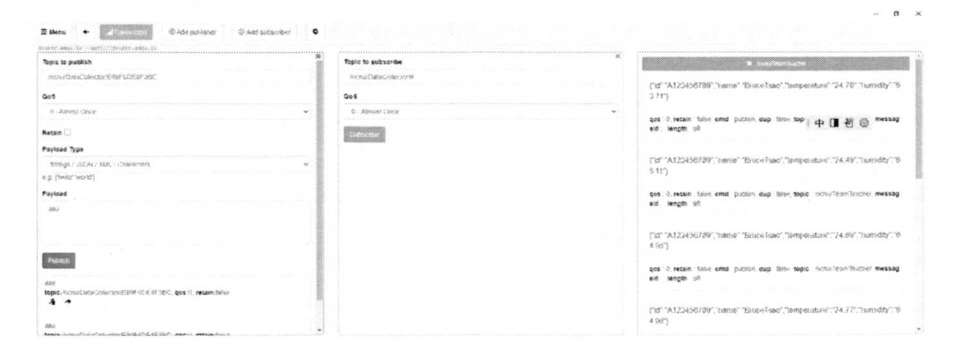

圖 198 溫溼度感測模組接收端訂閱程式之結果畫面

如下圖所示，本文使用 MQTT BOX 應用程式，訂閱『/ncnu/TeamTeacher』主題後，MQTT Broker 回傳訊息的畫面。

圖 199 溫溼度感測模組接收端訂閱程式之 MQTT BOX 畫面

多筆資料溫溼度發佈/訂閱顯示功能開發

由上節所式，我們已經可以透過 MQTT Publish/Subscribe 的機制，當透過讀取溫溼度模組讀取溫濕度，在溫溼度之後，立即透過 MQTT Broker，指定特定的 Topic，將溫溼度的資訊，轉化成 Payload，使用 MQTT 通訊協定傳送到 MQTT Broker。

但是溫濕度是一種即時的資料，所以單一的資料很難表現出他的資料，所以，如果可以累積一堆的連續資料，再進行傳送，哪將是更棒的的方式，所以本文將累積到一連串的資料之後，透過 json 的 資料傳遞，傳送到 MQTT Broker，那將會更好的一種方式。

溫溼度發佈功能開發

發送端實驗材料

如下圖所示，這個實驗我們需要用到的實驗硬體有下圖.(a)的 ESP 32 開發板、下圖.(b) MicroUSB 下載線：

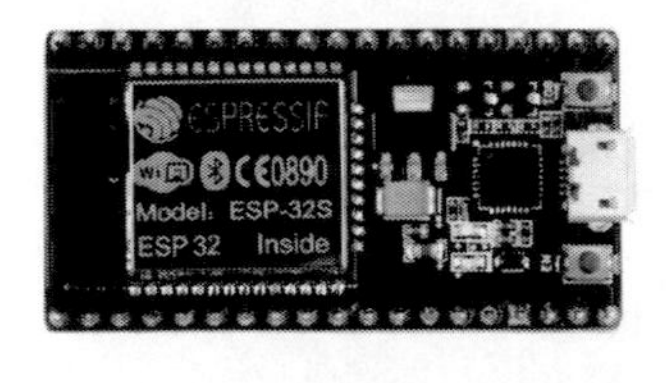

(a). NodeMCU 32S 開發板

(b). MicroUSB 下載線

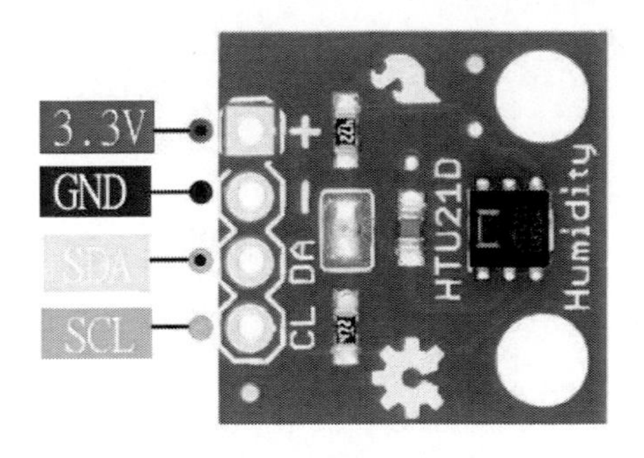

(c). HTU21D溫溼度感測模組

圖 200 發送端實驗材料表

讀者也可以參考下表之發送端實驗材料表，進行電路組立。

表 97 發送端實驗材料接腳表

接腳	接腳說明	開發板接腳
1	麵包板 Vcc(紅線)	接電源正極(5V)
2	麵包板 GND(藍線)	接電源負極
3	溫溼度感測模組(+/VCC)	接電源正極(3.3 V)
4	溫溼度感測模組(-/GND)	接電源負極
5	溫溼度感測模組(DA/SDA)	GPIO 21/SDA
6	溫溼度感測模組(CL/SCL)	GPIO 22/SCL

讀者可以參考下圖所示之發送端實驗材料連接電路圖，進行電路組立。

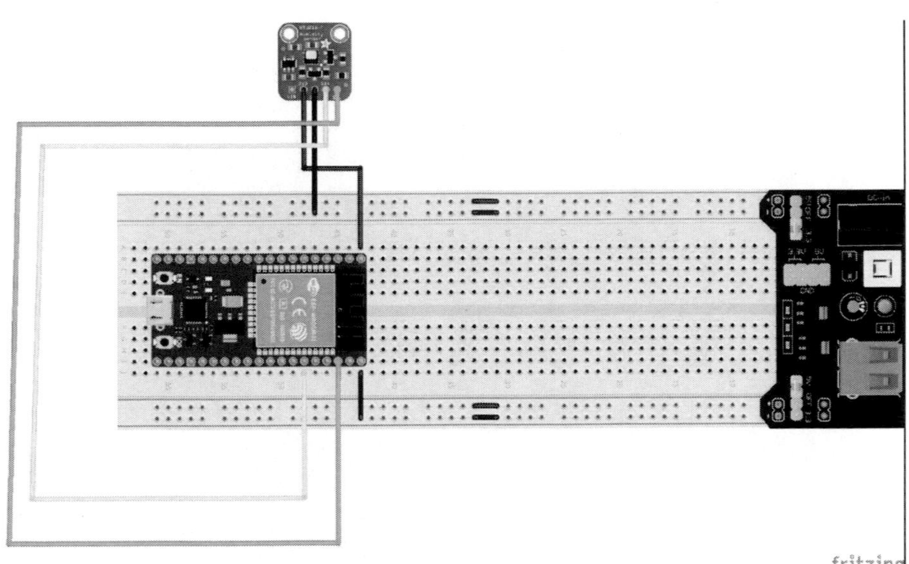

圖 201 發送端實驗材料實驗電路圖

讀者可以參考下圖所示之發送端實驗材料實驗電路圖，參考後進行電路組立。

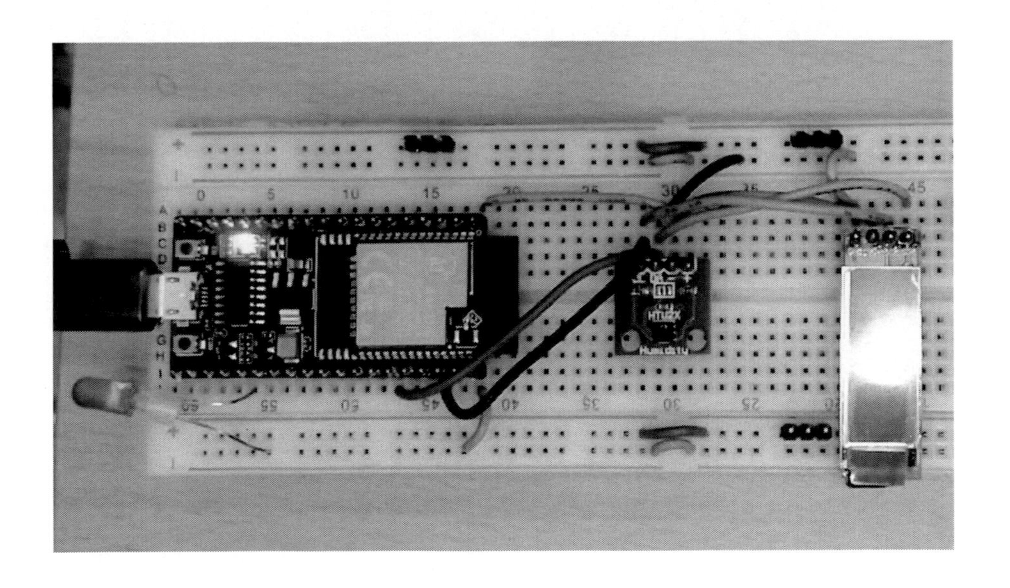

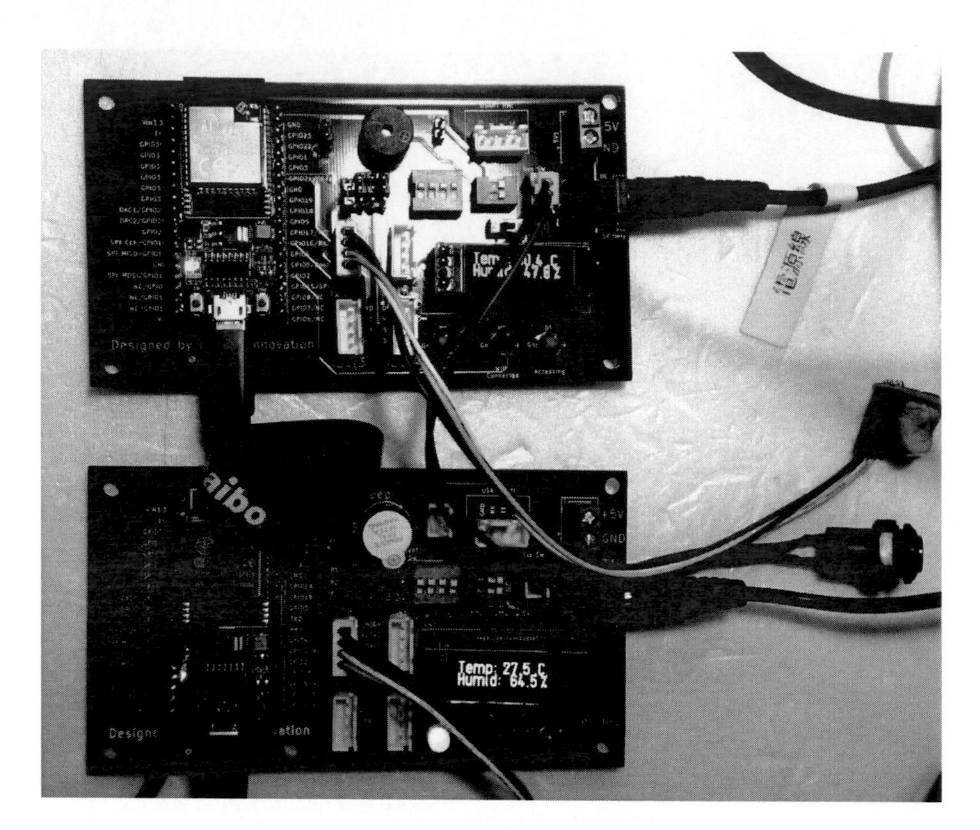

圖 202 發送端實驗材料實驗電路實體圖

我們遵照前幾章所述，將 ESP 32 開發板的驅動程式安裝好之後，我們打開 ESP 32 開發板的開發工具：Sketch IDE 整合開發軟體(安裝 Arduino 開發環境，請參考本文之『Arduino 開發 IDE 安裝』，安裝 ESP 32 開發板 SDK 請參考本文之『安裝 ESP32 Arduino 整合開發環境』(曹永忠, 2020a, 2020c, 2020d)，攥寫一段程式，如下表所示之溫溼度感測模組發送端發佈程式，取得取得溫溼度感測模組的溫度與濕度資料後，透過 MQTT Broker 傳送溫溼度資訊到指定的 Topic。

表 98 溫溼度感測模組發送端發佈程式(HTU21D_MQTT_Publish_json_ESP32S)

溫溼度感測模組發送端發佈程式(HTU21D_MQTT_Publish_json_ESP32S)
#include <String.h>   //String 使用必備函示庫 #include "initPins.h" #include "HTU21DLib.h"   //HTU21D 溫濕度感測模組 使用必備函示庫

```
#include "MQTT.h" // MQTT Broker 自訂模組
#include "JSONLIB.h"     //arduino json  使用必備函示庫

//--------------------
  void connectMQTT() ;
  void mycallback(char* topic, byte* payload, unsigned int length)    ;
  void initAll() ;        //系統初始化
//----------------

// the setup function runs once when you press reset or power the board
void setup()
{
   // initialize digital pin LED_BUILTIN as an output.
       initAll() ;     //系統初始化

       initMQTT()    ;//MQTT Broker  初始化連線
         arraycount = 0;
         initjson();
   Serial.println("System    Ready");
  //-----------------
}

// the loop function runs over and over again forever
void loop()
{
     if (!mqttclient.connected())
    {
        connectMQTT();
    }
        if (arraycount >= arrayamount)
          {
             setjsondata(MacData,&Temp[0],&Humid[0]) ;
      //        serializeJson(json_row,Serial) ;
    //          Serial.println("") ;
          Serial.print("Now Json Data:") ;
             Serial.println(json_data) ;

          //產生 溫溼度資料，並轉到 json_data 變數
```

```
            mqttclient.publish(PubTopicbuffer, json_data);       //傳送 buffer 變數到
MQTT Broker，指定 mytopic 傳送
            Serial.print("Topic:")   ;
            Serial.print(PubTopicbuffer)   ;
            Serial.print(":Payload(")   ;
            Serial.print(json_data) ;
            Serial.print(")\n")        ;
             if (!mqttclient.connected())    //如果 MQTT 斷線(沒有連線)
            {

                Serial.println("connectMQTT   again");  //印出 "connectMQTT
again"

            }

          arraycount=0;
        // Temperature.clear();
        // Humidity.clear();
        return ;
      }
      else
      {
          Serial.print("Dn(") ;
         Serial.print(arraycount) ;
         Serial.print(")\n") ;
         onesensor = ReadSensor(onesensor)   ; //讀取溫溼度
        // AppendSensorData(onesensor,sensordata[arraycount]) ;
         appendjsondata(onesensor,&Temp[0],&Humid[0],arraycount) ;
         arraycount++ ;

      }


     mqttclient.loop(); //給作業系統處理多工程序的機會
   delay(loopdelay) ;
}

void initAll()        //系統初始化
{
```

```
    Serial.begin(9600) ;
    Serial.println("System Start");
   MacData = GetMacAddress() ; //取得網路卡編號

      initWiFi() ;   //網路連線，連上熱點
   ShowInternet() ;        //秀出網路卡編號

     initHTU21D();     //啟動 HTU21D  溫溼度感測器
     fillCID(MacData) ;
     fillTopic(MacData) ;
}
```

程式下載：https://github.com/brucetsao/ESP10Course

表 99 溫溼度感測模組發送端發佈程式(HTU21DLib.h)

溫溼度感測模組發送端發佈程式(HTU21DLib.h)

```
#include <Wire.h>      //I2C  基礎通訊函式庫
#include "Adafruit_HTU21DF.h"     // HTU21D  溫溼度感測器函式庫

// Connect Vin to 3-5VDC
// Connect GND to ground
// Connect SCL to I2C clock pin (A5 on UNO)
// Connect SDA to I2C data pin (A4 on UNO)
//double Temp_Value = 0 ;
//double Humid_Value = 0 ;
Adafruit_HTU21DF htu = Adafruit_HTU21DF();   //產生 HTU21D  溫溼度感測器運作
物件
 //產生 HTU21D  溫溼度感測器運作物件

struct Sensor
{      // Structure declaration
   double Temperature = 0 ;//溫度
   double Humidity = 0 ;//濕度

}; // End the structure with a semicolon

Sensor onesensor ;
```

```
Sensor sensordata[20] ;

void initHTU21D()      //啟動 HTU21D  溫溼度感測器
{
      if (!htu.begin())     //如果  HTU21D  溫溼度感測器沒有啟動成功
      {
         Serial.println("Couldn't find sensor!");
         //找不到  HTU21D  溫溼度感測器
         while (1);   //永遠死在這
      }
}

float ReadTemperature() //讀取 HTU21D  溫溼度感測器之溫度
{
      return htu.readTemperature();
}
float ReadHumidity() //讀取 HTU21D  溫溼度感測器之溼度
{
      return htu.readHumidity();
}


Sensor ReadSensor(Sensor ss)      //讀取溫溼度
{
      ss.Temperature = Double2Str(ReadTemperature(),2).toDouble(); //讀取 HTU21D  溫
溼度感測器之溫度
      ss.Humidity = Double2Str(ReadHumidity(),2).toDouble() ; //讀取 HTU21D  溫溼度
感測器之溼度
      Serial.print("Temp: ");                          //印出  "Temp: "
      Serial.print(ss.Temperature);                              //印出  temp 變數內容
      Serial.print(" C");                              //印出  " C"
      Serial.print("\t\t");                          //印出  "\t\t"
      Serial.print("Humidity: ");                    //印出  "Humidity: "
      Serial.print(ss.Humidity);                           //印出  rel_hum 變數內容
      Serial.println(" \%");                          //印出  " \%"

   return ss;
}
```

```
void AppendSensorData(Sensor s1, Sensor s2)
{
    s2.Temperature = s1.Temperature; //讀取 HTU21D 溫溼度感測器之溫度
    s2.Humidity = s1.Humidity; //讀取 HTU21D 溫溼度感測器之溼度
}
```

程式下載：https://github.com/brucetsao/ ESP10Course

表 100 溫溼度感測模組發送端發佈程式(JSONLIB.h)

溫溼度感測模組發送端發佈程式(JSONLIB.h)

```
#include <ArduinoJson.h>    //Json 使用元件
//StaticJsonDocument<2000> json_doc;
//JsonArray temp = doc.to<JsonArray>();
//JsonArray humidp = doc.to<JsonArray>();
  // static JsonArray Temperature = json_doc.createNestedArray("Temperature");
  // static    JsonArray Humidity = json_doc.createNestedArray("Humidity");
//const int capacity = JSON_ARRAY_SIZE(30) + 30*JSON_OBJECT_SIZE(1);
//StaticJsonDocument<capacity> json_row1;
//StaticJsonDocument<capacity> json_row2;
int arraycount = 0 ;
#define    arrayamount 20
String Devname ;
double Temp[arrayamount] ;
double Humid[arrayamount] ;

char json_data[2500];
DeserializationError json_error;
/*
{
   "Device": "E89F6DE8F3BC",
   "Temperature": 24,
   "Humidity": 77
}
  */

void initjson()
{
    // json_doc["Device"] ="1234567890AB" ;
```

```
  //   json_doc["Device"] ="1234567890AB" ;
      for (int i=0 ; i< arrayamount; i++)
      {
    //        Temperature.add(0);
      //      Humidity.add(0);
      }
}
void setjsondata(String mm,double *t, double *h)
{
      StaticJsonDocument<2000> json_doc;
   json_doc["Device"] = mm ;
   JsonArray Temperature = json_doc.createNestedArray("Temperature");
   JsonArray Humidity = json_doc.createNestedArray("Humidity");
   json_doc["Device"] = mm;
   for(int i=0;i<arrayamount;i++)
   {
      Temperature.add(*(t+i)) ;
      Humidity.add(*(h+i)) ;
   }
  // json_doc["Temperature"] =    json_rowT;
  // json_doc["Humidity"] =    json_rowH;
    serializeJson(json_doc, json_data);
}

void appendjsondata(Sensor dd, double *t,double *h, int pp)
{
   *(t+pp) = dd.Temperature;
   *(h+pp) = dd.Humidity;
}
```

程式下載：https://github.com/brucetsao/ESP10Course

表 101 溫溼度感測模組發送端發佈程式(MQTT.h)

溫溼度感測模組發送端發佈程式(MQTT.h)

```
#include <PubSubClient.h>     //MQTT 函式庫
#include <ArduinoJson.h>      //Json 使用元件

WiFiClient WifiClient;       //   web socket 元件
```

```
PubSubClient mqttclient(WifiClient) ;    //   MQTT Broker   元件  ，用 PubSubClient
類別產生一個 MQTT 物件
//名稱為 mqttclient，使用 WifiClient 的網路連線端
const char* PubTop = "/ncnu/DataCollector/%s" ;
const char* SubTop = "/ncnu/DataCollector/%s" ;
String TopicT;
char SubTopicbuffer[200];
char PubTopicbuffer[200];
#define MQTTServer "broker.emqx.io"
#define MQTTPort 1883
char* MQTTUser = "";   // 不須帳密
char* MQTTPassword = "";      // 不須帳密
char buffer[400];

char clintid[20];
void mycallback(char* topic, byte* payload, unsigned int length)   ;
 void connectMQTT() ;

void fillCID(String mm)
{
     // generate a random clientid based MAC
   //compose clientid with "tw"+MAC
   clintid[0]= 't' ;
   clintid[1]= 'w' ;
         mm.toCharArray(&clintid[2],mm.length()+1) ;
     clintid[2+mm.length()+1] = '\n' ;
}
void fillTopic(String mm)
{
   sprintf(PubTopicbuffer,PubTop,mm.c_str()) ;
   sprintf(SubTopicbuffer,SubTop,mm.c_str()) ;
         Serial.print("Publish Topic Name:(") ;
      Serial.print(PubTopicbuffer) ;
      Serial.print(") \n") ;
         Serial.print("Subscribe Topic Name:(") ;
      Serial.print(SubTopicbuffer) ;
      Serial.print(") \n")   ;
```

```
    // PubTopic[len(PubTopic.length()+1] = '\n' ;
  //   SubTopic[SubTopic.length()+1] = '\n' ;

}
void initMQTT()      //MQTT Broker 初始化連線
{
 mqttclient.setServer(MQTTServer, MQTTPort);
  //連接 MQTT Server ， Servar name :MQTTServer， Server Port :MQTTPort
  //mq.tongxinmao.com:18832
  mqttclient.setCallback(mycallback);
  // 設定 MQTT Server ， 有 subscribed 的 topic 有訊息時，通知的函數
//--------------------------
      fillCID(MacData); // generate a random clientid based MAC
  Serial.print("MQTT ClientID is :(") ;
  Serial.print(clintid) ;
  Serial.print(")\n") ;

  mqttclient.setServer(MQTTServer, MQTTPort);     // 設定 MQTT Server   URL and
Port
  mqttclient.setCallback(mycallback); //設定 MQTT 回叫系統使用的函式:mycallback
  connectMQTT();      //連到 MQTT Server
  Serial.println("Connecting to MQTT Server") ;

}
void connectMQTT()
 {
  Serial.print("MQTT ClientID is :(") ;
  Serial.print(clintid) ;
  Serial.print(")\n") ;
  //印出 MQTT Client 基本訊息
  while (!mqttclient.connect(clintid, MQTTUser, MQTTPassword))   //沒有連線
  {
        Serial.print("-");      //印出"-"
        delay(1000);
     }
     Serial.print("\n");
  mqttclient.subscribe(SubTopicbuffer); //訂閱我們的主旨
  Serial.println("Connect MQTT Server is OK") ;
  // client.unsubscribe("/hello");
```

```
}

void mycallback(char* topic, byte* payload, unsigned int length)
{
  //mycallback(char* topic, byte* payload, unsigned int length)   參數格式固定，勿更改
    String payloadString;   // 將接收的 payload 轉成字串
    // 顯示訂閱內容
    Serial.print("Incoming:(") ;
    for (int i = 0; i < length; i++)
    {
      payloadString = payloadString + (char)payload[i];
      //buffer[i]= (char)payload[i] ;
      Serial.print(payload[i],HEX) ;
    }
    Serial.print(")\n") ;
   payloadString = payloadString + '\0';
  Serial.print("Message arrived [");
  Serial.print(topic);
  Serial.print("] \n");
  //---------------------
  Serial.print("Content [");
  Serial.print(payloadString);
  Serial.print("] \n");
}
```

程式下載：https://github.com/brucetsao/ESP10Course

表 102 溫溼度感測模組發送端發佈程式(initPins.h)

溫溼度感測模組發送端發佈程式(initPins.h)

```#define _Debug 1   //輸出偵錯訊息```
```#define _debug 1   //輸出偵錯訊息```
```#define initDelay   6000   //初始化延遲時間```
```#define loopdelay 2000   //loop 延遲時間```
```#define RelayPin 4```
```#define terminator '\n'```
```int ccmd = -1 ;```
```String cmdstr ;```

```
#include <WiFi.h>     //使用網路函式庫
#include <WiFiClient.h>    //使用網路用戶端函式庫
#include <WiFiMulti.h>     //多熱點網路函式庫

WiFiMulti wifiMulti;     //產生多熱點連線物件
String IpAddress2String(const IPAddress& ipAddress) ;
  IPAddress ip ;     //網路卡取得 IP 位址之原始型態之儲存變數
  String IPData ;   //網路卡取得 IP 位址之儲存變數
  String APname ;    //網路熱點之儲存變數
  String MacData ;    //網路卡取得網路卡編號之儲存變數
  long rssi ;    //網路連線之訊號強度'之儲存變數
  int status = WL_IDLE_STATUS;  //取得網路狀態之變數

void initWiFi()    //網路連線，連上熱點
{
  //加入連線熱點資料
  wifiMulti.addAP("NCNUIOT", "12345678");  //加入一組熱點
  wifiMulti.addAP("NCNUIOT2", "12345678");  //加入一組熱點
  wifiMulti.addAP("NUKIOT", "iot12345");  //加入一組熱點
  // We start by connecting to a WiFi network
  Serial.println();
  Serial.println();
  Serial.print("Connecting to ");
  //通訊埠印出 "Connecting to "
  wifiMulti.run();  //多網路熱點設定連線
 while (WiFi.status() != WL_CONNECTED)       //還沒連線成功
  {
    // wifiMulti.run() 啟動多熱點連線物件，進行已經紀錄的熱點進行連線，
    // 一個一個連線，連到成功為主，或者是全部連不上
    // WL_CONNECTED 連接熱點成功
    Serial.print(".");    //通訊埠印出
    delay(500) ;  //停 500 ms
     wifiMulti.run();    //多網路熱點設定連線
  }
    Serial.println("WiFi connected");    //通訊埠印出 WiFi connected
    Serial.print("AP Name: ");    //通訊埠印出 AP Name:
    APname = WiFi.SSID();
    Serial.println(APname);    //通訊埠印出 WiFi.SSID()==>從熱點名稱
    Serial.print("IP address: ");    //通訊埠印出 IP address:
```

```
        ip = WiFi.localIP();
        IPData = IpAddress2String(ip) ;
        Serial.println(IPData);      //通訊埠印出 WiFi.localIP()==>從熱點取得 IP 位址
        //通訊埠印出連接熱點取得的 IP 位址
  }
void ShowInternet()      //秀出網路連線資訊
{
   Serial.print("MAC:") ;
   Serial.print(MacData) ;
   Serial.print("\n") ;
   Serial.print("SSID:") ;
   Serial.print(APname) ;
   Serial.print("\n") ;
   Serial.print("IP:") ;
   Serial.print(IPData) ;
   Serial.print("\n") ;
   //OledLineText(1,"MAC:"+MacData) ;
   //OledLineText(2,"IP:"+IPData);
   //ShowMAC() ;
   //ShowIP()    ;
}
//--------------------
//--------------------
long POW(long num, int expo)
{
   long tmp =1 ;
   if (expo > 0)
   {
            for(int i = 0 ; i< expo ; i++)
               tmp = tmp * num ;
             return tmp ;
   }
   else
   {
    return tmp ;
   }
}

String SPACE(int sp)
```

```
{
      String tmp = "" ;
      for (int i = 0 ; i < sp; i++)
         {
               tmp.concat(' ')    ;
         }
      return tmp ;
}
String strzero(long num, int len, int base)
{
   String retstring = String("");
   int ln = 1 ;
      int i = 0 ;
      char tmp[10] ;
      long tmpnum = num ;
      int tmpchr = 0 ;
      char hexcode[]={'0','1','2','3','4','5','6','7','8','9','A','B','C','D','E','F'} ;
      while (ln <= len)
      {
            tmpchr = (int)(tmpnum % base) ;
            tmp[ln-1] = hexcode[tmpchr] ;
            ln++ ;
             tmpnum = (long)(tmpnum/base) ;

      }
      for (i = len-1; i >= 0 ; i --)
         {
               retstring.concat(tmp[i]);
         }
   return retstring;
}

unsigned long unstrzero(String hexstr, int base)
{
   String chkstring    ;
   int len = hexstr.length() ;
      unsigned int i = 0 ;
      unsigned int tmp = 0 ;
      unsigned int tmp1 = 0 ;
```

```
    unsigned long tmpnum = 0 ;
    String hexcode = String("0123456789ABCDEF") ;
    for (i = 0 ; i < (len ) ; i++)
    {
 //        chkstring= hexstr.substring(i,i) ;
      hexstr.toUpperCase() ;
            tmp = hexstr.charAt(i) ;      // give i th char and return this char
            tmp1 = hexcode.indexOf(tmp) ;
      tmpnum = tmpnum + tmp1* POW(base,(len -i -1) )    ;
     }
  return tmpnum;
}
String   print2HEX(int number) {
  String ttt ;
  if (number >= 0 && number < 16)
  {
    ttt = String("0") + String(number,HEX);
  }
  else
  {
      ttt = String(number,HEX);
  }
  return ttt ;
}
String GetMacAddress()      //取得網路卡編號
{
  // the MAC address of your WiFi shield
  String Tmp = "" ;
  byte mac[6];
  // print your MAC address:
  WiFi.macAddress(mac);
  for (int i=0; i<6; i++)
    {
        Tmp.concat(print2HEX(mac[i])) ;
    }
    Tmp.toUpperCase() ;
  return Tmp ;
}
void ShowMAC()  //於串列埠印出網路卡號碼
```

```
{
   Serial.print("MAC Address:(");   //印出 "MAC Address:("
   Serial.print(MacData) ;      //印出 MacData 變數內容
   Serial.print(")\n");         //印出 ")\n"
}
String IpAddress2String(const IPAddress& ipAddress)
{
   //回傳 ipAddress[0-3]的內容，以 16 進位回傳
   return String(ipAddress[0]) + String(".") +\
   String(ipAddress[1]) + String(".") +\
   String(ipAddress[2]) + String(".") +\
   String(ipAddress[3])    ;
}
String chrtoString(char *p)
{
     String tmp ;
     char c ;
     int count = 0 ;
     while (count <100)
     {
          c= *p ;
          if (c != 0x00)
            {
              tmp.concat(String(c)) ;
            }
            else
            {
                 return tmp ;
            }
         count++ ;
         p++;

     }
}
void CopyString2Char(String ss, char *p)
{
          //    sprintf(p,"%s",ss) ;

   if (ss.length() <=0)
```

```
        {
              *p =    0x00 ;
            return ;
        }
    ss.toCharArray(p, ss.length()+1) ;
  // *(p+ss.length()+1) = 0x00 ;
}
boolean CharCompare(char *p, char *q)
  {
        boolean flag = false ;
        int count = 0 ;
        int nomatch = 0 ;
        while (flag <100)
        {
            if (*(p+count) == 0x00 or *(q+count) == 0x00)
              break ;
            if (*(p+count) != *(q+count) )
                {
                    nomatch ++ ;
                }
              count++ ;
        }
      if (nomatch >0)
        {
          return false ;
        }
        else
        {
          return true ;
        }
  }
String Double2Str(double dd,int decn)
{
    int a1 = (int)dd ;
    int a3 ;
    if (decn >0)
    {
        double a2 = dd - a1 ;
        a3 = (int)(a2 * (10^decn));
```

```
    }
    if (decn >0)
    {
        return String(a1)+"."+ String(a3) ;
    }
    else
    {
      return String(a1) ;
    }
}
```

程式下載：https://github.com/brucetsao/ESP10Course

如下圖所示，可以看到程式編輯畫面：

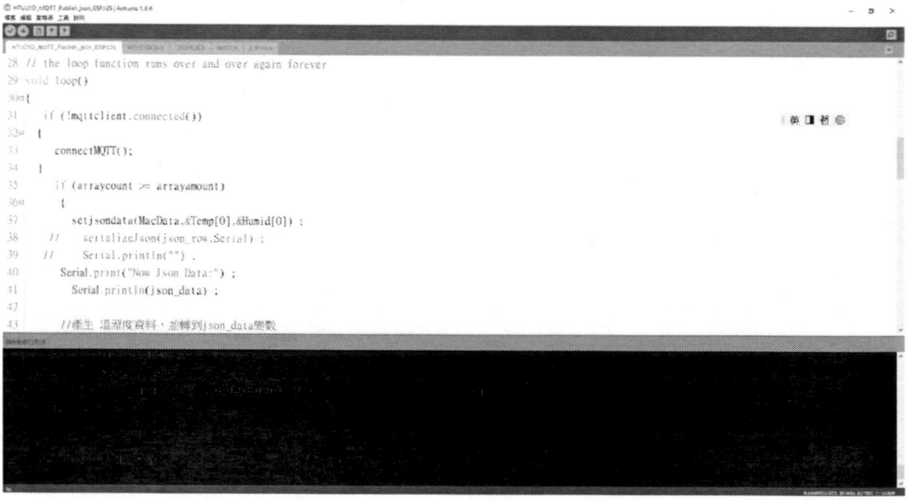

```
28 // the loop function runs over and over again forever
29 void loop()
30 {
31    if (!mqttclient.connected())
32   {
33      connectMQTT();
34   }
35      if (arraycount >= arrayamount)
36       {
37         setjsondata(MacData,&Temp[0],&Humid[0]) ;
38    //     serializeJson(json_row,Serial) ;
39   //      Serial.println("") ;
40       Serial.print("Now Json Data:") ;
41         Serial.println(json_data) ;
42
43       //產生 溫溼度資料，並轉到json_data變數
```

圖 203 溫溼度感測模組發送端發佈程式之編輯畫面

如下圖所示，我們可以看到溫溼度感測模組發送端發佈程式之結果畫面。

```
Dn(13)
Temp: 26.30 C          Humidity: 67.40 %
Dn(14)
Temp: 26.30 C          Humidity: 67.40 %
Dn(15)
Temp: 26.30 C          Humidity: 67.40 %
Dn(16)
Temp: 26.30 C          Humidity: 67.40 %
Dn(17)
Temp: 26.30 C          Humidity: 67.30 %
Dn(18)
Temp: 26.30 C          Humidity: 67.30 %
Dn(19)
Temp: 26.30 C          Humidity: 67.30 %
Now Json Data:{"Device":"30C6F704554C","Temperature":[26.2,26.2,26.2,26.3,26.2,26.3,26.3,26.3,26.3,26.3,26.3,26.3,26.3,26.3,26.3,26.3,26.3,26.3,26.3,26.3],"Hur
Topic:/ncnu/DataCollector/30C6F704554C:Payload({"Device":"30C6F704554C","Temperature":[26.2,26.2,26.2,26.3,26.2,26.3,26.3,26.3,26.3,26.3,26.3,26.3,26.3,26.3,26
Dn(0)
Temp: 26.30 C          Humidity: 67.30 %
Dn(1)
Temp: 26.30 C          Humidity: 67.30 %
Dn(2)
Temp: 26.30 C          Humidity: 67.30 %
Dn(3)
Temp: 26.30 C          Humidity: 67.30 %
```

圖 204 溫溼度感測模組發送端發佈程式之結果畫面

如下圖所示，本文使用 MQTT BOX 應用程式，訂閱『/ncnu/DataCollector/#』主題後，MQTT Broker 回傳訊息的畫面。

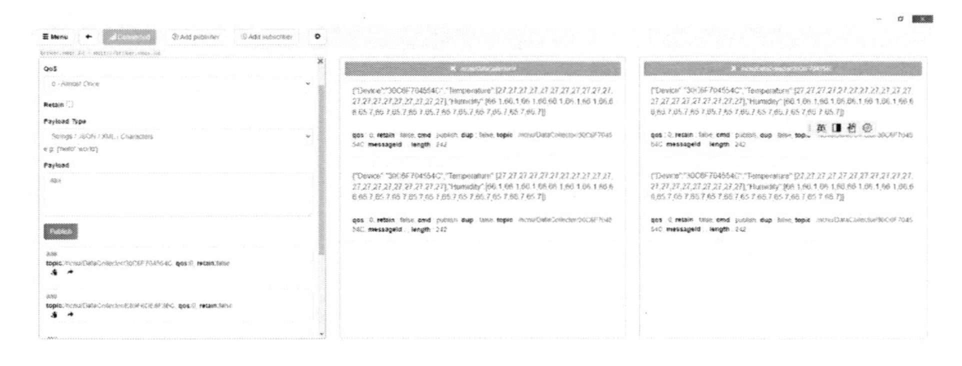

圖 205 溫溼度感測模組發送端發佈程式之 MQTT BOX 畫面

顯示多筆溫濕度資料顯示介面

本書將要建立跨語言的概念，所以本章節將採用 Python 語言來當為視覺化呈現之工具語言。

讀取 MQTT Broker 訂閱資料

本文依上文，在『顯示多筆溫濕度資料顯示介面』一節中，我們已經建立一個溫溼度資料資料收集器之資料發佈器(Data Collector & Broker)，將透過讀取溫溼度感測器：HTU21D，由於我們累積到依定的數量，才把資料透過 MQTT Broker(broker.emqx.io)傳遞溫度數列與濕度數列，整合資料收集器的辨識 ID:MAC 網卡號碼，一起傳送。

由於本文要採用 Python 語言開發，如果讀者的 Python 還未安裝者，請參考網路作者：航宇教育團隊於網址：https://www.codingspace.school/blog/2021-04-07，發表之『【安裝教學】新手踏入 Python 第零步-安裝 Python3.9』之教學文(航宇教育團隊, 2022)。

由於本文要採用 Visual Studio Code IDE 開發工具，有需求的話請參考網路作者：大叔於網址：https://www.citerp.com.tw/citwp2/2021/12/22/vs-code_python_01/，發表之『Visual Studio Code (VS Code) 安裝教學(使用 Python)』之教學文。

由於本文要採用 Python 語言開發，並且需要安裝許多外加套件，如果讀者對於 Python 安裝外加套件不熟悉者，請參考網路作者：11th 鐵人賽(iT 邦幫忙)於網址：https://ithelp.ithome.com.tw/articles/10222485，發表之『Day15 - Python 套件』之教學文。

我們接下來攥寫一個溫溼度資料查詢之資料介面代理人程式(Data Visualized Agent)，如下表所示之讀取 MQTT Broker 程式，我們就可以透過 Python 讀取『溫溼度資料資料收集器之資料發佈器(Data Collector & Broker)』所得到之 json 文件檔。

表 103 讀取 MQTT Broker 發佈之溫溼度感測器之 json 讀取程式

讀取 MQTT Broker 發佈之溫溼度感測器之 json 讀取程式 (HTU21D_Subscribe_to_json.py)

```
import matplotlib.pyplot as plt
import sys#作業系統套件，用於檔案、目錄資料使用
import requests#建立雲端 WinSocket 連線的套件
import json      #了解 json 內容的 json 物件的套件
import time      #系統時間套件
import datetime       #時鐘物件
import time
import paho.mqtt.client as paho
import unicodedata   #Unicode
#define callback
def on_message(client, userdata, message):
      time.sleep(1)
      table=json.loads(message.payload.decode("utf-8"))
      print(json.dumps(table, sort_keys=True, indent=4))



brokerurl="broker.emqx.io"
toipc1="/ncnu/DataCollector/%s"
mac = input("請您輸入查詢裝置網路卡編號(MAC Address):")
toipcstr= toipc1 % (mac)   #將輸入資料：MAC,變成 MQTT Broker 網址，整合再
一起，
print(brokerurl)
print(toipcstr)
client= paho.Client("client-bruce") #create client object client1.on_publish = on_publish
#assign function to callback client1.connect(broker,port) #establish connection cli-
ent1.publish("house/bulb1","on")
######Bind function to callback
client.on_message=on_message
#MAC=E89F6DE8F54C
#       30C6F704554C
print("connecting to broker ",brokerurl)
client.connect(brokerurl)#connect
client.loop_start() #start loop to process received messages
print("subscribing ")
client.subscribe(toipcstr)#subscribe
while 1:
      time.sleep(2)
client.disconnect() #disconnect
client.loop_stop() #stop loop
```

程式下載：

https://github.com/brucetsao/ESP10Course/HTU21D_MQTT_Subscribe_json_ESP32S/

我們透過『import 套件』的指令，來將系統需要的套件，一一含入，若讀者有其他需要，請自行變更修改之。

表 104 匯入程式所需要的套件

```
import matplotlib.pyplot as plt
import sys#作業系統套件，用於檔案、目錄資料使用
import requests #建立雲端 WinSocket 連線的套件
import json     #了解 json 內容的 json 物件的套件
import time     #系統時間套件
import datetime      #時鐘物件
import time
import paho.mqtt.client as paho
import unicodedata  #Unicode
```

程式下載：

https://github.com/brucetsao/ESP10Course/HTU21D_MQTT_Subscribe_json_ESP32S/

我們要從 MQTT Broker：broker.emqx.io，訂閱『 "/ncnu/DataCollector/%s" 』，%s 表資料收集器之網路卡號碼，如下表所示，訂閱 MQTT Broker：broker.emqx.io 之後，會收到如下表所示之內容。

表 105 溫溼度資料查詢之資料介面代理人程式(Data Visualized Agent)通訊格式


```
{
    "Device":"E89F6DE8F54C",
    "Temperature":[31.2,31.2,31.2,31.2,31.1,31.1,31.1,31.1,31.1,31.1],
    "Humidity":[53.5,53.3,52.7,52.6,52.6,53,52.7,53.1,53.2,52.7]
}
```


程式測試網址：

http://nuk.arduino.org.tw:8888/dhtdata/dht2jsonwithdate2.php?MAC=E89F6DE8F3BC&start=20200101&end=20221231

如下表所示，我們先設定 MQTT Broker 網址，並存到『brokerurl』變數內，方便下列運用。

表 106 MQTT Broker 網址

```
brokerurl="broker.emqx.io"
```

如下表所示，我們先設定訂閱 Topic 內容之格式化字串，並存到『toipc1』變數內，方便下列運用。

表 107 訂閱 Topic 內容之格式化字串

```
toipc1="/ncnu/DataCollector/%s"
```

如上表與上上表所示，由於我們使用訂閱 MQTT Broker 伺服器，必須訂閱『溫溼度資料資料收集器之資料發佈器(Data Collector & Broker)』的辨識 ID:MAC 網路卡編號，所以我們必須要有『MAC 網路卡編號』參數，方能正確取正確地溫溼度資料資料收集器之資料發佈器(Data Collector & Broker)』發佈的溫溼度資料。

所以我們建立『mac』變數，並透過『input(“顯示文字”)』告訴讀者，請輸入『MAC』傳入參數。

如下表所示，所以我們使用『mac = input("請您輸入查詢裝置網路卡編號(MAC Address):")』來傳送外來參數『MAC』，將來程式內部必須透過它轉換溫溼度資料資料收集器之資料發佈器(Data Collector & Broker)』的發佈 TOPIC。

表 108 輸入 GET 必要參數

```
mac = input("請您輸入查詢裝置網路卡編號(MAC Address):")
```

如下表所示，我們必須要將輸入資料：MAC 整合再一起，組成要求溫溼度資料資料收集器之資料發佈器(Data Collector & Broker)』的發佈 TOPIC 內容。

表 109 填入輸入資料到 TOPIC 內容字串

```
toipcstr= toipc1 % (mac)   #將輸入資料：MAC,變成 MQTT Broker 網址，整合再一起
```

如下表所示，所以運用語法『print(brokerurl)』將印出 MQTT Broker 伺服器的網址，也運用語法『print(toipcstr)』將印出訂閱 MQTT Broker 伺服器的 TOPIC 內容文字。

表 110 印出 http GET 通訊字串

```
print(brokerurl)
print(toipcstr)
```

我們使用『client= paho.Client(連線 client ID)』的語法，來建立連線，由於每一個 MQTT Broker 伺服器，只允許同一個帳號的連線 client ID，所以我們用『"bruce%s" % (mac)』的語法來建立這台機器網路卡網址為 POSTFix 的名字。

表 111 建立連線 client ID

```
client= paho.Client("bruce%s" % (mac))
```

由於我們登入 MQTT Broker 伺服器，並透過訂閱 MQTT Broker 伺服器的特定 TOPIC，由於其他 MQTT Broker 伺服器的使用者，若發佈任何訊息到這台 MQTT Broker 伺服器的特定 TOPIC，則這台 MQTT Broker 伺服器會針對這個的特定 TOPIC 訂閱的使用者，將其發佈的內容，一一轉傳到所有這台 MQTT Broker 伺服器會針對這個的特定 TOPIC)訂閱的使用者。

而在每一個這台這個的特定 TOPIC)訂閱的使用者之程式，並須告訴這台 MQTT Broker 伺服器，如果有人傳送資料到這台 MQTT Broker 伺服器，MQTT Broker 伺服器，傳送資料給這些特定 TOPIC 訂閱的使用者，這些使用者要使用哪一個函式來處理這些資料。

如下表所示，筆者建立『on_message(client, userdata, message)』:這個函式，來處理這台 MQTT Broker 伺服器傳送來的資料。

這三個參數分別為：

- Client:接收者的 client ID
- Userdata:登入 MQTT Broker 之使用者帳號
- Message:傳入之 Payload

表 112 建立 MQTT Broker 訂閱厚處理函數

```
client.on_message=on_message
```

如下表所示，為了確認連接 MQTT Broker 伺服器是否正常，透過語法『print("connecting to broker ",brokerurl)』將印出 MQTT Broker 伺服器的網址。

表 113 印出 MQTT Broker 網址

```
print("connecting to broker ",brokerurl)
```

如下表所示，所以運用語法『client.connect(brokerurl)』，連接 MQTT Broker 伺服器。

表 114 連接 MQTT Broker 伺服器

```
client.connect(brokerurl)
```

如下表所示，所以運用語法『client.loop_start()』，啟動 MQTT Broker 伺服器的啟動處理程序。

表 115 啟動處理程序

```
client.loop_start()
```

如下表所示，所以運用語法『print("subscribing ")』將印出出訂閱字串。

表 116 印出訂閱字串

```
print("subscribing ")
```

如下表所示，所以運用語法『client.subscribe(toipcstr)』，將訂閱 MQTT Broker 伺服器特定 TOPIC。

表 117 訂閱 MQTT Broker 伺服器特定 TOPIC

```
client.subscribe(toipcstr)
```

如下表所示，所以運用語法『while』，建立一個永久迴圈，再迴圈之中，只有語法『time.sleep(1)』進入等待。

表 118 永久迴圈等待資料到來

```
while 1:
    time.sleep(1)
```

如下表所示，所以運用語法『client.disconnect()』，與 MQTT Broker 伺服器斷開連接。

如下表所示，也運用語法『client.loop_stop()』將離開 MQTT Broker 處理程序。

表 119 斷線與離開 MQTT Broker 處理程序

```
client.disconnect() #disconnect
client.loop_stop() #stop loop
```

接下來，我們處理 MQTT Broker 伺服器之訂閱 TOPIC 處理函數，如下表所示，為 TOPIC 處理函數內容：

表 120 TOPIC 處理函數內容

```
def on_message(client, userdata, message):
    time.sleep(1)
    print(client)
    print(userdata)
    table=json.loads(message.payload.decode("utf-8"))
    print(json.dumps(table, sort_keys=True, indent=4))
```

如下表所示，我們針對程式一一解說：

- 我們使用『def on_message(client, userdata, message):』的語法，來建立一個『on_message(client, userdata, message)』之處理函數：『on_message(傳入參數列表)』。

這三個傳入參數如下：

- ◆ Client:接收者的 client ID
- ◆ Userdata:登入 MQTT Broker 之使用者帳號
- ◆ Message:傳入之 Payload

我們使用『time.sleep(1)』的語法，讓系統休息一秒鐘，讓資料完全接收完畢。

我們使用『table=json.loads(message.payload.decode("utf-8"))』的語法，將『message』物件（傳入資料之 payload）***物件進行 unicode 的 UFT 8 的文字編碼***，若您的傳送程式設計時，並不是 unicode 的 UFT 8 的文字編碼，請自行修正。

接下來透過『json.loads(json 文件內容文字)』來執行『json.loads(已轉 unicode

的 UFT 8 的文字編碼的 json 文字)』的內容。

由於『json.loads(已轉 unicode 的 UFT 8 的文字編碼的 json 文字)回傳的內容型態為 json 物件型態，所以我們建立：『table』變數來接收 json 物件。

圖 206 json 文件顯示方式之畫面

如下表所示，我們要 print()列印變數內容，如果我們使用『print(table)』的語法，來列印『table』的內容，會產生如上圖左邊紅框處所示之列印形態。

如果我們使用『print(json.dumps(table, sort_keys=True, indent=4))』的語法，來列印『table』的內容，會產生如上圖右邊紅框處所示之列印形態。

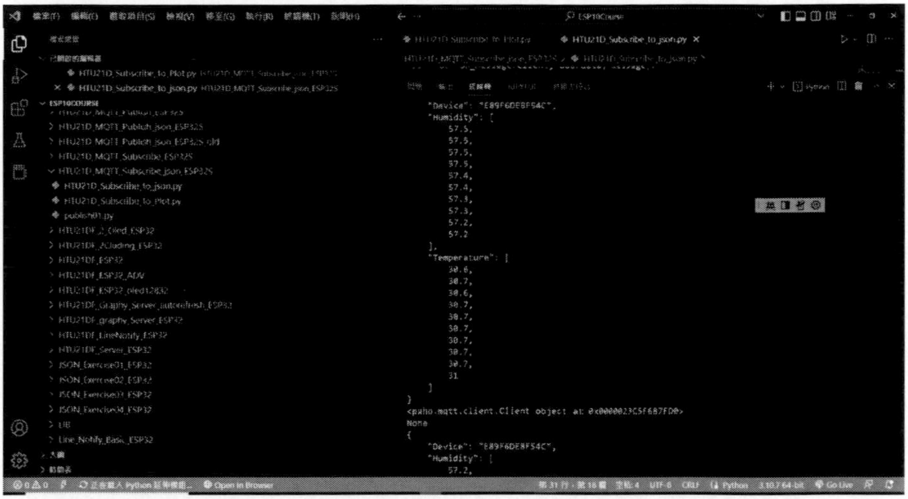

圖 207　HTU21D_Subscribe_to_json.py 成功執行之畫面

讀取 MQTT Broker 並繪出折線圖

本文依上文，在『顯示多筆溫濕度資料顯示介面』一節中，我們已經建立一個溫溼度資料資料收集器之資料發佈器(Data Collector & Broker)，將透過讀取溫溼度感測器：HTU21D，由於我們累積到依定的數量，才把資料透過 MQTT Broker(broker.emqx.io)傳遞溫度數列與濕度數列，整合資料收集器的辨識 ID:MAC 網卡號碼，一起傳送。

由於本文要採用 Python 語言開發，如果讀者的 Python 還未安裝者，請參考網路作者：航宇教育團隊於網址：https://www.codingspace.school/blog/2021-04-07，發表之『【安裝教學】新手踏入 Python 第零步-安裝 Python3.9』之教學文(航宇教育團隊, 2022)。

由於本文要採用 Visual Studio Code　IDE 開發工具，有需求的話請參考網路作者：大叔於網址：https://www.citerp.com.tw/citwp2/2021/12/22/vs-code_python_01/，發表之『Visual Studio Code (VS Code) 安裝教學(使用 Python)』之教學文。

由於本文要採用 Python 語言開發，並且需要安裝許多外加套件，如果讀者對於 Python 安裝外加套件不熟悉者，請參考網路作者：11th 鐵人賽(iT 邦幫忙)於網址：https://ithelp.ithome.com.tw/articles/10222485，發表之『Day15 - Python 套件』之教學文。

我們接下來攥寫一個溫溼度資料查詢之資料介面代理人程式(Data Visualized Agent)，如下表所示之讀取 MQTT Broker 程式，我們就可以透過 Python 讀取『溫溼度資料資料收集器之資料發佈器(Data Collector & Broker)』所得到之 json 文件檔，並透過 matplotlib 套件之運用，將溫溼度感測器的資料會出對應的折線圖。

表 121 讀取 MQTT Broker 發佈之溫溼度感測器之 json 並匯出折線圖程式

讀取 MQTT Broker 發佈之溫溼度感測器之 json 並匯出折線圖程式 (HTU21D_Subscribe_to_Plot.py)

```
import matplotlib.pyplot as plt
import sys#作業系統套件，用於檔案、目錄資料使用
import requests #建立雲端 WinSocket 連線的套件
import json     #了解 json 內容的 json 物件的套件
import time     #系統時間套件
from datetime import datetime #時鐘物件
import paho.mqtt.client as paho
import unicodedata  #Unicode
plt.rcParams["font.family"] = ["Microsoft JhengHei"]
tt = "%s:%s:%s"
#define callback
def on_message(client, userdata, message):
    currentDateAndTime = datetime.now()
    table=json.loads(message.payload.decode("utf-8"))
    print(json.dumps(table, sort_keys=True, indent=4))
    xdata=[]
    y1data=[]
    y2data=[]
    cnt=1
    #---------------------
```

```
    s01 = table['Device']
    s02 = table['Temperature']
    s03 = table['Humidity']
    for x in s02:
        y1data.append(float(x))
        xdata.append(cnt)
        cnt=cnt+1
    for x in s03:
        y2data.append(float(x))
    #print(xdata)
    #print(y1data)
    #print(y2data)
    tt1 = tt % (currentDate-
AndTime.hour,currentDateAndTime.minute,currentDateAndTime.second)
    plt.title("溫濕度感測器視覺化圖表(%s)" % (tt1), fontsize=24)
    plt.plot(xdata, y1data, color='c',label='Temperature')          # 設定青色 cyan
    plt.plot(xdata, y2data, color='r',label='Humidity')          # 設定紅色 red
    plt.legend()
    plt.show()

    #---------------------


brokerurl="broker.emqx.io"
toipc1="/ncnu/DataCollector/%s"
xdata=[]
y1data=[]
y2data=[]
mac = input("請您輸入查詢裝置網路卡編號(MAC Address):")


toipcstr= toipc1 % (mac)   #將輸入資料：MAC,變成 MQTT Broker 網址，整合再
一起，
print(brokerurl)
print(toipcstr)

client= paho.Client("client-bruce") #create client object client1.on_publish = on_publish
#assign function to callback client1.connect(broker,port) #establish connection cli-
ent1.publish("house/bulb1","on")
```

```
######Bind function to callback
client.on_message=on_message

#MAC=E89F6DE8F54C
#       30C6F704554C
print("connecting to broker ",brokerurl)
client.connect(brokerurl)#connect
client.loop_start() #start loop to process received messages
print("subscribing ")
client.subscribe(toipcstr)#subscribe
while 1:
     time.sleep(2)

client.disconnect() #disconnect
client.loop_stop() #stop loop
```

程式下載：

https://github.com/brucetsao/ESP10Course/HTU21D_MQTT_Subscribe_json_ESP32S/

我們透過『import 套件』的指令，來將系統需要的套件，一一含入，若讀者有其他需要，請自行變更修改之。

表 122 匯入程式所需要的套件

```
import matplotlib.pyplot as plt
import sys#作業系統套件，用於檔案、目錄資料使用
import requests #建立雲端 WinSocket 連線的套件
import json     #了解 json 內容的 json 物件的套件
import time     #系統時間套件
from datetime import datetime #時鐘物件
import paho.mqtt.client as paho
import unicodedata  #Unicode
```

程式下載：

https://github.com/brucetsao/ESP10Course/HTU21D_MQTT_Subscribe_json_ESP32S/

我們要從 MQTT Broker：broker.emqx.io，訂閱『 "/ncnu/DataCollector/%s" 』，%s 表資料收集器之網路卡號碼，如下表所示，訂閱 MQTT Broker：broker.emqx.io 之後，會收到如下表所示之內容。

表 123 溫溼度資料查詢之資料介面代理人程式(Data Visualized Agent)通訊格式

```
{
    "Device":"E89F6DE8F54C",
    "Temperature":[31.2,31.2,31.2,31.2,31.1,31.1,31.1,31.1,31.1,31.1],
    "Humidity":[53.5,53.3,52.7,52.6,52.6,53,52.7,53.1,53.2,52.7]
}
```

程式測試網址：

http://nuk.arduino.org.tw:8888/dhtdata/dht2jsonwithdate2.php?MAC=E89F6DE8F3BC&start=20200101&end=20221231

如下表所示，由於我們希望繪製的折線圖抬頭可以顯示中文，所以我們必須透過下表所示之語法設定折線圖抬頭可以顯示中文。

表 124 設定折線圖抬頭可以顯示中文

```
plt.rcParams["font.family"] = ["Microsoft JhengHei"]
```

如下表所示，由於我們希望繪製的折線圖抬頭可以顯示出現的時間，已表示是最新的資料，所有我們必須透過下表所示之語法，建立一個變數，來設定折線圖抬頭顯示出現的時間。

如下表所示，我們先設定儲存取得時間之小時、分鐘、秒數，並存到『tt』變數內，方便下列運用。

表 125 設定折線圖抬頭顯示之時間

```
tt = "%s:%s:%s"
```

如下表所示，我們先設定 MQTT Broker 網址，並存到『brokerurl』變數內，方便下列運用。

表 126 MQTT Broker 網址

```
brokerurl="broker.emqx.io"
```

如下表所示，我們先設定訂閱 Topic 內容之格式化字串，並存到『toipc1』變數內，方便下列運用。

表 127 訂閱 Topic 內容之格式化字串

```
toipc1="/ncnu/DataCollector/%s"
```

由於要產生折線圖，我們需要 X 軸的日期時間的資料陣列、Y 軸的溫度資料的資料陣列與、Y 軸的濕度資料的資料陣列，如下表所示，我們必須使用『xdata=[]』來記錄『X 軸的日期時間的資料陣列』、必須使用『y1data=[]』來記錄『Y 軸的溫度資料的資料陣列』與必須使用『y2data=[]』來記錄『Y 軸的濕度資料的資料陣列』。

表 128 宣告折線圖所需要資料陣列

```
xdata=[]
y1data=[]
y2data=[]
```

如上表與上上表所示，由於我們使用訂閱 MQTT Broker 伺服器，必須訂閱『溫溼度資料資料收集器之資料發佈器(Data Collector & Broker)』的辨識 ID:MAC 網路卡編號，所以我們必須要有『MAC 網路卡編號』參數，方能正確取正確地溫溼度資料資料收集器之資料發佈器(Data Collector & Broker)』發佈的溫溼度資料。

所以我們建立『mac』變數，並透過『input(“顯示文字”)』告訴讀者，請輸入『MAC』傳入參數。

如下表所示，所以我們使用『mac = input("請您輸入查詢裝置網路卡編號(MAC Address):")』來傳送外來參數『MAC』，將來程式內部必須透過它轉換溫溼度資料資料收集器之資料發佈器(Data Collector & Broker)』的發佈 TOPIC。

表 129 輸入 GET 必要參數

```
mac = input("請您輸入查詢裝置網路卡編號(MAC Address):")
```

如下表所示，我們必須要將輸入資料：MAC 整合再一起，組成要求溫溼度資料資料收集器之資料發佈器(Data Collector & Broker)』的發佈 TOPIC 內容。

表 130 填入輸入資料到 TOPIC 內容字串

```
toipcstr= toipc1 % (mac)   #將輸入資料：MAC,變成 MQTT Broker 網址，整合再一起
```

如下表所示，所以運用語法『print(brokerurl)』將印出 MQTT Broker 伺服器的網址，也運用語法『print(toipcstr)』將印出訂閱 MQTT Broker 伺服器的 TOPIC 內容文字。

表 131 印出 http GET 通訊字串

```
print(brokerurl)
print(toipcstr)
```

我們使用『client= paho.Client(連線 client ID)』的語法，來建立連線，由於每一個 MQTT Broker 伺服器，只允許同一個帳號的連線 client ID，所以我們用『"bruce%s" % (mac)』的語法來建立這台機器網路卡網址為 POSTFix 的名字。

表 132 建立連線 client ID

```
client= paho.Client("bruce%s" % (mac))
```

由於我們登入 MQTT Broker 伺服器，並透過訂閱 MQTT Broker 伺服器的特定 TOPIC，由於其他 MQTT Broker 伺服器的使用者，若發佈任何訊息到這台 MQTT Broker 伺服器的特定 TOPIC，則這台 MQTT Broker 伺服器會針對這個的特定 TOPIC 訂閱的使用者，將其發佈的內容，一一轉傳到所有這台 MQTT Broker 伺服器會針對這個的特定 TOPIC)訂閱的使用者。

而在每一個這台這個的特定 TOPIC)訂閱的使用者之程式，並須告訴這台 MQTT Broker 伺服器，如果有人傳送資料到這台 MQTT Broker 伺服器，MQTT Broker 伺服器，傳送資料給這些特定 TOPIC 訂閱的使用者，這些使用者要使用哪一個函式來處理這些資料。

如下表所示，筆者建立『on_message(client, userdata, message)』:這個函式，來處理這台 MQTT Broker 伺服器傳送來的資料。

這三個參數分別為：

- Client:接收者的 client ID
- Userdata:登入 MQTT Broker 之使用者帳號
- Message:傳入之 Payload

表 133 建立 MQTT Broker 訂閱厚處理函數

```
client.on_message=on_message
```

如下表所示，為了確認連接 MQTT Broker 伺服器是否正常，透過語法『print("connecting to broker ",brokerurl)』將印出 MQTT Broker 伺服器的網址。

表 134 印出 MQTT Broker 網址

```
print("connecting to broker ",brokerurl)
```

如下表所示，所以運用語法『client.connect(brokerurl)』，連接 MQTT Broker 伺服器。

表 135 連接 MQTT Broker 伺服器

```
client.connect(brokerurl)
```

如下表所示，所以運用語法『client.loop_start()』，啟動 MQTT Broker 伺服器的啟動處理程序。

表 136 啟動處理程序

```
client.loop_start()
```

如下表所示，所以運用語法『print("subscribing ")』將印出出訂閱字串。

表 137 印出訂閱字串

```
print("subscribing ")
```

如下表所示，所以運用語法『client.subscribe(toipcstr)』，將訂閱 MQTT Broker 伺服器特定 TOPIC。

表 138 訂閱 MQTT Broker 伺服器特定 TOPIC

```
client.subscribe(toipcstr)
```

如下表所示，所以運用語法『while』，建立一個永久迴圈，再迴圈之中，只有語法『time.sleep(1)』進入等待。

表 139 永久迴圈等待資料到來

```
while 1:
    time.sleep(1)
```

如下表所示，所以運用語法『client.disconnect()』，與 MQTT Broker 伺服器斷開連接。

也運用語法『client.loop_stop()』將離開 MQTT Broker 處理程序。

表 140 斷線與離開 MQTT Broker 處理程序

```
client.disconnect() #disconnect
client.loop_stop() #stop loop
```

接下來，我們處理 MQTT Broker 伺服器之訂閱 TOPIC 處理函數，如下表所示，為 TOPIC 處理函數內容：

表 141 TOPIC 處理函數內容

```
#define callback
def on_message(client, userdata, message):
    currentDateAndTime = datetime.now()
    table=json.loads(message.payload.decode("utf-8"))
    print(json.dumps(table, sort_keys=True, indent=4))
    xdata=[]
    y1data=[]
    y2data=[]
    cnt=1
    #---------------------
    s01 = table['Device']
    s02 = table['Temperature']
    s03 = table['Humidity']
    for x in s02:
        y1data.append(float(x))
        xdata.append(cnt)
        cnt=cnt+1
```

```
    for x in s03:
        y2data.append(float(x))
    #print(xdata)
    #print(y1data)
    #print(y2data)
    tt1 = tt % (currentDate-
AndTime.hour,currentDateAndTime.minute,currentDateAndTime.second)
    plt.title("溫濕度感測器視覺化圖表(%s)" % (tt1), fontsize=24)
    plt.plot(xdata, y1data, color='c',label='Temperature')          # 設定青色 cyan
    plt.plot(xdata, y2data, color='r',label='Humidity')          # 設定紅色 red
    plt.legend()
    plt.show()
```

如下表所示，我們針對程式一一解說：

- 我們使用『def on_message(client, userdata, message):』的語法，來建立一個『on_message(client, userdata, message)』之處理函數：『on_message(傳入參數列表)』。

  這三個傳入參數如下：

  - Client:接收者的 client ID
  - Userdata:登入 MQTT Broker 之使用者帳號
  - Message:傳入之 Payload

  我們使用『currentDateAndTime = datetime.now()』的語法，取得系統日期與時間，用來後面顯示折線圖之抬頭標示時間。

  我們使用『table=json.loads(message.payload.decode("utf-8"))』的語法，將『message』物件（傳入資料之 payload）***物件進行 unicode 的 UFT 8 的文字編碼***，若您的傳送程式設計時，並不是 unicode 的 UFT 8 的文字編碼，請自行修正。

  接下來透過『json.loads(json 文件內容文字)』來執行『json.loads(已轉 unicode

的 UFT 8 的文字編碼的 json 文字)』的內容。

由於『json.loads(已轉 unicode 的 UFT 8 的文字編碼的 json 文字)回傳的內容型態為 json 物件型態，所以我們建立：『table』變數來接收 json 物件。

圖 208 json 文件顯示方式之畫面

如下表所示，我們要 print()列印變數內容，如果我們使用『print(table)』的語法，來列印『table』的內容，會產生如上圖左邊紅框處所示之列印形態。

如果我們使用『print(json.dumps(table, sort_keys=True, indent=4))』的語法，來列印『table』的內容，會產生如上圖右邊紅框處所示之列印形態。

圖 209　　HTU21D_Subscribe_to_json.py 成功執行之畫面

如下表所示，由於我們要畫出溫度、濕度的折線圖，所以我們必須要宣告 X 軸之陣列變數：『xdata』、宣告 Y 軸之溫度維度之陣列變數：『y1data』、宣 Y 軸之濕度維度之陣列變數：『y2data』，並且讓這三個陣列變數都清空陣列: 『陣列變數=[]』之語法清空陣列變數。

表 142 宣告並清空折線圖陣列變數

```
xdata=[]
y1data=[]
y2data=[]
```

如下表所示，由於我們要畫出溫度、濕度的折線圖，所以我們必須要宣告 X 軸之陣列變數：『xdata』，然而 X 軸需要資料，我們再 MQTT Broker 伺服器沒有收到資料的時間資料，所以我們必須產生一個連續漸增的資料數列，當為 X 軸資料，才能畫出畫出溫度、濕度的折線圖，所以我們宣告『cnt』變數並且設定初始值為『1』。

表 143 宣告 X 軸計數器變數且設初始值

```
cnt=1
```

如下表所示，由於我們要取出 json 三元素資料，所以我們透過語法『s01 = table['Device']』取出 接收到溫溼度資料之 json 文件中的『'Device』元素，並將內容給予變數『s01』。

所以我們透過語法『s02 = table['Temperature']』取出 接收到溫溼度資料之 json 文件中的『'Temperature'』元素，並將內容給予變數『s02』。

所以我們透過語法『s03 = table['Humidity']』取出 接收到溫溼度資料之 json 文件中的『'Humidity'』元素，並將內容給予變數『s03』。

表 144 取出 json 三元素資料

```
s01 = table['Device']
s02 = table['Temperature']
s03 = table['Humidity']
```

如下表所示，由於溫度變數『s02』是一個陣列元素，我們把這個元素加入 Y 軸之溫度維度之陣列變數：『y1data』，並同步設定、X 軸之數列之虛擬時間內容。

所以我們用：『for x in s02:』之 for 迴圈來解譯溫度變數『s02』知陣列元素。

所以我們用：『y1data.append(float(x))』，把解譯出 for 迴圈之溫度變數『x』，透過『float(浮點數之文字)』，將溫度變數『x』之文字型態內容轉為浮點數後，加入『y1data』之溫度陣列變數之繪圖資料。

所以我們用：『xdata.append(cnt)』，把虛擬日期時間的 X 軸變數，加入『cnt』的計數器。

所以我們用：『cnt=cnt+1』之語法，來將擬日期時間的 X 軸變數:『cnt』進行累加一的動作。

表 145 取出溫度陣列元數並設定 X 軸與溫度 Y 軸資料

```
for x in s02:
    y1data.append(float(x))
    xdata.append(cnt)
    cnt=cnt+1
```

如下表所示，由於濕度變數『s03』是一個陣列元素，我們把這個元素加入 Y 軸之濕度維度之陣列變數：『y2data』。

所以我們用：『for x in s03:』之 for 迴圈來解譯濕度變數『s03』知陣列元素。

所以我們用：『y2data.append(float(x))』，把解譯出 for 迴圈之濕度變數『x』，透過『float(浮點數之文字)』，將濕度變數『x』之文字型態內容轉為浮點數後，加入『y2data』之濕度陣列變數之繪圖資料。

表 146 取出濕度陣列元數並設定濕度 Y 軸資料

```
for x in s03:
    y2data.append(float(x))
```

如下表所示，由於我們要畫出溫度、濕度的折線圖，又必須知道劃出折線圖是否為最新的資料，所以所以加入時間的特徵值在折線圖的抬頭資訊內，所以我們利用下表程式，把取得的時間變數：『currentDateAndTime.hour』：小時、『currentDateAndTime.minute』:分鐘、『currentDateAndTime.second』:秒等資訊，轉譯到『tt』後，產生具有時間特徵的『tt1』文件變數之中。

表 147 產生折線圖抬頭之時間標記

```
tt1 = tt % (currentDate-
AndTime.hour,currentDateAndTime.minute,currentDateAndTime.second)
```

如下表所示，我們將要顯示之折線圖抬頭：原來的固定內容『"溫濕度感測器視覺化圖表"』加上『" (%s)"』轉換時間特徵值之內容：『tt1』，如此一來，我們就可以將要顯示之折線圖抬頭：設定為『"溫濕度感測器視覺化圖表 (時間特徵值之內容)"』。

表 148 設定折線圖抬頭

```
plt.title("溫濕度感測器視覺化圖表(%s)" % (tt1), fontsize=24)
```

如下表所示，由於我們要畫出溫度的折線圖，所以我們將 X 軸之陣列變數：『xdata』與 Y 軸之溫度維度之陣列變數：『y1data』，產生並劃出一條折線讀，並將標記設為『'Temperature'』。

表 149 加入折線圖之溫度折線資料

```
plt.plot(xdata, y1data, color='c',label='Temperature')
```

如下表所示，由於我們要畫出濕度的折線圖，所以我們將 X 軸之陣列變數：『xdata』與 Y 軸之濕度維度之陣列變數：『y2data』，產生並劃出一條折線讀，並將標記設為『'Humidity'』。

表 150 加入折線圖之溫度折線資料

```
plt.plot(xdata, y2data, color='r',label='Humidity')
```

如下表所示，由於我們要顯示折線圖之標記，所以我們加入下表所示之程式。

表 151 顯示折線圖之標記

```
plt.legend()
```

如下表所示，由於我們要顯示折線圖，所以我們加入下表所示之程式『plt.show()』語法來顯示整個折線圖。

表 152 顯示折線圖

```
plt.show()
```

如下圖所示，Python 程式在訂閱 MQTT Broker 伺服器，並得到要溫溼度資料資料收集器之資料發佈器(Data Collector & Broker)的資料，將該溫溼度資料資料收集器之資料發佈器(Data Collector & Broker)的 MAC 網路卡編號輸入後，產生對應的訂閱 TOPIC，並進行訂閱該 TOPIC。

如下圖所示，Python 程式在收到 MQTT Broker 伺服器之訂閱 TOPIC 之傳送資料後，會進行解譯為 json 文件資料，並產生對應的折線圖 X 軸，Y 軸之繪圖資料，把上繪出對應的溫溼度折線圖。

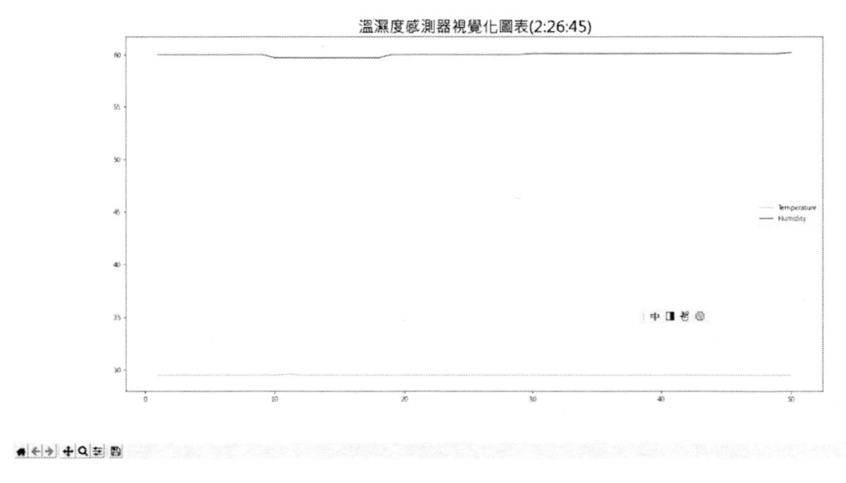

圖 210 顯示精簡的日期時間資訊

我們執行『HTU21D_Subscribe_to_Plot.py』的程式，再接收到訂閱的資料時，可以看到解譯出來的 json 文件資料於下圖所示的畫面上。

圖 211 getDHTData03.py 成功執行之畫面

最後，我們看到在程式之中使用『plt.show()』的語法，來將以畫出的折線圖，如下圖所示，顯示折線圖於下圖畫面之中。

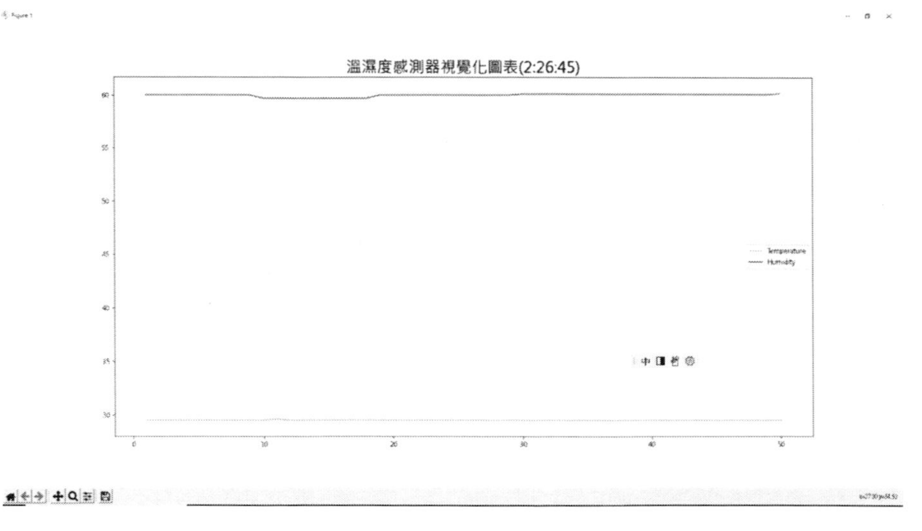

圖 212 成功顯示某裝置之溫溼度折線圖之畫面

習題

請參考下圖所示之電路圖，依前面已完成的技術與原理，透過使用 MQTT Publish/Subscribe 的機制，建立一個 BMP280 大氣壓力感測器之大氣壓力值之資料發佈器(Data Collector & Broker)，將透過讀取 BMP280 大氣壓力感測器，由於我們累積到依定的數量，才把資料透過 MQTT Broker(broker.emqx.io)傳遞溫度數列與大氣壓力數列，並整合資料收集器的辨識 ID:MAC 網卡號碼，當為訂閱與傳送之 Topic 後綴值，進行發佈資料。

1.

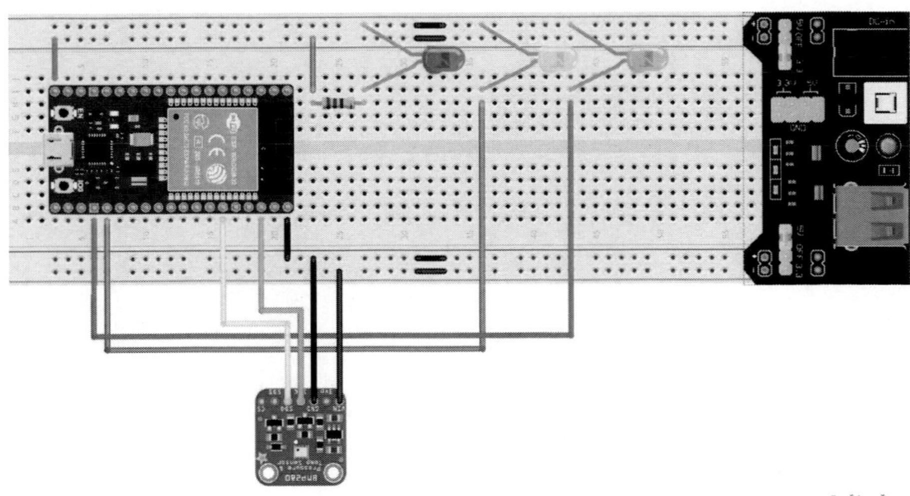

圖 213 BMP280 大氣壓力電路圖

2.請參考上圖所示之電路圖，我攥寫一個 BMP280 大氣壓力感測器之大氣壓力值之介面代理人程式(Data Visualized Agent)，透過上題之資料發佈器(Data Collector & Broker)，讀取上述之資料發佈器(Data Collector & Broker)之 MAC 網路卡編號，透過訂閱 MQTT Broker 伺服器，並訂閱上題之 MAC 網路卡編號之 TOPIC，再收到上題之發佈之大氣壓力感測器之大氣壓力值所得到之 json 文件檔，並透過 matplotlib 套件之運用，將大氣壓力感測器之大氣壓力值的資料會出對應的折線圖。

章節小結

本章主要介紹之 MQTT Broker 使用，進而單晶片(MCU)連接 HTU21D 溫濕度感測模組讀取溫溼度資料後，透過 MQTT Broker 發佈與訂閱的功能，可以將溫溼度資訊傳給其他電腦語言與開發工具交互使用，甚至可以進行視覺化的功能。相信讀者會對感測資料在 MQTT Broker 發佈與訂閱的應用與開發，有更深入的了解與體認，透過這樣的講解，相信讀者也可以觸類旁通，設計其它感測器達到相同結果。

CHAPTER

第八門課 建立雲端平台

本章主要介紹讀者如何簡單建立一個雲端平台，本文採用 Apache 與 MySQL 資料庫，平台開發語言以 PHP 程式語言為主。本章節主要介紹讀者如何簡單安裝一台雲端伺服器。

網頁伺服器安裝與使用

一般而言，Apache 伺服器為開放原始碼，為了簡略安裝程序，作者使用 XAMPP 安裝包，首先，筆者使用 Google 搜尋引擎，如下圖所示，在 Google 搜尋欄中輸入『xampp 下載』等關鍵字，進行搜尋。

如下圖所示，大約第一個或第二個搜尋結果為我們要的搜尋結果。

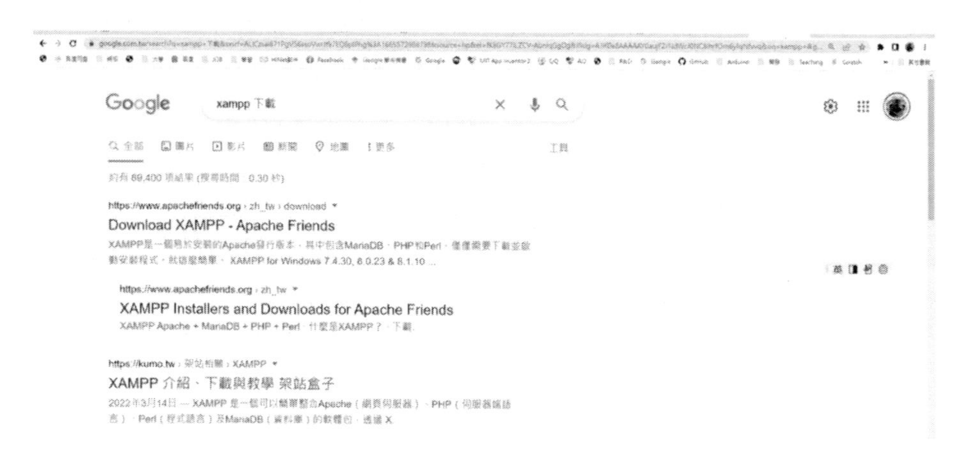

圖 214 Google 搜尋引擎尋找 XAMPP

如上圖所示，我們要針對搜尋結果，點下第一個或第二個搜尋結果為『Apache Friends』網站，或讀者可以直接輸入網址：https://www.apachefriends.org/zh_tw/download.html，如下圖所示，我們要針對搜尋結果。

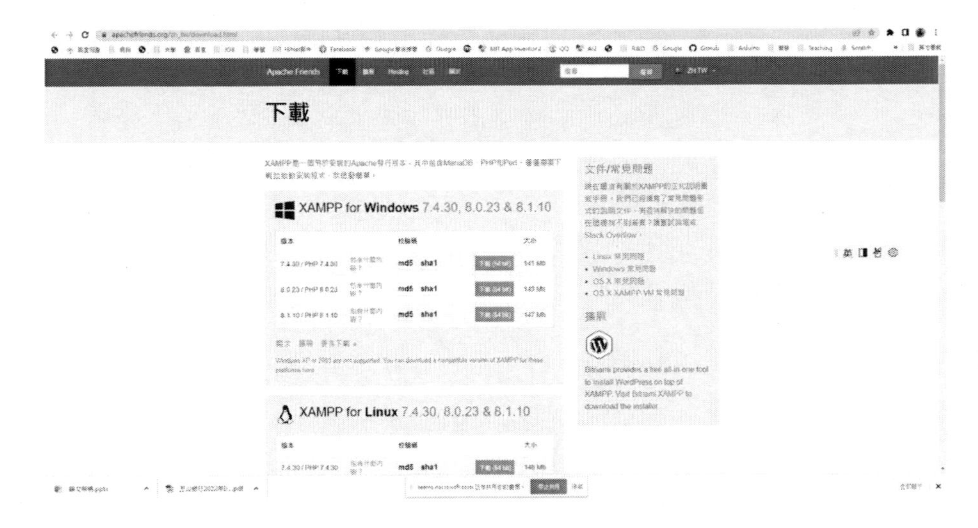

圖 215 XAMPP 下載畫面

讀者可以到下列網址：https://sourceforge.net/projects/xampp/files/XAMPP%20Windows/8.1.10/xampp-windows-x64-8.1.10-0-VS16-installer.exe/download 下載其安裝包，不懂安裝之處，也可以參考網路專家：KJie | 2021/06/13 - 23:48 發表的安裝教學，網址：https://www.kjnotes.com/devtools/54，讀者也可以參考其內容，進行安裝與使用。

設定伺服器通訊埠

本文採用：8.1.10 / PHP 8.1.10 for Windows，安裝好之後，如下圖，打開安裝後的目錄，作者使用的是 D:\xampp 的目錄。

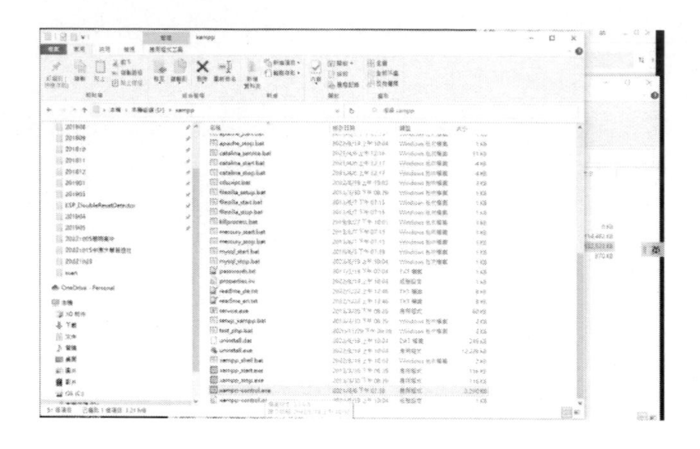

圖 216 XAMPP 安裝目錄

如上圖所示，我們找到『xampp-control.exe』檔案，滑鼠點選兩下後可以看到如下圖所示，XAMPP 主控台畫面。

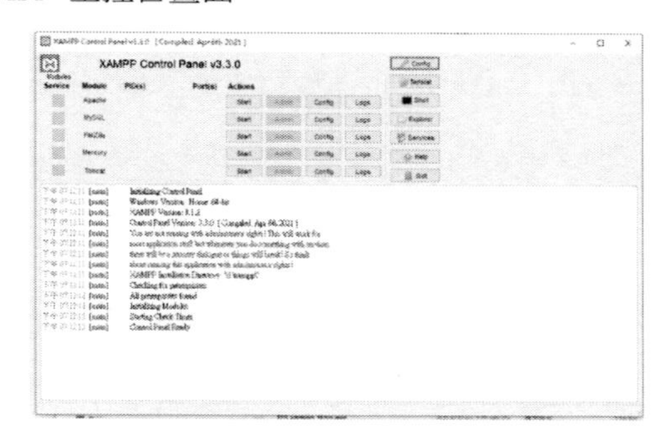

圖 217 XAMPP 主控台畫面

接下來筆者因為不想要把雲端平台的網站伺服器的通訊 Port，安裝在標準的 Port: 80，於是請參考如下圖所示，先選到『Apache』項目，再選到『Config』項目後，請用滑鼠點選『Config』項目，按下滑鼠右鍵後，以看到如下圖所示之『Apache(httpd.conf)』的項目。

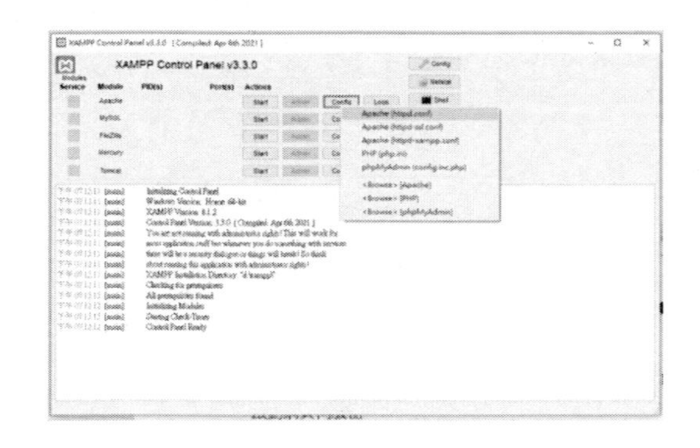

圖 218 呼叫編修 Apache(httpd.conf)的項目

接下來點選如上圖所示之『Apache(httpd.conf)』的項目，系統會呼叫文字編輯器，編輯其『httpd.conf』的伺服器設定檔。

圖 219 編修 httpd.conf 之伺服器設定檔畫面

如上圖所示，我們可以利用找尋等功能，找到找到『Listen 80』文字處，該項目上行有 #Listen xxx.xxx.xxx.xxx:80 等字樣，其『xxx.xxx.xxx.xxx』字樣，依不同人安裝，會有所不同，但是都大同小異。

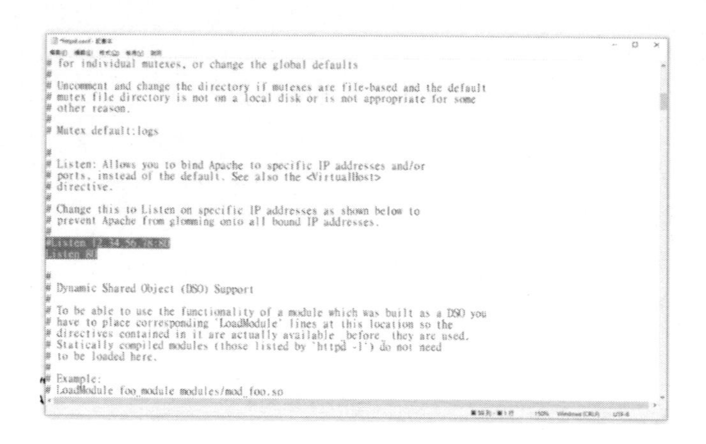

```
# for individual mutexes, or change the global defaults
#
# Uncomment and change the directory if mutexes are file-based and the default
# mutex file directory is not on a local disk or is not appropriate for some
# other reason.
#
# Mutex default:logs

#
# Listen: Allows you to bind Apache to specific IP addresses and/or
# ports, instead of the default. See also the <VirtualHost>
# directive.
#
# Change this to Listen on specific IP addresses as shown below to
# prevent Apache from glomming onto all bound IP addresses.
#
#Listen 12.34.56.78:80
Listen 80

#
# Dynamic Shared Object (DSO) Support
#
# To be able to use the functionality of a module which was built as a DSO you
# have to place corresponding `LoadModule' lines at this location so the
# directives contained in it are actually available _before_ they are used.
# Statically compiled modules (those listed by `httpd -l') do not need
# to be loaded here.
#
# Example:
# LoadModule foo_module modules/mod_foo.so
```

圖 220 找到 Listen 80 文字處畫面

由於筆者想把雲端平台的網站伺服器的通訊 Port，設在非標準的 Port: 8888，於是請參考如上圖所示，把原來『Listen 80』文字處，參考如下圖所示，改為『Listen 8888』的內容。。

```
# for individual mutexes, or change the global defaults
#
# Uncomment and change the directory if mutexes are file-based and the default
# mutex file directory is not on a local disk or is not appropriate for some
# other reason.
#
# Mutex default:logs

#
# Listen: Allows you to bind Apache to specific IP addresses and/or
# ports, instead of the default. See also the <VirtualHost>
# directive.
#
# Change this to Listen on specific IP addresses as shown below to
# prevent Apache from glomming onto all bound IP addresses.
#
#Listen 12.34.56.78:80
Listen 8888

#
# Dynamic Shared Object (DSO) Support
#
# To be able to use the functionality of a module which was built as a DSO you
# have to place corresponding `LoadModule' lines at this location so the
# directives contained in it are actually available _before_ they are used.
```

圖 221 修改 Listen 80 文字內容畫面

如下圖所示，我們點選『檔案』的菜單後，出現『儲存檔案』的菜單後，請用滑鼠點選『儲存檔案』的菜單，完成如下圖所示之 httpd.con 的伺服器設定檔之儲存。

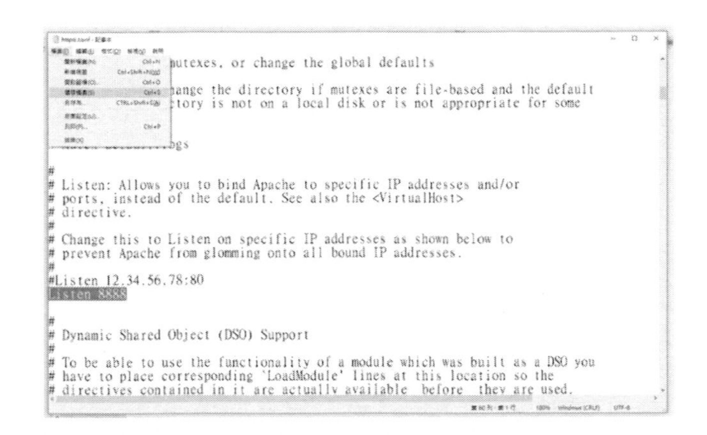

圖 222 儲存 httpd.con 的伺服器設定檔之畫面

如下圖所示，我們點選編輯文字工具由上角之『X』紅框處之離開系統之功能，完成如上圖所示之 httpd.con 的伺服器設定檔之儲存，離開編輯文字工具。

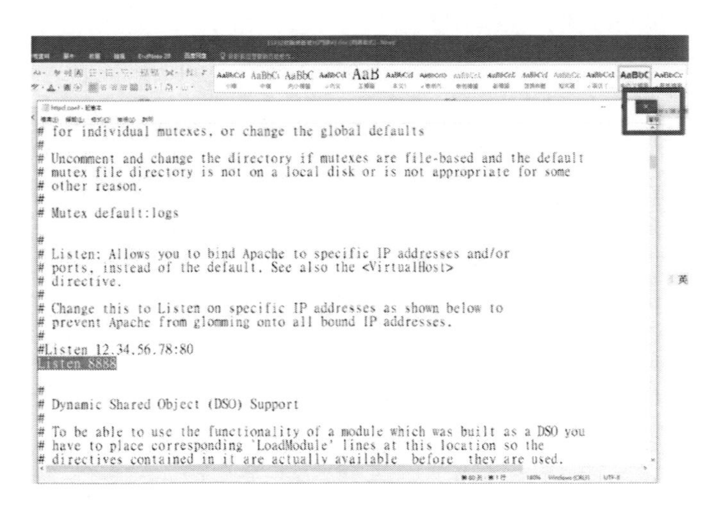

圖 223 離開編輯文字工具

啟動伺服器

本文採用：8.1.10 / PHP 8.1.10 for Windows，安裝好之後，如下圖，打開***安裝後的目錄***，作者使用的是 ***D:\xampp 的目錄***。

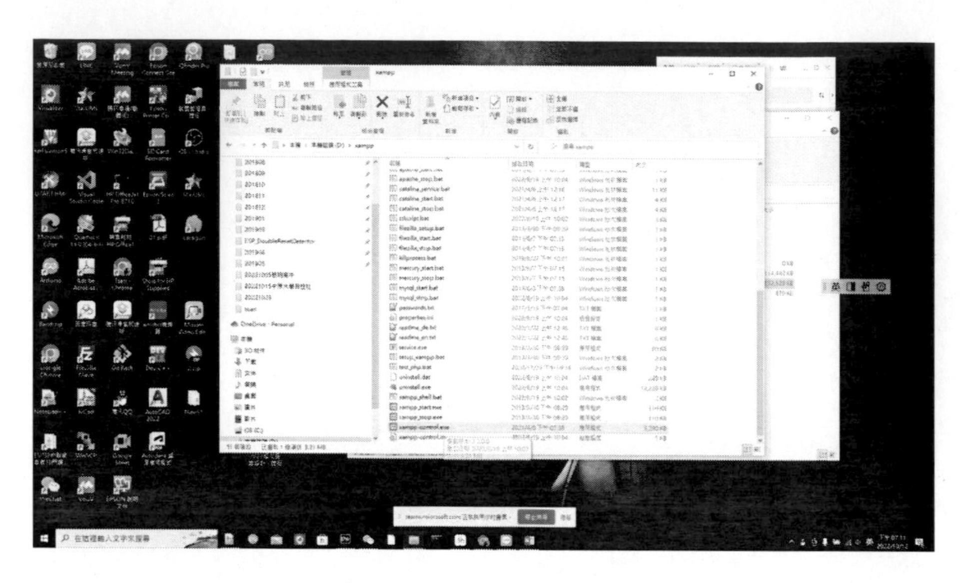

圖 224 XAMPP 安裝目錄

如上圖所示，我們找到『xampp-control.exe』檔案，滑鼠點選兩下後可以看到如下圖所示，XAMPP 主控台畫面。

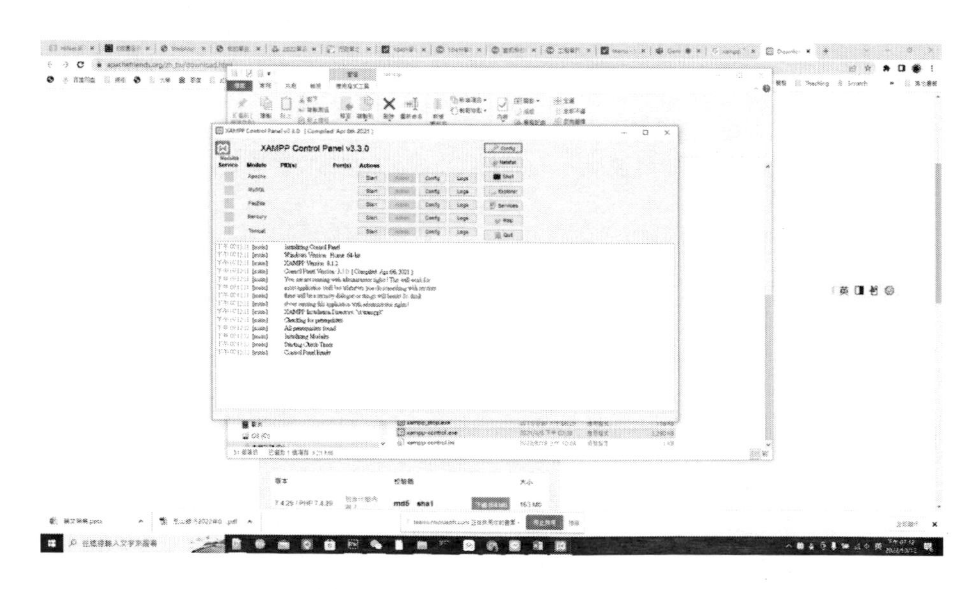

圖 225 XAMPP 主控台畫面

如下圖所示，我們點選 XAMPP Control Pannel 畫面中之『Apache』項目之『Start』之啟動 Apache 伺服器按鈕，啟動 Apache 伺服器。

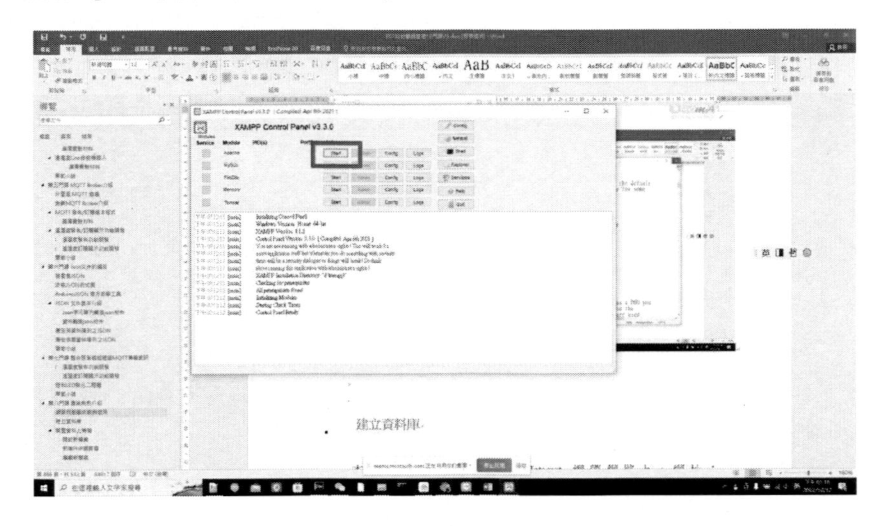

圖 226 啟動 Apache 伺服器

如下圖所示，看到 XAMPP Control Pannel 畫面中之『Apache』項目之『Start』左邊，出現一堆數字，由於我們設定 Apache 伺服器通訊埠為『8888』，所以會出現一串『8888』數字，由於還有 https 的通訊協定，所有還會出現『443』數字。

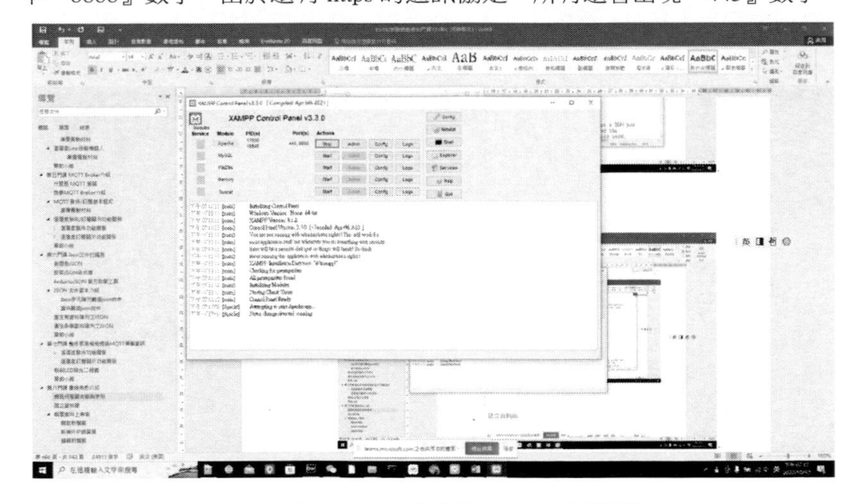

圖 227 完成啟動 Apache 伺服器

如下圖所示，我們點選 XAMPP Control Pannel 畫面中之『MySQL』項目之『Start』之***<u>啟動 MySQL 伺服器按鈕</u>***，MySQL 伺服器。

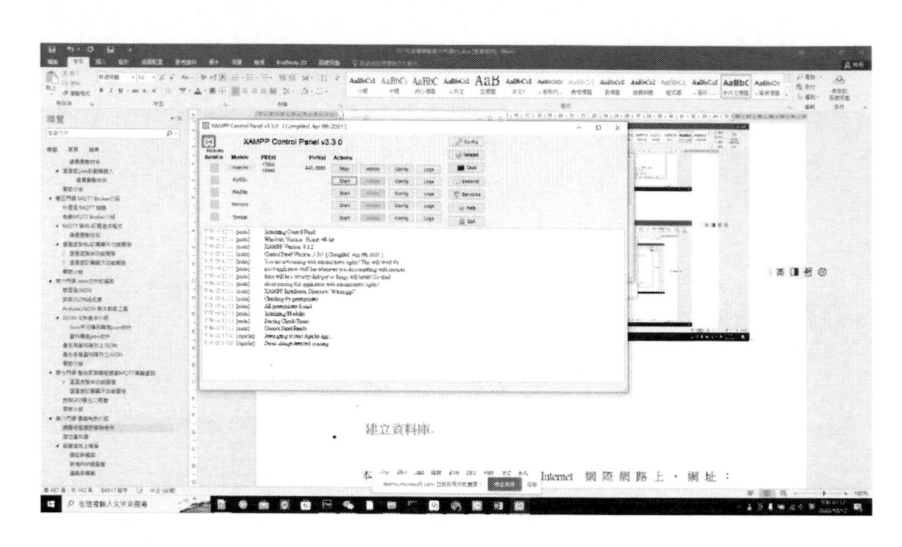

圖 228 啟動 MySQL 伺服器

如下圖所示，看到 XAMPP Control Pannel 畫面中之『MySQL』項目之『Start』左邊，出現一堆數字，由於我們沒有更改 MySQL 伺服器內定的通訊埠為『3306』，所以會出現一串『3306』數字。

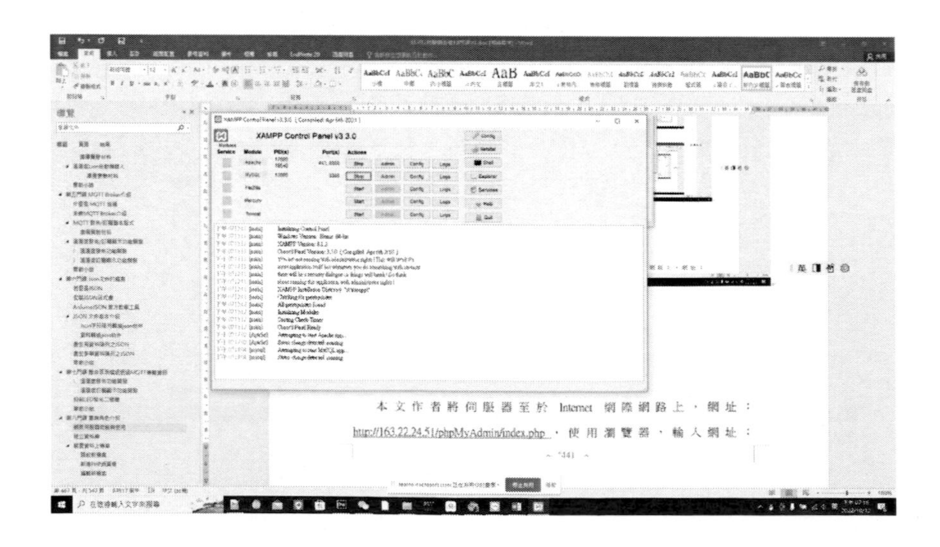

圖 229 完成啟動 MySQL 伺服器

第一次進入雲端平台

因為目前我們雲端平台是安裝到筆者電腦的單機，所以是同樣的電腦，所以可以使用瀏覽器(本文使用 Chrome 瀏覽器)，在網址列輸入『***http://localhost/***』或『***http://127.0.0.1/***』，如下圖所示，進入雲端平台預設的首頁。

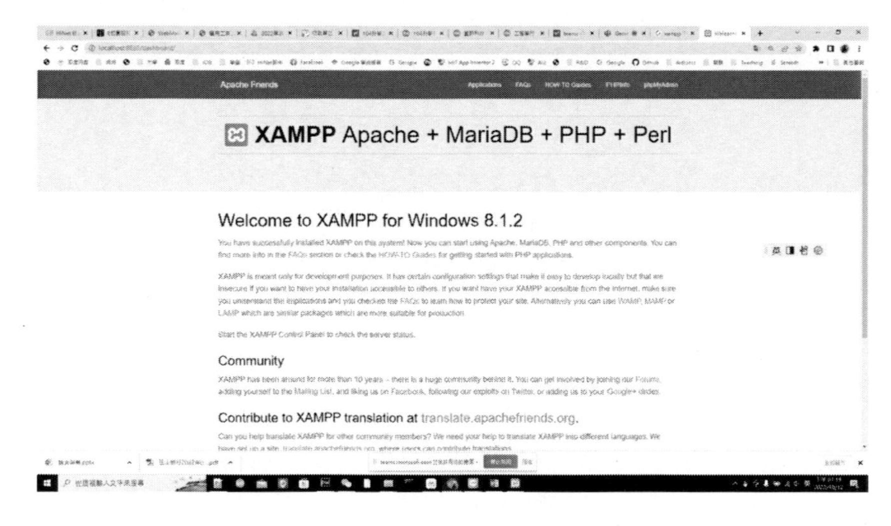

圖 230 雲端平台預設的首頁

建立資料庫

如下圖所示，進入雲端平台預設的首頁後，點選下圖所示之紅框處，進入『phpMyAdmin』***進入資料庫管理程式***。

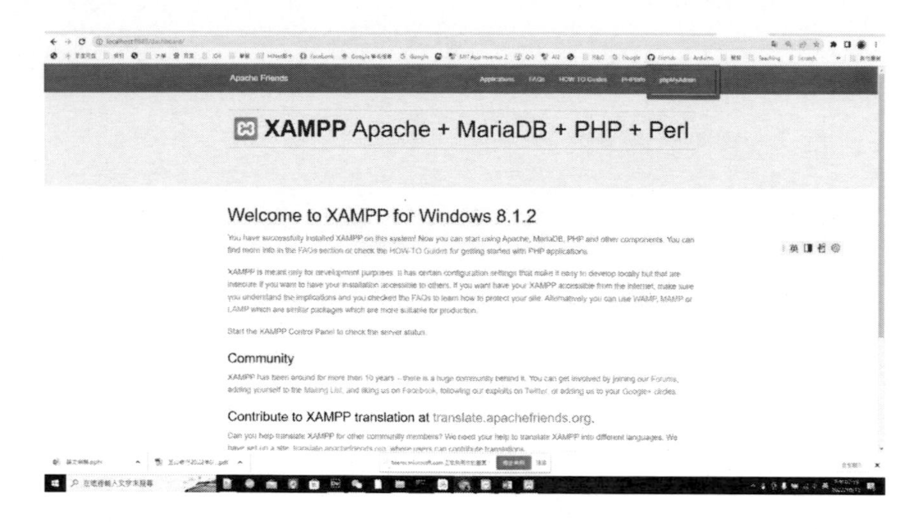

圖 231 進入資料庫管理程式

如下圖所示，可以***進入 MySQL 之『phpMyAdmin』資料庫管理程式***。

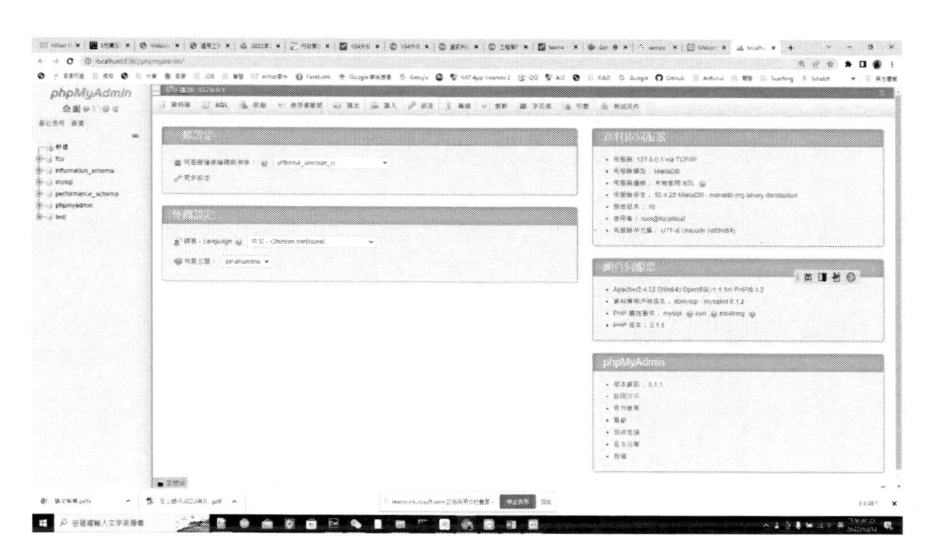

圖 232 資料庫管理程式:phpMyAdmin 主畫面

第一次進入資料庫管理程式:phpMyAdmin 主畫面，筆者會建議切換 MySQL 預設的文字編碼，如下圖紅框處，***切換文字編碼為『utf8_unicode_ci』***。

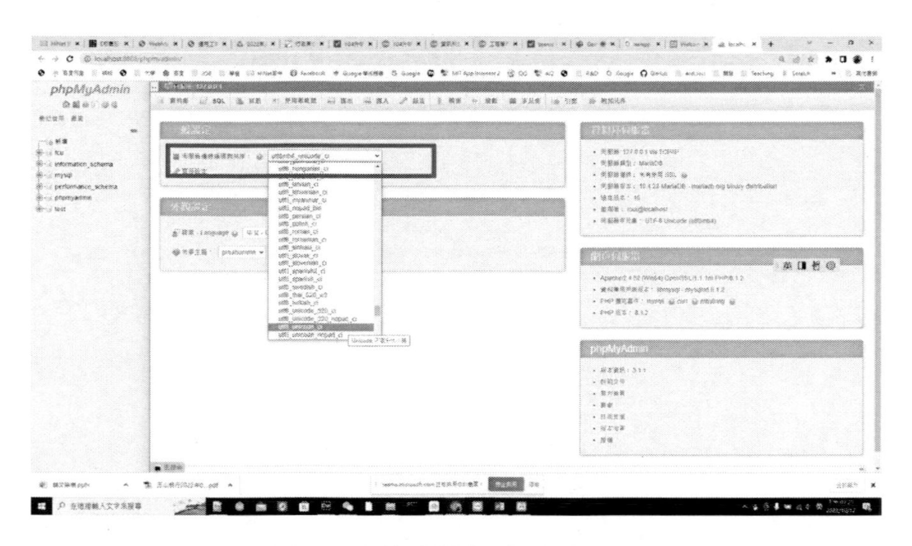

圖 233 切換資料庫預設文字編碼

完成上圖的設定後，MySQL 預設的文字編碼會切換文字編碼為『utf8_unicode_ci』。

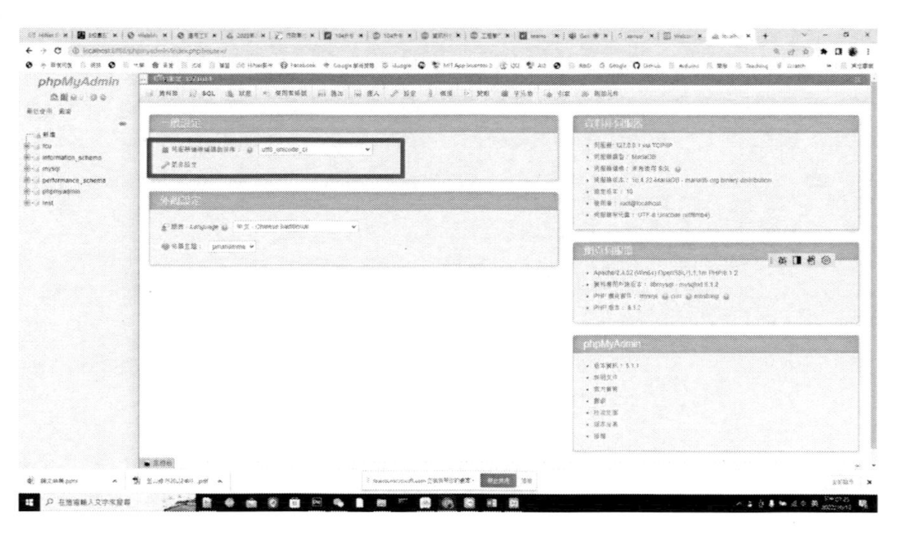

圖 234 切換資料庫預設文字編碼為 utf8_unicode_ci

如果是第一次進入 MySQL 伺服器，我們必須先為它建立使用者與對應的資料庫。

如下圖所示，我們點選下圖紅框處所示之『使用者帳號』***進入使用者管理介面***。

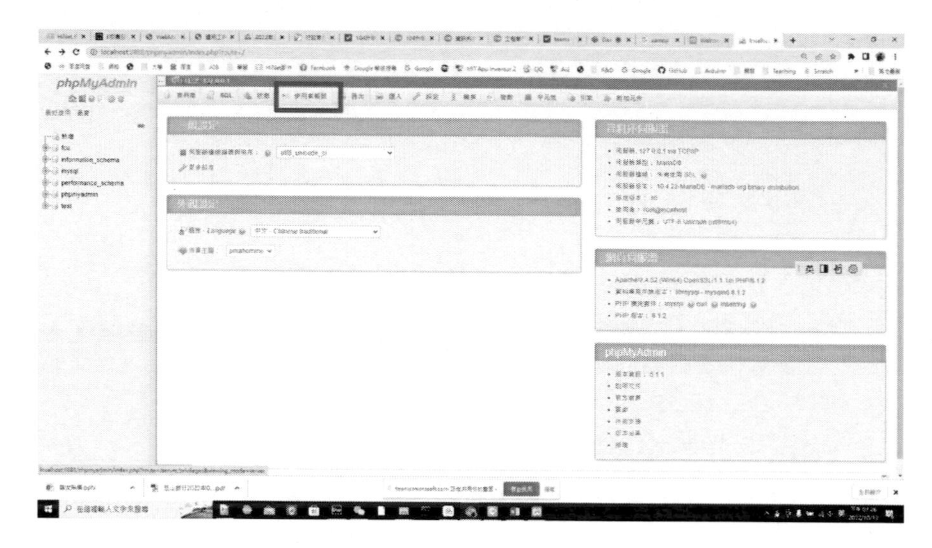

圖 235 第一次建立資料庫使用者

如下圖所示，可以見到進入資料庫管理程式的使用者管理介面畫面。

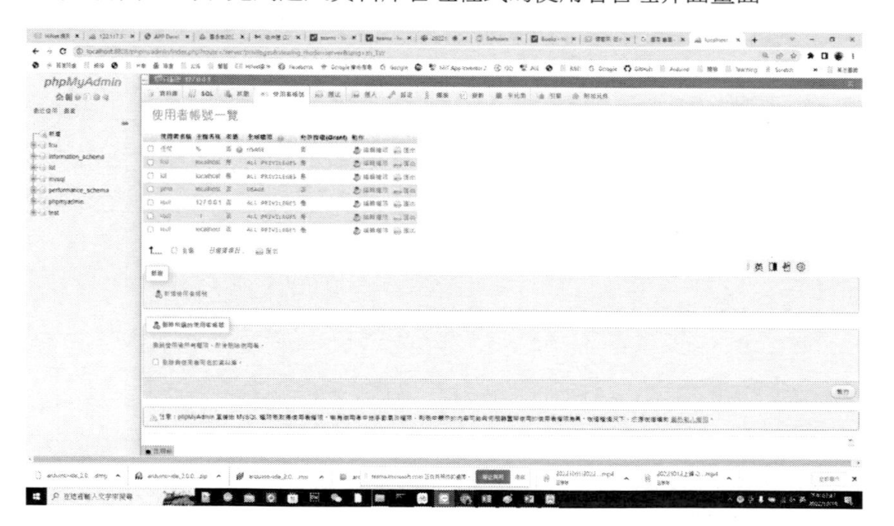

圖 236 使用者管理介面

如下圖所示，我們點選下圖紅框處所示之『新增使用者帳號』，***進入新增使用者帳號模式***。

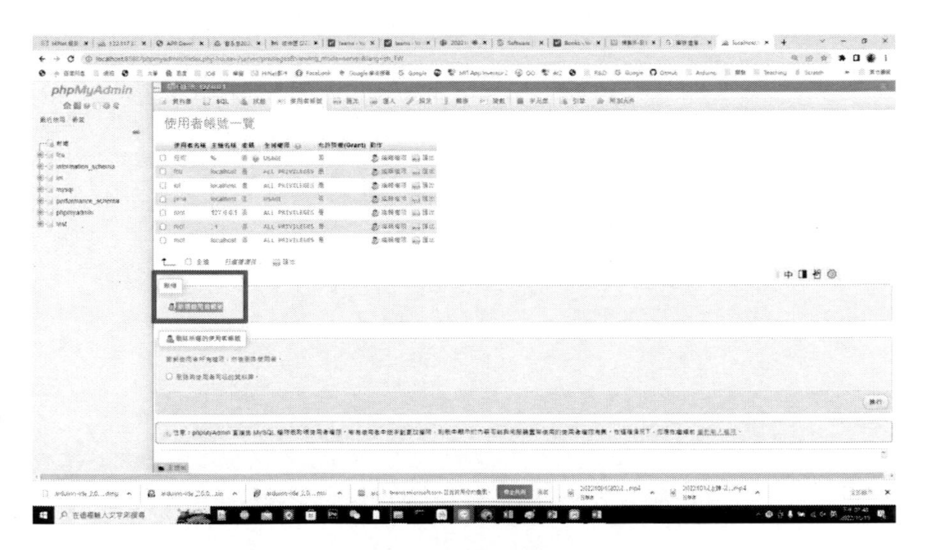

圖 237 新增使用者帳號

如下圖所示，我們為***第一次新增使用者帳號***。

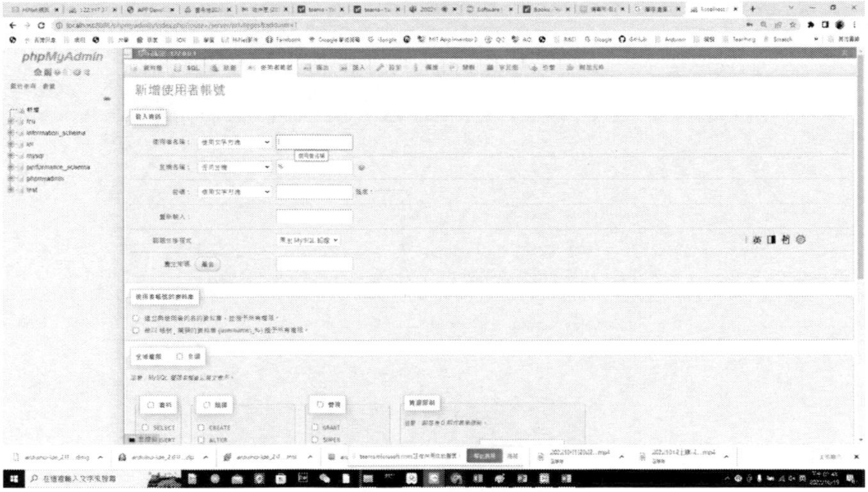

圖 238 第一次新增使用者帳號

如下圖紅框處所示，筆者輸入***往後要使用資料庫之使用者名稱***，筆者輸入的資料為『nukiot』，*讀者可以根據自己需求，自行更改為所需要的帳號名稱*。

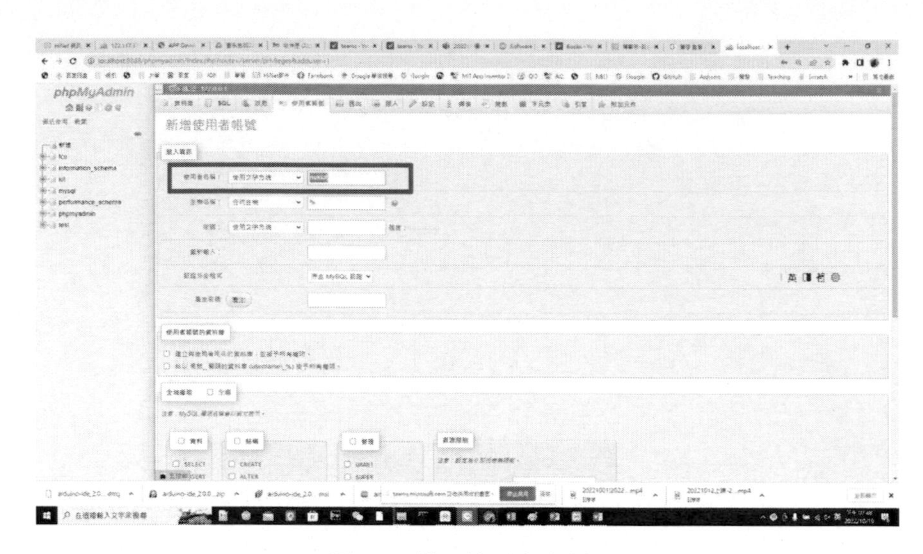

圖 239 輸入使用者名稱

如下圖紅框處所示，由於筆者雲端平台控制系統的程式與 MySQL 伺服器位於同一台機器伺服器內，所以設定***帳號使用者***可以連入的網域為***『本機』、『localhost』***。

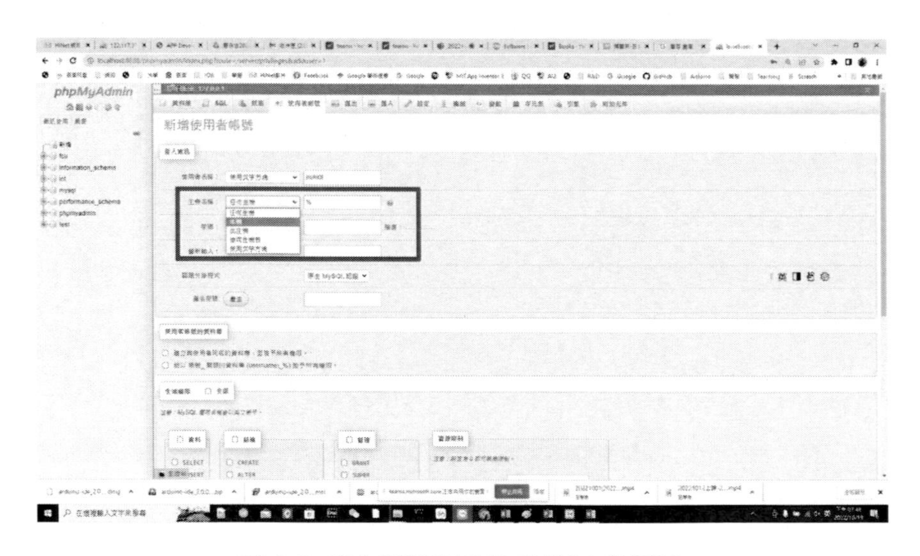

圖 240 設定帳號使用者可以連入的網域

如下圖所示，基於上圖設定需求，筆者建置之雲端平台控制系統的程式與 MySQL 伺服器位於同一台機器伺服器內(同一個機器、同一個網址 IP)，所以設定設定帳號使用者可以***連入的網域為『本機』、『localhost』***等設定。

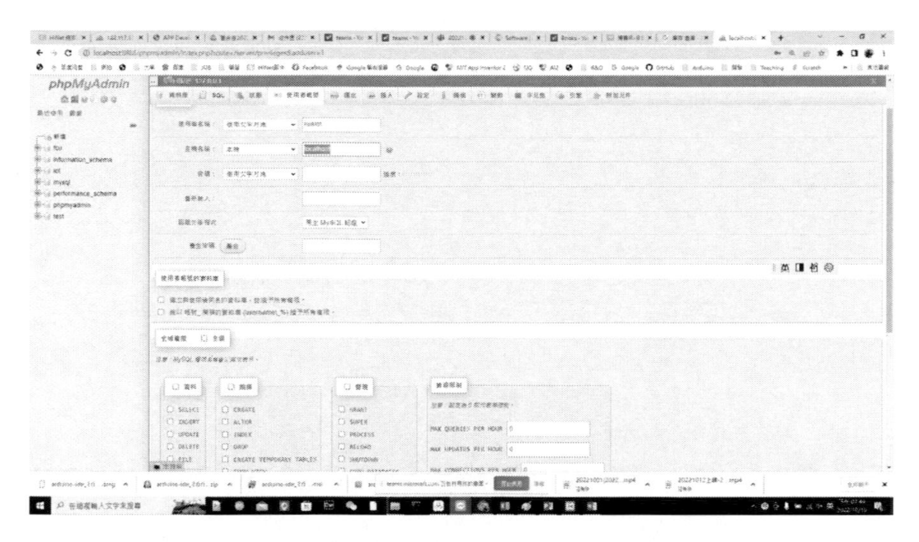

圖 241 完成設定帳號使用者可以連入的網域

如下圖紅框處所示，筆者本機器為教育學習使用，所以設定使用者帳號之登錄密碼為『12345678』，兩次的密碼都設定為『12345678』，若讀者有自己的需求，請讀者可以***對應自己的加密需求，自行設定對應的密碼來因應***。

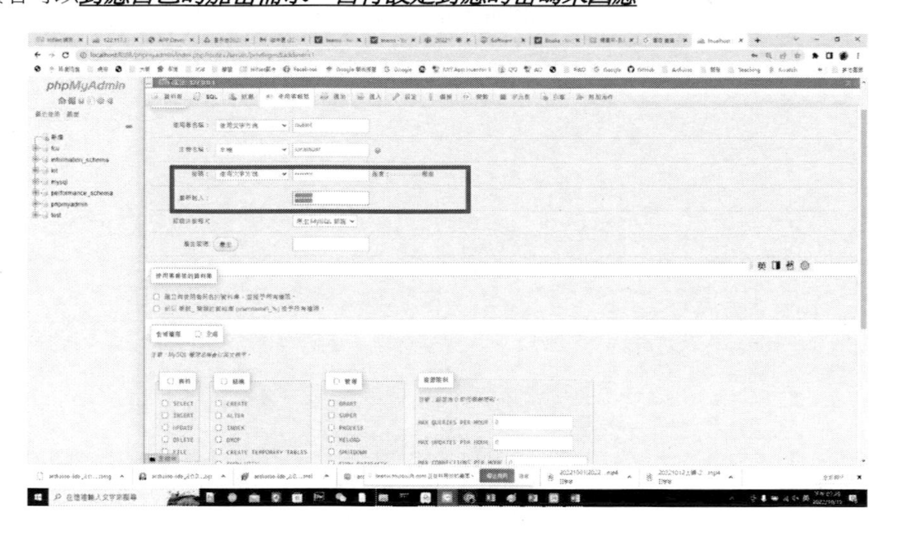

圖 242 設定使用者帳號之登錄密碼

如下圖紅框處所示，讀者可以看到下方有『建立與使用者同名的資料庫，並授予所有權限』之選項，請將『建立與使用者同名的資料庫，並授予所有權限』的選項打勾，完成設定。

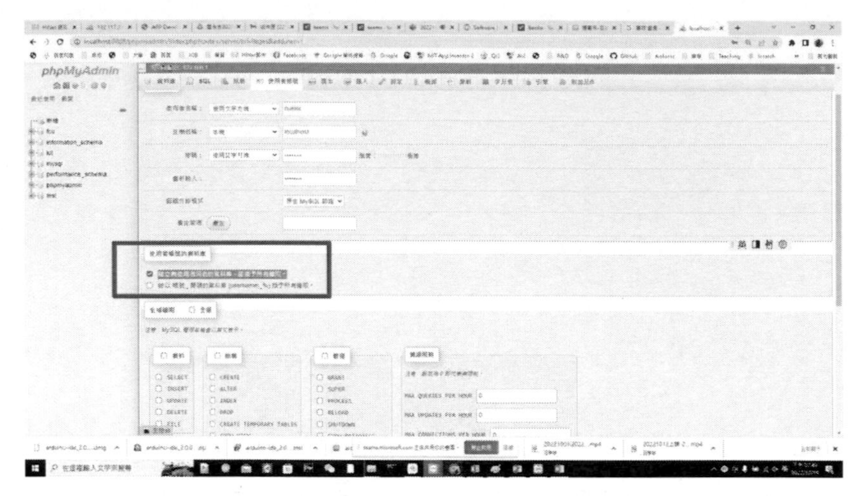

圖 243 請打勾: 建立與使用者同名的資料庫，並授予所有權限

如下圖三個紅框處所示，我們可以看到『資料』、『結構』、『管理』三個項目之選項，請將該三個項目選項：『資料』、『結構』、『管理』都打勾，設定三個新創建資料庫權限。

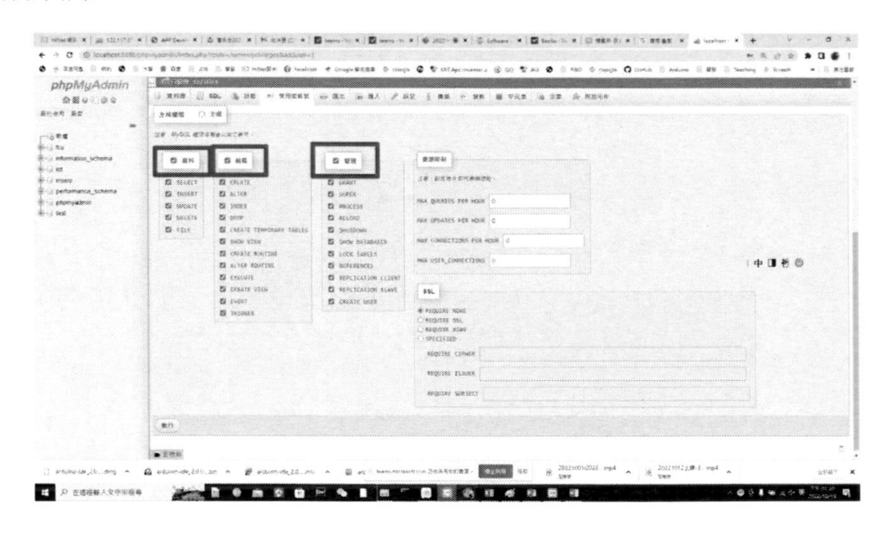

圖 244 設定新創建資料庫權限

如下圖紅框處所示，我們可以看到『執行』之按鈕，請按下『執行』之按鈕，完成新建『nukiot』新使用者與『nukiot』新資料庫之建立。

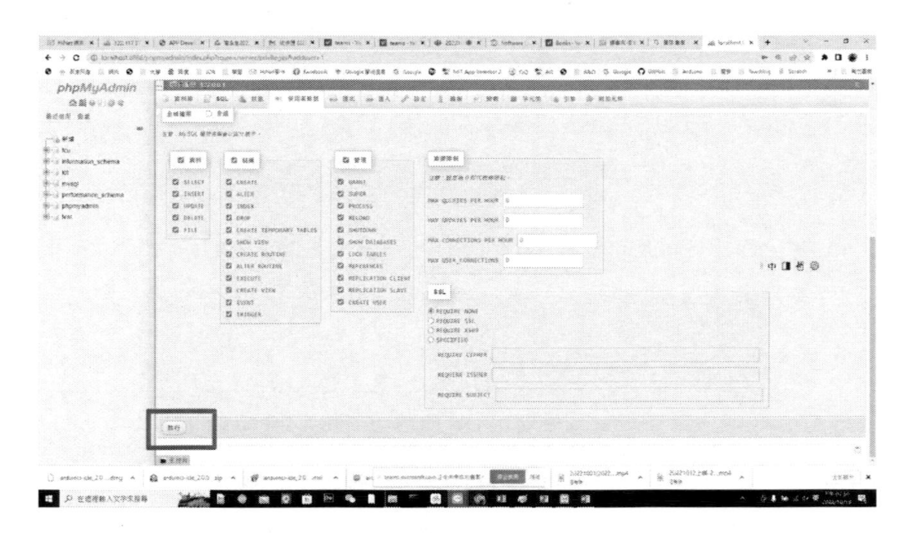

圖 245 按下執行按鈕

如下圖所示，我們完成新建立使用者與資料庫，可以在下圖紅框處，見到一堆 SQL 語法字串，這些是***建立『nukiot』新使用者與『nukiot』新資料庫對應的『SQL 語法字串』***。

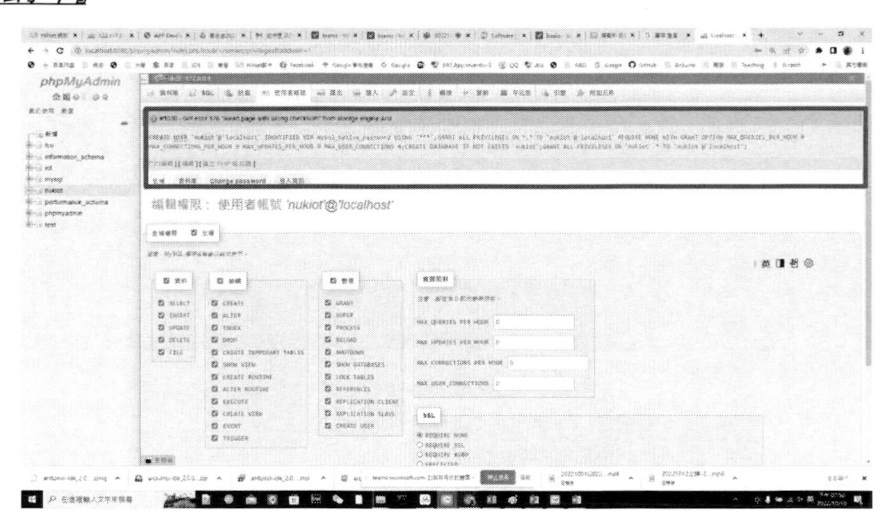

圖 246 完成新建立使用者與資料庫

如下表所示，如果熟悉 SQL 語法字串的讀者，也可以使用下表所示之建立 nukiot 新使用者與 nukiot 新資料庫對應的 SQL 語法字串，完成上述的***建立『nukiot』新使用者與『nukiot』新資料庫的操作行為***。

表 153 建立 nukiot 新使用者與 nukiot 新資料庫對應的 SQL 語法字串 (create_nukiot_database.sql)

```
CREATE USER 'nukiot'@'localhost' IDENTIFIED VIA mysql_native_password USING '***';GRANT ALL PRIVILEGES ON *.* TO 'nukiot'@'localhost' REQUIRE NONE WITH GRANT OPTION MAX_QUERIES_PER_HOUR 0 MAX_CONNECTIONS_PER_HOUR 0 MAX_UPDATES_PER_HOUR 0 MAX_USER_CONNECTIONS 0;CREATE DATABASE IF NOT EXISTS `nukiot`;GRANT ALL PRIVILEGES ON `nukiot`.* TO 'nukiot'@'localhost';
```

程式碼：https://github.com/brucetsao/ESP10Course/tree/main/DB

如下圖所示，我們可以看到完成建立新使用者與對應新資料庫。

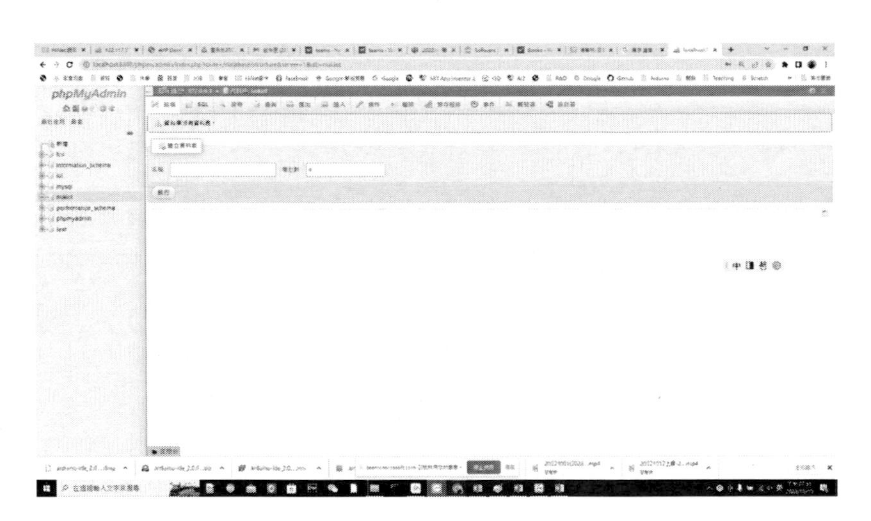

圖 247 完成建立新使用者與對應新資料庫

如下圖所示，可以在主畫面看到『nukiot』新資料庫的選項，如此代表我們已經完成建立『nukiot』新使用者與『nukiot』新資料庫的操作行為。

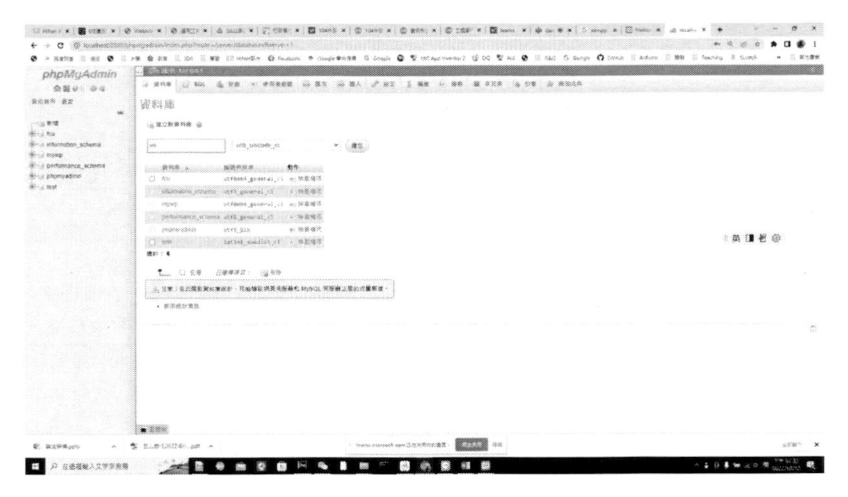

圖 248 完成建立 nukiot 新使用者與 nukiot 新資料庫

練習建立資料表

為了能夠簡單測試 MySQL 伺服器，如下表所示，我們看到如下表所示之商品資料表，我們先建立一個可以儲存該商品資料表的資料表格。

表 154 商品資料表

商品 ID	商品名稱	商品分類	販售單價	購入單價	登錄日期
1	桌上型電腦	整機產品	24000	20000	2022-10-01
2	筆電	整機產品	26000	23000	2022-09-22
3	螢幕	周邊商品	4000	3600	2022-09-22
4	滑鼠	周邊商品	500	440	2022-10-01
5	網路線	耗材	600	500	2022-09-22

應用資料庫基本法則與原理(Silberschatz, Korth, & Sudarshan, 2019; 陳祥輝, 2015)，筆者將上表所示之商品資料表，轉化成下表與下下表所示之商品資料表(product01)資料表之欄位表與索引表。

表 155 商品資料表欄位一覽圖(product01)

欄位	類型	空值(Null)	預設值	備註
id*(主鍵)*	int(11)	否		主鍵
name	char(120)	否		商品名稱
classification	char(24)	否		商品分類
price	int(11)	否		販售單價
cost	int(11)	否		購入成本
keyindate	date	否		登錄日期
crtdatetime	timestamp	否	current_timestamp()	資料創立日期時間

表 156 商品資料表索引表一覽圖(product01)

鍵名	類型	獨一	緊湊	欄位	基數	編碼與排序	空值(Null)	備註
PRIMARY	BTREE	是	否	id	5	A	否	

為了能夠簡單測試 MySQL 伺服器，如下表所示，我們看到如下表所示之商品資料表，我們***先建立一個可以儲存該商品資料內容的資料表格***。

如下圖所示，我們在 PhpMySQL 資料庫管理程式畫面中，點選下圖紅框處所示之『nukiot』，會出現出現建立資料表畫面。

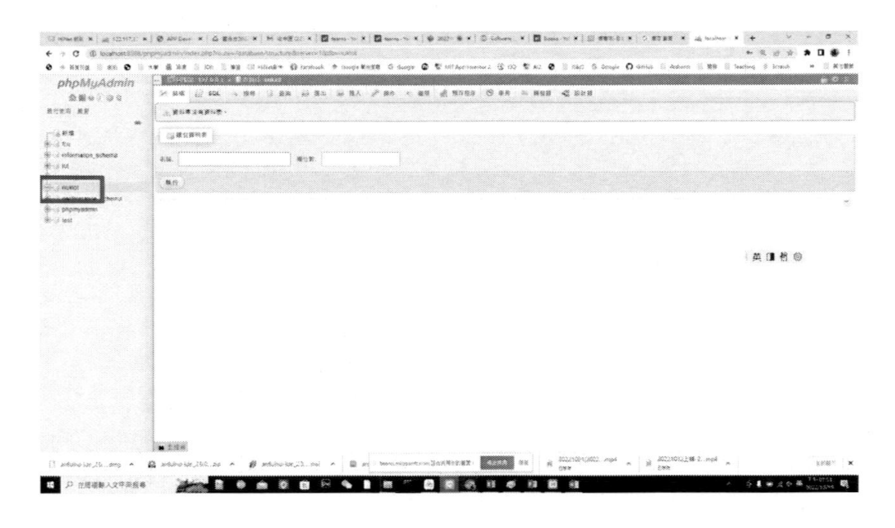

圖 249 點選 nukiot 資料庫

如下圖所示，可以看到出現建立資料表畫面。

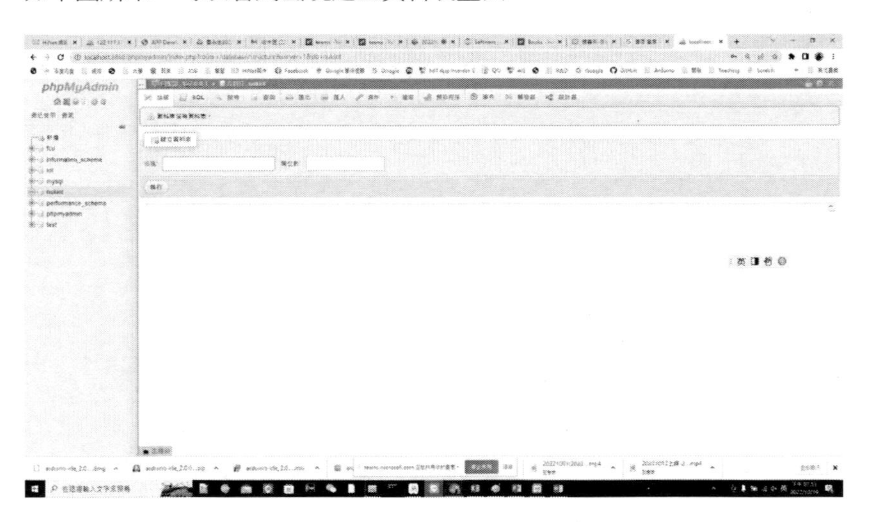

圖 250 出現建立資料表畫面

如下圖所示，我們開始建立第一個資料表，如下圖左邊紅框處，請在『名稱』位置輸入『product01』的資料表名稱。

接下來，如下圖右邊紅框處，請在『欄位數』位置輸入『7』，代表建立：資料表名稱:product01，***<u>資料表欄位數為 7 個</u>***的新資料表。

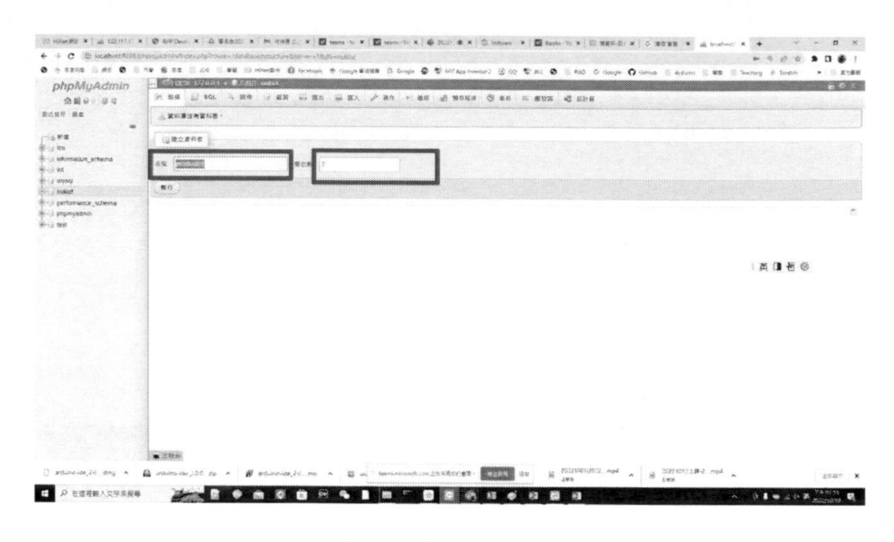

圖 251 輸入資料表名稱

如下圖所示，由於進入建立新資料表功能，我們可以看到建立*新資料表之空白欄位畫面*。

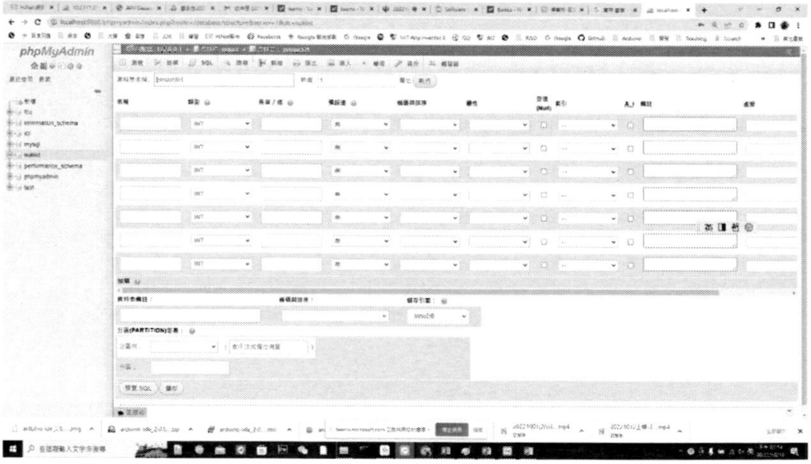

圖 252 建立新資料表之空白欄位畫面

如下圖所示，我們在下圖第一個紅框處，請輸入『id』為*欄位主鍵的名稱*，接下來我們在下圖第二個紅框處，請選擇『int』為*欄位型態的內容*，接下來我們在下圖第三個紅框處：『A_I』，請勾選為*自動新增(auto increment)*，因為該欄位設定為主鍵性質，所以我們可以*預設為自動新增(auto increment)*。

由於該欄位我們設定為自動新增(auto increment)，所以在下圖第四個紅框處，請將欄位*設定為『Primary key』主鍵*的性質，接下來我們在下圖第五個紅框處，請輸入『主鍵』為*欄位備註的內容*。

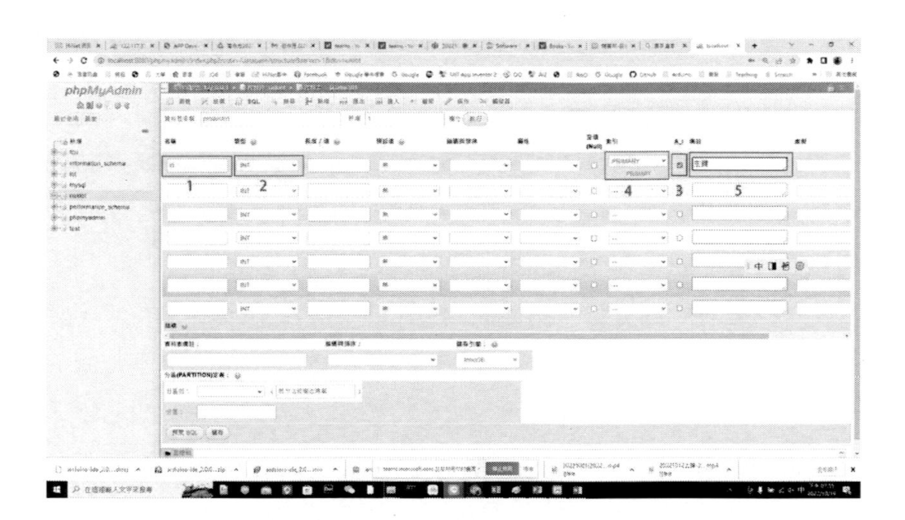

圖 253 輸入第一個欄位

如下圖所示，我們在下圖第一個紅框處，請輸入『name』為*欄位的名稱*，接下來我們點選下圖第二個紅框處，出現下拉式選單，接下來我們在下圖第三個紅框處，選擇：『char』為*欄位型態*。

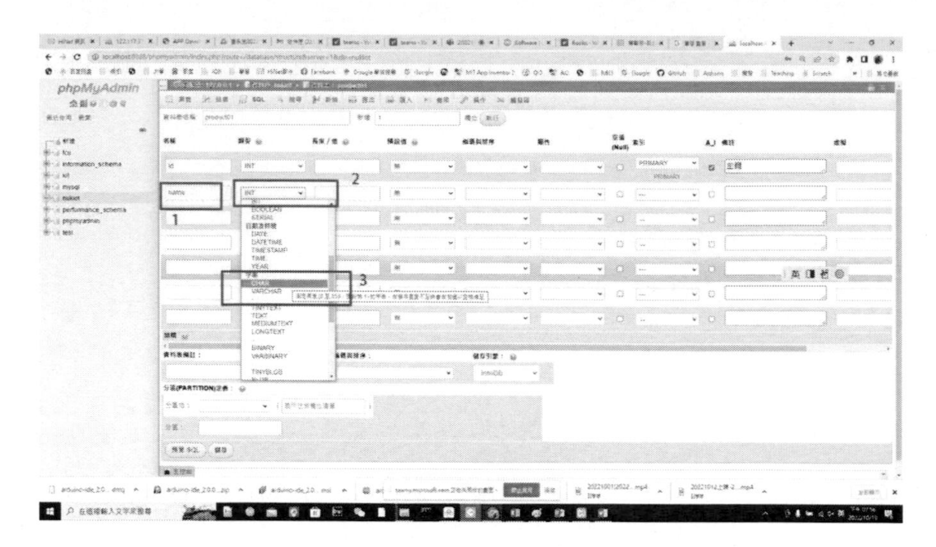

圖 254 輸入第一個欄位

如下圖所示，我們在下圖紅框處，請輸入『120』為*欄位長度*。

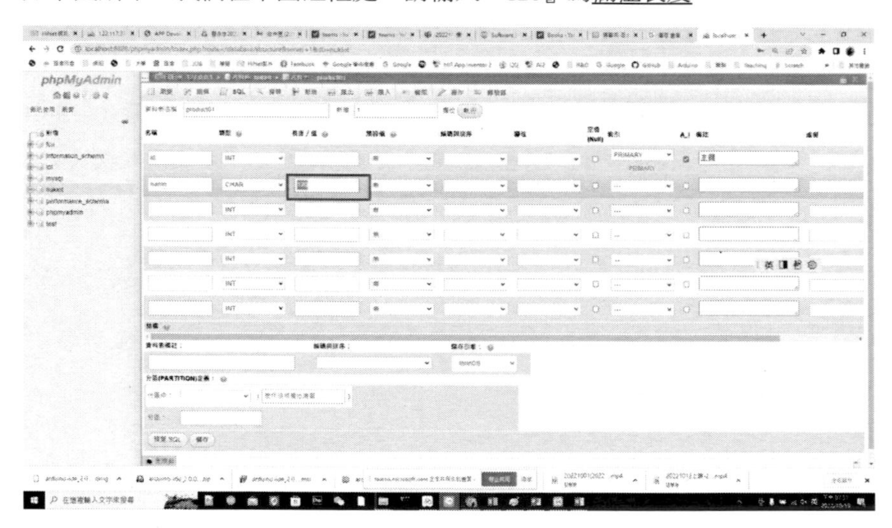

圖 255 設定第二個欄位長度

如下圖所示，我們點選下圖第一個紅框處，準備設定該欄位的編碼與排序，接下來我們在下圖第二個紅框處，請選擇『utf8_unicode_ci』為*欄位內容的編碼與排序*。

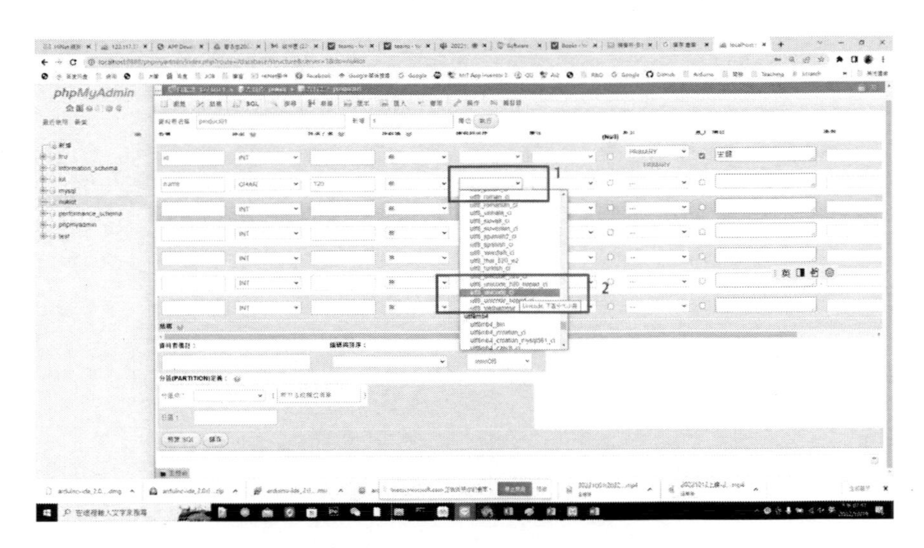

圖 256 設定第二個欄位文字編碼類別

如下圖所示，我們在下圖紅框處，請輸入『商品名稱』為*欄位的備註*。

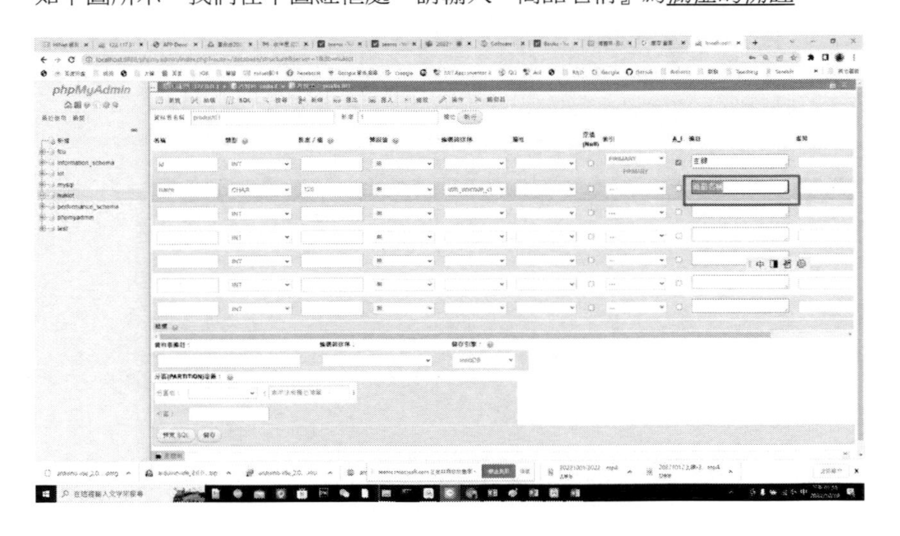

圖 257 設定第二個欄位備註

如下圖所示，我們在下圖紅框處，請輸入『classifiction』設定第三個*欄位名稱*。

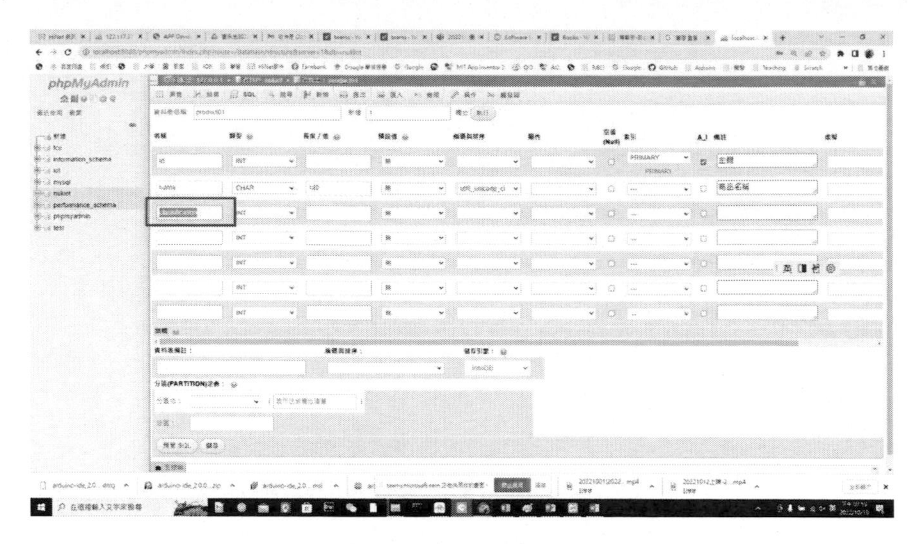

圖 258 設定第三個欄位名稱

如下圖所示，我們點選下圖第一個紅框處，設定該欄位的型態，接下來我們在下圖第二個紅框處，請選擇『char』為*欄位型態的內容*。

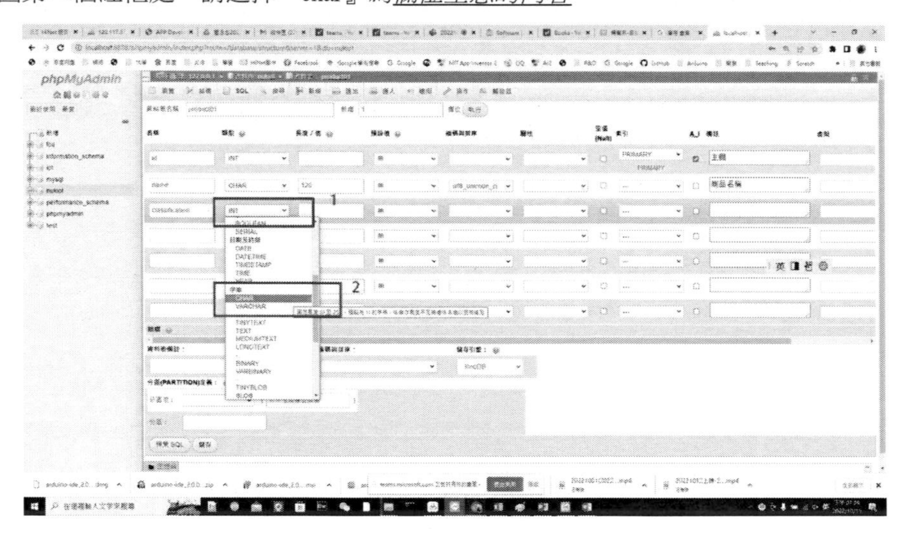

圖 259 設定第三個欄位型態

如下圖所示，我們在下圖紅框處，請輸入『24』為*欄位文字內容的長度*。

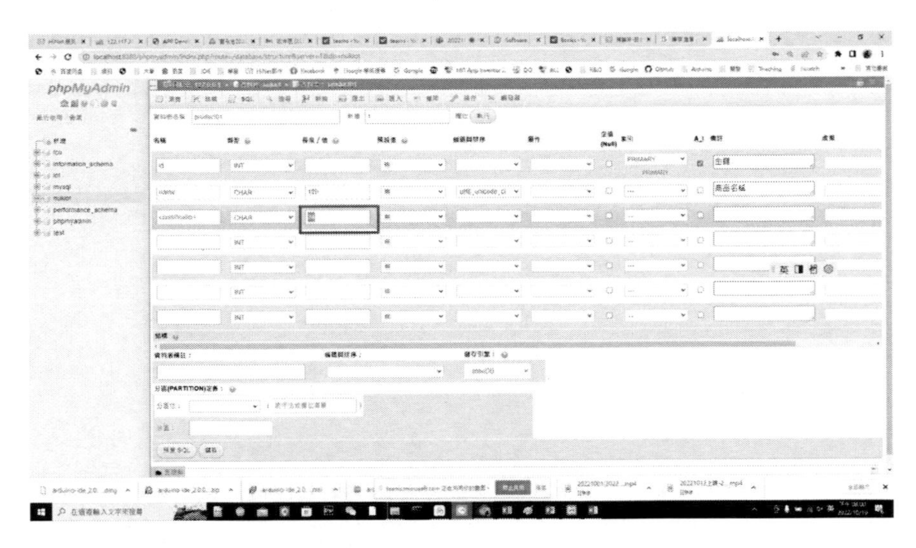

圖 260 設定第三個欄位長度

如下圖所示，我們點選下圖第一個紅框處，準備設定該欄位的編碼與排序，接下來我們在下圖第二個紅框處，請選擇『utf8_unicode_ci』為*欄位內容的編碼與排序*。

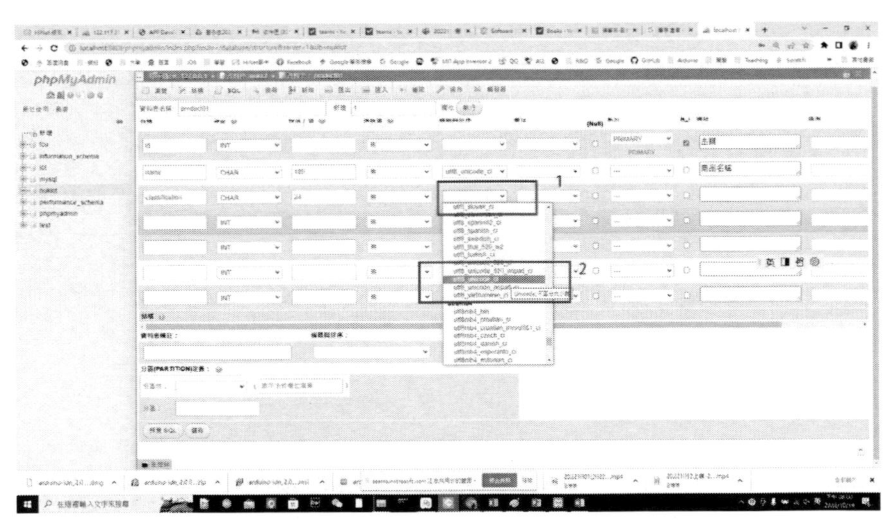

圖 261 設定第三個欄位文字編碼類別

如下圖所示，我們在下圖紅框處，請輸入『商品分類』為*欄位的備註*。

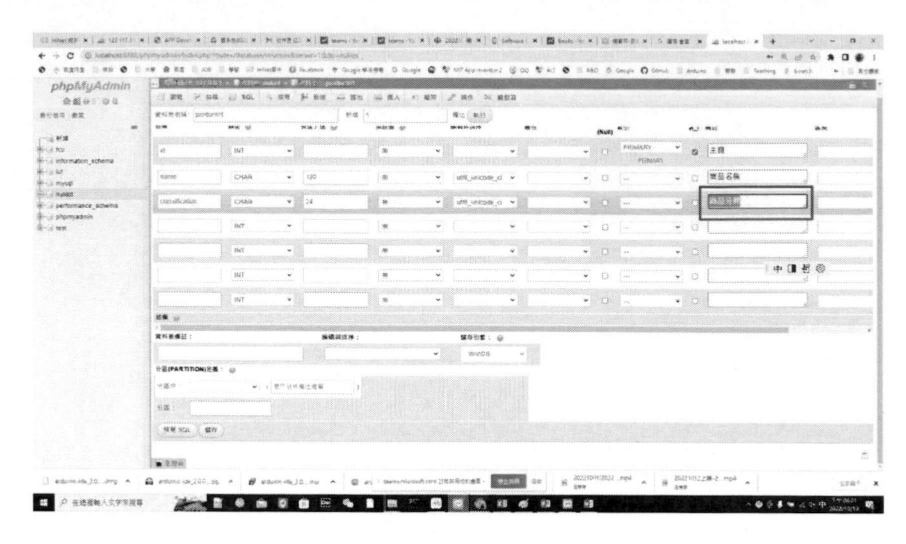

圖 262 設定第三個欄位備註

如下圖所示，我們在下圖第一個紅框處，請輸入『price』為*欄位主鍵的名稱*，接下來我們點選下圖第二個紅框處，請選擇『int』為*欄位型態的內容*。

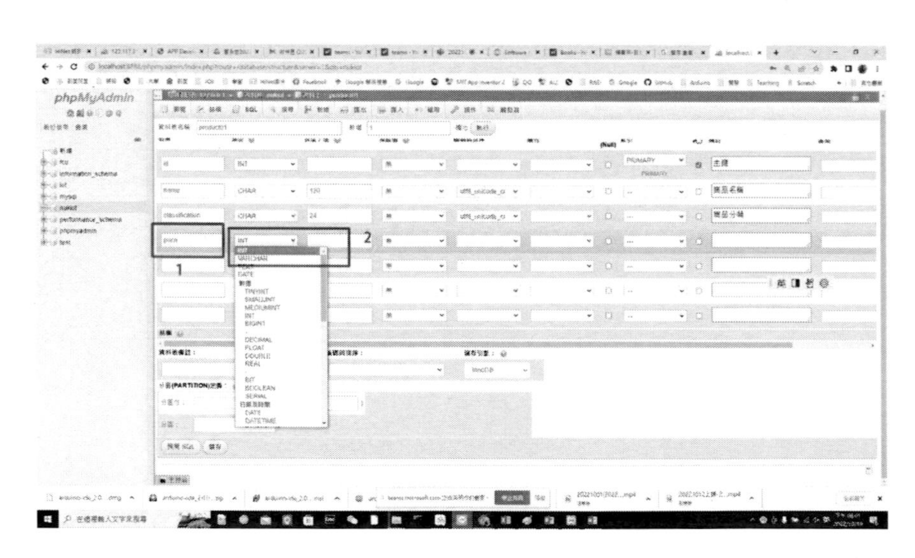

圖 263 輸入第四個欄位名字與型態

如下圖所示，我們在下圖紅框處，請輸入『販售單價』為*欄位的備註*。

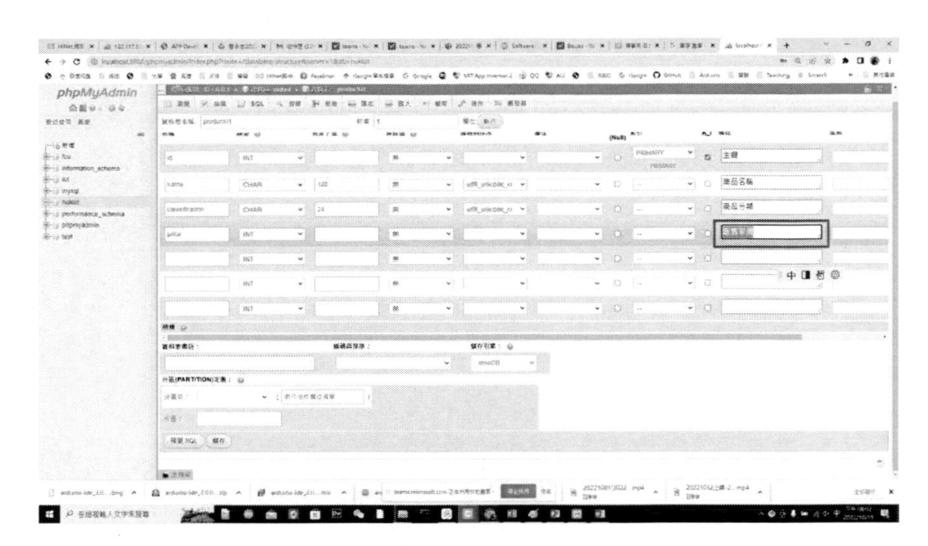

圖 264 設定第四個欄位備註

如下圖所示，我們在下圖紅框處，請輸入『cost』為*欄位主鍵的名稱*。

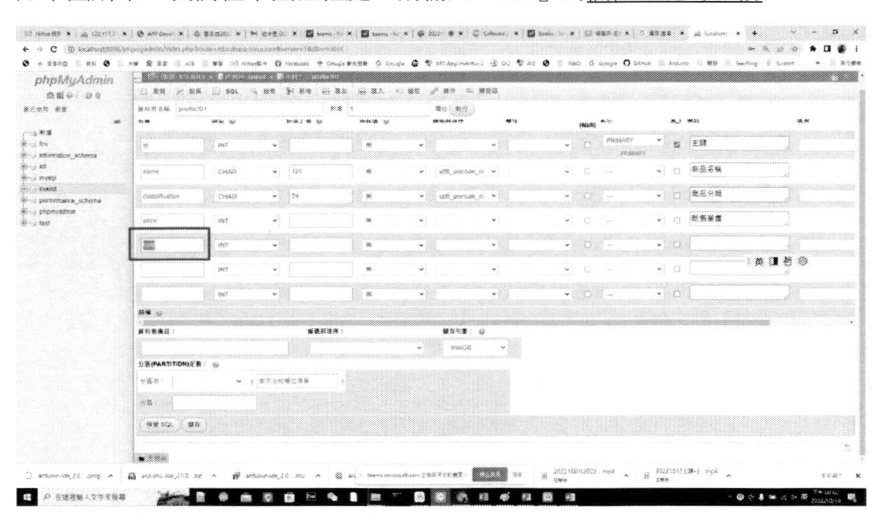

圖 265 輸入第五個欄位名字

如下圖所示，我們在下圖紅框處，請點選並選擇『int』為*欄位型態*。

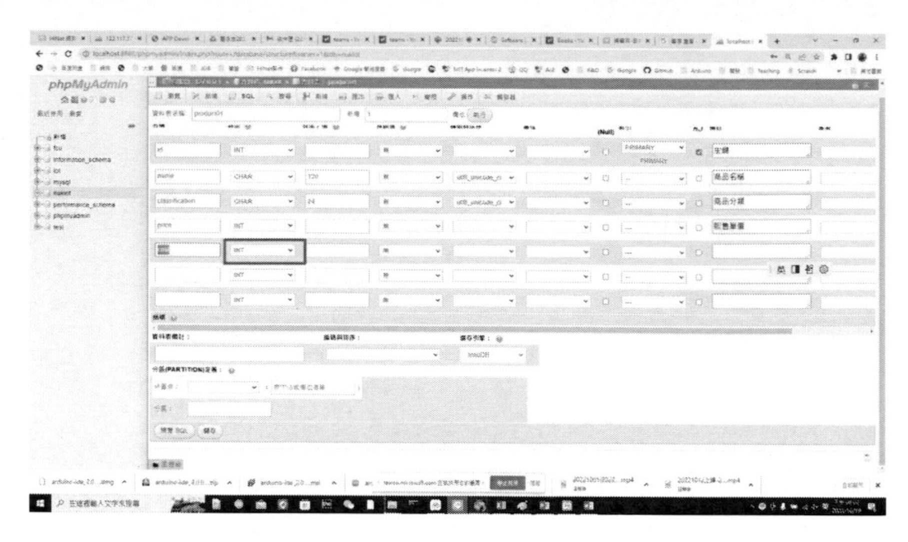

圖 266 輸入第五個欄位型態

如下圖所示，我們在下圖紅框處，請輸入『購入成本』為*欄位的備註*。

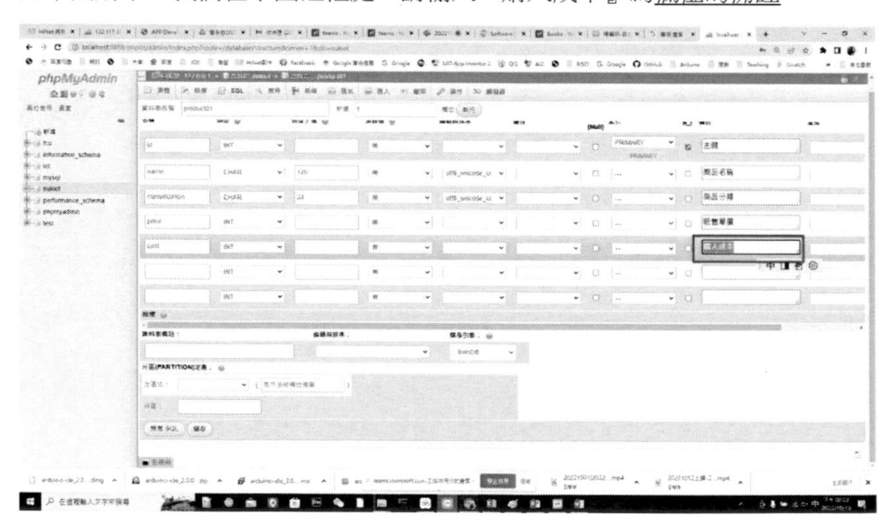

圖 267 設定第五個欄位備註

如下圖所示，我們在下圖紅框處，請輸入『keyindate』為*欄位的名稱*。

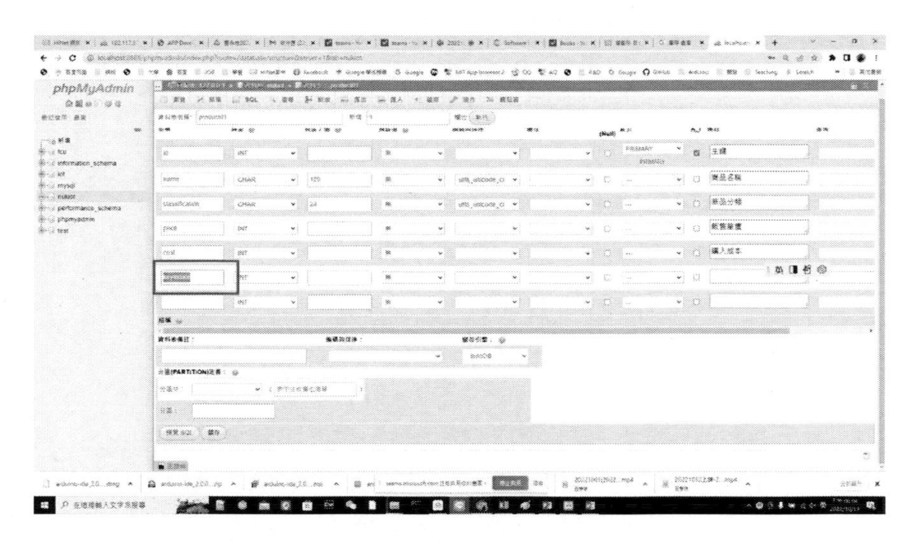

圖 268 輸入第六個欄位名字

如下圖所示，我們點選下圖第一個紅框處，進行*設定欄位型態*，接下來我們點選下圖第二個紅框處，請選擇『DATE』為*欄位型態的內容*。

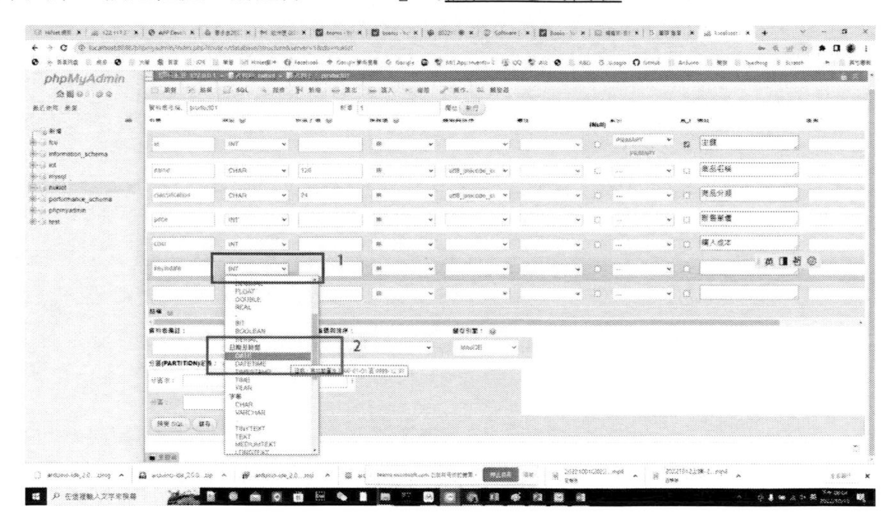

圖 269 輸入第六個欄位型態

如下圖所示，我們在下圖紅框處，請輸入『登錄日期』為*欄位的備註*。

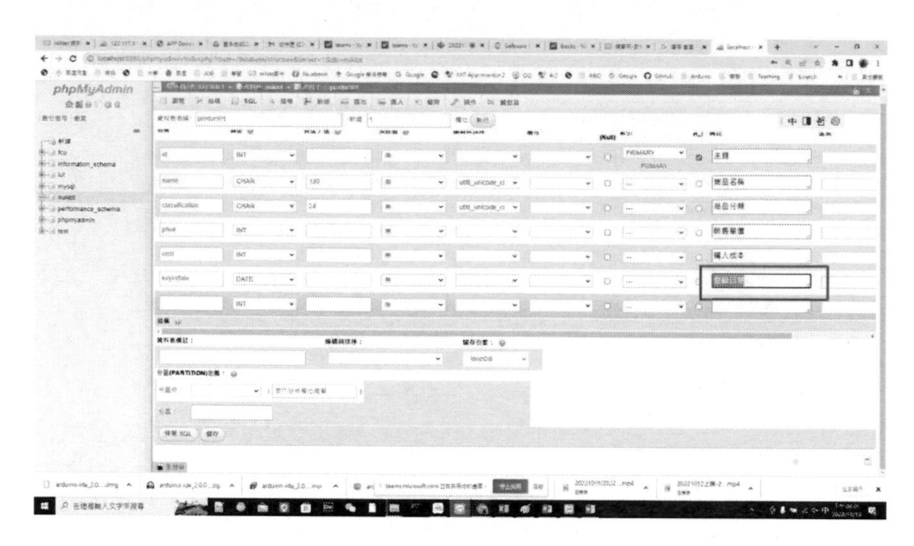

圖 270 設定第六個欄位備註

如下圖所示，我們在下圖紅框處，請輸入『crtdatetime』為*欄位的名稱*。

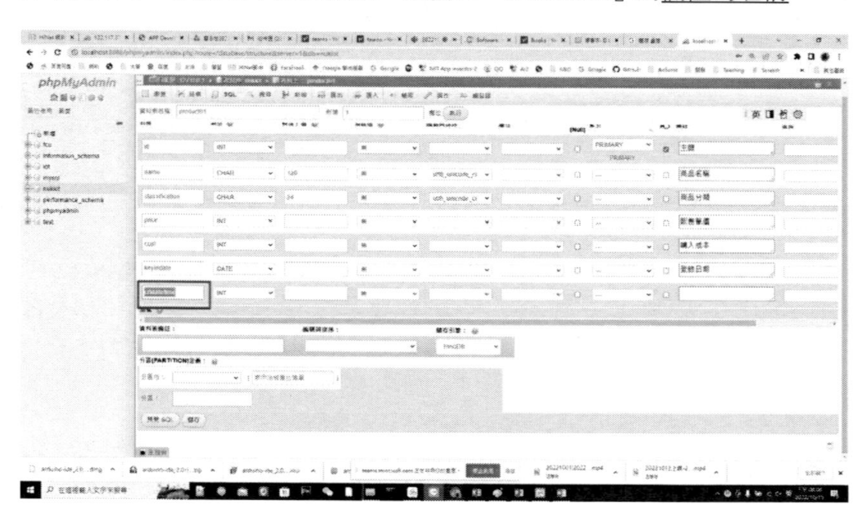

圖 271 輸入第七個欄位名字

如下圖所示，我們點選下圖第一個紅框處，進行*設定欄位型態*，接下來我們點選下圖第二個紅框處，請選擇『TIMESTAMP』為*欄位型態的內容*。

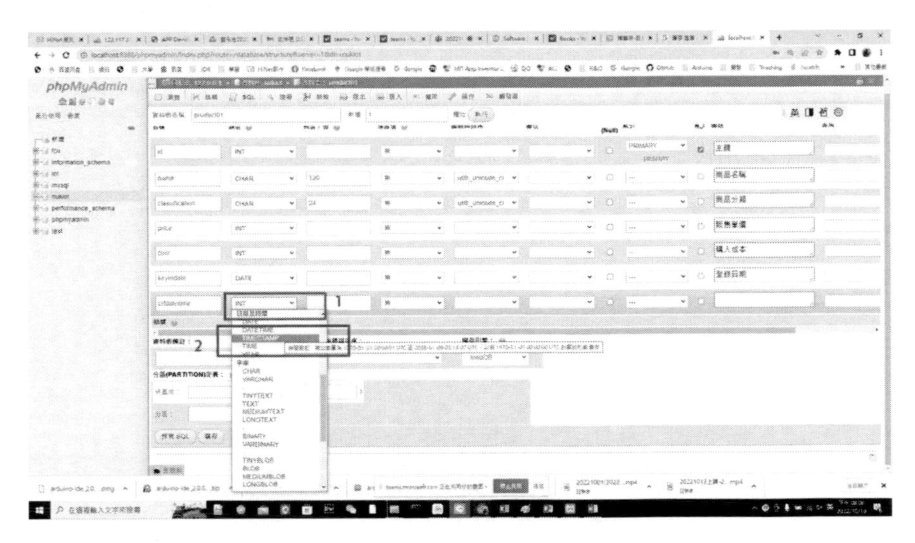

圖 272 輸入第七個欄位型態

如下圖所示，我們點選下圖紅框處，請選擇『CURRENT_TIMESTAMP』為*欄位的預設值*。

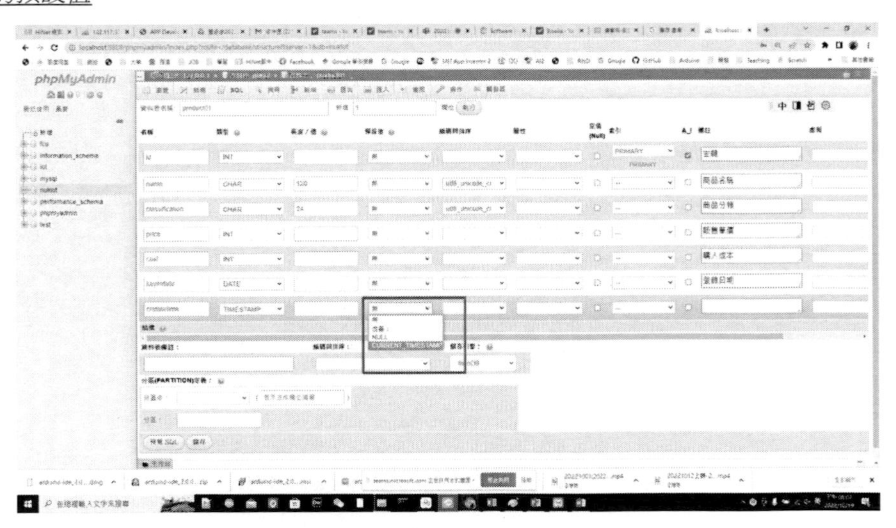

圖 273 輸入第七個欄位預設值

如下圖所示，我們點選下圖紅框處，請選擇『on update CURRENT_TIMESTAMP』為*欄位的屬性值*。

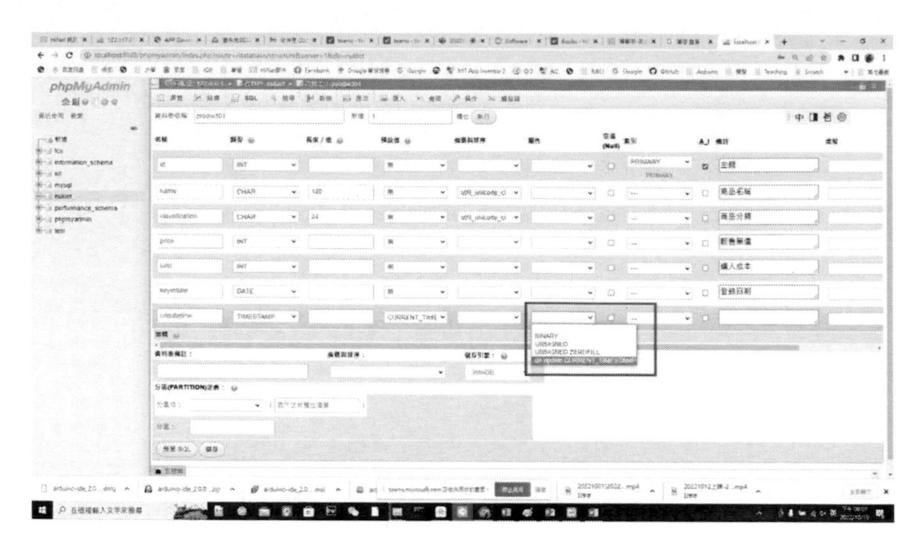

圖 274 輸入第七個欄位屬性

如下圖所示，我們在下圖紅框處，請輸入『資料創立日期時間』為*欄位的備註*。

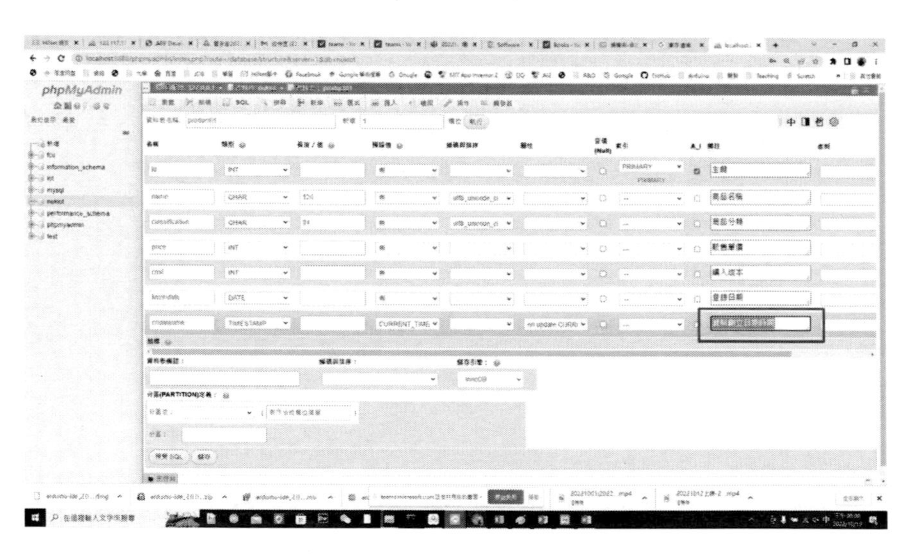

圖 275 設定第七個欄位備註

如下圖所示，我們點選下圖紅框處:『儲存』按鈕，按下『儲存』按鈕*完成資料表建立*。

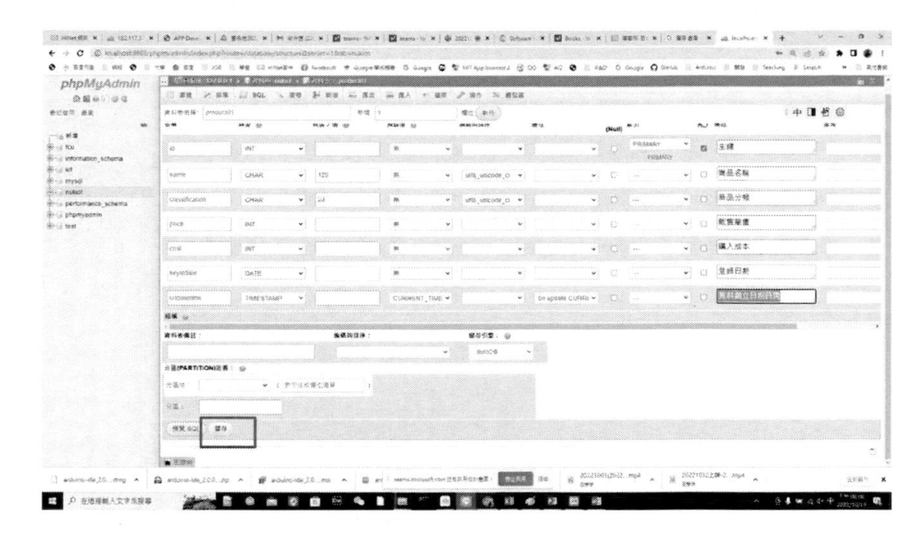

圖 276 按下儲存按鈕完成資料表建立

如下圖所示，我們完成建立 Product01 資料表之建立。

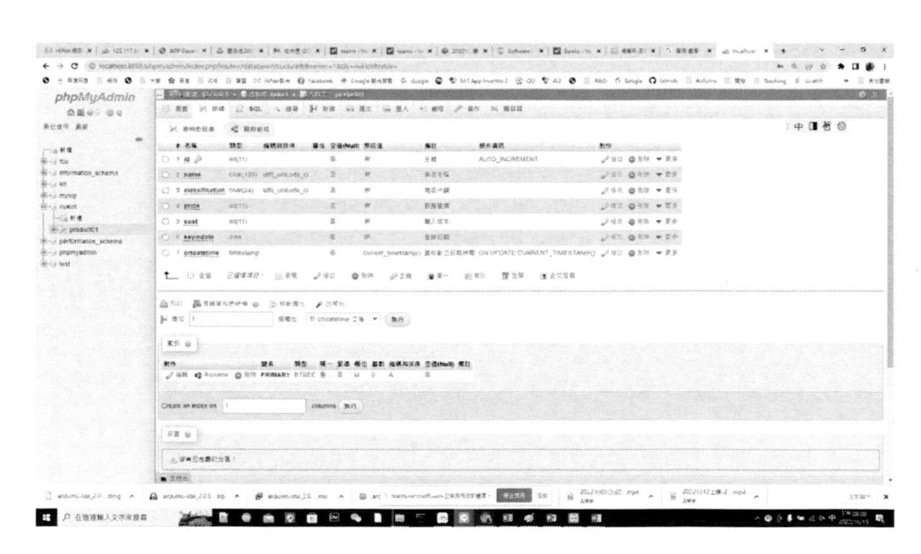

圖 277 完成建立 Product01 資料表之畫面

使用 SQL 語法建立資料表

如下表所示，我們可以使用 SQL 語法建立如表 154 商品資料表，我們可以下表的 product01 新資料表對應的 SQL 語法字串，使用標準的文字編輯器(如 notepad、notepad++ …)，把下表內容存成 product01.sql 檔案，以利接下來使用。

表 157 建立 product01 新資料表對應的 SQL 語法字串(product01.sql)

```
-- phpMyAdmin SQL Dump
-- version 5.1.1
-- https://www.phpmyadmin.net/
--
-- 主機： 127.0.0.1
-- 產生時間： 2022-10-19 14:14:34
-- 伺服器版本： 10.4.22-MariaDB
-- PHP 版本： 8.1.2

SET SQL_MODE = "NO_AUTO_VALUE_ON_ZERO";
START TRANSACTION;
SET time_zone = "+00:00";


/*!40101 SET @OLD_CHARACTER_SET_CLIENT=@@CHARACTER_SET_CLIENT
*/;
/*!40101 SET
@OLD_CHARACTER_SET_RESULTS=@@CHARACTER_SET_RESULTS */;
/*!40101 SET
@OLD_COLLATION_CONNECTION=@@COLLATION_CONNECTION */;
/*!40101 SET NAMES utf8mb4 */;

--
-- 資料庫: `nukiot`
--

-- --------------------------------------------------------
```

```
--
-- 資料表結構 `product01`
--

CREATE TABLE `product01` (
  `id` int(11) NOT NULL COMMENT '主鍵',
  `name` char(120) CHARACTER SET utf8 COLLATE utf8_unicode_ci NOT NULL
COMMENT '商品名稱',
  `classification` char(24) CHARACTER SET utf8 COLLATE utf8_unicode_ci NOT
NULL COMMENT '商品分類',
  `price` int(11) NOT NULL COMMENT '販售單價',
  `cost` int(11) NOT NULL COMMENT '購入成本',
  `keyindate` date NOT NULL COMMENT '登錄日期',
  `crtdatetime` timestamp NOT NULL DEFAULT current_timestamp() ON UPDATE
current_timestamp() COMMENT '資料創立日期時間'
) ENGINE=InnoDB DEFAULT CHARSET=utf8mb4;

--
-- 已傾印資料表的索引
--

--
-- 資料表索引 `product01`
--
ALTER TABLE `product01`
  ADD PRIMARY KEY (`id`);

--
-- 在傾印的資料表使用自動遞增(AUTO_INCREMENT)
--

--
-- 使用資料表自動遞增(AUTO_INCREMENT) `product01`
--
ALTER TABLE `product01`
  MODIFY `id` int(11) NOT NULL AUTO_INCREMENT COMMENT '主鍵';
COMMIT;

/*!40101 SET CHARACTER_SET_CLIENT=@OLD_CHARACTER_SET_CLIENT */;
```

```
/*!40101 SET CHARACTER_SET_RESULTS=@OLD_CHARACTER_SET_RESULTS */;
/*!40101 SET COLLATION_CONNECTION=@OLD_COLLATION_CONNECTION */;
```

程式網址：https://github.com/brucetsao/ESP10Course/tree/main/DB

如下圖所示，我們在 phpMySQL 管理程式中，點選『nukiot』的資料庫後，可以使用 SQL 語法來產生，首先我們先點選左側『nukiot』資料庫，會出現下列畫面。

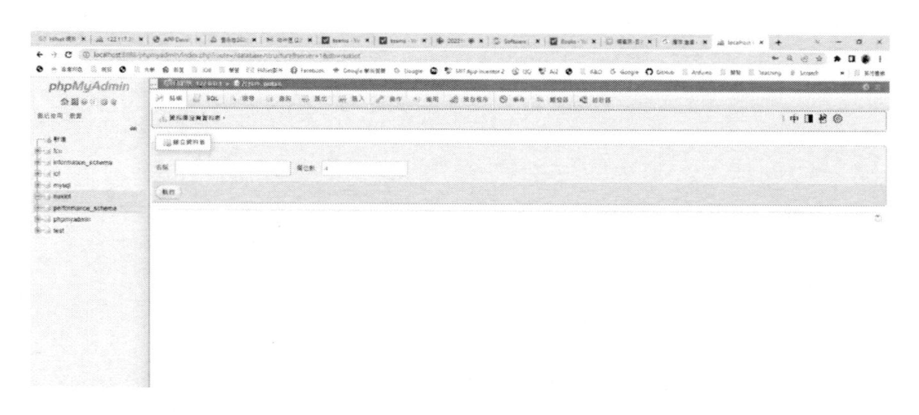

圖 278 空資料庫之操作畫面

如下圖所示，我們點選下圖紅框處所示：『匯入』的操作功能。

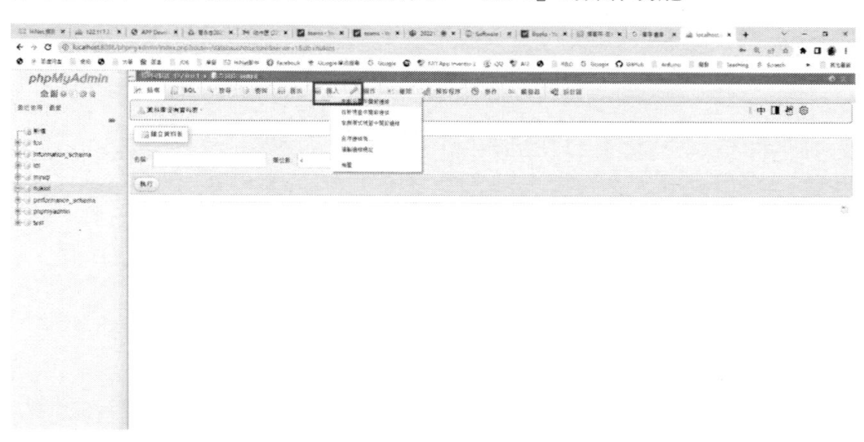

圖 279 點選匯入資料表

如下圖所示，出現*<u>匯入資料庫/資料表的操作畫面</u>*。

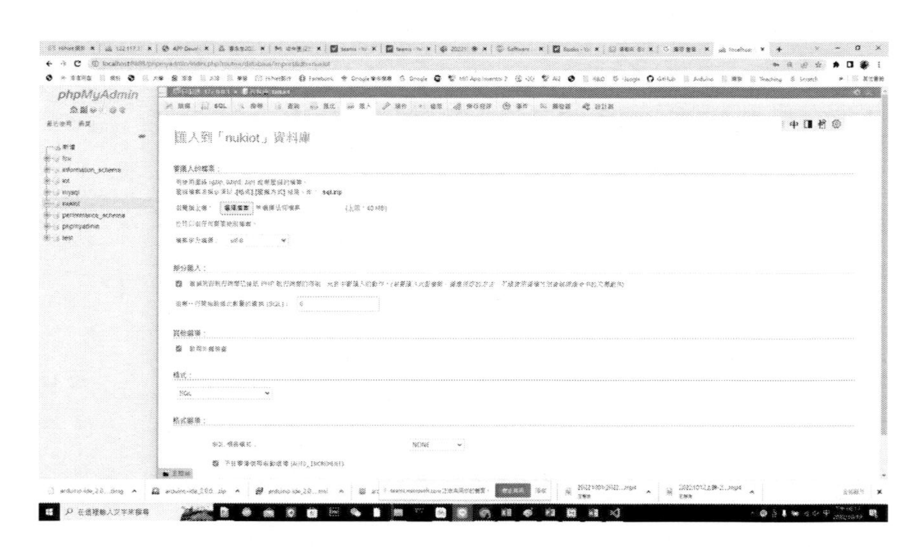

圖 280 匯入資料庫/資料表的操作畫面

如下圖紅框處所示，請點選『選擇檔案』之按鈕，進行選擇匯入之 SQL 檔案。

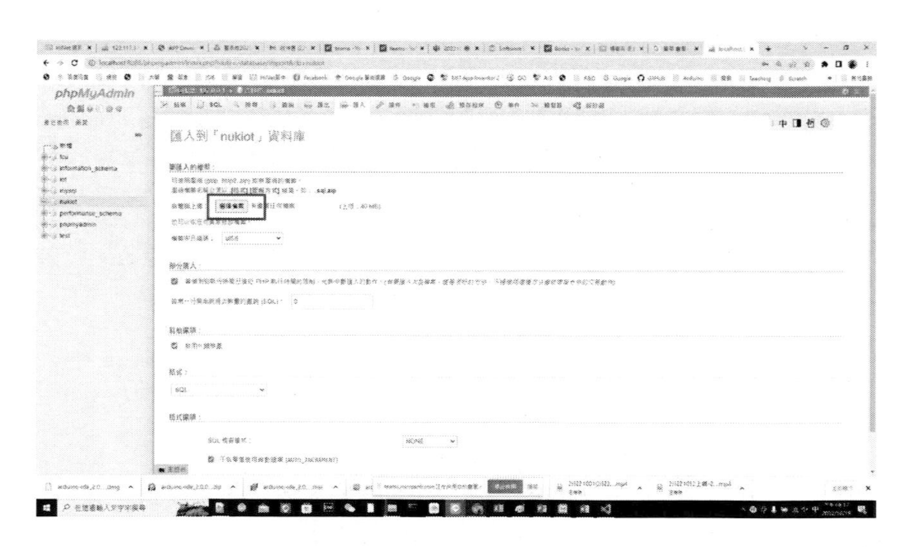

圖 281 匯入功能之 選擇檔案

如下圖所示，請在選擇檔案的畫面中，如下圖 1 號紅框處，選取到攥寫的『MySQL 內容』或從筆者 github 網址：https://github.com/brucetsao/ESP10Course/tree/main/DB，下載之『product01.sql』檔案，再從如下圖 2 號紅框處，點選，『開啟』按鈕，開啟『product01.sql』檔案。

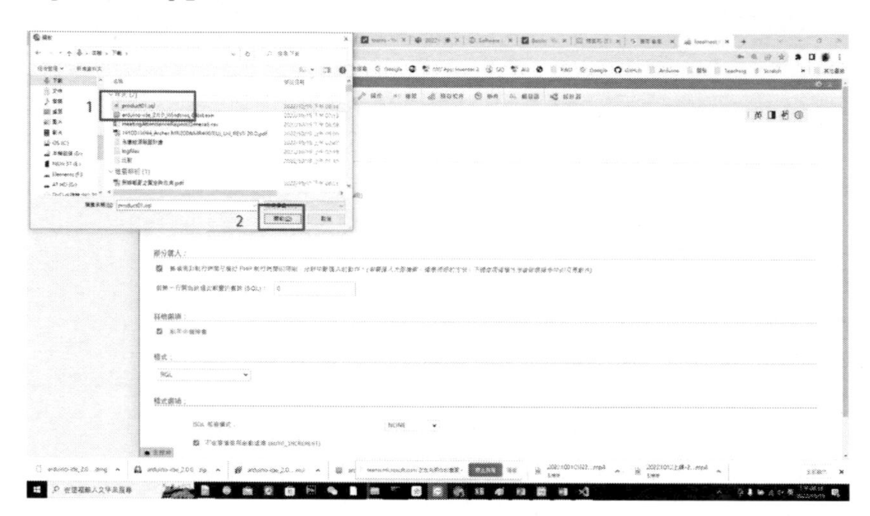

圖 282 選擇 product01.sql 檔案

如下圖所示，看到可以看到欲開啟的檔案，為『product01.sql』檔案。

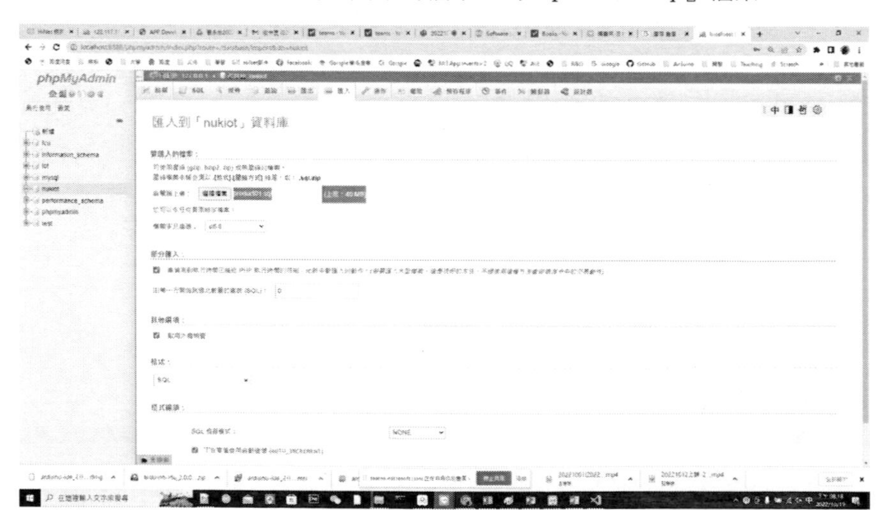

圖 283 完成欲開啟檔案為 product01.sql 檔案之畫面

如下圖紅框處所示，看到看到『執行』按鈕在畫面右下方處，請按下開啟按鈕開啟 SQL 檔案。

圖 284 按下開啟按鈕開啟 SQL 檔案

如下圖所示，可以看到系統開啟 SQL 檔案，並執行該開啟 SQL 檔案內容，完成建立好『product01』之資料表。

圖 285 完成建立好 product01 資料表之畫面

如下圖所示，我們再點選左側『nukiot』資料庫後，出現該資料庫所有建立之資料表後，請再點選『product01』資料表，就可以看到『product01』資料表的欄位資訊。如下圖所示，我們完成建立 Product01 資料表之建立。

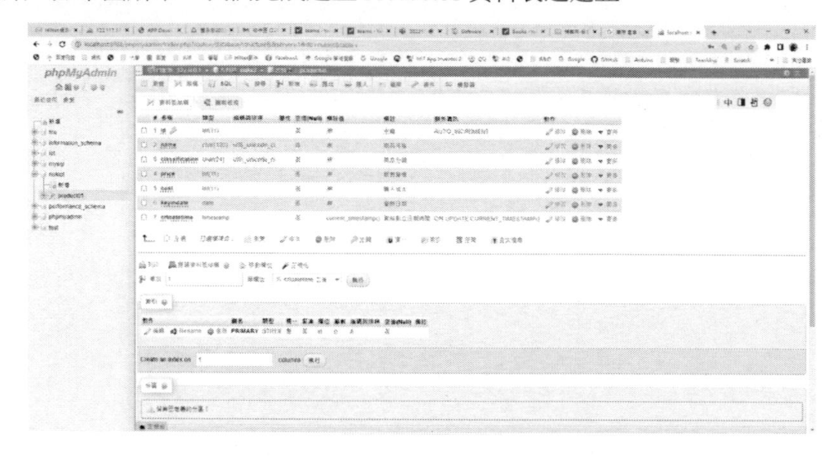

圖 286 顯示 product01 資料表的欄位資訊之畫面

匯出 product01 資料表到 SQL 檔案

接下來，我們練習如何將建立好的資料表匯出成為 SQL 檔案，如下圖所示，我們點選下圖紅框處所示之『匯出』選項。

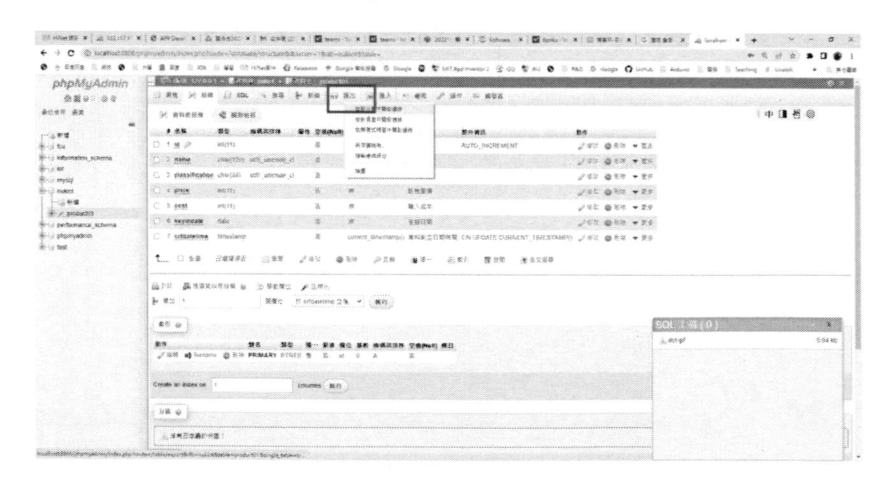

圖 287 匯出資料表到 SQL 檔案

如下圖所示，點選之『匯出』選項之後出現匯出資料操作之畫面。

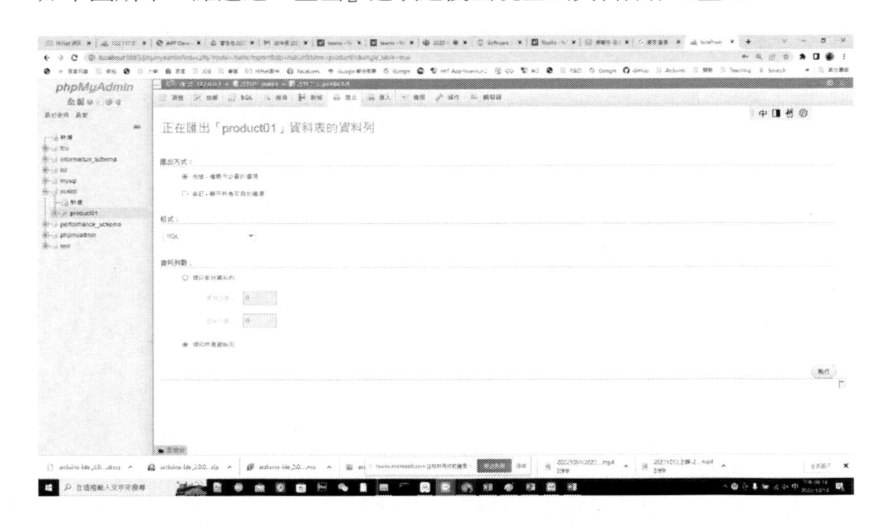

圖 288 匯出資料操作畫面

如下圖所示，我們點選下圖紅框處所示之『執行』按鈕，準備執行匯出資料之功能。

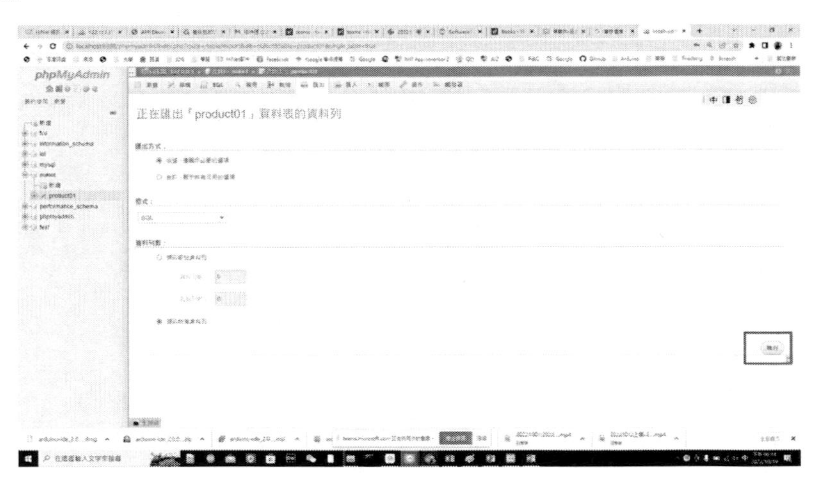

圖 289 點選執行以匯出資料

如下圖所示，按下『執行』按鈕後完成匯出 product01 資料表，可以看到『product01.sql』檔案會儲存在系統預設之『下載』目錄資料夾之下，由於筆者有安裝 Visual Studio Code 軟體之編輯軟體，所以系統會順便開啟『Visual Studio Code 軟體』之編輯畫面，直接顯示『product01.sql』資料表的內容於下圖畫面之中。

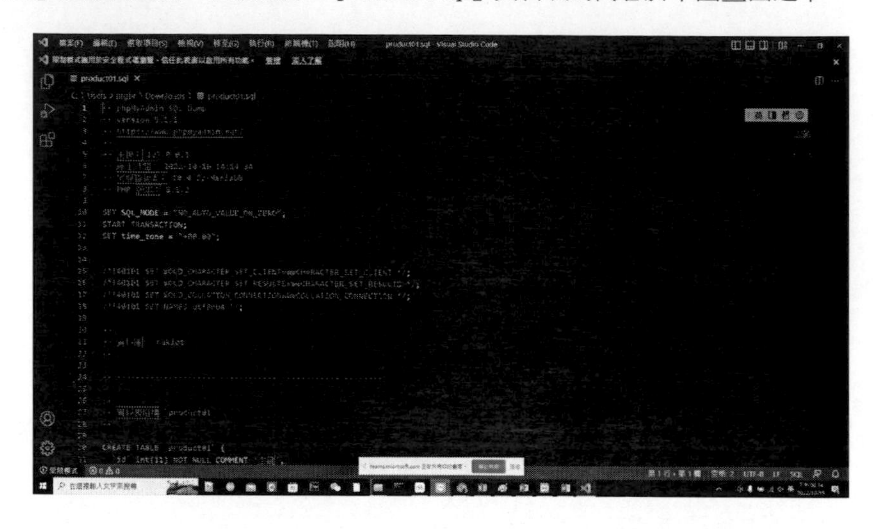

圖 290 匯出 product01 資料表之 SQL 命令之內容畫面

程式網址：https://github.com/brucetsao/ESP10Course/tree/main/DB

如下表所示，我們可以看到 product01 資料表對應的 SQL 語法字串的內容於下表內，任何其它資料庫或伺服器，若要一樣產生相同的 product01 資料表，可以如上節方式使用匯入功能產生 product01 資料表，或把下表內容，複製、貼上到 phpMyAdmin 管理軟體之『SQL』項目 下，按下該『SQL』項目之『執行』，也可以產生相同的 product01 資料表。

表 158 建立 product01 資料表對應的 SQL 語法字串(product01.sql)

```
-- phpMyAdmin SQL Dump
-- version 5.1.1
-- https://www.phpmyadmin.net/
-- 主機： 127.0.0.1
-- 產生時間： 2022-10-19 14:14:34
-- 伺服器版本： 10.4.22-MariaDB
-- PHP 版本： 8.1.2
SET SQL_MODE = "NO_AUTO_VALUE_ON_ZERO";
```

```
START TRANSACTION;
SET time_zone = "+00:00";
/*!40101 SET @OLD_CHARACTER_SET_CLIENT=@@CHARACTER_SET_CLIENT
*/;
/*!40101 SET
@OLD_CHARACTER_SET_RESULTS=@@CHARACTER_SET_RESULTS */;
/*!40101 SET
@OLD_COLLATION_CONNECTION=@@COLLATION_CONNECTION */;
/*!40101 SET NAMES utf8mb4 */;
-- 資料庫: `nukiot`
-- 資料表結構 `product01`
CREATE TABLE `product01` (
  `id` int(11) NOT NULL COMMENT '主鍵',
  `name` char(120) CHARACTER SET utf8 COLLATE utf8_unicode_ci NOT NULL
COMMENT '商品名稱',
  `classification` char(24) CHARACTER SET utf8 COLLATE utf8_unicode_ci NOT
NULL COMMENT '商品分類',
  `price` int(11) NOT NULL COMMENT '販售單價',
  `cost` int(11) NOT NULL COMMENT '購入成本',
  `keyindate` date NOT NULL COMMENT '登錄日期',
  `crtdatetime` timestamp NOT NULL DEFAULT current_timestamp() ON UPDATE
current_timestamp() COMMENT '資料創立日期時間'
) ENGINE=InnoDB DEFAULT CHARSET=utf8mb4;
-- 資料表索引 `product01`
ALTER TABLE `product01`
  ADD PRIMARY KEY (`id`);
-- 在傾印的資料表使用自動遞增(AUTO_INCREMENT)
-- 使用資料表自動遞增(AUTO_INCREMENT) `product01`
ALTER TABLE `product01`
  MODIFY `id` int(11) NOT NULL AUTO_INCREMENT COMMENT '主鍵';
COMMIT;

/*!40101 SET CHARACTER_SET_CLIENT=@OLD_CHARACTER_SET_CLIENT */;
/*!40101 SET CHARACTER_SET_RESULTS=@OLD_CHARACTER_SET_RESULTS
*/;
/*!40101 SET COLLATION_CONNECTION=@OLD_COLLATION_CONNECTION */;
```

程式網址：https://github.com/brucetsao/ESP10Course/tree/main/DB

如下圖所示，可以看匯出的『product01.sql』檔案於系統預設之『下載』系統目錄夾之下。

圖 291 溫溼度感測模組接收端訂閱程式之 MQTT BOX 畫面

匯入 product01 資料表資料

為了接下來的講解，我們預先建立好 product01 資料表一些範例資料，其內容參考表 154 商品資料表內容，產生如下表所示之內容。

表 159 product01 資料表內容範例之的 SQL 語法字串(product01_date.sql)

```
INSERT INTO `product01` (`id`, `name`, `classification`, `price`, `cost`, `keyindate`,
`crtdatetime`) VALUES
(1, '桌上型電腦', '整機產品', 24000, 20000, '2022-10-01', '2022-10-26 09:47:57'),
(2, '筆電', '整機產品', 26000, 23000, '2022-09-22', '2022-10-26 09:47:57'),
(3, '螢幕', '周邊商品', 4000, 3600, '2022-09-22', '2022-10-26 09:47:57'),
(4, '滑鼠', '周邊商品', 500, 440, '2022-10-01', '2022-10-26 09:47:57'),
(5, '網路線', '耗材', 600, 500, '2022-09-22', '2022-10-26 09:47:57');
```

程式網址：https://github.com/brucetsao/ESP10Course/tree/main/DB

如下圖所示，我們在 phpMySQL 管理程式中，點選『nukiot』的資料庫後，可以使用 SQL 語法來產生，首先我們先點選左側『nukiot』資料庫，會出現下列畫面。

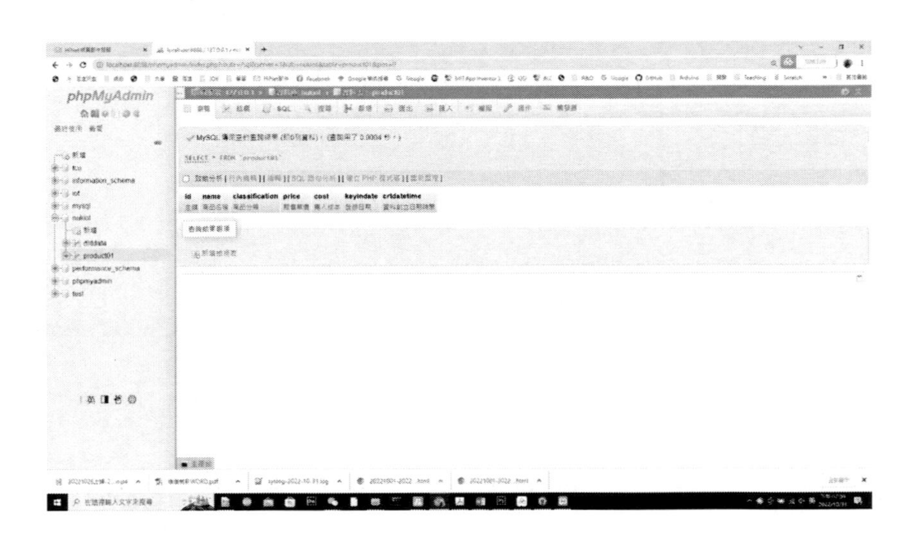

圖 292 SQL 之操作畫面

如下圖所示，我們點選下圖紅框處所示：『匯入』的操作功能。

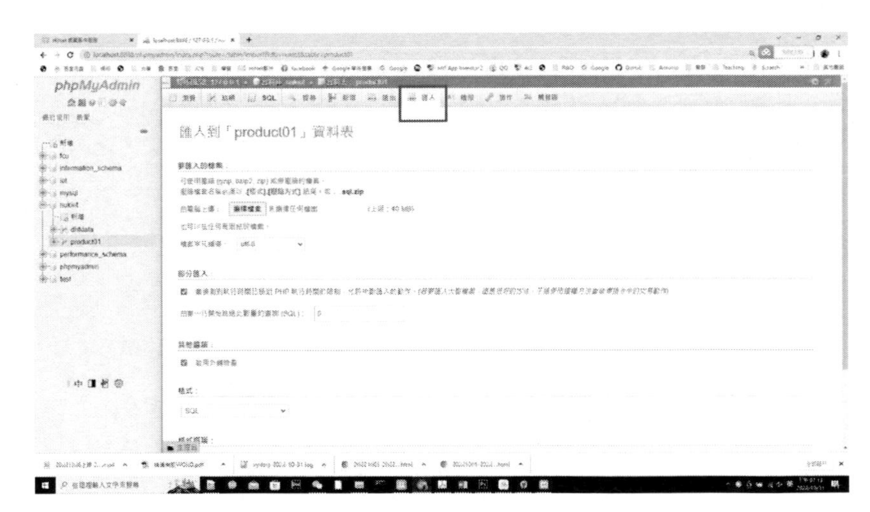

圖 293 點選匯入資料表

如下圖所示，出現匯入資料庫/資料表的操作畫面。

圖 294 匯入資料庫/資料表的操作畫面

如下圖紅框處所示，請點選『選擇檔案』之按鈕，進行選擇匯入之 SQL 檔案。

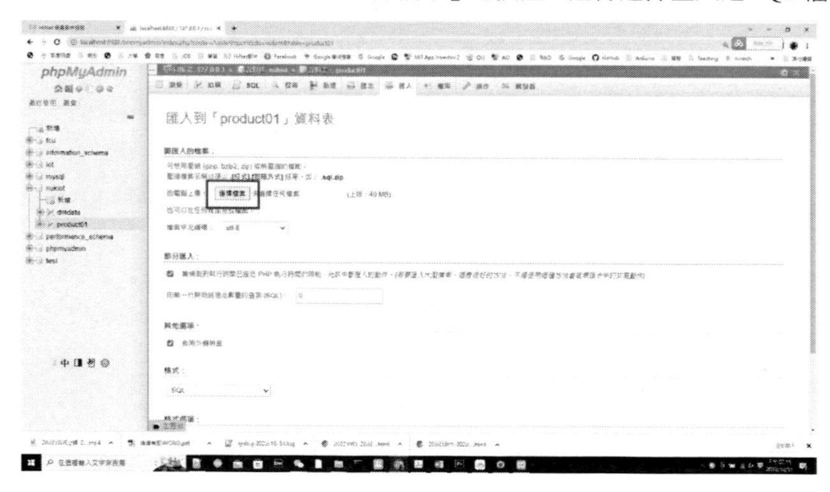

圖 295 匯入資料功能之選擇檔案

如下圖所示，請在選擇檔案的畫面中，如下圖 1 號紅框處，選取到攥寫的表 159 product01 資料表內容範例之的 SQL 語法字串(product01_date.sql)的內容檔案或從筆者 github 網址：https://github.com/brucetsao/ESP10Course/tree/main/DB，下載之

『product01_date.sql』檔案，再從如下圖 2 號紅框處，點選，『開啟』按鈕，開啟『product01_date.sql』檔案。

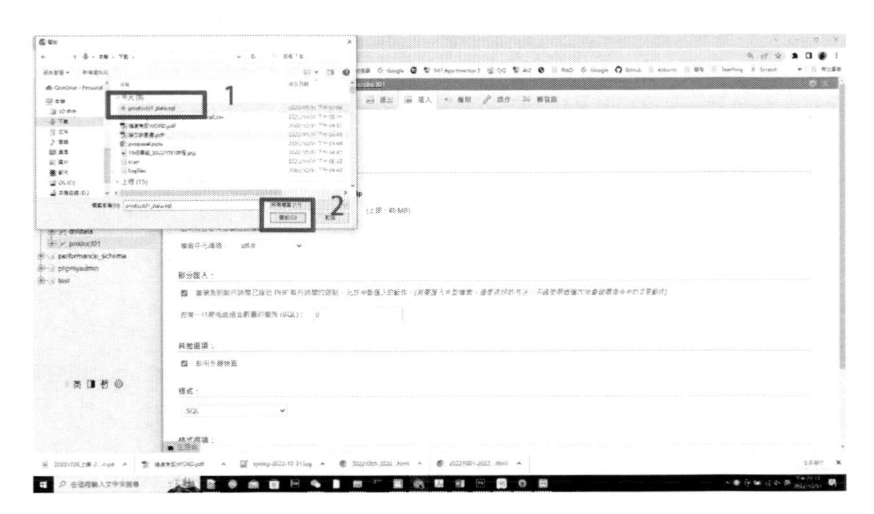

圖 296 選擇 product01_date.sql 檔案

如下圖所示，看到可以看到欲開啟的檔案，為『product01_date.sql』檔案。

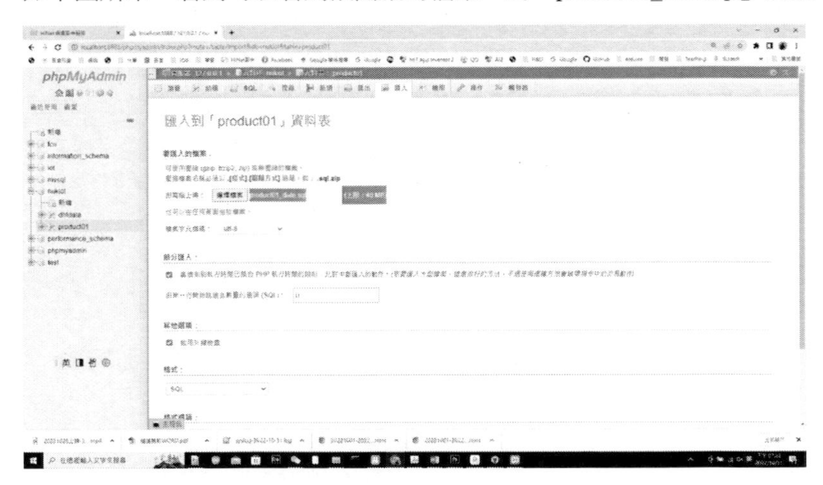

圖 297 完成裕開啟檔案為 product01_date.sql 檔案之畫面

如下圖紅框處所示，看到看到『執行』按鈕在畫面右下方處，請按下開啟按鈕開啟 SQL 檔案。

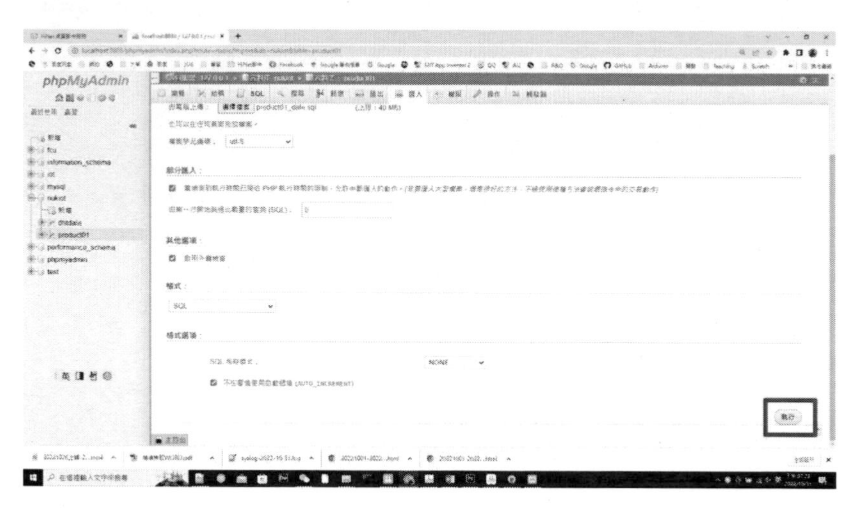

圖 298 按下開啟按鈕開啟匯入資料之 SQL 檔案

如下圖所示，可以看到 phpMyAdmin 資料庫管理程式，執行『product01_date.sql』檔案後，完成插入一堆(五筆)得資料到 product01 資料表內。

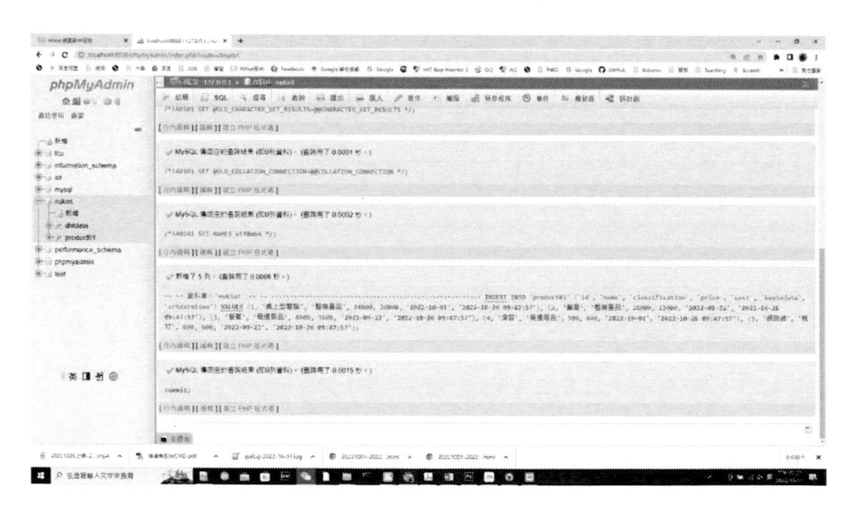

圖 299 溫溼度感測模組接收端訂閱程式之 MQTT BOX 畫面

如下圖所示，我們可以看到已完成插入 product01 資料表五筆資料，可以看到五筆資料已被查詢到畫面上了。

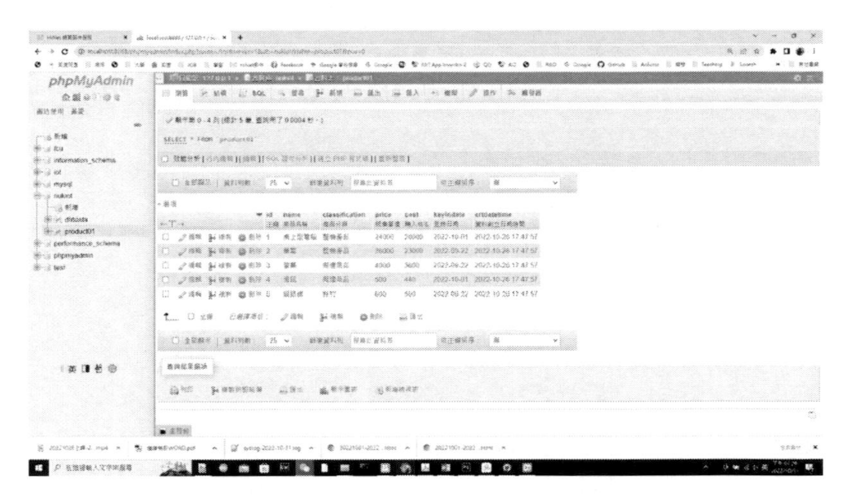

圖 300 完成插入 product01 資料表五筆資料

建立溫溼度感測資料

為了接下來的講解，我們應用下圖所示之溫溼度感測模組，建立其雲端資料庫的儲存機制。

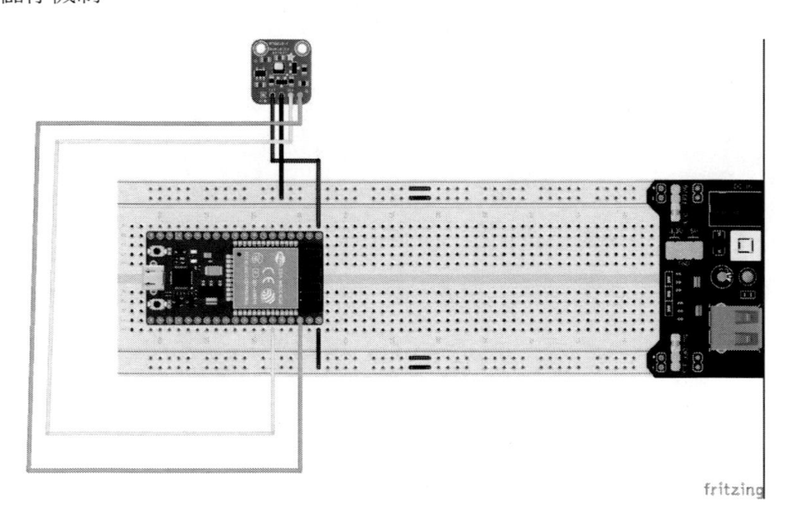

圖 301 溫溼度感測模組實驗電路圖

由於上圖所示之溫溼度感測模組實驗電路圖，必須儲存其單晶片之 MAC 網卡資訊為唯一辨識資訊(UID)(胡凱晏, 2007)，並且將記錄當時的時間資訊紀錄與溫度、溼度等資訊一一記錄，應用資料庫基本法則與原理(Silberschatz et al., 2019; 陳祥輝, 2015)，筆者綜合上述之要求，轉化成下表與下下表所示之溫溼度感測器資料表(dhtData)資料表之欄位表。

表 160 溫溼度感測器資料表欄位一覽圖(dhtData)

欄位	型態	空值	預設值	備註
id*(主鍵)*	int(11)	否		主鍵
MAC	char(12)	否		裝置 MAC 值
crtdatetime	timestamp	否	CURRENT_TIMESTAMP	資料輸入時間
temperature	float	否		溫度
humidity	float	否		濕度
systime	char(14)	否		使用者更新時間

表 161 溫溼度感測器資料索引表一覽圖(dhtData)

鍵名	型態	唯一	緊湊	欄位	基數	編碼與排序	空值	說明
PRIMARY	BTREE	是	否	id	373583	A	否	

匯入溫溼度感測器資料表之 SQL 檔案

接下來為了演示本章節內容，由於本章有教導讀者如何用 phpMyAdmin 管理資料庫程式建立一個資料表，由於步驟繁瑣，所以本文採用匯入 dhtData 資料表的 SQL 命令檔為範例。

如下表所示，我們可以使用 SQL 語法建立如表 160 溫溼度感測器資料表欄位一覽圖(dhtData)、表 161 溫溼度感測器資料索引表一覽圖(dhtData)之 SQL 命令檔。

我們可以下表的 dhtData 新資料表對應的 SQL 語法字串，使用標準的文字編輯器(如 notepad、notepad++ …)，把下表內容存成 dhtData_Schema.sql 檔案，以利接下來使用。

表 162 建立溫溼度資料表對應的 SQL 語法字串(dhtData_Schema.sql)

```
-- phpMyAdmin SQL Dump
-- version 4.8.2
-- https://www.phpmyadmin.net/
-- 主機: localhost
-- 產生時間： 2022 年 04 月 29 日 18:44
-- 伺服器版本: 5.5.57-MariaDB
-- PHP 版本： 5.6.31
SET SQL_MODE = "NO_AUTO_VALUE_ON_ZERO";
SET AUTOCOMMIT = 0;
START TRANSACTION;
SET time_zone = "+00:00";
-- 資料庫： `ncnuiot`
-- 資料表結構 `dhtData`
CREATE TABLE `dhtData` (
  `id` int(11) NOT NULL COMMENT '主鍵',
  `MAC` char(12) CHARACTER SET ascii NOT NULL COMMENT '裝置 MAC 值',
  `crtdatetime` timestamp NOT NULL DEFAULT CURRENT_TIMESTAMP ON
UPDATE CURRENT_TIMESTAMP COMMENT '資料輸入時間',
  `temperature` float NOT NULL COMMENT '溫度',
  `humidity` float NOT NULL COMMENT '濕度',
  `systime` char(14) CHARACTER SET ascii NOT NULL COMMENT '使用者更新時
間'
) ENGINE=MyISAM DEFAULT CHARSET=latin1;
-- 資料表索引 `dhtData`
ALTER TABLE `dhtData`
  ADD PRIMARY KEY (`id`);
-- 在匯出的資料表使用 AUTO_INCREMENT
-- 使用資料表 AUTO_INCREMENT `dhtData`
--
ALTER TABLE `dhtData`
  MODIFY `id` int(11) NOT NULL AUTO_INCREMENT COMMENT '主鍵';
COMMIT;
```

程式網址：https://github.com/brucetsao/ESP10Course/tree/main/DB

如下圖所示，我們使用 phpMyAdmin 管理資料庫程式，進入 nukiot 資料庫畫面。

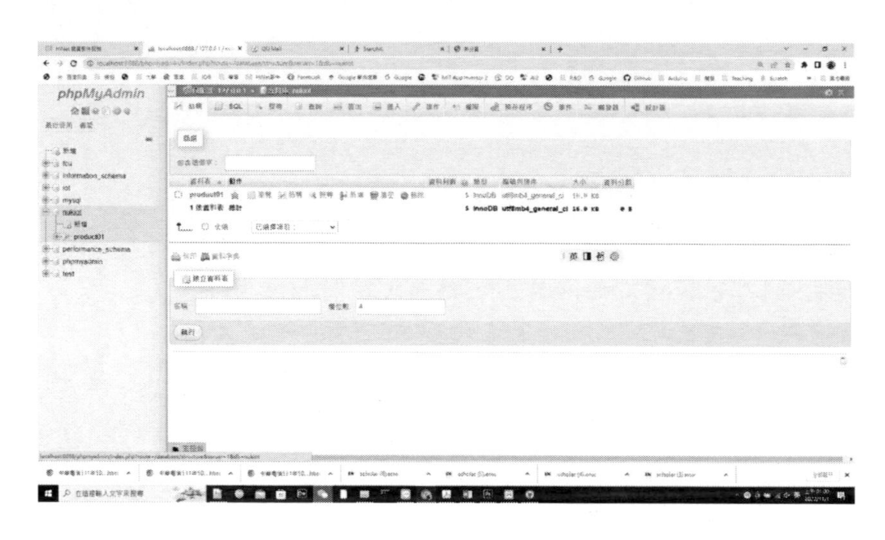

圖 302 進入 nukiot 資料庫畫面

下圖所示，我們在 phpMyAdmin 資料庫管理程式畫面，在進入 nukiot 資料庫畫面後，點選『匯入』的功能選項。

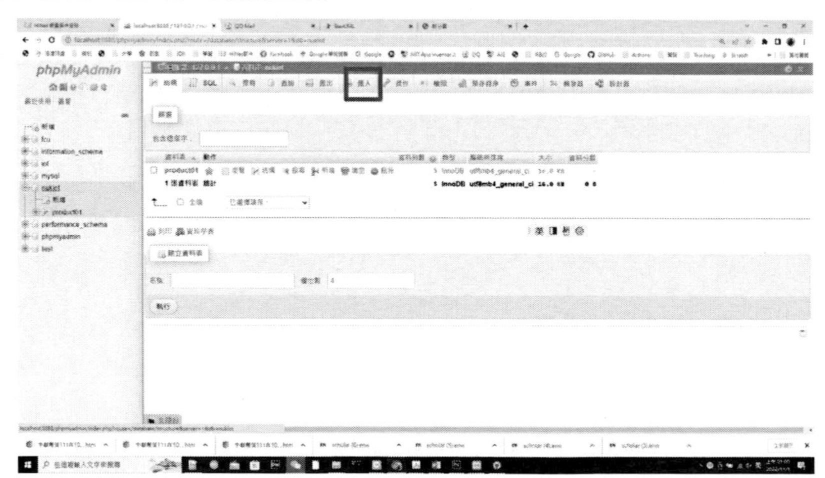

圖 303 匯入溫溼度感測資料檔之動作

如下圖所示，可以看到匯入 SQL 命令檔之畫面。

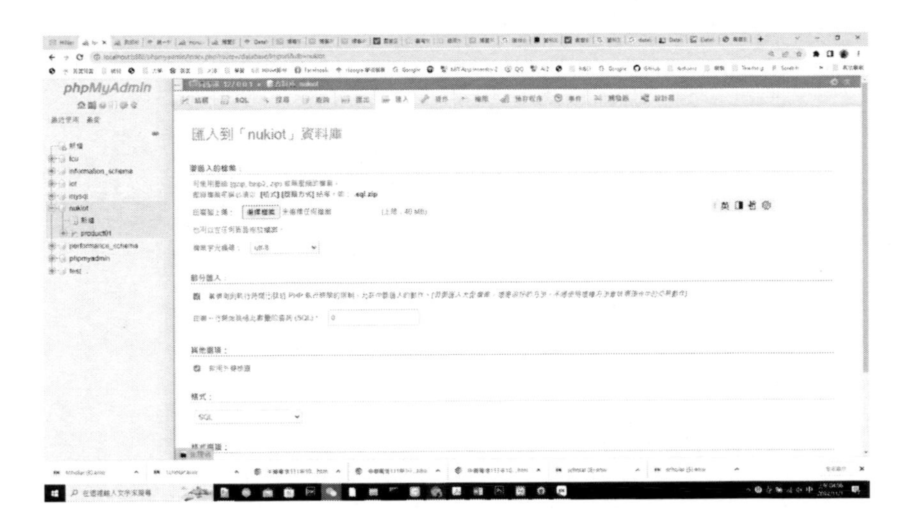

圖 304 匯入 SQL 命令檔之畫面

如下圖所示，我們點選下圖紅框處之『選擇』按鈕，選擇要匯入 SQL 命令檔。

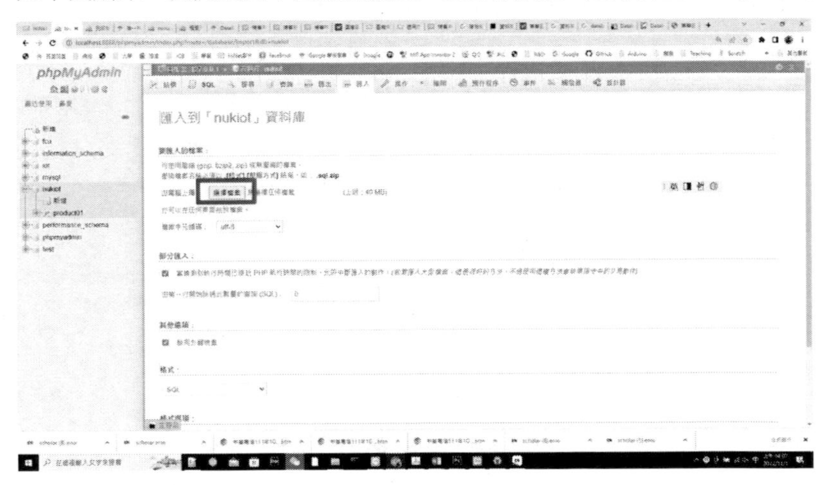

圖 305 請選_選擇檔案

如下圖所示，請在選擇檔案的畫面中，如下圖 1 號紅框處，選取到撰寫的表 162 建立溫溼度資料表對應的 SQL 語法字串(dhtData_Schema.sql)的內容檔案或從筆者 github 網址：https://github.com/brucetsao/ESP10Course/tree/main/DB，下載之『dhtDa

ta_Schema.sql』檔案，再從如下圖 2 號紅框處，點選，『開啟』按鈕，開啟『dhtData_Schema.sql』檔案。

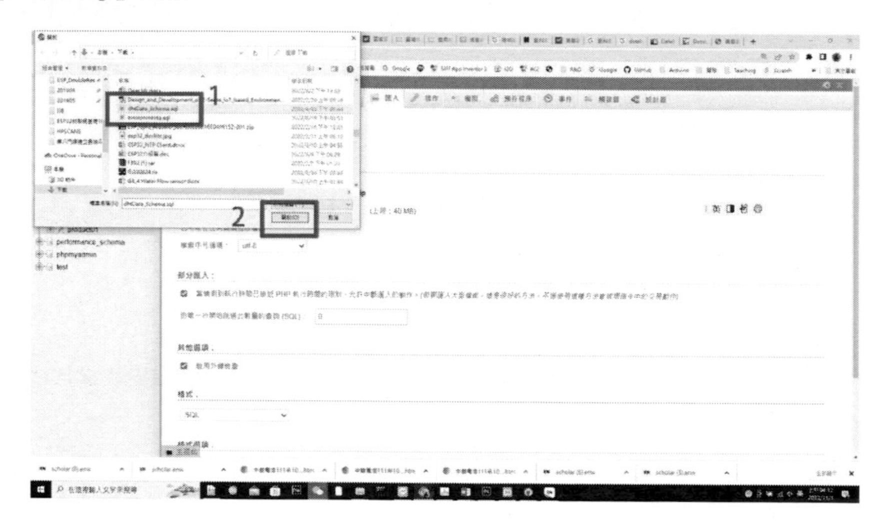

圖 306 選擇 dhtData_Schema.sql 檔案

如下圖所示，看到可以看到欲開啟的檔案，為『dhtData_Schema.sql』檔案。

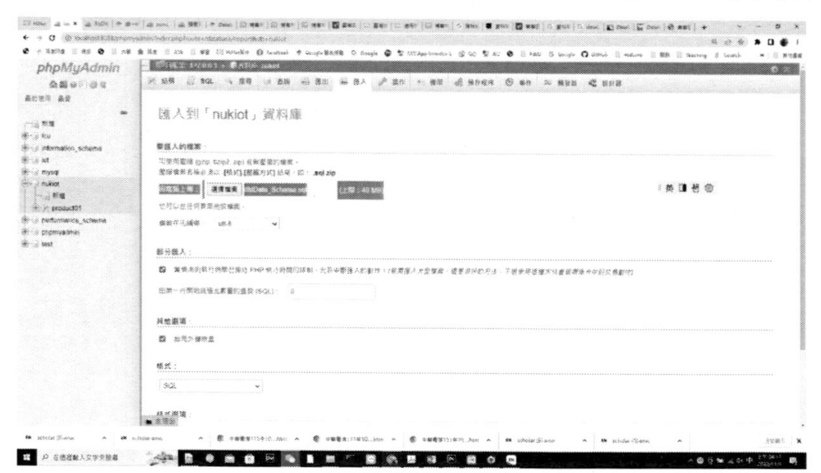

圖 307 完成裕開啟檔案為 dhtData_Schema.sql 檔案之畫面

如下圖紅框處所示，看到看到『執行』按鈕在畫面右下方處，請按下開啟按鈕執行 dhtData_Schema_sql 檔案。

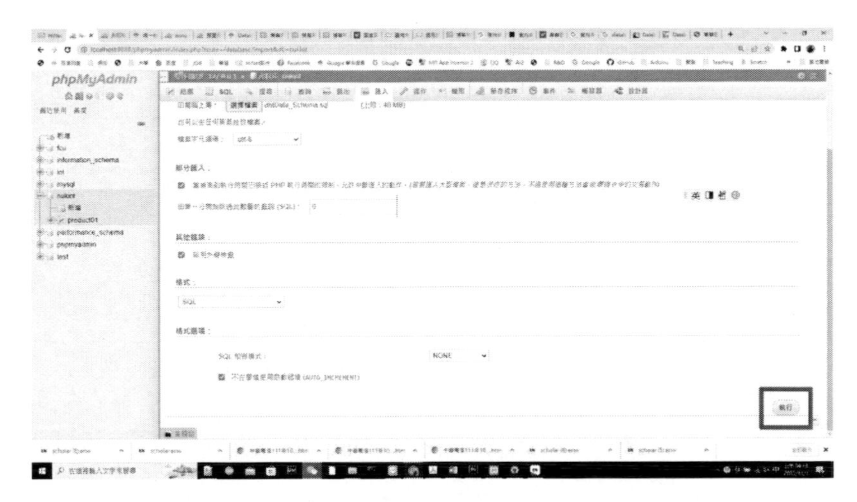

圖 308 按下開啟按鈕開啟匯入資料之 SQL 檔案

如下圖所示，可以看到執行 dhtData_Schema_sql 檔案的結果畫面了。

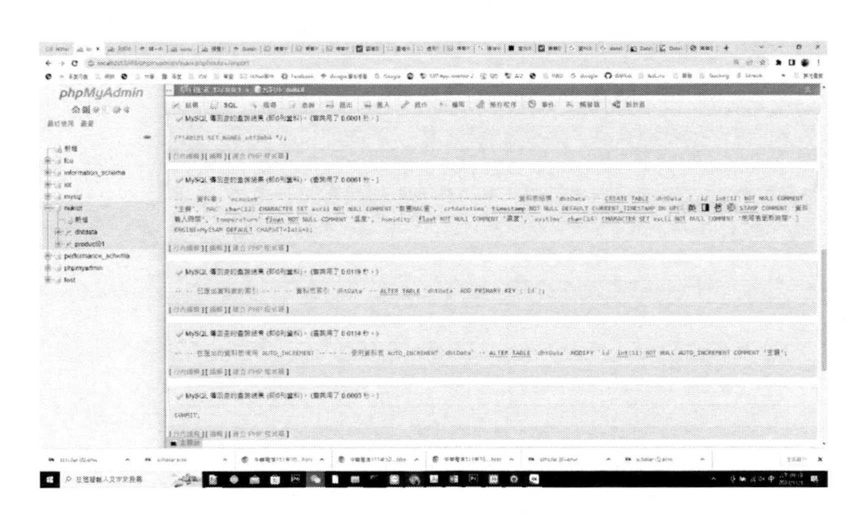

圖 309 完成執行 dhtData_Schema_sql 程式檔案之畫面

如下圖所示，我們可以看到已完成執行 dhtData_Schema_sql 檔案，我們點選 dhtData 資料表，沒有半筆資料。

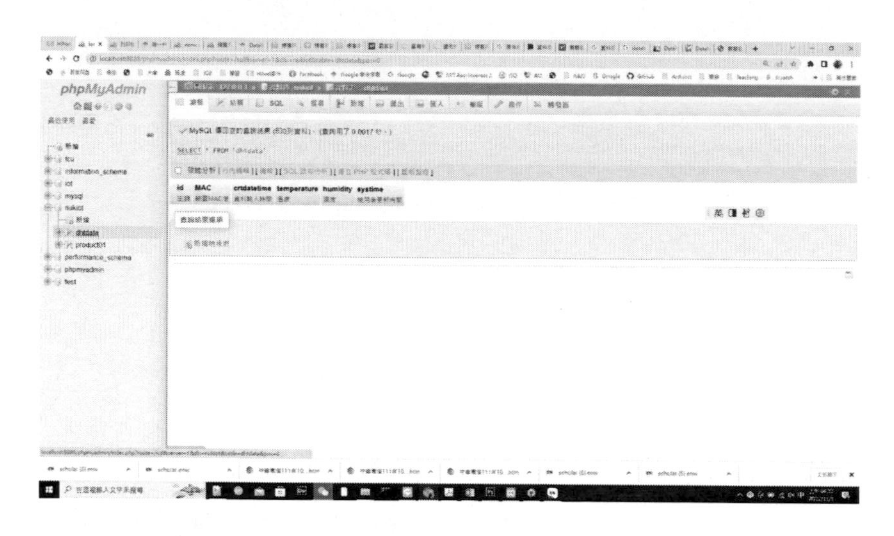

圖 310 顯示 dhtData 資料表

匯入溫溼度感測器資料表之範例資料

接下來為了演示本章節內容，由於本章有教導讀者如何用 phpMyAdmin 管理資料庫程式建立一個資料表，由於步驟繁瑣，所以本文採用匯入 dhtData 資料表的範例資料檔之 SQL 命令檔為範例。

如下圖所示，我們使用 phpMyAdmin 管理資料庫程式，進入 dhtData 資料表畫面。

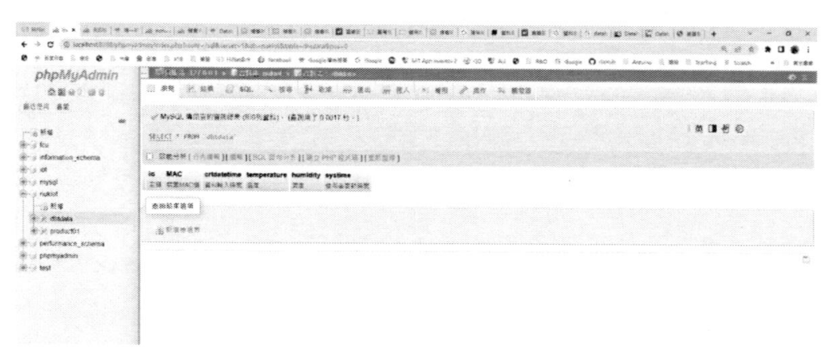

圖 311 進入 dhtData 資料表畫面

下圖所示，我們在 phpMyAdmin 資料庫管理程式畫面，在進入 nukiot 資料庫畫面後，點選『匯入』的功能選項。

圖 312 匯入 dhtData 範例資料

如下圖所示，可以看到匯入 SQL 命令檔之畫面。

圖 313 匯入 SQL 命令檔之畫面

如下圖所示，我們點選下圖紅框處之『選擇』按鈕，選擇要匯入 SQL 命令檔。

圖 314 請選_選擇檔案

如下圖所示，請在選擇檔案的畫面中，如下圖 1 號紅框處，選取到從筆者 github 網址：https://github.com/brucetsao/ESP10Course/tree/main/DB，下載之『dhtData_Data.sql』檔案，再從如下圖 2 號紅框處，點選，『開啟』按鈕，開啟『dhtData_ Data.sql』檔案。

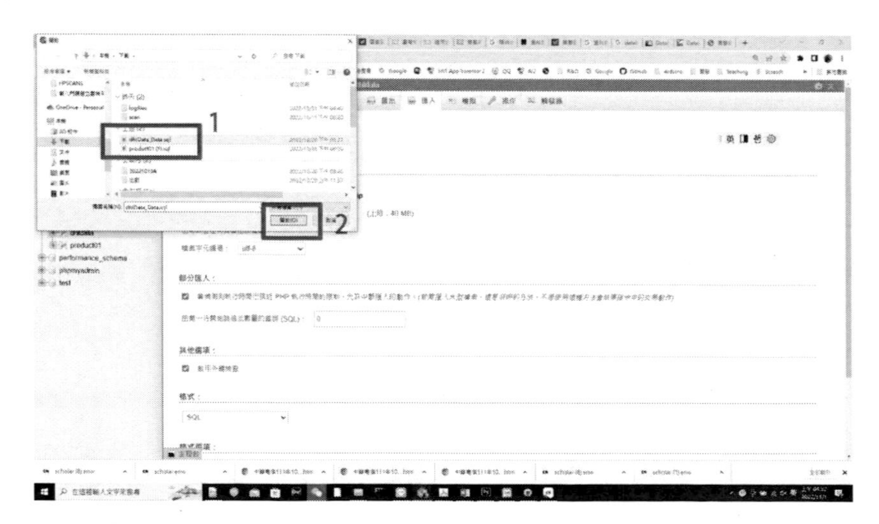

圖 315 選擇 dhtData_Data.sql 檔案

如下圖所示，看到可以看到欲開啟的檔案，為『dhtData_ Data.sql』檔案。

圖 316 完成裕開啟檔案為 dhtData_ Data.sql 檔案之畫面

如下圖紅框處所示，看到看到『執行』按鈕在畫面右下方處，請按下開啟按鈕執行 dhtData_ Data _sql 檔案。

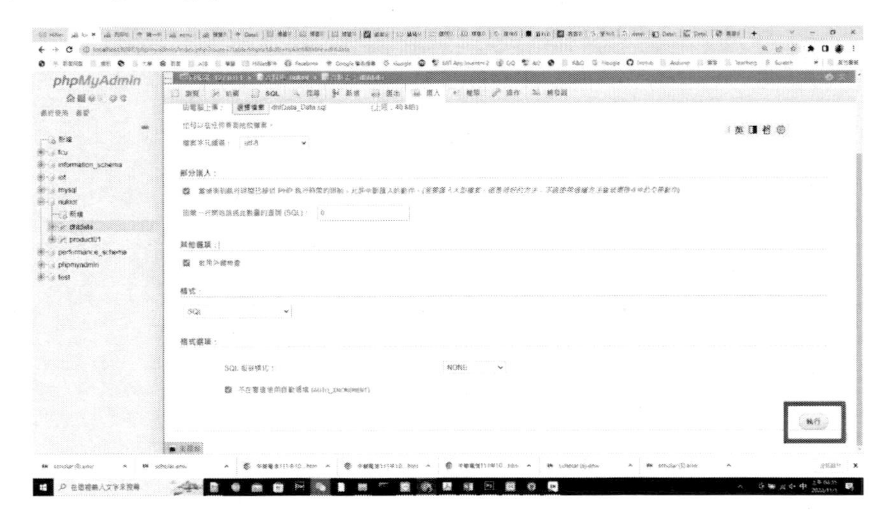

圖 317 按下開啟按鈕開啟匯入資料之 SQL 檔案

如下圖所示，可以看到執行 dhtData_Data _sql 檔案的結果畫面了。

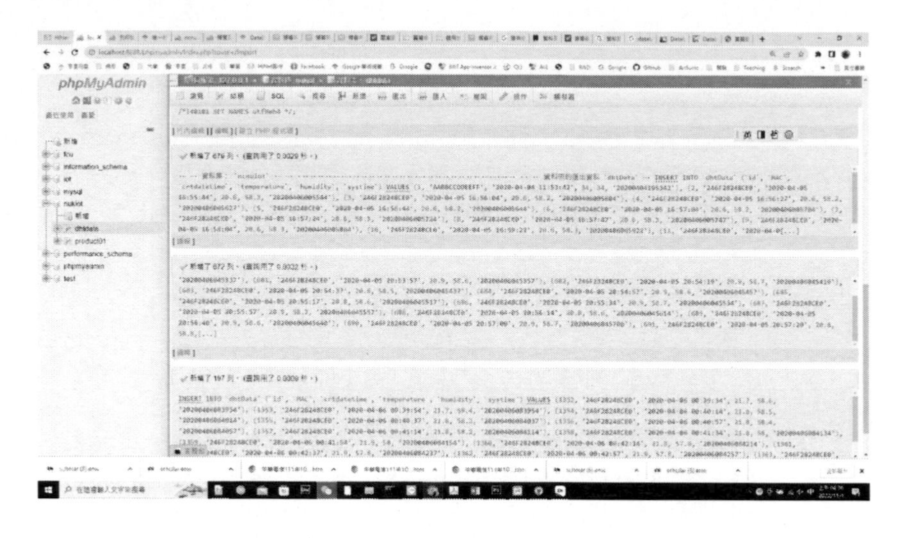

圖 318 完成執行 dhtData_Data _sql 程式檔案之畫面

如下圖所示，我們可以看到已完成執行 dhtData_ Data _sql 檔案，我們點選 dhtData 資料表，可以看到有一千五百多筆的範例資料了。

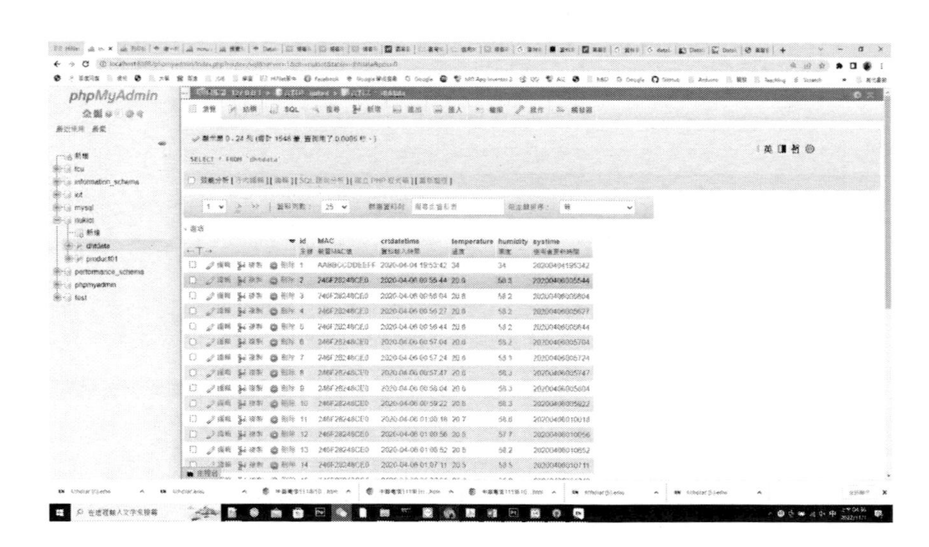

圖 319 顯示 dhtData 資料表

建立資料庫連線程式

如下圖所示，我們必須在要建立網頁程式的路徑，建立資料庫連線程式：iotcnn.php。

如下圖所示，我們在如下圖第 1 紅框處所示，筆者目前測試網頁之首頁實體路徑為：『D:\xampp\htdocs\nuk』的實體目錄，我們在此目錄建立一個資料夾，如下圖第 2 紅框處所示，該資料庫連線程式之資料夾：『Connections』，若讀者沒有這個資料夾，請讀者參考下圖第 2 紅框處所示，建立新資料夾並命名為：『Connections』。

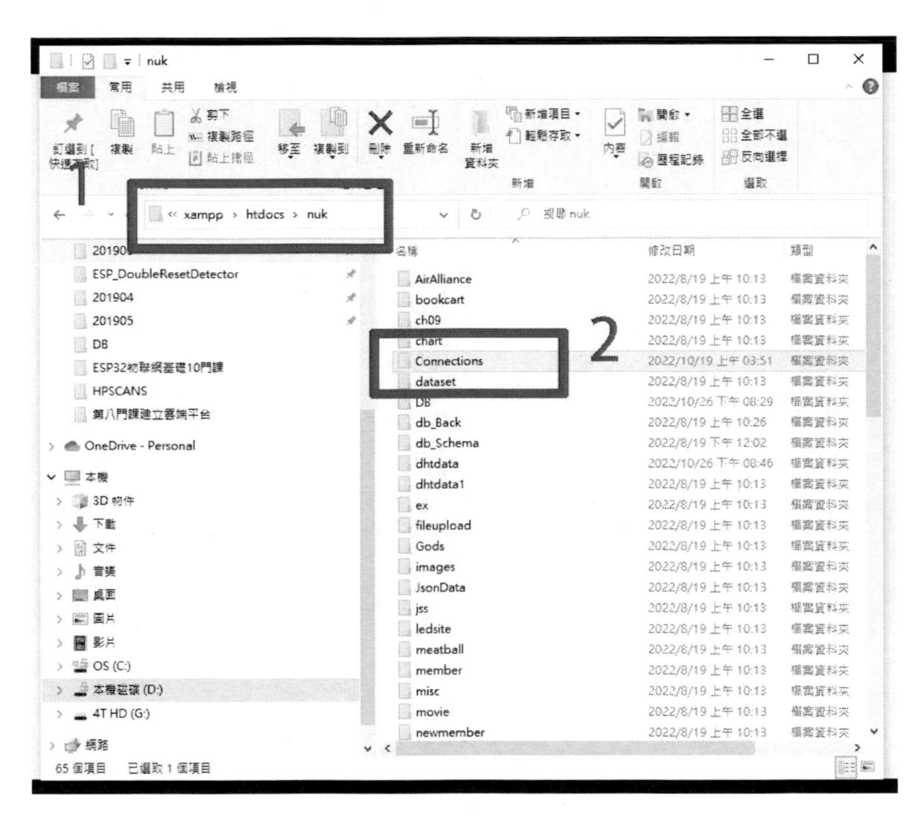

圖 320 資料庫連線程式之路徑

如下圖所示，我們在如下圖紅框處所示，用文字編輯程式，建立一個檔名為：『iotcnn.php』文字檔案。

圖 321 請用文字編輯程式建立 iotcnn.php

如下表所示，我們在如上圖紅框處所示，用文字編輯程式，建立一個檔名為：『iotcnn.php』文字檔案後，請將表 163 資料庫連線程式: iotcnn.php 的內容填入該檔案，並進行儲存，如需要上傳到遠端伺服器，請依目錄結構，上傳到遠端伺服器之網頁程式資料夾之中。

表 163 資料庫連線程式: iotcnn.php 的內容

```
<?php
//session_start();
function Connection()
{
$server="127.0.0.1";
```

```
$user="nukiot";
$pass="12345678";
$db="nukiot";
$dbport = 3306 ;
//echo "cnn is ok 01"."<br>" ;
$connection = new mysqli($server,$user,$pass,$db , $dbport);
//$connection = mysqli_connect($server, $user, $pass, $db ) ;
//echo "cnn is ok 02"."<br>" ;
if ($connection -> connect_errno)
{
   echo "Failed to connect to MySQL: " . $mysqli -> connect_error;
   exit();
}
//echo "cnn is ok 03"."<br>" ;
mysqli_select_db($connection,$db);
//echo "cnn is ok 04"."<br>" ;
$connection -> query("SET NAMES UTF8");
//echo "cnn is ok 05"."<br>" ;
//echo "cnn is ok 06"."<br>" ;

return $connection    ;
}
?>
```

程式網址：https://github.com/brucetsao/ESP10Course/tree/main/web/nuk/Connections

如下表所示，我們透過『$server』設定為『127.0.0.1』，來設定 MySQL 資料庫伺服器的網址，透過之前筆者所述，由於我們網頁伺服器與 MySQL 資料庫伺服器的網址都設在同一台伺服器(主機)，所以設成『127.0.0.1』或『localhost』本機就可以了。

我們透過『$user』設定為『nukiot』，來設定 MySQL 資料庫伺服器的資料庫使用者為『nukiot』，透過之前筆者所述，可以知道 MySQL 資料庫伺服器的授權使用者為『nukiot』，若讀者有其他需要，請自行變更修改之。

我們透過『$pass』設定為『12345678』，來設定 MySQL 資料庫伺服器的資料庫使用者為『nukiot』得連線密碼，，透過之前筆者所述，可以知道 MySQL 資料庫伺服器的使用者為『nukiot』得連線密碼為『12345678』，若讀者有其他需要，請自行變更修改之。

我們透過『$db』設定為『nukiot』，來設定 MySQL 資料庫伺服器的使用的資料庫名稱設定為『nukiot』，透過之前筆者所述，由於我們使用的資料庫名稱設定為『nukiot』，連接的資料庫為『nukiot』。

我們透過『$dbport』設定為『3306』，來設定 MySQL 資料庫伺服器的通訊埠，，透過之前筆者所敘，可以知道 MySQL 資料庫伺服器的通訊埠為預設值『3306』，若讀者有其他需要，請自行變更修改之。

。

表 164 建立連接 MySQL 資料庫資連線變數

```
$server="127.0.0.1";
$user="nukiot";
$pass="12345678";
$db="nukiot";
$dbport = 3306 ;
```

如下表所示，我們透過『$connection』設定為『new mysqli(MySQL 主機 IP,連線使用者名稱, 連線使用者密碼, 連線使用資料庫名稱, MySQL 伺服器通訊埠)』的方式來建立建立連接 MySQL 資料庫資連線物件，並將此 MySQL 資料庫資連線物件的內容傳入『$connection』變數內。

表 165 建立連接 MySQL 資料庫資連線物件

```
$connection = new mysqli($server,$user,$pass,$db , $dbport);
```

如下表所示，我們建立：透過判斷 MySQL 資料庫資連線是否成功的語法，如果連線失敗，則呼叫『exit()』終止程式執行。

我們透過設定為『$connection -> connect_errno』語法來判斷連線是否成功，由於『1$connection』是建立連線的物件(變數)，該連線物件有一個屬性『connect_errno』

可以知道連線狀態，如果連線失敗，『$connection -> connect_errno』會得到『0』或『false』，所以:

if ($connection -> connect_errno)

如果連線失敗，就會進入

```
{
  echo "Failed to connect to MySQL: " . $mysqli -> connect_error;
  exit();
}
```

來中止程式執行。

表 判斷 MySQL 資料庫資連線是否成功

```
if ($connection -> connect_errno)
{
  echo "Failed to connect to MySQL: " . $mysqli -> connect_error;
  exit();
}
```

如下表所示，由於連線成功後，由於後面我們連線後，會透過連線物件來執行『SQL 命令』，由於『SQL 命令』不一定會切換工作資料庫或指定工作資料庫，所以我們必須先行切換工作資料庫。

之前我們透過『mysqli_select_db(連線物件, 切換工作資料庫名稱)』的指令來指定切換工作資料庫，所以我們就切換為『$db』變數的資料庫名稱，上述內容得知，其切換資料庫之內容為『nukiot』資料庫名稱之資料庫。

表 166 建立連接 MySQL 資料庫資連線變數

```
mysqli_select_db($connection,$db);
```

如下表所示，由於連線成功後，由於後面我們連線後，所有『SQL 命令』內容的資料會有語系的問題，而『UTF8』為 Unicode 8 的內容，由上述內容所知，筆者預設的語系為『UTF8』為 Unicode 8 的內容，所以透過『連線物件 -> query("設定語系")』的內容，下命令為$connection -> query("SET NAMES UTF8")』指令來指定切換工作資料庫之後的預設的語系為『UTF8』為 Unicode 8 的內容

表 167 變更資料庫連線使用語系

```
$connection -> query("SET NAMES UTF8");
```

如下表所示，我們透過『function Connection()』建立連線物件的函數為『Connection()』，在其函數內容去建立上述內容來建裡 MySQL 資料庫伺服器連線，並將連線物件命名為『$connection』。

接下來我們透過執行『include("所在路徑/iotcnn.php")』，將連線函數程式『iotcnn.php』加入任何要運作資料庫的程式一開始，則所有含入『iotcnn.php』的程式就可以輕易使用資料庫的連線，而不必要重新攥寫連線資料庫的程式。

表 168 函數回傳資料庫連線物件

```
    function Connection()
    {
建立連線物件        ：$connection

        return $connection    ;
    }
```

建立查詢商品資料檔的程式

如下圖所示，之前我們完成插入 product01 資料表五筆資料，可以看到五筆資料已被查詢到畫面上了。

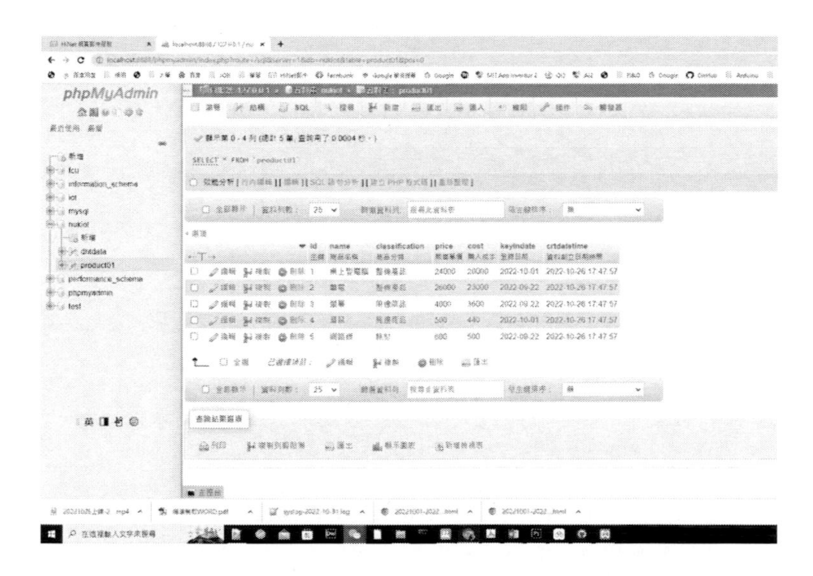

圖 322 完成插入 product01 資料表五筆資料

如下圖所示，我們希望可以教讀者，可以透過我們開發的程式，可以查詢我們建立的 product01 資料表的所有資料，顯示如下圖所示的畫面，而不是透過 phpMyAdmin 資料庫管理程式的功能，查詢我們建立的 product01 資料表的所有資料。

1/桌上型電腦/整機產品/24000/20000/2022-10-01
2/筆電/整機產品/26000/23000/2022-09-22
3/螢幕/周邊商品/4000/3600/2022-09-22
4/滑鼠/周邊商品/500/440/2022-10-01
5/網路線/耗材/600/500/2022-09-22

圖 323 自行設計程式顯示 product01 資料表資料

如下圖所示，我們必須在要建立網頁程式的路徑，建立 product01 查詢程式：datalist.php。

如下圖所示，我們在如下圖第 1 紅框處所示，筆者目前測試網頁之首頁實體路徑為：『D:\xampp\htdocs\nuk』的實體目錄，我們在此目錄建立一個資料夾，如下圖第 2 紅框處所示，該資料庫查詢程式之資料夾：『productxx』，若讀者沒有這個資料夾，請讀者參考下圖第 2 紅框處所示，建立新資料夾並命名為：productxx』。

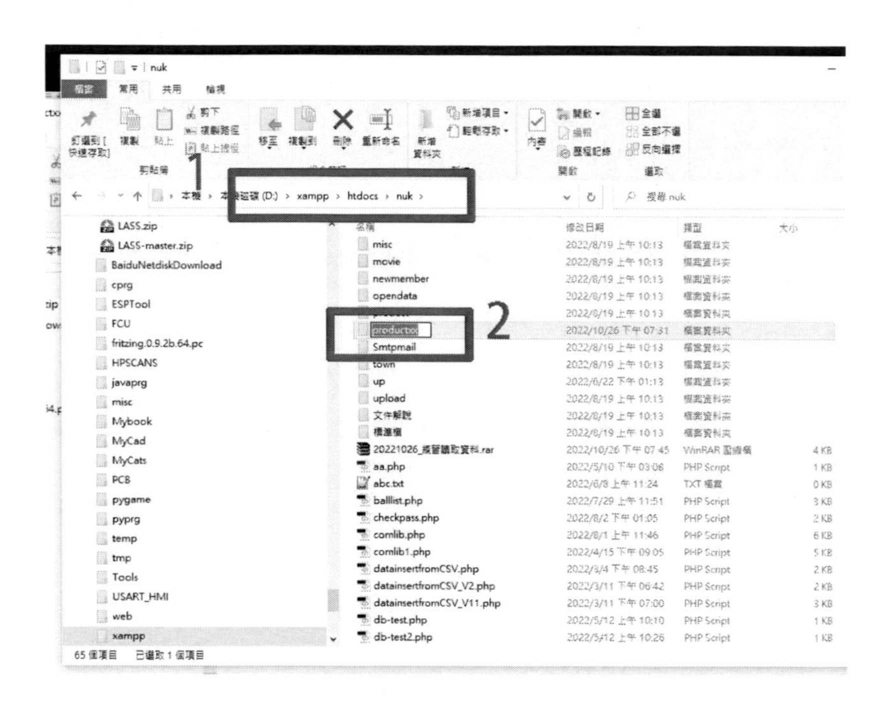

圖 324 product01 查詢程式之路徑

如下圖所示，我們在如下圖紅框處所示，用文字編輯程式，建立一個檔名為：『datalist.php』文字檔案。

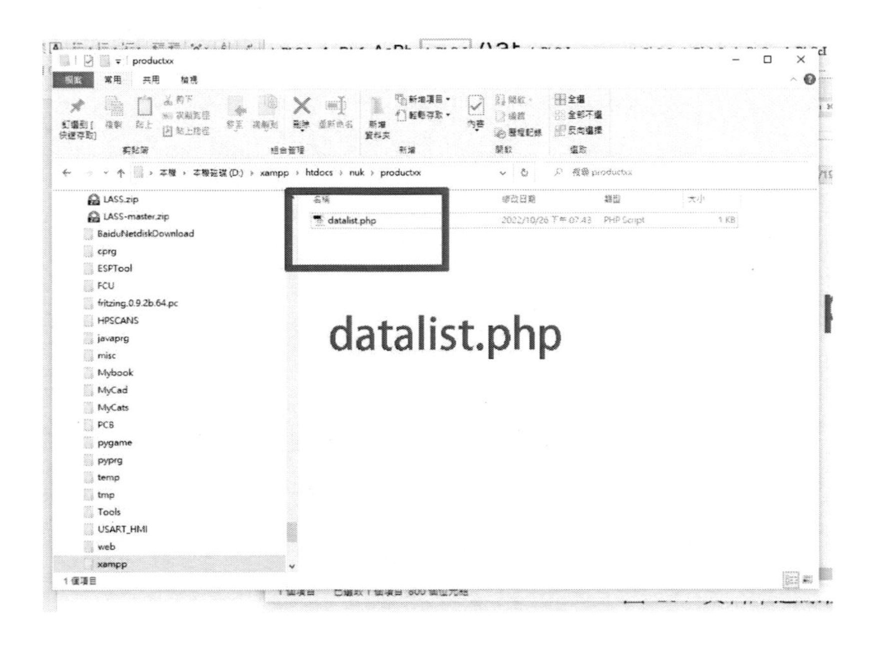

圖 325 請用文字編輯程式建立 datalist.php

如下表所示，我們在如上圖紅框處所示，用文字編輯程式，建立一個檔名為：『datalist.php』文字檔案後，請將表 169 資料庫查詢程式: datalist.php 的內容填入該檔案，並進行儲存，如需要上傳到遠端伺服器，請依目錄結構，上傳到遠端伺服器之網頁程式資料夾之中。

表 169 資料庫查詢程式: datalist.php 的內容

```
<?php
    include("../Connections/iotcnn.php");          //使用資料庫的呼叫程式
        //    Connection() ;
    $link=Connection();       //產生 mySQL 連線物件
    $qrystr="select * from product01;" ;      //將 dhtdata 的資料找出來
    $result=mysqli_query($link,$qrystr);      //將 dhtdata 的資料找出來(只找最後 5
  if($result!==FALSE)
  {
    while($row = mysqli_fetch_array($result))
    {
        echo
```

```
$row["id"]."/".$row["name"]."/".$row["classification"]."/".$row["price"]."/".$row["cost"]."/".
$row["keyindate"]."<br>" ;
      }// 會跳下一列資料
   }
 mysqli_free_result($result);   // 關閉資料集
 mysqli_close($link);           // 關閉連線
?>
```

程式網址：https://github.com/brucetsao/ESP10Course/tree/main/web/nuk/Connections

如下表所示，接下來我們透過執行『include("所在路徑/iotcnn.php")』，將連線函數程式『iotcnn.php』加入任何要運作資料庫的程式一開始，則所有含入『iotcnn.php』的程式就可以輕易使用資料庫的連線，而不必要重新攥寫連線資料庫的程式。

我們透過『$server』設定為『127.0.0.1』，來設定 MySQL 資料庫伺服器的網址，透過之前筆者所述，由於我們網頁伺服器與 MySQL 資料庫伺服器的網址都設在同一台伺服器(主機)，所以設成『127.0.0.1』或『localhost』本機就可以了。

我們透過『$user』設定為『nukiot』，來設定 MySQL 資料庫伺服器的資料庫使用者為『nukiot』，透過之前筆者所述，可以知道 MySQL 資料庫伺服器的授權使用者為『nukiot』，若讀者有其他需要，請自行變更修改之。

我們透過『$pass』設定為『12345678』，來設定 MySQL 資料庫伺服器的資料庫使用者為『nukiot』得連線密碼，，透過之前筆者所述，可以知道 MySQL 資料庫伺服器的使用者為『nukiot』得連線密碼為『12345678』，若讀者有其他需要，請自行變更修改之。

我們透過『$db』設定為『nukiot』，來設定 MySQL 資料庫伺服器的使用的資料庫名稱設定為『nukiot』，透過之前筆者所述，由於我們使用的資料庫名稱設定為『nukiot』，連接的資料庫為『nukiot』。

我們透過『$dbport』設定為『3306』，來設定 MySQL 資料庫伺服器的通訊埠，，透過之前筆者所敘，可以知道 MySQL 資料庫伺服器的通訊埠為預設值『3306』，若讀者有其他需要，請自行變更修改之。

。

表 170 呼叫 MySQL 連接程式 iotcnn.php

```
include("../Connections/iotcnn.php");          //使用資料庫的呼叫程式
```

如下表所示，我們透過『$connection』設定為『new mysqli(MySQL 主機 IP,連線使用者名稱, 連線使用者密碼, 連線使用資料庫名稱, MySQL 伺服器通訊埠)』的方式來建立建立連接 MySQL 資料庫資連線物件，並將此 MySQL 資料庫資連線物件的內容傳入『$connection』變數內。

表 171 建立連接 MySQL 資料庫資連線物件

```
$connection = new mysqli($server,$user,$pass,$db , $dbport);
```

如下表所示，我們透過『select * from product01』的 SQL 語法，將『product01』的資料表全部查詢出來，所以我們使用『$qrystr』變數來儲存『select * from product01』的 SQL 語法，於是就有下表所示之『$qrystr="select * from product01』。

表 172 建立查詢 product01 資料表的 SQL 語法

```
$qrystr="select * from product01;"
```

如下表所示，我們可以使用指令『mysqli_query(資料庫連結, SQL 語法)』的指令，來執行所要執行的 SQL 語法，所以我們用『mysqli_query($link,$qrystr);』來執行上表所示之『select * from product01』查詢 product01 資料表的 SQL 語法方式來查詢 product01 資料表，並將此查詢 product01 資料表回傳結果的內容傳入『$result』變數內。

表 173 執行查詢 product01 資料表之 SQL 語法

```
$result=mysqli_query($link,$qrystr);
```

如下表所示，我們透過回傳結果的內容的變數：『$result』，如果回傳結果是執行有誤的話，其變數：『$result』內容會變成『false』，反之，如果執行結果沒有錯誤的話，其變數：『$result』內容會變成『true』。

所以我們用下列語法，建立顯示資料的程式語法。

```
if($result!==FALSE)
  {
    顯示資料的程式放於此
}
```

。

表 174 判斷是否成功執行，並且取出回傳結果

```
  if($result!==FALSE)
  {
    while($row = mysqli_fetch_array($result))
    {
          echo
$row["id"]."/".$row["name"]."/".$row["classification"]."/".$row["price"]."/".$row["cost"]."/".
$row["keyindate"]."<br>" ;
    }// 會跳下一列資料
  }
```

如下圖所示，我們透過建立讀取 product01 資料集之流程圖解釋下表所示之讀取回傳 product01 資料集之流程。

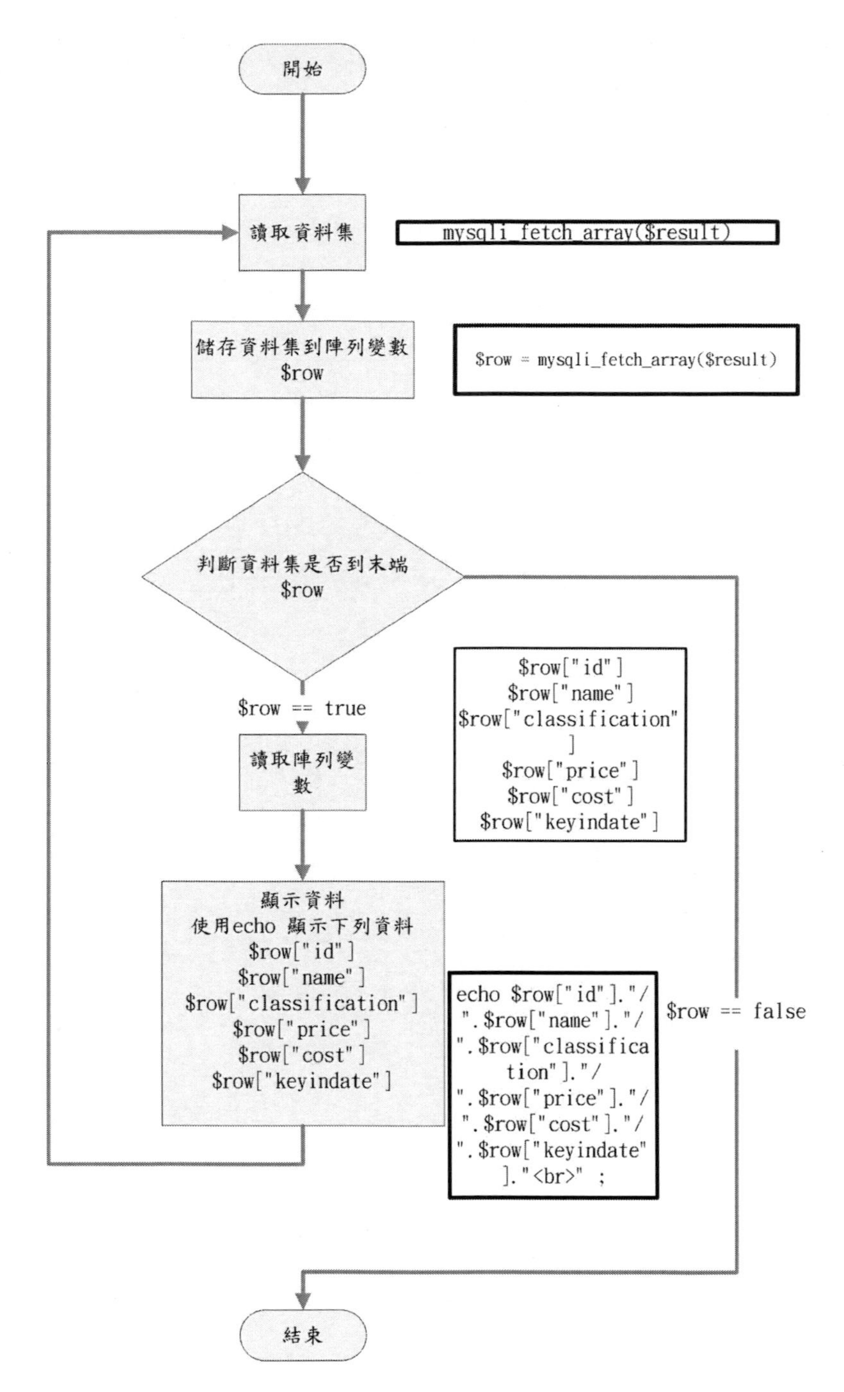

圖 326 建立讀取 product01 資料集之流程

如下表所示，我們透過『mysqli_fetch_array($result)』讀取回傳資料集的一筆資料，並將回傳的一筆資料，儲存在『$row』陣列變數中，由於『$row = mysqli_fetch_array($result)』的意思，代表取回傳資料集:『mysqli_fetch_array($result)』的一筆資料，且將該一筆資料用『$row』的陣列變數來儲存他，如讀取回傳資料集的一筆資料，有讀到資料，就將**該一筆資料回傳到『$row』陣列變數中，並且將讀取資料集位置指標移到下一筆的位置**，但是上次已經讀到最後一筆資料，或一開始就沒有資料的狀況，該回傳資料集的讀取位置為資料最底端➔就是所謂的檔案最後:『end of file』，由於在檔案最後:『end of file』的位置，透過『mysqli_fetch_array($result)』讀取資料是讀不到任何資料，所以會回傳『false』的資料型態給回傳的變數『$row』，所以 w*hile(『$row』陣列變數)會變成迴圈 while() 無法迴圈成立，結束迴圈。*

表 175 迴圈讀取回傳資料集資料

```
while($row = mysqli_fetch_array($result))
{
    echo
$row["id"]."/".$row["name"]."/".$row["classification"]."/".$row["price"]."/".$row["cost"]."/".
$row["keyindate"]."<br>" ;

}// 會跳下一列資料
```

接下來一行一行介紹程式，由於本範例是要顯示下表所示之 product01 的商品資料表，所以先參考下表所示，了解 product01 的商品資料表所有欄位的資訊。

表 176 商品資料表欄位一覽圖(product01)

欄位	類型	空值(Null)	預設值	備註
id(主鍵)	int(11)	否		主鍵
name	char(120)	否		商品名稱
classification	char(24)	否		商品分類
price	int(11)	否		販售單價
cost	int(11)	否		購入成本
keyindate	date	否		登錄日期
crtdatetime	timestamp	否	current_timestamp()	資料創立日期時間

如上表所示，我們可以看到 product01 資料表的欄位為上表，各為：id、name、classification、price、cose、keyindate、crtdatetime 等欄位名稱。

如下表所示，由於我們透過『$row』陣列變數來取得一筆(一列)的資料，該資料包含上表所示之所有欄位資料，所以，我們必須一個欄位一個欄位取出。

由下表所示，我們必須將下列欄位：id、name、classification、price、cose、keyindate、crtdatetime 等資料，透過變數語法：$row["id"]、$row["name"]、$row["classification"]、$row["price"]、$row["cost"]、$row["keyindate"]、$row["crtdatetime"]，來將各個資料的欄位內容一一取出。

表 177 取得欄位資料的陣列變數名稱

欄位	用變數來取得資料的內容
id	$row["id"]
name	$row["name"]
classification	$row["classification"]
price	$row["price"]
cost	$row["cost"]

keyindate	$row["keyindate"]
crtdatetime	$row["crtdatetime"]

如下表所示，我們透過『echo』的指令，可以把常數、變數、陣列變數、日期變數…等所有資料型態的內容。

如下表所示，我們透過『echo』的指令，列出下列的變數，一一列出。

表 178 取的資料表的資料

```
$row["id"]
$row["name"]
$row["classification"]
$row["price"]
$row["cost"]
$row["keyindate"]
```

由於每一個不同的變數，我們需要用一個『/』區隔，所以我們必須列印『"/"』，而這些不同的變數與常數之間，必須要用變數連接詞：『.』來彼此連接，所以整體的程式就成為下表所示的內容。

最後我們解釋，由於我們要在網頁資料顯示出換行的效果，我們就必須輸出『
』HTML 語法的換行標籤，所以我們在最後，又加入『"<br>"』的文字並輸出到網頁上，來達到網頁資料顯示出換行的效果。

表 179 建立連接 MySQL 資料庫資連線物件

```
echo
$row["id"]."/".$row["name"]."/".$row["classification"]."/".$row["price"]."/".$row["cost"]."/".
$row["keyindate"]."<br>" ;
```

如下表所示，加上讀取『$row = mysqli_fetch_array($result)』的命令，透過『while()』迴圈方式，重複讀取，判斷是否到檔案最後的方式，在迴圈內層，透過上表的程式，就可以完全將查詢命令『select * from product01;』的結果，完全顯示出來，達到如下圖所示的結果。

表 180 建立連接 MySQL 資料庫資連線物件

```
while($row = mysqli_fetch_array($result))
{
    echo
$row["id"]."/".$row["name"]."/".$row["classification"]."/".$row["price"]."/".$row["cost"]."/".
$row["keyindate"]."<br>" ;

}// 會跳下一列資料
```

如下表所示，我們透過『mysqli_free_result(回傳資料集變數)』的指令，將資料集的變數記憶體釋放。

表 181 建立連接 MySQL 資料庫資連線物件

```
mysqli_free_result($result);
```

如下表所示，我們透過『mysqli_close(連線資料庫物件)』的指令，將資料庫連線終止，並將資料庫連線變數記憶體釋放。

表 182 建立連接 MySQL 資料庫資連線物件

```
mysqli_close($link);
```

如下圖所示，我們在瀏覽器之網址列輸入：『http://localhost:8888/nuk/productxx/datalist.php』的網址，就可以達到如下圖所示的結果。

1/桌上型電腦/整機產品/24000/20000/2022-10-01
2/筆電/整機產品/26000/23000/2022-09-22
3/螢幕/周邊商品/4000/3600/2022-09-22
4/滑鼠/周邊商品/500/440/2022-10-01
5/網路線/耗材/600/500/2022-09-22

圖 327 完成顯示 product01 資料表資料

建立溫溼度感測器之 RESTFul API

對於資料庫資深管理者，一定不會陌生，一般我們不會將資料庫至於網際網路上，由於關聯式資料庫的管理與操作方法，已經廣為技術人員知曉，所以我們為了資料的安全性，如下圖所示，筆者建立資料代理人架構圖，建立資料代理人程式(DB Agent)機制，透過標準化的 RESTFul API 通訊協定(Roy Thomas Fielding, 2000; Roy T. Fielding & Kaiser, 1997)，將資料庫的新增、修改、刪除等行為，藏於資料代理人程式(DB Agent)之後，只存在標準的參數介面，提供物聯網的廣大物件(資料收集器)，二十四小時不間斷的傳送資料到雲端平台，這樣不但簡化所有物聯網之中所有物件(資料收集器)的通訊的問題，還讓物聯網之系統架構更為簡單。

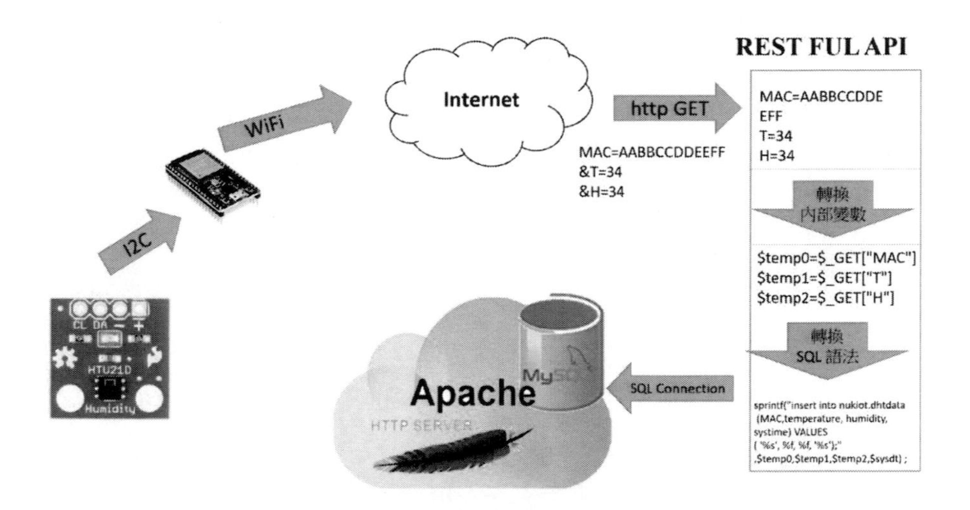

圖 328 資料代理人架構圖

HTTP POST & GET 原理

有寫過網頁表單的人一定不陌生 GET 與 POST，但是大部分的讀者不了解什麼是 GET 與 POST 。雖然目前網頁設計工具相當的進步且可供選擇的工具甚多，甚至不需要接觸 HTML 語法就能完成一個功能俱全的商務網站，所以很多人都忘記了 HTTP 底層的實作原理，致使在發生錯誤的情況下無法正確進行處理、偵錯。

我們在使用 HTML 表單語法時，都會寫到以下的寫法，然而大部分的程式設計師都會採用 POST 進行表單傳送。

```
<form action="" method="POST/GET">
</form>
```

然而在網頁程式中要獲取表單的變數只需要呼叫系統已經封裝好的方法就可以搞定，像是 PHP 使用 $_REQUEST、JAVA 使用 getParameter()、ASP 使用 Request.Form() 這些方法等等。

甚麼是 HTTP Method ??

其實 POST 或 GET 其實是有很大差別的，我們先說明一下 HTTP Method，在 HTTP 1.1 的版本中定義了八種 Method (方法)，如下所示：

- OPTIONS
- GET
- HEAD
- POST
- PUT
- DELETE
- TRACE
- CONNECT

POST 或 GET 原理區別

一般在瀏覽器中輸入網址(URL)訪問資源[5]都是通過 GET 方式；在表單提交(Submit)中，可以使用 Method 指定提交(Submit)方式為 GET 或者 POST，與設是 POST 提交

[5] URL 全稱是資源描述符，我們可以這樣認為：一個 URL 地址，它用於描述一個網絡上的資源，而 HTTP 中的 GET，POST，PUT，DELETE 就對應著對這個資源的查，改，增，刪 4 個操作。到這裡，大家應該有個大概的了解了，GET 一般用於獲取/查詢資源信息，而 POST 一般用於更新資源信息(個人認為這是 GET 和 POST 的本質區別，也是協議設計者的本意，其它區別都是具體表現形式的差異)。版权声明：本文为 CSDN 博主「gideal_wang」的原创文章，遵循 CC 4.0 BY-SA 版权协议，转载请附上原文出处链接及本声明。原文链接：
https://blog.csdn.net/gideal_wang/java/article/details/4316691

Http 定義了與網路伺服器通訊的不同方法，最基本的方法有 4 種，分別是 GET，POST，PUT，DELETE

一般而言，根據 HTTP 規範，使用 GET Request 用於資訊獲取，通常用於獲取資訊，比較少用於修改資訊。

換一句話說，GET Request 比較不會有其他安全上的問題，就是說，它僅僅是獲取網頁頁面或資訊，就像數據庫查詢一樣，不會修改，增加數據，不會影響資源的狀態。

根據 HTTP 規範，POST Request 表示可能修改變網頁伺服務器上的資料內容，舉如新增、修改、刪除等要求。

但在實際的開發系統的時候，很多人卻沒有按照 HTTP 規範去做，導致這個問題的原因有很多，比如說：

- 有些開發人員為了更新資源時用了 GET，因為用 POST 必須要到 FORM(表單)，必須宣告更多的資料與設定，造成許多麻煩。
- 對於資料庫的新增、修改、刪除、查詢，其實都可以通過 GET/POST 完成，不需要用到 PUT 和 DELETE。

何謂 GET

一般說來，客戶端請求

```
GET / HTTP/1.1
Host: www.google.com
```

（末尾有一個空行。第一行指定方法、資源路徑、協定版本；第二行是在 1.1 版里必帶的一個 header 作用於指定主機）

所以當網頁伺服器收到後，網頁伺服器會應答

```
HTTP/1.1 200 OK
Content-Length: 3059
Server: GWS/2.0
Date: Sat, 11 Jan 2003 02:44:04 GMT
Content-Type: text/html
Cache-control: private
Set-Cookie:
PREF=ID=73d4aef52e57bae9:TM=1042253044:LM=1042253044:S=SMCc_HRPCQiqy
X9j; expires=Sun, 17-Jan-2038 19:14:07 GMT; path=/; domain=.google.com
Connection: keep-alive
```

接下來會緊跟著一個空行(\n)，並且由 HTML 格式的文字組成了 Google 的首頁

建立 http GET 程式

讀者參考: 建立溫溼度感測資料一節中，本文整體皆以溫溼度感測模組來解說本書整體的應用，如下圖所示，我們之前已經建立溫溼度感測模組的資料表：dhtdata，並產生一些範例資料來進行本書講解。

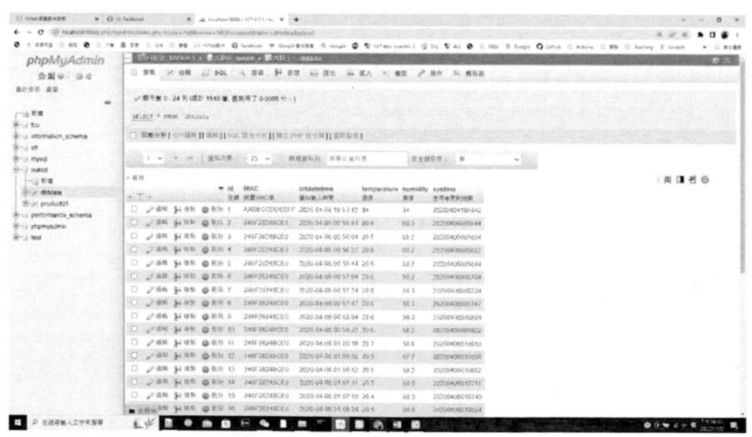

圖 329 顯示 dhddata 資料表範例資料

如下圖所示，我們必須在要建立網頁程式的路徑，建立 dhtdata 資料代理人程式：dhttadd.php。

如下圖所示，我們在如下圖第 1 紅框處所示，筆者目前測試網頁之***首頁實體路徑為：『D:\xampp\htdocs\nuk』的實體目錄***，我們在此目錄建立一個資料夾，如下圖第 2 紅框處所示，該***資料庫查詢程式之資料夾：『dhtdata』***，若讀者沒有這個資料夾，請讀者參考下圖第 2 紅框處所示，***建立新資料夾並命名為：『dhtdata』***。

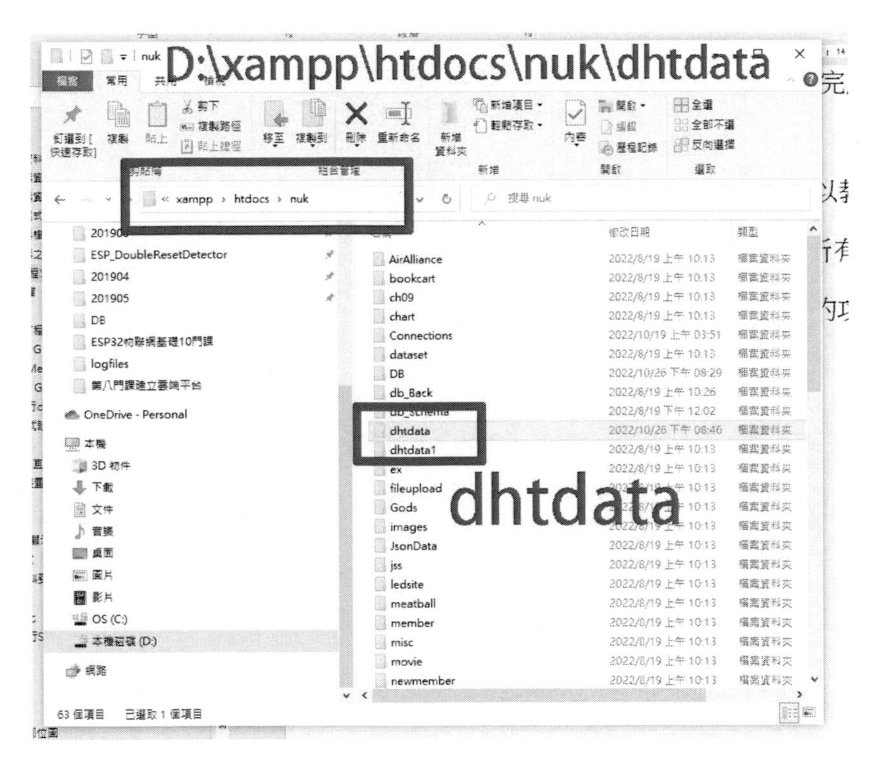

圖 330 dhtdata 資料代理人程式之路徑

如下圖所示，我們在如下圖紅框處所示，用文字編輯程式，建立一個檔名為：『dhDatatadd.php』文字檔案。

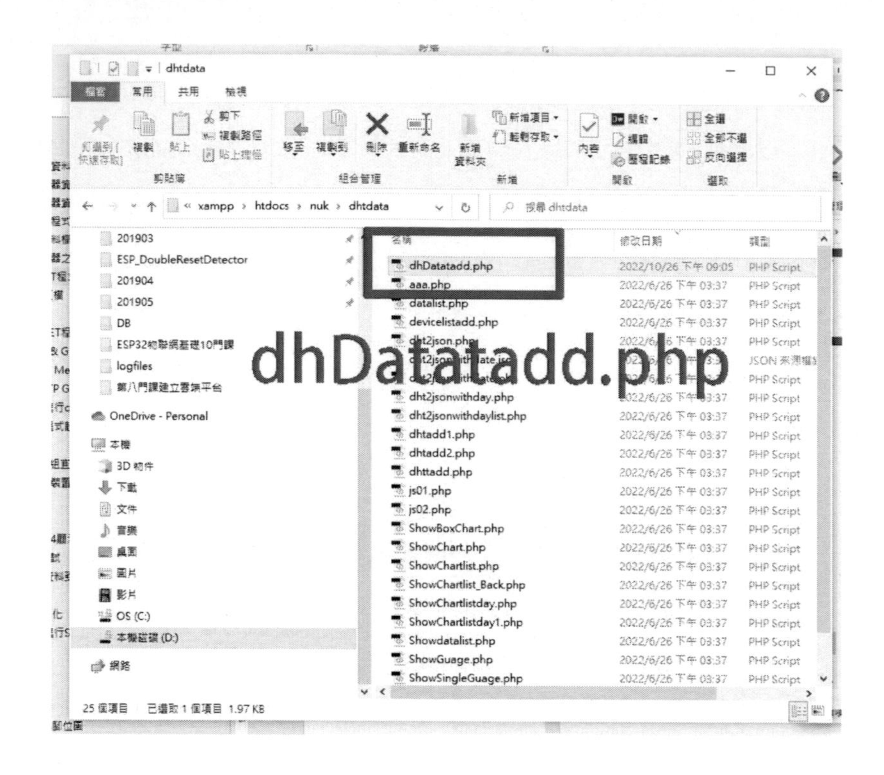

圖 331 請用文字編輯程式建立 dhDatatadd.php

如下表所示，我們在如上圖紅框處所示，用文字編輯程式，建立一個檔名為：『dhDatatadd.php』文字檔案後，請將表 183 溫溼度感測資料代理人程式: dhDatatadd.php 的內容填入該檔案，並進行儲存，如需要上傳到遠端伺服器，請依目錄結構，上傳到遠端伺服器之網頁程式資料夾之中。

表 183 溫溼度感測資料代理人程式: dhDatatadd.php 的內容

```
<?php
include("../comlib.php");        //使用資料庫的呼叫程式
include("../Connections/iotcnn.php");        //使用資料庫的呼叫程式
    //    Connection() ;
$link=Connection();        //產生 mySQL 連線物件

$temp0=$_GET["MAC"];        //取得 POST 參數 : MAC address
```

```
$temp1=$_GET["T"];           //取得 POST 參數 : temperature
$temp2=$_GET["H"];           //取得 POST 參數 : humidity

$sysdt = getdataorder() ;
$qrystr = sprintf("insert into nukiot.dhtdata (MAC,temperature, humidity, systime)
VALUES ( '%s', %f, %f, '%s');" ,$temp0,$temp1,$temp2,$sysdt) ;
echo $qrystr ;
echo "<br>" ;
if (mysqli_query($link,$qrystr))
    {
        echo "Successful <br>" ;
    }
    else
    {
        echo "Fail <br>" ;
    }
        ;                //執行 SQL 語法
mysqli_close($link);     // 關閉連線

?>
```

程式網址：https://github.com/brucetsao/ESP10Course/tree/main/web/nuk/ dhtdata

Http GET 程式說明

如下表所示，接下來我們透過執行『include("所在路徑/iotcnn.php")』，將連線函數程式『iotcnn.php』加入任何要運作資料庫的程式，如『include("../Connections/iotcnn.php");』。

因為所有的程式一開始，則所有含入『iotcnn.php』的程式就可以輕易使用資料庫的連線，而不必要重新攥寫連線資料庫的程式。

我們透過『$server』設定為『127.0.0.1』，來設定 MySQL 資料庫伺服器的網址，透過之前筆者所述，由於我們網頁伺服器與 MySQL 資料庫伺服器的網址都設在同一台伺服器(主機)，所以設成『127.0.0.1』或『localhost』本機就可以了。

我們透過『$user』設定為『nukiot』，來設定 MySQL 資料庫伺服器的資料庫使用者為『nukiot』，透過之前筆者所述，可以知道 MySQL 資料庫伺服器的授權使用者為『nukiot』，若讀者有其他需要，請自行變更修改之。

我們透過『$pass』設定為『12345678』，來設定 MySQL 資料庫伺服器的資料庫使用者為『nukiot』得連線密碼，，透過之前筆者所述，可以知道 MySQL 資料庫伺服器的使用者為『nukiot』得連線密碼為『12345678』，若讀者有其他需要，請自行變更修改之。

我們透過『$db』設定為『nukiot』，來設定 MySQL 資料庫伺服器的使用的資料庫名稱設定為『nukiot』，透過之前筆者所述，由於我們使用的資料庫名稱設定為『nukiot』，連接的資料庫為『nukiot』。

我們透過『$dbport』設定為『3306』，來設定 MySQL 資料庫伺服器的通訊埠，，透過之前筆者所敘，可以知道 MySQL 資料庫伺服器的通訊埠為預設值『3306』，若讀者有其他需要，請自行變更修改之。

。

表 184 呼叫 MySQL 連接程式 iotcnn.php

```
include("../Connections/iotcnn.php");          //使用資料庫的呼叫程式
```

程式網址：https://github.com/brucetsao/ESP10Course/tree/main/web/nuk/ Connections/

如下表所示，接下來我們透過執行『include("所在路徑/ comlib.php")』，將系統公用函數程式『comlib.php』加入任何要運作資料庫的程式，如『include("../comlib.php");』。

因為我們許多程式都需要轉換文字、日期、時間、取得系統日期與時間等功用的功能，所以筆者寫好常用的系統公用函數程式『comlib.php』，讀者可以在網址：https://github.com/brucetsao/ESP10Course/tree/main/web/nuk/，下載這個檔案。

表 185 呼叫 MySQL 連接程式 iotcnn.php

```
include("../comlib.php");
```

程式網址：https://github.com/brucetsao/ESP10Course/tree/main/web/nuk/

如下表所示，由於我們已經將『iotcnn.php』在程式一開頭就包含入，所以我們只要呼叫『Connection()』的函式方式，就可以建立連接 MySQL 資料庫資連線物件，並將此 MySQL 資料庫資連線物件的內容回傳到『$link』變數內。

表 186 建立產生 mySQL 連線物件

```
$link=Connection();
```

HTTP GET 傳送資料解釋

接下來我們看到，下表所示之 dhtData 資料表欄位表，我們發現 id, crtdatetime 都是系統欄位，系統會自動產生補齊資料。

而 systime 這個『使用者更新時間』也不應該由裝置端上傳資料，因為會有裝置端時間不一致的問題。

表 187 dhtdata 資料表欄位表

序號	欄位名稱	型態	長度	用途
01	id	Int		主鍵(自動產生)
02	MAC	Char	12	裝置 MAC 值
03	crtdatetime	Timestramp		資料輸入時間 CURRENT_TIMESTAMP
04	temperature	Float		溫度
05	humidity	Float		濕度
06	systime	Char	14	使用者更新時間

接下來，由上表所示之 dhtdata 資料表欄位表，我們發現只剩下『MAC』、『temperature』、『humidity』三個資料需要上傳，其這三個資料欄位長度也很短，所以筆者使用 HTTP GET 的方式來傳送資料。

如下圖架構所示，所以筆者打算用網站+資料代理人(DB Agent)程式+(參數列表)的方式來傳送資料，所以我們參考下圖架構所示之流程與方法，開始建立我們的資料代理人(DB Agent)程式(dhDatatadd.php)。

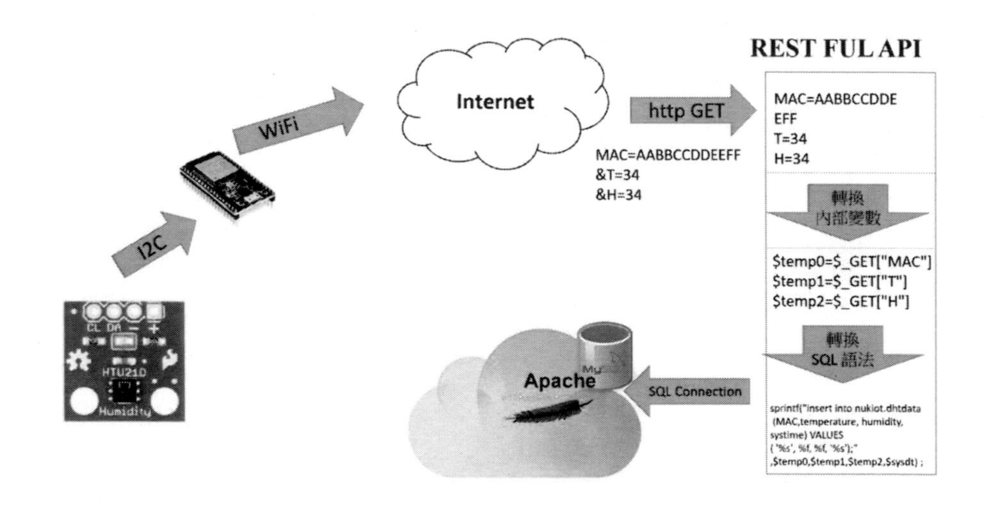

圖 332 HTTP GET 流程架構圖

所以我們攥寫了 dhDatatadd.php 的 Db Agent 程式+MAC=裝置 MAC 值& T=溫度& H=濕度來上傳的感測資料。

所以接下來我們看看程式如何接收參數列表，由於該程式採用 http GET 的方式傳送上傳感測資料，所以採用『dhDatatadd.php?MAC=AABBCCDDEEFF&T=34&H=34』方式來傳送『MAC』網路卡編號、『T』溫度、『H』濕度三種感測參數資料。

如下表所示，由於我們使用 RESTFul API 的 http GET 方式傳入資料，所以我們必須建立 http GET 的傳入參數，由於我們使用『http://localhost:8888/dhtdata/dhDatatadd.php?MAC=AABBCCDDEEFF& &H=34』的網址方式建立：溫溼度感測資料代理人程式，來傳送感測器資料，所以我們有『MAC=AABBCCDDEEFF』、『T=34』、『H=34』三個參數傳入 http GET 溫溼度感測資料代理人程式，所以我們有『MAC』、『T』、『H』三個參數需要接收。

所以我們建立『$temp0』、『$temp1』、『$temp2』三個變數來接收『MAC』、『T』、『H』三個傳入參數。

如下表所示，所以我們使用『$temp0=$_GET["MAC"];』來接收外來參數『MAC』，程式內部採用『$ temp0』接收它，因為是 http GET 傳輸方式，所以我們採用『$_GET["*傳入參數名稱*"]』的函數來接收解譯外來參數。

如下表所示，所以我們使用『$temp1=$_GET["T"]];』來接收外來參數『T』，程式內部採用『$ temp1』接收它，因為是 http GET 傳輸方式，所以我們採用『$_GET["*傳入參數名稱*"]』的函數來接收解譯外來參數。

如下表所示，所以我們使用『$temp2=$_GET["H"]』來接收外來參數『H』，程式內部採用『$ temp2』接收它，因為是 http GET 傳輸方式，所以我們採用『$_GET["*傳入參數名稱*"]』的函數來接收解譯外來參數。

表 188 dhtdata 傳送資料參數表

```
$temp0=$_GET["MAC"];        //取得 POST 參數 : MAC address
$temp1=$_GET["T"];          //取得 POST 參數 : temperature
$temp2=$_GET["H"];          //取得 POST 參數 : humidity
```

如下表所示，由於我們必須*取得系統日期+時間的內容*，但是我們必須要將這樣的內容值，存入表 160 溫溼度感測器資料表欄位一覽圖(dhtData)之 systime char(14)的欄位，由於 php 提供系統日期時間函數『now()』只能得到日期時間型態的內容，而不是 YYYYMMDDhhmmss 的 char(14)的欄位型態，所以我們在

『comlib.php』的系統共用函式中，攥寫『getdataorder()』函式，取得系統的日期時間型態的內容，並轉換成 YYYYMMDDhhmmss 的 char(14)的欄位型態傳回。所以我們使用『$sysdt = getdataorder()』的語法，取得 YYYYMMDDhhmmss 的 char(14)的日期時間型態的內容，並回傳到『$sysdt』變數內。

由於我們需要在伺服器端取得 systime(使用者更新時間)，所以筆者使用了使用者更新時間之自訂函數：

表 189 取得使用者更新時間之函數

```
$sysdt = getdatetime() ;
```

而 getdatetime() 是一個筆者攥寫的函數，存在 comlib.php 城市之中，如下表所示為其函數內容。

表 190 使用者更新時間之函數內容

```
<?php
        /* Defining a PHP Function */
        function getdataorder($dt) {
            //      $dt = getdate() ;
                    $splitTimeStamp = explode(" ",$dt);
                    $ymd = $splitTimeStamp[0] ;
                    $hms = $splitTimeStamp[1] ;
                    $vdate = explode('-', $ymd);
                    $vtime = explode(':', $hms);
                    $yyyy =   str_pad($vdate[0],4,"0",STR_PAD_LEFT);
                    $mm   =   str_pad($vdate[1] ,2,"0",STR_PAD_LEFT);
                    $dd   =   str_pad($vdate[2] ,2,"0",STR_PAD_LEFT);
                    $hh   =   str_pad($vtime[0] ,2,"0",STR_PAD_LEFT);
                    $min  =   str_pad($vtime[1] ,2,"0",STR_PAD_LEFT);
                    $sec  =   str_pad($vtime[2] ,2,"0",STR_PAD_LEFT);
            /*
                    echo "***(" ;
                    echo $dt ;
```

```
			echo "/" ;
			echo $yyyy ;
			echo "/" ;
			echo $mm ;
			echo "/" ;
			echo $dd ;
			echo "/" ;
			echo $hh ;
			echo "/" ;
			echo $min ;
			echo "/" ;
			echo $sec ;
			echo ")<br>" ;
		*/
		return ($yyyy.$mm.$dd.$hh.$min.$sec)	;
	}
	function getdataorder2($dt) {
		//	$dt = getdate() ;
			$splitTimeStamp = explode(" ",$dt);
			$ymd = $splitTimeStamp[0] ;
			$hms = $splitTimeStamp[1] ;
			$vdate = explode('-', $ymd);
			$vtime = explode(':', $hms);
			$yyyy =	str_pad($vdate[0],4,"0",STR_PAD_LEFT);
			$mm	=	str_pad($vdate[1] ,2,"0",STR_PAD_LEFT);
			$dd	=	str_pad($vdate[2] ,2,"0",STR_PAD_LEFT);
			$hh	=	str_pad($vtime[0] ,2,"0",STR_PAD_LEFT);
			$min	=	str_pad($vtime[1] ,2,"0",STR_PAD_LEFT);

		return ($yyyy.$mm.$dd.$hh.$min)	;
	}
	function getdatetime() {
	  $dt = getdate() ;
			$yyyy =	str_pad($dt['year'],4,"0",STR_PAD_LEFT);
			$mm	=	str_pad($dt['mon'] ,2,"0",STR_PAD_LEFT);
			$dd	=	str_pad($dt['mday'] ,2,"0",STR_PAD_LEFT);
			$hh	=	str_pad($dt['hours'] ,2,"0",STR_PAD_LEFT);
			$min	=	str_pad($dt['minutes'] ,2,"0",STR_PAD_LEFT);
			$sec	=	str_pad($dt['seconds'] ,2,"0",STR_PAD_LEFT);
```

```
        return ($yyyy.$mm.$dd.$hh.$min.$sec)    ;
    }
            function trandatetime1($dt) {
        $yyyy =   substr($dt,0,4);
        $mm   =    substr($dt,4,2);
        $dd   =   substr($dt,6,2);
        $hh   =   substr($dt,8,2);
        $min  =    substr($dt,10,2);
        $sec  =    substr($dt,12,2);

        return ($yyyy."/".$mm."/".$dd." ".$hh.":".$min.":".$sec)    ;
    }
?>
```

程式下載：https://github.com/brucetsao/ESP10Course/tree/main/web/nuk/dhtdata

如下表所示，由於所有的關聯式資料庫，都是採用 SQL 語法來維護資料庫，所以可以看到插入『dhtdata 資料表』的一筆新資料，為下表所示的語法。

表 191 插入 dhtdata 資料表的插入 SQL 語法

```
INSERT INTO `dhtdata`
(`MAC`,   `temperature`, `humidity`, `systime`)
VALUES
('AABBCCDDEEFF', 25.3, 88.9, 'YYYYMMDDhhmmss 系統日期時間內容');
```

如下表所示，由於所有的關聯式資料庫，都是採用 SQL 語法來維護資料庫，所以我們可以看到插入『dhtdata 資料表』的一筆新資料，為下表所示的語法。

表 192 用變數替補方式產生 dhtdata 資料表的插入 SQL 語法

```
INSERT INTO `dhtdata`
(`MAC`,   `temperature`, `humidity`, `systime`)
VALUES
```

```
( '網路卡變數內容', 溫度數值, 濕度數值, '20221026085601');
```

最後把傳入的參數與 dhtdata 資料表的欄位整合，透過下列程式，組立成為 SQL 敘述句語法：

所以如下表所示，我們使用『sprintf("insert into nukiot.dhtdata (MAC,temperature, humidity, systime) VALUES ('%s', %f, %f, '%s');" ,$temp0,$temp1,$temp2,$sysdt) ;』轉出上表所示之實際情況，實***際組合成為當時讀取資料的插入 dhtdata 資料表的 SQL 語法***，而我們用『$qrystr』變數來接收『sprintf("insert into nukiot.dhtdata (MAC,temperature, humidity, systime) VALUES ('%s', %f, %f, '%s');" ,$temp0,$temp1,$temp2,$sysdt) ;』轉出上表所示之實際情況的插入資料的 SQL 語法。

接下來為了在開發階段驗證接收資料與轉成 SQL 語法是否正常，我們加入了顯示轉出 SQL 與法的內容，所以我們使用『echo』的指令，來***顯示轉出 SQL 語法儲存之『$qrystr』變數內容***。

接下來為了在開發階段，將轉成 SQL 語法內容與其他內容區隔，所以我們使用『echo "<br>"』語法來將顯示『轉成 SQL 語法內容』的內容，在***輸出之網頁進行斷行的功能***。

表 193 將傳入參組立成為 SQL 新增資料敘述句語法

```
$qrystr = sprintf("insert into nukiot.dhtdata (MAC,temperature, humidity, systime)
VALUES ( '%s', %f, %f, '%s');" ,$temp0,$temp1,$temp2,$sysdt) ;
echo $qrystr ;
echo "<br>" ;
```

如下表所示，我們可以使用指令『mysqli_query(資料庫連結, SQL 語法)』的指令，來***執行所要執行的 SQL 語法***，所以我們用『mysqli_query($link,$qrystr);』來執行上表所示之『INSERT INTO `dhtdata`(`MAC`, `temperature`, `humidity`, `systime`) VALUES ('AABBCCDDEEFF', 25.3, 88.9, '20221026085601');』資料新增的 SQL 語法方式來***對 dhtdata 資料表進行新增資料動作***，並將此資料表新增資料的 SQL 語法執行回傳結果的回傳出來。

表 194 執行新增資料到 dhtdata 資料表之 SQL 語法

```
mysqli_query($link,$qrystr);
```

如下表所示，我們透過回傳結果的來判斷是否插入新增資料成功，我們使用『if then else』的邏輯判斷是來處理。

表 195 判斷是否成功執行，並且取出回傳結果

```
if (mysqli_query($link,$qrystr))
```

如下表所示，所以我們用下列語法，建立執行新增資料到 dhtdata 資料表判斷語法來顯示問題出在哪。

表 196 執行新增資料到 dhtdata 資料表判斷語法

```
if (mysqli_query($link,$qrystr))
{
    顯示資料的程式放於此
}
else
{
    顯示資料的程式放於此
}
```

如下表所示，我來將這個新增資料的 SQL 敘述句，送入資料庫連線，其程式如下：

表 197 判斷新增資料到 dhtdata 資料表程式

```
if (mysqli_query($link,$qrystr))
    {
            echo "Successful <br>" ;
    }
    else
    {
            echo "Fail <br>" ;
```

```
    }
```

如下表所示，由於我們已經將『iotcnn.php』在程式一開頭就包含入，所以我們已經透過呼叫『Connection()』的函式方式，建立連接 MySQL 資料庫資連線物件：$link，所以在最後，我們必須並將此 MySQL 資料庫資連線物件『$link』，結束其資料庫連線，並且將變數釋放掉其內容與記憶體。

表 198 結束資料庫連線與將變數釋放掉其內容與記憶體

```
mysqli_close($link);
```

使用瀏覽器進行 dhDatatadd.php 程式測試

最後我們將 dhDatatadd.php 送上網站，請讀者根據自己設計的資料庫方式與對應路徑，自行更改正確路徑與檔名，傳送到讀者本身的伺服器資料路徑。

接下來，由於本書使用本機的網頁伺服器與 MySQl 伺服器，本文透過瀏覽器輸入 http://localhost:8888/nuk/dhtdata/dhDatatadd.php?MAC=AABBCCDDEEFF&T=34&H=34。

如下圖所示，我們可看到資料代理人(DB Agent)程式，成功上傳資料的畫面。

insert into nukiot.dhtdata (MAC,temperature, humidity, systime) VALUES ('AABBCCDDEEFF', 34.000000, 34.000000, '20221108012327');
Successful

圖 333 成功上傳資料的畫面

如下表所示，所示可以在瀏覽器中，看到資料代理人(DB Agent)程式回應的訊息。

表 199 資料代理人(DB Agent)程式回應的訊息

```
insert into nukiot.dhtdata (MAC,temperature, humidity, systime) VALUES
( 'AABBCCDDEEFF', 34.000000, 34.000000, '20221105214851');
Successful
```

如下表所示，我們透過 PhpMyAdmin 資料庫管理程式，使用下面 SQL 語法，執行這些 SQL 語法。

表 200 查看 dhtdata 最後插入資料的 SQL 語法

```
SELECT * FROM `dhtdata` WHERE 1 order by id desc
```

如下圖所示，我們透過 PhpMyAdmin 資料庫管理程式，執行上表所示之這些 SQL 語法，我們可以在瀏覽器中，可以看到 dhtdata 最後插入資料代理人(DB Agent)程式插入的資料。

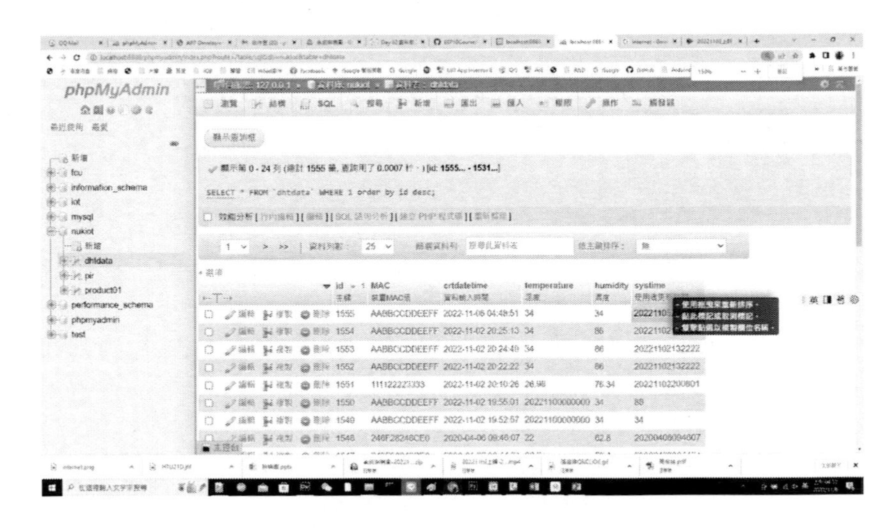

圖 334 成功上傳資料的畫面

完成伺服器程式設計

如上圖所示，我們使用瀏覽器進行資料瀏覽，我們可以知道，透過 php Get 的方法，使用 Get 方法，在網址列，透過參數傳遞(使用參數名=內容)的方法，我們已經可以將資料正常送入網頁的資料庫了。

習題

1. 請參考下圖所示之電路圖，並在網路尋找 BMP280 大氣壓力感測器函式庫，能夠讀取感測器資料，並攥寫 BMP280 大氣壓力感測器資料代理人程式，並參考下表與下下表之 BMP280 大氣壓力感測器資料表，建立對應的資料表與對應 BMP280 大氣壓力感測器資料代理人程式，完成雲端平台之 BMP280 大氣壓力感測器資料代理人程式，並測試可以完整上傳資料到雲端平台。

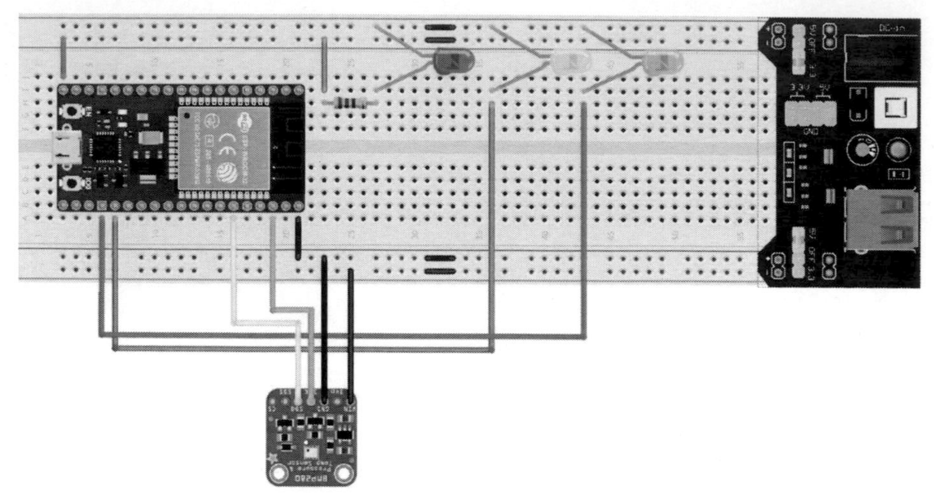

圖 335 BMP280 大氣壓力電路圖

表 201 大氣壓力資料表欄位一覽圖(bmp)

欄位	型態	空值	預設值	備註
id*(主鍵)*	int(11)	否		主鍵
MAC	varchar(12)	否		裝置 MAC 值
crtdatetime	timestamp	否	CURRENT_TIMESTAMP	資料輸入時間
systime	varchar(14)	否		使用者更新時間
pressure	double	否		大氣壓力值(hPa)
temperature	double	否		溫度(攝氏溫度)

表 202 大氣壓力資料表索引表一覽圖(bmp)

鍵名	型態	唯一	緊湊	欄位	基數	編碼與排序	空值	說明
PRIMARY	BTREE	是	否	id	217	A	否	

2. 請參考下圖所示之電路圖，並在網路尋找 BH1750 亮度照度感測器函式庫，能夠讀取感測器資料，並攥寫 BH1750 亮度照度感測器資料代理人程式，並參考下表與下下表之 BH1750 亮度照度感測器資料表，建立對應的資料表與對應BH1750 亮度照度感測器資料代理人程式，完成雲端平台之 BH1750 亮度照度感測器資料代理人程式，並測試可以完整上傳資料到雲端平台。

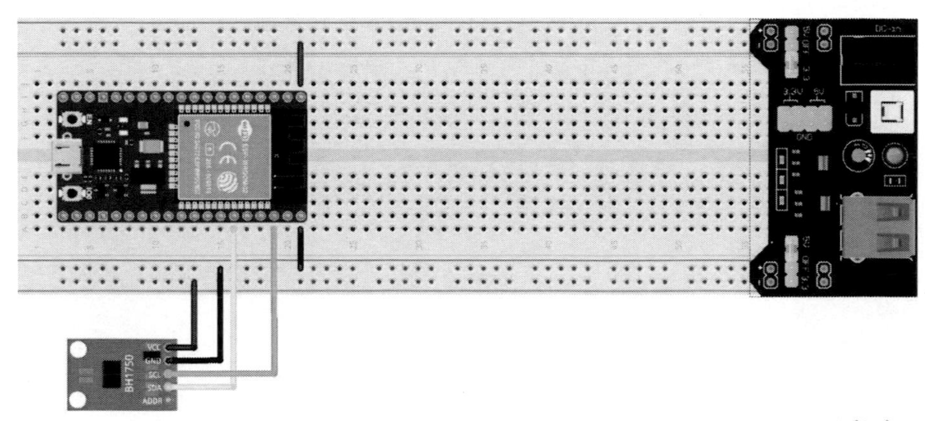

圖 336 亮度照度感測器資料表欄位一覽圖(lux)

表 203 亮度照度感測器資料表欄位一覽圖(lux)

欄位	型態	空值	預設值	備註
id*(主鍵)*	int(11)	否		主鍵
MAC	varchar(12)	否		裝置 MAC 值
crtdatetime	timestamp	否	CURRENT_TIMESTAMP	資料輸入時間
luxvalue	float	否		亮度(Lux)
systime	varchar(14)	否		使用者更新時間

表 204 亮度照度感測器資料表索引表一覽圖(lux)

鍵名	型態	唯一	緊湊	欄位	基數	編碼與排序	空值	說明
PRIMARY	BTREE	是	否	id	382469	A	否	

章節小結

本章主要介紹使用 Http GET 的方式，將溫濕度資料，上傳到環境監控雲端網站，並透過該具有資料庫功能的溫濕度監控網站將資料顯示出來，透過這樣的講解，相信讀者也可以觸類旁通，設計其它感測器達到相同結果

10
CHAPTER

第九門課 讓感測模組直上雲端

本章主要介紹讀者如何使用 ESP 32 開發板，整合 Apache WebServer(網頁伺服器)，搭配 Php 互動式程式設計與 mySQL 資料庫，建立一個商業資料庫平台，透過 ESP 32 開發板連接溫溼度(本文使用 DHT22 溫濕度感測模組)(曹永忠, 2016i, 2017a, 2017b; 曹永忠, 吳佳駿, 許智誠, & 蔡英德, 2017d, 2017e, 2017f; 曹永忠, 許智誠, & 蔡英德, 2015j, 2015l, 2016b, 2016d)，轉成為一個物聯網中溫濕度感測裝置，透過無線網路(Wifi Access Point)，將資料溫溼度感測資料，透過網頁資料傳送，將資料送入 mySQL 資料庫。

我們再透過 Php 互動式程式設計，簡單地將這些資料庫中的溫溼度感測資料，透過 Php 互動式程式與網路視覺化元件，呈現在網站上。

本章節參考 Intructable(http://www.instructables.com/)網站上，apais(http://www.instructables.com/member/apais/)所做的：Send Arduino data to the Web (PHP/ MySQL/ D3.js)(http://www.instructables.com/id/PART-1-Send-Arduino-data-to-the-Web-PHP-MySQL-D3js/?ALLSTEPS)的文章，作者在根據需求修正本章節內容。有興趣的讀者可以參考原作者的內容，自行改進之(曹永忠, 吳佳駿, et al., 2016c, 2016d, 2017a, 2017b; 曹永忠, 张程, et al., 2020; 曹永忠, 張程, 鄭昊緣, 楊柳姿, & 楊楠, 2020; 曹永忠, 許智誠, & 蔡英德, 2015a; 曹永忠 et al., 2015c; 曹永忠, 許智誠, & 蔡英德, 2015d; 曹永忠 et al., 2015e, 2015f, 2015g; 曹永忠, 許智誠, & 蔡英德, 2015h; 曹永忠 et al., 2015i)。

讀取溫溼度感測模組

準備實驗材料

如下圖所示，這個實驗我們需要用到的實驗硬體有下圖.(a)的 ESP 32 開發板、下圖.(b) MicroUSB 下載線：

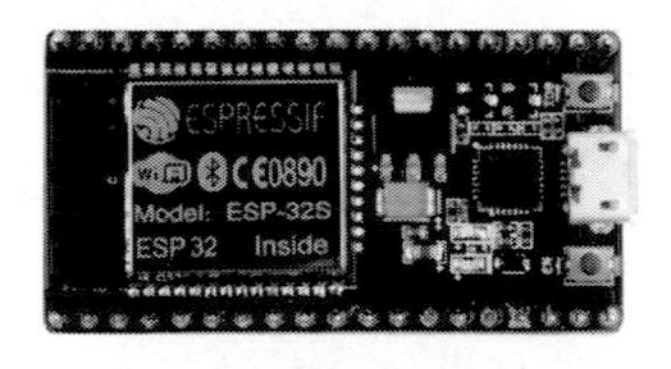

(a). NodeMCU 32S 開發板

(b). MicroUSB 下載線

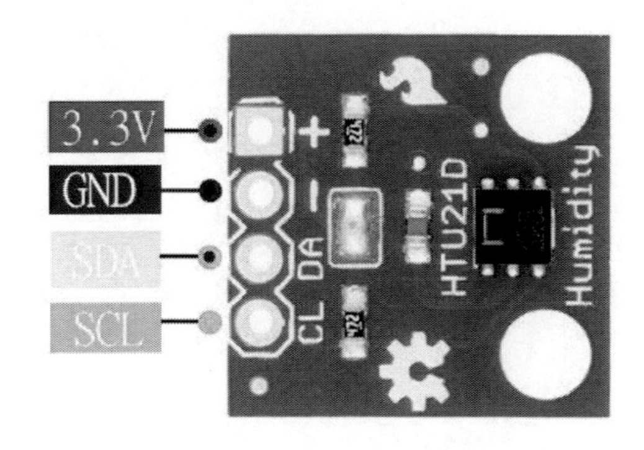

(c). HTU21D溫溼度感測模組

圖 337 溫溼度感測模組驗材料表

讀者也可以參考下表之溫溼度感測模組接腳表，進行電路組立。

表 205 溫溼度感測模組接腳表

接腳	接腳說明	開發板接腳
1	麵包板 Vcc(紅線)	接電源正極(5V)
2	麵包板 GND(藍線)	接電源負極
3	溫溼度感測模組(+/VCC)	接電源正極(3.3 V)
4	溫溼度感測模組(-/GND)	接電源負極
5	溫溼度感測模組(DA/SDA)	GPIO 21/SDA

接腳	接腳說明	開發板接腳
6	溫溼度感測模組(CL/SCL)	GPIO 22/SCL

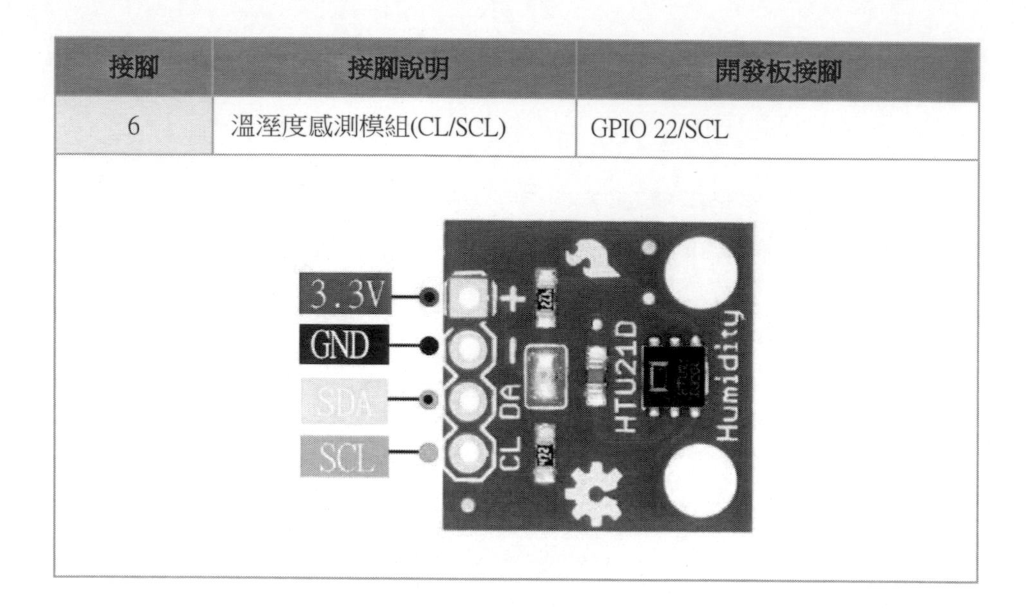

讀者可以參考下圖所示之溫溼度感測模組連接電路圖，進行電路組立。

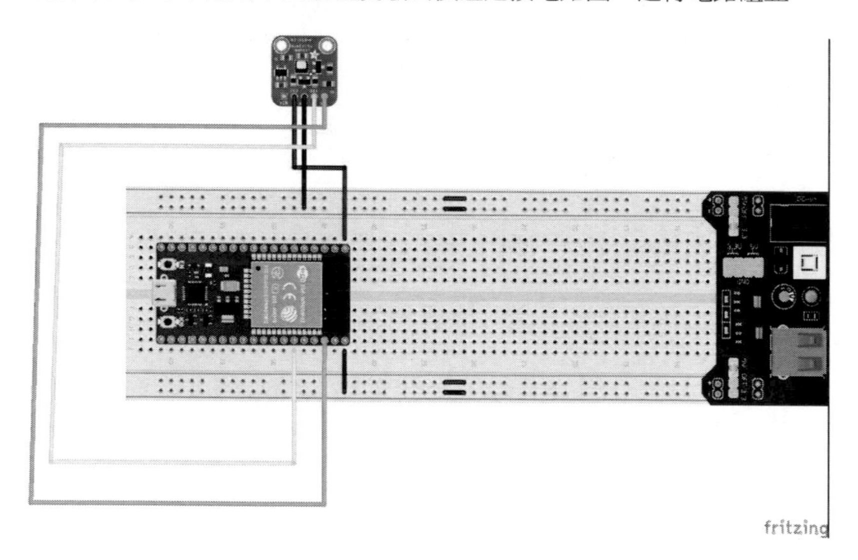

圖 338 溫溼度感測模組實驗電路圖

讀者可以參考下圖所示之溫溼度感測模組實驗實體圖，參考後進行電路組立。

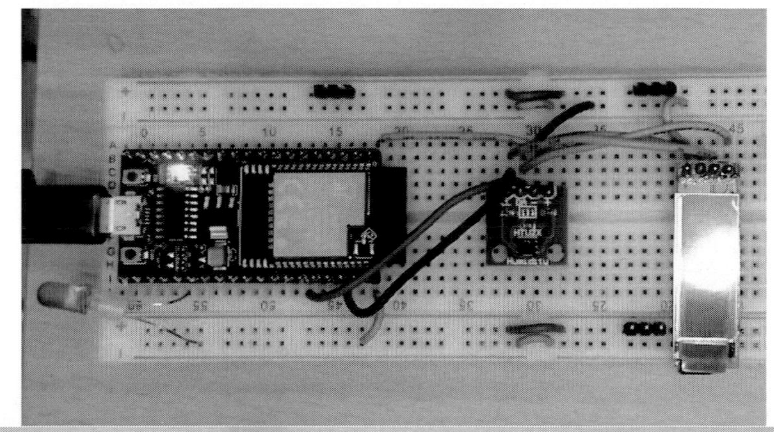

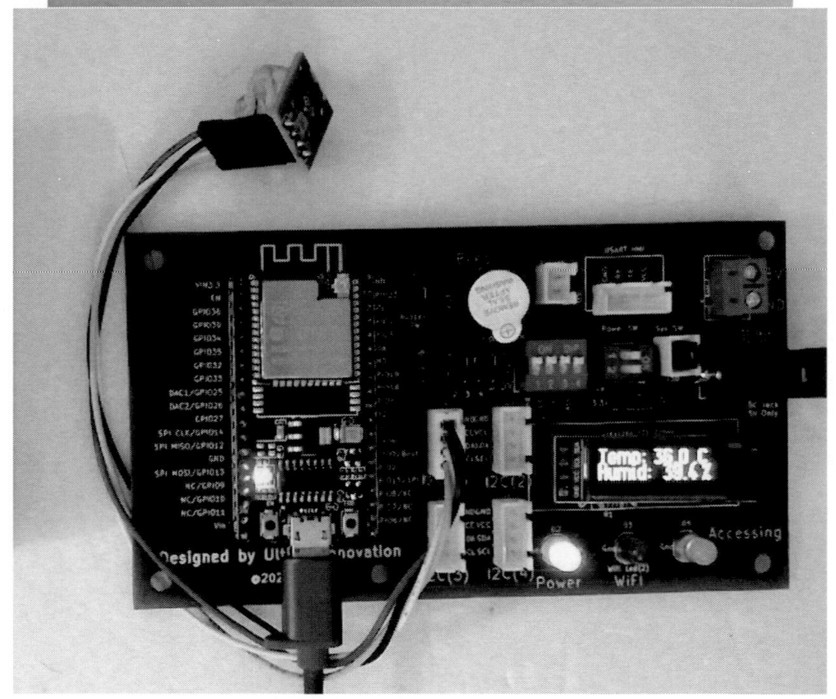

圖 339 溫溼度感測模組實驗實體圖

我們遵照前幾章所述，將 ESP 32 開發板的驅動程式安裝好之後，我們打開 ESP 32 開發板的開發工具：Sketch IDE 整合開發軟體(安裝 Arduino 開發環境，請參考本文之『Arduino 開發 IDE 安裝』，安裝 ESP 32 開發板 SDK 請參考本文之『安裝 ESP32 Arduino 整合開發環境』(曹永忠, 2020a, 2020c, 2020d)，攥寫一段程式，如下表所示之讀取溫溼度感測模組程式，取得取得溫溼度感測模組的溫度與濕度資料。

表 206 讀取溫溼度感測模組程式

讀取溫溼度感測模組程式(HTU21DF_ESP32)

#include <Wire.h> //I2C 基礎通訊函式庫
#include "Adafruit_HTU21DF.h" // HTU21D 溫溼度感測器函式庫
// Connect Vin to 3-5VDC
// Connect GND to ground
// Connect SCL to I2C clock pin GPIO 22
// Connect SDA to I2C data pin GPIO 21
Adafruit_HTU21DF htu = Adafruit_HTU21DF(); //產生 HTU21D 溫溼度感測器運作物件
 //產生 HTU21D 溫溼度感測器運作物件
void setup()
{
  Serial.begin(9600); //通訊控制埠 初始化，並設為 9600 bps
  Serial.println("HTU21D-F test"); //印出 "HTU21D-F test"
  if (!htu.begin())
  {
    Serial.println("Couldn't find sensor!"); //印出 "Couldn't find sensor!"
    while (1);
  }
}
void loop()
{
    float temp = htu.readTemperature(); //利用函式庫讀取感測模組之溫度
    float rel_hum = htu.readHumidity(); //利用函式庫讀取感測模組之濕度
    Serial.print("Temp: "); //印出 "Temp: "
    Serial.print(temp); //印出 temp 變數內容
    Serial.print(" C"); //印出 " C"
    Serial.print("\t\t"); //印出 "\t\t"
    Serial.print("Humidity: "); //印出 "Humidity: "
    Serial.print(rel_hum); //印出 rel_hum 變數內容
    Serial.println(" \%"); //印出 " \%"
    delay(2000); //延遲 2 秒鐘
}

程式下載：https://github.com/brucetsao/ ESP10Course

如下圖所示，可以看到程式編輯畫面：

```
10 //產生HTU21D 溫溼度感測器運作物件
11 void setup()
12 {
13   Serial.begin(9600);      //通訊控制埠 初始化，速率為9600 bps
14   Serial.println("HTU21D-F test");  //印出 "HTU21D-F test"
15
16   if (!htu.begin())
17   {
18     Serial.println("Couldn't find sensor!");       //印出 "Couldn't find sensor!"
19     while (1);
20   }
21 }
22
23 void loop()
24 {
25     float temp = htu.readTemperature();    //利用函式庫讀取感測模組之溫度
26     float rel_hum = htu.readHumidity();    //利用函式庫讀取感測模組之濕度
27     Serial.print("Temp: ");                //印出 "Temp: "
28     Serial.print(temp);                    //印出 temp變數內容
29     Serial.print(" C");                    //印出 " C"
30     Serial.print("\t\t");                  //印出 "\t\t"
31     Serial.print("Humidity: ");            //印出 "Humidity: "
32     Serial.print(rel_hum);                 //印出 rel_hum變數內容
33     Serial.println(" \%");                 //印出 " \%"
34     delay(2000);       //延遲2秒鐘
35 }
```

圖 340 讀取溫溼度感測模組程式之編輯畫面

如下圖所示，我們可以看到讀取溫溼度感測模組程式之結果畫面。

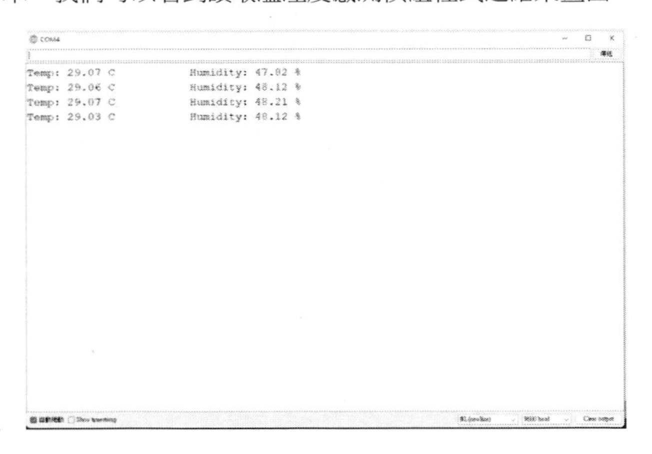

圖 341 讀取溫溼度感測模組程式之結果畫面

如下圖所示，這個實驗我們需要用到的實驗硬體有下圖.(a)的 ESP 32 開發板、下圖.(b) MicroUSB 下載線：

顯示溫溼度於顯示介面

準備實驗材料

如下圖所示，這個實驗我們需要用到的實驗硬體有下圖.(a)的 ESP 32 開發板、下圖.(b) MicroUSB 下載線：

(a). NodeMCU 32S 開發板

(b). MicroUSB 下載線

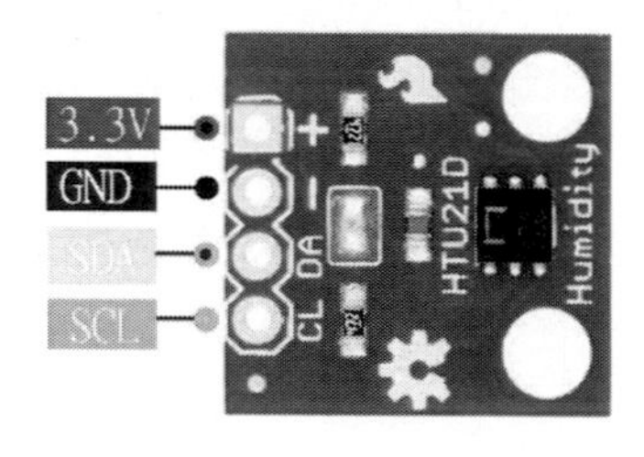

(c). HTU21D 溫溼度感測模組

(d). OLED 12832

圖 342 顯示溫溼度感測模組驗材料表

讀者也可以參考下表之顯示溫溼度感測模組接腳表，進行電路組立。

表 207 顯示溫溼度感測模組接腳表

接腳	接腳說明	開發板接腳
1	麵包板 Vcc(紅線)	接電源正極(5V)
2	麵包板 GND(藍線)	接電源負極
3	溫溼度感測模組(+/VCC)	接電源正極(3.3 V)

接腳	接腳說明	開發板接腳
4	溫溼度感測模組(-/GND)	接電源負極
5	溫溼度感測模組(DA/SDA)	GPIO 21/SDA
6	溫溼度感測模組(CL/SCL)	GPIO 22/SCL
6	Oled 12832(SDA)	GPIO 21/SDA
6	Oled 12832 (SCL)	GPIO 22/SCL

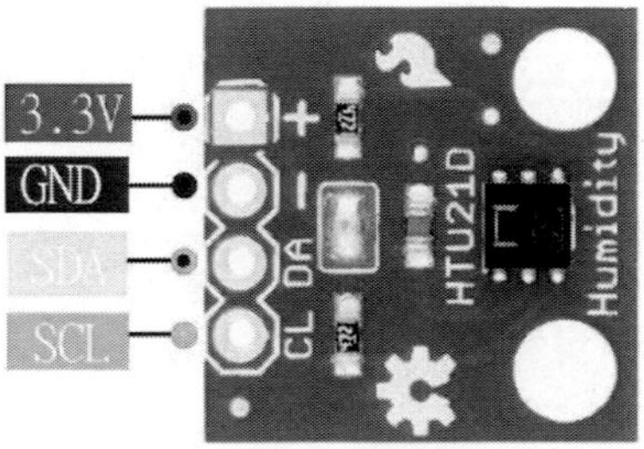

HTU21D

OLED 12832

讀者可以參考下圖所示之顯示溫溼度感測模組連接電路圖，進行電路組立。

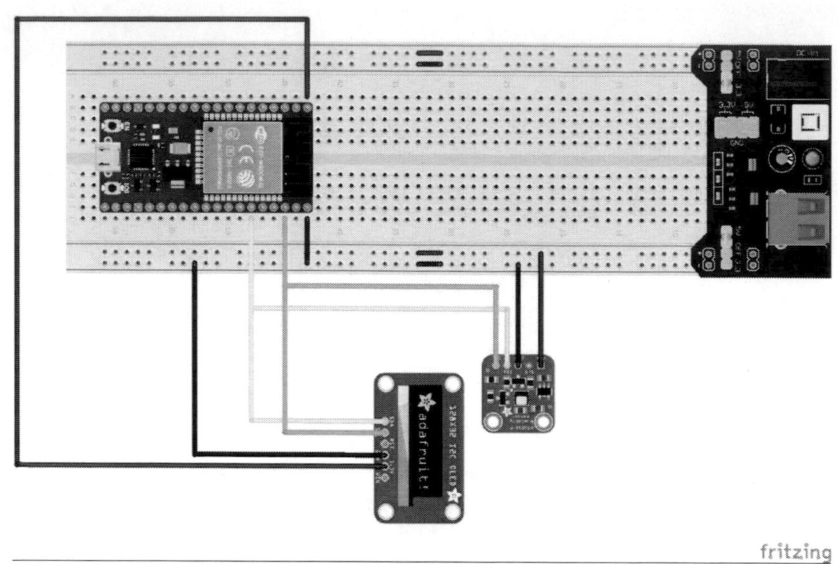

圖 343 顯示溫溼度感測模組實驗電路圖

讀者可以參考下圖所示之溫溼度感測模組實驗實體圖，參考後進行電路組立。

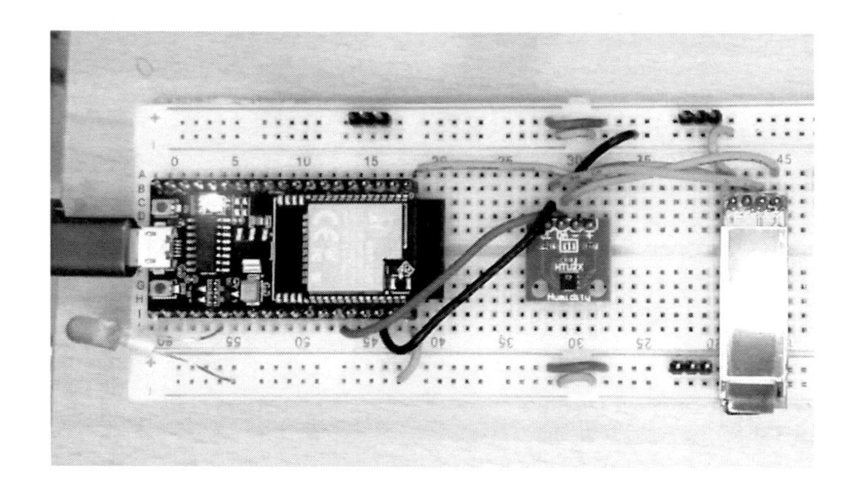

圖 344 顯示溫溼度感測模組實驗實體圖

如何使用 OLED 12832 顯示器

接下來我們要現行介紹如何使用 OLED 12832 顯示器，我們遵照前幾章所述，將 ESP 32 開發板的驅動程式安裝好之後，我們打開 ESP 32 開發板的開發工具：Sketch IDE 整合開發軟體(安裝 Arduino 開發環境，請參考本文之『Arduino 開發 IDE 安裝』，安裝 ESP 32 開發板 SDK 請參考『ESP32 程式設計(基礎篇):ESP32 IOT Programming (Basic Concept & Tricks)』之『安裝 ESP32 Arduino 整合開發環境』(曹永忠, 2020a, 2020d))，攥寫一段程式，如下表所示之使用 OLED 12832 顯示器程式，我們就可以透過 OLED 12832 顯示器來各類資料。

表 208 使用 OLED 12832 顯示器

使用 OLED 12832 顯示器(ESP32_usingoled_128)
#include "OledLib.h"   // Oled LCD 12832 void setup(void) {

```
  initALL();     //系統硬體/軟體初始化
  initOLED();   //啟動 OLED 12832 顯示模組
}
void loop(void) {
  _clearBuffer();                                    //清除之前畫圖等記憶體
  _setFont(u8g2_font_logisoso16_tf);   //設定字形
  _TPrint(8, 29, "Hi Bruce");                  // 指定位置輸出文字
  _updateBuffer();                                  //一般畫圖，後面一定要用次函數
  delay(3000);
}
void initALL() {
  Serial.begin(9600);
  Serial.println("System Start");
}
```

程式下載：https://github.com/brucetsao/ ESP10Course

表 209 使用 OLED 12832 顯示器

使用 OLED 12832 顯示器(OledLib.h)

```
#include <Arduino.h>
#include <U8g2lib.h>
#include <SPI.h>
#include <Wire.h>
//https://www.arduinolibraries.info/libraries/u8g2
//--------------------
void _update();     //更新螢幕
void _updateBuffer();     //一般畫圖，後面一定要用次函數
void _setI2CAddress(int adr);     //設定螢幕的 I2C 位址
void _initDisplay();     //begin()起始螢幕必用函數
void initOLED();     //啟動 OLED   顯示器
void _setCursor(int x, int y);     //設定目前游標
void _setDrawColor(int color);     //設定目前顏色
int _getWidth();     //取得螢幕寬度
int _getHeight();   //取得螢幕高度
int _getMaxCharWidth();   //取得目前字形最大寬度
int _getMaxCharHeight(); //取得目前字形最大高度
int _getCharWidth(); //取得目前字形寬度
int _getUTF8Width(); //取得目前 UTF8 寬度
```

```
void _clearDisplay();   //清除畫面
void _setContrast(int t);       //設定對比
void _clearOled(); //清除螢幕
void _clearBuffer();    //清除之前畫圖等記憶體
void _Box(int x, int y, int w,int h);   //畫方形
void _Circle(int x, int y, int r);     //畫圓形
void _Ellipse(int x, int y, int rx,int ry);      //畫橢圓形
void _FilledEllipse(int x, int y, int rx,int ry);      //畫填色橢圓形
void _Triangle(int x1, int y1, int x2, int y2,int x3, int y3);     //畫三角形
void _HLine(int x, int y, int l);   //畫水平線
void _VLine(int x, int y, int l);      //畫垂直線
void _Line(int x1, int y1, int x2, int y2);      //畫線
void _Point(int x, int y);     //畫點
void _setFont(const uint8_t *font_8x8);      //設定字形
void _setFontDirection(int dir);         //設定字形方向
void _setFontMode(int is_transparent);     //設定字形透明度
void _TPrint(int x, int y,   const char *ss);    // 指定位置輸出文字
void _TextPrint(int x, int y,   const char *ss, const uint8_t *font_8x8);     // 指定位置
輸出文字
void _UTF8Print(int x, int y,   const char *ss, const uint8_t *font_8x8);     // 指定位置
輸出 UTF8 文字
void _Print(const char *ss);    // 不指定位置輸出文字
//--------------
// all font document ref URL:https://github.com/olikraus/u8g2/wiki/u8g2reference
U8G2_SSD1306_128X32_UNIVISION_F_HW_I2C u8g2(U8G2_R0);
void _update()
{
  u8g2.updateDisplay();
}
void _updateBuffer()
{
  u8g2.sendBuffer();
}
void _setI2CAddress(int adr)
{
  u8g2.setI2CAddress(adr);
}
void _initDisplay()
{
```

```
  u8g2.initDisplay();
}
void initOLED()     //啟動 OLED   顯示器
{
     if (!u8g2.begin())     //如果  OLED   顯示器沒有啟動成功
     {
        Serial.println("Couldn't find OLED!");        //印出  "Couldn't find sensor!"
        //找不到  OLED   顯示器
        while (1);   //永遠死在這
     }
       Serial.println("init OLED successful!");
    // _initDisplay() ;
}
void _setCursor(int x, int y)
{
    u8g2.setCursor(x,y);
}
void _setDrawColor(int color)
{
/*
Font Mode    Draw Color    Glyph Foreground Color    Glyph Background Color
0: solid    0 0 1
0: solid    1 1 0
0: solid    2 XOR 0
1: transparent    0 0 -
1: transparent    1 1 -
1: transparent    2 XOR -
  */
    u8g2.setDrawColor(color);
}

int _getWidth()
{
    return u8g2.getDisplayWidth();
}
int _getHeight()
{
    return u8g2.getDisplayHeight();
}
```

```
int _getMaxCharWidth()
{
    return u8g2.getMaxCharWidth();
}
int _getMaxCharHeight()
{
    return u8g2.getMaxCharHeight();
}
int _getCharWidth()
{
    return u8g2.getStrWidth(" ");
}
int _getUTF8Width()
{
    return u8g2.getUTF8Width(" ");
}
void _clearDisplay()
{
   u8g2.clearDisplay();
   u8g2.sendBuffer();                 // transfer internal memory to the display
}
void _setContrast(int t)
{

   u8g2.setContrast(t);               // transfer internal memory to the display
}
void _clearOled()
{
   u8g2.clear();
   u8g2.sendBuffer();                 // transfer internal memory to the display
}
void _clearBuffer()
{
   u8g2.clearBuffer();
   u8g2.sendBuffer();   // Use sendBuffer to transfer the cleared frame buffer to the dis-
play.
  }
/*
void drawBitMap(int x, int y, int cnt,int h, static unsigned char bitmap)
```

```
{

//   x: X-position (left position of the bitmap).
//  y: Y-position (upper position of the bitmap).
//  cnt: Number of bytes of the bitmap in horizontal direction. The width of the bitmap is
cnt*8.
//  h: Height of the bitmap.
//  bitmap: Pointer to the start of the bitmap.

  u8g2.drawBox(x,y,cnt,h,bitmap);
 }
*/
void _Box(int x, int y, int w,int h)
{
  /*
   x: X-position (left position of the bitmap).
  y: Y-position (upper position of the bitmap).
  w: width of the bitmap.
  h: Height of the bitmap.
.
   */
  u8g2.drawBox(x,y,w,h);
 }
void _Circle(int x, int y, int r)
{
  /*
   x: X-position (left position of the bitmap).
  y: Y-position (upper position of the bitmap).
u8g2 : Pointer to the u8g2 structure (C interface only).
x0, y0: Position of the center of the circle.
rad: Defines the size of the circle: Radus = rad.
opt: Selects some or all sections of the circle.
    U8G2_DRAW_UPPER_RIGHT
    U8G2_DRAW_UPPER_LEFT
    U8G2_DRAW_LOWER_LEFT
    U8G2_DRAW_LOWER_RIGHT
    U8G2_DRAW_ALL
   */
  u8g2.drawCircle(x,y,r,U8G2_DRAW_ALL);
```

```
  }
void _Ellipse(int x, int y, int rx,int ry)
{
   /*
     x: X-position (left position of the bitmap).
   y: Y-position (upper position of the bitmap).
u8g2 : Pointer to the u8g2 structure (C interface only).
x0, y0: Position of the center of the filled circle.
rx, ry: Defines the size of the ellipse.
opt: Selects some or all sections of the circle.
      U8G2_DRAW_UPPER_RIGHT
      U8G2_DRAW_UPPER_LEFT
      U8G2_DRAW_LOWER_LEFT
      U8G2_DRAW_LOWER_RIGHT
      U8G2_DRAW_ALL
.
     */
   u8g2.drawEllipse(x,y,rx,ry,U8G2_DRAW_ALL);
  }
void _FilledEllipse(int x, int y, int rx,int ry)
{
   /*
     x: X-position (left position of the bitmap).
   y: Y-position (upper position of the bitmap).
u8g2 : Pointer to the u8g2 structure (C interface only).
x0, y0: Position of the center of the filled circle.
rx, ry: Defines the size of the ellipse.
opt: Selects some or all sections of the circle.
      U8G2_DRAW_UPPER_RIGHT
      U8G2_DRAW_UPPER_LEFT
      U8G2_DRAW_LOWER_LEFT
      U8G2_DRAW_LOWER_RIGHT
      U8G2_DRAW_ALL
     */
   u8g2.drawFilledEllipse(x,y,rx,ry,U8G2_DRAW_ALL);
}
void _Triangle(int x1, int y1, int x2, int y2,int x3, int y3)
{
   /*
```

```
    x: X-position (left position of the bitmap).
  y: Y-position (upper position of the bitmap).
    */
  u8g2.drawTriangle(x1,y1,x2,y2,x3,y3);
 }
void _HLine(int x, int y, int l)
{
  /*
    x: X-position (left position of the bitmap).
  y: Y-position (upper position of the bitmap).
    */
  u8g2.drawHLine(x,y,l);
 }
void _VLine(int x, int y, int l)
{
  /*
    x: X-position (left position of the bitmap).
  y: Y-position (upper position of the bitmap).
  l:ength of the vertical line.
    */
  u8g2.drawVLine(x,y,l);
 }
void _Line(int x1, int y1, int x2, int y2)
{
  /*
u8g2 : Pointer to the u8g2 structure (C interface only).
x0: X-position of the first point.
y0: Y-position of the first point.
x1: X-position of the second point.
y1: Y-position of the second point.
    */
  u8g2.drawLine(x1,y1,x2,y2);
 }


void _Point(int x, int y)
{
  /*
u8g2 : Pointer to the u8g2 structure (C interface only).
x0: X-position of the first point.
```

```
y0: Y-position of the first point.
x1: X-position of the second point.
y1: Y-position of the second point.

    */
   u8g2.drawPixel(x,y);
  }
void _setFont(const uint8_t *font_8x8)
{
    u8g2.setFont(font_8x8);
}
void _setFontDirection(int dir)
{
   /*
Description: The arguments defines the drawing direction of all strings or glyphs.
Argument    String Rotation Description
0 0 degree    Left to right
1 90 degree Top to down
2 180 degree    Right to left
3 270 degree    Down to top      */
    u8g2.setFontDirection(dir);
}
void _setFontMode(int is_transparent)
{
   //is_transparent: Enable (1) or disable (0) transparent mode.
    u8g2.setFontMode(is_transparent);
}
void _TPrint(int x, int y,    const char *ss)
{
   /*
u8g2 : Pointer to the u8g2 structure (C interface only).
x0: X-position of the first point.
y0: Y-position of the first point.
x1: X-position of the second point.
y1: Y-position of the second point.
    */
   u8g2.drawStr(x,y,ss);
  }
```

```
void _TextPrint(int x, int y,   const char *ss, const uint8_t *font_8x8)
{
  /*
u8g2 : Pointer to the u8g2 structure (C interface only).
x0: X-position of the first point.
y0: Y-position of the first point.
x1: X-position of the second point.
y1: Y-position of the second point.
    */
    u8g2.setFont(font_8x8);
   u8g2.drawStr(x,y,ss);
 }
void _UTF8Print(int x, int y,   const char *ss, const uint8_t *font_8x8)
{
  /*
u8g2 : Pointer to the u8g2 structure (C interface only).
x0: X-position of the first point.
y0: Y-position of the first point.
x1: X-position of the second point.
y1: Y-position of the second point.
ss: UTF-8 encoded text.
    */
    u8g2.setFont(font_8x8);
   u8g2.drawStr(x,y,ss);
 }
void _Print(const char *ss)
{
  /*


ss: UTF-8 encoded text.
    */
   u8g2.print(ss);
 }
```

程式下載：https://github.com/brucetsao/ ESP10Course

如下表所示，我們可以看到我們寫了下列函式來標準化 Oled 12832 顯示模組，可以看到這些函數的用途。

表 210 標準化 Oled 12832 顯示模組函式

```
void _update();     //更新螢幕
void _updateBuffer();     //一般畫圖，後面一定要用次函數
void _setI2CAddress(int adr);     //設定螢幕的 I2C 位址
void _initDisplay();     //begin()起始螢幕必用函數
void initOLED();     //啟動 OLED   顯示器
void _setCursor(int x, int y);     //設定目前游標
void _setDrawColor(int color);     //設定目前顏色
int _getWidth();     //取得螢幕寬度
int _getHeight();   //取得螢幕高度
int _getMaxCharWidth();   //取得目前字形最大寬度
int _getMaxCharHeight(); //取得目前字形最大高度
int _getCharWidth(); //取得目前字形寬度
int _getUTF8Width(); //取得目前 UTF8 寬度
void _clearDisplay();   //清除畫面
void _setContrast(int t);     //設定對比
void _clearOled(); //清除螢幕
void _clearBuffer();     //清除之前畫圖等記憶體
void _Box(int x, int y, int w,int h);   //畫方形
void _Circle(int x, int y, int r);     //畫圓形
void _Ellipse(int x, int y, int rx,int ry);     //畫橢圓形
void _FilledEllipse(int x, int y, int rx,int ry);     //畫填色橢圓形
void _Triangle(int x1, int y1, int x2, int y2,int x3, int y3);     //畫三角形
void _HLine(int x, int y, int l);   //畫水平線
void _VLine(int x, int y, int l);     //畫垂直線
void _Line(int x1, int y1, int x2, int y2);     //畫線
void _Point(int x, int y);   //畫點
void _setFont(const uint8_t *font_8x8);     //設定字形
void _setFontDirection(int dir);     //設定字形方向
void _setFontMode(int is_transparent);     //設定字形透明度
void _TPrint(int x, int y,   const char *ss);     // 指定位置輸出文字
void _TextPrint(int x, int y,   const char *ss, const uint8_t *font_8x8);     // 指定位置輸
出文字
void _UTF8Print(int x, int y,   const char *ss, const uint8_t *font_8x8);     // 指定位置輸
出 UTF8 文字
void _Print(const char *ss);     // 不指定位置輸出文字
//-------------
// all font document ref URL:https://github.com/olikraus/u8g2/wiki/u8g2reference
U8G2_SSD1306_128X32_UNIVISION_F_HW_I2C u8g2(U8G2_R0);
```

如下表所示，我們介紹如何使用主要的函式。

如下表所示，我們使用：initALL();來進行系統硬體/軟體初始化的整體動作。

表 211 啟動 OLED 12832 顯示模組

```
initALL();    //系統硬體/軟體初始化
```

如下表所示，我們使用：initOLED();來啟動 OLED 12832 顯示模組。

表 212 啟動 OLED 12832 顯示模組

```
initOLED();  //啟動 OLED 12832 顯示模組
```

如下表所示，我們使用：_clearBuffer();來清除之前畫圖等記憶體。

表 213 清除之前畫圖等記憶體

```
  _clearBuffer();                    //清除之前畫圖等記憶體
```

如下表所示，我們使用：_setFont(u8g2_font_logisoso16_tf);來設定字形，預設字型為『u8g2_font_logisoso16_tf』。

表 214 設定字形

```
 _setFont(u8g2_font_logisoso16_tf);  //設定字形
```

如下表所示，我們使用：_TPrint(8, 29, "Hi Bruce");來指定位置輸出文字，在 X=8，Y=29 位置，輸出文字為『Hi Bruce』。

表 215 指定位置輸出文字

```
 _TPrint(8, 29, "Hi Bruce");           // 指定位置輸出文字
```

如下表所示，我們使用：_updateBuffer();來更新圖型記憶體內容到畫面，由於系統與函式考量顯示速度問題，在使用：_updateBuffer();之後才會更新圖型記憶體內容到畫面。

表 216 更新圖型記憶體內容到畫面

```
_updateBuffer();                    //更新圖型記憶體內容到畫面
```

如下圖所示，我們可以使用 OLED 12832 顯示『Hi Bruce』。

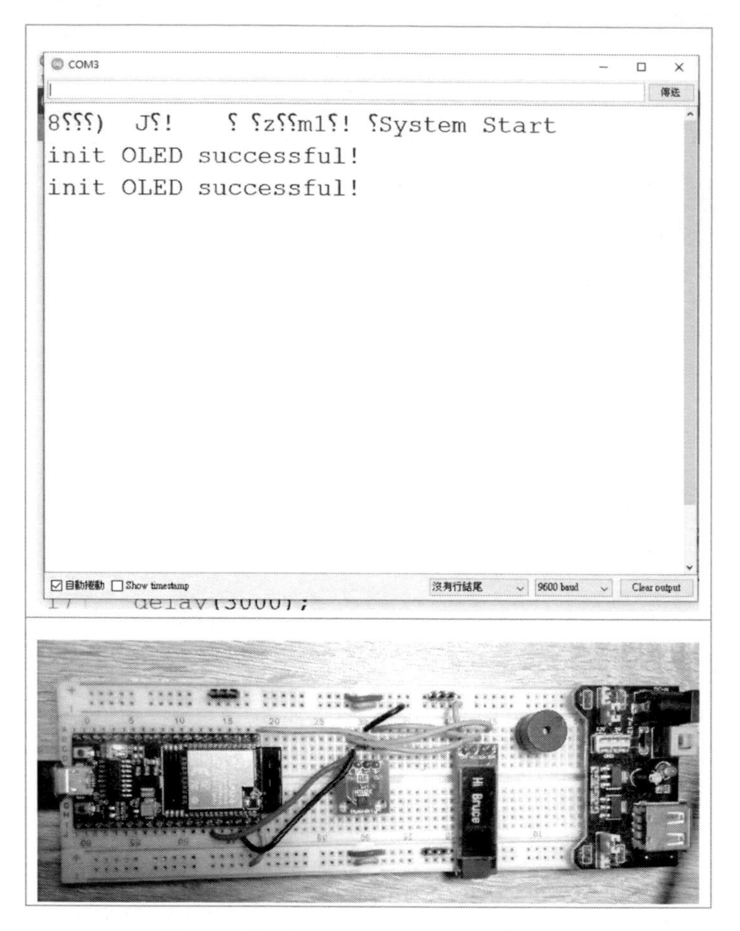

圖 345 使用 OLED 12832 顯示『Hi Bruce』

如何使用 OLED 12832 顯示器顯示溫濕度

接下來我們要現行介紹如何使用 OLED 12832 顯示器顯示溫溼度，我們遵照前幾章所述，將 ESP 32 開發板的驅動程式安裝好之後，我們打開 ESP 32 開發板的開發工具：Sketch IDE 整合開發軟體(安裝 Arduino 開發環境，請參考本文之『Arduino 開發 IDE 安裝』，安裝 ESP 32 開發板 SDK 請參考『ESP32 程式設計(基礎篇):ESP32 IOT Programming (Basic Concept & Tricks)』之『安裝 ESP32 Arduino 整合開發環境』

(曹永忠, 2020a, 2020d))，攥寫一段程式，如下表所示之使用 OLED 12832 顯示器顯示溫溼度程式，我們就可以透過 OLED 12832 顯示器來顯示溫溼度資料。

表 217 使用 OLED 12832 顯示器顯示溫溼度

使用 OLED 12832 顯示器顯示溫溼度(ESP32_usingoled_128)

```
#include "OledLib.h"   // Oled LCD 12832
#include "HTU21DLib.h"   //  溫溼度專用模組


void setup()
{
    initALL() ; //系統硬體/軟體初始化

    _clearBuffer();     //清除之前畫圖等記憶體
    _setFont(u8g2_font_logisoso16_tf);  //設定字形

}

void loop()
{

    float temp = ReadTemperature(); //讀取 HTU21D  溫溼度感測器之溫度
    float rel_hum = ReadHumidity(); //讀取 HTU21D  溫溼度感測器之溼度
    Serial.print("Temp: ");                  //印出  "Temp: "
    Serial.print(temp);                      //印出  temp 變數內容
    Serial.print(" C");                      //印出  " C"
    Serial.print("\t\t");                    //印出  "\t\t"
    Serial.print("Humidity: ");              //印出  "Humidity: "
    Serial.print(rel_hum);                   //印出  rel_hum 變數內容
    Serial.println(" \%");                   //印出  " \%"
    _clearOled(); //清除螢幕
    printTemperatureonOled(temp) ;
    printHumidityonOled(rel_hum) ;
    _updateBuffer();
    delay(2000);          //延遲 2 秒鐘
}

void initALL()   //系統硬體/軟體初始化
```

```
{
    Serial.begin(9600);     //通訊控制埠 初始化，並設為 9600 bps
    Serial.println("System Start"); //印出 "System Start"
    initHTU21D();     //啟動 HTU21D 溫溼度感測器
    initOLED();     //啟動 OLED 12832 顯示模組
}
```

程式下載：https://github.com/brucetsao/ ESP10Course

表 218 使用 OLED 12832 顯示器顯示溫溼度

使用 OLED 12832 顯示器顯示溫溼度(OledLib.h)

```
#include <Arduino.h>
#include <U8g2lib.h>
#include <SPI.h>
#include <Wire.h>
//https://www.arduinolibraries.info/libraries/u8g2
//--------------------
void _update();     //更新螢幕
void _updateBuffer();     //一般畫圖，後面一定要用次函數
void _setI2CAddress(int adr);     //設定螢幕的 I2C 位址
void _initDisplay();     //begin()起始螢幕必用函數
void initOLED();     //啟動 OLED   顯示器
void _setCursor(int x, int y);     //設定目前游標
void _setDrawColor(int color);     //設定目前顏色
int _getWidth();     //取得螢幕寬度
int _getHeight();  //取得螢幕高度
int _getMaxCharWidth();  //取得目前字形最大寬度
int _getMaxCharHeight(); //取得目前字形最大高度
int _getCharWidth(); //取得目前字形寬度
int _getUTF8Width(); //取得目前 UTF8 寬度
void _clearDisplay();  //清除畫面
void _setContrast(int t);     //設定對比
void _clearOled(); //清除螢幕
void _clearBuffer();     //清除之前畫圖等記憶體
void _Box(int x, int y, int w,int h);  //畫方形
void _Circle(int x, int y, int r);     //畫圓形
void _Ellipse(int x, int y, int rx,int ry);     //畫橢圓形
void _FilledEllipse(int x, int y, int rx,int ry);     //畫填色橢圓形
```

```
void _Triangle(int x1, int y1, int x2, int y2,int x3, int y3);     //畫三角形
void _HLine(int x, int y, int l);   //畫水平線
void _VLine(int x, int y, int l);       //畫垂直線
void _Line(int x1, int y1, int x2, int y2);       //畫線
void _Point(int x, int y);    //畫點
void _setFont(const uint8_t *font_8x8);       //設定字形
void _setFontDirection(int dir);        //設定字形方向
void _setFontMode(int is_transparent);     //設定字形透明度
void _TPrint(int x, int y,   const char *ss);     // 指定位置輸出文字
void _TextPrint(int x, int y,   const char *ss, const uint8_t *font_8x8);     // 指定位置輸出文字
void _UTF8Print(int x, int y,   const char *ss, const uint8_t *font_8x8);     // 指定位置輸出 UTF8 文字
void _Print(const char *ss);    // 不指定位置輸出文字
//--------------
// all font document ref URL:https://github.com/olikraus/u8g2/wiki/u8g2reference
U8G2_SSD1306_128X32_UNIVISION_F_HW_I2C u8g2(U8G2_R0);
void _update()
{
  u8g2.updateDisplay();
}
void _updateBuffer()
{
  u8g2.sendBuffer();
}
void _setI2CAddress(int adr)
{
  u8g2.setI2CAddress(adr);
}
void _initDisplay()
{
  u8g2.initDisplay();
}
void initOLED()    //啟動 OLED   顯示器
{
    if (!u8g2.begin())    //如果  OLED   顯示器沒有啟動成功
    {
      Serial.println("Couldn't find OLED!");      //印出  "Couldn't find sensor!"
      //找不到  OLED   顯示器
```

```
        while (1);   //永遠死在這
      }
      Serial.println("init OLED successful!");
    // _initDisplay() ;
}
void _setCursor(int x, int y)
{
    u8g2.setCursor(x,y);
}
void _setDrawColor(int color)
{
/*
Font Mode   Draw Color   Glyph Foreground Color   Glyph Background Color
0: solid   0 0 1
0: solid   1 1 0
0: solid   2 XOR 0
1: transparent   0 0 -
1: transparent   1 1 -
1: transparent   2 XOR -
 */

    u8g2.setDrawColor(color);
}

int _getWidth()
{
    return u8g2.getDisplayWidth();
}
int _getHeight()
{
    return u8g2.getDisplayHeight();
}
int _getMaxCharWidth()
{
    return u8g2.getMaxCharWidth();
}
int _getMaxCharHeight()
{
    return u8g2.getMaxCharHeight();
```

```
}
int _getCharWidth()
{
    return u8g2.getStrWidth(" ");
}

int _getUTF8Width()
{
    return u8g2.getUTF8Width(" ");
}
void _clearDisplay()
{
   u8g2.clearDisplay();
   u8g2.sendBuffer();                  // transfer internal memory to the display
}
void _setContrast(int t)
{

   u8g2.setContrast(t);                 // transfer internal memory to the display
}
void _clearOled()
{
   u8g2.clear();
   u8g2.sendBuffer();                  // transfer internal memory to the display
}

void _clearBuffer()
{
   u8g2.clearBuffer();
   u8g2.sendBuffer();    // Use sendBuffer to transfer the cleared frame buffer to the dis-
play.
  }

/*
void drawBitMap(int x, int y, int cnt,int h, static unsigned char bitmap)
{

//     x: X-position (left position of the bitmap).
//   y: Y-position (upper position of the bitmap).
```

```
//   cnt: Number of bytes of the bitmap in horizontal direction. The width of the bitmap is
cnt*8.
//   h: Height of the bitmap.
//   bitmap: Pointer to the start of the bitmap.

    u8g2.drawBox(x,y,cnt,h,bitmap);
  }
*/
void _Box(int x, int y, int w,int h)
{
   /*
     x: X-position (left position of the bitmap).
    y: Y-position (upper position of the bitmap).
    w: width of the bitmap.
    h: Height of the bitmap.
.
     */
    u8g2.drawBox(x,y,w,h);
  }
void _Circle(int x, int y, int r)
{
   /*
     x: X-position (left position of the bitmap).
    y: Y-position (upper position of the bitmap).
u8g2 : Pointer to the u8g2 structure (C interface only).
x0, y0: Position of the center of the circle.
rad: Defines the size of the circle: Radus = rad.
opt: Selects some or all sections of the circle.
       U8G2_DRAW_UPPER_RIGHT
       U8G2_DRAW_UPPER_LEFT
       U8G2_DRAW_LOWER_LEFT
       U8G2_DRAW_LOWER_RIGHT
       U8G2_DRAW_ALL
.
     */
    u8g2.drawCircle(x,y,r,U8G2_DRAW_ALL);
  }

void _Ellipse(int x, int y, int rx,int ry)
```

```
{
  /*
    x: X-position (left position of the bitmap).
   y: Y-position (upper position of the bitmap).
u8g2 : Pointer to the u8g2 structure (C interface only).
x0, y0: Position of the center of the filled circle.
rx, ry: Defines the size of the ellipse.
opt: Selects some or all sections of the circle.
      U8G2_DRAW_UPPER_RIGHT
      U8G2_DRAW_UPPER_LEFT
      U8G2_DRAW_LOWER_LEFT
      U8G2_DRAW_LOWER_RIGHT
      U8G2_DRAW_ALL
.
    */
   u8g2.drawEllipse(x,y,rx,ry,U8G2_DRAW_ALL);
 }

void _FilledEllipse(int x, int y, int rx,int ry)
{
  /*
    x: X-position (left position of the bitmap).
   y: Y-position (upper position of the bitmap).
u8g2 : Pointer to the u8g2 structure (C interface only).
x0, y0: Position of the center of the filled circle.
rx, ry: Defines the size of the ellipse.
opt: Selects some or all sections of the circle.
      U8G2_DRAW_UPPER_RIGHT
      U8G2_DRAW_UPPER_LEFT
      U8G2_DRAW_LOWER_LEFT
      U8G2_DRAW_LOWER_RIGHT
      U8G2_DRAW_ALL
.
    */
   u8g2.drawFilledEllipse(x,y,rx,ry,U8G2_DRAW_ALL);
}
void _Triangle(int x1, int y1, int x2, int y2,int x3, int y3)
{
  /*
```

```
    x: X-position (left position of the bitmap).
  y: Y-position (upper position of the bitmap).

    */
  u8g2.drawTriangle(x1,y1,x2,y2,x3,y3);
 }
void _HLine(int x, int y, int l)
{
  /*
    x: X-position (left position of the bitmap).
  y: Y-position (upper position of the bitmap).

    */
  u8g2.drawHLine(x,y,l);
 }
void _VLine(int x, int y, int l)
{
  /*
    x: X-position (left position of the bitmap).
  y: Y-position (upper position of the bitmap).
  l:ength of the vertical line.
    */
  u8g2.drawVLine(x,y,l);
 }
void _Line(int x1, int y1, int x2, int y2)
{
  /*
u8g2 : Pointer to the u8g2 structure (C interface only).
x0: X-position of the first point.
y0: Y-position of the first point.
x1: X-position of the second point.
y1: Y-position of the second point.

    */
  u8g2.drawLine(x1,y1,x2,y2);
 }

void _Point(int x, int y)
{
```

```
  /*
u8g2 : Pointer to the u8g2 structure (C interface only).
x0: X-position of the first point.
y0: Y-position of the first point.
x1: X-position of the second point.
y1: Y-position of the second point.

    */
   u8g2.drawPixel(x,y);
 }
void _setFont(const uint8_t *font_8x8)
{
    u8g2.setFont(font_8x8);
}
void _setFontDirection(int dir)
{
  /*
Description: The arguments defines the drawing direction of all strings or glyphs.
Argument    String Rotation Description
0 0 degree    Left to right
1 90 degree Top to down
2 180 degree    Right to left
3 270 degree    Down to top      */
    u8g2.setFontDirection(dir);
}
void _setFontMode(int is_transparent)
{
  //is_transparent: Enable (1) or disable (0) transparent mode.
    u8g2.setFontMode(is_transparent);
}

void _TPrint(int x, int y,    const char *ss)
{
  /*
u8g2 : Pointer to the u8g2 structure (C interface only).
x0: X-position of the first point.
y0: Y-position of the first point.
x1: X-position of the second point.
y1: Y-position of the second point.
```

```
    */
   u8g2.drawStr(x,y,ss);
  }

void _TextPrint(int x, int y,    const char *ss, const uint8_t *font_8x8)
{
   /*
u8g2 : Pointer to the u8g2 structure (C interface only).
x0: X-position of the first point.
y0: Y-position of the first point.
x1: X-position of the second point.
y1: Y-position of the second point.

    */
    u8g2.setFont(font_8x8);
   u8g2.drawStr(x,y,ss);
  }
void _UTF8Print(int x, int y,    const char *ss, const uint8_t *font_8x8)
{
   /*
u8g2 : Pointer to the u8g2 structure (C interface only).
x0: X-position of the first point.
y0: Y-position of the first point.
x1: X-position of the second point.
y1: Y-position of the second point.
ss: UTF-8 encoded text.
    */
    u8g2.setFont(font_8x8);
   u8g2.drawStr(x,y,ss);
  }
void _Print(const char *ss)
{
   /*

ss: UTF-8 encoded text.
    */
   u8g2.print(ss);
  }
```

表 219 使用 OLED 12832 顯示器顯示溫溼度

使用 OLED 12832 顯示器顯示溫溼度(HTU21DLib.h)

```
/***************************************************
  This is an example for the HTU21D-F Humidity & Temp Sensor

  Designed specifically to work with the HTU21D-F sensor from Adafruit
  ----> https://www.adafruit.com/products/1899
  These displays use I2C to communicate, 2 pins are required to
  interface
 ****************************************************/
#include <Wire.h>      //I2C 基礎通訊函式庫
#include "Adafruit_HTU21DF.h"      // HTU21D 溫溼度感測器函式庫
// Connect Vin to 3-5VDC
// Connect GND to ground
// Connect SCL to I2C clock pin (A5 on UNO)
// Connect SDA to I2C data pin (A4 on UNO)
char tmpvalue[100] ;
Adafruit_HTU21DF htu = Adafruit_HTU21DF();   //產生 HTU21D 溫溼度感測器運
作物件
 //產生 HTU21D 溫溼度感測器運作物件
void initHTU21D()     //啟動 HTU21D 溫溼度感測器
{
    if (!htu.begin())     //如果 HTU21D 溫溼度感測器沒有啟動成功
    {
      Serial.println("Couldn't find sensor!");       //印出 "Couldn't find sensor!"
      //找不到 HTU21D 溫溼度感測器
      while (1);   //永遠死在這
    }
}
float ReadTemperature() //讀取 HTU21D 溫溼度感測器之溫度
{
    return htu.readTemperature();     //回傳溫溼度感測器之溫度
}
float ReadHumidity() //讀取 HTU21D 溫溼度感測器之溼度
{
```

```
    return htu.readHumidity();   //回傳溫溼度感測器之溼度
}
void printTemperatureonOled(float t) //讀取 HTU21D 溫溼度感測器之溫度
{
        sprintf(tmpvalue,"%5.1f",t) ;
        Serial.print("Data:");
        Serial.print(tmpvalue);
        Serial.print("\n");

        _TPrint(1,15,"Temp:");
        _TPrint(50,15,tmpvalue);
        _TPrint(100,15,".C");
}

void printHumidityonOled(float h) //讀取 HTU21D 溫溼度感測器之溫度
{
        sprintf(tmpvalue,"%5.1f",h) ;
        Serial.print("Data:");
        Serial.print(tmpvalue);
        Serial.print("\n");

        _TPrint(1,31,"Humid:");
        _TPrint(60,31,tmpvalue);
        _TPrint(110,31,"%");
}
```

程式下載：https://github.com/brucetsao/ ESP10Course

如下表所示，我們介紹如何使用主要的函式。

如下表所示，我們使用：initALL();來進行系統硬體/軟體初始化的整體動作。

表 220 系統硬體/軟體初始化

```
initALL();    //系統硬體/軟體初始化
```

如下表所示，我們使用：initOLED();來啟動 OLED 12832 顯示模組。

表 221 啟動 OLED 12832 顯示模組

```
initOLED();   //啟動 OLED 12832 顯示模組
```

如下表所示，我們使用：initHTU21D();來啟動 HTU21D 溫溼度感測器。

表 222 啟動 HTU21D 溫溼度感測器

```
initHTU21D();     //啟動 HTU21D 溫溼度感測器
```

如下表所示，我們使用：_clearBuffer();來清除之前畫圖等記憶體。

表 223 清除之前畫圖等記憶體

```
  _clearBuffer();                          //清除之前畫圖等記憶體
```

如下表所示，我們使用：_setFont(u8g2_font_logisoso16_tf);來設定字形，預設字型為『u8g2_font_logisoso16_tf』。

表 224 設定字形

```
_setFont(u8g2_font_logisoso16_tf);   //設定字形
```

如下表所示，我們使用：ReadTemperature();來讀取 HTU21D 溫溼度感測器之溫度，並且使用『temp』來儲存溫度。

表 225 讀取 HTU21D 溫溼度感測器之溫度

```
  float temp = ReadTemperature(); //讀取 HTU21D 溫溼度感測器之溫度
```

如下表所示，我們使用：ReadHumidity();來讀取 HTU21D 溫溼度感測器之溼度，並且使用『rel_hum』來儲存溼度。

表 226 讀取 HTU21D 溫溼度感測器之溼度

```
float rel_hum = ReadHumidity(); //讀取 HTU21D 溫溼度感測器之溼度
```

如下表所示，我們使用：printTemperatureonOled(temp) ;來列印溫度到 Oled 12832 顯示模組，並且使用『temp』來傳送溫度內容到函數內。

表 227 列印溫度到 Oled 12832 顯示模組

```
printTemperatureonOled(temp) ;   //列印溫度到 Oled 12832 顯示模組
```

如下表所示，我們使用：printHumidityonOled(rel_hum) ;來列印濕度到 Oled 12832 顯示模組，並且使用『rel_hum』來傳送濕度內容到函數內。

表 228 列印濕度到 Oled 12832 顯示模組

```
printHumidityonOled(rel_hum) ;     //列印濕度到 Oled 12832 顯示模組
```

如下表所示，我們使用：_updateBuffer();來更新圖型記憶體內容到畫面，由於系統與函式考量顯示速度問題，在使用：_updateBuffer();之後才會更新圖型記憶體內容到畫面。

表 229 更新圖型記憶體內容到畫面

```
_updateBuffer();      //更新圖型記憶體內容到畫面
```

如下圖所示，我們可以使用 OLED 12832 顯示溫濕度感測資料。

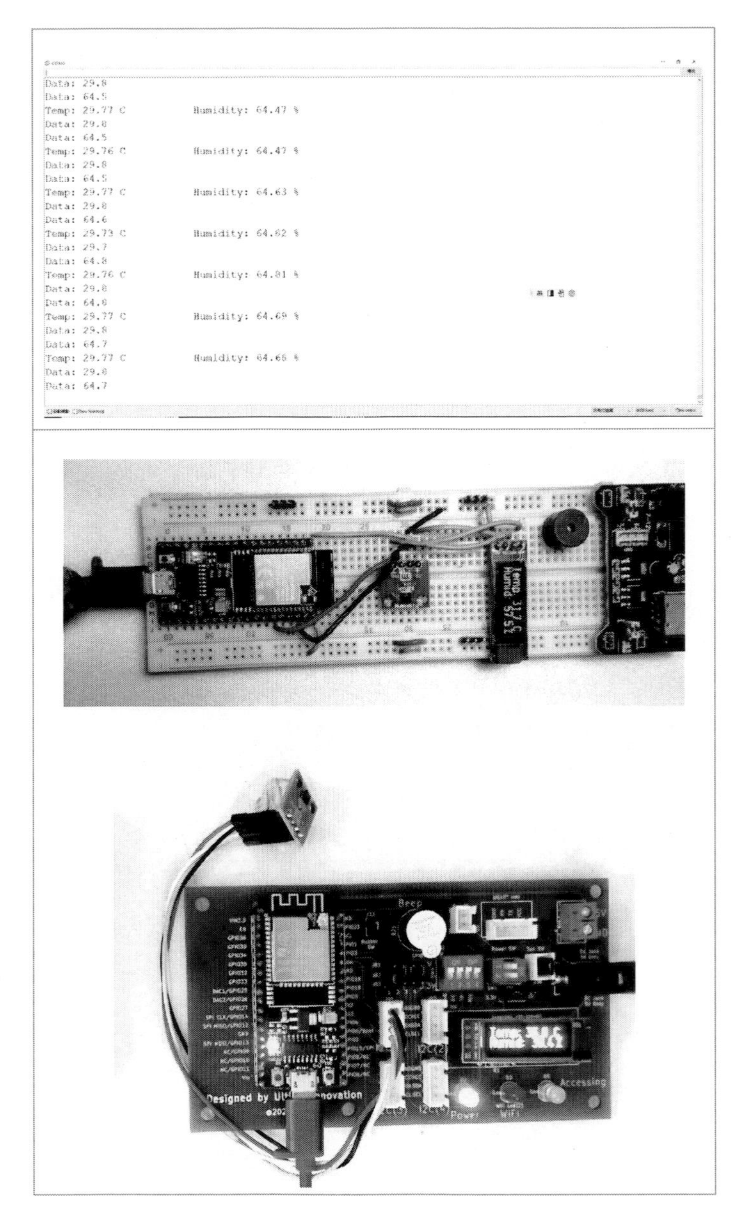

圖 346 使用 OLED 12832 顯示溫濕度資料

將溫溼度感測值透過資料代理人傳送到雲端平台

由於上面敘述，我們教導讀者自行建立一個雲端平台，用 XAMPP 建立一個雲端平台，其測試程式也是透過區域網路進行測試，透過：http://localhost:8888/nuk/dh

tdata/dhDatatadd.php?MAC=AABBCCDDEEFF&T=34&H=34 的 http GET 的語法來進行傳輸，然而物聯網本身就是活耀於網際網路之上的系統，所以筆者在網際網路上架設一個網站，並設定一個網域名稱給這一台主機。

所以筆者在網際網路上，架設一台網域名稱的主機，為 nuk.arduino.org.tw 之雲端主機，通訊埠設為 8888，所以正是網域名稱為：『http://nuk.arduino.org.tw:8888/』，如下圖所示，往後所有範例與教學，都以這一台雲端主機為主。

圖 347 筆者網際網路雲端主機之主頁畫面

使用瀏覽器進行 dhDatatadd.php 程式測試

之前筆者已經在雲端上寫了 dhDatatadd.php 之資料代理人程式(DB Agent)，送上網站，請讀者根據自己設計的資料庫方式與對應路徑，自行更改正確路徑與檔名，傳送到讀者本身的伺服器資料路徑。

接下來，由於本書使用上圖所示之『http://nuk.arduino.org.tw:8888/』雲端主機為主，所以之前使用之『http://localhost:8888/nuk/dhtdata/dhDatatadd.php?MAC=AABBCCDDEEFF&T=34&H=34』，由於變成網際網路之雲端主機，所以改用『http://nuk.ardui

no.org.tw:8888/dhtdata/dhDatatadd.php?MAC=AABBCCDDEEFF&T=34&H=34』雲端資料代理人(DB Agent)。

如下圖所示，我們可看到資料代理人(DB Agent)程式，成功上傳資料的畫面。

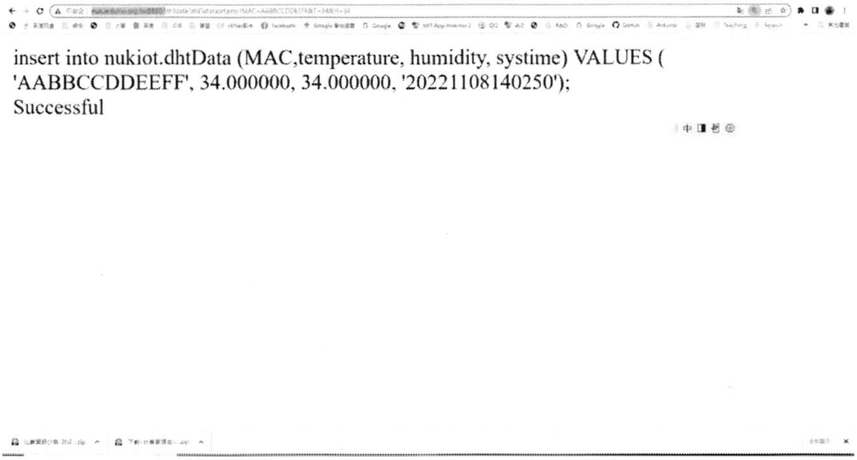

insert into nukiot.dhtData (MAC,temperature, humidity, systime) VALUES (
'AABBCCDDEEFF', 34.000000, 34.000000, '20221108140250');
Successful

圖 348 雲端主機之

如下表所示，所示可以在瀏覽器中，看到資料代理人(DB Agent)程式回應的訊息。

表 230 資料代理人(DB Agent)程式回應的訊息

```
insert into nukiot.dhtData (MAC,temperature, humidity, systime) VALUES
( 'AABBCCDDEEFF', 34.000000, 34.000000, '20221108140250');
Successful
```

如下表所示，我們透過 PhpMyAdmin 資料庫管理程式，使用下面 SQL 語法，執行這些 SQL 語法。

表 231 查看 dhtdata 最後插入資料的 SQL 語法

```
SELECT * FROM `dhtData` WHERE 1 order by id desc
```

如下圖所示，我們透過 PhpMyAdmin 資料庫管理程式，執行上表所示之這些 SQL 語法，我們可以在瀏覽器中，可以看到 dhtdata 最後插入資料代理人(DB Agent)程式插入的資料。

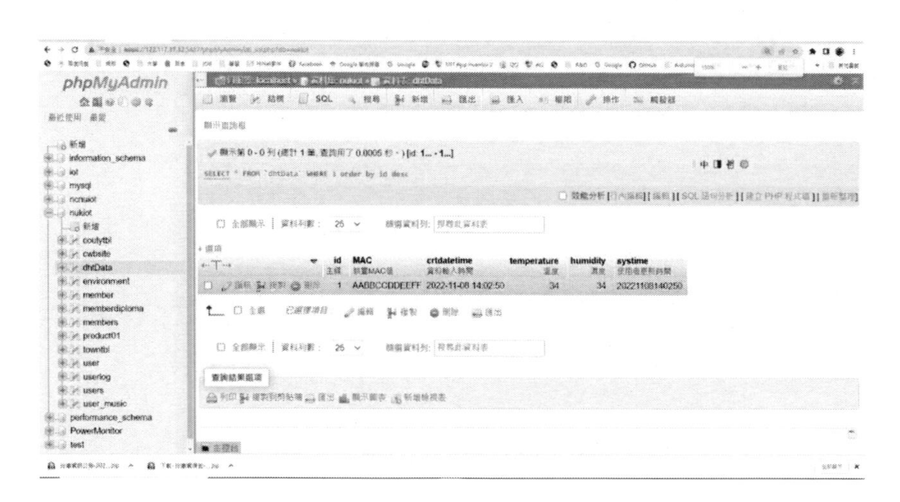

圖 349 成功上傳資料的畫面

上傳溫溼度資料到雲端資料庫

我們已經使用 HTU21D 溫溼度模組，來取得溫溼度的資料，再來我們可以將取得的溫溼度上傳到我們開發的雲端伺服器之 Apache 網頁伺服器，透過原有的 php 之 http GET 資料代理人程式(DB Agent)，將感測資料送到雲端伺服器之 mySQL 資料庫。

我我們遵照前幾章所述，將 ESP 32 開發板的驅動程式安裝好之後，我們打開 ESP 32 開發板的開發工具：Sketch IDE 整合開發軟體(安裝 Arduino 開發環境，請參考『ESP32 程式設計(基礎篇):ESP32 IOT Programming (Basic Concept & Tricks)』之『Arduino 開發 IDE 安裝』(曹永忠, 2020a, 2020d)，安裝 ESP 32 開發板 SDK 請參考『ESP32 程式設計(基礎篇):ESP32 IOT Programming (Basic Concept & Tricks)』之『安

裝 ESP32 Arduino 整合開發環境』(曹永忠, 2020a, 2020d))，，攥寫一段程式，如下表所示之監控顯示溫溼度程式，我們就可以讀取溫溼度資料。

表 232 上傳溫溼度資料到雲端伺服器之資料庫程式

上傳溫溼度資料到雲端伺服器之資料庫程式(HTU21DF_2Cluding_ESP32)

```
#include "initPins.h"     //系統初始化
#include "OledLib.h"    // Oled LCD 12832
#include "HTU21DLib.h"    //  溫溼度專用模組
#include "clouding.h"     //雲端模組
void setup()
{
      initAll(); //系統硬體/軟體初始化
      initDevice() ;       //系統周邊/感測器  初始化
    _clearBuffer();     //清除之前畫圖等記憶體
    _setFont(u8g2_font_logisoso16_tf);   //設定字形

//----------- activate wifi
      initWiFi() ;  //網路連線，連上熱點
      ShowInternet() ;  //秀出網路連線資訊
}
void loop()
{

      Tvalue = ReadTemperature(); //讀取 HTU21D  溫溼度感測器之溫度
      Hvalue = ReadHumidity(); //讀取 HTU21D  溫溼度感測器之溼度
      Serial.print("Temp: ");                            //印出  "Temp: "
      Serial.print(Tvalue);                                 //印出  temp 變數內容
      Serial.print(" C");                                //印出  " C"
      Serial.print("\t\t");                            //印出  "\t\t"
      Serial.print("Humidity: ");                   //印出  "Humidity: "
      Serial.print(Hvalue);                              //印出  rel_hum 變數內容
      Serial.println(" \%");                             //印出  " \%"
      _clearOled(); //清除螢幕
      printTemperatureonOled(Tvalue) ;
      printHumidityonOled(Hvalue) ;
      _updateBuffer();       //更新 oled 畫面
      SendtoClouding() ;        //傳送感測資料到雲端
      delay(10000);          //延遲 2 秒鐘
```

```
}
void initDevice()   //系統硬體/軟體初始化
{
    initHTU21D();    //啟動 HTU21D 溫溼度感測器
    initOLED();    //啟動 OLED 12832 顯示模組
}
```

程式下載：https://github.com/brucetsao/ ESP10Course

表 233 上傳溫溼度資料到雲端伺服器之資料庫程式

上傳溫溼度資料到雲端伺服器之資料庫程式(initPins.h)

```
//-------wifi declare
#include <String.h>
#include <WiFi.h>   //使用網路函式庫
#include <WiFiClient.h>   //使用網路用戶端函式庫
#include <WiFiMulti.h>   //多熱點網路函式庫
WiFiMulti wifiMulti;   //產生多熱點連線物件
 WiFiClient client;
  IPAddress ip ;    //網路卡取得 IP 位址之原始型態之儲存變數
  String IPData ;   //網路卡取得 IP 位址之儲存變數
  String APname ;   //網路熱點之儲存變數
  String MacData ;   //網路卡取得網路卡編號之儲存變數
  long rssi ;   //網路連線之訊號強度'之儲存變數
  int status = WL_IDLE_STATUS;  //取得網路狀態之變數
 String IpAddress2String(const IPAddress& ipAddress) ;  //轉換 ipaddress 變數形態到字
串型態
String GetMacAddress() ;   //取得網路卡編號
void ShowInternet() ;  //秀出網路連線資訊
void initAll()   //初始化系統
{
  Serial.begin(9600);
  //啟動通訊埠，用 9600 bps 速率進行通訊
  Serial.println();
   //通訊埠印出  換行


     Serial.println("System Start"); //印出 "System Start"
   //通訊埠印出 "System Start"
   //---------------------------------------
}
```

```
void initWiFi()      //網路連線，連上熱點
{
  MacData = GetMacAddress(); //取得 mac address
  //加入連線熱點資料
  wifiMulti.addAP("NCNUIOT", "12345678");   //加入一組熱點
  wifiMulti.addAP("NUKIOT", "iot12345");   //加入一組熱點
  // We start by connecting to a WiFi network
  Serial.println();
  Serial.println();
  Serial.print("Connecting to ");
  //通訊埠印出 "Connecting to "
  wifiMulti.run();   //多網路熱點設定連線
 while (WiFi.status() != WL_CONNECTED)        //還沒連線成功
  {
    // wifiMulti.run() 啟動多熱點連線物件，進行已經紀錄的熱點進行連線，
    // 一個一個連線，連到成功為主，或者是全部連不上
    // WL_CONNECTED 連接熱點成功
    Serial.print(".");     //通訊埠印出
    delay(500) ;   //停 500 ms
      wifiMulti.run();     //多網路熱點設定連線
  }
    Serial.println("WiFi connected");     //通訊埠印出 WiFi connected
    Serial.print("AP Name: ");     //通訊埠印出 AP Name:
    APname = WiFi.SSID();
    Serial.println(APname);     //通訊埠印出 WiFi.SSID()==>從熱點名稱
    Serial.print("IP address: ");     //通訊埠印出 IP address:
    ip = WiFi.localIP();
    IPData = IpAddress2String(ip) ;
    Serial.println(IPData);     //通訊埠印出 WiFi.localIP()==>從熱點取得 IP 位址
    //通訊埠印出連接熱點取得的 IP 位址
    ShowInternet() ;   //秀出網路連線資訊
}
void ShowInternet()     //秀出網路連線資訊
{
  Serial.print("MAC:") ;
  Serial.print(MacData) ;
  Serial.print("\n") ;
  Serial.print("SSID:") ;
  Serial.print(APname) ;
```

```
    Serial.print("\n") ;
    Serial.print("IP:") ;
    Serial.print(IPData) ;
    Serial.print("\n") ;
}
//----------Common Lib
long POW(long num, int expo)
{
    long tmp =1 ;
    if (expo > 0)
    {
            for(int i = 0 ; i< expo ; i++)
              tmp = tmp * num ;
             return tmp ;
    }
    else
    {
     return tmp ;
    }
}
String SPACE(int sp)
{
      String tmp = "" ;
      for (int i = 0 ; i < sp; i++)
          {
              tmp.concat(' ')    ;
          }
      return tmp ;
}
String strzero(long num, int len, int base)
{
    String retstring = String("");
    int ln = 1 ;
      int i = 0 ;
      char tmp[10] ;
      long tmpnum = num ;
      int tmpchr = 0 ;
      char hexcode[]={'0','1','2','3','4','5','6','7','8','9','A','B','C','D','E','F'} ;
      while (ln <= len)
```

```
    {
            tmpchr = (int)(tmpnum % base) ;
            tmp[ln-1] = hexcode[tmpchr] ;
            ln++ ;
             tmpnum = (long)(tmpnum/base) ;
    }
    for (i = len-1; i >= 0 ; i --)
        {
              retstring.concat(tmp[i]);
        }

  return retstring;
}
unsigned long unstrzero(String hexstr, int base)
{
  String chkstring    ;
  int len = hexstr.length() ;

    unsigned int i = 0 ;
    unsigned int tmp = 0 ;
    unsigned int tmp1 = 0 ;
    unsigned long tmpnum = 0 ;
    String hexcode = String("0123456789ABCDEF") ;
    for (i = 0 ; i < (len ) ; i++)
    {
  //        chkstring= hexstr.substring(i,i) ;
        hexstr.toUpperCase() ;
                tmp = hexstr.charAt(i) ;      // give i th char and return this char
                tmp1 = hexcode.indexOf(tmp) ;
        tmpnum = tmpnum + tmp1* POW(base,(len -i -1) )    ;
    }
  return tmpnum;
}
String    print2HEX(int number) {
  String ttt ;
  if (number >= 0 && number < 16)
  {
    ttt = String("0") + String(number,HEX);
  }
```

```
    else
    {
            ttt = String(number,HEX);
    }
    return ttt ;
}
String GetMacAddress()        //取得網路卡編號
{
    // the MAC address of your WiFi shield
    String Tmp = "" ;
    byte mac[6];
    // print your MAC address:
    WiFi.macAddress(mac);
    for (int i=0; i<6; i++)
        {
                Tmp.concat(print2HEX(mac[i])) ;
        }
        Tmp.toUpperCase() ;
    return Tmp ;
}
void ShowMAC()    //於串列埠印出網路卡號碼
{
    Serial.print("MAC Address:(");    //印出 "MAC Address:("
    Serial.print(MacData) ;       //印出 MacData 變數內容
    Serial.print(")\n");        //印出 ")\n"
}
String IpAddress2String(const IPAddress& ipAddress)      //轉換 ipaddress 變數形態到字
串型態
{
    //回傳 ipAddress[0-3]的內容，以 16 進位回傳
    return String(ipAddress[0]) + String(".") +\
    String(ipAddress[1]) + String(".") +\
    String(ipAddress[2]) + String(".") +\
    String(ipAddress[3])    ;
}
String chrtoString(char *p)
{
        String tmp ;
        char c ;
```

```
    int count = 0 ;
    while (count <100)
    {
        c= *p ;
        if (c != 0x00)
            {
              tmp.concat(String(c)) ;
            }
            else
            {
                return tmp ;
            }
          count++ ;
          p++;

    }
}
void CopyString2Char(String ss, char *p)
{
            //   sprintf(p,"%s",ss) ;
  if (ss.length() <=0)
        {
              *p =    0x00 ;
            return ;
        }
    ss.toCharArray(p, ss.length()+1) ;
   // *(p+ss.length()+1) = 0x00 ;
}
boolean CharCompare(char *p, char *q)
  {
        boolean flag = false ;
        int count = 0 ;
        int nomatch = 0 ;
        while (flag <100)
        {
            if (*(p+count) == 0x00 or *(q+count) == 0x00)
              break ;
            if (*(p+count) != *(q+count) )
                {
```

```
                    nomatch ++ ;
                }
            count++ ;
        }
      if (nomatch >0)
        {
          return false ;
        }
        else
        {
          return true ;
        }
  }
String Double2Str(double dd,int decn)
{
      int a1 = (int)dd ;
      int a3 ;
      if (decn >0)
      {
            double a2 = dd - a1 ;
            a3 = (int)(a2 * (10^decn));
      }
      if (decn >0)
      {
            return String(a1)+"."+ String(a3) ;
      }
      else
      {
         return String(a1) ;
      }

}
```

程式下載：https://github.com/brucetsao/ ESP10Course

表 234 上傳溫溼度資料到雲端伺服器之資料庫程式

上傳溫溼度資料到雲端伺服器之資料庫程式(OledLib.h)
#include <Arduino.h> #include <U8g2lib.h>

```
#include <SPI.h>
#include <Wire.h>
//https://www.arduinolibraries.info/libraries/u8g2
//--------------------
void _update();     //更新螢幕
void _updateBuffer();      //一般畫圖，後面一定要用次函數
void _setI2CAddress(int adr);      //設定螢幕的 I2C  位址
void _initDisplay();      //begin()起始螢幕必用函數
void initOLED();      //啟動 OLED   顯示器
void _setCursor(int x, int y);      //設定目前游標
void _setDrawColor(int color);      //設定目前顏色
int _getWidth();      //取得螢幕寬度
int _getHeight();   //取得螢幕高度
int _getMaxCharWidth();   //取得目前字形最大寬度
int _getMaxCharHeight(); //取得目前字形最大高度
int _getCharWidth(); //取得目前字形寬度
int _getUTF8Width(); //取得目前 UTF8 寬度
void _clearDisplay();   //清除畫面
void _setContrast(int t);       //設定對比
void _clearOled(); //清除螢幕
void _clearBuffer();     //清除之前畫圖等記憶體
void _Box(int x, int y, int w,int h);   //畫方形
void _Circle(int x, int y, int r);     //畫圓形
void _Ellipse(int x, int y, int rx,int ry);      //畫橢圓形
void _FilledEllipse(int x, int y, int rx,int ry);      //畫填色橢圓形
void _Triangle(int x1, int y1, int x2, int y2,int x3, int y3);     //畫三角形
void _HLine(int x, int y, int l);   //畫水平線
void _VLine(int x, int y, int l);      //畫垂直線
void _Line(int x1, int y1, int x2, int y2);      //畫線
void _Point(int x, int y);    //畫點
void _setFont(const uint8_t *font_8x8);      //設定字形
void _setFontDirection(int dir);        //設定字形方向
void _setFontMode(int is_transparent);     //設定字形透明度
void _TPrint(int x, int y,   const char *ss);    // 指定位置輸出文字
void _TextPrint(int x, int y,   const char *ss, const uint8_t *font_8x8);     // 指定位置輸出
文字
void _UTF8Print(int x, int y,   const char *ss, const uint8_t *font_8x8);     // 指定位置輸
出 UTF8 文字
void _Print(const char *ss);    // 不指定位置輸出文字
```

```
//--------------
// all font document ref URL:https://github.com/olikraus/u8g2/wiki/u8g2reference
U8G2_SSD1306_128X32_UNIVISION_F_HW_I2C u8g2(U8G2_R0);
void _update()
{
  u8g2.updateDisplay();
}
void _updateBuffer()
{
  u8g2.sendBuffer();
}
void _setI2CAddress(int adr)
{
  u8g2.setI2CAddress(adr);
}
void _initDisplay()
{
  u8g2.initDisplay();
}
void initOLED()    //啟動 OLED  顯示器
{
    if (!u8g2.begin())    //如果 OLED  顯示器沒有啟動成功
    {
      Serial.println("Couldn't find OLED!");     //印出 "Couldn't find sensor!"
      //找不到 OLED  顯示器
      while (1);  //永遠死在這
    }
     Serial.println("init OLED successful!");
   // _initDisplay() ;
}
void _setCursor(int x, int y)
{
   u8g2.setCursor(x,y);
}
void _setDrawColor(int color)
{
/*
Font Mode   Draw Color   Glyph Foreground Color   Glyph Background Color
0: solid   0 0 1
```

```
0: solid    1 1 0
0: solid    2 XOR 0
1: transparent    0 0 -
1: transparent    1 1 -
1: transparent    2 XOR -
 */
    u8g2.setDrawColor(color);
}
int _getWidth()
{
    return u8g2.getDisplayWidth();
}
int _getHeight()
{
    return u8g2.getDisplayHeight();
}
int _getMaxCharWidth()
{
    return u8g2.getMaxCharWidth();
}
int _getMaxCharHeight()
{
    return u8g2.getMaxCharHeight();
}
int _getCharWidth()
{
    return u8g2.getStrWidth(" ");
}

int _getUTF8Width()
{
    return u8g2.getUTF8Width(" ");
}
void _clearDisplay()
{
  u8g2.clearDisplay();
  u8g2.sendBuffer();                  // transfer internal memory to the display
}
void _setContrast(int t)
```

```
{

  u8g2.setContrast(t);                    // transfer internal memory to the display
}
void _clearOled()
{
  u8g2.clear();
  u8g2.sendBuffer();                   // transfer internal memory to the display
}
void _clearBuffer()
{
  u8g2.clearBuffer();
  u8g2.sendBuffer();   // Use sendBuffer to transfer the cleared frame buffer to the display.
 }
/*
void drawBitMap(int x, int y, int cnt,int h, static unsigned char bitmap)
{
//     x: X-position (left position of the bitmap).
//   y: Y-position (upper position of the bitmap).
//   cnt: Number of bytes of the bitmap in horizontal direction. The width of the bitmap is
cnt*8.
//   h: Height of the bitmap.
//   bitmap: Pointer to the start of the bitmap.

  u8g2.drawBox(x,y,cnt,h,bitmap);
 }
*/
void _Box(int x, int y, int w,int h)
{
  /*
    x: X-position (left position of the bitmap).
  y: Y-position (upper position of the bitmap).
  w: width of the bitmap.
  h: Height of the bitmap.
.
    */
  u8g2.drawBox(x,y,w,h);
 }
void _Circle(int x, int y, int r)
```

```
{
   /*
     x: X-position (left position of the bitmap).
   y: Y-position (upper position of the bitmap).
u8g2 : Pointer to the u8g2 structure (C interface only).
x0, y0: Position of the center of the circle.
rad: Defines the size of the circle: Radus = rad.
opt: Selects some or all sections of the circle.
       U8G2_DRAW_UPPER_RIGHT
       U8G2_DRAW_UPPER_LEFT
       U8G2_DRAW_LOWER_LEFT
       U8G2_DRAW_LOWER_RIGHT
       U8G2_DRAW_ALL
.
     */
   u8g2.drawCircle(x,y,r,U8G2_DRAW_ALL);
  }
void _Ellipse(int x, int y, int rx,int ry)
{
   /*
     x: X-position (left position of the bitmap).
   y: Y-position (upper position of the bitmap).
u8g2 : Pointer to the u8g2 structure (C interface only).
x0, y0: Position of the center of the filled circle.
rx, ry: Defines the size of the ellipse.
opt: Selects some or all sections of the circle.
       U8G2_DRAW_UPPER_RIGHT
       U8G2_DRAW_UPPER_LEFT
       U8G2_DRAW_LOWER_LEFT
       U8G2_DRAW_LOWER_RIGHT
       U8G2_DRAW_ALL
     */
   u8g2.drawEllipse(x,y,rx,ry,U8G2_DRAW_ALL);
  }

void _FilledEllipse(int x, int y, int rx,int ry)
{
   /*
     x: X-position (left position of the bitmap).
```

```
  y: Y-position (upper position of the bitmap).
u8g2 : Pointer to the u8g2 structure (C interface only).
x0, y0: Position of the center of the filled circle.
rx, ry: Defines the size of the ellipse.
opt: Selects some or all sections of the circle.
      U8G2_DRAW_UPPER_RIGHT
      U8G2_DRAW_UPPER_LEFT
      U8G2_DRAW_LOWER_LEFT
      U8G2_DRAW_LOWER_RIGHT
      U8G2_DRAW_ALL
.
    */
   u8g2.drawFilledEllipse(x,y,rx,ry,U8G2_DRAW_ALL);
}
void _Triangle(int x1, int y1, int x2, int y2,int x3, int y3)
{
  /*
    x: X-position (left position of the bitmap).
  y: Y-position (upper position of the bitmap).

    */
   u8g2.drawTriangle(x1,y1,x2,y2,x3,y3);
 }
void _HLine(int x, int y, int l)
{
  /*
    x: X-position (left position of the bitmap).
  y: Y-position (upper position of the bitmap).

    */
   u8g2.drawHLine(x,y,l);
 }
void _VLine(int x, int y, int l)
{
  /*
    x: X-position (left position of the bitmap).
  y: Y-position (upper position of the bitmap).
  l:ength of the vertical line.
    */
```

```
    u8g2.drawVLine(x,y,l);
  }
void _Line(int x1, int y1, int x2, int y2)
{
    /*
u8g2 : Pointer to the u8g2 structure (C interface only).
x0: X-position of the first point.
y0: Y-position of the first point.
x1: X-position of the second point.
y1: Y-position of the second point.
     */
    u8g2.drawLine(x1,y1,x2,y2);
  }
void _Point(int x, int y)
{
    /*
u8g2 : Pointer to the u8g2 structure (C interface only).
x0: X-position of the first point.
y0: Y-position of the first point.
x1: X-position of the second point.
y1: Y-position of the second point.
     */
    u8g2.drawPixel(x,y);
  }
void _setFont(const uint8_t *font_8x8)
{
     u8g2.setFont(font_8x8);
}
void _setFontDirection(int dir)
{
    /*
Description: The arguments defines the drawing direction of all strings or glyphs.
Argument    String Rotation Description
0 0 degree    Left to right
1 90 degree Top to down
2 180 degree    Right to left
3 270 degree    Down to top      */
     u8g2.setFontDirection(dir);
}
```

```
void _setFontMode(int is_transparent)
{
  //is_transparent: Enable (1) or disable (0) transparent mode.
    u8g2.setFontMode(is_transparent);
}

void _TPrint(int x, int y,   const char *ss)
{
  /*
u8g2 : Pointer to the u8g2 structure (C interface only).
x0: X-position of the first point.
y0: Y-position of the first point.
x1: X-position of the second point.
y1: Y-position of the second point.

    */
  u8g2.drawStr(x,y,ss);
 }

void _TextPrint(int x, int y,   const char *ss, const uint8_t *font_8x8)
{
  /*
u8g2 : Pointer to the u8g2 structure (C interface only).
x0: X-position of the first point.
y0: Y-position of the first point.
x1: X-position of the second point.
y1: Y-position of the second point.

    */
    u8g2.setFont(font_8x8);
  u8g2.drawStr(x,y,ss);
 }
void _UTF8Print(int x, int y,   const char *ss, const uint8_t *font_8x8)
{
  /*
u8g2 : Pointer to the u8g2 structure (C interface only).
x0: X-position of the first point.
y0: Y-position of the first point.
x1: X-position of the second point.
```

```
y1: Y-position of the second point.
ss: UTF-8 encoded text.
    */
    u8g2.setFont(font_8x8);
   u8g2.drawStr(x,y,ss);
  }

void _Print(const char *ss)
{
   /*
ss: UTF-8 encoded text.
    */
   u8g2.print(ss);
  }
```

程式下載：https://github.com/brucetsao/ ESP10Course

表 235 上傳溫溼度資料到雲端伺服器之資料庫程式

上傳溫溼度資料到雲端伺服器之資料庫程式(HTU21DLib.h)

```
#include <Wire.h>     //I2C 基礎通訊函式庫
#include "Adafruit_HTU21DF.h"     // HTU21D 溫溼度感測器函式庫
// Connect Vin to 3-5VDC
// Connect GND to ground
// Connect SCL to I2C clock pin (A5 on UNO)
// Connect SDA to I2C data pin (A4 on UNO)
char tmpvalue[100] ;
double Tvalue , Hvalue ;
Adafruit_HTU21DF htu = Adafruit_HTU21DF();   //產生 HTU21D 溫溼度感測器運作
物件
 //產生 HTU21D 溫溼度感測器運作物件
void initHTU21D()     //啟動 HTU21D 溫溼度感測器
{
      if (!htu.begin())     //如果 HTU21D 溫溼度感測器沒有啟動成功
      {
         Serial.println("Couldn't find sensor!");      //印出 "Couldn't find sensor!"
         //找不到 HTU21D 溫溼度感測器
         while (1);   //永遠死在這
      }
}
```

```
float ReadTemperature() //讀取 HTU21D 溫溼度感測器之溫度
{
	return htu.readTemperature();	//回傳溫溼度感測器之溫度
}
float ReadHumidity() //讀取 HTU21D 溫溼度感測器之溼度
{
	return htu.readHumidity();	//回傳溫溼度感測器之溼度
}
void printTemperatureonOled(float t) //讀取 HTU21D 溫溼度感測器之溫度
{
		sprintf(tmpvalue,"%5.1f",t) ;
		Serial.print("Data:");
		Serial.print(tmpvalue);
		Serial.print("\n");

		_TPrint(1,15,"Temp:");
		_TPrint(50,15,tmpvalue);
		_TPrint(100,15,".C");
}
void printHumidityonOled(float h) //讀取 HTU21D 溫溼度感測器之溫度
{

		sprintf(tmpvalue,"%5.1f",h) ;
		Serial.print("Data:");
		Serial.print(tmpvalue);
		Serial.print("\n");

		_TPrint(1,31,"Humid:");
		_TPrint(60,31,tmpvalue);
		_TPrint(110,31,"%");
}
```

程式下載：https://github.com/brucetsao/ ESP10Course

表 236 上傳溫溼度資料到雲端伺服器之資料庫程式

上傳溫溼度資料到雲端伺服器之資料庫程式(clouding.h)
//http://nuk.arduino.org.tw:8888/dhtdata/dhDatatadd.php?MAC=AABBCCDDEEFF&T=34&H=34 char iotserver[] = "nuk.arduino.org.tw"; // name address for Google (using DNS)

```
  // NCNU Clouding Server DNS name
int iotport = 8888 ;
// nuk.arduino.org.tw Clouding Server port : 8888
// Initialize the Ethernet client library
// with the IP address and port of the server
// that you want to connect to (port 80 is default for HTTP):
String strGet="GET /dhtdata/dhDatatadd.php";
//   DB Agent  程式
String strHttp=" HTTP/1.1";      // Web    Socketing Header
String strHost="Host: nuk.arduino.org.tw";   // Web    Socketing Header
  String connectstr ;        //組成  Restful Communication String 變數
//http://nuk.arduino.org.tw:8888/dhtdata/dhDatatadd.php?MAC=AABBCCDDEEFF&T=34&
H=34
// host is     ==>nuk.arduino.org.tw:8888
//    app program is ==> /dhtdata/dhDatatadd.php
//    App parameters ==> ?MAC=AABBCCDDEEFF&T=34&H=34

void SendtoClouding()          //傳送感測資料到雲端
{
//http://nuk.arduino.org.tw:8888/dhtdata/dhDatatadd.php?MAC=AABBCCDDEEFF&T=34&
H=34
// host is     ==>nuk.arduino.org.tw:8888
//    app program is ==> /dhtdata/dhDatatadd.php
//    App parameters ==> ?MAC=AABBCCDDEEFF&T=34&H=34
               connectstr =
"?MAC="+MacData+"&T="+String(Tvalue)+"&H="+String(Hvalue);
               //組成 GET Format  的 Resetful    的  Parameters  字串
             Serial.println(connectstr) ;
             if (client.connect(iotserver, iotport)) //    client.connect(iotserver, iotport)==>
連線到雲端主機
             {
                          Serial.println("Make a HTTP request ... ");
                          //### Send to Server
                          String strHttpGet = strGet + connectstr + strHttp;
                          Serial.println(strHttpGet);        //    傳送通訊 header


                          client.println(strHttpGet);        //    傳送通訊 header
                          client.println(strHost);              //    結尾
                          client.println();        //    通訊結束
```

```
                }

        if (client.connected())
        {
            client.stop();    // DISCONNECT FROM THE SERVER
        }


}
```

程式下載：https://github.com/brucetsao/ ESP10Course

如下表所示，我們介紹如何使用主要的函式。

如下表所示，我們使用：#include "initPins.h"來將系統共用函數載入系統。

表 237 系統共用函數

```
#include "initPins.h"     //系統共用函數
```

如下表所示，我們使用：#include "OledLib.h"來將 Oled LCD 12832 共用函數載入系統。

表 238 Oled LCD 12832 共用函數

```
#include "OledLib.h"    // Oled LCD 12832 共用函數
```

如下表所示，我們使用：#include "HTU21DLib.h"來將溫溼度專用模組共用函數載入系統。

表 239 溫溼度專用模組共用函數

```
#include "HTU21DLib.h"    // 溫溼度專用模組 共用函數
```

如下表所示，我們使用：#include "clouding.h"來將雲端模組共用函數載入系統。

表 240 雲端模組共用函數

```
#include "clouding.h"     //雲端模組 共用函數
```

如下表所示，我們使用：initALL();來進行系統硬體/軟體初始化的整體動作。

表 241 系統硬體/軟體初始化

```
initALL();    //系統硬體/軟體初始化
```

如下表所示，我們使用：initDevice() ;來系統周邊/感測器 初始化。

表 242 系統周邊/感測器 初始化

```
initDevice() ;       //系統周邊/感測器 初始化
```

如下表所示，我們使用：initWiFi() ;來網路連線，連上熱點。

表 243 網路連線，連上熱點

```
initWiFi() ;   //網路連線，連上熱點
```

如下表所示，我們使用：ShowInternet()來秀出網路連線資訊。

表 244 秀出網路連線資訊

```
ShowInternet() ;   //秀出網路連線資訊
```

如下表所示，我們使用：initDevice();來系統硬體/軟體初始化。

表 245 系統硬體/軟體初始化

```
initDevice()  //系統硬體/軟體初始化
```

如下表所示，我們看到：initDevice()內容就是啟動 HTU21D 溫溼度感測器與啟動來啟動 OLED 12832 顯示模組。

表 246 initDevice()內容

```
initHTU21D();     //啟動 HTU21D 溫溼度感測器
initOLED();     //啟動 OLED 12832 顯示模組
```

如下表所示，我們使用：initOLED();來啟動 OLED 12832 顯示模組。

表 247 啟動 OLED 12832 顯示模組

```
initOLED();   //啟動 OLED 12832 顯示模組
```

如下表所示，我們使用：initHTU21D();來啟動 HTU21D 溫溼度感測器。

表 248 啟動 HTU21D 溫溼度感測器

```
initHTU21D();     //啟動 HTU21D 溫溼度感測器
```

如下表所示，我們使用：_clearBuffer();來清除之前畫圖等記憶體。

表 249 清除之前畫圖等記憶體

```
  _clearBuffer();                    //清除之前畫圖等記憶體
```

如下表所示，我們使用：_setFont(u8g2_font_logisoso16_tf);來設定字形，預設字型為『u8g2_font_logisoso16_tf』。

表 250 設定字形

```
_setFont(u8g2_font_logisoso16_tf);  //設定字形
```

如下表所示，我們使用：ReadTemperature();來讀取 HTU21D 溫溼度感測器之溫度，並且使用『Tvalue』來儲存溫度。

表 251 讀取 HTU21D 溫溼度感測器之溫度

```
Tvalue = ReadTemperature(); //讀取 HTU21D 溫溼度感測器之溫度
```

如下表所示，我們使用：ReadHumidity();來讀取 HTU21D 溫溼度感測器之溼度，並且使用『Hvalue』來儲存溼度。

表 252 讀取 HTU21D 溫溼度感測器之溼度

```
Hvalue = ReadHumidity(); //讀取 HTU21D 溫溼度感測器之溼度
```

如下表所示，我們使用：printTemperatureonOled(Tvalue) ;來列印溫度到 Oled 12832 顯示模組，並且使用『Tvalue』來傳送溫度內容到函數內。

表 253 列印溫度到 Oled 12832 顯示模組

```
printTemperatureonOled(Tvalue) ; //列印溫度到 Oled 12832 顯示模組
```

如下表所示，我們使用：printHumidityonOled(Hvalue) ;來列印濕度到 Oled 12832 顯示模組，並且使用『Hvalue』來傳送濕度內容到函數內。

表 254 列印濕度到 Oled 12832 顯示模組

```
printHumidityonOled(Hvalue) ;   //列印濕度到 Oled 12832 顯示模組
```

如下表所示，我們使用：_updateBuffer();來更新圖型記憶體內容到畫面，由於系統與函式考量顯示速度問題，在使用：_updateBuffer();之後才會更新圖型記憶體內容到畫面。

表 255 更新圖型記憶體內容到畫面

```
_updateBuffer();      //更新圖型記憶體內容到畫面
```

如下表所示，我們使用：SendtoClouding() ;來傳送感測資料到雲端，接下來我們要講解『SendtoClouding()』這個函數。

表 256 傳送感測資料到雲端

```
SendtoClouding() ;      //傳送感測資料到雲端
```

如下表所示，我們看以看到： SendtoClouding()函數內容，接下來我們要講解『SendtoClouding()』這個函數。

表 257 SendtoClouding()函數內容

```
void SendtoClouding()         //傳送感測資料到雲端
{
//http://nuk.arduino.org.tw:8888/dhtdata/dhDatatadd.php?MAC=AABBCCDDEEFF&T=34&
H=34
// host is    ==>nuk.arduino.org.tw:8888
//    app program is ==> /dhtdata/dhDatatadd.php
//    App parameters ==> ?MAC=AABBCCDDEEFF&T=34&H=34
            connectstr =
"?MAC="+MacData+"&T="+String(Tvalue)+"&H="+String(Hvalue);
            //組成 GET Format 的 Resetful   的 Parameters 字串
          Serial.println(connectstr) ;
          if (client.connect(iotserver, iotport)) //    client.connect(iotserver, iotport)==>
連線到雲端主機
          {
                    Serial.println("Make a HTTP request ... ");
                    //### Send to Server
                    String strHttpGet = strGet + connectstr + strHttp;
                    Serial.println(strHttpGet);      //    傳送通訊 header
```

```
                client.println(strHttpGet);     //  傳送通訊 header
                client.println(strHost);         //  結尾
                client.println();       //  通訊結束
            }

    if (client.connected())
    {
      client.stop();   // DISCONNECT FROM THE SERVER
    }


}
```

如下表所示，我們看到『http://nuk.arduino.org.tw:8888/dhtdata/dhDatatadd.php?MAC=AABBCCDDEEFF&T=34&H=34』，乃是筆者於上面所述之雲端伺服器資料代理人程式內容。

表 258 雲端伺服器資料代理人程式內容

http://nuk.arduino.org.tw:8888/dhtdata/dhDatatadd.php?MAC=AABBCCDDEEFF&T=34&H=34

所以 http://nuk.arduino.org.tw:8888/dhtdata/dhDatatadd.php?MAC=AABBCCDDEEFF&T=34&H=34，是雲端伺服器資料代理人介面含義的內容。

也就是說，nuk.arduino.org.tw:8888 是資料代理人的伺服器主機，因為這個主機的網址為『nuk.arduino.org.tw』，而筆者將這個主機的通訊埠設定為『8888』。

接下來我們看到程式部分，可以看到：/dhtdata/dhDatatadd.php，是雲端伺服器資料代理人的程式位置。

也就是說，/dhtdata/是雲端伺服器資料代理人的程式位置資料夾，而『dhDatatadd.php』為這個雲端伺服器資料代理人的程式名稱。

而/dhtdata/dhDatatadd.php，是雲端伺服器資料代理人的程式位置。

接下來我們看到程式部分，可以看到：?MAC=AABBCCDDEEFF&T=34&H=34，『?』的符號，告訴『dhDatatadd.php』為這個雲端伺服器資料代理人的程式傳入的程式參數從這裡開始。

接下來我們看到程式參數部分，可以看到：MAC=AABBCCDDEEFF&T=34&H=34，『MAC=AABBCCDDEEFF』的內容為：傳入『MAC』的參數的內容在『=』的後面，為『AABBCCDDEEFF』，如此就知道傳入『MAC』的參數的內容為『AABBCCDDEEFF』。

而『T=34』的內容為：傳入『T』的參數的內容在『=』的後面，為『34』，如此就知道傳入『T』的參數的內容為『34』。

而『H=34』的內容為：傳入『H』的參數的內容在『=』的後面，為『34』，如此就知道傳入『H』的參數的內容為『34』。

接下來我們看到『MAC=AABBCCDDEEFF&T=34&H=34』三個參數之間有『&』的符號，由於我們傳入三個參數：『MAC=AABBCCDDEEFF』、『T=34』、『H=34』三個參數，需要讓系統知道三個的參數的區分，所以我們必須加入『&』的符號，告訴系統處理這三個參數各自的內容：為『MAC=AABBCCDDEEFF』、『T=34』、『H=34』。

如下表所示，我們看到『nuk.arduino.org.tw』為雲端伺服器網址，而我們使用『iotserver[]』，的變數來儲存它的內容。

表 259 雲端伺服器網址

```
char iotserver[] = "nuk.arduino.org.tw";
```

如下表所示，我們看到『8888』為雲端伺服器通訊埠，而我們使用『iotport，的變數來儲存它的內容。

表 260 雲端伺服器通訊埠

```
int iotport = 8888 ;
```

如下表所示，我們看到『GET /dhtdata/dhDatatadd.php』告知雲端伺服器使用 GET 通訊與資料代理人程式名字與位置，而我們使用『GET』告知雲端伺服器使用 GET 通訊，使用『strGet』，的變數來儲存它的內容。

表 261 告知雲端伺服器使用 GET 通訊與資料代理人程式名字與位置

```
String strGet="GET /dhtdata/dhDatatadd.php";
```

如下表所示，我們看到『strHttp=" HTTP/1.1";』這是 http GET 通訊協定必須要提供給伺服器與接收端的必要資訊。

表 262 告知雲端伺服器使用 GET 通訊協定版本

```
String strHttp=" HTTP/1.1";
```

如下表所示，我們宣告『connectstr』為組成感測器資料儲存資料之變數名稱，主要提供下面『SendtoClouding()』在傳送感測資料到雲端時，組成感測器資料儲存資料之變數名稱。

表 263 組成感測器資料儲存資料之變數

```
String connectstr ;
```

如下表所示，我們看到『GET /dhtdata/dhDatatadd.php』資料代理人(DB Agent) 如何與雲端伺服器通訊，並使用 http GET 通訊與資料代理人傳輸感測器資料內容給雲端伺服器的內容含意。

表 264 告知雲端伺服器使用 GET 通訊與資料代理人內容解釋

```
//http://nuk.arduino.org.tw:8888/dhtdata/dhDatatadd.php?MAC=AABBCCDDEEFF&T=34&
H=34
// host is     ==>nuk.arduino.org.tw:8888
//    app program is ==> /dhtdata/dhDatatadd.php
//    App parameters ==> ?MAC=AABBCCDDEEFF&T=34&H=34
```

如下表所示，我們看到『SendtoClouding()』傳送感測資料到雲端函式內容，接下來筆者會一一解釋之。

表 265 傳送感測資料到雲端函式：SendtoClouding()

```
void SendtoClouding()        //傳送感測資料到雲端
{
//http://nuk.arduino.org.tw:8888/dhtdata/dhDatatadd.php?MAC=AABBCCDDEEFF&T=34&
H=34
// host is    ==>nuk.arduino.org.tw:8888
//   app program is ==> /dhtdata/dhDatatadd.php
//   App parameters ==> ?MAC=AABBCCDDEEFF&T=34&H=34
           connectstr =
"?MAC="+MacData+"&T="+String(Tvalue)+"&H="+String(Hvalue);
           //組成 GET Format 的 Resetful   的 Parameters 字串
          Serial.println(connectstr) ;
          if (client.connect(iotserver, iotport)) //    client.connect(iotserver, iotport)==>
連線到雲端主機
          {
                    Serial.println("Make a HTTP request ... ");
                    //### Send to Server
                    String strHttpGet = strGet + connectstr + strHttp;
                    Serial.println(strHttpGet);        //    傳送通訊 header

                    client.println(strHttpGet);        //    傳送通訊 header
                    client.println(strHost);           //    結尾
                    client.println();        //    通訊結束
                  }

       if (client.connected())
       {
         client.stop();   // DISCONNECT FROM THE SERVER
       }


}
```

如下表所示，我們看到『nuk.arduino.org.tw』為雲端伺服器網址，而我們使用『iotserver[]』，的變數來儲存它的內容。

表 266 雲端伺服器網址

```
char iotserver[] = "nuk.arduino.org.tw";
```

如下表所示，我們透過『"?MAC="+MacData+"&T="+String(Tvalue)+"&H="+String(Hvalue);』字串相加的方式，組立要傳入 http GET 資料代理人(DB Agent)所有的感測器參數的內容。

接下來我們看到『"?MAC="+MacData+"&T="+String(Tvalue)+"&H="+String(Hvalue);』三個參數之間有『&』的符號，由於我們傳入三個參數：『MAC="+MacData』、『T="+String(Tvalue)』、『H="+String(Hvalue)』三個參數，而第一個參數：『MAC』:網路卡編號則使用變數『MacData』的內容。

第二個參數：『T』溫度則使用『String(Tvalue)』，而『Tvalue』為溫度儲存的浮點數變數，透過『String(浮點數)』函數轉換為字串型態。

第三個參數：『H』溫度則使用『String(Hvalue)』，而『Hvalue』為濕度儲存的浮點數變數，透過『String(浮點數)』函數轉換為字串型態。

表 267 透過變數內容轉換感測器參數的內容

```
connectstr = "?MAC="+MacData+"&T="+String(Tvalue)+"&H="+String(Hvalue);
```

如下表所示，我們看到 if 判斷式來判斷成功連線到 http GET 資料代理人的介面之處理程式。

表 268 成功連線到 http GET 資料代理人的介面之處理程式

```
        if (client.connect(iotserver, iotport)) //    client.connect(iotserver, iotport)==>
連線到雲端主機
        {
                Serial.println("Make a HTTP request ... ");
```

```
                //### Send to Server
                String strHttpGet = strGet + connectstr + strHttp;
                Serial.println(strHttpGet);        //  傳送通訊 header

                client.println(strHttpGet);        //  傳送通訊 header
                client.println(strHost);           //  結尾
                client.println();        //  通訊結束
              }

      if (client.connected())
      {
        client.stop();   // DISCONNECT FROM THE SERVER
      }


}
```

如下表所示，我們看到『client.connect(iotserver, iotport)』的程式，乃是透過語法『client.connect(主機名稱或網址, 通訊埠)』，來連線到雲端伺服器，如果連接成功，則回傳『true』進入程式，反之回傳『false』不進入程式。

表 269 連線到雲端伺服器

```
client.connect(iotserver, iotport)
```

如下表所示，為印出『Make a HTTP request ...』的訊息。

表 270 印出 Make a HTTP request 的訊息

```
Serial.println("Make a HTTP request ... ");
```

如下表所示，我們透過『String strHttpGet = strGet + connectstr + strHttp;』來組立伺服器資料代理人所需要全部的介面字串，將『strGet + connectstr + strHttp;』三個變數加起來，傳到『strHttpGet』變數內來伺服器資料代理人程式所需要全部的介面字串。

表 271 組立伺伺服器資料代理人程式所需要全部的介面字串

```
String strHttpGet = strGet + connectstr + strHttp;
```

如下表所示，我們印出『strHttpGet』變數內容，就是組立伺服器資料代理人程式所需要全部的介面字串的內容。

表 272 印出 strHttpGet 變數內容

```
Serial.println(strHttpGet);
```

如下表所示，我們使用『client.println(strHttpGet);』，傳送 strHttpGet 變數: 伺服器資料代理人程式所需要全部的介面字串到雲端主機之伺服器資料代理人程式(DB Agent)的 http GET 字串內容。

表 273 傳送 strHttpGet 變數: 伺服器資料代理人所需要全部的介面字串到雲端

```
client.println(strHttpGet);
```

如下表所示，我們使用：『client.println(strHost);』來傳送 http GET 字串中，傳送雲端主機的名稱或網址。

表 274 傳送雲端主機的名稱或網址

```
client.println(strHost);
```

如下表所示，我們使用『client.println();』來告訴伺服器資料代理人程式(DB Agent)我們已經結束傳送所有資料。。

表 275 告訴伺服器資料代理人程式已經結束傳送所有資料

```
client.println();        //  通訊結束
```

如下表所示，我們需要主機斷線以節省網路通訊資源，所以我們使用『client.connected()』來判斷是否還在連線，如果資料庫連線仍然存在，我們使用『client.stop();』來與主機斷線。

表 276 與主機斷線

```
if (client.connected())
{
   client.stop();    // DISCONNECT FROM THE SERVER
}
```

如下表所示，我們使用『delay(10000);』讓系統來等待十秒鐘。

表 277 等待十秒鐘

```
delay(10000);          //延遲 10 秒鐘
```

如下圖所示，我們可以看到上傳溫溼度資料到伺服器資料代理人程式(DB Agent)一結果畫面。

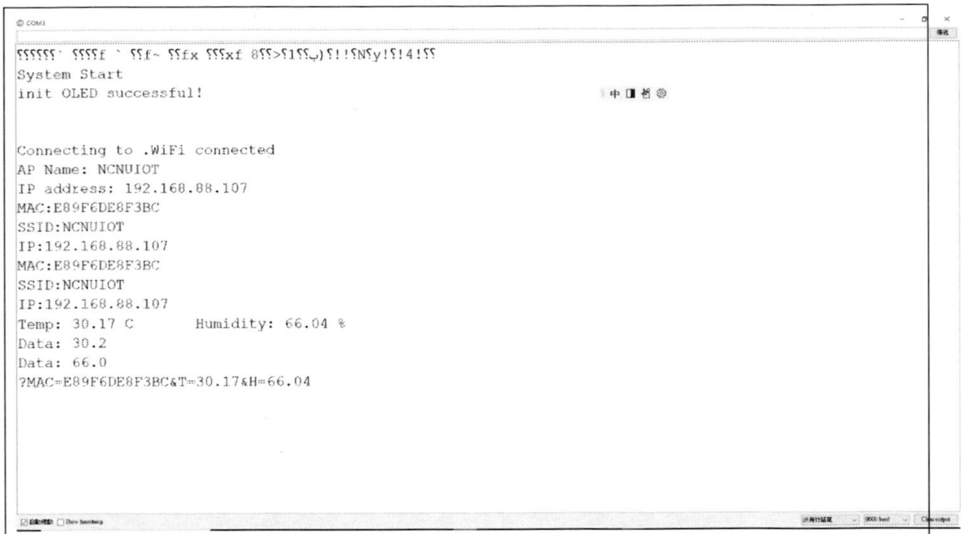

```
System Start
init OLED successful!


Connecting to .WiFi connected
AP Name: NCNUIOT
IP address: 192.168.88.107
MAC:E89F6DE8F3BC
SSID:NCNUIOT
IP:192.168.88.107
MAC:E89F6DE8F3BC
SSID:NCNUIOT
IP:192.168.88.107
Temp: 30.17 C       Humidity: 66.04 %
Data: 30.2
Data: 66.0
?MAC=E89F6DE8F3BC&T=30.17&H=66.04
```

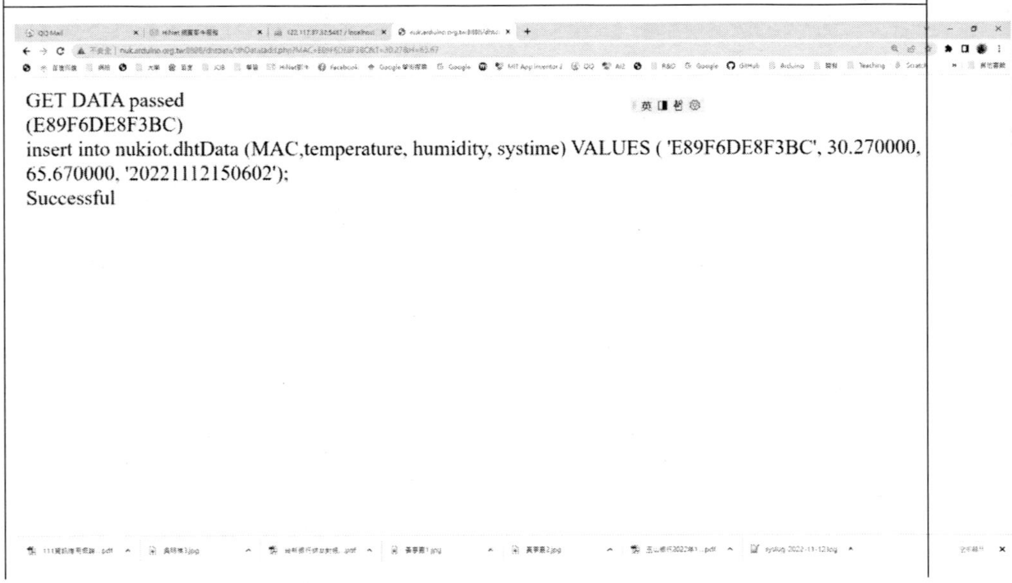

GET DATA passed
(E89F6DE8F3BC)
insert into nukiot.dhtData (MAC,temperature, humidity, systime) VALUES ('E89F6DE8F3BC', 30.270000, 65.670000, '20221112150602');
Successful

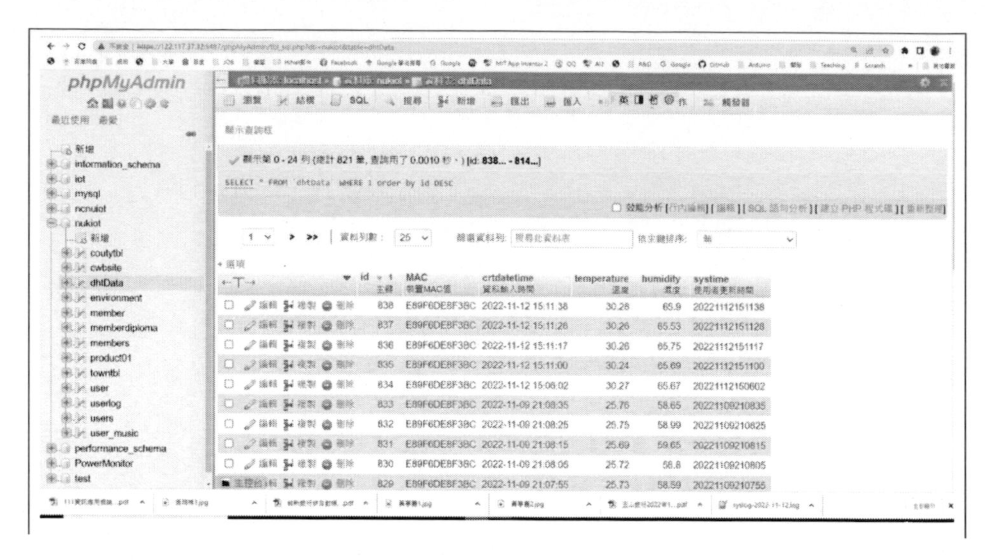

圖 350 上傳溫溼度資料到伺服器資料代理人程式(DB Agent)一結果畫面

如下圖所示，我們可以使用 Chrome 瀏覽器，使用 phpMyadmin，查詢 nukiot 資料庫的 dhtData 資料表，我們可以看到溫溼度資料已上傳的結果畫面。

圖 351 溫溼度資料已上傳的結果畫面

接下來我們在下章節，會教導讀者，如下圖所示，如何視覺化我們的網站。

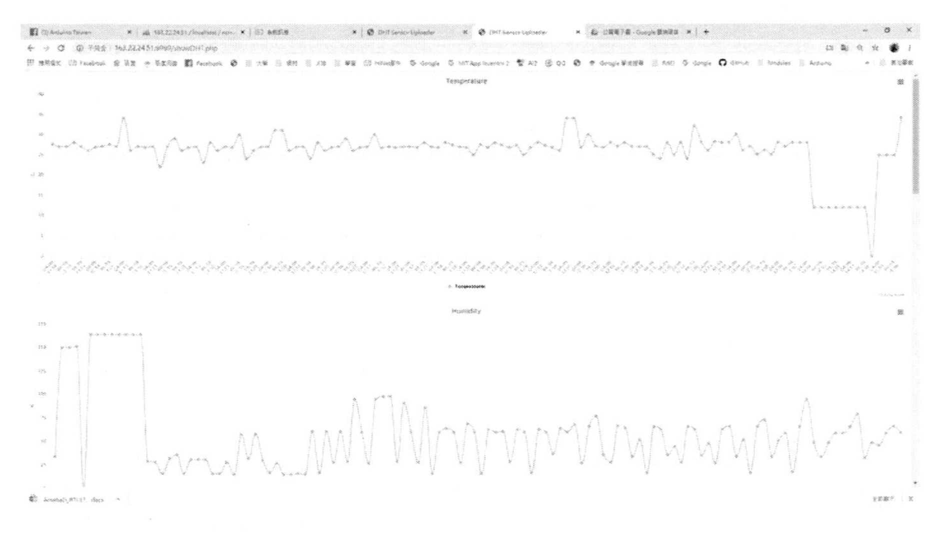

圖 352 視覺化我們的網站

習題

1.請參考下圖所示之電路圖，並在網路尋找 BMP280 大氣壓力感測器函式庫，能夠讀取感測器資料，並攥寫 BMP280 大氣壓力感測器資料代理人程式，並參考下表與下下表之 BMP280 大氣壓力感測器資料表，建立對應的資料表與對應 BMP280 大氣壓力感測器資料代理人程式，完成雲端平台之 BMP280 大氣壓力感測器資料代理人程式，並測試可以完整上傳資料到雲端平台。

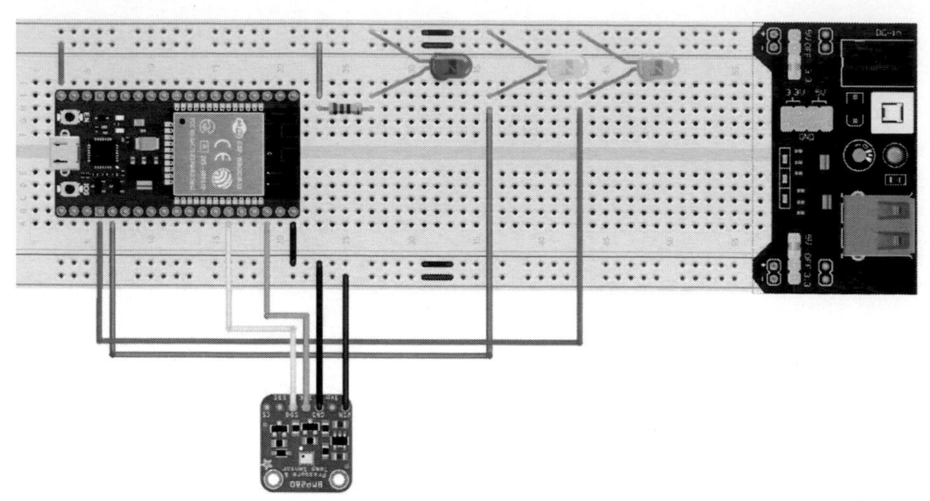

圖 353 BMP280 大氣壓力電路圖

表 278 大氣壓力資料表欄位一覽圖(bmp)

欄位	型態	空值	預設值	備註
id*(主鍵)*	int(11)	否		主鍵
MAC	varchar(12)	否		裝置 MAC 值
crtdatetime	timestamp	否	CURRENT_TIMESTAMP	資料輸入時間
systime	varchar(14)	否		使用者更新時間
pressure	double	否		大氣壓力值(hPa)
temperature	double	否		溫度(攝氏溫度)

表 279 大氣壓力資料表索引表一覽圖(bmp)

鍵名	型態	唯一	緊湊	欄位	基數	編碼與排序	空值	說明
PRIMARY	BTREE	是	否	id	217	A	否	

2. 請參考下圖所示之電路圖，並在網路尋找 BH1750 亮度照度感測器函式庫，能夠讀取感測器資料，並攥寫 BH1750 亮度照度感測器資料代理人程式，並參考下表與下下表之 BH1750 亮度照度感測器資料表，建立對應的資料表與對應 BH1750 亮度照度感測器資料代理人程式，完成雲端平台之 BH1750 亮度照度感測器資料代理人程式，並測試可以完整上傳資料到雲端平台。

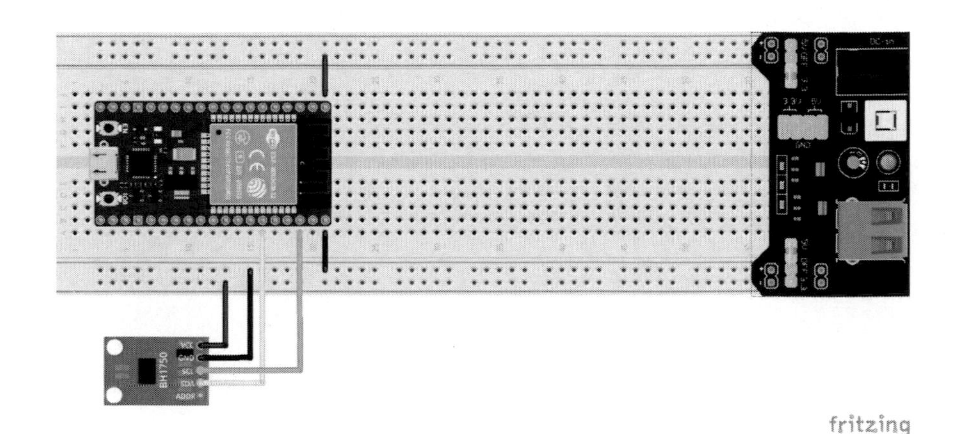

圖 354 亮度照度感測器資料表欄位一覽圖(lux)

表 280 亮度照度感測器資料表欄位一覽圖(lux)

欄位	型態	空值	預設值	備註
id*(主鍵)*	int(11)	否		主鍵
MAC	varchar(12)	否		裝置 MAC 值
crtdatetime	timestamp	否	CURRENT_TIMESTAMP	資料輸入時間
luxvalue	float	否		亮度(Lux)
systime	varchar(14)	否		使用者更新時間

表 281 亮度照度感測器資料表索引表一覽圖(lux)

鍵名	型態	唯一	緊湊	欄位	基數	編碼與排序	空值	說明

PRIMARY	BTREE	是	否	id	382469	A	否

章節小結

本章主要介紹 ESP 32 開發板，透過 Wifi Access Point 無線連線方式，連上網際網路，並在透過筆者在網際網路建立的雲端伺服器：http://nuk.arduino.org.tw:8888/dhtdata/dhDatatadd.php，建立資料代理人(DB Agent)程式，所以以後可以輕鬆地把 HTU21D 溫溼度感測器，送到雲端平台，透過這樣的講解，相信讀者也可以觸類旁通，設計其它感測器達到相同結果。

第十門課 雲端視覺化技術

前面筆者提到資料庫資深管理者，一般我們不會將資料庫至於網際網路上，由於關聯式資料庫的管理與操作方法，已經廣為技術人員知曉，為了防範資料的安全性與被竄改等問題，如下圖所示，筆者建立資料介面代理人架構圖，建立資料介面代理人程式(Data Visualized Agent)機制，透過標準化的 RESTFul API 通訊協定(Roy Thomas Fielding, 2000; Roy T. Fielding & Kaiser, 1997)，將所有提供使用者端的資料，透過固定的參數傳遞，來決定資料的維度與大小後，並將搜尋的資料，連接其他必要的輔助資訊，轉成標準化的 json 檔案物件，回傳到於資料介面代理人程式(Data Visualized Agent)提供 Open Data 的機制，如此一來，許多關鍵或敏感的資料，隱藏於雲端平台之後，提供標準的資料介面代理人通訊界面 (Data Visualized API)，由於這些介面提供標準化的 json 檔案物件，所以使用者端視覺化界的開發工具不會受限(Roy Thomas Fielding, 2000; Roy T. Fielding & Kaiser, 1997)，如此一來可以讓物聯網之中所有物件(資料收集器)的資料顯示更可以跨平台、過語言與無限制存取，如此一來，這樣的架構可以讓物聯網之應用層，更方便建立更多、更廣泛、更自由的應用系統。

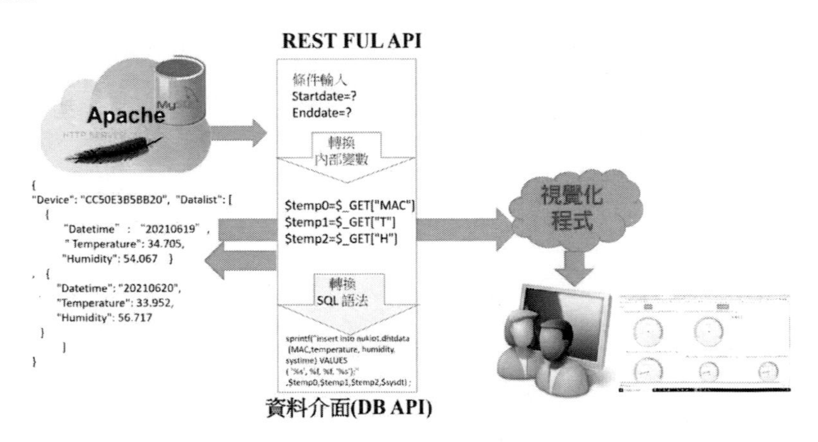

圖 355 資料介面代理人架構圖

建立溫濕度資料查詢介面

接續上文之後，我們要建立一個溫溼度資料查詢之資料介面代理人程式(Data Visualized Agent)，將透過傳遞資料收集器的辨識 ID 與時間區段，透過瀏覽器輸入『http://nuk.arduino.org.tw:8888/dhtdata/dht2jsonwithdate.php?MAC=E89F6DE8F3BC&start=20200101&end=20221231』就可以看到如下表所示，回傳該資料收集器的辨識 ID 與時間區段的查詢資料，並且以 json 格式即時回傳到網頁。

表 282 溫溼度查詢 json 資料


```
{
  "Device": "3C71BFFD882C",
  "Datalist": [
    {
      "Datetime": "20210429025219",
      "Temperature": "29",
      "Humidity": "64.5"
    },
    {
      "Datetime": "20210429025232",
      "Temperature": "29",
      "Humidity": "64.4"
    }
  ]
}
```


所以溫溼度資料查詢之資料介面代理人程式(Data Visualized Agent)的 API 介面屆將透過傳遞資料收集器的辨識 ID 與時間區段，以下列格式：『http://nuk.arduino.org.tw:8888/dhtdata/dht2jsonwithdate.php?MAC=資料收集寄網卡號碼&start=起始時間(YYYYMMDD)&end=結束時間(YYYYMMDD)』就可以看到如下圖所示(本圖使用網站：https://jsonformatter.org/#，格式化功能顯示)，回傳該資料收集器的辨識 ID 與時間區段的查詢資料，並且以 json 格式即時回傳到網頁。

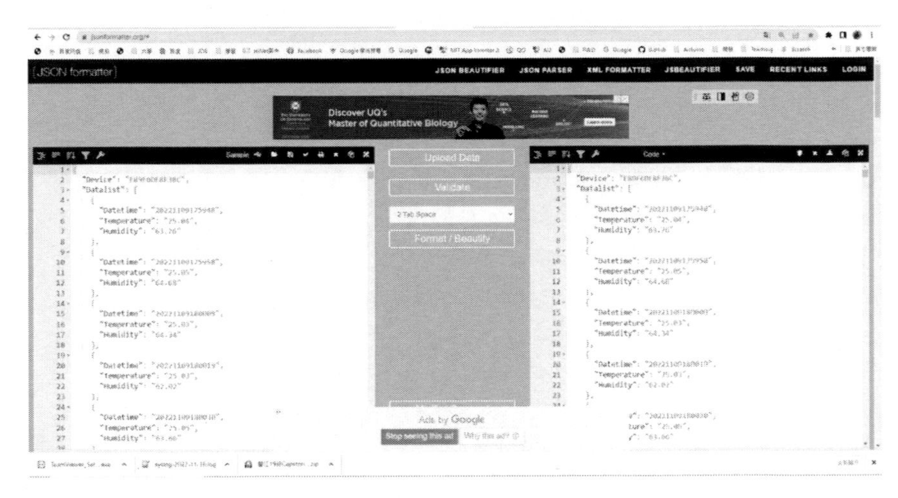

圖 356 成功顯示某裝置之溫溼度資料集之 json 文件內容畫面

如下表所示，我們可以看到入『dht2jsonwithdate.php』資料介面代理人程式(Data Visualized Agent)的原始碼，我們會一一。

表 283 溫溼度查詢 json 資料程式碼內容(dht2jsonwithdate.php)

```
<?php
//http://nuk.arduino.org.tw:8888/dhtdata/dht2jsonwithdate.php?MAC=E89F6DE8F3BC&start
=20200101&end=20221231
//include("../comlib.php");        //使用資料庫的呼叫程式
include("../Connections/iotcnn.php");          //使用資料庫的呼叫程式
$link=Connection();        //產生 mySQL 連線物件
/*
{
    "Device":"E89F6DE8F3BC",
    "Datalist":[
    {"Datetime":"20220101",
    "Temperature":"23",
    "Humidity":"23"
    }
    ]
}
```

```
*/
$jsonarray= "{\"Device\":\"%s\",\"Datalist\":[%s]}" ;
$jsonrow= "{\"Datetime\":\"%s\",\"Temperature\":\"%s\",\"Humidity\":\"%s\"}" ;
$sid=$_GET["MAC"];          //取得 GET 參數 : MAC
$s1=$_GET["start"];      //取得 GET 參數 : start
$s2=$_GET["end"];        //取得 GET 參數 : end
//select * FROM dhtData where mac = '3C71BFFD882C' and systime >= "20210101" and
systime <= "20211231" order by systime asc
//select * FROM dhtData where mac = '%s' and systime > '%s' and systime < '%s'
$qry1 = "select * from nukiot.dhtData where mac = '%s' and systime >= '%s' and systime <=
'%s' order by systime asc " ;          //將 dhtdata 的資料找出來
$qrystr = sprintf($qry1 , $sid, $s1, $s2) ;       //將 dhtdata 的資料找出來
//echo $qrystr."<br>" ;
$result= mysqli_query($link ,$qrystr );         //找出多少筆
$cnt= 1 ;
$count = mysqli_num_rows($result) ;
//echo $count."<br>";
if ($count >0)
{
    $t1="" ;
while($row = mysqli_fetch_array($result))
    {
//$jsonrow = "{\"stockno\":\"%s\",\"companyname\":\"%s\"}" ;
        $tmp1 = sprintf($jsonrow,$row['systime'],$row['temperature'],$row['humidity'])   ;

    //    echo $tmp."<br>";
        $t1 = $t1.$tmp1;
    if ($cnt < $count)
        {
            $t1 = $t1."," ;
        }
        $cnt=$cnt+1 ;
        //echo "-----".$cnt."<br>" ;
        //echo $t1."<br>";
    }         //end of while($row = mysql_fetch_array($result))
    //echo "<br>=========================================<br><br>";
    $tmpp = sprintf($jsonarray,$sid,$t1) ;
    echo $tmpp ;
}
```

```
 mysqli_free_result($result);   // 關閉資料集
 mysqli_close($link);           // 關閉連線
?>
```

程式網址：https://github.com/brucetsao/ESP10Course/tree/main/web/nuk/dhtdata

如下表所示，接下來我們透過執行『include("所在路徑/iotcnn.php")』，將連線函數程式『iotcnn.php』加入任何要運作資料庫的程式，如『include("../Connections/iotcnn.php");』。

因為所有的程式一開始，則所有含入『iotcnn.php』的程式就可以輕易使用資料庫的連線，而不必要重新攥寫連線資料庫的程式。

我們透過『$server』設定為『127.0.0.1』，來設定 MySQL 資料庫伺服器的網址，透過之前筆者所述，由於我們網頁伺服器與 MySQL 資料庫伺服器的網址都設在同一台伺服器(主機)，所以設成『127.0.0.1』或『localhost』本機就可以了。

我們透過『$user』設定為『nukiot』，來設定 MySQL 資料庫伺服器的資料庫使用者為『nukiot』，透過之前筆者所述，可以知道 MySQL 資料庫伺服器的授權使用者為『nukiot』，若讀者有其他需要，請自行變更修改之。

我們透過『$pass』設定為『12345678』，來設定 MySQL 資料庫伺服器的資料庫使用者為『nukiot』得連線密碼，，透過之前筆者所述，可以知道 MySQL 資料庫伺服器的使用者為『nukiot』得連線密碼為『12345678』，若讀者有其他需要，請自行變更修改之。

我們透過『$db』設定為『nukiot』，來設定 MySQL 資料庫伺服器的使用的資料庫名稱設定為『nukiot』，透過之前筆者所述，由於我們使用的資料庫名稱設定為『nukiot』，連接的資料庫為『nukiot』。

我們透過『$dbport』設定為『3306』，來設定 MySQL 資料庫伺服器的通訊埠，，透過之前筆者所敘，可以知道 MySQL 資料庫伺服器的通訊埠為預設值『3306』，若讀者有其他需要，請自行變更修改之。

表 284 呼叫 MySQL 連接程式 iotcnn.php

```
include("../Connections/iotcnn.php");              //使用資料庫的呼叫程式
```

程式網址：https://github.com/brucetsao/ESP10Course/tree/main/web/nuk/ Connections/

如下表與上圖所示，我們要產生下表所示之 json 格式，所以我們必須產生『Device』：資料收集器之網路卡編號，以及『Datalist』的 溫溼度資料陣列，而這個資料列下，『Temperature』：溫度與『Humidity』：濕度兩個資訊，由於這兩個資訊必須要給與時間戳記，所以我們又加入『Datetime』:日期時間值的必要資訊，形成一個子 json 文件的陣列。

表 285 回傳 json 格式範例

```
{
    "Device":"E89F6DE8F3BC",
    "Datalist":[
    {"Datetime":"20220101",
    "Temperature":"23",
    "Humidity":"23"
    }
    ]
}
```

程式網址：https://github.com/brucetsao/ESP10Course/tree/main/web/nuk/

如下表所示，我們可以看到第一層 json 資料只有『Device』：資料收集器之網路卡編號，以及『Datalist』的 溫溼度資料陣列。

表 286 第一層 json 資料

```
{
    "Device":"E89F6DE8F3BC",
    "Datalist":溫溼度資料陣列
}
```

如下表所示，所以我們建立『\"Device\":\"%s\"』之格式化字串來產生『Device』：資料收集器之網路卡編號，另一個使用『\"Datalist\":[%s]』格式化字串來產生『Datalist』的 溫溼度資料陣列，並且使用『$jsonarray』來儲存整個格式化字串的內容變數。

表 287 第一層 json 資料的格式畫套表字串

```
$jsonarray= "{\"Device\":\"%s\",\"Datalist\":[%s]}" ;
```

如下表所示，我們可以看到第二層 json 資料有所有溫溼度資料及產生的 json 文件的子資料集合，其資料內容如下，『Temperature』：溫度與『Humidity』：濕度兩個資訊，由於這兩個資訊必須要給與時間戳記，所以我們又加入『Datetime』:日期時間值的必要資訊，形成一個子 json 文件的陣列內有『Device』：資料收集器之網路卡編號，以及『Datalist』的 溫溼度資料陣列。

表 288 第二層 json 資料

```
{"Datetime":"20220101",
"Temperature":"23",
"Humidity":"23"
}
```

如下表所示，所以我們建立『\"Datetime\":\"%s\"』之格式化字串來產生『Datetime』：溫溼度資料的時間戳記，另一個使用『\"Temperature\":\"%s\"』格式化字串來產生『Temperature』的 溫度資料，另一個使用『\"Humidity\":\"%s\"』格式化字串來產生『Humidity』的 溼度資料，並且使用『$ jsonrow』來儲存整個格式化字串的內容變數。

表 289 第二層 json 資料的格式畫套表字串

```
$jsonrow= "{\"Datetime\":\"%s\",\"Temperature\":\"%s\",\"Humidity\":\"%s\"}" ;
```

所以接下來我們看看程式如何接收參數列表，由於該程式採用 http GET 的方式查詢溫溼度感測資料，所以採用『dht2jsonwithdate.php?MAC=E89F6DE8F3BC&start=20200101&end=20221231』方式來傳送『MAC』網路卡編號、『start』開始日期、『end』結束日期三種篩選參數資料。

如下表所示，由於我們使用 RESTFul API 的 http GET 方式傳入資料，所以我們必須建立 http GET 的傳入參數，由於我們使用『http://nuk.arduino.org.tw:8888/dhtdata/dht2jsonwithdate.php?MAC=E89F6DE8F3BC&start=20200101&end=20221231』的網址方式建立：資料介面代理人程式(Data Visualized Agent)，來查詢感測器資料，所以我們有『MAC= E89F6DE8F3BC』、『start=20200101』、『end=20221231』三個參數傳入 http GET 資料介面代理人程式(Data Visualized Agent)，所以我們有***『MAC』、『start』、『end』***三個參數需要接收。

所以我們建*立『$sid』、『$s1』、『$s2』三個變數來接收『MAC』、『start』、『end』三個傳入參數*。

如下表所示，所以我們使用『$sid=$_GET["MAC"];];』來接收外來參數『MAC』，程式內部採用『$sid』接收它，因為是 http GET 傳輸方式，所以我們***採用『$_GET["傳入參數名稱"]』的函數來接收解譯外來參數***。

如下表所示，所以我們使用『$s1=$_GET["start"]』來接收外來參數『start』，程式內部採用『$ s1』接收它，因為是 http GET 傳輸方式，所以我們***採用『$_GET["傳入參數名稱"]』的函數來接收解譯外來參數***。

如下表所示，所以我們使用『$s2=$_GET["end"];』來接收外來參數『end』，程式內部採用『end』接收它，因為是 http GET 傳輸方式，所以我們***採用『$_GET["傳入參數名稱"]』的函數來接收解譯外來參數***。

表 290 dht2jsonwithdate.php 傳送資料參數表

```
$sid=$_GET["MAC"];          //取得 GET 參數 : MAC
```

```
$s1=$_GET["start"];        //取得 GET 參數 : start
$s2=$_GET["end"];          //取得 GET 參數 : end
```

如下表所示，由於所有的關聯式資料庫，都是採用 SQL 語法來維護資料庫，所以我們可以看到***查詢 dhtdata 資料表的限制條件 SQL 語法，並透過『mac = '%s'』、『systime >= '%s'』、『systime <= '%s'』三個條件式，來限制『dhtData 資料表』***的資料收集器的擁有者與限制起訖日的時間條件。

表 291 查詢 dhtData 資料表的限制條件 SQL 語法

```
$qry1 = "select * from nukiot.dhtData where mac = '%s' and systime >= '%s' and systime
<= '%s' order by systime asc " ;              //將 dhtdata 的資料找出來
```

如下表所示，我們透過『sprintf()』函式，把上表所述之資料收集器的擁有者與限制起訖日的時間條件，透過$sid, $s1, $s2 三個變數值，透過 sprintf()函式轉換，把上表所述之 dhtData 資料表的限制條件 SQL 語法：$qry1，填入對應值之後，並將完整的 SQL 與法，填入『$qry1』變數。

表 292 用變數替補方式產生 dhtData 資料表的查詢 SQL 語法

```
$qrystr = sprintf($qry1 , $sid, $s1, $s2) ;
```

如下表所示，我們可以看到完成 dhtData 資料表的查詢 SQL 語法。

表 293 變數替補方式產生 dhtData 資料表的查詢 SQL 語法

```
select * FROM nukiot.dhtData where mac = 'E89F6DE8F3BC' and systime >= "20200101"
and systime <= "20221231" order by systime asc
```

最後把傳入的參數與 dhtData 資料表的欄位整合，透過下列程式，組立成為查詢 SQL 敘述句語法：

所以如下表所示，我們使用『$qrystr = sprintf($qry1 , $sid, $s1, $s2) ;』轉出上表所示之實際情況的查詢資料的 SQL 語法，而我們用『$qrystr』變數來接收『sprintf($qry1 , $sid, $s1, $s2)』轉出上表所示之實際情況的查詢資料的 SQL 語法。

接下來我們使用指令『mysqli_query(資料庫連結, SQL 語法)』的指令，來執行所要執行的 SQL 語法，，語法使用『$result= mysqli_query($link ,$qrystr);』語法來執行查詢資料的 SQL 語法，並把結果回傳到『$result』變數。

由於組成 json 文件必須控制內容與目前第幾筆的需求，所以接下來我們使用指令『$cnt= 1』設定第幾筆位置的變數：『$cnt= 1』。

由於組成 json 文件必須控制內容總筆數與目前第幾筆的需求，所以用我們使用指令『mysqli_num_rows(執行 SQL 語法回傳之資料及變數)』的方法進行取得回傳之內容總筆數，所以接下來我們使用指令『$count = mysqli_num_rows($result)』設定得到查詢資料的 SQL 語法後，得到回傳的資料集共有幾筆資料，並透過變數：『$count』來取得該內容。

表 294 執行 SQL 查詢語法與控制筆數資訊

```
$result= mysqli_query($link ,$qrystr );          //找出多少筆
$cnt= 1 ;
$count = mysqli_num_rows($result) ;
```

如下表所示，我們透過『if ($count >0)』條件判斷的指令，判斷回傳總筆數：變數『$count』是否大於零，來決定確定有資料可以處理。

表 295 判斷式決定回傳資料存在進行產生 json 資料程式碼

```
if ($count >0)
{
產生 json 資料程式碼
```

```
}
```

如下表所示，我們透過『while($row = mysqli_fetch_array($result))』的 while 迴圈，每讀取一筆資料，則進入處理一筆資料。

如下表所示，我們透過『$row = mysqli_fetch_array($result)』的方式，因為『mysqli_fetch_array($result)』會讀取執行 SQL 查詢語法的回傳資料集『$result』的資料集內容的一列資料，並把一列資料的變數陣列，回送到『$row』變數。

由於『mysqli_fetch_array(資料集)』的指令每讀取一次，會把目前資料集所在位置(第 n 筆) 的所在位置當列的資料以陣列方式讀回，並且可以回傳到接收的變數，並且會把目前資料集所在位置(第 n 筆) 的所在位置加一，即跳到(第 n + 1 筆)位置，如果第 n + 1 筆沒有資料，會出現『end of file』的情況。

如果『mysqli_fetch_array(資料集)』的指令讀取的位置，已經沒有資料，即是到『end of file』的位置，則『mysqli_fetch_array(資料集)』的指令無法讀取『end of file』的資料，於是會回傳『false』的邏輯型態的內容傳到接收的變數，於是『while($row = mysqli_fetch_array($result))』的結果會等同於『while(false)』，於是中斷讀取資料的迴圈，離開迴圈。

表 296 迴圈讀取回傳資料進行產生 json 資料程式碼

```
while($row = mysqli_fetch_array($result))
{
產生 json 資料程式碼

}
```

如下表所示，我們透過 sprintf()函數，將『"{\"Datetime\":\"%s\",\"Temperature\":\"%s\",\"Humidity\":\"%s\"}"』的格式化字串：『$jsonrow』的變數，*填入『$row['systime']』：溫濕度產生之日期時間、『$row['temperature']』：感測器溫度值*、『$row['humidity']』：感測器濕度值三個讀取回傳資料列的資料。

由於我們使用『$row』的資料列讀取值之陣列變數，我們可以使用『資料列讀取值之陣列變數[“欄位名稱”]』的指令格式方式，來讀取『$row』的資料列讀取值之陣列變數內對應的欄位名稱之資料內容。

如下表所示之 json 資料，我們將透過下下表所示之命令：『sprintf($jsonrow,$row['systime'],$row['temperature'],$row['humidity'])』的格式化字串進行資料內容的轉換，可以得到下框的內容。

```
{"Datetime":"20220101",
 "Temperature":"23",
 "Humidity":"23"
 }
```

表 297 轉換讀取資料列的欄位進行轉換為 json 文件

```
$tmp1 = sprintf($jsonrow,$row['systime'],$row['temperature'],$row['humidity'])   ;
```

如下表所示，由於我們是需要讀取整個回傳的資料集：『$result』，並轉成 json 的陣列資料，所以必須把*讀取到的『$tmp1』的變數內容，透過字串=字串+讀取到的字串的指令方式*(如下表所示)，把所有資料累加到字串。

表 298 執行新增資料到 dhtdata 資料表之 SQL 語法

```
$t1 = $t1.$tmp1;
```

如下表所示，由於在 json 陣列中，每一個下框內容：

```
{"Datetime":"20220101",
 "Temperature":"23",
 "Humidity":"23"
 }
```

為單獨一個內容，所以每增加一個內容，之間必須要加入一個『,』：逗號，所以必須要*用『$t1 = $t1.",";』的語法*來處理。

但是由於這些變數之間的『,』：逗號，在最後一筆的時候，不能加入『,』：逗號，所以我們用，來執行所要執行的 SQL 語法，所以我們*用『if (目前位置 < 總筆數)』的判斷是來確定是否執行$t1 = $t1.",";』的語法*。

為了處理這樣的機制，我們針對『$cnt』：目前位置在每一個迴圈重新進入時，會進行累加的動作。

表 299 判斷是否加入逗號於兩個資料之間

```
if ($cnt < $count)
{
        $t1 = $t1."," ;
}
```

如下表所示，我們針對『$cnt』：目前位置，在每一個迴圈重新進入時，會進行累加的動作。

表 300 累加讀取資料集之位置(筆數)變數

```
$cnt=$cnt+1 ;
```

如下表所示，由於我們第一階的 json 資料內容：『Device』：資料收集器之網路卡編號，以及『Datalist』的 溫溼度資料陣列。

表 301 第一層 json 資料

```
{
    "Device":"E89F6DE8F3BC",
    "Datalist":溫溼度資料陣列
```

```
}
```

我們可以使用命令『sprintf(格式化字串，變數 1，…)』的指令，來產生格式化字串：『"{\"Device\":\"%s\",\"Datalist\":[%s]}"』來填入『$sid』：傳入之資料收集器之網路卡編號與『$t1』：上面迴圈產生之溫溼度資料集之 json 文件字串。

透過使用命令『sprintf(格式化字串，變數 1，…)』的指令來填入『Device』：裝置網路卡編號，『Datalist』：資料集陣列的方式，完整建立查詢『dhtData』資料集的完成 json 文件內容。

使用下表所示之語法：『$tmpp = sprintf($jsonarray,$sid,$t1) ;』來產生上表所示之 json$tmpp = sprintf($jsonarray,$sid,$t1) ;。

表 302 產生最後完整的 json 文件字串

```
$tmpp = sprintf($jsonarray,$sid,$t1) ;
```

如下表所示，我們最後把產生最後完整的 json 文件字串：『$tmpp』文字字串變數，透過『echo 要顯示的內容或變數』的語法，來顯示最後完整的 json 文件字串到網頁介面上。

表 303 顯示最後完整的 json 文件字串

```
echo $tmpp ;
```

如下表所示，我們可以使用指令『mysqli_free_result(資料集變數)』的指令，來釋放放回傳資料集變數的記憶體內容。

表 304 關閉資料集

```
mysqli_free_result($result);
```

如下表所示，我們可以使用指令『mysqli_close (資料庫連線變數)』的指令，來釋放資料庫連線的記憶體內容。

表 305 關閉資料庫連線

```
mysqli_close($link);
```

接續上文之後，我們完成一個溫溼度資料查詢之資料介面代理人程式(Data Visualized Agent)，將透過傳遞資料收集器的辨識 ID 與時間區段，透過瀏覽器輸入『http://nuk.arduino.org.tw:8888/dhtdata/dht2jsonwithdate.php?MAC=E89F6DE8F3BC&start=20200101&end=20221231』就可以看到如下圖所示，回傳該資料收集器的辨識 ID 與時間區段的查詢資料，並且以 json 格式即時回傳到網頁。

所以溫溼度資料查詢之資料介面代理人程式(Data Visualized Agent)的 API 介面屆將透過傳遞資料收集器的辨識 ID 與時間區段，以下列格式：『http://nuk.arduino.org.tw:8888/dhtdata/dht2jsonwithdate.php?MAC=資料收集器網卡號碼&start=起始時間(YYYYMMDD)&end=結束時間(YYYYMMDD)』就可以看到如下圖所示(本圖使用網站：https://jsonformatter.org/#，格式化功能顯示)，回傳該資料收集器的辨識 ID 與時間區段的查詢資料，並且以 json 格式即時回傳到網頁。

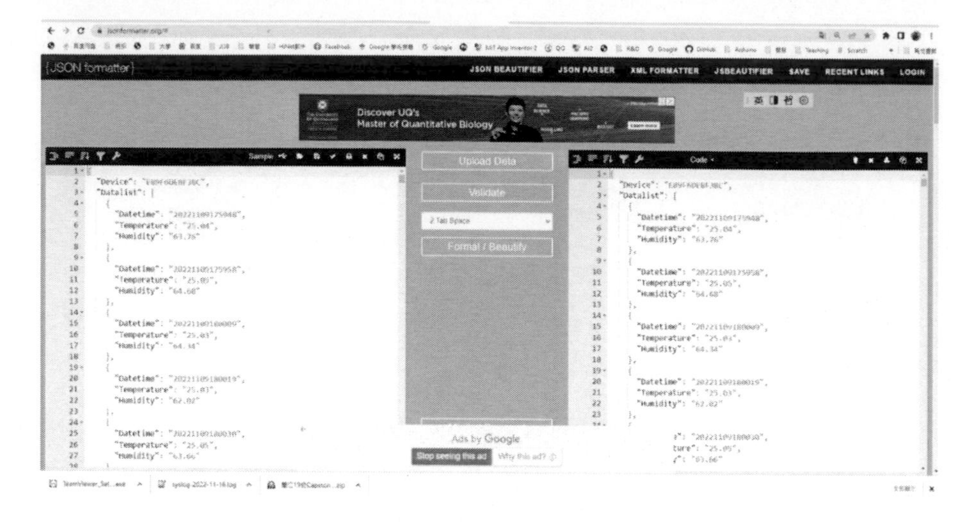

圖 357 成功顯示某裝置之溫溼度資料集之 json 文件內容畫面

運用物件技巧建立溫濕度資料查詢介面

依上文，在『建立溫濕度資料查詢介面』一節中，我們要建立一個溫溼度資料查詢之資料介面代理人程式(Data Visualized Agent)，將透過傳遞資料收集器的辨識 ID 與時間區段，透過瀏覽器輸入『http://nuk.arduino.org.tw:8888/dhtdata/dht2jsonwithdate.php?MAC=E89F6DE8F3BC&start=20200101&end=20221231』就可以看到如下表所示，回傳該資料收集器的辨識 ID 與時間區段的查詢資料，並且以 json 格式即時回傳到網頁。

表 306 溫溼度查詢 json 資料

```
{
  "Device": "3C71BFFD882C",
  "Datalist": [
    {
      "Datetime": "20210429025219",
      "Temperature": "29",
```

```
      "Humidity": "64.5"
    },
    {
      "Datetime": "20210429025232",
      "Temperature": "29",
      "Humidity": "64.4"
    }
  ]
}
```

所以溫溼度資料查詢之資料介面代理人程式(Data Visualized Agent)的 API 介面將透過傳遞資料收集器的辨識 ID 與篩選之時間區段，以下列格式：『http://nuk.arduino.org.tw:8888/dhtdata/dht2jsonwithdate.php?MAC=資料收集寄網卡號碼&start=起始時間(YYYYMMDD)&end=結束時間(YYYYMMDD)』就可以看到如下圖所示(本圖使用網站：https://jsonformatter.org/#，格式化功能顯示)，回傳該資料收集器的辨識 ID 與時間區段的查詢資料，並且以 json 格式即時回傳到網頁。

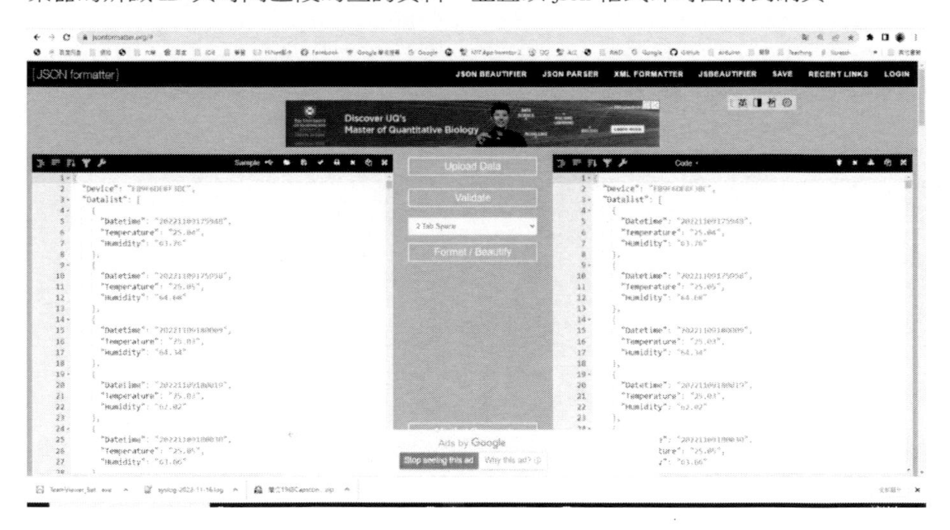

圖 358 成功顯示某裝置之溫溼度資料集之 json 文件內容畫面

如前文所示，我們可以看到之前『dht2jsonwithday.php』之資料介面代理人程式(Data Visualized Agent)的原始碼，我們會發現，由於要產生 json 文件，透過『sprintf()』

進行轉換 json 文件，加上 json 文件可以容納多筆資料，所以我們必須要迴圈作業來處理，由於是多筆資料，多階層資料，所以一旦 json 文件的內容複雜之後，程式的複雜度將會以指數複雜度成長，所以***使用『sprintf()』進行轉換 json 文件將是一個非常複雜的問題***。

由於新版的 php 具有類別型態的變數，其這些型態又支援多筆資料(陣列)，多階層資料(遞迴資料階層)等複雜的特性，所以筆者將之前『dht2jsonwithday.php』改寫為如下表所示之『dht2jsonwithday2.php』物件技巧之資料介面代理人程式(Data Visualized Agent)。

表 307 物件技巧之溫溼度查詢 json 資料程式碼內容(dht2jsonwithdate2.php)

```
<?php
//http://nuk.arduino.org.tw:8888/dhtdata/dht2jsonwithdate.php?MAC=E89F6DE8F3BC&start
=20200101&end=20221231
//include("../comlib.php");        //使用資料庫的呼叫程式
include("../Connections/iotcnn.php");         //使用資料庫的呼叫程式
$link=Connection();        //產生 mySQL 連線物件
 class maindata{
        public $Device ;
        public $Datalist ;
   }
   class subdata{
        public $Datetime    ;
        public $Temperature ;
        public $Humidity ;
   }
/*
{
      "Device":"E89F6DE8F3BC",
      "Datalist":[
      {"Datetime":"20220101",
      "Temperature":"23",
      "Humidity":"23"
      }
      ]
```

```
}
*/
$jsonarray= "{\"Device\":\"%s\",\"Datalist\":[%s]}" ;
$jsonrow= "{\"Datetime\":\"%s\",\"Temperature\":\"%s\",\"Humidity\":\"%s\"}" ;
$sid=$_GET["MAC"];            //取得 GET 參數 : MAC
$s1=$_GET["start"];       //取得 GET 參數 : start
$s2=$_GET["end"];         //取得 GET 參數 : end
//select * FROM dhtData where mac = '3C71BFFD882C' and systime >= "20210101" and
systime <= "20211231" order by systime asc
//select * FROM dhtData where mac = '%s' and systime > '%s' and systime < '%s'
$qry1 = "select * from nukiot.dhtData where mac = '%s' and systime >= '%s' and systime <=
'%s' order by systime asc " ;            //將 dhtdata 的資料找出來
$qrystr = sprintf($qry1 , $sid, $s1, $s2) ;          //將 dhtdata 的資料找出來
//echo $qrystr."<br>" ;
$result= mysqli_query($link ,$qrystr );          //找出多少筆
$cnt= 1 ;
$count = mysqli_num_rows($result) ;
//echo $count."<br>";
 if ($count >0)
 {
        $dd = array() ;
 while($row = mysqli_fetch_array($result))
        {
                $subdata = new subdata() ;
                $subdata->Datetime = $row["systime"] ;
                $subdata->Temperature = $row["temperature"]    ;
                $subdata->Humidity =    $row["humidity"] ;
               //將上面一筆的資料集 json 資料，加到陣列$dd
                array_push($dd , $subdata) ;
 }
        //echo "<br>========================================<br><br>";
       $maindata->Device = $sid ;
       $maindata->Datalist = $dd;
        //$user = utf8_encode($user) ;
        echo json_encode($maindata, JSON_UNESCAPED_UNICODE);
 }
mysqli_free_result($result);      // 關閉資料集
 mysqli_close($link);             // 關閉連線
?>
```

程式網址：https://github.com/brucetsao/ESP10Course/tree/main/web/nuk/dhtdata

如下表所示，接下來我們透過執行『include("所在路徑/iotcnn.php")』，將連線函數程式『iotcnn.php』加入任何要運作資料庫的程式，如『include("../Connections/iotcnn.php");』。

因為所有的程式一開始，則所有含入『iotcnn.php』的程式就可以輕易使用資料庫的連線，而不必要重新攥寫連線資料庫的程式。

我們透過『$server』設定為『127.0.0.1』，來設定 MySQL 資料庫伺服器的網址，透過之前筆者所述，由於我們網頁伺服器與 MySQL 資料庫伺服器的網址都設在同一台伺服器(主機)，所以設成『127.0.0.1』或『localhost』本機就可以了。

我們透過『$user』設定為『nukiot』，來設定 MySQL 資料庫伺服器的資料庫使用者為『nukiot』，透過之前筆者所述，可以知道 MySQL 資料庫伺服器的授權使用者為『nukiot』，若讀者有其他需要，請自行變更修改之。

我們透過『$pass』設定為『12345678』，來設定 MySQL 資料庫伺服器的資料庫使用者為『nukiot』得連線密碼，，透過之前筆者所述，可以知道 MySQL 資料庫伺服器的使用者為『nukiot』得連線密碼為『12345678』，若讀者有其他需要，請自行變更修改之。

我們透過『$db』設定為『nukiot』，來設定 MySQL 資料庫伺服器的使用的資料庫名稱設定為『nukiot』，透過之前筆者所述，由於我們使用的資料庫名稱設定為『nukiot』，連接的資料庫為『nukiot』。

我們透過『$dbport』設定為『3306』，來設定 MySQL 資料庫伺服器的通訊埠，透過之前筆者所敘，可以知道 MySQL 資料庫伺服器的通訊埠為預設值『3306』，若讀者有其他需要，請自行變更修改之。

。

表 308 呼叫 MySQL 連接程式 iotcnn.php

```
include("../Connections/iotcnn.php");          //使用資料庫的呼叫程式
```

程式網址：https://github.com/brucetsao/ESP10Course/tree/main/web/nuk/ Connections/

如下表與上圖所示，我們要產生下表所示之 json 格式，所以*必須產生『Device』：資料收集器之網路卡編號，以及『Datalist』的 溫溼度資料陣列*，而這個資料列下，『Temperature』：溫度與『Humidity』：濕度兩個資訊，由於這兩個資訊必須要給與時間戳記，所以我們又加入『Datetime』:日期時間值的必要資訊，形成一個子 json 文件的陣列。

表 309 回傳 json 格式範例

```
{
    "Device":"E89F6DE8F3BC",
    "Datalist":[
    {"Datetime":"20220101",
    "Temperature":"23",
    "Humidity":"23"
    }
    ]
}
```

程式網址：https://github.com/brucetsao/ESP10Course/tree/main/web/nuk/

如下表所示，我們可以看到第一層 json 資料只有『Device』：資料收集器之網路卡編號，以及『Datalist』的 溫溼度資料陣列。

表 310 第一層 json 資料

```
{
    "Device":"E89F6DE8F3BC",
    "Datalist":溫溼度資料陣列
}
```

如下表所示，所以運用 class 的物件能力，我們建立『class 第一層資料{內容變數列表}』之 class 的物件來產生第一層資料的內容，旗下『$Device』：物件屬性來當為資料收集器之網路卡編號，另一個使用『$Datalist』：物件屬性來當為溫溼度資料陣列，並且使用『maindata』來建立 class 的物件變數名稱。

表 311 第一層 json 資料的 class 的物件

```
class maindata{
        public $Device ;
        public $Datalist ;
   }
```

如下表所示，我們可以看到第二層 json 資料有所有溫溼度資料及產生的 json 文件的子資料集合，其資料內容如下，『Temperature』：溫度與『Humidity』：濕度兩個資訊，由於這兩個資訊必須要給與時間戳記，所以我們又加入『Datetime』:日期時間值的必要資訊，形成一個子 json 文件的陣列後，可以將整個陣列存入『maindata』：物件之『Datalist』：溫溼度資料陣列屬性內。

表 312 第二層 json 資料

```
{"Datetime":"20220101",
"Temperature":"23",
"Humidity":"23"
}
```

如下表所示，所以*運用 class 的物件能力，我們建立『class 第二層資料{內容變數列表}』之 class 的物件來產生第二層資料的內容*，旗下『$Datetime』物件為感測器之『systime』欄位之日期時間資料，另一個使用『$Temperature』物件為感測器之『temperature』欄位之溫度資料，另一個使用『$Humidity』件為感測器之『humidity』的欄位之溼度資料，並且*使用『subdata』來建立第二層 class 的物件變數名稱*。

表 313 第二層 json 資料的 class 的物件

```
  class subdata{
```

```
    public $Datetime    ;
    public $Temperature ;
    public $Humidity ;
  }
```

所以接下來我們看看程式如何接收參數列表，由於該程式採用 http GET 的方式查詢溫溼度感測資料，所以採用『dht2jsonwithdate.php?MAC=E89F6DE8F3BC&start=20200101&end=20221231』方式來傳送『MAC』網路卡編號、『start』開始日期、『end』結束日期三種篩選參數資料。

如下表所示，由於我們使用 RESTFul API 的 http GET 方式傳入資料，所以我們*必須建立 http GET 的傳入參數，由於我們使用『http://nuk.arduino.org.tw:8888/dhtdata/dht2jsonwithdate.php?MAC=E89F6DE8F3BC&start=20200101&end=20221231』的網址方式建立：資料介面代理人程式(Data Visualized Agent)，來查詢感測器資料*，所以我們*有『MAC= E89F6DE8F3BC』、『start=20200101』、『end=20221231』三個參數傳入 http GET 資料介面代理人程式(Data Visualized Agent)，所以我們有『MAC』、『start』、『end』三個參數需要接收*。

所以我們*建立『$sid』、『$s1』、『$s2』三個變數來接收『MAC』、『start』、『end』三個傳入參數*。

如下表所示，所以我們使用『$sid=$_GET["MAC"];];』來接收外來參數『MAC』，程式內部採用『$sid』接收它，因為是 http GET 傳輸方式，所以我們*採用『$ GET["傳入參數名稱"]』的函數來接收解譯外來參數*。

如下表所示，所以我們使用『$s1=$_GET["start"]』來接收外來參數『start』，程式內部採用『$ s1』接收它，因為是 http GET 傳輸方式，所以我們*採用『$ GET["傳入參數名稱"]』的函數來接收解譯外來參數*。

如下表所示，所以我們使用『$s2=$_GET["end"];』來接收外來參數『end』，程式內部採用『end』接收它，因為是 http GET 傳輸方式，所以我們*採用『$ GET["傳入參數名稱"]』的函數來接收解譯外來參數*。

表 314 dht2jsonwithdate.php 傳送資料參數表

```
$sid=$_GET["MAC"];          //取得 GET 參數 : MAC
$s1=$_GET["start"];      //取得 GET 參數 : start
$s2=$_GET["end"];        //取得 GET 參數 : end
```

如下表所示，由於所有的關聯式資料庫，都是採用 SQL 語法來維護資料庫，所以我們可以看到查詢 dhtdata 資料表的限制條件 SQL 語法，並透過『mac = '%s'』、『systime >= '%s'』、『systime <= '%s'』三個條件式，來限制『dhtData 資料表』的資料收集器的擁有者與限制起訖日的時間條件。

表 315 查詢 dhtData 資料表的限制條件 SQL 語法

```
$qry1 = "select * from nukiot.dhtData where mac = '%s' and systime >= '%s' and systime <= '%s' order by systime asc " ;      //將 dhtdata 的資料找出來
```

如下表所示，我們透過『sprintf()』函式，把上表所述之資料收集器的擁有者與限制起訖日的時間條件，透過$sid, $s1, $s2 三個變數值，透過 sprintf()函式轉換，把上表所述之 dhtData 資料表的限制條件 SQL 語法：$qry1，填入對應值之後，並將完整的 SQL 與法，填入『$qry1』變數。

表 316 用變數替補方式產生 dhtData 資料表的查詢 SQL 語法

```
$qrystr = sprintf($qry1 , $sid, $s1, $s2) ;
```

如下表所示，我們可以看到完成 dhtData 資料表的查詢 SQL 語法。

表 317 變數替補方式產生 dhtData 資料表的查詢 SQL 語法

```
select * FROM nukiot.dhtData where mac = 'E89F6DE8F3BC' and systime >= "20200101" and systime <= "20221231" order by systime asc
```

最後把傳入的參數與 dhtData 資料表的欄位整合，透過下列程式，組立成為查詢 SQL 敘述句語法：

所以如下表所示，我們使用『$qrystr = sprintf($qry1 , $sid, $s1, $s2) ;』轉出上表所示之實際情況的查詢資料的 SQL 語法，而我們用『$qrystr』變數來接收『sprintf($qry1 , $sid, $s1, $s2)』轉出上表所示之實際情況的查詢資料的 SQL 語法。

接下來我們使用指令『mysqli_query(資料庫連結, SQL 語法)』的指令，來執行所要執行的 SQL 語法，，其程式語法使用『$result= mysqli_query($link ,$qrystr);』內容來查詢資料的 SQL 語法，並把*結果回傳到『$result』變數*。

表 318 執行 SQL 查詢語法

```
$result= mysqli_query($link ,$qrystr );          //找出多少筆
```

如下表所示，我們透過『while($row = mysqli_fetch_array($result))』的 while 迴圈，每讀取一筆資料，則進入處理一筆資料。

如下表所示，我們透過『$row = mysqli_fetch_array($result)』的方式，因為『mysqli_fetch_array($result)』會讀取執行 SQL 查詢語法的回傳資料集『$result』的資料集內容的一列資料，並把一列資料的變數陣列，回送到『$row』變數。

由於『mysqli_fetch_array(資料集)』的指令每讀取一次，會把目前資料集所在位置(第 n 筆) 的所在位置當列的資料以陣列方式讀回，並且可以回傳到接收的變數，並且會把目前資料集所在位置(第 n 筆) 的所在位置加一，即跳到(第 n + 1 筆)位置，如果第 n + 1 筆沒有資料，會出現『end of file』的情況。

如果『mysqli_fetch_array(資料集)』的指令讀取的位置，已經沒有資料，即是到『end of file』的位置，則『mysqli_fetch_array(資料集)』的指令無法讀取『end of file』的資料，於是會回傳『false』的邏輯型態的內容傳到接收的變數，於是『while($row

= mysqli_fetch_array($result))』的結果會等同於『while(false)』，於是中斷讀取資料的迴圈，離開迴圈。

表 319 迴圈讀取回傳資料進行產生 json 資料程式碼

```
while($row = mysqli_fetch_array($result))
{
產生 json 資料程式碼

}
```

如下表所示，由於我們是*需要讀取整個回傳的資料集：『$result』，並轉成 json 的陣列資料*，所以必須把*讀取到的『$subdata』的物件變數內容，透過『array_push(陣列變數，要加入陣列之變數資料)』存入陣列*，所以我們必須先將這個陣列變數宣告，所以我們使用『陣列變數= array()』來產生一個空白的陣列變數。

表 320 執行新增資料到 dhtdata 資料表之 SQL 語法

```
 $dd = array() ;
```

如下表所示，我們透過『$subdata = new subdata()』產生第二層 json 物件，並命名為『$subdata』，如下框所是，如此我們可以直覺畫建立 json 資料：

```
$subdata->Datetime = $row["systime"] ;
$subdata->Temperature = $row["temperature"]    ;
$subdata->Humidity =    $row["humidity"] ;
```

使用『$subdata->Datetime = $row["systime"]』的指令就可以將『$subdata->Datetime』的變數，填入『$row['systime']』：溫濕度產生之日期時間。

使用『$subdata->Temperature = $row["temperature"]』的指令就可以將『$subdata->Temperature]』的變數，填入『$row[temperature]』：感測器溫度值。

使用『$subdata->Humidity = $row["humidity"]』的指令就可以將『$subdata->Humidity]』的變數，填入『$row[humidity]』：感測器濕度值。

由於我們使用『$row』的資料列讀取值之陣列變數，我們可以使用『資料列讀取值之陣列變數[“欄位名稱”]』的指令格式方式，來讀取『$row』的資料列讀取值之陣列變數內對應的欄位名稱之資料內容。

表 321 轉換讀取資料列的欄位進行轉換為第二層 json 文件

```
$subdata = new subdata() ;
 $subdata->Datetime = $row["systime"] ;
 $subdata->Temperature = $row["temperature"]    ;
 $subdata->Humidity =    $row["humidity"] ;
```

如下表所示，由於我們是需要讀取整個回傳的資料集：『$result』，並轉成 json 的陣列資料，所以必須把讀取到的『$subdata』的物件變數內容，透過『array_push(陣列變數，要加入陣列之變數資料)』的指令方式。透過『array_push($dd , $subdata) ;』的命令，把讀出資料之『$subdata』class 物件內容，累加到『$dd』陣列變數之中。

表 322 執行新增資料到 dhtdata 資料表之 SQL 語法

```
array_push($dd , $subdata) ;
```

接下來如下表所示，我們可以看到擷取第二層 json 資料之迴圈，透過上述程式，不斷迴圈一筆一筆將溫濕的的資料讀出來，由於我們是需要讀取整個回傳的資料集：『$result』，並轉成 json 的陣列資料，所以必須把讀取到的『$subdata』的物件變數內容，透過『array_push(陣列變數，要加入陣列之變數資料)』的指令方式。透過『array_push($dd , $subdata) ;』的命令，把讀出資料之『$subdata』class 物件內容，累加到『$dd』陣列變數之中，當整個迴圈因為讀取回傳的資料集：『$result』，致使筆數位置不斷往下一筆移動後，當移動到最後沒有資料的時候，上面提到：『$row』：一筆資料之陣列就會為『false』而結束迴圈。

表 323 擷取第二層 json 資料之迴圈

```
while($row = mysqli_fetch_array($result))
{
產生 json 資料程式碼
}
```

如下表所示，由於我們第一階的 json 資料內容：『Device』：資料收集器之網路卡編號，以及『Datalist』的 溫溼度資料陣列。

表 324 第一層 json 資料

```
{
    "Device":"E89F6DE8F3BC",
    "Datalist":溫溼度資料陣列
}
```

我們可以使用命令『$maindata->Device = $sid』的指令，來填入『$sid』：傳入之資料收集器之網路卡編號。

透過使用命令『$maindata->Datalist = $dd』的指令來填入『Datalist』：資料集陣列，完整建立查詢『dhtData』資料集的完成 json 文件內容。

表 325 將第二層 json 文件字串加入到第一層 json 物件

```
$maindata->Device = $sid ;
$maindata->Datalist = $dd;
```

如下表所示，由於顯示內容有文字集的問題，所以我們使用『echo json_encode(資料內容的變數或物件，文字集編碼格式』來轉換要輸出的內容進行文字集編碼格式的轉換後，透過『echo』輸出內容到網頁的命令，透過『echo 變數或文字內容』將我們要的變數或文字內容輸出內容到網頁。

表 326 顯示最後完整的 json 文件字串

```
echo json_encode($maindata, JSON_UNESCAPED_UNICODE);
```

如下表所示，我們可以使用指令『mysqli_free_result(資料集變數)』的指令，來釋放放回傳資料集變數的記憶體內容。

表 327 關閉資料集

```
mysqli_free_result($result);
```

如下表所示，我們可以使用指令『mysqli_close (資料庫連線變數)』的指令，來釋放資料庫連線的記憶體內容。

表 328 關閉資料庫連線

```
mysqli_close($link);
```

接續上文之後，我們完成一個溫溼度資料查詢之資料介面代理人程式(Data Visualized Agent)，將透過傳遞資料收集器的辨識 ID 與時間區段，透過瀏覽器輸入『http://nuk.arduino.org.tw:8888/dhtdata/dht2jsonwithdate.php?MAC=E89F6DE8F3BC&start=20200101&end=20221231』就可以看到如下圖所示，回傳該資料收集器的辨識 ID 與時間區段的查詢資料，並且以 json 格式即時回傳到網頁。

所以溫溼度資料查詢之資料介面代理人程式(Data Visualized Agent)的 API 介面屆將透過傳遞資料收集器的辨識 ID 與時間區段，以下列格式：『http://nuk.arduino.org.tw:8888/dhtdata/dht2jsonwithdate2.php?MAC=資料收集寄網卡號碼&start=起始時間(YYYYMMDD)&end=結束時間(YYYYMMDD)』就可以看到如下圖所示(本圖使用網站：https://jsonformatter.org/#，格式化功能顯示)，回傳該資料收集器的辨識 ID 與時間區段的查詢資料，並且以 json 格式即時回傳到網頁。

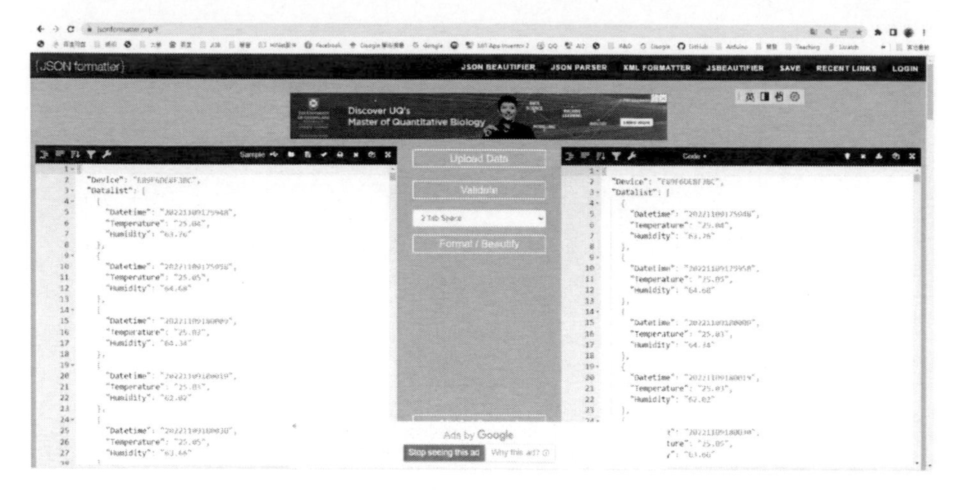

圖 359 成功顯示某裝置之溫溼度資料集之 json 文件內容畫面

建立溫濕度資料顯示介面

本書將要建立跨語言的概念，所以本章節將採用 Python 語言來當為視覺化呈現之工具語言。

讀取 RESTFul API

本文依上文，在『建立溫濕度資料查詢介面』一節中，我們要建立一個溫溼度資料查詢之資料介面代理人程式(Data Visualized Agent)，將透過傳遞資料收集器的辨識 ID 與時間區段，透過瀏覽器，輸入『http://nuk.arduino.org.tw:8888/dhtdata/dht2jsonwithdate.php?MAC=E89F6DE8F3BC&start=20200101&end=20221231』就可以看到如下表所示，回傳該資料收集器的辨識 ID 與時間區段的查詢資料，並且以 json 格式即時回傳到網頁。

由於本文要採用 Python 語言開發，如果讀者的 Python 還未安裝者，請參考網路作者：航宇教育團隊於網址：https://www.codingspace.school/blog/2021-04-07，發表之『【安裝教學】新手踏入 Python 第零步-安裝 Python3.9』之教學文(航宇教育團隊, 2022)。

由於本文要採用 Visual Studio Code　IDE 開發工具，如果讀者的 Visual Studio Code　IDE 開發工具，請參考網路作者：大叔於網址：https://www.citerp.com.tw/citwp2/2021/12/22/vs-code_python_01/，發表之『Visual Studio Code (VS Code) 安裝教學(使用 Python)』之教學文。

由於本文要採用 Python 語言開發，並且需要安裝許多外加套件，如果讀者對於 Python 安裝外加套件不熟悉者，請參考網路作者：11th 鐵人賽(iT 邦幫忙)於網址：https://ithelp.ithome.com.tw/articles/10222485，發表之『Day15 - Python 套件』之教學文。

我們接下來攥寫一個溫溼度資料查詢之資料介面代理人程式(Data Visualized Agent)，如下表所示之讀取 RESTFul API 之 http GET 程式，我們就可以透過 Python 讀取『溫溼度資料查詢之資料介面代理人程式(Data Visualized Agent)』所得到之 json 文件檔。

表 329 讀取 RESTFul API 之 http GET 程式

讀取 RESTFul API 之 http GET 程式(getDHTData01.py)

```
import sys#作業系統套件，用於檔案、目錄資料使用
import requests #建立雲端 WinSocket 連線的套件
import json      #了解 json 內容的 json 物件的套件
import time      #系統時間套件
import datetime        #時鐘物件
import math      #數學運算套件
import os # #作業系統套件，用於檔案、目錄資料使用
import http.client       #winsock 連線物件之討建
import unicodedata   #Unicode
from pathlib import Path  #存取檔案路徑之套件

from requests.exceptions import HTTPError #執行 http POST/GET 等發生錯誤處理之套件
#http://nuk.arduino.org.tw:8888/dhtdata/dht2jsonwithdate2.php?MAC=E89F6DE8F3BC&start=20200101&end=20221231
```

```
url1 =
"http://nuk.arduino.org.tw:8888/dhtdata/dht2jsonwithdate2.php?MAC=%s&start=%s&end=%
s"
#dt = input("請您輸入查詢日期(當年月最後日):")
mac = input("請您輸入查詢裝置網路卡編號(MAC Address):")
dt1 = input("請您輸入查詢開始日期(YYYYMMDD):")
dt2 = input("請您輸入查詢結束日期(YYYYMMDD):")
url = url1 % (mac,dt1,dt2)   #將輸入資料：MAC，DT1、DT2 與 URL1(php 網址)整合
再一起，組成要求資料的 Restful API
 #將輸入資料：MAC，DT1、DT2 與 URL1(php 網址)整合再一起，組成要求資料的
Restful API
print(url)
#MAC=E89F6DE8F3BC
#start=20210101
#end=20211231
try:
    res = requests.get(url)          #使用 http Get 將 http Get  之資料擷取之連線 URL 傳
入連線物件，進行連線
    res.raise_for_status()           #使用 http Get 將 http Get  狀態讀回
    table=json.loads(res.content.decode('utf-8'))
    print(json.dumps(table, sort_keys=True, indent=4))
    #用 json beauty  方式顯示
    print('Success!')
except HTTPError as http_err:
    print('HTTP error occurred: {http_err}')
    sys.exit(0)
except Exception as err:
    print('Other error occurred: {err}')
    sys.exit(0)
```

程式下載： https://github.com/brucetsao/ESP10Course/tree/main/web/nuk/dhtdata

我們透過『import 套件』的指令，來將系統需要的套件，一一含入，若讀者有其他需要，請自行變更修改之。

表 330 匯入程式所需要的套件

```
import sys#作業系統套件，用於檔案、目錄資料使用
```

```
import requests #建立雲端 WinSocket 連線的套件
import json     #了解 json 內容的 json 物件的套件
import time     #系統時間套件
import datetime     #時鐘物件
import math     #數學運算套件
import os # #作業系統套件，用於檔案、目錄資料使用
import http.client     #winsock 連線物件之討建
import unicodedata  #Unicode
from pathlib import Path  #存取檔案路徑之套件

from requests.exceptions import HTTPError
```

程式網址：https://github.com/brucetsao/ESP10Course/tree/main/web/nuk/ Connections/

之前有提到，要呼叫溫溼度資料查詢之資料介面代理人程式(Data Visualized Agent)，必須依照如下表所示之『http://nuk.arduino.org.tw:8888/dhtdata/dht2jsonwithdate2.php?MAC=E89F6DE8F3BC&start=20200101&end=20221231』：http GET 通訊格式，所以我們必須遵照他的格式。

表 331 溫溼度資料查詢之資料介面代理人程式(Data Visualized Agent)通訊格式

```
http://nuk.arduino.org.tw:8888/dhtdata/dht2jsonwithdate2.php?MAC=E89F6DE8F3BC&start=20200101&end=20221231
```

程式測試網址：

http://nuk.arduino.org.tw:8888/dhtdata/dht2jsonwithdate2.php?MAC=E89F6DE8F3BC&start=20200101&end=20221231

如上表所示，我們必須要使用上述的字串格式，把需要的 GET 參數傳入，所以我們在下表所示之處，先設定可以參考上表之 http GET 通訊字串格式的格式化字串。

表 332 溫溼度資料查詢之資料介面代理人程式通訊格式化字串

```
url1 = "http://nuk.arduino.org.tw:8888/dhtdata/dht2jsonwithdate2.php?MAC=%s&start=%s&end=%s"
```

如上表與上上表所示，由於我們使用 RESTFul API 的 http GET 方式傳入資料，所以我們必須建立 http GET 的傳入參數，由於我們使用『http://nuk.arduino.org.tw:8888/dhtdata/dht2jsonwithdate.php?MAC=E89F6DE8F3BC&start=20200101&end=20221231』的網址方式建立：資料介面代理人程式(Data Visualized Agent)，來查詢感測器資料，所以我們有『MAC= E89F6DE8F3BC』、『start=20200101』、『end=20221231』三個參數傳入 http GET 資料介面代理人程式(Data Visualized Agent)，所以我們有『MAC』、『start』、『end』三個參數需要傳送。

所以我們建立『mac』、『dt1』、『dt2』三個變數，並透過『input(“顯示文字”)』告訴讀者，請一一輸入『MAC』、『start』、『end』三個傳入參數。

如下表所示，所以我們使用『mac = input("請您輸入查詢裝置網路卡編號(MAC Address):")』來傳送外來參數『MAC』，程式內部採用『mac』接收它。

如下表所示，所以我們使用『dt1 = input("請您輸入查詢開始日期(YYYYMMDD):")』來傳送外來參數『start』，程式內部採用『dt1』接收它。

如下表所示，所以我們使用『dt2 = input("請您輸入查詢結束日期(YYYYMMDD):")』來傳送外來參數『end』，程式內部採用『dt2』接收它。

表 333 輸入 http GET 必要參數

```
mac = input("請您輸入查詢裝置網路卡編號(MAC Address):")
dt1 = input("請您輸入查詢開始日期(YYYYMMDD):")
dt2 = input("請您輸入查詢結束日期(YYYYMMDD):")
```

如下表所示，我們必須要將輸入資料：MAC，DT1、DT2 與 URL1(php 網址)整合再一起，組成要求資料的 Restful API，所以我們使用『url = url1 % (mac,dt1,dt2)』: 格式化字串填入等語法，將『mac』、『dt1』、『dt2』輸入『MAC』、『start』、『end』三個參數，填入 RESTFul API 的 http GET 傳入參數：『MAC』、『start』、『end』三個參數。

表 334 填入輸入資料到 http GET 通訊字串

```
url = url1 % (mac,dt1,dt2)   #將輸入資料：MAC，DT1、DT2 與 URL1(php 網址)整合再一起，組成要求資料的 Restful API
 #將輸入資料：MAC，DT1、DT2 與 URL1(php 網址)整合再一起，組成要求資料的 Restful API
```

如下表所示，所以運用語法『print(url)』將印出溫溼度資料查詢之資料介面代理人程式(Data Visualized Agent)之通訊文字。

表 335 印出 http GET 通訊字串

```
print(url)
```

由於 http GET 網路通訊並不保證一定可以通訊成功或連接到網站，有太多原因會導致通訊會失敗，所以我們用『try: …..except:….』的例外處理函式。

下表所示之紅字斜體與底線，表示主要攥寫之程式區。

表 336 例外處理函式

```
try:
    res = requests.get(url)        #使用 http Get 將 http Get 之資料擷取之連線 URL 傳入連線物件，進行連線
    res.raise_for_status()         #使用 http Get 將 http Get 狀態讀回
  成功之後執行程式區
except HTTPError as http_err:
  通訊錯誤執行程式區
    print('HTTP error occurred: {http_err}')
    sys.exit(0)
except Exception as err:
  其他錯誤執行程式區
    print('Other error occurred: {err}')
    sys.exit(0)
```

由於 http GET 網路通訊並不保證一定可以通訊成功或連接到網站，有太多原因會導致通訊會失敗，所以我們用『try: …..except:….』的例外處理函式。

下表所示，我們先講解成功通訊區的程式：

我們使用『res = requests.get(url)』的語法，來執行 http GET 之網路通訊，首先用『requests.get(url)』來執行如範例：『requests.get(http://nuk.arduino.org.tw:8888/dhtdata/dht2jsonwithdate2.php?MAC=E89F6DE8F3BC&start=20200101&end=20221231)』的溫溼度資料查詢之資料介面代理人程式(Data Visualized Agent)之通訊文字，上述之『url』是將輸入『MAC』、『start』、『end』三個參數組出來之文字。而用『requests.get(http GET 通訊文字字串)』來進行通訊，最後用『res』物件來接受『溫溼度資料查詢之資料介面代理人程式(Data Visualized Agent)之回應 json 文字』。

我們使用『res.raise_for_status()』的語法，是在執行 http GET 之網路通訊之後，將 http Get 狀態與內容讀回到『res』物件。

我們使用『table=json.loads(res.content.decode('utf-8'))』的語法，將『res』物件物件進行 unicode 的 UFT 8 的文字編碼，請讀者注意，參考前幾章資料庫章節，若您的資料庫設計時，並不是 unicode 的 UFT 8 的文字編碼，請自行修正。

接下來透過『json.loads(json 文件內容文字)』來執行『json.loads(已轉 unicode 的 UFT 8 的文字編碼的 json 文字)』的內容。

由於『json.loads(已轉 unicode 的 UFT 8 的文字編碼的 json 文字)回傳的內容型態為 json 物件型態，所以我們建立：『table』變數來接收 json 物件。

圖 360 json 文件顯示方式之畫面

如下表所示，我們要 print()列印變數內容，如果我們使用『print(table)』的語法，來列印『table』的內容，會產生如上圖左邊紅框處所示之列印形態。

如果我們使用『print(json.dumps(table, sort_keys=True, indent=4))』的語法，來列印『table』的內容，會產生如上圖右邊紅框處所示之列印形態。我們使用『print('Success!')』的語法，告訴使用者，我們正確執行程式。

下表所示，我們先講解『HTTPError』: http 通訊錯誤區的程式：

我們使用『print('HTTP error occurred: {http_err}')』的語法，來列印『'HTTP error occurred: {http_err}')』的文字，告訴使用者 http 通訊錯誤。

我們使用『sys.exit(0)』的語法，結束 python 程式。

下表所示，我們先講解『Exception』: 所有的錯誤訊息：

我們使用『print('Other error occurred: {err}')』的語法，來列印『'Other error occurred: {err}'』的文字，告訴使用者 http 通訊產生錯誤。

我們使用『sys.exit(0)』的語法，結束 python 程式。

使用之紅字斜體與底線，表示主要攥寫之程式區。

表 337 例外處理函式

```
try:
```

```
    res = requests.get(url)        #使用http Get將http Get 之資料擷取之連線URL 傳入連線物件，進行連線
    res.raise_for_status()        #使用 http Get 將 http Get 狀態讀回
    table=json.loads(res.content.decode('utf-8'))
    print(json.dumps(table, sort_keys=True, indent=4))
    #用 json beauty 方式顯示
    print('Success!')
except HTTPError as http_err:
    print(f'HTTP error occurred: {http_err}')
    sys.exit(0)
except Exception as err:
    print(f'Other error occurred: {err}')
    sys.exit(0)
```

圖 361getDHTData01.py 成功執行之畫面

讀取 RESTFul API 之溫濕度資料

本文依上文，在『建立溫濕度資料查詢介面』一節中，我們要建立一個溫溼度資料查詢之資料介面代理人程式(Data Visualized Agent)，將透過傳遞資料收集器的辨識 ID 與時間區段，透過瀏覽器輸入『http://nuk.arduino.org.tw:8888/dhtdata/dht2jsonwithdate.php?MAC=E89F6DE8F3BC&start=20200101&end=20221231』就可以看到如下

表所示，回傳該資料收集器的辨識 ID 與時間區段的查詢資料，並且以 json 格式即時回傳到網頁。

由於本文要採用 Python 語言開發，如果讀者的 Python 還未安裝者，請參考網路作者：航宇教育團隊於網址：https://www.codingspace.school/blog/2021-04-07，發表之『【安裝教學】新手踏入 Python 第零步-安裝 Python3.9』之教學文(航宇教育團隊, 2022)。

由於本文要採用 Visual Studio Code IDE 開發工具，有需要的話請參考網路作者：大叔於網址：https://www.citerp.com.tw/citwp2/2021/12/22/vs-code_python_01/，發表之『Visual Studio Code (VS Code) 安裝教學(使用 Python)』之教學文。

由於本文要採用 Python 語言開發，並且需要安裝許多外加套件，如果讀者對於 Python 安裝外加套件不熟悉者，請參考網路作者：11th 鐵人賽(iT 邦幫忙)於網址：https://ithelp.ithome.com.tw/articles/10222485，發表之『Day15 - Python 套件』之教學文。

我們接下來攥寫一個溫溼度資料查詢之資料介面代理人程式(Data Visualized Agent)，如下表所示之讀取 RESTFul API 之 http GET 程式，我們就可以透過 Python 讀取『溫溼度資料查詢之資料介面代理人程式(Data Visualized Agent)』所得到之 json 文件檔後，進一步解譯出其資料內容，分離出溫度、濕度、與產生的資料的日期時間的資訊。

表 338 讀取 RESTFul API 之溫溼度並列印出溫溼度資訊之程式

讀取 RESTFul API 之溫溼度並列印出溫溼度資訊之程式(getDHTData02.py)

```
import sys#作業系統套件，用於檔案、目錄資料使用
import requests#建立雲端 WinSocket 連線的套件
import json     #了解 json 內容的 json 物件的套件
import time     #系統時間套件
import datetime      #時鐘物件
import math     #數學運算套件
import os ##作業系統套件，用於檔案、目錄資料使用
```

```
import http.client      #winsock 連線物件之討建
import unicodedata   #Unicode
from pathlib import Path  #存取檔案路徑之套件

from requests.exceptions import HTTPError
#http://nuk.arduino.org.tw:8888/dhtdata/dht2jsonwithdate2.php?MAC=E89F6DE8F3BC&sta
rt=20200101&end=20221231
url1 =
"http://nuk.arduino.org.tw:8888/dhtdata/dht2jsonwithdate2.php?MAC=%s&start=%s&end=%
s"
#dt = input("請您輸入查詢日期(當年月最後日):")
mac = input("請您輸入查詢裝置網路卡編號(MAC Address):")
dt1 = input("請您輸入查詢開始日期(YYYYMMDD):")
dt2 = input("請您輸入查詢結束日期(YYYYMMDD):")
url = url1 % (mac,dt1,dt2)    #將輸入資料：MAC，DT1、DT2 與 URL1(php 網址)整合
再一起，組成要求資料的 Restful API
 #將輸入資料：MAC，DT1、DT2 與 URL1(php 網址)整合再一起，組成要求資料的
Restful API
print(url)
#MAC=E89F6DE8F3BC
#start=20210101
#end=20211231
try:
    res = requests.get(url)         #使用 http Get 將 http Get 之資料擷取之連線 URL 傳
入連線物件，進行連線
    res.raise_for_status()          #使用 http Get 將 http Get 狀態讀回
    s01 = table['Device']
    s02 = table['Datalist'] # get datalist array]
    for x in s02:
        d01 = x[ "Datetime"]
        d02 = x["Temperature"]
        d03 = x["Humidity"]
        print(d01,d02,d03)
except HTTPError as http_err:
    print('HTTP error occurred: {http_err}')
    sys.exit(0)
except Exception as err:
    print('Other error occurred: {err}')
    sys.exit(0)
```

程式下載： https://github.com/brucetsao/ESP10Course/tree/main/web/nuk/dhtdata

我們透過『import 套件』的指令，來將系統需要的套件，一一含入，若讀者有其他需要，請自行變更修改之。

表 339 匯入程式所需要的套件

```
import sys#作業系統套件，用於檔案、目錄資料使用
import requests #建立雲端 WinSocket 連線的套件
import json      #了解 json 內容的 json 物件的套件
import time      #系統時間套件
import datetime         #時鐘物件
import math      #數學運算套件
import os # #作業系統套件，用於檔案、目錄資料使用
import http.client      #winsock 連線物件之討建
import unicodedata  #Unicode
from pathlib import Path  #存取檔案路徑之套件
from requests.exceptions import HTTPError
```

程式網址：https://github.com/brucetsao/ESP10Course/tree/main/web/nuk/ Connections/

之前有提到，要呼叫溫溼度資料查詢之資料介面代理人程式(Data Visualized Agent)，必須依照如下表所示之『http://nuk.arduino.org.tw:8888/dhtdata/dht2jsonwithdate2.php?MAC=E89F6DE8F3BC&start=20200101&end=20221231』：http GET 通訊格式，所以我們必須遵照他的格式。

表 340 溫溼度資料查詢之資料介面代理人程式(Data Visualized Agent)通訊格式

```
http://nuk.arduino.org.tw:8888/dhtdata/dht2jsonwithdate2.php?MAC=E89F6DE8F3BC&start=20200101&end=20221231
```

程式測試網址：http://nuk.arduino.org.tw:8888/dhtdata/dht2jsonwithdate2.php?MAC=E89F6DE8F3BC&start=20200101&end=20221231

如上表所示，我們必須要使用上述的字串格式，把需要的 GET 參數傳入，所以我們在下表所示之處，先設定可以參考上表之 http GET 通訊字串格式的格式化字串。

表 341 溫溼度資料查詢之資料介面代理人程式通訊格式化字串

```
url1 =
"http://nuk.arduino.org.tw:8888/dhtdata/dht2jsonwithdate2.php?MAC=%s&start=%s&end=%s"
```

如上表與上上表所示，由於我們使用 RESTFul API 的 http GET 方式傳入資料，所以我們必須建立 http GET 的傳入參數，由於我們使用『http://nuk.arduino.org.tw:8888/dhtdata/dht2jsonwithdate.php?MAC=E89F6DE8F3BC&start=20200101&end=20221231』的網址方式建立：資料介面代理人程式(Data Visualized Agent)，來查詢感測器資料，所以我們有『MAC= E89F6DE8F3BC』、『start=20200101』、『end=20221231』三個參數傳入 http GET 資料介面代理人程式(Data Visualized Agent)，所以我們有『MAC』、『start』、『end』三個參數需要傳送。

所以我們建立『mac』、『dt1』、『dt2』三個變數，並透過『input(“顯示文字”)』告訴讀者，請一一輸入『MAC』、『start』、『end』三個傳入參數。

如下表所示，所以我們使用『mac = input("請您輸入查詢裝置網路卡編號(MAC Address):")』來傳送外來參數『MAC』，程式內部採用『mac』接收它。

如下表所示，所以我們使用『dt1 = input("請您輸入查詢開始日期(YYYYMMDD):")』來傳送外來參數『start』，程式內部採用『dt1』接收它。

如下表所示，所以我們使用『dt2 = input("請您輸入查詢結束日期(YYYYMMDD):")』來傳送外來參數『end』，程式內部採用『dt2』接收它。

表 342 輸入 http GET 必要參數

```
mac = input("請您輸入查詢裝置網路卡編號(MAC Address):")
dt1 = input("請您輸入查詢開始日期(YYYYMMDD):")
dt2 = input("請您輸入查詢結束日期(YYYYMMDD):")
```

如下表所示，我們必須要將輸入資料：MAC，DT1、DT2 與 URL1(php 網址)整合再一起，組成要求資料的 Restful API，所以我們使用『url = url1 % (mac,dt1,dt2)』:格式化字串填入等語法，將『mac』、『dt1』、『dt2』輸入『MAC』、『start』、『end』三個參數，填入 RESTFul API 的 http GET 傳入參數:『MAC』、『start』、『end』三個參數。

表 343 填入輸入資料到 http GET 通訊字串

```
url = url1 % (mac,dt1,dt2)    #將輸入資料：MAC，DT1、DT2 與 URL1(php 網址)整合再一起，組成要求資料的 Restful API
 #將輸入資料：MAC，DT1、DT2 與 URL1(php 網址)整合再一起，組成要求資料的 Restful API
```

如下表所示，所以運用語法『print(url)』將印出溫溼度資料查詢之資料介面代理人程式(Data Visualized Agent)之通訊文字。

表 344 印出 http GET 通訊字串

```
print(url)
```

由於 http GET 網路通訊並不保證一定可以通訊成功或連接到網站，有太多原因會導致通訊會失敗，所以我們用『try:　…..except:….』的例外處理函式。

下表所示之紅字斜體與底線，表示主要攥寫之程式區。

表 345 例外處理函式

```
try:
    res = requests.get(url)        #使用 http Get 將 http Get 之資料擷取之連線 URL 傳入連線物件，進行連線
```

```
    res.raise_for_status()          #使用 http Get 將 http Get 狀態讀回
    成功之後執行程式區
except HTTPError as http_err:
    通訊錯誤執行程式區
    print('HTTP error occurred: {http_err}')
    sys.exit(0)
except Exception as err:
    其他錯誤執行程式區
    print('Other error occurred: {err}')
    sys.exit(0)
```

由於 http GET 網路通訊並不保證一定可以通訊成功或連接到網站，有太多原因會導致通訊會失敗，所以我們用『try: ⋯..except:⋯.』的例外處理函式。

下表所示，我們先講解成功通訊區的程式：

我們使用『res = requests.get(url)』的語法，來執行 http GET 之網路通訊，首先用『requests.get(url)』來執行如範例：『requests.get(http://nuk.arduino.org.tw:8888/dhtdata/dht2jsonwithdate2.php?MAC=E89F6DE8F3BC&start=20200101&end=20221231)』的溫溼度資料查詢之資料介面代理人程式(Data Visualized Agent)之通訊文字，上述之『url』是將輸入『MAC』、『start』、『end』三個參數組出來之文字。而用『requests.get(http GET 通訊文字字串)』來進行通訊，最後用『res』物件來接受『溫溼度資料查詢之資料介面代理人程式(Data Visualized Agent)之回應 json 文字』。

我們使用『res.raise_for_status()』的語法，是在執行 http GET 之網路通訊之後，將 http Get 狀態與內容讀回到『res』物件。

我們使用『table=json.loads(res.content.decode('utf-8'))』的語法，將『res』物件物件進行 unicode 的 UFT 8 的文字編碼，請讀者注意，參考前幾章資料庫章節，若您的資料庫設計時，並不是 unicode 的 UFT 8 的文字編碼，請自行修正。

接下來透過『json.loads(json 文件內容文字)』來執行『json.loads(已轉 unicode 的 UF

T 8 的文字編碼的 json 文字)』的內容。

由於『json.loads(已轉 unicode 的 UFT 8 的文字編碼的 json 文字)回傳的內容型態為 json 物件型態，所以我們建立：『table』變數來接收 json 物件。

由於『table』變數已經是 json 物件，如下表所示，我們要讀取下表所示之 json 格式，所以我們必須能夠讀取『Device』：資料收集器之網路卡編號，以及『Datalist』的 溫溼度資料陣列，而這個資料列下，『Temperature』：溫度與『Humidity』：濕度兩個資訊，由於這兩個資訊必須要給與時間戳記，所以我們又加入『Datetime』：日期時間值的必要資訊，形成一個子 json 文件的陣列。

表 346 回傳 json 格式範例

```
{
    "Device":"E89F6DE8F3BC",
    "Datalist":[
    {"Datetime":"20220101",
    "Temperature":"23",
    "Humidity":"23"
    }
    ]
}
```

表 347 第一層 json 資料

```
class maindata{
      public $Device ;
      public $Datalist ;
  }
```

接下來我們要讀取上表所示之第一層 json 資料，如下表所示，我們可以必須要讀取第一層 json 資料：『Device』：資料，所以我們使用『s01 = table['Device']』來讀取『table』之 json 物件下的『Device』資料項。

如下表所示，接下來必須要讀取第一層 json 資料：『'Datalist'』：資料，所以我們使用『s02 = table['Datalist']』來讀取『table』之 json 物件下的『Datalist』資料項。

表 348 讀取第一層 json 資料

```
s01 = table['Device']
s02 = table['Datalist'] # get datalist array]
```

表 349 第二層 json 資料

```
{
 "Datetime":"20220101",
"Temperature":"23",
"Humidity":"23"
}
```

接下來我們要讀取上表所示之第二層 json 資料，由於第二層 json 資料已存在第一層 json 資料：『'Datalist'』：資料之下，由於這個是一個 json 陣列，所以我們必須要用『for 子集合內容變數 in 集合:』的迴圈指令『Datalist』資料項。

所以我們必須要用『for x in s02:』的迴圈指令來讀取『s02』變數﹅之『Datalist』資料項

- 如下表所示，我們讀取看到第二層 json 資料有所有溫溼度資料，其資料內容如下，『Datetime』:日期時間值、『Temperature』：溫度與『Humidity』：濕度三個資訊，並以『x』為迴圈讀取內容變數。

  所以我們使用『d01 = x["Datetime"]』的語法，來讀取『Datetime』:日期時間的資訊，並將此內容存入『d01』：變數內。

- 所以我們使用『d02 = x["Temperature"]』的語法，來讀取『Temperature』：溫度的資訊，並將此內容存入『d02』：變數內。
- 所以我們使用『d03 = x["Humidity"]』的語法，來讀取『Humidity』：濕度的資訊，並將此內容存入『d03』：變數內。

我們使用『print(文字內容)』的語法，執行『print(d01,d02,d03)』程式，印出『d01』、『d02』、『d03』告訴使用者『Datetime』、『Temperature』、『Humidity』的內容。

下表所示，我們先講解『HTTPError』：http 通訊錯誤區的程式：

我們使用『print('HTTP error occurred: {http_err}')』的語法，來列印『'HTTP error occurred: {http_err}')』的文字，告訴使用者 http 通訊錯誤。

我們使用『sys.exit(0)』的語法，結束 python 程式。

下表所示，我們先講解『Exception』：所有的錯誤訊息：

我們使用『print('Other error occurred: {err}')』的語法，來列印『'Other error occurred: {err}'』的文字，告訴使用者 http 通訊產生錯誤。

我們使用『sys.exit(0)』的語法，結束 python 程式。

使用之紅字斜體與底線，表示主要攥寫之程式區。

表 350 例外處理函式

```
try:
    res = requests.get(url)        #使用http Get將http Get 之資料擷取之連線URL 傳入連線物件，進行連線
    res.raise_for_status()        #使用 http Get 將 http Get 狀態讀回
    s01 = table['Device']
    s02 = table['Datalist'] # get datalist array]
    for x in s02:
        d01 = x[ "Datetime"]
        d02 = x["Temperature"]
        d03 = x["Humidity"]
        print(d01,d02,d03)
except HTTPError as http_err:
    print('HTTP error occurred: {http_err}')
    sys.exit(0)
except Exception as err:
    print('Other error occurred: {err}')
    sys.exit(0)
```

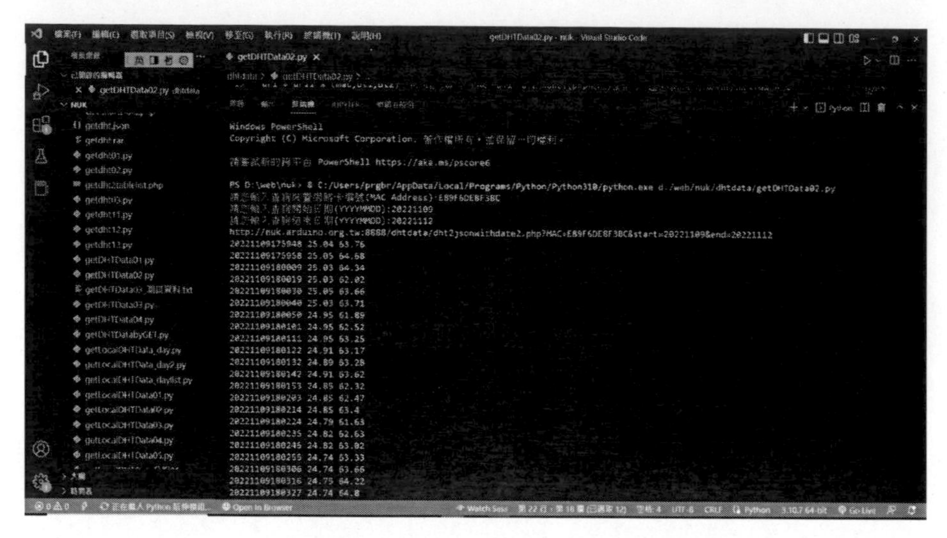

圖 362getDHTData02.py 成功執行之畫面

讀取 RESTFul API 繪出折線圖

本文依上文，在『建立溫濕度資料查詢介面』一節中，我們要建立一個溫溼度資料查詢之資料介面代理人程式(Data Visualized Agent)，將透過傳遞資料收集器的辨識 ID 與時間區段，透過瀏覽器輸入『http://nuk.arduino.org.tw:8888/dhtdata/dht2jsonwithdate.php?MAC=E89F6DE8F3BC&start=20200101&end=20221231』就可以看到如下表所示，回傳該資料收集器的辨識 ID 與時間區段的查詢資料，並且以 json 格式即時回傳到網頁。

由於本文要採用 Python 語言開發，如果讀者的 Python 還未安裝者，請參考網路作者：航宇教育團隊於網址：https://www.codingspace.school/blog/2021-04-07，發表之『【安裝教學】新手踏入 Python 第零步-安裝 Python3.9』之教學文(航宇教育團隊, 2022)。

由於本文要採用 Visual Studio Code　IDE 開發工具，有需要的話請參考網路作者：大叔於網址：https://www.citerp.com.tw/citwp2/2021/12/22/vs-code_python_01/，發表之『Visual Studio Code (VS Code) 安裝教學(使用 Python)』之教學文。

由於本文要採用 Python 語言開發，並且需要安裝許多外加套件，如果讀者對於 Python 安裝外加套件不熟悉者，請參考網路作者：11th 鐵人賽(iT 邦幫忙)於網址：https://ithelp.ithome.com.tw/articles/10222485，發表之『Day15 - Python 套件』之教學文。

我們接下來攥寫一個讀取溫溼度資料進行視覺化顯示的系統，如下表所示之讀取 RESTFul API 繪出折線圖程式，我們就可以透過 Python 讀取『溫溼度資料查詢之資料介面代理人程式(Data Visualized Agent)』所得到之 json 文件檔，進行解析後解譯出溫度、濕度與對應的日期時間資料，進而劃出視覺化的折線圖。

表 351 讀取 RESTFul API 繪出折線圖程式

讀取 RESTFul API 繪出折線圖程式(getDHTData03.py)

```
import matplotlib.pyplot as plt   #畫出 chart 圖等必須要用的套件
import sys#作業系統套件，用於檔案、目錄資料使用
import requests#建立雲端 WinSocket 連線的套件
import json      #了解 json 內容的 json 物件的套件
import time      #系統時間套件
import datetime       #時鐘物件
import math      #數學運算套件
import os # #作業系統套件，用於檔案、目錄資料使用
import http.client      #winsock 連線物件之討建
import unicodedata  #Unicode
from pathlib import Path  #存取檔案路徑之套件

from requests.exceptions import HTTPError   #執行 http POST/GET 等發生錯誤處理之套件


xdata=[]
y1data=[]
y2data=[]
```

```
#http://nuk.arduino.org.tw:8888/dhtdata/dht2jsonwithdate2.php?MAC=E89F6DE8F3BC&sta
rt=20200101&end=20221231
url1 =
"http://nuk.arduino.org.tw:8888/dhtdata/dht2jsonwithdate2.php?MAC=%s&start=%s&end=%
s"
#dt = input("請您輸入查詢日期(當年月最後日):")
mac = input("請您輸入查詢裝置網路卡編號(MAC Address):")
dt1 = input("請您輸入查詢開始日期(YYYYMMDD):")
dt2 = input("請您輸入查詢結束日期(YYYYMMDD):")
url = url1 % (mac,dt1,dt2)    #將輸入資料：MAC，DT1、DT2 與 URL1(php 網址)整合
再一起，組成要求資料的 Restful API
 #將輸入資料：MAC，DT1、DT2 與 URL1(php 網址)整合再一起，組成要求資料的
Restful API
print(url)
#MAC=E89F6DE8F3BC
#start=20221109
#end=20221112
try:
    res = requests.get(url)          #使用 http Get 將 http Get 之資料擷取之連線 URL 傳
入連線物件，進行連線
    res.raise_for_status()           #使用 http Get 將 http Get 狀態讀回
    table=json.loads(res.content.decode('utf-8'))
    s01 = table['Device']
    s02 = table['Datalist'] # get datalist array]
    olddate= ""
    oldhour=""

    for x in s02:
        d01 = x[ "Datetime"]
        d02 = x["Temperature"]
        d03 = x["Humidity"]
        print(d01,d02,d03)
        newdate = "%s/%s" % (d01[4:6],d01[6:8])
        newhour = d01[8:10]
        if (newdate != olddate):
            xtmp = newdate
            olddate = newdate
            oldhour = newhour
        else:
```

```
            if (newhour != oldhour):
                xtmp = "%s:%s:%s" % (d01[8:10],d01[10:12],d01[12:14])
                oldhour = newhour
            else:
                xtmp = "%s:%s" % (d01[10:12],d01[12:14])

        print("%s/%s %s:%s:%s" % (d01[4:6],d01[6:8],d01[8:10],d01[10:12],d01[12:14]))
        print("------",xtmp)
        xdata.append(xtmp)
        y1data.append(float(d02))
        y2data.append(float(d03))
    #print(xdata)
    #print(y1data)
    #print(y2data)

    plt.plot(xdata, y1data, color='c')          # 設定青色 cyan
    plt.plot(xdata, y2data, color='r')          # 設定紅色 red
    plt.show()
except HTTPError as http_err:
    print('HTTP error occurred: {http_err}')
    sys.exit(0)
except Exception as err:
    print('Other error occurred: {err}')
    sys.exit(0)
```

程式下載： https://github.com/brucetsao/ESP10Course/tree/main/web/nuk/dhtdata

我們透過『import 套件』的指令，來將系統需要的套件，一一含入，若讀者有其他需要，請自行變更修改之。

表 352 匯入程式所需要的套件

```
import matplotlib.pyplot as plt   #畫出 chart 圖等必須要用的套件
import sys#作業系統套件，用於檔案、目錄資料使用
import requests #建立雲端 WinSocket 連線的套件
import json     #了解 json 內容的 json 物件的套件
import time     #系統時間套件
```

```
import datetime      #時鐘物件
import math    #數學運算套件
import os # #作業系統套件，用於檔案、目錄資料使用
import http.client     #winsock 連線物件之討建
import unicodedata  #Unicode
from pathlib import Path  #存取檔案路徑之套件

from requests.exceptions import HTTPError   #執行 http POST/GET 等發生錯誤處理之套件
```

程式網址：https://github.com/brucetsao/ESP10Course/tree/main/web/nuk/ Connections/

由於要產生折線圖，我們需要 X 軸的日期時間的資料陣列、Y 軸的溫度資料的資料陣列與、Y 軸的濕度資料的資料陣列，如下表所示，我們必須使用『xdata=[]』來記錄『X 軸的日期時間的資料陣列』、必須使用『y1data=[]』來記錄『Y 軸的溫度資料的資料陣列』與必須使用『y2data=[]』來記錄『Y 軸的濕度資料的資料陣列』。

表 353 宣告折線圖所需要資料陣列

```
xdata=[]
y1data=[]
y2data=[]
```

之前有提到，要呼叫溫溼度資料查詢之資料介面代理人程式(Data Visualized Agent)，必須依照如下表所示之『http://nuk.arduino.org.tw:8888/dhtdata/dht2jsonwithdate2.php?MAC=E89F6DE8F3BC&start=20200101&end=20221231』：http GET 通訊格式，所以我們必須遵照他的格式。

表 354 溫溼度資料查詢之資料介面代理人程式(Data Visualized Agent)通訊格式

```
http://nuk.arduino.org.tw:8888/dhtdata/dht2jsonwithdate2.php?MAC=E89F6DE8F3BC&start=20200101&end=20221231
```

程式測試網址：http://nuk.arduino.org.tw:8888/dhtdata/dht2jsonwithdate2.php?MAC=E89F6DE8F3BC&start=20200101&end=20221231

如上表所示，我們必須要使用上述的字串格式，把需要的GET 參數傳入，所以我們在下表所示之處，先設定可以參考上表之 http GET 通訊字串格式的格式化字串。

表 355 溫溼度資料查詢之資料介面代理人程式通訊格式化字串

```
url1 =
"http://nuk.arduino.org.tw:8888/dhtdata/dht2jsonwithdate2.php?MAC=%s&start=%s&end=%s"
```

如上表與上上表所示，由於我們使用 RESTFul API 的 http GET 方式傳入資料，所以我們必須建立 http GET 的傳入參數，由於我們使用『http://nuk.arduino.org.tw:8888/dhtdata/dht2jsonwithdate.php?MAC=E89F6DE8F3BC&start=20200101&end=20221231』的網址方式建立：資料介面代理人程式(Data Visualized Agent)，來查詢感測器資料，所以我們有『MAC= E89F6DE8F3BC』、『start=20200101』、『end=20221231』三個參數傳入 http GET 資料介面代理人程式(Data Visualized Agent)，所以我們有『MAC』、『start』、『end』三個參數需要傳送。

所以我們建立『mac』、『dt1』、『dt2』三個變數，並透過『input(“顯示文字”)』告訴讀者，請一一輸入『MAC』、『start』、『end』三個傳入參數。

如下表所示，所以我們使用『mac = input("請您輸入查詢裝置網路卡編號(MAC Address):")』來傳送外來參數『MAC』，程式內部採用『mac』接收它。

如下表所示，所以我們使用『dt1 = input("請您輸入查詢開始日期(YYYYMMDD):")』來傳送外來參數『start』，程式內部採用『dt1』接收它。

如下表所示，所以我們使用『dt2 = input("請您輸入查詢結束日期(YYYYMMDD):")』來傳送外來參數『end』，程式內部採用『dt2』接收它。

表 356 輸入 http GET 必要參數

```
mac = input("請您輸入查詢裝置網路卡編號(MAC Address):")
dt1 = input("請您輸入查詢開始日期(YYYYMMDD):")
dt2 = input("請您輸入查詢結束日期(YYYYMMDD):")
```

如下表所示，我們必須要將輸入資料：MAC，DT1、DT2 與 URL1(php 網址)整合再一起，組成要求資料的 Restful API，所以我們使用『url = url1 % (mac,dt1,dt2)』: 格式化字串填入等語法，將『mac』、『dt1』、『dt2』輸入『MAC』、『start』、『end』三個參數，填入 RESTFul API 的 http GET 傳入參數：『MAC』、『start』、『end』三個參數。

表 357 填入輸入資料到 http GET 通訊字串

```
url = url1 % (mac,dt1,dt2)    #將輸入資料：MAC，DT1、DT2 與 URL1(php 網址)整合再一起，組成要求資料的 Restful API
 #將輸入資料：MAC，DT1、DT2 與 URL1(php 網址)整合再一起，組成要求資料的 Restful API
```

如下表所示，所以運用語法『print(url)』將印出溫溼度資料查詢之資料介面代理人程式(Data Visualized Agent)之通訊文字。

表 358 印出 http GET 通訊字串

```
print(url)
```

由於 http GET 網路通訊並不保證一定可以通訊成功或連接到網站，有太多原因會導致通訊會失敗，所以我們用『try: …..except:….』的例外處理函式。

下表所示之紅字斜體與底線，表示主要撰寫之程式區。

表 359 例外處理函式

```
try:
    res = requests.get(url)        #使用 http Get 將 http Get 之資料擷取之連線 URL 傳入連線物件，進行連線
    res.raise_for_status()         #使用 http Get 將 http Get 狀態讀回
    成功之後執行程式區
except HTTPError as http_err:
    通訊錯誤執行程式區
    print('HTTP error occurred: {http_err}')
```

```
    sys.exit(0)
except Exception as err:
    其他錯誤執行程式區
    print('Other error occurred: {err}')
    sys.exit(0)
```

由於 http GET 網路通訊並不保證一定可以通訊成功或連接到網站，有太多原因會導致通訊會失敗，所以我們用『try: ⋯..except:⋯.』的例外處理函式。

下表所示，我們先講解成功通訊區的程式：

我們使用『res = requests.get(url)』的語法，來執行 http GET 之網路通訊，首先用『requests.get(url)』來執行如範例：『requests.get(http://nuk.arduino.org.tw:8888/dhtdata/dht2jsonwithdate2.php?MAC=E89F6DE8F3BC&start=20200101&end=20221231)』的溫溼度資料查詢之資料介面代理人程式(Data Visualized Agent)之通訊文字，上述之『url』是將輸入『MAC』、『start』、『end』三個參數組出來之文字。而用『requests.get(http GET 通訊文字字串)』來進行通訊，最後用『res』物件來接受『溫溼度資料查詢之資料介面代理人程式(Data Visualized Agent)之回應 json 文字』。我們使用『res.raise_for_status()』的語法，是在執行 http GET 之網路通訊之後，將 http Get 狀態與內容讀回到『res』物件。我們使用『table=json.loads(res.content.decode('utf-8'))』的語法，將『res』物件物件進行 unicode 的 UFT 8 的文字編碼，請讀者注意，參考前幾章資料庫章節，若您的資料庫設計時，並不是 unicode 的 UFT 8 的文字編碼，請自行修正。

接下來透過『json.loads(json 文件內容文字)』來執行『json.loads(已轉 unicode 的 UFT 8 的文字編碼的 json 文字)』的內容。

由於『json.loads(已轉 unicode 的 UFT 8 的文字編碼的 json 文字)回傳的內容型態為 json 物件型態，所以我們建立：『table』變數來接收 json 物件。

由於『table』變數已經是 json 物件，如下表所示，我們要讀取下表所示之 json 格式，所以我們必須能夠讀取『Device』：資料收集器之網路卡編號，以及『Datalist』的 溫溼度資料陣列，而這個資料列下，『Temperature』：溫度與『Humidity』：濕度兩個資訊，由於這兩個資訊必須要給與時間戳記，所以我們又加入『Datetime』:日期時間值的必要資訊，形成一個子 json 文件的陣列。

表 360 回傳 json 格式範例

```
{
    "Device":"E89F6DE8F3BC",
    "Datalist":[
    {"Datetime":"20220101",
    "Temperature":"23",
    "Humidity":"23"
    }
    ]
}
```

表 361 第一層 json 資料

```
class maindata{
    public $Device ;
    public $Datalist ;
  }
```

接下來我們要讀取上表所示之第一層 json 資料，如下表所示，我們可以必須要讀取第一層 json 資料：『Device』: 資料，所以我們使用『s01 = table['Device']』來讀取『table』之 json 物件下的『Device』資料項。

如下表所示，接下來必須要讀取第一層 json 資料：『'Datalist'』: 資料，所以我們使用『s02 = table['Datalist']』來讀取『table』之 json 物件下的『Datalist』資料項。

表 362 讀取第一層 json 資料

```
s01 = table['Device']
s02 = table['Datalist'] # get datalist array]
```

表 363 第二層 json 資料

```
  {
```

```
 "Datetime":"20220101",
"Temperature":"23",
"Humidity":"23"
}
```

接下來我們要讀取上表所示之第二層 json 資料，由於第二層 json 資料已存在第一層 json 資料：『'Datalist'』：資料之下，由於這個是一個 json 陣列，所以我們必須要用『for 子集合內容變數 in 集合:』的迴圈指令『Datalist』資料項。

我們使用『olddate= ""』的語法，來設定『olddate』為第初始化的日期資訊，我們使用『oldhour=""』的語法，來設定『oldhour』為第初始化的時間資訊。

表 364 啟始化日期與時間

```
olddate= ""
oldhour=""
```

所以我們必須要用『for x in s02:』的迴圈指令來讀取『s02』變數｀之『Datalist』資料項

- 如下表所示，我們讀取看到第二層 json 資料有所有溫溼度資料，其資料內容如下，『Datetime』:日期時間值、『Temperature』：溫度與『Humidity』：濕度三個資訊，並以『x』為迴圈讀取內容變數。

所以我們使用『d01 = x["Datetime"]』的語法，來讀取『Datetime』:日期時間的資訊，並將此內容存入『d01』：變數內。

- 所以我們使用『d02 = x["Temperature"]』的語法，來讀取『Temperature』: 溫度的資訊，並將此內容存入『d02』：變數內。

- 所以我們使用『d03 = x["Humidity"]』的語法，來讀取『Humidity』：濕度的資訊，並將此內容存入『d03』：變數內。

  我們使用『print(文字內容)』的語法，執行『print(d01,d02,d03)』程式，印出『d01』、『d02』、『d03』告訴使用者『Datetime』、『Temperature』、『Humidity』的內容。

產生格式化的繪圖資料

如果我們將 X 軸的資料，都產生 YYYYMMDDHHMMSS 之格式字串，因為其長度為十四個字元長度，顯示在 X 軸的資料格線上，將會使 X 軸的資料顯示產生極大的顯示重疊的密度，所以如果我們要產生如下圖紅框處所示之內容，就必須要使用一些技巧。

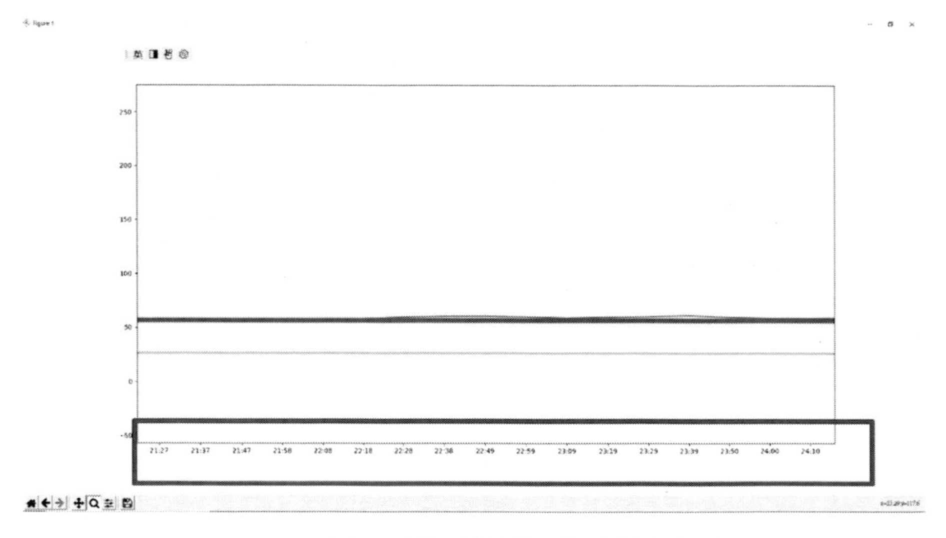

圖 363 顯示精簡的日期時間資訊

如上圖紅框處所示，如果我們產生下面思維：

第一筆資料： MMDDHHMMSS➔顯示 MM/DD HH:MM

第二筆資料： HHMMSS➔顯示 MM/DD HH:MM (相同日期)

第三筆資料： HHMMSS➔顯示 MM/DD HH:MM (相同日期)

:

:

:

第 N 筆資料：MMDDHHMMSS➔顯示 MM/DD HH:MM

第 N+1 筆資料：HHMMSS➔顯示 MM/DD HH:MM (相同日期)

我們使用『newdate = "%s/%s" % (d01[4:6],d01[6:8])』的語法，來設定『newdate』為目前這筆資料的日期(MMDD)。

我們使用『newhour = d01[8:10]』的語法，來設定『newhour』為目前這筆資料的小時資料(HH)。

表 365 格式化日期時間程式

```
newdate = "%s/%s" % (d01[4:6],d01[6:8])
newhour = d01[8:10]
if (newdate != olddate):
    xtmp = newdate
    olddate = newdate
    oldhour = newhour
else:
    if (newhour != oldhour):
        xtmp = "%s:%s:%s" % (d01[8:10],d01[10:12],d01[12:14])
        oldhour = newhour
    else:
        xtmp = "%s:%s" % (d01[10:12],d01[12:14])

print("%s/%s %s:%s:%s" % (d01[4:6],d01[6:8],d01[8:10],d01[10:12],d01[12:14]))
print("------",xtmp)
xdata.append(xtmp)
y1data.append(float(d02))
y2data.append(float(d03))
```

我們使用『newdate = "%s/%s" % (d01[4:6],d01[6:8])』的語法，來設定『newdate』為目前這筆資料的日期(MMDD)。

我們使用『if (newdate != olddate):』的語法，來判斷是否為新日期，如果是新日期(第一筆資料為新日期或日期變更)，則進行『xtmp = newdate』來暫存『newdate』到『xtmp』變數內容。

我們使用『if (newdate != olddate):』的語法，來判斷是否為新日期，如果是新日期(第一筆資料為新日期或日期變更)，則進行『olddate = newdate』來設定『olddate』的內容為『newdate』變數內容。

我們使用『if (newdate != olddate):』的語法，來判斷是否為新日期，如果是新日期(第一筆資料為新日期或日期變更)，則進行『oldhour = newhour』來設定『oldhour』的內容為『newhour』變數內容。。

反之，如果『if (newdate != olddate):』的語法，來判斷仍為舊日期，我們將不顯示 YYMMDD 的資訊，進入判斷是否為相同小時『HH』: Hour。

我們使用『if (newhour != oldhour):』的語法，來判斷是否為新小時

如果是新小時(相同日期下)，則進行『xtmp = "%s:%s:%s" % (d01[8:10],d01[10:12],d01[12:14])』來設定『xtmp』的內容為『HH:MM:SS』的 d01[8:10],d01[10:12],d01[12:14]變數內容。

我們使用『oldhour = newhour』的語法，進行『oldhour = newhour』來設定『oldhour』的內容為『newhour』變數內容。。

我們使用『if (newhour != oldhour):』的語法，來判斷是否仍為相同小時

我們使用『xtmp = "%s:%s" % (d01[10:12],d01[12:14])』的語法，來設定『xtmp』的內容為『MM:SS』的 d01[10:12],d01[12:14]變數內容。

表 366 重複 YYYYMMDDHH 的資料處理程式

```
if (newdate != olddate):
    xtmp = newdate
    olddate = newdate
```

```
        oldhour = newhour
else:
        if (newhour != oldhour):
                xtmp = "%s:%s:%s" % (d01[8:10],d01[10:12],d01[12:14])
                oldhour = newhour
        else:
                xtmp = "%s:%s" % (d01[10:12],d01[12:14])
```

我們使用『print("%s/%s %s:%s:%s" % (d01[4:6],d01[6:8],d01[8:10],d01[10:12],d01[12:14]))』的語法，印出未精簡化的日期間全部內容。

我們使用 print("------",xtmp)』的語法，印出精簡化的日期間全部內容。

表 367 印出精簡化的 YYYYMMDDHH 的資料

```
print("%s/%s %s:%s:%s" % (d01[4:6],d01[6:8],d01[8:10],d01[10:12],d01[12:14]))
print("------",xtmp)
```

我們使用『xdata.append(xtmp)』的語法，將精簡化的日期時間等內容加入 X 軸的『xdata』陣列之中。

我們使用『y1data.append(float(d02))』的語法，將精簡化的溫度資料轉型為浮點數後的內容加入 Y 軸的『y1data』陣列之中。

我們使用『y2data.append(float(d03))』的語法，將精簡化的濕度資料轉型為浮點數後的內容加入 Y 軸的『y2data』陣列之中。

表 368 將精簡化資料加入 X 軸 Y 軸的陣列資料

```
xdata.append(xtmp)
y1data.append(float(d02))
y2data.append(float(d03))
```

我們使用『plt.plot(xdata, y1data, color='c')』的語法，並且以『青色 cyan』的顏色來畫出溫度的折線圖中 Y 軸的溫度折線圖。

表 369 畫出溫度的折線圖

```
plt.plot(xdata, y1data, color='c')                # 設定青色 cyan
```

我們使用『plt.plot(xdata, y2data, color='r')』的語法，並且以『紅色 red』的顏色來畫出溫度的折線圖中 Y 軸的濕度折線圖。

表 370 畫出濕度的折線圖

```
plt.plot(xdata, y2data, color='r')                # 設定紅色 red
```

我們使用『plt.show()』的語法，來將以畫出的折線圖，顯示折線圖於目前畫面之中。

表 371 顯示折線圖

```
plt.show()
```

下表所示，我們先講解『HTTPError』：http 通訊錯誤區的程式：

我們使用『print('HTTP error occurred: {http_err}')』的語法，來列印『'HTTP error occurred: {http_err}')』的文字，告訴使用者 http 通訊錯誤。

我們使用『sys.exit(0)』的語法，結束 python 程式。

下表所示，我們先講解『Exception』：所有的錯誤訊息：

我們使用『print('Other error occurred: {err}')』的語法，來列印『'Other error occurred: {err}'』的文字，告訴使用者 http 通訊產生錯誤。

我們使用『sys.exit(0)』的語法，結束 python 程式。

使用之紅字斜體與底線，表示主要攥寫之程式區。

表 372 例外處理函式

```
try:
    res = requests.get(url)        #使用 http Get 將 http Get 之資料擷取之連線 URL 傳入連線物件，進行連線
    res.raise_for_status()         #使用 http Get 將 http Get 狀態讀回
    s01 = table['Device']
```

```
        s02 = table['Datalist'] # get datalist array]
        for x in s02:
                d01 = x[ "Datetime"]
                d02 = x["Temperature"]
                d03 = x["Humidity"]
                print(d01,d02,d03)
except HTTPError as http_err:
        print('HTTP error occurred: {http_err}')
        sys.exit(0)
except Exception as err:
        print('Other error occurred: {err}')
        sys.exit(0)
```

我們執行『getDHTData03.py』的程式，我們可以看到輸出資料與轉精簡內容的資料餘下圖所示的畫面上。

圖 364 getDHTData03.py 成功執行之畫面

最後，我們看到在程式之中使用『plt.show()』的語法，來將以畫出的折線圖，如下圖所示，顯示折線圖於下圖畫面之中。

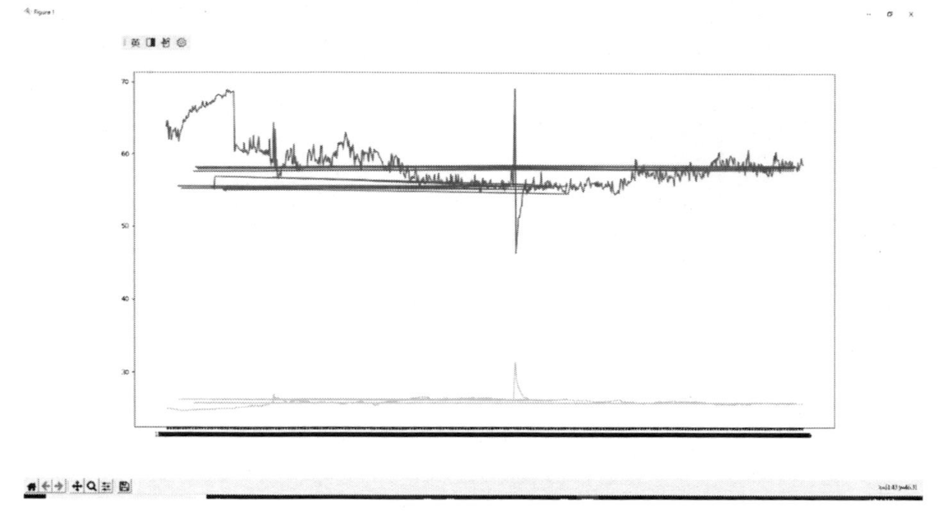

圖 365 成功顯示某裝置之溫溼度折線圖之畫面

習題

1. 請參考下圖所示之電路圖，依前面已完成的技術與原理，建立資料介面代理人程式(Data Visualized Agent)，並採用 Python 語言來當為視覺化呈現之工具語言，參考本章之 getDHTData03.py，完成顯示 BMP280 大氣壓力感測器之大氣壓力值，進行折線圖繪製並顯示。。

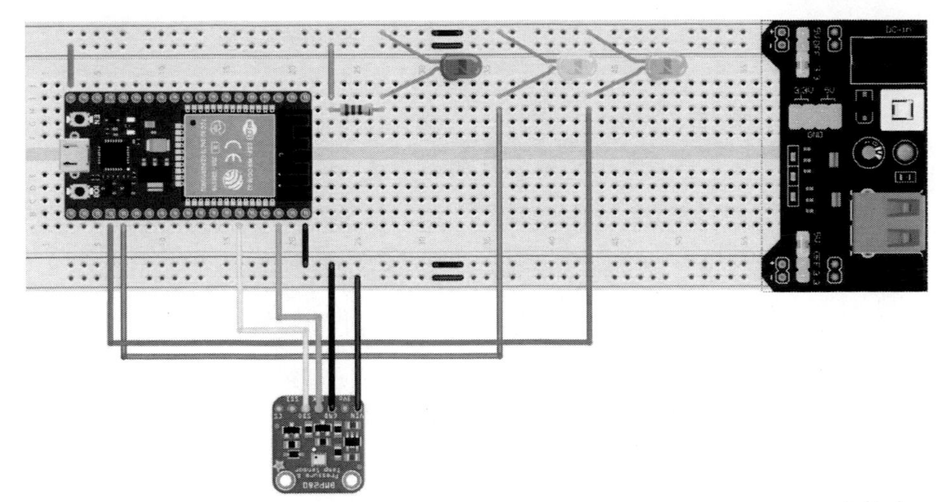

圖 366 BMP280 大氣壓力電路圖

2. 請參考下圖所示之電路圖，依前面已完成的技術與原理，建立資料介面代理人程式(Data Visualized Agent)，並採用 Python 語言來當為視覺化呈現之工具語言，參考本章之 getDHTData03.py，完成顯示 BH1750 亮度照度感測器之亮度照度 LUX 值，進行折線圖繪製並顯示。

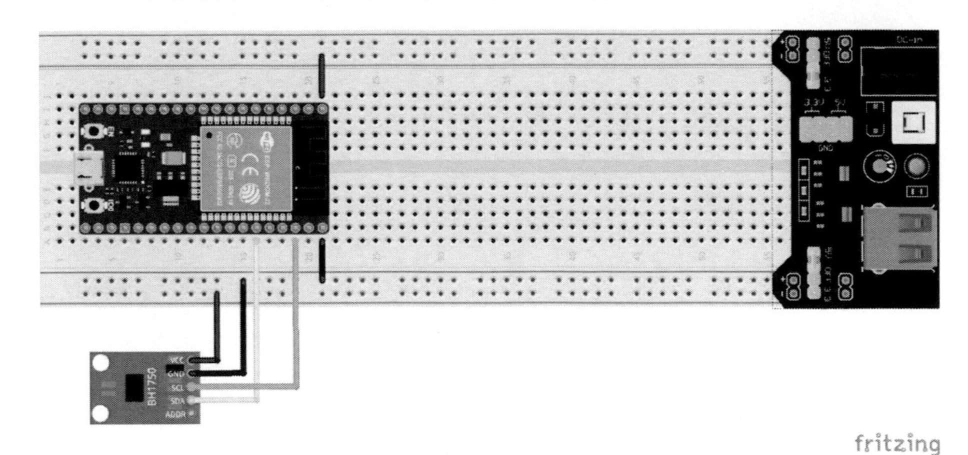

圖 367 亮度照度感測器資料表欄位一覽圖(lux)

章節小結

本章主要介紹之 php 程式如何建立溫溼度資料查詢之資料介面代理人程式(Data Visualized Agent)，並透過 Python 異質語言，建立一個溫溼度資料查詢之資料介面代理人程式(Data Visualized Agent)，並透過 python matplotlib 套件，溫溼度的簡單範例，快速有效的畫出簡單的溫溼度折線圖，來介紹本章之建立視覺化應用、運用圖表，列示、曲線等方式顯示感測器的資料等等，有更深入的了解與體認。

本書總結

筆者對於 ESP 32 相關的書籍，也出版許多書籍，感謝許多有心的讀者提供筆者許多寶貴的意見與建議，筆者群不勝感激，許多讀者希望筆者可以推出更多的入門書籍給更多想要進入『ESP 32』、『物聯網』、『Maker』這個未來大趨勢，所有才有這個程式設計系列的產生。

本系列叢書的特色是一步一步教導大家使用更基礎的東西，來累積各位的基礎能力，讓大家能在物聯網時代潮流中，可以拔的頭籌，所以本系列是一個永不結束的系列，只要更多的東西被製造出來，相信筆者會更衷心的希望與各位永遠在這條物聯網時代潮流中與大家同行。

作者介紹

曹永忠 (Yung-Chung Tsao) ，國立中央大學資訊管理學系博士，目前在國立暨南國際大學電機工程學系兼任助理教授、國立高雄大學電機工程學系兼任助理教授與靜宜大學資訊工程學系兼任助理教授，專注於軟體工程、軟體開發與設計、物件導向程式設計、物聯網系統開發、Arduino 開發、嵌入式系統開發。長期投入資訊系統設計與開發、企業應用系統開發、軟體工程、物聯網系統開發、軟硬體技術整合等領域，並持續發表作品及相關專業著作。

並通過台灣圖霸的專家認證

Email:prgbruce@gmail.com

Line ID：dr.brucetsao

WeChat：dr_brucetsao

作者網站：http://ncnu.arduino.org.tw/brucetsao/myprofile.php

臉書社群(Arduino.Taiwan)：

https://www.facebook.com/groups/Arduino.Taiwan/

Github 網站：https://github.com/brucetsao/

書籍範例與原始碼網址：https://github.com/brucetsao/ESP10Course

建國老師頻道：https://www.youtube.com/channel/UCcYG2yY_u0m1aotcA4hrRgQ

建國老師 Line 社群：

https://line.me/ti/g2/4_dGbhlqpShvrefobfjDYzvDqBWc7f4PHL-nbA?utm_source=invitation&utm_medium=link_copy&utm_campaign=default

ESP32 物聯網基礎 10 門課_學習用教育版(成品):https://www.ruten.com.tw/item/show?22249806539156

ESP32 物聯網基礎 10 門課_學習用 PCB 空板:https://www.ruten.com.tw/item/show?22246720389937

蔡英德 (Yin-Te Tsai)，國立清華大學資訊科學系博士，目前是靜宜大學資訊傳播工程學系教授、靜宜大學資訊學院院長，主要研究為演算法設計與分析、生物資訊、軟體開發、視障輔具設計與開發。

Email:yttsai@pu.edu.tw

作者網頁：http://www.csce.pu.edu.tw/people/bio.php?PID=6#personal_writing

許智誠 (Chih-Cheng Hsu)，美國加州大學洛杉磯分校(UCLA) 資訊工程系博士，曾任職於美國 IBM 等軟體公司多年，現任教於中央大學資訊管理學系專任副教授，主要研究為軟體工程、設計流程與自動化、數位教學、雲端裝置、多層式網頁系統、系統整合、金融資料探勘、Python 建置(金融)資料探勘系統。

Email: khsu@mgt.ncu.edu.tw

作者網頁：http://www.mgt.ncu.edu.tw/~khsu/

附錄

本書教學用 PCB

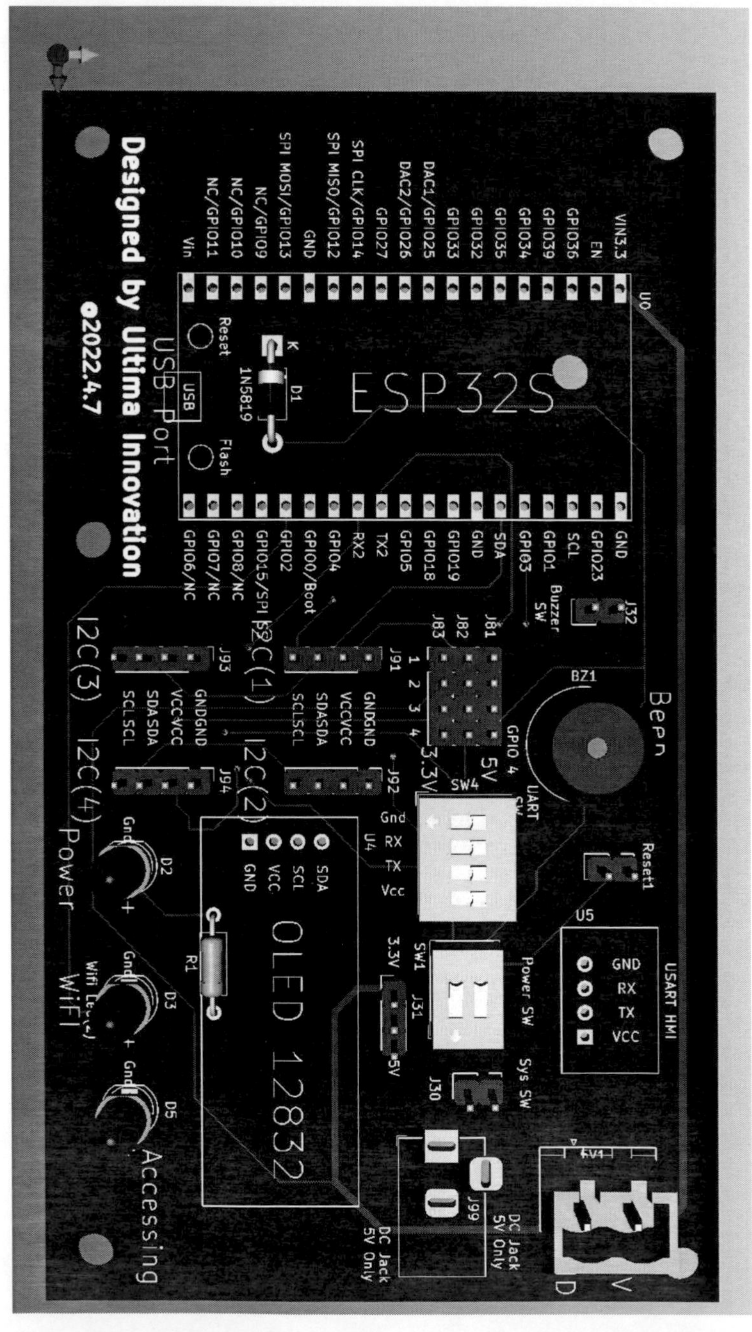

本書教學用電路板(成品)

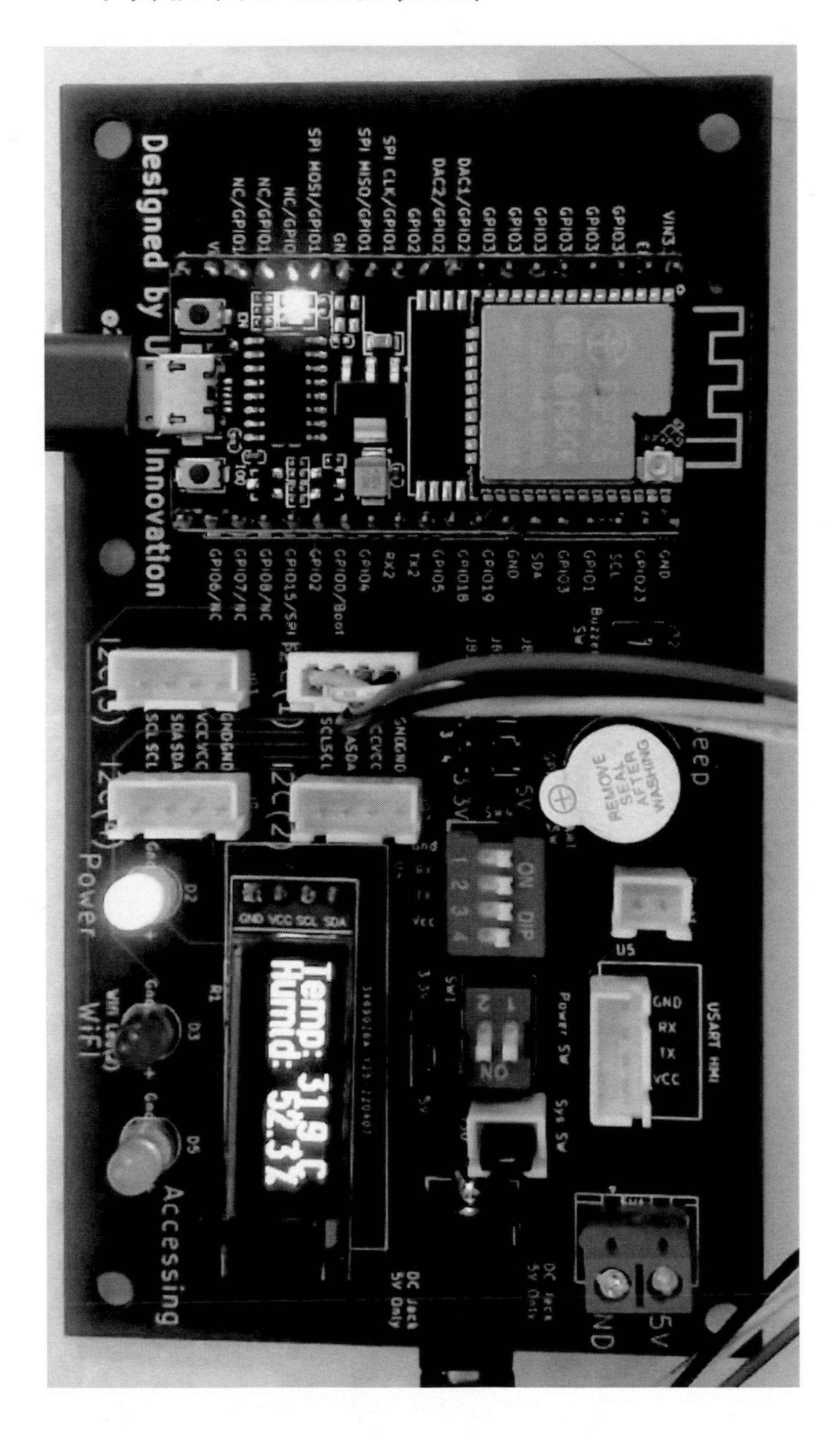
Designed by Innovation
Temp: 31.9 C
Humid: 52.3%
Power
WiFi
Accessing
USART HMI
GND
RX
TX
VCC
REMOVE SEAL AFTER WASHING

NodeMCU 32S 腳位圖

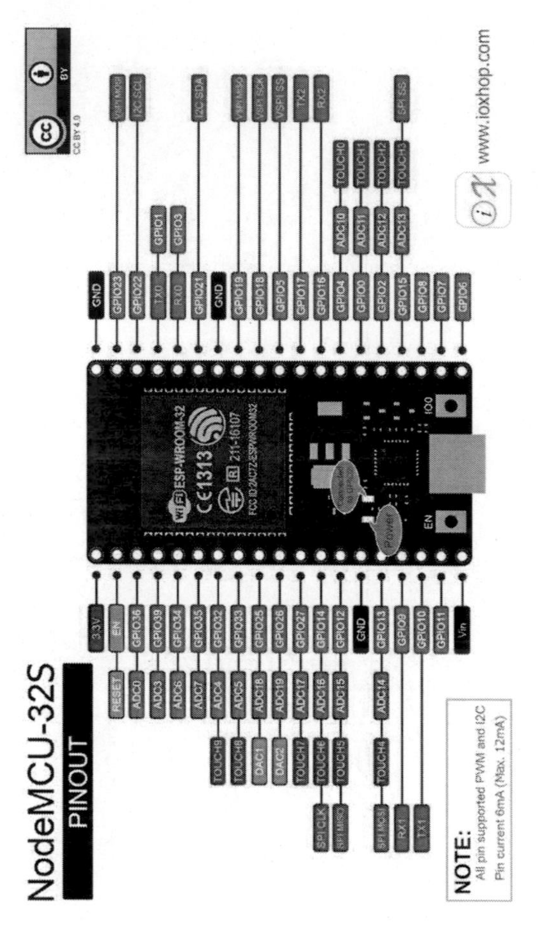

資料來源：espressif 官網：

https://www.espressif.com/sites/default/files/documentation/esp32_datasheet_en.pdf

ESP32-DOIT-DEVKIT 腳位圖

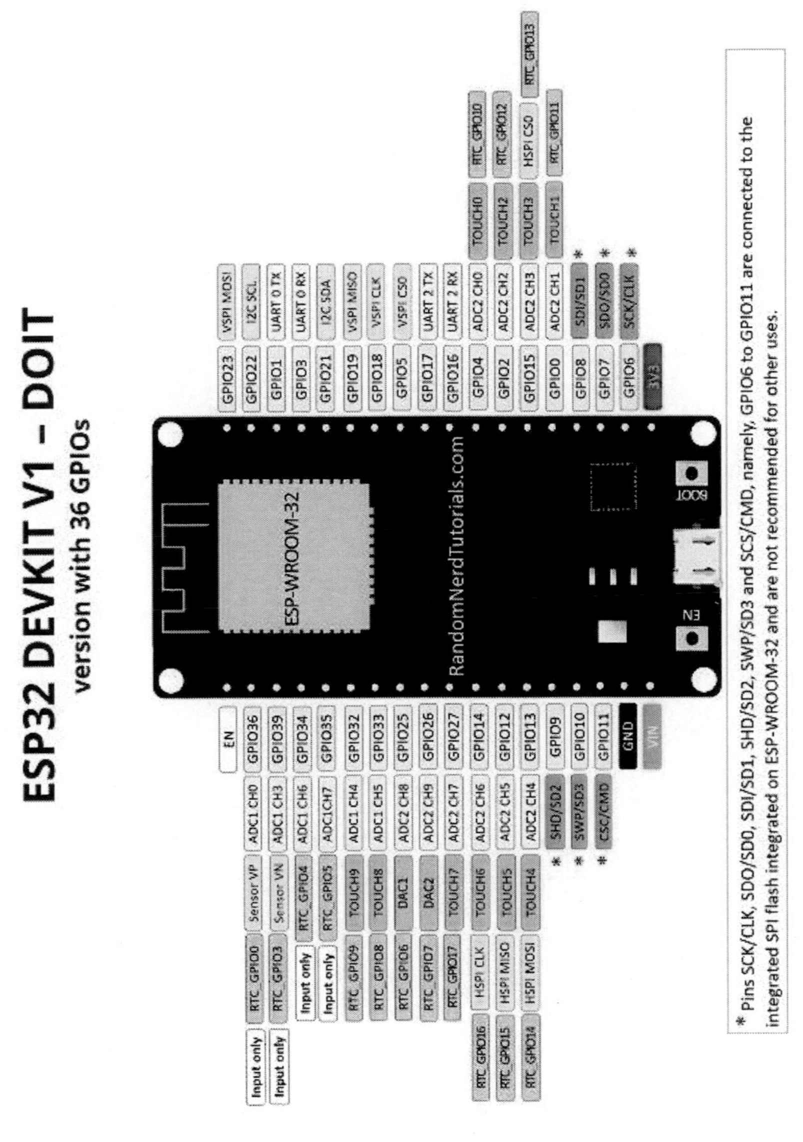

資料來源：espressif 官網：

https://www.espressif.com/sites/default/files/documentation/esp32_datasheet_en.pdf

參考文獻

Elliott, E. (2014). *Programming JavaScript applications: Robust web architecture with node, HTML5, and modern JS libraries*: " O'Reilly Media, Inc.".

Fielding, R. T. (2000). *Architectural Styles and the Design of Network-based Software Architectures.* (Ph.D. Ph.D.). University of California,

Fielding, R. T., & Kaiser, G. (1997). The Apache HTTP server project. *IEEE Internet Computing, 1*(4), 88-90.

La Marra, A., Martinelli, F., Mori, P., Rizos, A., & Saracino, A. (2017). Introducing usage control in MQTT. In *Computer Security* (pp. 35-43): Springer.

Mohanty, S., & Sagar Sharma, V. V. (2016). MQTT – Messaging Queue Telemetry Transport. *International Journal of Engineering and Technology, 3*(09), 1369-1376.

Saternos, C. (2014). *Client-Server Web Apps with JavaScript and Java: Rich, Scalable, and RESTful*: " O'Reilly Media, Inc.".

Silberschatz, A., Korth, H. F., & Sudarshan, S. (2019). *Database system concepts* (Seventh Edition ed.): McGraw-Hill New York.

Souders, S. (2009). *Even faster web sites: performance best practices for web developers*: " O'Reilly Media, Inc.".

Standard, O. (2014). MQTT version 3.1. 1. *URL http://docs. oasis-open. org/mqtt/mqtt/v3, 1.*

TSAI, C. (2022a, 2019/7/3). Arduino 筆記(38)：透過 IFTTT 發送 DHT-11 的溫濕度值到 Line 群組. *Arduino 筆記*. Retrieved from https://atceiling.blogspot.com/2019/07/arduino38dht-11-line.html

TSAI, C. (2022b, 2019/7/4). Arduino 筆記(39)：ESP8266 發送 DHT-11 的溫濕度值到 Line 通知. *Arduino 筆記*. Retrieved from https://atceiling.blogspot.com/2019/07/arduino39dht-11line.html

尤濬哲. (2019). ESP32 Arduino 開發環境架設（取代 Arduino UNO 及 ESP8266 首選）. Retrieved from https://youyouyou.pixnet.net/blog/post/119410732

胡凱晏. (2007). EPC Network 為基之物流追蹤追溯資訊系統.

航宇教育團隊. (2022). 【安裝教學】新手踏入 Python 第零步-安裝 Python3.9. Retrieved from https://www.codingspace.school/blog/2021-04-07

曹永忠. (2016a). AMEBA 透過建構網頁伺服器控制電器開關. Retrieved from http://makerpro.cc/2016/05/using-ameba-to-control-electric-switch-via-web-server/

曹永忠. (2016b). AMEBA 透過網路校時 RTC 時鐘模組. Retrieved from http://makerpro.cc/2016/03/using-ameba-to-develop-a-timing-controlling-device-via-internet/

曹永忠. (2016c). 【MAKER 系列】程式設計篇－ DEFINE 的運用. *智慧家庭.* Retrieved from http://www.techbang.com/posts/47531-maker-series-program-review-define-the-application-of

曹永忠. (2016d). 用 RTC 時鐘模組驅動 Ameba 時間功能. *智慧家庭.* Retrieved from http://makerpro.cc/2016/03/drive-ameba-time-function-by-rtc-module/

曹永忠. (2016e). 【如何設計網路計時器？】系統開發篇. *智慧家庭.* Retrieved from http://www.techbang.com/posts/45864-how-to-design-a-network-timer-systems-development-review

曹永忠. (2016f). 【如何設計網路計時器？】物聯網開發篇. *智慧家庭.* Retrieved from http://www.techbang.com/posts/46626-how-to-design-a-network-timer-the-internet-of-things-flash-lite-developer

曹永忠. (2016g). 使用 Ameba 的 WiFi 模組連上網際網路. *智慧家庭.* Retrieved from http://makerpro.cc/2016/03/use-ameba-wifi-model-connect-internet/

曹永忠. (2016h). 使用 Ameba 的 WiFi 模組連上網際網路. Retrieved from http://makerpro.cc/2016/03/use-ameba-wifi-model-connect-internet/

曹永忠. (2016i). 物聯網系列：台灣開發製造的神兵利器——UP BOARD 開發版. *智慧家庭.* Retrieved from https://vmaker.tw/archives/14485

曹永忠. (2016j). 智慧家庭：如何安裝各類感測器的函式庫. *智慧家庭.* Retrieved from https://vmaker.tw/archives/3730

曹永忠. (2016k). 實戰 ARDUINO 的 RTC 時鐘模組，教你怎麼進行網路校時. Retrieved from http://www.techbang.com/posts/40869-smart-home-arduino-internet-soul-internet-school

曹永忠. (2017a). 如何使用 Linkit 7697 建立智慧溫度監控平臺（上）. Retrieved from http://makerpro.cc/2017/07/make-a-smart-temperature-monitor-platform-by-linkit7697-part-one/

曹永忠. (2017b). 如何使用 LinkIt 7697 建立智慧溫度監控平臺（下）. Retrieved from http://makerpro.cc/2017/08/make-a-smart-temperature-monitor-platform-by-linkit7697-part-two/

曹永忠. (2020a). *ESP32 程式設計(基礎篇):ESP32 IOT Programming (Basic Concept & Tricks)* (初版 ed.). 臺灣、彰化: 渥瑪數位有限公司.

曹永忠. (2020b). *ESP32 程式設計(基礎篇) :ESP32 IOT Programming (Basic Concept & Tricks).* 台灣、臺北: 崧燁文化事業有限公司.

曹永忠. (2020c). *ESP32 程式設計(基礎篇): ESP32 IOT Programming (Basic Concept & Tricks).* 台灣、臺北: 千華駐科技.

曹永忠. (2020d). *ESP32 程式設計(基礎篇):ESP32 IOT Programming (Basic Concept & Tricks)* (初版 ed.). 臺灣、彰化: 渥瑪數位有限公司.

曹永忠, & 許智誠. (2014). *學習物件導向系統開發的六門課: Six Courses to Successful Learning the Objected Oriented Information System Development.* 臺灣、彰化: 渥瑪數位有限公司.

曹永忠, 吳佳駿, 許智誠, & 蔡英德. (2016a). *Ameba 氣氛燈程式開發(智慧家庭篇):Using Ameba to Develop a Hue Light Bulb (Smart Home)* (初版 ed.). 臺灣、彰化: 渥瑪數位有限公司.

曹永忠, 吳佳駿, 許智誠, & 蔡英德. (2016b). *Ameba 氣氛燈程式開發(智慧家庭篇):Using Ameba to Develop a Hue Light Bulb (Smart Home)* (初版 ed.). 臺灣、彰化: 渥瑪數位有限公司.

曹永忠, 吳佳駿, 許智誠, & 蔡英德. (2016c). *Ameba 程式設計(基礎篇):Ameba RTL8195AM IOT Programming (Basic Concept & Tricks)* (初版 ed.). 臺灣、彰化: 渥瑪數位有限公司.

曹永忠, 吳佳駿, 許智誠, & 蔡英德. (2016d). *Ameba 程式設計(基礎篇):Ameba RTL8195AM IOT Programming (Basic Concept & Tricks)* (初版 ed.). 臺灣、彰化: 渥瑪數位有限公司.

曹永忠, 吳佳駿, 許智誠, & 蔡英德. (2017a). *Ameba 程式設計(物聯網基礎篇):An Introduction to Internet of Thing by Using Ameba RTL8195AM* (初版 ed.). 臺灣、彰化: 渥瑪數位有限公司.

曹永忠, 吳佳駿, 許智誠, & 蔡英德. (2017b). *Ameba 程式設計(物聯網基礎篇):An Introduction to Internet of Thing by Using Ameba RTL8195AM* (初版 ed.). 臺灣、彰化: 渥瑪數位有限公司.

曹永忠, 吳佳駿, 許智誠, & 蔡英德. (2017c). *Arduino 程式設計教學(技巧篇):Arduino Programming (Writing Style & Skills)* (初版 ed.). 臺灣、彰化: 渥瑪數位有限公司.

曹永忠, 吳佳駿, 許智誠, & 蔡英德. (2017d). 【物聯網開發系列】雲端平臺開發篇：資料庫基礎篇. *智慧家庭*. Retrieved from https://vmaker.tw/archives/18421

曹永忠, 吳佳駿, 許智誠, & 蔡英德. (2017e). 【物聯網開發系列】雲端平臺開發篇：資料新增篇. *智慧家庭*. Retrieved from https://vmaker.tw/archives/19114

曹永忠, 吳佳駿, 許智誠, & 蔡英德. (2017f). 【物聯網開發系列】雲端平臺開發篇：瀏覽資料篇. *智慧家庭*. Retrieved from https://vmaker.tw/archives/18909

曹永忠, 張程, 鄭昊緣, 楊柳姿, & 楊楠. (2020). *ESP32S 程式教學(常用模組篇):ESP32 IOT Programming (37 Modules)* (初版 ed.). 臺灣、彰化: 渥瑪數位有限公司.

曹永忠, 張程, 鄭昊緣, 楊柳姿, & 楊楠. (2020). *ESP32S 程式教學(常用模組篇):ESP32 IOT Programming (37 Modules)* (初版 ed.). 臺灣、彰化: 渥瑪數位有限公司.

曹永忠, 許智誠, & 蔡英德. (2015a). *Arduino 雲物聯網系統開發(入門篇):Using Arduino Yun to Develop an Application for Internet of Things (Basic Introduction)* (初版 ed.). 臺灣、彰化: 渥瑪數位有限公司.

曹永忠, 許智誠, & 蔡英德. (2015b). *Arduino實作布手環:Using Arduino to Implementation a Mr. Bu Bracelet* (初版 ed.). 臺灣、彰化: 渥瑪數位有限公司.

曹永忠, 許智誠, & 蔡英德. (2015c). *Arduino程式教學(入門篇):Arduino Programming (Basic Skills & Tricks)* (初版 ed.). 臺灣、彰化: 渥瑪數位有限公司.

曹永忠, 許智誠, & 蔡英德. (2015d). *Arduino 程式教學(常用模組篇):Arduino Programming (37 Sensor Modules)* (初版 ed.). 臺灣、彰化: 渥瑪數位有限公司.

曹永忠, 許智誠, & 蔡英德. (2015e). *Arduino 程式教學(無線通訊篇):Arduino Programming (Wireless Communication)* (初版 ed.). 臺灣、彰化: 渥瑪數位有限公司.

曹永忠, 許智誠, & 蔡英德. (2015f). *Arduino 程式設計教學(無線通訊篇):Arduino Programming (Wireless Communication)* (初版 ed.). 臺灣、彰化: 渥瑪數位有限公司.

曹永忠, 許智誠, & 蔡英德. (2015g). *Arduino 程式設計教學(常用模組篇):Arduino Programming (37 Sensor Modules)* (初版 ed.). 臺灣、彰化: 渥瑪數位有限公司.

曹永忠, 許智誠, & 蔡英德. (2015h). *Arduino 雲 物聯網系統開發(入門篇):Using Arduino Yun to Develop an Application for Internet of Things (Basic Introduction)* (初版 ed.). 臺灣、彰化: 渥瑪數位有限公司.

曹永忠, 許智誠, & 蔡英德. (2015i). *Arduino 編程教學(入門篇):Arduino Programming (Basic Skills & Tricks)* (初版 ed.). 臺灣、彰化: 渥瑪數位有限公司.

曹永忠, 許智誠, & 蔡英德. (2015j). Maker 物聯網實作：用 DHx 溫濕度感測模組回傳天氣溫溼度. *物聯網*. Retrieved from http://www.techbang.com/posts/26208-the-internet-of-things-daily-life-how-to-know-the-temperature-and-humidity

曹永忠, 許智誠, & 蔡英德. (2015k). 如何當一個專業的 MAKER：改寫程式為使用函式庫的語法. Retrieved from http://www.techbang.com/posts/39932-how-to-be-a-professional-maker-rewrite-the-program-to-use-the-library-syntax

曹永忠, 許智誠, & 蔡英德. (2015l). 『物聯網』的生活應用實作：用 DS18B20 溫度感測器偵測天氣溫度. Retrieved from http://www.techbang.com/posts/26208-the-internet-of-things-daily-life-how-to-know-the-temperature-and-humidity

曹永忠, 許智誠, & 蔡英德. (2015m). 創客神器 ARDUINO 到底是什麼呢？. Retrieved from http://makerdiwo.com/archives/1893

曹永忠, 許智誠, & 蔡英德. (2016a). *Arduino 程式教學(基本語法篇):Arduino Programming (Language & Syntax)* (初版 ed.). 臺灣、彰化: 渥瑪數位有限公司.

曹永忠, 許智誠, & 蔡英德. (2016b). *Arduino 程式教學(溫溼度模組篇):Arduino Programming (Temperature& Humidity Modules)* (初版 ed.). 臺灣、彰化: 渥瑪數位有限公司.

曹永忠, 許智誠, & 蔡英德. (2016c). *Arduino 程式教學(基本語法篇) :Arduino Programming (Language & Syntax)* (初版 ed.). 臺灣、彰化: 渥瑪數位有限公司.

曹永忠, 許智誠, & 蔡英德. (2016d). *Arduino 程式教學(溫濕度模組篇):Arduino Programming (Temperature& Humidity Modules)* (初版 ed.). 臺灣、彰化: 渥瑪數位有限公司.

曹永忠, 許智誠, & 蔡英德. (2020). *ESP32 程式設計(物聯網基礎篇) ESP32 IOT Programming (An Introduction to Internet of Thing).* 台灣、臺北: 千華駐科技.

曹永忠, 郭晉魁, 吳佳駿, 許智誠, & 蔡英德. (2016). MAKER 系列-程式設計篇:多腳位定義的技巧(上篇). *智慧家庭.* Retrieved from http://www.techbang.com/posts/48026-program-review-pin-definition-part-one

曹永忠, 郭晉魁, 吳佳駿, 許智誠, & 蔡英德. (2017). *Arduino 程式設計教學(技巧篇):Arduino Programming (Writing Style & Skills)* (初版 ed.). 臺灣、彰化: 渥瑪數位有限公司.

曹永忠, 蔡英德, 許智誠, 鄭昊緣, & 張程. (2020a). *ESP32 程式設計(物聯網基礎篇):ESP32 IOT Programming (An Introduction to Internet of Thing)* (初版 ed.). 臺灣、彰化: 渥瑪數位有限公司.

曹永忠, 蔡英德, 許智誠, 鄭昊緣, & 張程. (2020b). *ESP32 程式設計(物聯網基礎篇:ESP32 IOT Programming (An Introduction to Internet of Thing)* (初版 ed.). 臺灣、彰化: 渥瑪數位有限公司.

陳祥輝. (2015). *資料庫系統理論與實務* (第三版 ed.). 台灣、臺北: 博碩文化股份有限公司.

瘋先生. (2022, 2020/8/30). 【LINE 教學】免手機號碼！也能夠輕鬆註冊申請多組 LINE 帳號. Retrieved from https://mrmad.com.tw/line-register-account

維基百科. (2016, 2016/011/18). 發光二極體. Retrieved from https://zh.wikipedia.org/wiki/%E7%99%BC%E5%85%89%E4%BA%8C%E6%A5%B5%E7%AE%A1

ESP32 物聯網基礎 10 門課
The Ten Basic Courses to IoT Programming Based on ESP32

作　　者：曹永忠，許智誠，蔡英德
發 行 人：黃振庭
出 版 者：崧燁文化事業有限公司
發 行 者：崧燁文化事業有限公司
E-mail：sonbookservice@gmail.com
粉 絲 頁：https://www.facebook.com/sonbookss/
網　　址：https://sonbook.net/
地　　址：台北市中正區重慶南路一段六十一號八樓 815 室
Rm. 815, 8F., No.61, Sec. 1, Chongqing S. Rd., Zhongzheng Dist., Taipei City 100, Taiwan
電　　話：(02)2370-3310
傳　　真：(02)2388-1990
印　　刷：京峯彩色印刷有限公司（京峰數位）
法律顧問：廣華律師事務所 張佩琦律師

定　　價：1200 元
發行日期：2023 年 01 月第一版
◎本書以 POD 印製

國家圖書館出版品預行編目資料

ESP32 物聯網基礎 10 門課 / 曹永忠, 許智誠, 蔡英德著 . -- 第一版 . -- 臺北市 : 崧燁文化事業有限公司, 2023.01
面；　公分
POD 版
ISBN 978-626-357-072-6(平裝)
1.CST: 系統程式 2.CST: 電腦程式設計 3.CST: 物聯網
312.52　111021928

官網

臉書